DuD-Fachbeiträge

Reihe herausgegeben von

Gerrit Hornung, Kassel, Deutschland

Helmut Reimer, Erfurt, Deutschland

Karl Rihaczek, Bad Homburg vor der Höhe, Deutschland

Alexander Roßnagel, Kassel, Deutschland

Die Buchreihe ergänzt die Zeitschrift DuD – Datenschutz und Datensicherheit in einem aktuellen und zukunftsträchtigen Gebiet, das für Wirtschaft, öffentliche Verwaltung und Hochschulen gleichermaßen wichtig ist. Die Thematik verbindet Informatik, Rechts-, Kommunikations- und Wirtschaftswissenschaften. Den Lesern werden nicht nur fachlich ausgewiesene Beiträge der eigenen Disziplin geboten, sondern sie erhalten auch immer wieder Gelegenheit, Blicke über den fachlichen Zaun zu werfen. So steht die Buchreihe im Dienst eines interdisziplinären Dialogs, der die Kompetenz hinsichtlich eines sicheren und verantwortungsvollen Umgangs mit der Informationstechnik fördern möge.

Reihe herausgegeben von

Prof. Dr. Gerrit Hornung
Universität Kassel

Prof. Dr. Helmut Reimer
Erfurt

Dr. Karl Rihaczek
Bad Homburg v.d. Höhe

Prof. Dr. Alexander Roßnagel
Universität Kassel

Anja C. Teigeler

Innentäter-Screenings durch Anomalieerkennung

Datenschutzrechtliche Vorgaben und Anforderungen

Springer Vieweg

Anja C. Teigeler
Kassel, Deutschland

Zugl.: Dissertation an der Universität Kassel, Fachbereich 07 – Wirtschaftswissenschaften
Erstgutachter: Prof. Dr. Gerrit Hornung, LL.M.
Zweitgutachterin: Prof. Dr. Martina Deckert
Disputation am 28.04.2023

ISSN 2512-6997   ISSN 2512-7004 (electronic)
DuD-Fachbeiträge
ISBN 978-3-658-43756-5   ISBN 978-3-658-43757-2 (eBook)
https://doi.org/10.1007/978-3-658-43757-2

Die Deutsche Nationalbibliothek verzeichnet diese Publikation in der Deutschen Nationalbibliografie; detaillierte bibliografische Daten sind im Internet über http://dnb.d-nb.de abrufbar.

Die Dissertation entstand im Rahmen des vom Bundesministerium für Bildung und Forschung geförderten Forschungsprojekts „Datenschutz-respektierende Erkennung von Innentätern (DREI)".

Planung/Lektorat: Carina Reibold
Springer Vieweg ist ein Imprint der eingetragenen Gesellschaft Springer Fachmedien Wiesbaden GmbH und ist ein Teil von Springer Nature.
Die Anschrift der Gesellschaft ist: Abraham-Lincoln-Str. 46, 65189 Wiesbaden, Germany

Das Papier dieses Produkts ist recyclebar.

Meinen Eltern

Geleitwort

Straftaten, die durch Mitarbeiterinnen und Mitarbeiter gegen ihre Unternehmen begangen werden, sind schon immer ein Problem für letztere gewesen; Beispiele finden sich etwa im Einzelhandel, wo das Verhältnis zwischen Außen- und Innentätern oftmals kaum geklärt werden kann. Während dem Problem in der Vergangenheit durch „klassische" Instrumente der Beschäftigtenkontrolle und -überwachung begegnet wurde, eröffnen neue Verfahren der Analyse großer Datenbestände („Big Data") seit einigen Jahren die Möglichkeit, die in Un-ternehmen anfallenden, stetig anwachsenden Datenmengen auf auffällige Besonderheiten (Anomalien) zu untersuchen, diese Verdachtsfälle auszusondern und sodann automatisiert oder manuell nachzubearbeiten. Etliche Unternehmen versprechen sich Vorteile von einer solchen Analyse, die sich auf die Tätigkeit in IT-Systemen (Computer-, Datei- oder Netz-werkanalysen), in zunehmendem Maße aber auch auf Daten aus „intelligenten" Gebäuden, Maschinen, Fahrzeugen etc. beziehen kann.

Diese Verarbeitung von Beschäftigtendaten verfolgt zwar vielfach legitime Zwecke, führt aber auch zu umfassenden Erhebungen, Speicherungen und Analysen von Eigenschaften und Verhaltensweisen der Beschäftigten. Wenn die Daten im Längsschnitt erhoben, umfassende Persönlichkeitsprofile angelegt und für die Auswertung elaborierte Algorithmen Künstlicher Intelligenz eingesetzt werden, so verbinden sich mit diesen Vorgehensweisen tiefe Eingriffe in die Persönlichkeitsrechte. Dies gilt umso mehr, wenn die Verarbeitungen anlasslos, also unabhängig von einem konkreten Verdachtsfall erfolgen.

Um dieses Spannungsfeld zu einem angemessenen Ausgleich zu führen, bedarf es einer umfassenden datenschutzrechtlichen Analyse der Vorgaben der Datenschutz-Grundverordnung und des Bundesdatenschutzgesetzes sowie einer Konkretisierung der vielfach abstrakten rechtlichen Vorgaben in konkrete technische Gestaltungsvorschläge und Organisationsmo-delle. An einer solchen Analyse und Konkretisierung fehlt es bislang in der Literatur, ob-wohl es hierfür ein erhebliches praktisches Bedürfnis gibt. Es ist deshalb verdienstvoll, dass Frau Teigeler sich diesem Problem in ihrer Dissertationsschrift angenommen hat. Ihre Un-tersuchung stellt kriminologische Hintergründe des Innentäter-Phänomens und die technolo-gischen Grundlagen des Screenings dar, untersucht datenschutzrechtliche Anforderungen auf europäischer und nationaler Ebene und vertieft wichtige Fragen der technisch-organisatorischen Gestaltung.

Hierbei werden immer wieder Grundlagenfragen thematisiert und weitergeführt, deren Er-gebnisse weit über das Thema der Arbeit hinaus reichen. Dies betrifft beispielsweise struk-turelle Fragen der Auslegung und Anwendung von § 26 BDSG, gestaltungsorientierte Über-legungen zur Anonymisierung und Pseudonymisierung oder die Reichweite der Öffnungs-klauseln der Datenschutz-Grundverordnung, die inzwischen auch den Europäischen Ge-richtshof beschäf-tigt hat. Frau Teigeler gelingt es, die vielfach abstrakten Vorgaben der Da-tenschutz-Grundverordnung auf den Gegenstandsbereich der Arbeit zu konkretisieren. Sie kommt dabei zu wohlbegründeten, differenzierten, die Interessen abwägenden und überzeu-genden Lösungen. Besonders hervorzuheben sind die praxisorientierten Lösungsvorschläge vor allem im Bereich der Interessenabwägung nach § 26 BDSG sowie der Treuhändermodel-le, die als organisatorische Sicherungsinstrumente für die Datenverarbeitung im Betrieb vorgeschlagen und diskutiert werden.

Die Arbeit trägt damit sowohl zum Verständnis des aktuellen Datenschutzrechts als auch zur Diskussion um die Kontrolle von Beschäftigten im Betrieb wesentliche Inhalte bei. Sie lie-fert im Gesamtbild ein gestaltungsorientiertes Konzept für den Einsatz, aber auch für die Grenzen eines Innentäter-Screenings durch Anomalieerkennung. Derartige Technologien sind – nunmehr typischerweise als Künstliche Intelligenz bezeichnet – derzeit in vielen Be-reichen der betrieblichen Tätigkeit immer stärker im Vordringen begriffen. Die Ergebnisse der Arbeit sind deshalb auf viele andere aktuelle Fragen des Beschäftigtendatenschutzes übertragbar.

Auch aus diesem Grund leistet die Arbeit einen wichtigen Beitrag zu dem von grundsätzli-chen Interessenskonflikten geprägten Feld des Beschäftigtendatenschutzes in der zunehmend digita-lisierten Arbeitswelt.

Kassel, im September 2023   *Prof. Dr. Gerrit Hornung, LL.M.*

Vorwort

Diese Arbeit entstand während meiner Zeit als wissenschaftliche Mitarbeiterin am Fachgebiet für Öffentliches Recht, IT-Recht und Umweltrecht an der Universität Kassel.

Ausgangspunkt und Forschungsgrundlage der Arbeit bildet meine Mitarbeit an dem interdisziplinären Projekt „Datenschutz-respektierende Erkennung von Innentätern" (DREI), welches von Juli 2016 bis April 2019 vom Bundesministerium für Wirtschaft und Forschung gefördert wurde. Die Arbeit wurde im Herbst 2022 von der Universität Kassel als Dissertation angenommen. Neue Literatur und Rechtsprechung konnte noch bis Ende Februar 2022 eingearbeitet werden. Die Entscheidung des EuGH vom 30.03.2023, Rs. C-34/21, in der der mit § 26 Abs. 1 BDSG im Wesentlichen inhaltsgleiche § 23 HDSIG für unionsrechtswidrig erklärt wurde, konnte daher nicht mehr berücksichtigt werden. Letztlich finden sich in der Entscheidung des EuGH keine neuen Argumente, welche nicht vorher bereits seitens der Literatur hinsichtlich der Unionsrechtswidrigkeit des § 26 BDSG vorgebracht worden waren, sodass an der in dieser Dissertation vertretenen Auffassung zur Frage der Unionsrechtswidrigkeit festgehalten wird. Die im Rahmen dieser Arbeit gefundenen Ergebnisse behalten im Übrigen weiterhin an Gültigkeit. Geht man davon aus, dass § 26 Abs. 1 S. 1 BDSG unionsrechtswidrig ist, so ist an seiner Stelle Art. 6 Abs. 1 lit. b oder f DSGVO als Rechtsgrundlage für die Datenverarbeitung heranzuziehen. Beide Tatbestände setzen letztlich eine Abwägung der widerstreitenden Grundrechtspositionen voraus, wie sie auch im Zuge des § 26 Abs. 1 S. 1 BDSG durch das BAG vorgenommen wird. Die in Kapitel 6.2.3.6 gewonnen Ergebnisse beruhen gerade auf einer solchen Abwägung der Grundrechte. Da sich die Rechtsprechung des EuGH zur Auslegung und Anwendung der Unionsgrundrechte sowie die des BVerfG zur Auslegung und Anwendung der nationalen Grundrechte sehr angenähert hat, kann davon ausgegangen werden, dass auch eine Abwägung der Unionsgrundrechte zu keinen grundlegend anderen Ergebnissen führt.

Bedanken möchte ich mich bei allen Personen, die sowohl im beruflichen als auch im privaten Umfeld dazu beigetragen haben, dass ich diese Arbeit erstellen konnte.

In erster Linie danke ich meinem Doktorvater, Herrn Prof. Dr. Gerrit Hornung. Er hat mich sowohl bei der Findung des Themas als auch auf dem Weg bis zur Fertigstellung der Arbeit fachlich unterstützt und bestärkt. Seine Kritik war stets konstruktiv und zeigte mir gedanklich neue Wege auf. Er war mir sowohl auf fachlicher als auch auf persönlicher Ebene stets ein Vorbild. Seine offene und verständnisvolle Art hat dazu geführt, dass mich Jura im wissenschaftlichen Kontext während der Zeit der Promotion stets von neuem begeisterte.

Mein Dank gilt auch Frau Prof. Martina Deckert für die schnelle Erstellung des Zweitgutachtens.

Meinen Projektpartnern im Projekt DREI gebührt vor allem Dank dafür, dass sie nie müde wurden, technische Vorgänge für mich verständlich darzustellen und Lösungen aufzeigten, um datenschutzrechtliche Vorgaben technisch umzusetzen.

Danken möchte ich auch meinen Kolleginnen und Kollegen am Fachgebiet für Öffentliches Recht, IT-Recht und Umweltrecht an der Universität Kassel für die angenehme und effektive Zusammenarbeit. Bei sämtlichen Mitarbeiterinnen und Mitarbeitern, zu denen insbesondere Anne Borell, Carolin Gilga, Dr. Thilo Goeble, Dr. Constantin Herfurth, Dr. Kai Hofmann, Helmut Lurtz, Dr. Stephan Schindler, Sabrina Schomberg, Dr. Bernd Wagner und Katharina Wentland gehören, möchte ich mich für die vielen schönen Gespräche und Ereignisse, seien sie privater oder fachlicher Natur, bedanken. Durch sie werde ich die Zeit in Kassel stets in guter Erinnerung behalten. Besonderer Dank gilt meiner Bürokollegin Jana Schneider, die mittlerweile einer meiner engsten Freundinnen ist. Sie hat mich stets ermutigt, die Phase der Promotion durchzustehen und mir jeden Selbstzweifel ausgeredet.

Neben Lena Butterweck, welche mir bei organisatorischen Fragen stets zur Seite stand, möchte ich auch die studentischen Hilfskräfte, welche mir insbesondere bei der Literaturbeschaffung eine große Hilfe waren, nicht unerwähnt lassen. Stellvertretend für alle danke ich daher Friederike Engel, Clara Kottke, Maurice Ruhmann und Miriam Salzmann.

Diese Arbeit wäre ohne Unterstützung im privaten Umfeld nicht möglich gewesen. Danken möchte ich in besonderem Maße meinem Ehemann und besten Freund, Heiner, der mir stets Verständnis entgegengebracht und an jedem Tiefpunkt Aufwind gegeben hat. Unsere wunderbare Tochter Paula hat mich zudem gelehrt, das Leben mit anderen Augen zu sehen und die Prioritäten neu zu setzen. Zudem möchte ich meinen Eltern Angela Benner und Martin Benner danken. Beide haben mich stets gefördert und an mich geglaubt. Sie haben mich durch die Höhen und Tiefen des Studiums emotional begleitet und mir dieses erst finanziell ermöglicht. Zudem haben sie mir die Fertigstellung dieser Arbeit möglich gemacht, indem sie unsere Tochter betreuten, wenn Not am Mann war. Ihnen ist diese Arbeit gewidmet.

Kassel, im September 2023   *Dr. Anja C. Teigeler*

Inhaltsverzeichnis

Abkürzungsverzeichnis

aA	andere Auffassung
ABl.	Amtsblatt
Abs.	Absatz
ACM	Association for Computing Machinery
a.E.	am Ende
AEUV	Vertrag über die Arbeitsweise der EU
a.F.	Alte Fassung
AG	Amtsgericht/Aktiengesellschaft
AGB	Allgemeine Geschäftsbedingungen
AktG	Aktiengesetz
Anm.	Anmerkung
AO	Abgabenordnung
AP	Arbeitsrechtliche Praxis
ArbG	Arbeitsgericht
ArbRAktuell	Arbeitsrecht Aktuell
ArbRB	Arbeits-Rechtberater
ArbVG	Arbeitsverfassungsgesetz
Art.	Artikel
ASR	Technische Regeln für Arbeitsstätten
ASW	Arbeitsgemeinschaft für Sicherheit in der Wirtschaft
AuA	Arbeit und Arbeitsrecht
AuR	Arbeit und Recht
Aufl.	Auflage
BaFin	Bundesanstalt für Finanzdienstleistungsaufsicht
BAG	Bundesarbeitsgericht
BB	Betriebs-Berater
BDA	Bundesvereinigung der Deutschen Arbeitgeberverbände
BDSG	Bundesdatenschutzgesetz
BeckOK	Beck'scher Online-Kommentar
BeckRS	Beck´sche Rechtsprechungssammlung
Beschl.	Beschluss
BetrVG	Betriebsverfassungsgesetz

BfV	Bundesamt für Verfassungsschutz
BGB	Bürgerliches Gesetzbuch
BGBl.	Bundesgesetzblatt
BGH	Bundesgerichtshof
BImSchG	Gesetz zum Schutz vor schädlichen Umwelteinwirkungen durch Luftverunreinigungen, Geräusche, Erschütterungen und ähnliche Vorgänge (Bundes-Immissionsschutzgesetz)
BMBF	Bundesministerium für Bildung und Forschung
BRD	Bundesrepublik Deutschland
BSI	Bundesamt für Sicherheit in der Informationstechnologie
BSIG	Gesetz über das Bundesamt für Sicherheit in der Informationstechnologie
bspw.	beispielsweise
BT-Drs.	Bundestagsdrucksache
BVerfG	Bundesverfassungsgericht
BVerfGE	Entscheidungssammlung „Entscheidungen des Bundesverfassungsgerichts"
BVerwG	Bundesverwaltungsgericht
bzgl.	bezüglich
bzw.	beziehungsweise
CB	Compliance Berater
CC	Common Criteria
CCZ	Corporate-Compliance-Zeitschrift
CNIL	Commission Nationale de l'Informatique et des Libertés
COM/KOM	Europäische Kommission
CR	Computer und Recht
CRR-VO	Eigenmittelverordnung
DB	DER BETRIEB
DCGK	Deutscher Corporate Governance-Kodex
Dec.	December
d.h.	das heißt
DK	Deutsche Kreditwirtschaft
DÖV	Die Öffentliche Verwaltung

DSGVO	Datenschutzgrundverordnung
DSRL	Datenschutzrichtlinie; Richtlinie 95/46/EG des Europäischen Parlaments und des Rates vom 24.10.1995 zum Schutz natürlicher Personen bei der Verarbeitung personenbezogener Daten
	und zum freien Datenverkehr
DStR	Deutsches Steuerrecht
DuD	Datenschutz und Datensicherheit
DVBl.	Deutsches Verwaltungsblatt
EDPS	European Data Protection Supervisor
EG	Europäische Gemeinschaft
EGMR	Europäischer Gerichtshof für Menschenrechte
EL	Ergänzungslieferung
EMRK	Europäischer Gerichtshof für Menschenrechte
ENISA	European Network and Information Security Agency/ Europäische Agentur für Netz- und Informationssicherheit
et al.	et alia/et alii/et aliae
EU	Europäische Union
EuGH	Europäischer Gerichtshof
EuGRZ	Europäische Grundrechte-Zeitschrift
EuR	Europarecht
EUV	Vertrag über die EU
EuZA	Europäische Zeitschrift für Arbeitsrecht
EuZW	Europäische Zeitschrift für Wirtschaftsrecht
EwG	Erwägungsgrund
f.	Folgend
ff.	fortfolgend
Fn.	Fußnote
GA	Generalanwältin/Generalanwalt
GG	Grundgesetz
ggf.	gegebenenfalls
GmbH	Gesellschaft mit beschränkter Haftung
GmbHG	Gesetz betreffend die Gesellschaften mit beschränkter Haftung

GRCh	Europäische Grundrechte-Charta
GRUR	Gewerblicher Rechtsschutz und Urheberrecht
GVBl.	Gesetz- und Verordnungsblatt
GW	Geldwäsche
GwG	Gesetz über das Aufspüren von Gewinnen aus schweren Straftaten / Geldwäschegesetz
h.M.	Herrschende Meinung
Hrsg.	Herausgeber
HRRS	HöchstRichterliche Rechtsprechung im Strafrecht
Hs.	Halbsatz
ICO	Information Commissioner`s Office
i.d.R.	in der Regel
i.E.	im Ergebnis
InsO	Insolvenzordnung
IP	Intellectual Property, deutsch: Geistiges Eigentum
IRZ	Zeitschrift für Internationale Rechnungslegung
i.S.d.	im Sinne der/des
ISO	International Organization for Standardization, deutsch: Internationale Organisation für Normung
IT	Informationstechnik
JI-RL	Richtlinie (EU) 2016/680 des Europäischen Parlaments und des Rates vom 27.04.2016 zum Schutz natürlicher Personen bei der Verarbeitung personenbezogener Daten durch die zuständigen Behörden zum Zwecke der Verhütung, Ermittlung, Aufdeckung oder Verfolgung von Straftaten oder der Strafvollstreckung sowie zum freien Datenverkehr und zur Aufhebung des Rahmenbeschlusses 2008/977/JI des Rates
jM	juris – Die Monatszeitschrift
jurisPR-ArbR	juris PraxisReport-Arbeitsrecht
jurisPR-ITR	Juris PraxisReport-IT-Recht
JZ	Juristenzeitung
KAGB	Kapitalanlagegesetzbuch
Kap.	Kapitel
K&R	Kommunikation & Recht
KrW/AbfG	Kreislaufwirtschafts- und Abfallgesetz

KWG	Gesetz über das Kreditwesen/Kreditwesengesetz
LG	Landgericht
LINDDUN	Linkability, Identifiability, Non-repudiation, Detectability, Disclosure of information, Unawareness, and Non-compliance
MaComp	Mindestanforderungen an die Compliance-Funktion und weitere Verhaltens-, Organisations- und Transparenzpflichten"
MMR	Multi-Media und Recht
n.F.	neue Fassung
NIS-RL	Netzwerk- und Informationssicherheit Richtlinie
NJOZ	Neue Juristische Online-Zeitschrift
NJW	Neue Juristische Wochenschrift
NJW-Spezial	Neue Juristische Wochenschrift Spezial
NLMR	Newsletter Menschenrechte
No.	Numero
Nr.	Nummer
NStZ	Neue Zeitschrift für Strafrecht
NVwZ	Neue Zeitschrift für Verwaltungsrecht
NZA	Neue Zeitschrift für Arbeits- und Sozialrecht
NZA-RR	Neue Zeitschrift für Arbeitsrecht – Rechtsprechungsreport
NZG	Neue Zeitschrift für Gesellschaftsrecht
NZI	Neue Zeitschrift für Insolvenz und Sanierung
NZV	Neue Zeitschrift für Verkehrsrecht
NZWiSt	Neue Zeitschrift für Wirtschafts-, Steuer- und Unternehmensstrafrecht
OWiG	Gesetz über Ordnungswidrigkeiten
RdA	Recht der Arbeit
RDV	Recht der Datenverarbeitung
Rn.	Randnummer
StGB	Strafgesetzbuch
UCLA	University of California, deutsch: Universität von Kalifornien
UK	United Kingdom, deutsch: Vereinigtes Königreich

Urt.	Urteil
v.	vom
VAG	Versicherungsaufsichtsgesetz
Vol.	Volume
WP	Wertpapier
WpHG	Gesetz über den Wertpapierhandel/ Wertpapierhandelsgesetz
ZD	Zeitschrift für Datenschutz
ZESAR	Zeitschrift für europäisches Sozial- und Arbeitsrecht
ZIP	Zeitschrift für Wirtschaftsrecht
ZJS	Zeitschrift für das juristische Studium
ZRP	Zeitschrift für Rechtspolitik

1 Einführung

1.1 Motivation

Kriminalität in Unternehmen stellt wegen der hieraus resultierenden Schäden ein großes Problem sowohl für diese als auch für die Gesellschaft dar. Angriffe aus den eigenen Reihen durch sogenannte Innentäter sind für Unternehmen nur schwer zu erkennen. Unter Innentätern versteht man Personen, die in Unternehmen oder Organisationen vorsätzlich dolose Handlungen vornehmen.[1] Ihnen fällt es aufgrund ihres Wissens über Interna wie Ressourcen und Know-how leichter, etablierte Schutzmaßnahmen zu überwinden, weil sie zum einen die Möglichkeit haben, Schutzmechanismen länger zu analysieren als externe Täter und sie zum anderen über weitreichende Zugriffsrechte verfügen. Darüber hinaus wird Mitarbeitern in der Regel ein gesteigertes Vertrauen von Arbeitgeberseite entgegengebracht. Spätestens seit den Skandalen bei Lidl[2] und der Deutschen Bahn[3] ist bekannt, dass Arbeitgeber zum Teil weitreichende Maßnahmen zur Mitarbeiterüberwachung ergreifen.[4] Unternehmensinhaber trifft im Rahmen des mehrdeutigen und in Kapitel 2 dieser Dissertation näher zu untersuchenden Begriffs unternehmerischer Compliance[5] auch eine Pflicht, in ihrem Betrieb für regelgetreues Verhalten der Beschäftigten zu sorgen. Es besteht insofern ein Spannungsverhältnis zwischen dem Recht auf informationelle Selbstbestimmung des Beschäftigten, welches durch das Datenschutzrecht geschützt wird, und der Pflicht des Arbeitgebers, in seinem Unternehmen für rechtskonformes Verhalten zu sorgen. Auch aufgrund der in der Presse bekannt gewordenen Fälle der Überwachung von Mitarbeitern wurden gesetzgeberische Bemühungen unternommen, ein Beschäftigtendatenschutzgesetz auf den Weg zu bringen. Letztendlich wurde 2009 als schnelle kleine Lösung § 32 BDSG a. F. in das BDSG aufgenommen, welcher sehr abstrakt gehalten war und die Rechtsprechung des BAG zu Überwachungsmaßnahmen im Beschäftigungsverhältnis kodifizieren sollte.[6] Da seit 25.5.2018 die Datenschutz-Grundverordnung (DSGVO) in Deutschland unmittelbar gilt, das BDSG neu gefasst wurde und § 32 BDSG a. F. durch § 26 BDSG abgelöst wurde, gilt es zu untersuchen, welche Implikationen sich aus der DSGVO und dem BDSG n. F. für den Beschäftigtendatenschutz ergeben und wie Mitarbeiterüberwachung datenschutzkonform umgesetzt werden kann.

Gegenstand der Dissertation ist daher die Frage, welche Konsequenzen die Datenschutz-Grundverordnung sowie die Gesetzgebung auf nationalstaatlicher Ebene für den Beschäftigtendatenschutz im Allgemeinen sowie für die Umsetzung der neuen Anforderungen bei unternehmensinternen Compliance-Maßnahmen hat. Im Sinne einer „Compliance der Compliance" geht die Arbeit der Frage nach, wie diese rechtskonform ausgestaltet werden kann. Dabei wird der Fokus auf Maßnahmen gegen Innentäter durch technische Maßnahmen, welche auf der Anomalieerkennung basieren, gelegt.

---

[1] *Grützner/Jakob* 2015, Innentäter.

[2] http://www.stern.de/wirtschaft/news/ueberwachungsskandal-lidl-gibt-bespitzelung-zu-3084860.html (zuletzt abgerufen am 01.09.2023)

[3] http://www.zeit.de/online/2009/04/bahn-bespitzelung (zuletzt abgerufen am 01.09.2023)

[4] Zu jüngeren Maßnahmen der Mitarbeiterüberwachung, insbesondere den Einsatz interner Überwachungssoftware vgl. http://www.sueddeutsche.de/wirtschaft/schurken-erkennungssoftware-der-fluestert-doch-am-telefon-1.3341601 (zuletzt abgerufen am 01.09.2023)

[5] Der Begriff „Compliance" kommt aus dem amerikanischen Recht und kann mit „Einhaltung, Gesetzestreue, Befolgung, Übereinstimmung" übersetzt werden (*Kreitner*, in: Küttner, Personalbuch, 28. Auflage 2021, Compliance, Rn. 1); siehe hierzu Kapitel 2 dieser Arbeit.

[6] BT-Drs. 16/13657, 21.

1.2 Gegenstand der Dissertation

1.2.1 Allgemeine Fragen des Beschäftigtendatenschutzes

Die DSGVO wirkt nach Art. 288 Abs. 2 AEUV in ihrem Anwendungsbereich unmittelbar und abschließend. Die Existenz der Öffnungsklausel des Art. 88 DSGVO zeigt im Umkehrschluss, dass auch der Beschäftigtendatenschutz durch die DSGVO geregelt werden soll.[7] Allerdings wird schon bezweifelt, dass dies europarechtlich zulässig ist, da die DSGVO in EwG 12 Art. 16 Abs. 2 AEUV als Kompetenzgrundlage für die DSGVO anführt, welcher alleine den Erlass von Rechtsvorschriften über den freien Datenverkehr erlaube, wovon der Arbeitnehmerdatenschutz[8] aber nur selten betroffen sei.[9]

Die Öffnungsklausel des Art. 88 Abs. 1 DSGVO schreibt vor, dass die Mitgliedstaaten „spezifischere" Vorschriften erlassen können. Einigkeit besteht darüber, dass die DSGVO damit eine Regelungsoption, keine Regelungspflicht statuiert.[10] Problematisch ist aber, ob der deutsche Gesetzgeber mit einer ausfüllungsbedürftigen Generalklausel wie § 26 BDSG den Anforderungen des Art. 88 DSGVO gerecht wird. Der Gesetzgeber regelt staatliche Überwachungsmaßnahmen - z.B. die Rasterfahndung in den Polizeigesetzen sowie in § 98 a f. StPO oder die Telekommunikationsüberwachung in den §§ 100a ff. StPO - detailliert. Demgegenüber werden betriebsinterne Überwachungsmaßnahmen bisher überwiegend auf § 26 Abs. 1 BDSG gestützt. § 32 Abs. 1 BDSG a.F. sollte die bisher von der Rechtsprechung aus dem verfassungsrechtlich geschützten allgemeinen Persönlichkeitsrecht abgeleiteten Grundsätze zum Arbeitnehmerdatenschutz im Beschäftigungsverhältnis kodifizieren.[11] § 26 Abs. 1 BDSG übernimmt den Wortlaut des § 32 BDSG a.F. nahezu unverändert. § 26 Abs. 1 S. 1 BDSG ist wie § 32 Abs. 1 S. 1 BDSG a.F. generalklauselartig formuliert und soll präventive Maßnahmen umfassen[12], während § 26 Abs. 1 S. 2 BDSG geringfügig strengere Anforderungen an repressive Ermittlungsmaßnahmen stellt. Beide Sätze des § 26 Abs. 1 BDSG münden in einer Verhältnismäßigkeitsprüfung, in der die grundrechtlich geschützten Interessen des Arbeitgebers und des Beschäftigten gegenüberzustellen sind. Es gilt überdies zu untersuchen, ob es sich bei einer allgemein gehaltenen Vorschrift wie 26 BDSG n. F. um eine spezifischere Vorschrift im Sinne des Art. 88 DSGVO handelt.

Fraglich ist ferner, ob im Anwendungsbereich von Öffnungsklauseln die nationalen oder die europäischen Grundrechte einschlägig sind. Daher stellt sich die Frage, ob sich § 26 BDSG an europäischen oder nationalen Grundrechten messen lassen muss und welche dieser Grundrechte für die Auslegung herangezogen werden müssen.[13] Es soll darüber hinaus zumindest kursorisch untersucht werden, inwieweit sich aus den Grundrechten Pflichten zum Schutz der Arbeitneh

---

[7] *Schmidt* 2016, 48.

[8] Der Begriff des „Arbeitnehmerdatenschutzes" wird ebenso wie der Begriff des „Arbeitnehmers"/der „Arbeitnehmerin" aus Gründen der leichteren Leserlichkeit synonym zum Begriff des im Datenschutzrecht benutzten Begriffs des „Beschäftigtendatenschutzes" bzw. des/der „Beschäftigten" verwendet, ohne dass damit ein Wandel in der Bedeutung einhergeht.

[9] *Franzen*, DuD 2012, 322, 325 ff; *Franzen*, RDV 2014, 200, 202 spricht sich dagegen aus und sieht Art. 153 Abs. 2 AEUV als Kompetenznorm für eine europarechtliche Regelung des Beschäftigtendatenschutzes. Art. 153 Abs. 2 AEUV lässt jedoch nur mindestharmonisierende Regelungen zu, während die DSGVO nach Art. 288 Abs. 2 unmittelbar wirkt; ebenso: *Körner*, NZA 2016, 1383; *Körner* 2017, 67; aA *Schmidt* 2016, 49.

[10] *Körner*, NZA 2016, 1383, 1384; *Spelge*, DuD 2016, 775, 776; *Riesenhuber*, in: *Wolff/Brink*, BeckOK Datenschutzrecht, 7. Edition, Stand: 1.8.2021, Art. 88 DSGVO, Rn. 41, 45.

[11] BT-Drs. 16/13657, 21.

[12] So die Gesetzesbegründung BT-Drs. 16/13657, 21 zu § 32 BDSG a.F..

[13] *Körner*, 2017, 17 ff., *Albrecht/Janson*, CR 2016, 500.

mer vor Überwachungsmaßnahmen ergeben und ob der deutsche Gesetzgeber diese erfüllt, indem er Schutzmechanismen wie die Beteiligung der Aufsichtsbehörden, des Betriebsrats oder des Datenschutzbeauftragten vorsieht.

Außerdem muss geprüft werden, inwieweit es für den nationalen Gesetzgeber zulässig ist, von den Bestimmungen der DSGVO abzuweichen. Es wird diskutiert, ob es den Mitgliedstaaten zusteht, das Datenschutzniveau der DSGVO im Rahmen des Art. 88 DSGVO im Bereich des Arbeitnehmerdatenschutzes abzusenken[14] oder ob diese lediglich einen Mindeststandard festlegt, den die Mitgliedsstaaten überschreiten dürfen.[15]

1.2.2 Anforderungen an Screenings im Beschäftigungsverhältnis auf Basis der Anomalieerkennung

Zunehmend bedienen sich Unternehmen auch digitaler Ermittlungshilfen, da diese den Vorteil bieten, eine ungefilterte Darstellung der Aktivitäten eines Verdächtigen zu liefern.[16] Da die Rechtsprechung bisher noch nicht entschieden hat, inwieweit Datenscreenings von Beschäftigten zulässig sind, gilt es hier, die rechtlichen Grenzen abzustecken. Geprüft werden soll vor allem, inwieweit die Anomalieerkennung genutzt werden kann, um datenschutzfreundliche Screenings von Beschäftigtendaten vorzunehmen. Untersucht werden hier insbesondere Methoden der Anonymisierung und Pseudonymisierung.[17]

Für die Videoüberwachung enthält die DSGVO keine ausdrückliche Regelung. In Art. 6 Abs. 2, 3 i.V.m. Abs. 1 S. 1 lit. c, e enthält die DSGVO eine Öffnungsklausel für die Mitgliedstaaten, von der mit § 4 BDSG n. F. für den öffentlichen Bereich Gebrauch gemacht wurde. In Art. 88 Abs. 1, 2 DSGVO enthält die DSGVO eine Öffnungsklausel für den Bereich des Beschäftigtendatenschutzes, wonach auch Überwachungssysteme wie die Videoüberwachung speziell geregelt werden dürfen. Da § 26 BDSG n. F. den Beschäftigtendatenschutz speziell regelt, stellt sich die Frage, ob hiervon jedwede Videoüberwachung im Beschäftigungskontext erfasst sein soll und damit auch die von Beschäftigten im öffentlichen Bereich.

Auch nach Erlass der Datenschutz-Grundverordnung kommt die Einwilligung im Beschäftigungsverhältnis als Rechtfertigungstatbestand in Betracht.[18] Es war bisher umstritten, ob diese im Arbeitsverhältnis freiwillig im Sinne des § 4a Abs. 1 S. 1 BDSG erteilt werden kann, da sich der Arbeitnehmer im Verhältnis zum Arbeitgeber in einem Verhältnis struktureller Unterlegenheit befindet.[19] Das BAG geht davon aus, dass im Arbeitsverhältnis eine freiwillige Entscheidung möglich ist, wenn dem Arbeitnehmer eine echte Wahlmöglichkeit verbleibt.[20] Der Kommissionsentwurf der Datenschutz-Grundverordnung schloss die Einwilligung bei erheblichem Ungleichgewicht zwischen Betroffenem und Datenverarbeiter in Art. 7 Abs. 4 aus.[21] In EwG 34 DSGVO wurde exemplarisch für ein solch ungleiches Verhältnis das Arbeitsverhältnis genannt. EwG 43 DSGVO der am 25.5.2018 in Kraft getretenen Fassung beinhaltet, dass eine Einwilligung dann unfreiwillig ist, wenn sie wegen eines Ungleichgewichts zwischen Datenverarbeiter und Betroffenem nicht als freiwillig gelten könne. Das Arbeitsverhältnis wird nicht

---

[14] *Kort*, DB 2016, 711, 714; anders *Taeger/Rose*, BB 2016, 819, 830.

[15] *Wybitul/Sörup/Pötters*, ZD 2015, 559, 561; *Körner*, NZA 2016, 1383.

[16] http://www.spiegel.de/netzwelt/tech/mitarbeiterueberwachung-us-konzern-honeywell-installiert-schnueffels-oftware-auf-zehntausenden-buerorechnern-a-610487.html (zuletzt abgerufen am 01.09.2023).

[17] *Heinson, D.*, Compliance durch Datenabgleiche, BB 2010, 3084; *Heinson, D./Yannikos, Y./Franke, F./Winter, C./Schneider, M.*, Rechtliche Fragen zur Praxis IT-forensischer Analysen in Organisationen, DuD 2010, 75.

[18] *Kort*, ZD 2016, 555, 557; *Brink/Düwell*, NZA 2016, 665, 667.

[19] *Thüsing/Traut*, in: Thüsing 2014, § 5 Rn. 11 ff; *Bausewein* 2012, 60 ff; zweifelnd *Tinnefeld/Petri/Brink*, MMR 2010, 727, 729; *Simitis*, in: Simitis, BDSG, 8. Auflage 2014, § 4a BDSG, Rn. 62.

[20] BAG Urt. v. 11. 12. 2014 – 8 AZR 1010/13, NZA 2015, 604, 607; *Conrad*, in Auer-Reinsdorff/Conrad 2016, § 34, Rn. 296.

[21] Art. 7 Abs. 4 KOM(2012) 11 endgültig, 2012/0011 (COD) v. 25.1.2012.

mehr ausdrücklich exemplarisch für ein ungleiches Verhältnis angeführt. Dennoch stellt sich im Beschäftigungsverhältnis oftmals die Frage, ob die Einwilligung in der konkreten Situation tatsächlich freiwillig erteilt wurde, da der Arbeitnehmer in einem Abhängigkeitsverhältnis zum Arbeitgeber steht.[22] Gerade im Bereich der Mitarbeiterüberwachung spricht aber einiges dafür, dass eine Drucksituation vorliegt, die die freie Entscheidungsmöglichkeit ausschließt.[23] § 26 Abs. 2 BDSG n. F. sieht die Einwilligung als taugliche Rechtsgrundlage vor, statuiert jedoch ein Schriftformerfordernis und begründet eine spezielle Informationspflicht des Arbeitgebers, denn dieser hat den Arbeitnehmer in Textform über sein Widerrufsrecht nach Art. 7 Abs. 3 DSGVO sowie den Zweck der Verarbeitung zu unterrichten. Es ist also weiterhin unsicher, ob und in welchen Fällen die Einwilligung im Arbeitsverhältnis als Rechtsgrundlage für Datenverarbeitungsvorgänge herangezogen werden kann.

1.3 Ziel der Arbeit und Gang der Darstellung

Ziel unternehmerischer Compliance ist es, unternehmensschädigende Handlungen zu verhüten und aufzudecken. Was die Art der Handlung anbelangt, so kann es sich grundsätzlich sowohl um Pflichtverletzungen im Arbeitsverhältnis handeln als auch um Ordnungswidrigkeiten oder Straftaten. Um der Tätergruppe der Innentäter wirksam begegnen zu können, werden zunächst die kriminologischen und empirischen Erkenntnisse zu diesen zusammengetragen. Im Anschluss daran stellt sich die Frage, ob Unternehmen zu Compliance-Maßnahmen gesetzlich verpflichtet sind und was hierunter im Kontext dieser Arbeit zu verstehen ist. Anschließend wird der rechtliche Rahmen abgesteckt, innerhalb dessen sich Compliance-Maßnahmen abstrakt bewegen müssen. Ein Fokus liegt hierbei auf unternehmensinternen Ermittlungen im internationalen Konzern und den Änderungen, die sich durch die Datenschutz-Grundverordnung sowie die nationale Gesetzgebung, die diese umsetzt (BDSG n. F.), für Mitarbeiterüberwachung im Unternehmen ergeben. Untersucht werden soll zum einen, wie die Neuerungen im Unternehmen integriert werden können, zum anderen werden Vorschläge für gesetzgeberisches Tätigwerden im Bereich der Mitarbeiterüberwachung unterbreitet.

Im Aufbau wird zunächst im Kapitel 2 dieser Arbeit die Innentäterproblematik anhand kriminologischer und empirischer Erkenntnisse zu der Tätergruppe behandelt. In einem zweiten Abschnitt wird untersucht, was unter dem relativ konturlosen Begriff der Compliance zu verstehen ist und herausgearbeitet, dass Unternehmen die Verpflichtung zukommt, in ihrem Unternehmen für gesetzestreues Verhalten zu sorgen. Hierbei sollen die straf- und außerstrafrechtlichen Haftungsrisiken für das Unternehmen an sich sowie für die Organe und leitenden Funktionäre im Unternehmen aufgezeigt werden. Dabei soll auch ein Blick auf die besonderen Haftungsrisiken geworfen werden, die für international agierende Unternehmen bestehen.[24]

Da sich die Arbeit mit Screeningmaßnahmen im Beschäftigungsverhältnis – insbesondere der Anomalieerkennung – befasst, wird in Kapitel 3 zunächst der Begriff des Screenings definiert und die praktische Notwendigkeit solcher Maßnahmen aufgezeigt. Zudem werden die technischen Grundlagen dargestellt.

In vier weiteren Kapiteln werden die rechtlichen Anforderungen an Screenings im Beschäftigungsverhältnis dargestellt. Hierbei werden die allgemeinen rechtlichen Fragestellungen, die sich mit Blick auf das Datenschutzrecht stellen, behandelt. Zudem werden beweisrechtliche

[22] *Wybitul/Pötters*, RDV 2016, 10, 13.
[23] *Conrad*, in: Auer-Reinsdorff/Conrad 2016, § 34, Rn. 296.
[24] Zu denken ist für ein in den USA ansässiges Unternehmen etwa an den Foreign Corrupt Practices Act (FCPA), der ein Unternehmen, welches der amerikanischen Rechtshoheit unterliegt, verpflichtet, ein Compliance-System zu implementieren oder an den Sarbanes Oxley Act (SOA); zum UK Bribary Act vgl. *Deister/Geier*, CCZ 2011, 12; *Buchert* 2016, 48 ff.

Anforderungen behandelt. Der Schwerpunkt liegt darauf, die Änderungen, die sich für Konzerne aufgrund des Inkrafttretens der Datenschutz-Grundverordnung stellen, darzulegen. Aufgezeigt werden sollen überdies Wege, die Neuerungen im Unternehmen umzusetzen. Weiter sollen die Änderungen, die sich mit Blick auf spezielle Compliance-Maßnahmen durch Inkrafttreten der DSGVO ergeben, untersucht werden.

2 Bedeutung von Compliance im Unternehmen

Unternehmensinterne Compliance stellt eine Herausforderung dar. Devianten Handlungen von Mitarbeitern – insbesondere wenn es sich um kriminelles Verhalten handelt - versuchen Arbeitgeber daher durch diverse Maßnahmen Vorschub zu leisten und sie zu unterbinden. Teilweise werden umfassende – auch technikbasierte – Compliance-Management-Systeme eingerichtet.[25] Im Folgenden soll zunächst das Begriffsverständnis von Compliance, welches der hiesigen Arbeit zugrunde liegt, erörtert werden. Anschließend soll das tatsächliche Bedürfnis für Compliance im Unternehmen anhand der speziellen Problematik von Straftätern in Betrieb, auch Innentäter genannt, aufgezeigt werden und es sollen sodann die wechselseitigen Interessen von Arbeitgeber und Arbeitnehmer im Zuge von Compliance-Maßnahmen beleuchtet werden.

2.1 Begriff

Die Süddeutsche Zeitung schrieb in einem Artikel: „Das Wort Compliance klingt so gut, dass man ein Automodell danach benennen könnte: der neue Compliance mit 300 PS.".[26] Ein einheitliches Verständnis hat sich bis dato für diesen schillernden Begriff in der Rechtswissenschaft noch nicht herausgebildet.

Was die etymologische Herleitung des aus dem Englischen stammenden Terminus „Compliance" anbelangt, so kann dieser mit „Einhaltung, Gesetzestreue, Befolgung, Übereinstimmung" übersetzt werden und ist dem amerikanischen Recht entlehnt.[27]

Es besteht Uneinigkeit darüber, in welchem Bereich der Begriff „Compliance" Eingang in den deutschen Sprachgebrauch gefunden hat.[28] Der Ursprung als Fachbegriff wird in der Medizin und dem Gesundheitssektor vermutet.[29] In der Medizin wird ihm die Bedeutung „Verordnungstreue" beigemessen, was das therapiegetreue Verhalten eines Patienten im Sinne seiner Bereitschaft, den ärztlichen Verordnungen und Ratschlägen Folge zu leisten, meint.[30] In der Pharmakologie wird mit ihm die ordnungsgemäße Produktion von Arzneimitteln umschrieben, welche durch technisch-organisatorische Maßnahmen flankiert und bei der das Medikament auch nach der Markteinführung überwacht wird.[31]

Eufinger vermutet, dass bereits zur Zeit des kalten Krieges die Prägung des Begriffs „Compliance" im Sinne der Rechtsterminologie erfolgte, da die amerikanische Industrie Compliance-Programme entwickelte, um auf die Gesetzgebung der USA zur Exportkontrolle zu reagieren und deren Anforderungen zu genügen, damit Lieferbeschränkungen in die Ostblockstaaten vermieden werden konnten.[32] Es wird aber bezweifelt, dass es sich hierbei um Maßnahmen handelte, die dem modernen Verständnis von Compliance entsprechen, da die Beachtung von Vorschriften, um Bußgeldern zu entgehen, im Mittelpunkt stand und dies vorwiegend durch das korrekte Ausfüllen von Formularen erfolgte.[33] Es handelte sich hierbei um rein interne und

---

[25] Vgl. beispielsweise zu „Digital Compliance" *Neufang*, IRZ 2017, 249.

[26] *Richter, N.*, in: Süddeutsche Zeitung vom 4.10.2018, „Die Saubermänner", abrufbar unter https://www.sueddeutsche.de/politik/compliance-die-saubermaenner-1.4156029 (zuletzt abgerufen am 01.09.2023).

[27] *Kreitner*, in: Küttner, Personalbuch, 28. Auflage 2021, Compliance, Rn. 1; *Hauschka/Moosmayer/Lösler*, Corporate Compliance, 3. Auflage 2016, § 1, Rn. 2; *Fleischer*, NZG 2004, 1129, 1131 bezeichnet den Begriff als „Legal Transplant"

[28] *Eufinger*, CCZ 2012, 21.

[29] *Eufinger*, CCZ 2012, 21; *Kreßel*, NZG 2018, 841.

[30] *Dieners/Lembeck*, in: Dieners, Handbuch Compliance im Gesundheitswesen, 4. Auflage 2022, Kapitel 7, Rn. 1.

[31] *Dieners/Lembeck*, in: Dieners, Handbuch Compliance im Gesundheitswesen, 4. Auflage 2022, Kapitel 7, Rn. 1.

[32] *Eufinger*, CCZ 2012, 21 f.

[33] *Eufinger*, CCZ 2012, 21 f.

© Der/die Autor(en), exklusiv lizenziert an
Springer Fachmedien Wiesbaden GmbH, ein Teil von Springer Nature 2023
A. C. Teigeler, *Innentäter-Screenings durch Anomalieerkennung*, DuD-Fachbeiträge, https://doi.org/10.1007/978-3-658-43757-2_2

geheimhaltungsbedürftige Vorgänge, um die sich keine wissenschaftliche Diskussion entfachte und die auch noch nicht den Detaillierungsgrad heutiger Compliance-Systeme erreichten.[34]

Dem heutigen Verständnis im rechtlichen Bereich entsprechend hat „Compliance" sowohl in den USA als auch in Deutschland Ende der 1980er Jahre ihren Eingang in die Finanzwelt gefunden.[35] Im amerikanischen Finanzsektor bezeichnete Compliance ein systematisches Konzept, welches ein regelkonformes Verhalten in den klassischen Risikobereichen von Banken, wie Insiderrecht oder den Umgang mit Interessenkonflikten, gewährleisten sollte.[36]

Schon dieser kurze historische Abriss zur Herleitung des Begriffs zeigt, dass es sich bei Compliance um einen Terminus handelt, der einer allgemeingültigen Definition nicht zugänglich ist, da er in diversen Zusammenhängen auftaucht und mannigfaltige Dimensionen aufweist.

Das heutige Verständnis von Compliance hat sich unter anderem durch den US-amerikanischen Sarbanes Oxley Act (SOX) herausgebildet. Es handelt sich hierbei um ein US-Bundesgesetz aus dem Jahr 2002, welches detaillierte Regelungen zu einer Compliance-Organisation nach dem modernen Verständnis enthält, diese aber verbindlich nur für US-börsennotierte Unternehmen vorsieht.[37] Insbesondere Sektion 404 des Sarbanes Oxley Acts befasst sich mit einem internen Kontrollsystem als Teil von Compliance.[38] Zudem verbietet der US-amerikanische, bereits 1977 erlassene, Foreign Corrupt Practices Act (FCPA) die Bestechung von ausländischen Regierungsangestellten und legt allen US-börsennotierten in § 78m FCPA die Pflicht auf, vorbeugende Maßnahmen gegen Korruption zu ergreifen.[39] Auch wenn diese Normen nur für US-börsennotierte Unternehmen verbindlich waren, so setzten sie sich auch in größeren Unternehmen bald als „Best Practices" durch.[40]

In Europa fehlt es an einer zusammenhängenden Compliance-Gesetzgebung entsprechend dem US-amerikanischen Vorbild.[41] In Großbritannien trat im Juli 2011 der UK Bribery Act in Kraft, welcher auch auf ausländische Unternehmen umfassend Anwendung finden kann.[42]

Auf EU-Ebene befasst sich Art. 46 RL 2009/138/EG mit der internen Kontrolle und definiert den Begriff „Compliance-Funktion". Nach Art. 46 Abs. 1 RL 2009/138/EG müssen Versicherungs- und Rückversicherungsunternehmen ein wirksames internes Kontrollsystem unterhalten. Dieses muss eine „Compliance-Funktion" beinhalten, das heißt eine Funktion der Überwachung der Einhaltung der Anforderungen. Nach Art. 46 Abs. 2 S. 2 RL 2009/138/EG gehört zur Compliance-Funktion auch die Beurteilung der möglichen Auswirkung von Änderungen des Rechtsumfelds auf die Tätigkeit des betreffenden Unternehmens sowie die Identifizierung

---

[34] *Eufinger*, CCZ 2012, 21, 22.

[35] *Fleischer*, in: Fleischer/Goette, Münchener Kommentar GmbHG, 3. Auflage 2019, § 43 GmbHG, Rn. 143; *Eufinger*, CCZ 2012, 21, 22; *Fleischer*, NZG 2004, 1129, 1131; *Hauschka/Moosmayer/Lösler*, Corporate Compliance, 3. Auflage 2016, § 1, Rn. 1.

[36] *Dieners/Lembeck*, in: Dieners, Handbuch Compliance im Gesundheitswesen, 4. Auge 2022, Kapitel 7, Rn. 1; *Lösler*, NZG 2005, 104.

[37] *Mengel/Hagemeister*, BB 2006, 2466, 2467; abrufbar unter https://pcaobus.org/About/History/Documents/PDFs/Sarbanes_Oxley_Act_of_2002.pdf (zuletzt abgerufen am 01.09.2023); Überblick bei *Strauch*, NZG 2003, 952.

[38] https://www.sarbanes-oxley-101.com/SOX-404.htm (zuletzt abgerufen am 01.09.2023).

[39] Abrufbar unter https://www.justice.gov/sites/default/files/criminal-fraud/legacy/2012/11/14/fcpa-english.pdf (zuletzt abgerufen am 01.09.2023); *Mengel/Hagemeister*, BB 2006, 2466, 2467; *Mengel*, in: Grobys/Panzer-Heemeier, Stichwort-Kommentar Arbeitsrecht, 3. Auflage Edition 16 2021, Compliance, Rn. 1.

[40] *Mengel/Hagemeister*, BB 2006, 2466, 2467.

[41] *Mengel*, in: Grobys/Panzer-Heemeier, Stichwort-Kommentar Arbeitsrecht, 3. Auflage Edition 16 2021, Compliance, Rn. 2.

[42] *Mengel*, in: Grobys/Panzer-Heemeier, Stichwort-Kommentar Arbeitsrecht, 3. Auflage Edition 16 2021, Compliance, Rn. 2; *Hugger/Röhrich*, BB 2010, 2643, 2646 f.; abrufbar unter https://www.legislation.gov.uk/ukpga/2010/23/pdfs/ukpga_20100023_en.pdf (zuletzt abgerufen am 01.09.2023).

und Beurteilung des mit der Nicht-Einhaltung der rechtlichen Vorgaben verbundenen Risikos, des sogenannten Compliance-Risikos.

Aus den letztgenannten europarechtlichen Regelungen wird zum Teil abgeleitet, dass Compliance die Einhaltung gesetzlicher Bestimmungen, regulatorischer Standards, die Kontrolle von deren Einhaltung und die Erfüllung weiterer, wesentlicher und in der Regel vom Unternehmen selbst gesetzter ethischer Standards und Anforderungen meint. [43] In Abgrenzung dazu bezeichnet der Begriff „Governance" ein umfassendes System, welches die Risikomanagement-, die Compliance-Funktion, die interne Revision und im Versicherungswesen auch die versicherungsmathematische Funktion mit umfassen soll (Art. 13 Nr. 29 RL 2009/138/EG).[44]

Speziell in Deutschland finden sich nur punktuelle Regelungen, die sich mit einem Compliance-System befassen. Verwendet wird der Begriff „Compliance" explizit in § 25a Abs. 1 S. 1 Nr. 3 KWG und § 29 VAG.[45] Allerdings wird auch hier der Begriff nicht selbständig definiert, sondern lediglich festgelegt, dass die dort geforderten internen Kontrollsysteme eine „Compliance-Funktion" beinhalten müssen. Von einer Compliance-Funktion spricht auch § 80 Abs. 13 WpHG.

Für börsennotierte Aktiengesellschaften enthält der Deutsche Corporate Governance Kodex (DCGK) in seinem Grundsatz 5 DCGK folgende Regelung: „Der Vorstand hat für die Einhaltung der gesetzlichen Bestimmungen und der unternehmensinternen Richtlinien zu sorgen und wirkt auf deren Beachtung durch die Konzernunternehmen hin (Compliance)."

Hierbei handelt es sich um eine Definition, die bereits in der älteren Fassung des DCGK 2017 in Ziffer 4.1.3 in der Praxis weitgehende Verwendung fand.[46]

Angelehnt an die Definition des DCGK ist nach hiesigem Verständnis unter „Compliance" die „Gesamtheit der Maßnahmen zu verstehen, die das rechtmäßige Verhalten eines Unternehmens, seiner Organe und Mitarbeiter im Hinblick auf alle gesetzlichen und unternehmenseigenen Gebote und Verbote gewährleisten sollen."[47] Anders als es die reine Übersetzung aus dem Englischen erwarten lässt, steckt in Compliance mehr als die bloße Pflicht zur Gesetzestreue.[48] Denn diese ergibt sich schon aus der normativen Wirkung von Gesetzen, ohne das hierzu speziell „Compliance" erforderlich ist.[49] Compliance bezeichnet darüber hinaus als „umfassende Aufgabe" die Gesamtheit der (organisatorischen) Maßnahmen, die ergriffen werden, um die Einhaltung von gesetzlichen Vorgaben und unternehmensinternen Richtlinien innerhalb eines Unternehmens sicherzustellen.[50] Es geht nicht nur um die Frage des „Ob" der Einhaltung von Gesetzen. Dass Gesetze einzuhalten sind, ergibt sich bereits aus deren normativer Wirkung.[51] Compliance erfordert zum einen in präventiver Hinsicht Maßnahmen, die überwachen, ob der

---

[43] *Schild,* in: Forgó/Helfrich/Schneider, Betrieblicher Datenschutz, 2014, Teil IV., Kap. 5, Rn. 15.

[44] *Schild,* in: Forgó/Helfrich/Schneider, Betrieblicher Datenschutz, 2014, Teil IV., Kap. 5, Rn. 14.

[45] *Fleischer,* in: Fleischer/Goette, Münchener Kommentar GmbHG, 3. Auflage 2019, § 43 GmbHG, Rn. 143; *Hauschka/Moosmayer/Lösler,* Corporate Compliance, 3. Auflage 2016, § 1, Rn. 29; *Mengel,* in: Grobys/Panzer-Heemeier, Stichwort-Kommentar Arbeitsrecht, 3. Auflage Edition 16 2021, Compliance, Rn. 2; vgl. dazu das BaFin-Rundschreiben 4/2010 (WA) – MaComp, abrufbar unter https://www.bafin.de/SharedDocs/Veroeffentlichungen/DE/Rundschreiben/rs_1004_wa_macomp.html (zuletzt abgerufen am 01.09.2023) zur alten Rechtslage.

[46] *Hauschka/Moosmayer/Lösler,* in: Hauschka/Moosmayer/Lösler, Corporate Compliance, 3. Auflage 2016, § 1, Rn. 3; vgl. etwa *Siepelt/Pütz,* CCZ 2018, 78; *Behling,* ZIP 2017, 697, 698.

[47] *Passarge,* NZI 2009, 86; vgl. zu weiteren Compliance-Begriffen *Engelhart* 2010, 40 ff.

[48] *Passarge,* NZI 2009, 86; *Schneider,* ZIP 2003, 645, 646.

[49] *Thüsing,* in: Thüsing, Beschäftigtendatenschutz und Compliance, 3. Auflage 2021, § 2, Rn. 2.

[50] *Passarge,* NZI 2009, 86; *Schneider,* ZIP 2003, 645, 646; *Wybitul,* BB 2009, 1582.

[51] *Thüsing,* in: Thüsing, Beschäftigtendatenschutz und Compliance, 3. Auflage 2021, § 2, Rn. 2.

Pflicht zur Einhaltung von Gesetzen nachgekommen wird, zum anderen ein repressives Element, welches die Möglichkeit beinhaltet, die Nichteinhaltung von Gesetzen aufzudecken und hierauf zu reagieren.[52]

2.2 Das Problem von Straftätern im Betrieb

Im Fokus unternehmensinterner Compliance stehen primär die Verhinderung und Aufdeckung von Straftaten und Ordnungswidrigkeiten. Tätern soll im Zuge präventiver Compliance von Vornherein die Möglichkeit genommen werden, solche zu begehen. Sofern ein Delikt nicht verhindert werden konnte, steht im Zuge repressiver Maßnahmen die Ermittlung der Identität des Täters im Mittelpunkt. Da dieser im Zentrum präventiver und repressiver Compliance steht, ist es unumgänglich, empirische Befunde zum Tätertypus sowie Erkenntnisse der Kriminologie in die Betrachtung mit einzubeziehen.

2.2.1 Innentäter in Unternehmen

Innentätern fällt es aufgrund ihres Wissens über Interna wie Ressourcen und Know-how leichter, etablierte Schutzmaßnahmen zu überwinden, weil sie zum einen die Möglichkeit haben, Schutzmechanismen über einen längeren Zeitraum zu analysieren als externe Täter und zum anderen viele Vorkehrungen ihnen gegenüber wirkungslos sind, da sie regelmäßig über gewisse – auch weit reichende – Zugriffsrechte auf unternehmensinterne Ressourcen verfügen.[53]

„Als Innentäter werden Menschen bezeichnet, die in Unternehmen und Organisationen (...) mit Vorsatz dolose Handlungen durchführen. Innentäter können durch Angreifer gezielt in Organisationen positioniert worden sein oder (...) durch verschiedene Umstände zu Innentätern [werden]."[54]

Darüber hinaus wird Mitarbeitern in der Regel ein gesteigertes Vertrauen von Arbeitgeberseite entgegengebracht.[55] Schon deshalb werden ihnen gegenüber in der Regel weniger das Eigentum des Arbeitgebers schützende Maßnahmen ergriffen als anderen Tätern gegenüber. Neben fest angestellten internen Mitarbeitern können auch externe Dienstleister zu Innentätern werden, die durch ihre Tätigkeit Einfluss auf interne Prozessabläufe oder direkten Zugang zu ihnen haben.[56] Es handelt sich bei Innentätern um eine eigene, bisher noch nicht abschließend erforschte Tätergruppe.[57]

In kriminologischer Hinsicht überschneidet sich die Gruppe der Innentäter mit denen der Wirtschaftskriminellen. Sie stellt einen „Spezialfall" von Wirtschaftskriminellen dar, die mit Vorsatz agieren. Eine einheitliche Definition für Wirtschaftskriminalität existiert trotz dahingehender Forderungen nicht.[58]

---

[52] ähnlich *Thüsing*, in: Thüsing, Beschäftigtendatenschutz und Compliance, 3. Auflage 2021, § 2, Rn. 2.

[53] *Schulte am Hülse/Kraus*, MMR 2016, 435, 439; *Maaßen*, in: BfV/ASW, „Innentäter", Eine unterschätzte Gefahr in Unternehmen, 6.

[54] *Grützner/Jakob* 2015, Innentäter.

[55] *Schulte am Hülse/Kraus*, MMR 2016, 435, 439.

[56] *Schulte am Hülse/Kraus*, MMR 2016, 435, 439.

[57] Diese Arbeit ist im Zuge des BMBF-geförderten Projekts DREI (Datenschutz-respektierende Erkennung von Innentätern) entstanden, welches sich mit dem Tätertypus des Innentäters befasste; vgl. hierzu https://www.forschung-it-sicherheit-kommunikationssysteme.de/projekte/drei (zuletzt abgerufen am 01.09.2023).

[58] Zur Notwendigkeit einer solchen vgl. bereits *Tiedemann* 1972, 27; *Dannecker/Bülte*, in: Wabnitz/Janovsky/Schmitt, Handbuch Wirtschafts- und Steuerstrafrecht, 5. Auflage 2020, Rn. 5.

Das Phänomen der Wirtschaftskriminalität wurde bereits Ende des 19. Jahrhundert wahrgenommen und thematisiert.[59] *Ross* befasste sich 1907[60] und *Morris* 1938[61] mit der Erscheinung von Kriminalität in der Geschäftswelt.[62] Die erste Definition hierfür lieferte 1939 *Sutherland*, der sich mit „white collar crime" beschäftigte.[63] Er definierte diese Form der Kriminalität als „a crime committed by a person of respectability and high social status in the course of their occupation"[64] und stellte damit erstmals einen Bezug zur Beschäftigung her und nicht nur zum sozialen Status. Diese klassische Definition ist für die strafrechtliche Beschreibung der Wirtschaftskriminalität einerseits zu eng, da sie nur statushohe Personen erfasst, andererseits aber zu weit, weil sie jede Kriminalität in Ausübung einer beruflichen Tätigkeit einbezieht, ohne Rücksicht darauf, ob ein Bezug zur Wirtschaft vorliegt.[65]

Nach einer moderneren, von *Schneider* für das sogenannte „Leipziger Verlaufsmodell wirtschaftskriminellen Handelns" zugrunde gelegten Definition umfasst Wirtschaftskriminalität „Straftaten, die von einer oder mehreren Personen im Zusammenhang mit der Ausübung einer legitimen Berufstätigkeit oder legalen wirtschaftlichen Betätigung begangen werden. Dieser Ansatz erfasst die „Managerkriminalität" ebenso wie die in der Praxis besonders wichtige Fallgruppe der „Betriebskriminalität", die von Angestellten häufig zum Nachteil ihres Arbeitgebers begangen wird."[66] Diese Definition umreißt am besten die Straftaten, die durch Maßnahmen der Mitarbeiterüberwachung, die in dieser Dissertation behandelt werden, aufgedeckt werden sollen. Denn in der Praxis besteht ein tatsächliches Bedürfnis des Arbeitgebers danach, nicht nur kriminelle Aktivitäten mit Bezug zur Wirtschaft und Rechtsgüter, die nicht das Unternehmen selbst betreffen, aufzudecken, sondern auch solche, die sich gegen Rechtsgüter des Arbeitgebers richten. So zeigt eine Studie des Wirtschaftsprüfungsunternehmens KPMG aus dem Jahre 2020, dass die befragten Unternehmen vor allem von Diebstahls- und Unterschlagungsdelikten, Betrug und Untreue sowie Datendiebstahl und -missbrauch betroffen waren.[67]

2.2.2 Empirische Befunde zur Täterstruktur im betrieblichen Bereich

Wirtschaftskriminelles Handeln ist Gegenstand empirischer Forschung, die zumeist auf Umfragen basiert. Nach einer Studie des Unternehmens PwC aus dem Jahr 2018 wird ungefähr die Hälfte von Wirtschaftsstraftaten gegen Unternehmen von Mitarbeitern begangen.[68] Eine Studie des Unternehmens KPMG aus dem Jahr 2020 unterscheidet je nach Deliktsart.[69] Delikte, die überwiegend durch Innentäter begangen werden, sind die Manipulation jahresabschlussrele-

---

[59] *Dannecker/Bülte*, in: Wabnitz/Janovsky/Schmitt, Handbuch Wirtschafts- und Steuerstrafrecht, 5. Auflage 2020, Rn. 6; *Wittkämper/Krevert/Kohl* 1996, 20 sowie *Drechsler* 2013, jeweils m.w.N.

[60] *Ross* 1907, 46 ff., zeichnet das Bild eines Täters, welcher zwar nicht von Natur aus unsozial ist, aber ein zweites Gesicht ohne Moralvorstellungen hat.

[61] *Morris* 1938, 157 der von „criminals of the upperworld" sprach.

[62] *Dannecker/Bülte*, in: Wabnitz/Janovsky/Schmitt/Schmitt, Handbuch Wirtschafts- und Steuerstrafrecht, 5. Auflage 2020, Rn. 6; *Wittkämper/Krevert/Kohl* 1996, 20 m.w.N.

[63] *Dannecker/Bülte*, in: Wabnitz/Janovsky/Schmitt/Schmitt, Handbuch Wirtschafts- und Steuerstrafrecht, 5. Auflage 2020, Rn. 6; *Wittkämper/Krevert/Kohl* 1996, 20; *Tiedemann* 1972, 27; *Klimke/Legnaro* 2016, 293; *Sutherland*, ASR 1940, Vol. 5, 1 ff.

[64] *Sutherland* 1985, 9.

[65] *Dannecker/Bülte*, in: Wabnitz/Janovsky/Schmitt/Schmitt, Handbuch Wirtschafts- und Steuerstrafrecht, 4. Auflage 2014, Rn. 7.

[66] *Schneider*, NStZ 2007, 555, 556; ebenso *Universität Leipzig/Rölfs Partner* 2009, 26, Fn. 31.

[67] *KPMG* 2020, 11.

[68] *PwC*, Wirtschaftskriminalität 2018, 60; ebenso *Maack*, in: BfV/ASW, „Innentäter", Eine unterschätzte Gefahr in Unternehmen, 10.

[69] *KPMG* 2020, 18.

vanter Informationen, Diebstahl, Unterschlagung sowie die Verletzung von Geschäftsgeheimnissen.[70] Dennoch findet sich relativ wenig aussagekräftiges und aktuelles Material zur „Wirtschaftskriminologie".[71] Insbesondere besteht ein Mangel an empirischen Befunden zum Täter selbst. Lediglich die Ergebnisse einer Studie aus dem Jahr 2009 konnten für diese Arbeit nutzbar gemacht werden.

Um wirksame Präventionsmaßnahmen etablieren zu können, muss in einem ersten Schritt unter Berücksichtigung empirischer Ergebnisse der Blick auf den „typischen Innentäter" oder „typischen Wirtschaftskriminellen" gerichtet werden.[72]

Eine Studie, die sich speziell mit Betriebskriminalität befasste[73], ergab, dass es sich bei individueller Betrachtung um eine Vielzahl verschiedener Tätertypen mit unterschiedlichen sozialen Bezügen und Lebenswegen handelte.[74] Bei rein quantitativ-statistischer Betrachtung handelte es sich bei den Tätern überwiegend um Männer (Frauenanteil bei 6 %), die zumeist deutscher Staatsangehörigkeit (8% Ausländeranteil) waren. Die Vorstrafenbelastung betrug 24%, schwankte zwischen einer und fünf Vorstrafen und lag bei den Tätern mit Vorstrafen im Schnitt bei 3,7 Taten.[75]

Wirtschaftsstraftäter werden erst zu einem relativ späten Lebensalter straffällig. Das durchschnittliche Alter bei Begehung der ersten registrierten Straftat lag bei 44 Jahren.

Auch das Klischee des „white collar"- Kriminellen wurde bestätigt. Die Bildung der Täter war überdurchschnittlich hoch. Alle Täter hatten eine abgeschlossene Berufsausbildung, 44 % der Täter hatten einen Universitätsabschluss, zwei der insgesamt 50 befragten Täter waren promoviert und zwei Träger des Bundesverdienstkreuzes.[76] Allerdings wurden auch verfügbare Mietspiegel analysiert, die ergaben, dass die Täter jedenfalls zum Zeitpunkt der Verurteilung ihren Wohnsitz in unterdurchschnittlich teuren Gegenden hatten, sodass nicht mit Sicherheit festgestellt werden konnte, ob die Täter tatsächlich zur „Oberschicht" gehörten.[77]

Circa 72 % der Täter waren zum Tatzeitpunkt seit längerer Zeit verheiratet.[78]

Zusammenfassend lässt sich sagen, dass der typische Wirtschaftskriminelle ein „latecomer to crime" und mit einer Persönlichkeit ausgestattet ist, die kaum Auffälligkeiten zeigt.[79] Die Wirtschaftskriminalität ist gekennzeichnet als Delinquenz bei „sonstiger sozialer Unauffälligkeit"[80].

Obwohl insbesondere durch Diebstahl und Unterschlagung (außer in Zusammenhang mit anderen klassischen Delikten der Wirtschaftskriminalität) in Betrieben Unternehmen ein enormer Schaden entsteht, werden diese leider üblicherweise bei solch empirischen Erhebungen ausgeschlossen, sodass – soweit ersichtlich – überwiegend empirische Befunde vorhanden sind, die

---

[70] *KPMG* 2020, 18.

[71] *Universität Leipzig/Rölfs Partner* 2009, 5.

[72] Umfassend dazu *Hugendubel* 2016; eine tabellarische Übersicht über Motive und Persönlichkeiten findet sich bei *Weber*, Innentäter im Unternehmen, 13 ff.

[73] *Universität Leipzig/Rölfs Partner* 2009, 7.

[74] *Universität Leipzig/Rölfs Partner* 2009, 19.

[75] *Universität Leipzig/Rölfs Partner* 2009, 8.

[76] *Universität Leipzig/Rölfs Partner* 2009, 8.

[77] *Universität Leipzig/Rölfs Partner* 2009, 8

[78] *Universität Leipzig/Rölfs Partner* 2009, 8.

[79] *Universität Leipzig/Rölfs Partner* 2009, 5.

[80] *Universität Leipzig/Rölfs Partner* 2009, 5.

zu klassischen „white collar crimes" erhoben wurden.[81] Lediglich eine Auswertung des BKA aus dem Jahr 2017 zum Thema Innentäter geht darauf ein, dass sich bei bestimmten Delikten wie Diebstahl, Untreue oder Betrug auch Täter ohne Führungsverantwortung fanden.[82]

2.2.3 Empirische Erklärungsversuche

Die Motivationslagen, aus denen heraus Innentäter handeln, können mannigfaltiger Natur sein.[83] So können diverse Gefühlsregungen wie Rache, Frust oder Böswilligkeit eine Rolle spielen.[84] Als Motivation für die Tat werden bei Wirtschaftskriminellen – wenig überraschend - unter anderem auch finanzielle Anreize oder als mögliche Ursache für kriminelles Handeln ein fehlendes Unrechtsbewusstsein des Täters angeführt.[85]

In Studien zur Wirtschaftskriminalität werden Faktoren wir leichte Verführbarkeit, ein aufwändiger Lebensstil sowie das Leugnen der Konsequenzen für ein Unternehmen genannt.[86] Überdies wird der Tatgelegenheit entscheidende Bedeutung beigemessen.[87]

In der Kriminologie wurde versucht, anhand der traditionellen Kriminalitätstheorien eine Erklärung für wirtschaftskriminelles Handeln zu finden.[88] Einen relativ jungen integrativen Ansatz liefert das Leipziger Verlaufsmodell wirtschaftskriminellen Handelns.[89] Dieser Ansatz knüpft an das Modell des US-amerikanischen Soziologen *Coleman* an, der zur Erklärung von Wirtschaftskriminalität im Einzelfall auf situative und motivationale Faktoren zurückgreift.[90] *Schneider* entwickelt ein dreistufiges Verlaufsmodell, welches zur Erklärung von wirtschaftskriminellem Verhalten dienen soll. Auf einer ersten Stufe ist der potentielle Täter einer Situation ausgesetzt, die potenziell als „günstige Gelegenheit" zur Begehung einer Straftat interpretiert werden kann, ausgesetzt.[91] Dabei wird die günstige Gelegenheit zu Beginn als eine „physikalisch beschreibbare Ausgangslage"[92] definiert. Erst wenn der Handelnde einen Lebenssachverhalt subjektiv als günstige Gelegenheit begreift und in seinem Verhaltensrepertoire deliktische Handlungsabläufe eine grundsätzlich akzeptable Alternative darstellen, ebnet diese Ausgangslage ihm den Weg in delinquentes Verhalten.[93]

---

[81] So beispielsweise in einer Studie des BKA, vgl. *Hedayati/Bruhn* 2015, Fn. 245; *Universität Leipzig/Rölfs Partner* 2009, 8; *Ernst & Young* „Human Instinct, Machine Logic – which do you trust most in the fight against fraud and corruption?" Europe, Middle East, India and Africa Fraud Survey, 2017, abrufbar unter https://eyfinancialservicesthoughtgallery.ie/wp-content/uploads/2017/06/EY-EMEIA-Fraud-Survey-2017.pdf (zuletzt abgerufen am 01.09.2023); Befragung des bitkom zu Spionage, Sabotage, Datendiebstahl, abrufbar unter https://www.bitkom.org/Presse/Presseinformation/Spionage-Sabotage-Datendiebstahl-Deutscher-Wirtschaftentsteht-jaehrlich-ein-Schaden-von-55-Milliarden-Euro.html (zuletzt abgerufen am 01.09.2023).

[82] *Weber,* Innentäter im Unternehmen, 18.

[83] *Maaßen,* in: BfV/ASW, „Innentäter", Eine unterschätzte Gefahr in Unternehmen, 6.

[84] Bundesamt für Sicherheit in der Informationstechnik, IT-Grundschutz-Kataloge: 12. EL Stand 2011 468; Überblick bei *PricewaterhouseCoopers* 2009, 25 ff.

[85] *Mückenberger/Sättele,* in: Knierim/Rübenstahl/Tsambikakis, 2. Auflage 2016, 915.

[86] *Universität Leipzig/Rölfs Partner* 2009, 9.

[87] *Mückenberger/Sättele,* in: Knierim/Rübenstahl/Tsambikakis, 2. Auflage 2016, 915; *Universität Leipzig/Rölfs Partner* 2009, 9.

[88] Zur Kritik hieran *Schneider,* NStZ 2007, 555, 556 f.; *Wuttke* 2010, 20 ff. legt ihren Überlegungen das Betrugsdreieck von *Cressey* zugrunde, wonach „die Gelegenheit für den Täter, ein Bedürfnis bzw. seine Motivation für das Durchführen krimineller Handlungen sowie seine innere Rechtfertigung für das konkrete Handeln" die enscheidenden Eckpunkte für das Begehen krimineller Handlungen darstellen.

[89] Vgl zum Folgenden *Schneider,* NStZ 2007, 555, 558 ff., dessen Ausführungen hier zusammengefasst werden.

[90] *Schneider,* NStZ 2007, 555, 558.

[91] *Schneider,* NStZ 2007, 555, 561.

[92] *Schneider,* NStZ 2007, 555, 558.

[93] *Schneider,* NStZ 2007, 555, 558.

Solche Situationen können im Arbeitsalltag aus Routineaktivitäten entstehen, in denen stets durch dieselben Mitarbeiter sicherheitsrelevante Tätigkeiten ohne Kontrolle Dritter durchgeführt werden.[94] Moderne Arbeitsbedingungen bringen solche Situationen mit sich, indem nicht arbeitsplatzbezogene Arbeitsmodelle zunehmen und anonyme, überörtliche Kontakte und Vertragsbeziehungen geknüpft werden.[95] Da es sich beim Leipziger Verlaufsmodell um ein integratives Modell handelt, bezieht sich *Schneider* hier auf die „Routine Activity Approach".[96]

Auf der ersten Stufe des Modells muss der Handelnde die Situation überhaupt bemerken. Mögliche Ursachen für ein Übersehen der Situation können zum einen mit der verrichteten Tätigkeit zusammenhängen können, andererseits mit personellen Spezifika.[97] Da oftmals Arbeitnehmer erst nach längerer Unternehmenszugehörigkeit kriminell werden, liegt die Vermutung nahe, dass günstige Gelegenheiten erst nach genauerer Kenntnis der Arbeitsabläufe sichtbar werden.[98] So muss der Täter beispielsweise wissen, wie Reisekosten unternehmensintern überprüft werden, um Abrechnungen entsprechend manipulieren zu können.[99] Allerdings ist es auch möglich, dass die kriminogene Situation vom Handelnden übersehen wird, obwohl er über das erforderliche Wissen zur Begehung der Tat verfügt.[100] Als denkbare Erklärung wird angeführt, dass ein Wahrnehmungsfilter, ausgelöst durch eine besonders ausgeprägte Orientierung an Konformitätswerten, sozusagen als Über-Ich, existiert.[101]

Ist der Blick jedoch nicht durch Konformitätsdenken oder eine fehlende Kenntnis der Abläufe blockiert, so stellt sich auf der zweiten Stufe die Frage, ob ein Mitarbeiter einen Sachverhalt auch als günstige Gelegenheit bewertet.[102] Ein Mitarbeiter könnte diesen als Sicherheitslücke deuten und Vorschläge zur Verbesserung der Arbeitsabläufe machen.[103] Die Bewertung durch den Einzelnen hängt maßgebend von kriminovalenten und kriminoresistenten Ausgangsbedingungen ab, bei deren Vorliegen Straffälligkeit wahrscheinlich bzw. unwahrscheinlich ist.[104] Beispielsweise ermöglichen es Neutralisierungsstrategien dem Handelnden, auch wenn eine Situation als günstige Gelegenheit erkannt wird, sein tadelloses Selbstbild aufrechtzuerhalten.[105] Solche Neutralisierungstechniken dienen dem Täter zur Rechtfertigung der Tat vor sich selbst, beispielsweise indem er eine Verantwortlichkeit, den Schaden oder das Vorhandensein eines Opfers leugnet.[106] Auf dieser Stufe stellt die Wertorientierung des Einzelnen einen Filter dar, durch den Werten nicht entsprechende Verhaltensweisen nicht in Betracht gezogen oder nicht durchgeführt werden.[107] Sind kriminoresistente Werte nicht leitend, fehlt es an einem inneren Halt, der die Begehung der Tat hindern könnte.[108] Eine Rolle spielen auch arbeitsplatzbezogene Subkulturen, die den Entschluss, kriminell zu handeln, erleichtern, weil das Verhalten innerhalb der Subkultur nicht auf Zurückweisung stoßen wird.[109]

---

[94] *Schneider*, NStZ 2007, 555, 560.

[95] *Schneider*, NStZ 2007, 555, 560.

[96] *Schneider*, NStZ 2007, 555, 560.

[97] *Schneider*, NStZ 2007, 555, 560.

[98] *Schneider*, NStZ 2007, 555, 560.

[99] *Schneider*, NStZ 2007, 555, 560.

[100] *Schneider*, NStZ 2007, 555, 560.

[101] *Schneider*, NStZ 2007, 555, 560.

[102] *Schneider*, NStZ 2007, 555, 561.

[103] *Schneider*, NStZ 2007, 555, 561.

[104] *Schneider*, NStZ 2007, 555, 561.

[105] *Schneider*, NStZ 2007, 555, 561.

[106] *Sykes/Matza*, American Sociological Review 1957, Vol. 22, 664, 666 ff.

[107] *Schneider*, NStZ 2007, 555, 561.

[108] *Schneider*, NStZ 2007, 555, 561.

[109] *Schneider*, NStZ 2007, 555, 561.

Die Unterscheidung zwischen der zweiten Stufe, bei der es um ein Bewerten geht, und der dritten Stufe des Handelns bezieht sich auf die Schwundrate zwischen denjenigen Mitarbeitern, die die Ausgangslage zwar als günstige Gelegenheit interpretiert haben, dennoch aber von ihrer Verwirklichung Abstand nehmen.[110] Als entscheidend wird eine Kumulation und Intensitätssteigerung von personalen Risiken angesehen.[111] Einzelne kriminovalente Kriterien können sich verdichten und wechselseitig verstärken.[112] Für die Intensitätssteigerung verwendet *Schneider* den Begriff „Relevanzbezüge"[113]. Diese werden als „Grundintentionen und besonders ausgeprägte Interessen, die in der Gesamtheit eine Persönlichkeit kennzeichnen"[114], definiert. Ein Beispiel hierfür stellt der unbedingte Wille dar, den aufwändigen Lebensstil selbst in einer finanziellen Krise aufrecht zu erhalten.[115] Denkbar ist auch, dass der Täter sich einer arbeitsplatzbezogenen Subkultur zuwendet und zugleich der Kontakt zu außenstehenden Personen fehlt.[116]

Bei Vorliegen der im dreistufigen Verlaufsmodell dargestellten Aspekte im Einzelfall ist wirtschaftsdelinquentes Verhalten nach *Schneider* erwartbar und entspricht sozusagen dem Lebenszuschnitt des Akteurs.[117] Es handelt sich insofern um kriminelles Verhalten bei sonstiger sozialer Unauffälligkeit.[118] Allerdings muss es sich nicht zwingend um eine Kumulation kriminovalenter Kriterien handeln, die wirtschaftskriminelles Verhalten hervorrufen.[119] So ist im Falle des „crisis responders" kriminelles Handeln die Antwort auf eine Krise, in der er das Anspruchsniveau nicht senkt und sich in einer Situation spontan für delinquentes Handeln entscheidet.[120]

In weiteren Fällen ist lediglich eine günstige Gelegenheit, unabhängig von personalen Risikokonstellationen, ausschlaggebend.[121] Zum einen handelt es sich um Fallkonstellationen, bei denen die gesellschaftliche Akzeptanz der strafrechtlichen Norm ohnehin fraglich ist und sich die „Vorzeichen von Kultur und Subkultur" umdrehen. Durch gesetzeskonformes Verhalten wird der Akteur in diesen Fällen zum Außenseiter. Praktisches Beispiel ist das Steuerrecht. Hier werden kleinere Betrügereien in der Gesellschaft oft nivelliert und als gesellschaftsfähig angesehen. Vor sich selbst kann der Handelnde die Tat rechtfertigen, indem er sich der Neutralisierungstechnik der „Berufung auf Reziprozität" bedient.[122] Speziell im beruflichen Bereich werden die Straftaten von Seiten des Arbeitgebers oftmals nicht als solche wahrgenommen bzw. wegen ansonsten guter Leistungen des Akteurs verziehen.[123] Als naheliegend sieht *Schneider* es außerhalb dieses Deliktsspektrums an, dass zu der günstigen Gelegenheit personale Risikofaktoren treten müssen. Vorstellbar sei auch, dass sich Wirtschaftskriminalität sukzessive durch Übertretungen im Grenzbereich zwischen erlaubten und verbotenen Verhaltensweisen entwickle und sich dazu persönlichkeitsrelevante Auffälligkeiten einstellen.[124]

---

[110] *Schneider*, NStZ 2007, 555, 561.

[111] *Schneider*, NStZ 2007, 555, 561.

[112] *Schneider*, NStZ 2007, 555, 561.

[113] *Schneider*, NStZ 2007, 555, 561.

[114] *Schneider*, NStZ 2007, 555, 561.

[115] *Schneider*, NStZ 2007, 555, 561.

[116] *Schneider*, NStZ 2007, 555, 561.

[117] *Schneider*, NStZ 2007, 555, 561.

[118] *Schneider*, NStZ 2007, 555, 561.

[119] *Schneider*, NStZ 2007, 555, 561.

[120] *Schneider*, NStZ 2007, 555, 559, 561.

[121] *Schneider*, NStZ 2007, 555, 561.

[122] *Schneider*, NStZ 2007, 555, 561.

[123] *Schneider*, NStZ 2007, 555, 562.

[124] *Schneider*, NStZ 2007, 555, 562.

2.2.4 Zwischenergebnis

Das Modell selbst erhebt für sich den Anspruch, zu präventiven Zwecken speziell bei Wirtschaftsstraftaten eingesetzt werden zu können.[125] Begründet wird dies damit, dass der Blick auch auf die jeweiligen Stärken im Leben eines Arbeitnehmers gelenkt wird, welche dann bei einer kriminologischen Einzelfallanalyse erkannt werden können.[126] Außerdem liefert es Ansatzpunkte für Wirtschaftskriminalität eindämmende Maßnahmen im Unternehmen. Zum einen zeigen die Ausführungen zu arbeitsplatzbezogenen Subkulturen, dass es auch für Arbeitgeber wünschenswert ist, dass Mitarbeiter über ein Sozialleben mit ausreichenden Bindungen außerhalb des Arbeitsumfelds verfügen. Vor diesem Hintergrund ist eine ständige Ausweitung der Leistungszeit in die Freizeit problematisch.[127] Außerdem wirkt eine hohe Mitarbeiterzufriedenheit Wirtschaftskriminalität entgegen.[128]

Um Neutralisierungstechniken entgegenzuwirken, sollten Wertvorstellungen etabliert und gestärkt werden. Dies kann etwa durch einen verbindlichen unternehmensinternen Verhaltenskodex (sog. Code of Conduct) geschehen, der bestimmte Grundwerte festlegt.[129] Aufgrund der Abstraktheit wird teilweise bezweifelt, ob er geeignet ist, auf das individuelle Handeln potenzieller Täter einzuwirken, da ein Täter dazu gebracht werden muss, sein wertekonformes Selbstbild abzulegen.[130]

Nicht in Vergessenheit geraten sollte allerdings, dass in einem ersten Schritt eine günstige Gelegenheit existieren muss. Auch wenn deren Wahrnehmung als solche von personalen Faktoren des Täters abhängt, so gilt es doch, möglichst wenige Situationen aufkommen zu lassen, die als solche überhaupt wahrgenommen werden könnten. Insofern ist es entscheidend, Sicherheitslücken frühzeitig aufzudecken, als solche zu erkennen und zu schließen. Ein Element wirksamer Compliance ist dabei die Überwachung von Mitarbeitern. Letztendlich sind die motivationalen Faktoren, die ein strafbares Verhalten oder Pflichtverletzungen begünstigen, nicht durch den Arbeitgeber beeinflussbar, aber die Gelegenheiten für die Begehung von Straftaten können reduziert werden.

2.3 Die Verpflichtung des Arbeitgebers zu Compliance

Ziel dieser Arbeit ist es, die Möglichkeiten und vor allem die Grenzen der Mitarbeiterüberwachung mit Blick auf das geltende Datenschutzrecht darzustellen. Der Arbeitgeber wird allerdings bei der Mitarbeiterüberwachung nicht nur gesetzlichen Beschränkungen unterworfen[131], sondern er ist aus Gründen unternehmerischer Compliance auch dazu verpflichtet, seine Mitarbeiter zu kontrollieren.

2.3.1 Praktisches Bedürfnis nach Compliance

Ein Ziel von Compliance ist eine umfassende Haftungsvermeidung.[132] Durch Mitarbeiter begangene Straftaten, Ordnungswidrigkeiten und Pflichtverletzungen stellen ein wirtschaftliches

---

[125] *Schneider,* NStZ 2007, 555, 562.

[126] *Schneider,* NStZ 2007, 555, 562.

[127] *Schneider,* NStZ 2007, 555, 562.

[128] *Schneider,* NStZ 2007, 555, 562.

[129] *Schneider,* NStZ 2007, 555, 562; *Schlierenkämper,* in Bürkle, Compliance in Versicherungsunternehmen, 3. Auflage 2020, Rn. 243 zu Codes of Conduct in der Versicherungsbranche.

[130] *Schneider,* NStZ 2007, 555, 562.

[131] Die Rede ist von einem „Spannungsverhältnis zwischen Compliance und Datenschutz", vgl. *Wybitul,* BB 2009, 1582.

[132] *Buchert* 2016, 26; *Hauschka/Moosmayer/Lösler,* in: Hauschka/Moosmayer/Lösler, Corporate Compliance, 3. Auflage 2016, § 1, Rn. 7; *Bürkle,* BB 2005, 565, 566.

Risiko für das Unternehmen sowie die Unternehmensleitung dar.[133] So wurde im Fall *Siemens/Enel* von Seiten der italienischen Strafverfolgungsbehörden gegen die Siemens AG „wegen des Unterlassens der Einführung und wirksamen Umsetzung von Organisations- und Managementmodellen, die geeignet waren, Straftaten in der Art der begangenen"[134] Bestechungsdelikte zu verhindern, eine Geldstrafe in Höhe von 500.000 € und ein auf ein Jahr befristetes Verbot eines Vertragsschlusses mit der öffentlichen Verwaltung verhängt.[135] Darüber hinaus wurde die Abschöpfung des Gewinns, welcher sich auf 6.121.000 € belief, angeordnet.[136] Der Verfall des Erlöses nach den §§ 73 ff. StGB stellt ebenfalls eine empfindliche Sanktion dar.[137]

Mit anderem Schwerpunkt erkennt beispielsweise der EGMR ein gesellschaftliches Bedürfnis nach Compliancemaßnahmen an. So urteilte er zur heimlichen Videoüberwachung, dass diese nicht nur dem Interesse des Arbeitgebers am effektiven Schutz seiner Eigentümerrechte (Art. 1 1. Protokoll EMRK) dient, sondern auch dem öffentlichen Interesse an einer geordneten Rechtspflege mit dem Ziel der Wahrheitsfindung.[138] Schließlich war es auch Ziel der urteilsgegenständlichen heimlichen Videoüberwachung, andere Angestellte von einem Diebstahlsverdacht auszuschließen.[139]

Neben der Gefahr einer zivilrechtlichen und strafrechtlichen Haftung und materiellen Schäden bestehen für Unternehmen auch außerstrafrechtliche und faktische Risiken.[140]

Eine außerstrafrechtliche Sanktion mit erheblichen wirtschaftlichen Folgen stellt das im Fall *Siemens/Enel* angewendete „Blacklisting", der zeitlich begrenzte, längerfristige Ausschluss von Ausschreibungen (nach den §§ 123 ff. GWB) öffentlicher Auftraggeber, dar.[141] Diese Sanktion trifft vor allem Unternehmen, die auf Aufträge der öffentlichen Hand angewiesen sind, wie dies primär in der Baubranche der Fall ist.[142]

Ein faktisches Problem für Unternehmen stellt es dar, dass ein staatliches Ermittlungsverfahren in der Regel die betrieblichen Abläufe behindert. Vor allem Maßnahmen wie die Durchsuchung (§§ 102 ff. StPO) und die Beschlagnahme (§§ 94 ff. StPO) von Unterlagen und PCs können zum Stillstand der betrieblichen Abläufe führen.[143] Ferner werden durch ein Verfahren auch das Management – alleine schon durch Befragungen – sowie die Mitarbeiter, die der obersten Führungsebene angehören, in der Regel zeitlich in ihrer Arbeit eingeschränkt, sodass diese sich ihrer Aufgabe im Unternehmen nicht voll widmen können.[144]

Bereits der Vorwurf von Straftaten oder Ordnungswidrigkeiten führt überdies in der Regel dazu, dass neben dem internen Aufwand auch Kosten entstehen, da externe Beratungsunternehmen hinzugezogen werden müssen.[145]

---

[133] *Hauschka/Moosmayer/Lösler*, in: Hauschka/Moosmayer/Lösler, Corporate Compliance, 3. Auflage 2016, § 1, Rn. 7.

[134] BGH, Urt. v. 29.8.2008 – 2 StR 587/07, Rn. 22.

[135] BGH, Urt. v. 29.8.2008 – 2 StR 587/07, Rn. 22.

[136] BGH, Urt. v. 29.8.2008 – 2 StR 587/07, Rn. 22.

[137] *Bürkle*, BB 2005, 565, 566.

[138] EGMR, Urt. v. 5.10.2010 - 420/07 (Köpke/Deuschland), BeckRS 2011, 81439.

[139] EGMR, Urt. v. 5.10.2010 - 420/07 (Köpke/Deuschland), BeckRS 2011, 81439.

[140] Vgl. die ausführliche Darstellung der strafrechtlichen und außerstrafrechtlichen Risiken bei *Buchert* 2016, 26 ff.

[141] *Buchert* 2016, 53; *Schnitzler,* BB 2016, 2115, 2118.

[142] *Buchert* 2016, 53.

[143] *Buchert* 2016, 53 f.; *Bürkle,* BB 2005, 565, 566.

[144] *Bürkle,* BB 2005, 565, 566 unter Verweis auf *Jahn,* ZRP 2004, 179, 183, der sich mit dem Fall *Mannesmann* beschäftigt.

[145] *Bürkle,* BB 2005, 565, 566.

In jedem Fall droht Unternehmen aufgrund der Negativschlagzeilen, die dem Bekanntwerden von Gesetzesverstößen folgen, eine Schädigung der Reputation und ein Verlust des Vertrauens.[146] Gerade bei börsennotierten Aktiengesellschaften kann sich dieser in einer negativen Kursentwicklung niederschlagen.[147] Selbst wenn sich die Vorwürfe gegen das Unternehmen nicht erhärten, ist dieser Verlust an Vertrauen und Ansehen erfahrungsgemäß nur schwer wiederherstellbar.[148]

2.3.2 Rechtliche Verpflichtung zur Einrichtung einer Compliance-Organisation

Ob und welchem Umfang eine allgemeine Pflicht besteht, eine Compliance-Organisation in einem Unternehmen zu errichten, wird in der Literatur diskutiert und ist auch Gegenstand der Rechtsprechung.

2.3.2.1 Spezialgesetzliche Regelungen

Dass auch der Gesetzgeber eine Notwendigkeit für Compliance in verschiedenen Rechtsorganisationen sieht, wird aus diversen spezialgesetzlichen Regelungen deutlich. So verpflichtet § 6 GwG bestimmte Unternehmen Vorkehrungen zur Verhinderung von Geldwäsche zu treffen, wozu auch Kontrollen gehören.[149] Nach § 25a Abs. 1 S. 3 Nr. 3 lit. c KWG müssen Kredit- und Finanzdienstleistungsinstitute interne Kontrollverfahren mit einem internen Kontrollsystem einrichten, welches nach dem Gesetzgeber insbesondere eine „Risikocontrolling- und Compliance-Funktion" umfassen muss. § 80 Abs. 1 S. 1 WpHG verweist für Kredit- und Finanzdienstleistungsinstitute auf § 25a KWG. Ähnliche Anforderungen stellen §§ 28 f. KAGB an Kapitalverwaltungsgesellschaften.[150] Speziell für die Finanzwirtschaft schreibt § 29 Abs. 1 S. 2 VAG ausdrücklich vor, dass Versicherungsunternehmen über ein wirksames internes Kontrollsystem mit einer „Funktion zur Überwachung der Einhaltung der Anforderungen (Compliance-Funktion)" verfügen müssen.

Für die jeweiligen gesellschaftsrechtlichen Organisationsformen eines Unternehmens sind über verschiedene Gesetze Regelungen verteilt, die für die entsprechende Rechtsform Compliance-Pflichten statuieren. Eine Vorschrift, nach der eine Gesellschaft pauschal über eine Compliance-Organisation verfügen muss, gibt es im allgemeinen Gesellschaftsrecht allerdings nicht.[151]

Nach § 91 Abs. 2 AktG ist der Vorstand einer Aktiengesellschaft dazu verpflichtet, geeignete Maßnahmen zu treffen, insbesondere ein Überwachungssystem einzurichten, damit bestandsgefährdende Entwicklungen frühzeitig erkannt werden. Auch in der Rechtsprechung sind solche Compliance-Pflichten anerkannt. Das LG München I urteilte in seiner *Neubürger*-Entscheidung[152], dass ein Vorstandsmitglied im Außenverhältnis sämtliche Vorschriften einhalten müsse, die das Unternehmen als Rechtssubjekt träfen.[153] Im Rahmen dieser Legalitätspflicht dürfe ein Vorstandsmitglied zum einen keine Gesetzesverstöße anordnen, zum anderen bestehe eine Organisations- und Aufsichtspflicht dahingehend, dass keine Gesetzesverletzungen stattfänden.[154] Diese Überwachungspflicht werde namentlich gemäß § 91 Abs. 2 AktG dadurch

---

[146] *Thüsing*, in: Thüsing, Beschäftigtendatenschutz und Compliance, 3. Auflage 2021, § 2, Rn. 3, 37.

[147] *Bürkle*, BB 2005, 565, 566.

[148] *Bürkle*, BB 2005, 565, 566.

[149] *Schneider*, ZIP 2003, 645, 649 zu § 14 GwG a.F.

[150] Vgl. dazu AT 4.4.2 MARisk der BaFin (abrufbar unter https://www.bafin.de/SharedDocs/Veroeffentlichungen/DE/Rundschreiben/2017/rs_1709_marisk_ba.html, zuletzt abgerufen am 01.09.2023) und BT 1 MAComp der BaFin; *Mengel*, in: Grobys/Panzer-Heemeier, Stichwort-Kommentar Arbeitsrecht, 3. Auflage 2019, Compliance, Rn. 2.

[151] *Schaefer/Baumann*, NJW 2011, 3601.

[152] LG München I, Urt. v. 10.12.2013 – 5 HK O 1387/10, NZG 2014, 345.

[153] LG München I, Urt. v. 10.12.2013 – 5 HK O 1387/10, NZG 2014, 345, 346.

[154] LG München I, Urt. v. 10.12.2013 – 5 HK O 1387/10, NZG 2014, 345, 346.

konkretisiert, dass ein Überwachungssystem installiert wird, das geeignet ist, bestandsgefährdende Entwicklungen frühzeitig zu erkennen, wovon auch Verstöße gegen gesetzliche Vorschriften umfasst seien.[155] Dieser Organisationspflicht genüge der Vorstand bei entsprechender Gefährdungslage nur dann, wenn er eine auf Schadensprävention und Risikokontrolle angelegte Compliance-Organisation einrichte.[156] Gemäß § 91 Abs. 3 AktG hat zudem der Vorstand einer börsennotierten Gesellschaft ein im Hinblick auf den Umfang der Geschäftstätigkeit und die Risikolage des Unternehmens angemessenes und wirksames internes Kontrollsystem und Risikomanagementsystem einzurichten.

Zudem gibt es im Aktienrecht eine allgemein anerkannte Pflicht des Vorstands, durch organisatorische Vorkehrungen dafür zu sorgen, dass Unternehmensangehörige gesetzliche Bestimmungen und unternehmensinterne Richtlinien einhalten.[157] Dogmatisch wird diese Pflicht bei der Leitungs- und Organisationsverantwortung des Vorstands in den §§ 76 Abs. 1, 93 Abs. 1 AktG verortet.[158] Konkrete Vorgaben zur Ausgestaltung einer Compliance-Organisation enthält das Aktiengesetz nur an einzelnen Stellen. Beispielsweise erlaubt § 107 Abs. 3 S. 2 AktG, dass in einer kapitalmarktorientierten Aktiengesellschaft der Aufsichtsrat einen Prüfungsausschuss bestellt, der sich mit der Wirksamkeit des internen Kontrollsystems zu befassen hat.[159] Hieraus lässt sich schlussfolgern, dass der Gesetzgeber zumindest bei börsennotierten Unternehmen davon ausgeht, dass sie über eine bestimmte Compliance-Organisation verfügen müssen.[160] In einer Entscheidung zu § 93 Abs. 2 AktG führte der BGH außerdem aus, dass Vorstandsmitglieder ihre Pflichten nicht nur dann verletzen würden, wenn sie eigenhändig tätig werden oder Kollegialentscheidungen treffen, sondern auch dann, wenn sie pflichtwidrige Handlungen anderer Vorstandsmitglieder oder von Mitarbeitern anregen oder pflichtwidrig nicht dagegen einschreiten.[161]Der Vorstand wird hieraus dazu verpflichtet, bei entsprechendem Gefahrenpotenzial eine auf Haftungsvermeidung und Risikokontrolle ausgelegte Compliance-Organisation zu unterhalten.[162] Bei kleineren Unternehmen mit weniger Risikopotential soll demgegenüber ein gut angelegtes Minimum an Präventionsmaßnahmen ausreichen.[163]

Der Deutsche Corporate Governance Kodex (DCGK) hat im Juni 2007 Corporate Compliance als „Standard guter Unternehmensführung"[164] in die damals aktualisierte Kodexfassung mit aufgenommen.[165] Der Kodex enthält Empfehlungen, Anregungen sowie Grundsätze, die wesentliche rechtliche Vorgaben verantwortungsvoller Unternehmensführung enthalten und für Anleger sowie weitere Stakeholder der Information dienen sollen.[166] Diese sind jedoch kein bindendes Recht, sondern lediglich unverbindliche Empfehlungen.[167] Eine Gesellschaft kann

---

[155] LG München I, Urt. v. 10.12.2013 – 5 HK O 1387/10, NZG 2014, 345, 346.

[156] LG München I, Urt. v. 10.12.2013 – 5 HK O 1387/10, NZG 2014, 345, 346; *Fleischer*, in: Fleischer/Goette, Münchener Kommentar GmbHG, 3. Auflage 2019, § 43 GmbHG, Rn. 144.

[157] *Fleischer*, in: Fleischer/Goette, Münchener Kommentar GmbHG, 3. Auflage 2019, § 43 GmbHG, Rn. 144.

[158] *Fleischer*, in: Fleischer/Goette, Münchener Kommentar GmbHG, 3. Auflage 2019, § 43 GmbHG, Rn. 144.

[159] *Schaefer/Baumann*, NJW 2011, 3601.

[160] *Schaefer/Baumann*, NJW 2011, 3601.

[161] *Fleischer*, in: Fleischer/Goette, Münchener Kommentar GmbHG, 3. Auflage 2019, § 43 GmbHG, Rn. 144; BGH, Urteil vom 15. 1. 2013 – II ZR 90/11, NJW 2013, 1958, 1960.

[162] *Fleischer*, in: Fleischer/Goette, Münchener Kommentar GmbHG, 3. Auflage 2019, § 43 GmbHG, Rn. 144.

[163] *Fleischer*, in: Fleischer/Goette, Münchener Kommentar GmbHG, 3. Auflage 2019, § 43 GmbHG, Rn. 144.

[164] *Fleischer*, in: Fleischer/Goette, Münchener Kommentar GmbHG, 3. Auflage 2019, § 43 GmbHG, Rn. 144.

[165] *Fleischer*, in: Fleischer/Goette, Münchener Kommentar GmbHG, 3. Auflage 2019, § 43 GmbHG, Rn. 144.

[166] *Vetter*, in: Henssler/Strohn, Gesellschaftsrecht, 5. Auflage 2021, § 161 AktG, Rn. 3 ff. m.w.N., der ihn als „neuartige Form der Rechtsquelle" bezeichnet

[167] *Vetter*, in: Henssler/Strohn, Gesellschaftsrecht, 5. Auflage 2021, § 161 AktG, Rn. 7.

von dem DCGK abweichen, muss dies jedoch in ihrer Entsprechenserklärung gemäß § 161 Abs. 1 AktG offenlegen und begründen.[168]

Nach dem Grundsatz 5 DCGK hat der Vorstand für die Einhaltung der gesetzlichen Bestimmungen und der internen Richtlinien zu sorgen und wirkt auf deren Beachtung im Unternehmen hin. Der Vorstand ist damit in Form einer sogenannten Legalitätspflicht gehalten, die Rechtpflichten, die unmittelbar an ihn adressiert sind, zu beachten. Diese Pflicht ergibt sich unmittelbar aus geltenden Regelungen des Aktienrechts (z.B. § 161 AktG) sowie aus sonstigen gesetzlichen Regelungen (z.b. § 15a InsO, § 34 AO).[169] Über die Legalitätspflicht hinaus besteht auch eine sogenannte Legalitätskontrollpflicht, die beinhaltet, für die Einhaltung des Rechts durch Dritte, namentlich durch Unternehmensangehörige, zu sorgen.[170] Diese Pflicht entspricht dem, was üblicherweise mit „Compliance" gemeint ist und ist eigentlicher Kern des Grundsatzes 5 DCGK.[171] Bei einer weiteren Differenzierung ist damit gemeint, dass der Vorstand einerseits für die Einhaltung der Bestimmungen zu sorgen hat, die die Gesellschaft als juristische Person treffen, wie Regelungen des Sozial-, Arbeits-, Steuer- und Kapitalmarktrechts.[172] Andererseits hat der Vorstand aber auch ein allgemeines rechtstreues Verhalten der Mitarbeiter zu gewährleisten.[173] Seit 2017 sieht der DCGK im Sinne einer Empfehlung vor, ein der Risikolage im Unternehmen angepasstes Compliance-Management System einzurichten (A2 DCGK).[174] Eine generelle Pflicht zu einer standardisierten Compliance-Organisation ergibt sich hieraus jedoch nicht.[175]

Letztlich wird in der Literatur eine Pflicht der Geschäftsleitung in der AG zu Compliance nahezu einhellig bejaht, allerdings besteht Streit über die dogmatische Ableitung.[176] Hinsichtlich der Ausgestaltung des Systems besteht ein am Risiko orientierter Ermessensspielraum des Vorstands.[177]

Im GmbHG gibt es keine dem § 91 Abs. 2 AktG entsprechende Regelung. Eine analoge Anwendung des § 91 Abs. 2 AktG kommt nicht in Betracht, da es an einer planwidrigen Regelungslücke im GmbHG fehlt.[178] Zwar normiert § 43 Abs. 1 GmbHG, dass die Geschäftsführer in den Angelegenheiten der Gesellschaft die Sorgfalt eines ordentlichen Geschäftsmannes anzuwenden haben. Den Geschäftsführer trifft insoweit nicht nur die Pflicht, selbst rechtswidriges Verhalten zu unterlassen, sondern sie haben auch proaktiv zu verhindern, dass die GmbH und ihre Angestellten gegen geltendes Recht verstoßen.[179] Eine generelle Pflicht zur Einrichtung

---

[168] *Schaefer/Baumann*, NJW 2011, 3601, 3602; *Vetter*, in: Henssler/Strohn, Gesellschaftsrecht, 5. Auflage 2021, § 161 AktG, Rn. 4.

[169] *Bachmann/Kremer*, in: Kremer u.a., Deutscher Corporate Governance Kodex, 8. Auflage 2021, DCGK G5, Rn. 14.

[170] *Bachmann/Kremer*, in: Kremer u.a., Deutscher Corporate Governance Kodex, 8. Auflage 2021, DCGK G5, Rn. 15.

[171] *Bachmann/Kremer*, in: Kremer u.a., Deutscher Corporate Governance Kodex, 8. Auflage 2021, DCGK G5, Rn. 15.

[172] *Bachmann/Kremer*, in: Kremer u.a., Deutscher Corporate Governance Kodex, 8. Auflage 2021, DCGK G5, Rn. 15.

[173] *Bachmann/Kremer*, in: Kremer u.a., Deutscher Corporate Governance Kodex, 8. Auflage 2021, DCGK G5, Rn. 15.

[174] *Bachmann*, in: Kremer u.a., Deutscher Corporate Governance Kodex, 8. Auflage 2021, DCGK A2, Rn. 2.

[175] *Koch*, in: Koch, Aktiengesetz, 16. Auflage 2022, § 76 AktG, Rn. 14.

[176] *Koch*, in: Koch, Aktiengesetz, 16. Auflage 2022, § 76 AktG, Rn. 13 f. m.w.N.

[177] *Koch*, in: Koch, Aktiengesetz, 16. Auflage 2022, § 76 AktG, Rn. 14; *Bachmann*, in: Kremer u.a., Deutscher Corporate Governance Kodex, 8. Auflage 2021, DCGK A2, Rn. 2 f.

[178] *Schaefer/Baumann*, NJW 2011, 3601, 3602.

[179] *Beurskens*, in: Baumbach/Hueck, GmbHG, 23. Auflage 2022, § 43 GmbHG, Rn. 11; *Leinekugel*, in: Oppenländer/Trölitzsch, Praxishandbuch der GmbH-Geschäftsführung, 3. Auflage 2020, § 18, Rn. 16 ff.

einer „Compliance-Organisation" ergibt sich daraus jedoch nicht, vielmehr kommt dem Geschäftsführer eine Einschätzungsprärogative zu.[180]

Auch wenn der DCGK auf die GmbH keine direkte Anwendung findet, so umschreibt dessen Verständnis von Compliance dennoch treffend die diesbezüglichen Pflichten des Geschäftsführers einer GmbH.[181] Der Umfang der zu treffenden organisatorischen Vorkehrungen hängt vom konkreten Risikopotenzial sowie der Zumutbarkeit der Aufwendungen ab, die unter anderem durch Größe, Branche und Bedeutung der zu beachtenden Vorschriften bestimmt wird.[182]

2.3.2.2 Allgemeine Pflicht zu Compliance jenseits spezialgesetzlicher Normen?

Es stellt sich die Frage, ob es eine allgemeine Pflicht zu Compliance jenseits der genannten spezialgesetzlichen Normen gibt. Aus spezialgesetzlichen Regelungen kann keine auf alle Unternehmen anwendbare Rechtspflicht zu Compliance-Maßnahmen abgeleitet werden.[183]

Eine für alle Unternehmensleitungen geltende Regelung stellt § 130 OWiG dar.[184] Danach kann die schuldhafte Verletzung einer Aufsichtspflicht eine bußgeldbewehrte Ordnungswidrigkeit der Unternehmensleitung darstellen, wenn infolgedessen eine Straftat oder Ordnungswidrigkeit im Unternehmen begangen wird, die durch die Aufsichtspflicht verhindert werden sollte.[185] Nach § 130 Abs. 1 S. 2 OWiG gehört zu den erforderlichen Aufsichtsmaßnahmen auch die Bestellung, sorgfältige Auswahl und Überwachung von Aufsichtspersonen. Auch § 130 OWiG (i.V.m. §§ 9, 30 OWiG) verpflichtet Unternehmen lediglich, bestimmte organisatorische Vorkehrungen zu treffen, um Rechtsverstöße im Unternehmen zu vermeiden, begründet dadurch aber noch keine allgemeine Verpflichtung, eine Compliance-Organisation im Unternehmen zu etablieren.[186] Es ist der Entscheidung der Leitungsorgane überlassen, ob sie sich mit einzelnen organisatorischen Maßnahmen begnügen oder ob sie eine Organisation für erforderlich halten, um ihren Pflichten nachzukommen.[187]

Freilich sollte ihnen hierbei bewusst sein, dass eine mögliche zivilrechtliche oder strafrechtliche Haftung letztlich auf sie zurückfällt, sofern sie ihren Organisationpflichten nicht nachkommen.[188]

Zwischenzeitlich lag ein Entwurf eines Gesetzes zur Stärkung der Integrität in der Wirtschaft des Bundesministeriums der Justiz und für Verbraucherschutz vor, welches als erklärtes Ziel in

---

[180] *Beurskens,* in: Baumbach/Hueck, GmbHG, 23. Auflage 2022, § 43 GmbHG, Rn. 11.

[181] *Leinekugel,* in: Oppenländer/Trölitzsch, Praxishandbuch der GmbH-Geschäftsführung, 3. Auflage 2020, § 18, Rn. 16.

[182] *Beurskens,* in: Baumbach/Hueck, GmbHG, 23. Auflage 2022, § 43 GmbHG, Rn. 11; *Grunert,* CCZ 2020, 71, 72.

[183] *Hauschka/Moosmayer/Lösler,* Corporate Compliance, 3. Auflage 2016, § 1, Rn. 31.

[184] *Kreßel,* NZG 2018, 841, 842.

[185] *Mengel,* in: Grobys/Panzer-Heemeier, Stichwort-Kommentar Arbeitsrecht, 3. Auflage 2019, Compliance, Rn. 2; *Salvenmoser/Hauschka,* NJW 2010, 331, 332; *Behling,* BB 2010, 892.

[186] *Hauschka/Moosmayer/Lösler,* in: Hauschka/Moosmayer/Lösler, Corporate Compliance, 3. Auflage 2016, § 1, Rn. 31; *Steffen/Stöhr,* RdA 2017, 43, 44.

[187] *Hauschka/Moosmayer/Lösler,* in: Hauschka/Moosmayer/Lösler, Corporate Compliance, 3. Auflage 2016, § 1, Rn. 31.

[188] *Hauschka/Moosmayer/Lösler,* in: Hauschka/Moosmayer/Lösler, Corporate Compliance, 3. Auflage 2016, § 1, Rn. 31; siehe hierzu insbesondere 2.3.2.3.

§ 1 die Sanktionierung von Verbänden, deren Zweck auf einen wirtschaftlichen Geschäftsbetrieb gerichtet ist, hatte.[189] Der Entwurf sollte zudem Compliance-Maßnahmen und interne Untersuchungen in Unternehmen fördern.[190] Vorerst wird dieses Gesetzesvorhaben nicht weiter verfolgt, wenngleich die Diskussion um ein Unternehmenssanktionengesetz weiterhin besteht.[191]

2.3.2.3 Compliance in der Rechtsprechung

Eine wichtige Rolle zur Förderung von Compliance in Deutschland aus zivilrechtlicher Sicht kam der Rechtsprechung mit der *ARAG/Garmenbeck-Entscheidung*[192] des BGH aus dem Jahr 1997 zu.[193] In dieser Entscheidung wurde der Aufsichtsrat einer Aktiengesellschaft zur Geltendmachung von Schadensersatzansprüchen gegen Vorstandsmitglieder verpflichtet, falls Ansprüche der Gesellschaft wegen Pflichtverletzungen der Vorstandsmitglieder Erfolg versprechend erscheinen.[194] Damit wurde die zivilrechtliche Vorstandshaftung realisiert, während zuvor vor allem die Ordnungswidrigkeitentatbestände der §§ 9, 130 OWiG im Mittelpunkt standen.[195]

Aus strafrechtlicher Perspektive zwingt primär die Geschäftsherrenhaftung dazu, Compliance im Unternehmen ernst zu nehmen. Die Geschäftsherrenhaftung stellt sich als „das strafrechtliche Einstehenmüssen des Geschäftsherrn zur Abwendung von tatbestandlichen Erfolgen im Sinne von § 13 Abs. 1 StGB, die durch Angehörige seines Unternehmens verwirklicht werden"[196] dar. Nach einer Entscheidung des BGH aus dem Jahre 2011[197] hat die Unternehmensleitung unter dem Aspekt der Geschäftsherrenhaftung strafrechtlich für betriebsbezogene Straftaten der Beschäftigten einzustehen, wenn sie pflichtwidrig unterlassen hat, diese zu verhindern.

Im Folgenden sollen einige bedeutsame Entscheidungen zum Thema Compliance dargestellt werden.

2.3.2.3.1 Siemens/Enel, BGH, Urt. v. 29.8.2008 – 2 StR 587/07

Zum ersten Mal setzte sich der BGH 2008 im Zuge der Entscheidung *Siemens/Enel* mit der Bedeutung von Compliance-Vorschriften für die strafrechtliche Verantwortlichkeit auseinander. In diesem Fall war der Angeklagte für die Umsetzung der unternehmensinternen Compliance-Richtlinien in seinem Verantwortungsbereich zuständig, welche die Bildung schwarzer Kassen zu Bestechungszwecken untersagten.[198] Den Compliance-Vorschriften kam für den Angeklagten, bei dem es sich um einen leitenden Angestellten handelte, belastende Wirkung zu. Denn sie wurden als Beleg dafür herangezogen, dass das Unterhalten schwarzer Kassen nicht von der Einwilligung der Treugeberin gedeckt war.[199] Im Umkehrschluss folgt hieraus, dass die Compliance-Vorschriften für die Mitglieder des Zentralvorstandes eine entlastende Funktion

---

[189] Abrufbar unter https://kripoz.de/wp-content/uploads/2020/04/RefE_Staerkung_Integritaet_Wirtschaft.pdf (zuletzt abgerufen am 01.09.2023).

[190] Vgl. S. 50 des Referententwurfs, abrufbar unter https://kripoz.de/wp-content/uploads/2020/04/RefE_Staerkung_Integritaet_Wirtschaft.pdf (zuletzt abgerufen am 01.09.2023).

[191] Vgl. hierzu https://www.haufe.de/compliance/recht-politik/verbandssanktionsgesetz_230132_515536.html (zuletzt abgerufen am 01.09.2023)

[192] BGH, Urt. v. 21.4.1997 – II ZR 175/95, NJW 1997, 1926.

[193] *Mengel/Hagemeister*, BB 2006, 2466.

[194] BGH, Urt. v. 21.4.1997 – II ZR 175/95, NJW 1997, 1926, 1927 f.

[195] *Hoffmann/Schieffer*, NZG 2017, 401, 403.

[196] *Selbmann*, HRRS 2014, 235, 236.

[197] BGH, Urt. v. 20.10.2011 – 4 StR 71/11, NJW 2012, 1237.

[198] BGH, Urt. v. 29.8.2008 – 2 StR 587/07, Rn. 41, NJW 2009, 89, 91.

[199] BGH, Urt. v. 29.8.2008 – 2 StR 587/07, Rn. 39 ff., NJW 2009, 89, 91.

hatten, da diese die Richtlinien als Beleg für ihr fehlendes Einverständnis mit der Bildung schwarzer Kassen heranziehen konnten.[200]

2.3.2.3.2 Berliner Stadtwerke, BGH, Urt. v. 17.7.2009 – 5 StR 394/08

In einem weiteren Urteil bejahte der BGH in einem obiter dictum eine Garantenpflicht kraft Stellung als Compliance Officer.[201] Er führte aus, dass einen Compliance Officer regelmäßig eine Garantenpflicht im Sinne des Art. 13 Abs. 1 StGB treffe, im Zusammenhang mit der Tätigkeit des Unternehmens stehende Straftaten zu verhindern.[202] Begründet wurde dies damit, dass es gerade Aufgabe des Compliance Officers sei, Rechtsverstöße und insbesondere auch Straftaten zu verhindern, die aus dem Unternehmen heraus begangen werden und für dieses zu erheblichen Nachteilen, wie Haftungsrisiken und Reputationsverlust, führen können.[203] Die Garantenstellung aus § 13 Abs. 1 StGB sei „notwendige Kehrseite der gegenüber der Unternehmensleitung übernommenen Pflicht, Rechtsverstöße und insbesondere Straftaten zu unterbinden."[204]

2.3.2.3.3 Mobbing-Entscheidung, BGH, Urt. v. 20.10.2011 – 4 StR 71/11

Als „Anerkennung der Geschäftsherrenhaftung durch den BGH"[205] wird ein Urteil des 4. Strafsenats vom 20.10.2011 gesehen. Gegenstand der Entscheidung war die strafrechtliche Verantwortlichkeit eines Vorarbeiters einer Kolonne, der Körperverletzungsdelikte gegenüber einem anderen Kollegen, welche durch dem Vorarbeiter untergeordnete Kollegen begangen wurden, nicht unterband. Im Ergebnis verneinte der BGH eine Strafbarkeit wegen eines unechten Unterlassungsdelikts und bejahte die Strafbarkeit lediglich wegen unterlassener Hilfeleistung nach § 323 c StGB.[206] Von grundsätzlicher Bedeutung sind die Ausführungen, die der BGH zur Garantenpflicht macht.

Der BGH stellt klar, dass sich grundsätzlich nach den Umständen des Einzelfalles eine Garantenpflicht zur Verhinderung von Straftaten nachgeordneter Mitarbeiter ergeben kann, welche jedoch auf die Verhinderung betriebsbezogener Straftaten beschränkt ist.[207] Um eine solche betriebsbezogene Straftat handelt es sich jedoch nicht bei Taten, die lediglich bei Gelegenheit der Tätigkeit im Betrieb begangen werden. Vielmehr muss die Tat in einem inneren Zusammenhang mit der betrieblichen Tätigkeit des Täters oder mit der Art des Betriebs stehen.[208] Um festzustellen, ob ein solch innerer Zusammenhang vorliegt, wird unter anderem darauf abgestellt, ob sich eine dem Betrieb spezifisch anhaftende Gefahr verwirklicht, etwa die Schikane durch die Kollegen Teil der von der Betriebsleitung aufgetragenen Firmenpolitik war oder ob diese arbeitstechnische Machtbefugnisse, die aus ihrer Stellung im Betrieb erwuchsen, ausnutzten.[209] Nicht ausreichend war, dass es sich bei den Misshandlungen um eine Serie wiederkehrender, wiederholter Vorfälle handelte, die über Jahre andauerten, da dadurch lediglich eine allgemeine Gefahr verwirklicht werde, die zwar durch den sozialen Raum des Betriebes ohne

---

[200] BGH, Urt. v. 29.8.2008 – 2 StR 587/07, Rn. 41, NJW 2009, 89, 91; *Kuhlen*, NZWiSt 2015, 121, 122.

[201] BGH, Urt. v. 17.7.2009 – 5 StR 394/08, Rn. 27, NJW 2009, 3173, 3175.

[202] BGH, Urt. v. 17.7.2009 – 5 StR 394/08, Rn. 27, NJW 2009, 3173, 3175.

[203] BGH, Urt. v. 17.7.2009 – 5 StR 394/08, Rn. 27, NJW 2009, 3173, 3175.

[204] BGH, Urt. v. 17.7.2009 – 5 StR 394/08, Rn. 27, NJW 2009, 3173, 3175.

[205] *Schlösser*, NZWiSt 2012, 281; *Kuhlen*, NZWiSt 2015, 161.; *Poguntke*, CCZ 2012, 157, 158.

[206] BGH, Urt. v. 20.10.2011 – 4 StR 71/11, Rn. 9, 20, NJW 2012, 1237, 1239.

[207] BGH, Urt. v. 20.10.2011 – 4 StR 71/11, Rn. 13, NJW 2012, 1237, 1238.

[208] BGH, Urt. v. 20.10.2011 – 4 StR 71/11, Rn. 13, NJW 2012, 1237, 1238.

[209] BGH, Urt. v. 20.10.2011 – 4 StR 71/11, Rn. 15, NJW 2012, 1237, 1238.

jegliche Ausweichmöglichkeit begründet sei, sich jedoch in der Verwirklichung einer allgemeinen Gefahr, die jedem Betrieb mit mehr als einem Mitarbeiter innewohne, erschöpfe.[210] Ansonsten ließe man die aus Gründen des Art. 103 Abs. 2 GG gebotene Einschränkung der Haftung des Geschäftsherrn außer Betracht und mache ihn für eine insgesamt straffreie Lebensführung seiner Mitarbeiter während der Arbeitszeit verantwortlich.[211]

2.3.2.3.4 Siemens/Neubürger, LG München I, Urt. v. 10.12.2013 - 5 HK O 1387/10

Das LG München I nahm im bereits erwähnten Fall *Siemens/Neubürger* einen Schadensersatzanspruch der Siemens-AG aus § 93 Abs. 2 S. 1 AktG gegenüber dem Beklagten an, der Mitglied des Vorstands und Leiter der Zentralabteilung Corporate Finance war.[212] Er war unter anderem zuständig für das Reporting und die Rechtsabteilung. Begründet wurde der Anspruch damit, dass der Beklagte seine Pflicht zur ordentlichen und gewissenhaften Geschäftsführung aus § 93 Abs. 1 S. 1 AktG verletzt habe.[213]

Im Außenverhältnis sei ein Vorstandsmitglied dazu verpflichtet, sämtliche Vorschriften einzuhalten, die das Unternehmen als Rechtssubjekt träfen.[214] Die Legalitätspflicht verbiete einem Vorstandsmitglied zum einen, Gesetzesverstöße anzuordnen, zum anderen verpflichte es dieses aber auch dazu, dafür zu sorgen, dass das Unternehmen so organisiert und beaufsichtigt wird, dass keine dementsprechenden Gesetzesverstöße begangen werden.[215] § 91 Abs. 2 AktG konkretisiere diese Überwachungspflicht dahingehend, dass insbesondere ein Überwachungssystem zu installieren sei, das geeignet ist, bestandsgefährdende Entwicklungen frühzeitig zu erkennen, wobei auch Verstöße gegen gesetzliche Vorschriften umfasst sein sollen.[216] Bei Vorliegen einer entsprechenden Gefährdungslage genüge der Vorstand einer solchen Organisationspflicht nur, indem er eine auf Schadensprävention und Risikokontrolle ausgerichtete Compliance-Organisation implementiere.[217] Das LG München I lässt offen, ob es diese Verpflichtung aus § 91 Abs. 2 AktG oder der allgemeinen Leitungspflicht nach den §§ 76 Abs. 1, 93 Abs. 1 AktG herleitet.[218] Zur Bestimmung des Umfangs im Einzelfall stellt das LG München I ab auf „Art, Größe und Organisation des Unternehmens, die zu beachtenden Vorschriften, die geografische Präsenz wie auch die Verdachtsfälle aus der Vergangenheit [...]".[219] Zur Begründung der Pflichtverletzung hob das Gericht hervor, dass der Beklagte trotz Kenntniserlangung von wiederholten Gesetzesverletzungen keine oder zumindest keine ausreichenden Maßnahmen ergriff, um Verstöße aufzuklären, zu untersuchen und zu ahnden.[220] Insbesondere wurden auch keine Unternehmungen in die Wege geleitet, um das nur unzureichend funktionierende Compliance-System effizienter zu machen.[221]

Eine Pflichtverletzung wurde insbesondere auch in der unzureichenden Überwachung des Compliance-Systems gesehen.[222] Im Fokus der Siemens-Affäre standen Schmiergeldzahlungen

---

[210] BGH, Urt. v. 20.10.2011 – 4 StR 71/11, Rn. 16 f., NJW 2012, 1237, 1238 f.

[211] BGH, Urt. v. 20.10.2011 – 4 StR 71/11, Rn. 17, 14, NJW 2012, 1237, 1238 f.

[212] LG München I, Urt. v. 10.12.2013 - 5 HK O 1387/10, NZG 2014, 345, 346.

[213] LG München I, Urt. v. 10.12.2013 - 5 HK O 1387/10, NZG 2014, 345, 346.

[214] LG München I, Urt. v. 10.12.2013 - 5 HK O 1387/10, NZG 2014, 345, 346.

[215] LG München I, Urt. v. 10.12.2013 - 5 HK O 1387/10, NZG 2014, 345, 346.

[216] LG München I, Urt. v. 10.12.2013 - 5 HK O 1387/10, NZG 2014, 345, 346 m.w.N.

[217] LG München I, Urt. v. 10.12.2013 - 5 HK O 1387/10, NZG 2014, 345, 346.

[218] LG München I, Urt. v. 10.12.2013 - 5 HK O 1387/10, NZG 2014, 345, 347 m.w.N..

[219] LG München I, Urt. v. 10.12.2013 - 5 HK O 1387/10, NZG 2014, 345, 347.

[220] LG München I, Urt. v. 10.12.2013 - 5 HK O 1387/10, NZG 2014, 345, 347.

[221] LG München I, Urt. v. 10.12.2013 - 5 HK O 1387/10, NZG 2014, 345, 347.

[222] LG München I, Urt. v. 10.12.2013 - 5 HK O 1387/10, NZG 2014, 345, 347.

in korruptionsanfälligen Ländern, wie z.B. Nigeria.[223] Das Gericht bemängelte hier, dass, obwohl in besonders risikoreichen Ländern operiert wurde, kein austariertes Compliance-System unterhalten wurde, das es ermöglicht hätte, jeden Zahlvorgang nachzuvollziehen.[224] Ein effizientes Überwachungssystem sei unerlässlich gewesen.[225]

Damit verlangt das Gericht von dem Mitglied eines Vorstands nicht nur die Einrichtung eines Compliance-Systems, sondern legt diesem selbst die Verpflichtung auf, dessen Effizienz zu überwachen.[226]

Dies wird in der Literatur zum Teil als Überspannung der Compliance-Pflichten kritisiert, da eine Delegation möglich sein müsse.[227] Freilich kann sich der Vorstand hierdurch nicht seiner Pflichten begeben, sondern diese wandeln sich gewissermaßen in eine Pflicht zur sorgfältigen Auswahl, Instruktion und Überwachung der zuständigen Instanzen um.[228]

2.3.3   Compliance-Management-Systeme

Aus der soeben skizzierten *Siemens/Neubürger*-Entscheidung des LG München I wird deutlich, dass sich aufgrund der Art, Größe und Organisation des Unternehmens, den zu beachtenden Vorschriften, der geografischen Präsenz sowie Verdachtsfällen aus der Vergangenheit eine Verpflichtung der Unternehmensleitung ergeben kann, ein Compliance-Management-System einzurichten.[229] Auch der BGH hielt es bei einer Bußgeldbemessung für bedeutsam, ob ein effektives Compliance-Management-System im Unternehmen existierte, welches zum Ziel hatte, Rechtsverletzungen aus der Sphäre des Unternehmens zu unterbinden.[230]

Ein Compliance-Management-System umfasst Maßnahmen, Prozesse, Kontrollen und eine Berichterstattung in systematischer Weise und ist darauf ausgerichtet, Fehlverhalten im Unternehmen zu vermeiden, individuelle Verstöße bestmöglich zu verhindern und Compliance-Risiken vom Unternehmen abzuwenden bzw. mindestens zu reduzieren.[231] Die Ausgestaltung eines Compliance-Systems ist abhängig vom jeweiligen Unternehmen.[232] Grundlage eines jeden Compliance-Systems ist, dass die Kultur des regel- und rechtskonformen Verhaltens durch die Unternehmensleitung glaubhaft vermittelt wird und auch etwaige Verstöße konsequent geahndet werden.[233] Zudem bedarf es vor der Implementierung eines Compliance-Management-Systems einer Risikoanalyse, im Zuge derer die Anfälligkeit des konkreten Unternehmens für delinquentes Verhalten analysiert wird.[234] Die Berichterstattung und Abläufe eines Compliance-Systems werden regelmäßig in unternehmensinternen Richtlinien festgehalten.[235] In größeren Unternehmen wird zudem oftmals ein Compliance Officer ernannt, der der Unternehmensleitung Bericht über die Entwicklung und aktuelle Lage des Compliance-Systems erstattet.[236] Zudem ist Element eines Compliance-Systems ein Hinweisgebersystem.[237]

---

[223] LG München I, Urt. v. 10.12.2013 - 5 HK O 1387/10, NZG 2014, 345, 348.

[224] LG München I, Urt. v. 10.12.2013 - 5 HK O 1387/10, NZG 2014, 345, 348.

[225] LG München I, Urt. v. 10.12.2013 - 5 HK O 1387/10, NZG 2014, 345, 348..

[226] LG München I, Urt. v. 10.12.2013 - 5 HK O 1387/10, NZG 2014, 345, 348.

[227] *Kuhlen*, NZWiSt 2015, 121, 128.

[228] *Kuhlen*, NZWiSt 2015, 121, 128.

[229] LG München I, Urt. v. 10.12.2013 - 5 HK O 1387/10, NZG 2014, 345 (Ls. 1).

[230] BGH, Urt. v. 9.5.2017 – 1 StR 265/16, NZWiSt 2018, 379, 387.

[231] *Hauschka/Moosmayer/Lösler*, Corporate Compliance, 3. Auflage 2016, 3. Abschnitt, Anhang 2.1.

[232] *Sonnenberg*, JuS 2017, 917, 918.

[233] *Sonnenberg*, JuS 2017, 917, 918.

[234] *Sonnenberg*, JuS 2017, 917, 918 f.

[235] *Sonnenberg*, JuS 2017, 917, 919.

[236] *Sonnenberg*, JuS 2017, 917, 919.

[237] *Sonnenberg*, JuS 2017, 917, 920 f.

2.3.4 Mitarbeiterüberwachung als Element effektiver Compliance im Unternehmen

In den genannten Gerichtsentscheidungen werden zunehmend die Organisations- und Überwachungspflichten der Unternehmensleitung betont. Ziel von Compliance ist es, Haftungsrisiken zu reduzieren, Gesetzesverletzungen zu vermeiden und mit Blick auf diese Zielrichtung zukunftsorientiert organisatorische Maßnahmen zu implementieren und Prozesse zu etablieren, die Rechtsverletzungen durch das Unternehmen, seine Organe oder Mitarbeiter verhindert oder zumindest minimiert.[238] Eine allgemeingültige Aussage, wie ein Compliance-System konkret ausgestaltet sein muss, kann nicht getroffen werden.[239] Der Unternehmensleitung kommt bei der Erfüllung ihrer Organisationspflichten ein weiter Ermessensspielraum zu.[240]

Insbesondere aus der Siemens-Neubürger-Entscheidung lassen sich allerdings Mindestanforderungen an ein Compliance-System ableiten.[241]

Erstens besteht eine Präventionspflicht, nach der die Unternehmensleitung verpflichtet ist, eine unternehmensinterne Organisationsstruktur zu schaffen, die imstande ist, Gesetzesverletzungen im Unternehmen effektiv zu verhindern.[242] Aus diesem Grund sind Erwartungen an das Verhalten von Mitarbeitern sowie klare Handlungsanweisungen zu formulieren, damit diese ihr Verhalten hieran anpassen können und es ihnen überhaupt möglich ist, die Compliance-Anforderungen zu erfüllen.[243] Eine Möglichkeit hierzu bietet ein Verhaltenskodex, welcher Leitlinien, Programmsätze und Selbstverpflichtungen von Unternehmen sowie einzelne Verhaltensvorgaben in einem Unternehmen zusammenfasst, mit dem Ziel, Arbeitnehmer zu einem regelgerechten und wertorientiertem Verhalten zu bewegen.[244] Zentrale Voraussetzung für Compliance ist die Schulung sowie die Information der Beschäftigten, beispielsweise in Compliance-Trainingsprogrammen, in denen die Mitarbeiter über die wesentlichen gesetzlichen Regelungen sowie eine „Zero tolerance"-Politik im Unternehmen informiert werden.[245] Auf diese Weise wird Gesetzesverstößen aus Unwissenheit entgegengewirkt.[246]

Vorsätzlich begangene Gesetzesüberschreitungen, bewusstes Missachten von Handlungsanweisungen oder die fehlenden Kenntnisnahme von Handlungsanweisungen oder Vorschriften können dadurch allerdings nicht verhindert werden.[247]

Neben diesem präventiven Element, welches die Voraussetzungen für rechtskonformes Verhalten im Unternehmen schaffen soll, ist daher außerdem ein repressives Element erforderlich.[248] Das Unternehmen muss nicht nur Compliance-Vorschriften einführen, sondern deren

---

[238] *Passarge*, NZI 2009, 86, 87.

[239] *Passarge*, NZI 2009, 86, 87.

[240] *Kort*, NZG 2008, 81, 84.

[241] So *Schwahn/Cziupka*, in: Lüdicke/Sistermann, Unternehmenssteuerrecht, 2. Auflage 2018, § 7, Rn. 4 mit Blick auf die Haftungsvermeidung der Unternehmensleitung.

[242] *Schwahn/Cziupka*, in: Lüdicke/Sistermann, Unternehmenssteuerrecht, 2. Auflage 2018, § 7, Rn. 4; *Schmidt*, BB 2009, 1295, 1296.

[243] *Schmidt*, BB 2009, 1295, 1296; *Schneider*, ZIP 2003, 645, 649; *Passarge*, NZI 2009, 86, 87; zur arbeitsrechtlichen Umsetzung vgl. *Mengel* 2009, Teil 1, Kapitel 1, Rn. 1 ff.

[244] *Fahrig*, NJOZ 2010, 975 f.

[245] *Schmidt*, BB 2009, 1295, 1296; *Schneider*, ZIP 2003, 645, 649; *Moosmayer* 2015, Rn. 217; *Mengel* in: Grobys/Panzer-Heemeier, StichwortKommentar Arbeitsrecht, 3. Auflage 2019, Compliance, Rn. 13.

[246] *Schmidt*, BB 2009, 1295, 1296.

[247] *Schmidt*, BB 2009, 1295, 1296.

[248] *Schmidt*, BB 2009, 1295, 1296; *Mengel* in: Grobys/Panzer-Heemeier, StichwortKommentar Arbeitsrecht, 3. Auflage 2019, Compliance, Rn. 6.

Einhaltung auch überwachen.[249] Kriminologische Studien zu Wirtschaftskriminalität zeigen, dass mehr als die Hälfte der Straftäter im Betrieb bereits über zehn Jahre im Unternehmen beschäftigt waren, bevor sie straffällig wurden.[250] Zur organisierten Meldung von Gesetzesverstößen und Pflichtverletzungen bietet sich beispielsweise die Implementierung eines Hinweisgebersystems an.[251] Nach 4.1.3 DCGK wird börsennotierten Unternehmen zukünftig die Pflicht auferlegt, Beschäftigten auf geeignete Weise die Möglichkeit einzuräumen, geschützt Hinweise auf Rechtsverstöße im Unternehmen zu geben und auch Dritten sollte diese Option eröffnet werden.[252] Zudem sollen durch die Umsetzung der Richtlinie (EU) 2019/1937 des Europäischen Parlaments und des Rates vom 23. Oktober 2019 zum Schutz von Personen, die Verstöße gegen das Unionsrecht melden (EU-HinweisgeberRL) ausweislich Art. 1 EU-HinweisgeberRL gemeinsame Mindeststandards geschaffen werden, die ein hohes Schutzniveau für Personen sicherstellen, die Verstöße gegen das Unionsrecht melden. Ein Referentenentwurf des Bundesministeriums der Justiz liegt hierzu bereits vor.[253]

Zunehmend bedient man sich bei der Mitarbeiterüberwachung technischer Mittel.[254] So ist unter dem Begriff „Compliance Monitoring" „das Überwachen und Erkennen von Abweichungen gegenüber externen und internen regulatorischen Vorgaben mit technischer Unterstützung und Datenanalysen zu verstehen."[255] Die Unternehmensleitung macht sich hierbei den Umstand zunutze, dass in Unternehmen eine Vielzahl an Daten in der Regel elektronisch verfügbar oder leicht generierbar ist und als Grundlage für eine durch Informationstechnik gestützte Auswertung dienen kann.[256] Datenbestände sind im Unternehmen beispielsweise in der IT-Infrastruktur enthalten, entstammen Kommunikationsvorgängen oder Hinweisgebersystemen.[257] Für Kontodatenabgleiche wird etwa auf Kontodaten von Arbeitnehmern zurückgegriffen, die zu Abrechnungszwecken gespeichert werden, für Terrorlistenscreenings auf den Namen des Mitarbeiters.[258]

Freilich sind bei der Durchführung entsprechender Kontrollen wiederum die gesetzlichen Vorschriften, insbesondere die Regelungen des Datenschutzrechts, einzuhalten.[259] Gerade diese Kontrollen von Mitarbeitern zur Erfüllung der unternehmerischen Compliance-Pflichten sind Gegenstand dieser Arbeit. Beleuchtet werden sollen schwerpunktmäßig die datenschutzrechtlichen Fragen und die Fragen, welche sich nach Inkrafttreten der DSGVO stellen.

Überwachungsmaßnahmen dürfen sich dabei nicht lediglich auf eine repressive Dimension beschränken.[260] Mitarbeiterüberwachung muss grundsätzlich auch zu präventiven Zwecken möglich sein, da es dem Arbeitgeber nicht zumutbar ist, Verstöße gegen Gesetz und Recht einfach

---

[249] *Schmidt,* BB 2009, 1295, 1296; *Mengel* in: Grobys/Panzer-Heemeier, StichwortKommentar Arbeitsrecht, 3. Auflage 2019, Compliance, Rn. 6; *Maschmann,* NZA-Beil. 2012, 50.

[250] *Maschmann,* NZA-Beil. 2012, 50.

[251] *Mengel* in: Grobys/Panzer-Heemeier, StichwortKommentar Arbeitsrecht, 3. Auflage 2019, Compliance, Rn. 6; *Diepold/Loof,* CB 2017, 25; vgl. hierzu umfassend *Sixt* 2020.

[252] Entwurf der Regierungskommission des überarbeiteten DCGK vom 6.11.2018, abrufbar unter https://www.dcgk.de/de/konsultationen/aktuelle-konsultationen.html (zuletzt abgerufen am 01.09.2023); zur Rechtsunsicherheit bzgl. der Einführung eines Whistleblowing-Systems vgl. *Groß/Platzer,* NZA 2017, 1097.

[253] Abrufbar unter https://www.bmj.de/SharedDocs/Gesetzgebungsverfahren/DE/2022_Hinweisgeberschutz.html (zuletzt abgerufen am 01.09.2023).

[254] Vgl. zum „Compliance Monitoring" *Hentrich/Pyrcek,* BB 2016, 1451.

[255] *Hentrich/Pyrcek,* BB 2016, 1451.

[256] *Schmidt,* BB 2009, 1295, 1296; *Behling,* BB 2010, 892.

[257] *Schmidt,* BB 2009, 1295, 1296.

[258] *Salvenmoser/Hauschka,* NJW 2010, 331, 332.

[259] *Mengel* in: Grobys/Panzer-Heemeier, StichwortKommentar Arbeitsrecht, 3. Auflage 2019, Compliance, Rn. 6.

[260] *Kruchen* 2012, 30.

hinnehmen zu müssen, ohne dass ihm die Möglichkeit bleibt, diese abzuwenden.[261] Darüber hinaus kann es sogar einen Pflichtenverstoß darstellen, wenn keine Maßnahmen unternommen wurden, um beispielsweise Korruption oder anderen Rechtsverletzungen Vorschub zu leisten.[262]

Festzuhalten bleibt, dass ein faktisches Bedürfnis und auch eine rechtliche Pflicht besteht, Straftaten, Ordnungswidrigkeiten und andere schwerwiegende Pflichtverletzungen im Unternehmen zu unterbinden. Dies ergibt sich in rechtlicher Hinsicht aus der strafrechtlichen Geschäftsherrenhaftung, § 130 OWiG sowie aus den enormen zivilrechtlichen Haftungsfolgen, die auch Einzelpersonen treffen können. Ob hierzu einzelne Maßnahmen ausreichen oder ein Compliance-System erforderlich ist, ist eine Frage des Einzelfalls. In jedem Fall müssen, um rechtliche oder faktische Nachteile, wie eine etwaige zivil- oder strafrechtliche Haftung, einen Kursverlust oder Reputationsschaden, der zu Umsatzeinbrüchen führen kann, zu vermeiden, sowohl präventive als auch repressive Maßnahmen ergriffen werden. Der BGH hat zudem bei der Bemessung eines Bußgeldes dem Umstand Beachtung geschenkt, inwieweit Vorkehrungen unternommen worden waren, Rechtsverletzungen aus der Sphäre des Unternehmens zu unterbinden und ein effizientes Compliance-Management etabliert worden war, das auf die Verhinderung von Rechtsverstößen ausgelegt war, wobei es auch eine Rolle spielen kann, ob entsprechende Regelungen optimiert und ihre betriebsinternen Abläufe so gestaltet wurden, dass vergleichbare Normverletzungen zukünftig jedenfalls deutlich erschwert werden.[263]

---

[261] *Kruchen* 2012, 31; *Salvenmoser/Hauschka*, NJW 2010, 331, 332.
[262] *Kruchen* 2012, 31; *Salvenmoser/Hauschka*, NJW 2010, 331, 332; *Hauschka/Greeve*, BB 2007, 165, 166.
[263] BGH, Urt. v. 9.5.2017 – 1 StR 265/16, Rn. 118, BeckRS 2017, 114578.

3 Screenings auf Basis der Anomalieerkennung

Im Folgenden sollen besondere rechtliche Anforderungen an auf Anomalieerkennung basierende Screeningmaßnahmen im Beschäftigungsverhältnis dargestellt werden. Konkret soll die technische Umsetzung am Beispiel eines Sicherheitsinformations- und Ereignis-Management-Systems (SIEM-Systems) im Unternehmen auf Basis der Anomalieerkennung gezeigt werden. SIEM-Systeme können Protokolldaten aus verbundenen Systemen und Netzwerkkomponenten sammeln und nach bestimmten Kriterien auswerten.[264] Bei Datenscreenings im Allgemeinen handelt es sich um eine Form der Überwachung, die besonders kritisiert wird, weil mit ihr die Assoziation verbunden ist, dass große Datenmengen verarbeitet werden, worin pauschal die Gefahr einer Totalüberwachung gesehen wird. Erschwert wird die Lage dadurch, dass der Umgang mit Beschäftigtendaten auch bei Screenings grundsätzlich von der Generalklausel des § 26 BDSG geregelt wird. § 26 Abs. 1 S. 1 Alt. 2 BDSG normiert die Verarbeitung von Daten zur Durchführung des Beschäftigungsverhältnisses. § 26 Abs. 1 S. 2 BDSG enthält explizit Regelungen für die Verarbeitung von Daten zur Aufdeckung von Straftaten, die durch Beschäftigte begangen wurden. Eine konkrete Regelung zum Beschäftigtenscreenings bleibt der Gesetzgeber bis dato schuldig. Erschwerend kommt hinzu, dass auch die Rechtsprechung zu Datenscreenings im Beschäftigungsverhältnis dünn gesät ist. § 26 BDSG soll zwar nach der Intention des Gesetzgebers durch Richterrecht konkretisiert werden, bislang ist dies jedoch für die konkrete Fallgruppe nicht geschehen. Wie im Folgenden zu zeigen sein wird, sind Screenings als effektive Maßnahme zum Schutz des Arbeitgebers nicht grundsätzlich unzulässig und von Gerichten und Gesetzgeber durchaus anerkannt. Zum Schutz der Grundrechte des Beschäftigten müssen jedoch strenge Anforderungen an die Datenverarbeitung gestellt werden. Abgesichert werden kann die Umsetzung dieser Voraussetzungen durch eine entsprechende technische Gestaltung.

3.1 Der Begriff des „Screenings"

Wie *Traut* zutreffend feststellt, handelt es sich beim Begriff „Screening" um einen schillernden Begriff, der nicht exklusiv oder vordergründig durch das Datenschutzrecht geprägt wurde.[265] Zutreffend verweist er auf Screenings im medizinischen Bereich, beispielsweise das „Mammographie-Screening".[266] Ferner handelt es sich auch um einen in der Wirtschaft, insbesondere dem Marketing und der Informationsökonomik gebräuchlichen Begriff.[267] Übersetzen lässt sich der Begriff „Datenscreening" als „Überprüfen" oder „Durchleuchten" von Daten.[268] Hier sollen Screenings als „automatisierte Verarbeitungen von massenhaften Arbeitnehmerdaten"[269] verstanden werden. Diese umfassen beispielsweise Kontodatenabgleich ebenso wie Terrorlisten-Screenings.

Derartige Verfahren können grundsätzlich auf mehr oder wenige alle Arten von Daten angewendet werden. Im Arbeitsverhältnis betrifft dies beispielsweise

- die Stammdaten der Beschäftigten, die durch die Personalabteilung verarbeitet werden (Lebensläufe, Qualifikationen, Familienbeziehungen, Kontodaten etc.),

---

[264] *Benner*, ZD-Aktuell 2017, 05556; *Kort*, NZA 2011, 1319.

[265] *Traut*, RDV 2014, 119.

[266] *Traut*, RDV 2014, 119.

[267] Siehe hierzu z. B. *Gabler*, Wirtschaftslexikon, „Screening", abrufbar unter https://wirtschaftslexikon.gabler.de/definition/screening-43090 (zuletzt abgerufen am 01.09.2023), wonach es im Marketing die „Grob- oder Vorauswahl von Produktideen (Innovation) im Rahmen der Neu- oder Weiterentwicklung von Produkten" bezeichnet.

[268] *Lohse* 2013; *Köbler* 2011, *Linhart* 2017, 129.

[269] *Brink*, in: Boecken/Düwell/Diller/Hanau, Gesamtes Arbeitsrecht, 2016, § 32 BDSG, Rn. 148 zu BDSG a.F.

© Der/die Autor(en), exklusiv lizenziert an
Springer Fachmedien Wiesbaden GmbH, ein Teil von Springer Nature 2023
A. C. Teigeler, *Innentäter-Screenings durch Anomalieerkennung*, DuD-Fachbeiträge, https://doi.org/10.1007/978-3-658-43757-2_3

- Daten über mehr oder weniger jeden Bereich der inhaltlichen Arbeitsleistung (konkrete Tätigkeiten, Arbeitsergebnisse und ihre Qualität, Fortbildungen etc.)
- Daten über die Umstände der Erbringung der Arbeitsleistung (Beginn und Ende der Arbeitszeit, Urlaubszeiten, Ein- und Ausloggen an Arbeitsplätzen, protokollierte Bewegungen im Betrieb z.b. an Zugangskontrollschleusen, Daten von technischen Kontrollinstrumenten wie Videoüberwachungsanlagen, Abrechnungsdaten von Reisen und Spesen etc.)
- Daten aus betrieblichen und externen Kommunikationsanlagen (Protokolle von Telefonanlagen, E-Mail-Server, Logdaten des Internettraffics etc.)
- Daten aus dem Gebäudemanagement, die zunächst nicht notwendig personenbezogen sind (Sensoren an Türen, Auslastung von Fahrstühlen, Heizungsdaten etc.)

3.2 Praktische Notwendigkeit und Ablauf

Die zunehmende Digitalisierung und verflochtene Strukturen in Unternehmen führen einerseits zu Arbeitserleichterungen, andererseits steigt das Gefährdungspotential.[270] Große Datenmengen bieten aufgrund ihrer Unübersichtlichkeit Angriffspunkte für Manipulationen und erleichtern Beschäftigten einerseits ihr pflichtwidriges Verhalten.[271] Andererseits ist es wohl nur bei vertieften Kenntnissen im Bereich der Informatik möglich, Spuren zu verwischen. Der zunehmende Einsatz von Informationstechnologie im Unternehmen geht mit der Aufzeichnung von Log-Daten einher, die in vielen Fällen nachvollziehbar machen, welcher Mitarbeiter zu welchem Zeitpunkt welche Prozesse im Unternehmen in Gang gesetzt oder bearbeitet hat. Man denke in diesem Zusammenhang an einfache Zutrittskontrollsysteme oder das Log-in am PC, um Prozesse in Gang zu setzen. Aus diesem Grund kann der Gefährdung durch Innentäter sehr gut durch Datenscreenings präventiv vorgebeugt oder pflichtwidrigem Verhalten repressiv begegnet werden, indem solches durch Datenabgleiche aufgedeckt wird.[272] Hierbei werden durch das „Rastern" von Daten Muster aufgespürt oder schlichtweg Datensätze miteinander verglichen (so zum Beispiel beim Kontodatenabgleich), die auf eine Straftat oder ein pflichtwidriges Verhalten des Beschäftigten hinweisen.[273] Datenscreenings können zumindest theoretisch in Bereichen des Unternehmens, die besonders anfällig für pflichtwidriges Verhalten oder Straftaten sind, effektiv eingesetzt werden.[274] Zu nennen sind etwa Kontodatenabgleiche, die dazu dienen, zu ermitteln, ob Beschäftigte sich durch fiktive Rechnungen Gelder auf ihr Konto überwiesen haben.[275] So ließ 2009 die Deutsche Bahn AG in einem skandalösen Fall die Gehaltskonten ihrer Mitarbeiter mit den Kontonummern ihrer Lieferanten und Dienstleister abgleichen, um betrügerisches Handeln aufzudecken.[276] Stimmen die Konten von Mitarbeitern und Lieferanten oder Dienstleistern überein, so ist es wahrscheinlich, dass ein Mitarbeiter dafür sorgt, dass Scheinrechnungen abgezeichnet und gezahlt werden und das Geld auf sein Konto fließt.[277] Die Bahn konnte auf diese Weise bei der Überprüfung ihrer 173 000 Mitarbeiter ca. 500 korruptionsrelevante Fälle herausfiltern.[278]

---

[270] *Lohse* 2013, 152.
[271] *Lohse* 2013, 152.
[272] *Lohse* 2013, 152.
[273] *Lohse* 2013, 152.
[274] *Lohse* 2013, 152.
[275] *Kock/Francke*, NZA 2009, 646, 647.
[276] *Diller*, BB 2009, 438.
[277] *Diller*, BB 2009, 438.
[278] *Diller*, BB 2009, 438.

3.3 Grundsätzliche Anerkennung von Screenings durch Gesetz und Rechtsprechung

Screenings von Beschäftigtendaten – auch mit präventivem Schwerpunkt – sind teilweise gesetzlich anerkannt, wie zum Beispiel das sogenannte Terrorlisten-Screening, bei dem es um den Abgleich von Stammdaten von (potenziellen) Beschäftigten mit den im Anhang der EU-Verordnungen Nr. 881/2002, 2580/2001, 753/2011 gelisteten Personen geht. Der BFH, der über die Zulässigkeit eines solchen Screenings zu entscheiden hatte, zog dabei nicht etwa die genannten EU-Verordnungen als Rechtsgrundlage heran, sondern den mit § 26 Abs. 1 S. 1 BDSG inhaltsgleichen § 32 Abs. 1 S. 1 BDSG a.F.[279]

Auch in § 25 h Abs. 2 S. 1 KWG ist eine Verpflichtung der Kreditinstitute vorgesehen, Datenverarbeitungssysteme vorzuhalten, mittels derer sie in der Lage sind, Geschäftsbeziehungen und einzelne Transaktionen im Zahlungsverkehr zu erkennen, die auf Grund des öffentlich und im Kreditinstitut verfügbaren Erfahrungswissens über die Methoden der Geldwäsche, der Terrorismusfinanzierung und über die sonstigen strafbaren Handlungen im Sinne von Absatz 1 im Verhältnis zu vergleichbaren Fällen besonders komplex oder groß sind, ungewöhnlich ablaufen oder ohne offensichtlichen wirtschaftlichen oder rechtmäßigen Zweck erfolgen. Zwar werden Screenings nicht explizit genannt, allerdings wird es bei realistischer Betrachtung nur mithilfe von Datenabgleichen möglich sein, den Anforderungen gerecht zu werden.[280] In § 25 h Abs. 2 S. 1 KWG wird sogar ein Verfahren nach der Methode der Anomalieerkennung umschrieben, da auffällige Muster mithilfe des vorzuhaltenden Datenverarbeitungssystems erkannt werden sollen.[281] In der Regel sind die entsprechenden Datenverarbeitungssysteme so ausgestaltet, dass in einem ersten Schritt über individuell festgelegte Risikoparameter nach Auffälligkeiten gesucht wird.[282] Die herausgefilterten Anomalien werden dann mit Scoringpunkten bewertet und anschließend manuell untersucht.[283] Die BaFin selbst will bei den Screenings auch Mitarbeiterdaten erfassen, da insoweit nicht die Eigenschaft als Mitarbeiter, sondern als Kunde des Instituts sowie das besondere Risiko von Zahlungsvorgängen im Mittelpunkt stehen.[284] Ebenso verlangt § 6 Abs. 4 S. 1 GwG, dass die Verpflichteten Datenverarbeitungssysteme betreiben, mittels derer sie in der Lage sind, sowohl Geschäftsbeziehungen als auch einzelne Transaktionen im Spielbetrieb und über ein Spielerkonto nach § 16 GwG zu erkennen, die als zweifelhaft oder ungewöhnlich anzusehen sind aufgrund des öffentlich verfügbaren oder im Unternehmen verfügbaren Erfahrungswissens über die Methoden der Geldwäsche und der Terrorismusfinanzierung. Auch hiermit wird ein System, welches auf der Erkennung von Anomalien basiert, umschrieben.

Aus diesen speziellen Regelungen kann man nicht schließen, dass Screenings nur aufgrund von spezialgesetzlichen Regelungen zulässig und ansonsten unzulässig wären. Vielmehr handelt es sich um Fälle, in denen eine Verpflichtung zur Vornahme von entsprechenden Maßnahmen gesetzlich manifestiert wird, weil die Verhinderung und Aufdeckung gewichtiger Straftaten, wie Terrorismusfinanzierung oder Geldwäsche, in Rede steht, was ein gesteigertes öffentliches Interesse mit sich bringt.

---

[279] BFH, Urt. v. 19.6.2012 - VII R 43/11, Rn. 13 f.; ZD 2013, 129, 130.; siehe hierzu *Gundelach,* NJOZ 2018, 1841, 1845, der anlasslose Terrorlistenscreenings als mit § 32 BDSG a.F. – und somit mit § 26 Abs. 1 S. 1 BDSG – unvereinbar ansieht, da sie nicht erforderlich seien, weil dem Verantwortlichen keine Konsequenzen nach dem AWG drohen; aA *Behling,* NZA 2015, 1359, 1362.

[280] *Traut,* RDV 2014, 119, 122.

[281] *BaFin,* Rundschreiben 1/2014 (GW) iVm DK, AuAs, Nr. 86d, S. 70.

[282] *Achtelik,* in: Boos/Fischer/Schulte-Mattler, KWG, CRR-VO, 5. Auflage 2016, § 25 h KWG Rn. 18.

[283] *Achtelik,* in: Boos/Fischer/Schulte-Mattler, KWG, CRR-VO, 5. Auflage 2016, § 25 h KWG Rn. 18.

[284] *Achtelik,* in: Boos/Fischer/Schulte-Mattler, KWG, CRR-VO, 5. Auflage 2016, § 25 h KWG Rn. 18; *BaFin,* Rundschreiben 1/2014 (GW) iVm DK, AuAs, Nr. 86d, S. 71.

Die Rechtsprechung zu Datenabgleichen ist, soweit ersichtlich, sehr spärlich. Das Arbeitsgericht Berlin befasste sich am Rande eines Kündigungsschutzprozesses mit Mitarbeiterscreenings.[285]

Darin beschränkte es sich aber darauf, festzustellen, dass es im Zusammenhang mit der Bekämpfung von Korruption oder Wirtschaftsstraftaten im Unternehmen in Einzelfällen auch erforderlich sein könne, personenbezogene Daten abzugleichen.[286] Es bezog sich dabei auf Abgleiche der Kontonummern und Wohnanschriften von Mitarbeitern mit denen von Lieferanten, um beispielsweise Scheingeschäfte zwischen nahen Angehörigen aufspüren zu können und wies darauf hin, dass sich solche regelrecht aufdrängen könnten.[287] Das Arbeitsgericht stellte fest, dass Datenanalysen nicht selten nach Bekanntwerden eines Falles im Unternehmen durchgeführt würden und, um in einer derartigen Situation ausschließen zu können, dass es sich nicht um einen Einzelfall handelte, es naheliegend sei, das erkannte Muster zu analysieren und anschließend die eigenen Datenbestände daraufhin zu untersuchen, ob sich derartige Fälle auch anderswo ereignet haben könnten.[288]

Im Rahmen der vorzunehmenden Abwägung sah das Arbeitsgericht Berlin das berechtigte Interesse des Arbeitgebers an dem Datenabgleich in der hohen Schadenswahrscheinlichkeit, den hohen unmittelbaren Schäden, den weiteren Begleitschäden sowie den rechtlichen Verpflichtungen zur Bekämpfung von Wirtschaftskriminalität und Korruption.[289] Im Einzelfall könne als weiterer Aspekt hinzukommen, dass als Ergebnis einer Risikoanalyse das Unternehmen für das in Rede stehende Korruptionsmuster besonders gefährdet sei oder es bereits in der Vergangenheit zur Realisierung eines entsprechenden Risikos kam.[290] In einer solchen Situation würde eine verantwortliche Unternehmensleitung Maßnahmen ergreifen, um das Risiko für die Zukunft auszuschließen.[291] Hieraus lässt sich nicht erkennen, ob das Gericht bei seinen Ausführungen nur von repressiven oder auch von präventiven Screenings ausgeht.

Da kein Sachvortrag zur Zwecksetzung des Screenings vorlag, beschränkt sich das Gericht letztendlich darauf, darzulegen, dass unter den Voraussetzungen des § 32 Abs. 1 S. 2 BDSG a.F., jetzt § 26 Abs. 1 S. 2 BDSG, Datenabgleiche möglich seien, um Verdachtsfällen nachzugehen.[292]

Zu beachten ist, dass der Gesetzeswortlaut des § 26 Abs. 1 BDSG keine bestimmte Art von Ermittlungsmethode per se ausschließt. In der Literatur dreht sich die Diskussion zumeist pauschal um Screenings, Abgleiche oder die „betriebliche Rasterfahndung". Das Augenmerk liegt demgegenüber nie auf der konkreten technischen Ausgestaltung. Im Folgenden soll gezeigt werden, dass Aussagen, die sich darauf beschränken, Screenings generell als unzulässig anzusehen, in dieser Allgemeingültigkeit nicht richtig sind. Entscheidend ist die konkrete Ausgestaltung. Insbesondere die Anomalieerkennung bietet die Möglichkeit, die grundrechtlich geschützten Rechte und Interessen von Arbeitgeber und Arbeitnehmer zu einem angemessenen Ausgleich zu bringen.

---

[285] ArbG Berlin, Urt. v. 18.2.2010 - 38 Ca 12879/09, MMR 2011, 70.

[286] ArbG Berlin, Urt. v. 18.2.2010 - 38 Ca 12879/09, MMR 2011, 70, 72.

[287] ArbG Berlin, Urt. v. 18.2.2010 - 38 Ca 12879/09, MMR 2011, 70, 72.

[288] ArbG Berlin, Urt. v. 18.2.2010 - 38 Ca 12879/09, MMR 2011, 70, 72.

[289] ArbG Berlin, Urt. v. 18.2.2010 - 38 Ca 12879/09, MMR 2011, 70, 72.

[290] ArbG Berlin, Urt. v. 18.2.2010 - 38 Ca 12879/09, MMR 2011, 70, 72.

[291] ArbG Berlin, Urt. v. 18.2.2010 - 38 Ca 12879/09, MMR 2011, 70, 72.

[292] ArbG Berlin, Urt. v. 18.2.2010 - 38 Ca 12879/09, MMR 2011, 70, 72.

3.4 Technische Verfahren

Die technischen Verfahren, die beim Screening von Daten zur Anwendung kommen, sind mannigfaltig. Je nach Einsatzszenario werden hierbei sowohl personenbezogene Daten als auch nicht personenbezogene Daten verarbeitet. So handelt es sich bei Namen oder Kontodaten sowie Log-Daten, die mit einer Mitarbeiterkennung verbunden sind, um personenbezogene Daten, während etwa der Alarm eines Rauchmelders in einem SIEM-System oder die Höhe eines überwiesenen Betrags für sich genommen kein solch personenbezogenes Datum darstellt.

3.4.1   In der Regel datenschutzneutrale Methoden

Beim Durchforsten großer Datenmengen auf wirtschaftskriminelles Handeln hin nutzt man in der Regel das Wissen um klassische Manipulationsmuster.[293] In einem ersten Schritt werden diese daraufhin untersucht, welche Spuren sie gegebenenfalls in den Buchhaltungssystemen des Unternehmens hinterlassen müssten, um Indikatoren zu ermitteln, die dann gezielt durch eine Analysesoftware aufgespürt werden sollen.[294] Hierbei werden in der Regel noch keine personenbezogenen Daten verarbeitet.[295]

In einem zweiten Schritt muss geklärt werden, ob es sich tatsächlich um eine Manipulation handelt oder ob es eine anderweitige Erklärung für eine Unregelmäßigkeit gibt.[296] Wenn der Trefferfall nicht begründbar ist, sollte in einem weiteren Schritt der Sachverhalt näher untersucht werden.[297]

In der Regel geht es um das Auffinden von Anomalien im Wege der Analyse unternehmenseigener Daten.[298] Je nach eingesetzter Technologie und Einsatzszenario sind hierbei komplexere oder weniger komplexe Verfahren denkbar. Eine gängige Methode ist beispielsweise die Benford-Analyse[299], bei der große Datenmengen analysiert werden, indem man sich mathematische Gesetzmäßigkeiten zunutze macht, um Manipulationen aufzudecken.[300]

Bei einer anderen üblichen Vorgehensweise werden Gutschriften zu Beginn des neuen Geschäftsjahres abgefragt.[301] Bei einer Häufung im Vergleich zum gesamten vergangenen Geschäftsjahr, insbesondere einer Häufung gegen Jahresende, kann ein Fall des sogenannten „Channel Staffings" vorliegen.[302] Dabei überredet ein Hersteller seine Abnehmer kurz vor Ende des Geschäftsjahres zu Großaufträgen, welche nur zum Schein erteilt werden und zu Beginn des neuen Geschäftsjahres wieder rückabgewickelt werden.[303] Ziel ist es, zum Prüfungsstichtag die Forderungen des Unternehmens höher ausweisen zu lassen, als sie es tatsächlich sind.[304]

---

[293] *Salvenmoser/Hauschka*, NJW 2010, 331, 332.

[294] *Salvenmoser/Hauschka*, NJW 2010, 331, 332.

[295] *Lohse* 2013, 152 f.

[296] *Salvenmoser/Hauschka*, NJW 2010, 331, 332.

[297] *Salvenmoser/Hauschka*, NJW 2010, 331, 332.

[298] *Salvenmoser/Hauschka*, NJW 2010, 331, 332; *Lohse* 2013, 152; *Bierekoven*, CR 2010, 203.

[299] Vgl. hierzu *Mochty*, WPg 2002, 725 ff.; zum Einsatz in der steuerlichen Betriebsprüfung: *Rau* 2012, 30 ff.

[300] *Salvenmoser/Hauschka*, NJW 2010, 331, 332; *Bierekoven*, CR 2010, 203; *Lohse* 2013, 152.

[301] *Salvenmoser/Hauschka*, NJW 2010, 331, 332; *Bierekoven*, CR 2010, 203; *Lohse* 2013, 153.

[302] *Salvenmoser/Hauschka*, NJW 2010, 331, 332; *Bierekoven*, CR 2010, 203; *Lohse* 2013, 153.

[303] *Salvenmoser/Hauschka*, NJW 2010, 331, 332; *Bierekoven*, CR 2010, 203; *Lohse* 2013, 153.

[304] *Salvenmoser/Hauschka*, NJW 2010, 331, 332; *Bierekoven*, CR 2010, 203; *Lohse* 2013, 153.

3.4.2 Datenabgleiche

Teilweise erfolgt schlichtweg ein Abgleich zweier Datenbanken auf Übereinstimmungen in bestimmten Datenfeldern, um beispielsweise Scheingeschäfte aufzudecken.[305] Diese werden häufig mit Hilfe naher Angehöriger durchgeführt.[306] Um Muster zu ermitteln, ist hier der Abgleich personenbezogener Daten erforderlich, da Kontonummer und Wohnanschrift von Mitarbeitern mit Lieferantendaten abgewickelt werden müssen.[307]

Der Abgleich erfolgt häufig mit Hilfe von OLAP oder Data Mining.[308] OLAP (Online Analytic Processing) zielt darauf ab, Abfragen aus großen Datenmengen durchzuführen, sie effizient aufzubereiten und grafisch darzustellen.[309] Data Mining zielt darauf ab, „Wissen aus Daten zu extrahieren"[310]. Unter Wissen versteht man „interessante Muster, die allgemein gültig sind, nicht trivial, neu, nützlich und verständlich"[311]. Data Mining kommt anders als OLAP auch ohne eine vorherige Hypothese des Analysten aus.[312] Data Mining ist aufgrund des eingesetzten Algorithmus selbständig in der Lage, ein Muster oder Modell zu finden.[313] Zusammenfassend stellt Data Mining einen „Oberbegriff für rechnergestützte Analyseverfahren (…) [dar], die aus großen Datenbeständen eigenständig und datengetrieben, d. h. ohne Hypothesen des Entscheidungsträgers über Zusammenhänge in den Daten, unbekannte Muster entdecken".[314] Letztlich handelt es sich bei Data Mining um die Anwendung von Methoden maschinellen Lernens – wie dies auch bei Systemen mit Künstlicher Intelligenz der Fall ist[315] - auf große Datenbanken.[316]

3.4.3 Anomalieerkennungsverfahren in SIEM-Systemen

Forschung zur Anomalieerkennung findet seit dem 19. Jahrhundert statt.[317] Anwendungsbeispiele sind Intrusion Detection[318], Betrugserkennung in diversen Sektoren wie insbesondere im Versicherungsbereich, zur Aufdeckung von Kreditkartenmissbrauch, in Banken oder anderen Wirtschaftsbereichen[319]. Mittlerweile wird Anomalieerkennung auch in Wirtschaftsprüfungsunternehmen eingesetzt.[320]

---

[305] *Salvenmoser/Hauschka*, NJW 2010, 331, 332; *Bierekoven*, CR 2010, 203; *Lohse* 2013, 153.

[306] *Salvenmoser/Hauschka*, NJW 2010, 331, 332; *Bierekoven*, CR 2010, 203; *Lohse* 2013, 153.

[307] *Salvenmoser/Hauschka*, NJW 2010, 331, 332; *Bierekoven*, CR 2010, 203; *Lohse* 2013, 153.

[308] *Heinson*, BB 2010, 3084; *Heinson/Schmidt*, CR 2010, 540, 541; *Heinson* 2015, 58 ff; *Frosch-Wilke*, DuD 2003, 597 f.

[309] *Wang/Jajodia/Wijesekera*, in: Yu /Jajodia 2007, 355 f.; *Heinson* 2015, 61.

[310] *Runkler* 2015, 2; *Fayyad/Piatetsky-Shapiro/Smyth*, in: Arificial Intelligence Magazine 1996, 37, 39 definieren Data Mining folgendermaßen: "Data mining is the application of specific algorithms for extracting patterns from data".

[311] *Runkler* 2015, 2.

[312] *Heinson* 2015, 63; *Fayyad/Piatetsky-Shapiro/Smyth*, in: Arificial Intelligence Magazine 1996, 37, 40.

[313] *Heinson* 2015, 63; *Fayyad/Piatetsky-Shapiro/Smyth*, in: Arificial Intelligence Magazine 1996, 37, 40.

[314] *Piazza* 2010, 31; *Krahl/Zick/Windheuser* 1998, 106 f.; *Hahn*, DuD 2003, 605, 607 f.

[315] *Söbbing*, MMR 2021, 111.

[316] *Alpaydin* 2008, 2; *Wrobel/Joachims/Morik*, in: v. Görz/Schneeberger/Schmid 2013, 405 bezeichnen Data Mining demgegenüber als „Nachbargebiet".

[317] *Chandola/Banerjee/Kumar*, in: ACM Computing Surveys, Vol. 41, No. 3, Art. 15, 2; grundlegende Überlegungen bei *Edgeworth*, in: The London, Edinburgh, and Dublin Philosophical Magazine and Journal of Science, Series 5, Volume 23, 1887, 364 ff.

[318] *Chandola/Banerjee/Kumar*, in: ACM Computing Surveys, Vol. 41, No. 3, Art. 15, 11 f.

[319] *Chandola/Banerjee/Kumar*, in: ACM Computing Surveys, Vol. 41, No. 3, Art. 15, 12 ff.

[320] Vgl. etwa *Westermann/Spindler*, in PwC Expert Focus vom 7.11.2017, abrufbar unter https://www.pwc.ch/de/press-room/expert-articles/pwc-press-20171107_expertfocus_westermann_spindler.pdf (zuletzt abgerufen am 01.09.2023).

Ausgehend von der dargestellten Inntäter-Problematik lässt sich zur Umsetzung an existierende SIEM-Systeme anknüpfen und eine organisationsinterne, verteilt implementierte Sicherheitszentrale zur Erkennung von Inntäter-Angriffen entwickeln.[321] SIEM-Systeme können Protokolldaten aus verbundenen Systemen und Netzwerkkomponenten sammeln und nach bestimmten Kriterien auswerten[322]. Ziel der Anomalieerkennung kann es dann sein, Insider-Angriffe aufzuspüren und im Trefferfall bedarfsweise Identitäten aufzudecken.[323] Die so entwickelte Sicherheitszentrale könnte zukünftig in bestehende SIEM-Systeme integriert werden können.

3.4.3.1 Anomalie

Zunächst stellt sich jedoch die Frage, was man unter einer „Anomalie" versteht.

3.4.3.1.1 Begriff

Eine allgemeingültige Definition für den Begriff der Anomalie existiert nicht.[324] Anomalieerkennung basiert auf der Annahme, dass ein Ereignis gerade deshalb interessant sein könnte, weil es nicht normal ist.[325] Anomalien adressieren das Problem, Muster in Daten zu finden, die sich nicht in das erwartete Verhalten einfügen.[326] Oftmals synonym gebraucht wird der Begriff „Ausreißer".[327] Hierunter versteht man „einzelne Daten, die stark von den übrigen abweichen".[328] Andere Begrifflichkeiten, die Anomalien umschreiben können, sind: uneindeutige Beobachtungen, Ausnahmen, Aberrationen, Überraschungen, Besonderheiten oder Verunreinigungen bezogen auf verschiedene Anwendungsbereiche.[329]

Die Ursachen für Ausreißer sind unterschiedlich. Es kann sich um zufällige oder systematische Effekte, beispielsweise durch einen Messfehler oder auch manuelle Eingabefehler handeln.[330] Anomale Aktivität muss also nicht notwendig auf strafbares oder pflichtwidriges Verhalten durch einen Beschäftigten hinweisen.[331] Ziel der Anomalieerkennung ist es, Angreifer durch ihr vom Normalverhalten abweichendes Verhalten zu identifizieren:[332] „Anomalies are patterns in data that do not conform to a well defined notion of normal behavior."[333] Anomalieerkennung basiert auf der Annahme, dass sich ein Täter anders verhalten wird als ein normal arbeitender Beschäftigter. Maßstab dafür, was unter normalem und anomalem Verhalten zu verstehen ist, sind die angelegten Benutzer- und Systemprofile und die hieraus abgeleiteten Schwellwerte.[334] Anomalieerkennungssysteme zielen auf die Detektion von Verhalten, das sich nicht in das Profil eines normalen Verhaltensmusters einfügt.[335]

---

[321] Dies war Gegenstand des vom Bundesministerium für Bildung und Forschung geförderten Forschungsprojekts „Datenschutz-respektierende Erkennung von Inntätern" (DREI), an dem die Verfasserin beteiligt war und dessen Ziel die Entwicklung einer rechtskonformen, auf einem SIEM-System aufsetzenden Softwarelösung war, die auf der Grundlage von Anomalieerkennung funktioniert; s. näher *Benner*, ZD-Aktuell 2017, 05556; https://drei-projekt.de/ (zuletzt abgerufen am 01.09.2023).

[322] *Kort*, NZA 2017, 1319.

[323] *Benner*, ZD-Aktuell 2017, 05556; https://drei-projekt.de/ (zuletzt abgerufen am 01.09.2023).

[324] *Netz*, 11; *Glück*, 11.

[325] *Haslett*, The Statistician 1992, 271, 280.

[326] *Chandola/Banerjee/Kumar*, in: ACM Computing Surveys, Vol. 41, No. 3, Art. 15, 1.

[327] *Chandola/Banerjee/Kumar*, in: ACM Computing Surveys, Vol. 41, No. 3, Art. 15, 2.

[328] *Runkler* 2015, 24.

[329] *Chandola/Banerjee/Kumar*, in: ACM Computing Surveys, Vol. 41, No. 3, Art. 15, 1 f.

[330] *Runkler* 2015, 24.

[331] *Höper*, 3.

[332] *Höper*, 4.

[333] *Chandola/Banerjee/Kumar*, in: ACM Computing Surveys, Vol. 41, No. 3, Art. 15, 2.

[334] *Höper*, 4.

[335] *Höper*, 4.

3.4.3.1.2 Arten

Hinsichtlich der Arten von Anomalien ist zwischen Punkt-Anomalien, Kontext-Anomalien und kollektiven Anomalien zu unterscheiden.[336] Die Art der Anomalie stellt einen entscheidenden Aspekt für die Technikmodellierung dar.[337]

3.4.3.1.2.1 Punktanomalie

Bei Punktanomalien handelt es sich um einzelne Daten, die sich vom Rest der Datenmenge abheben.[338] Hierbei handelt es sich um den einfachsten Fall einer Anomalie, zu dem die meiste Forschung existiert.[339] Zieht man als Beispiel die Erkennung von Kreditkartenbetrug heran, so stellt eine Punktanomalie für die jeweilige Person z.b. eine Transaktion dar, bei der der ausgegebene Betrag im Vergleich zum sonst von der Person aufgewendeten Betrag sehr hoch ist.[340]

Im Beschäftigungsverhältnis liegt beispielsweise eine Punktanomalie vor, wenn jemand später als sonst für ihn üblich zur Arbeit erscheint. Im SIEM-System wird dies dadurch abgebildet, dass sich jemand sich später als normal an der Zugangskontrolle mit seiner RFID-Karte anmeldet.

3.4.3.1.2.2 Kontext-Anomalie

Kontext-Anomalien sind Datenpunkte, die in einem bestimmten Kontext anomal sind, in einem anderen jedoch als normal gelten könnten.[341] Bei der Erkennung von Kreditkartenmissbrauch ist beispielsweise folgendes Szenario denkbar: Ein entscheidendes kontextbezogenes Attribut kann der Zeitpunkt eines getätigten Kaufs sein.[342] So hat eine Person beispielsweise normalerweise eine Einkaufsrechnung von 100 Dollar, außer an Weihnachten, wenn diese eine Summe von 1000 Dollar erreicht.[343] Wird diese Summe im Juli ausgegeben, so handelt es sich um eine kontextbezogene Anomalie, auch wenn die Ausgabe im Dezember als normal anzusehen wäre.[344] Ein anderes typisches Beispiel bilden Temperaturkurven, bei denen Kontext-Anomalien beispielsweise Temperatureinbrüche im Sommer wären.[345]

So kann es sich bei Beschäftigen verhalten, wenn diese im Homeoffice sind. So mag sich etwa ein Mitarbeiter, wenn er sich nicht im Homeoffice befindet, an seinem Arbeitsplatz-PC stets um 08:00 Uhr einloggen, etwa weil er eine Stunde zu pendeln hat. Es wäre ungewöhnlich, wenn er sich bereits um 07:00 Uhr einloggen würde; dies würde eine Anomalie begründen. Während seiner Tätigkeit von zu Hause aus kann es demgegenüber durchaus möglich sein, dass er sich bereits um 07:00 Uhr oder früher an seinem Arbeitsplatz-PC anmeldet, weil er keine Wegstrecke zur Arbeit zu bewältigen hat.

---

[336] *Chandola/Banerjee/Kumar*, in: ACM Computing Surveys, Vol. 41, No. 3, Art. 15, 7 ff.

[337] *Chandola/Banerjee/Kumar*, in: ACM Computing Surveys, Vol. 41, No. 3, Art. 15, 7.

[338] *Chandola/Banerjee/Kumar*, in: ACM Computing Surveys, Vol. 41, No. 3, Art. 15, 7.

[339] *Chandola/Banerjee/Kumar*, in: ACM Computing Surveys, Vol. 41, No. 3, Art. 15, 7.

[340] *Chandola/Banerjee/Kumar*, in: ACM Computing Surveys, Vol. 41, No. 3, Art. 15, 7.

[341] *Chandola/Banerjee/Kumar*, in: ACM Computing Surveys, Vol. 41, No. 3, Art. 15, 7.

[342] *Chandola/Banerjee/Kumar*, in: ACM Computing Surveys, Vol. 41, No. 3, Art. 15, 8.

[343] *Chandola/Banerjee/Kumar*, in: ACM Computing Surveys, Vol. 41, No. 3, Art. 15, 8.

[344] *Chandola/Banerjee/Kumar*, in: ACM Computing Surveys, Vol. 41, No. 3, Art. 15, 8.

[345] *Chandola/Banerjee/Kumar*, in: ACM Computing Surveys, Vol. 41, No. 3, Art. 15, 8.

3.4.3.1.2.3   Kollektive Anomalien

Kollektive Anomalien treten auf, wenn eine Sammlung von zusammenhängenden Datenpunkten mit Bezug auf den gesamten Datensatz anomal ist.[346] Hierbei besteht ein enger Zusammenhang zu Kontext-Anomalien.[347]

Tritt beispielsweise folgende Reihe in einem PC auf, weist die markierte Stelle auf einen internetbasierten Angriff durch einen entfernten PC mit anschließendem Kopieren der Daten vom Host Computer an ein entferntes Ziel via ftp hin[348]:

"...http-web, buffer-overflow, http-web, http-web, smtp-mail, ftp, http-web, ssh, smtp-mail, http-web, **ssh, buffer-overflow, ftp,** http-web, ftp, smtp-mail, http-web..."[349]

An und für sich genommen wären die einzelnen Events nicht als Anomalie erkennbar, schließlich tritt jedes der auffälligen Events („ssh", „buffer-overflow", „ftp") als solches für sich genommen einmal ein und stellt keine Auffälligkeit dar. In der Folge „ssh, buffer-overflow, ftp" stellen sich diese Events jedoch als eine Anomalie dar.[350]

3.4.3.2   Verfahren des maschinellen Lernens

Die Erkennung von Ausreißern erfolgt durch maschinelles Lernen.[351] Dabei werden normale und anomale Daten klassifiziert.[352] Nach dem Training mit Daten aus der Vergangenheit und dem Erlernen einer Klassifikationsregel ist Hauptanwendungsfall der Klassifikation die Prädiktion.[353] Sobald eine Regel ermittelt wurde, die auf die Vergangenheitsdaten passt, ist es möglich, korrekte Vorhersagen für neue Instanzen zu treffen, vorausgesetzt man nimmt an, dass die nahe Zukunft der Vergangenheit ähnelt.[354] Bei der Anomalieerkennung geht es beim Erlernen einer Regel nicht um diese selbst, sondern im Fokus stehen die Ausnahmen, die nicht von der Regel erfasst werden.[355]

Maschinelles Lernen bedeutet, Computer so zu programmieren, dass sie in der Lage sind, ein bestimmtes Leistungskriterium anhand von Trainingsdaten oder Erfahrungswerten aus der Vergangenheit zu optimieren.[356] In der Regel erfolgt das Erstellen der Trainingsdaten manuell.[357] Dies erfordert einigen Aufwand, und es ist naturgemäß schwierig, alle möglichen Szenarien von Anomalien abzudecken.[358] Dies gilt umso mehr, als anomales Verhalten sich erfahrungsgemäß wandelt und daher dann nicht als solches im Trainingsdatensatz markiert ist.[359]

Unterschieden werden können bei Verfahren der Anomalieerkennung das überwachte, das halb überwachte sowie das unüberwachte Lernen.[360]

---

[346] *Chandola/Banerjee/Kumar*, in: ACM Computing Surveys, Vol. 41, No. 3, Art. 15, 8.

[347] *Chandola/Banerjee/Kumar*, in: ACM Computing Surveys, Vol. 41, No. 3, Art. 15, 9.

[348] *Chandola/Banerjee/Kumar*, in: ACM Computing Surveys, Vol. 41, No. 3, Art. 15, 8.

[349] *Chandola/Banerjee/Kumar*, in: ACM Computing Surveys, Vol. 41, No. 3, Art. 15, 8.

[350] *Chandola/Banerjee/Kumar*, in: ACM Computing Surveys, Vol. 41, No. 3, Art. 15, 8.

[351] *Alpaydin* 2008, 8.

[352] *Chandola/Banerjee/Kumar*, in: ACM Computing Surveys, Vol. 41, No. 3, Art. 15, 9 "data labeling"; *Alpaydin* 2008, 4 ff.

[353] *Alpaydin* 2008, 5.

[354] *Alpaydin* 2008, 5.

[355] *Alpaydin* 2008, 8.

[356] *Alpaydin* 2008, 3; *Mitchell* 1997, 17: „Machine learning addresses the question of how to build computer programs that improve their performance at some task through experience."

[357] *Chandola/Banerjee/Kumar*, in: ACM Computing Surveys, Vol. 41, No. 3, Art. 15, 9.

[358] *Chandola/Banerjee/Kumar*, in: ACM Computing Surveys, Vol. 41, No. 3, Art. 15, 9.

[359] *Chandola/Banerjee/Kumar*, in: ACM Computing Surveys, Vol. 41, No. 3, Art. 15, 9.

[360] *Chandola/Banerjee/Kumar*, in: ACM Computing Surveys, Vol. 41, No. 3, Art. 15, 10.

3.4.3.2.1 Überwachtes Lernen

Beim überwachten Lernen handelt es sich um die gebräuchlichste Methode des maschinellen Lernens.[361] Der Algorithmus soll eine allgemeine Funktion lernen, indem er Beispiele des funktionalen Zusammenhangs (z.B. E-Mails, die von Hand als Spam oder „Ham", also unerwünschte oder erwünschte E-Mails, klassifiziert wurden) erhält.[362] Voraussetzung ist die Verfügbarkeit eines Trainingsdatensatzes.[363] Ein typischer Ansatz ist der Aufbau eines prädiktiven Modells für normale und anomale Klassen.[364] Jede unbekannte Dateninstanz wird im Modell verglichen, um festzustellen, in welche Kategorie sie einzuordnen ist.[365] Bei der Anomalieerkennung stellen sich hier zwei Probleme: zum einen sind in den Trainingsdaten die anomalen Instanzen im Vergleich zu den normalen Instanzen ungleich seltener.[366] Zum anderen stellt die Beschaffung genauer und repräsentativer Label insbesondere für die Anomalieklasse in der Regel eine Herausforderung dar.[367]

3.4.3.2.2 Halb überwachtes Lernen

Techniken des teilüberwachten Lernens operieren unter der Annahme, dass die Trainingsdaten nur Instanzen für die normalen Klassen enthalten.[368] Der Trainingsdatensatz ist sozusagen unvollständig.[369] Da diese Technik keine Instanzen für die anomale Klasse erfordert, ist sie weiter verbreitet als Techniken des überwachten Lernens.[370] Die typischerweise angewendete Methode beim unüberwachten Lernen ist es, ein Modell für normales Verhalten zu erstellen und dieses zu nutzen, um Anomalien in den Testdaten aufzuspüren.[371]

Es gibt auch wenige Techniken der Anomalieerkennung, die auf der Annahme beruhen, dass nur Anomalieinstanzen zum Training vorhanden sind.[372] Diese Techniken sind aber nicht allgemeingebräuchlich, vor allem, weil es schwierig ist, einen Trainingsdatensatz zu erhalten, der alle Anomalien abdeckt.[373]

3.4.3.2.3 Unüberwachtes Lernen

Beim unüberwachten Lernen erhalten die Lernalgorithmen anders als beim überwachten Lernen keine klassifizierten Beispiele.[374] Das unüberwachte Lernen ist eher von deskriptivem Charakter.[375] Ziel ist es, interessante Strukturen in unklassifizierten Daten zu finden.[376] Diese sind oft lokal, das heißt sie sind nur charakteristisch für einen Teil der untersuchten Objekte, bei

---

[361] *Wrobel/Joachims/Morik*, in: v. Görz/Schneeberger/Schmid 2013, 405.

[362] *Wrobel/Joachims/Morik*, in: v. Görz/Schneeberger/Schmid 2013, 405.

[363] *Chandola/Banerjee/Kumar*, in: ACM Computing Surveys, Vol. 41, No. 3, Art. 15, 10.

[364] *Chandola/Banerjee/Kumar*, in: ACM Computing Surveys, Vol. 41, No. 3, Art. 15, 10.

[365] *Chandola/Banerjee/Kumar*, in: ACM Computing Surveys, Vol. 41, No. 3, Art. 15, 10.

[366] *Chandola/Banerjee/Kumar*, in: ACM Computing Surveys, Vol. 41, No. 3, Art. 15, 10.

[367] *Chandola/Banerjee/Kumar*, in: ACM Computing Surveys, Vol. 41, No. 3, Art. 15, 10.

[368] *Chandola/Banerjee/Kumar*, in: ACM Computing Surveys, Vol. 41, No. 3, Art. 15, 10.

[369] *Glück* 2018, 14.

[370] *Chandola/Banerjee/Kumar*, in: ACM Computing Surveys, Vol. 41, No. 3, Art. 15, 10.

[371] *Chandola/Banerjee/Kumar*, in: ACM Computing Surveys, Vol. 41, No. 3, Art. 15, 10 f.

[372] *Chandola/Banerjee/Kumar*, in: ACM Computing Surveys, Vol. 41, No. 3, Art. 15, 10.

[373] *Chandola/Banerjee/Kumar*, in: ACM Computing Surveys, Vol. 41, No. 3, Art. 15, 10.

[374] *Wrobel/Joachims/Morik*, in: v. Görz/Schneeberger/Schmid 2013, 405.

[375] *Wrobel/Joachims/Morik*, in: v. Görz/Schneeberger/Schmid 2013, 405.

[376] *Wrobel/Joachims/Morik*, in: v. Görz/Schneeberger/Schmid 2013, 405.

denen Anomalien entdeckt wurden.[377] Hierbei handelt es sich in Bezug auf die Anomalieerkennung um die am weitesten gebräuchliche Methode.[378] Diese Techniken basieren auf der Annahme, dass normale Ereignisse weit häufiger in den Testdaten vorkommen als Anomalien.[379] Trifft diese Annahme nicht zu, haben solche Techniken eine hohe Rate von Fehlalarmen.[380]

3.4.3.3 Praktische und technische Herausforderungen der Anomalieerkennung

Die Anomalieerkennung bringt neben Chancen auch diverse technische und praktische Problemstellungen mit sich.

Ein Anomalieerkennungssystem muss, um effektiv zu funktionieren, gewisse Mindestanforderungen erfüllen.

Zum einen muss es echtzeitfähig sein, um zu gewährleisten, dass Angriffe in Echtzeit erkannt werden und einen Alarm auslösen.[381] Überdies müssen Profile und Schwellwerte ständig angepasst werden, um aktuell zu bleiben (Adaptivität).[382] Verhaltensweisen verändern sich im Laufe der Zeit, und was bei der erstmaligen Implementierung eines Systems als normal eingestuft wird, kann in der Zukunft als anomal zu bewertendes Verhalten einzuordnen sein.[383] Dies gilt insbesondere in Unternehmen, wenn es darum geht, Innentäter aufzuspüren. Denn schon aufgrund von oftmals stattfindenden Personalwechseln oder Betriebsumstrukturierungen, die mit Änderungen hinsichtlich der Organisation von Arbeitsabläufen einhergehen, ergeben sich Veränderungen im Verhalten der Arbeitnehmer. Es sollten deshalb voreingestellte Profile, die nur noch modifiziert werden müssen, angelegt werden, um eine einfache Bedienung und Konfiguration zu gewährleisten.[384]

Zum anderen ist es schwierig, einen Bereich zu definieren, der alle möglichen normalen Verhaltensmuster umfasst.[385] Die Grenze zwischen anomalem und normalem Verhalten kann oftmals nicht eindeutig gezogen werden.[386] Grenzfälle können auf anomales oder normales Verhalten hinweisen.[387]

Wenn Anomalien Folge von böswilligem Verhalten sind, versuchen Täter in der Regel, ihr Verhalten zu vertuschen, indem sie sich anpassen, um ihr Verhalten normal erscheinen zu lassen.[388] Dies erschwert die Identifikation und Definition von anomalem Verhalten.[389] Gerade Innentäter kennen betriebliche Abläufe und verfügen über internes Wissen. Bei entsprechenden Kenntnissen und Zugriffsbefugnissen ist es möglich, über einen längeren Zeitraum das Verhalten derart zu verändern, dass eigentlich als anomal zu bewertendes Verhalten als normal eingeordnet wird.

Überdies gibt es keine allgemeingültige sektorübergreifende Definition von anomalem Verhalten.[390] Technologien können daher zwar bereichsübergreifend angewendet werden, allerdings

---

[377] *Wrobel/Joachims/Morik*, in: v. Görz/Schneeberger/Schmid 2013, 405.

[378] *Chandola/Banerjee/Kumar*, in: ACM Computing Surveys, Vol. 41, No. 3, Art. 15, 10.

[379] *Chandola/Banerjee/Kumar*, in: ACM Computing Surveys, Vol. 41, No. 3, Art. 15, 10.

[380] *Chandola/Banerjee/Kumar*, in: ACM Computing Surveys, Vol. 41, No. 3, Art. 15, 10.

[381] *Höper*, 4.

[382] *Höper*, 4; *Chandola/Banerjee/Kumar*, in: ACM Computing Surveys, Vol. 41, No. 3, Art. 15, 3.

[383] *Chandola/Banerjee/Kumar*, in: ACM Computing Surveys, Vol. 41, No. 3, Art. 15, 3.

[384] *Höper*, 4.

[385] *Chandola/Banerjee/Kumar*, in: ACM Computing Surveys, Vol. 41, No. 3, Art. 15, 3.

[386] *Chandola/Banerjee/Kumar*, in: ACM Computing Surveys, Vol. 41, No. 3, Art. 15, 3.

[387] *Chandola/Banerjee/Kumar*, in: ACM Computing Surveys, Vol. 41, No. 3, Art. 15, 3.

[388] *Chandola/Banerjee/Kumar*, in: ACM Computing Surveys, Vol. 41, No. 3, Art. 15, 3.

[389] *Chandola/Banerjee/Kumar*, in: ACM Computing Surveys, Vol. 41, No. 3, Art. 15, 3.

[390] *Chandola/Banerjee/Kumar*, in: ACM Computing Surveys, Vol. 41, No. 3, Art. 15, 3.

sind die zugrundeliegenden Daten und Erkenntnisse je nach Kontext anders zu interpretieren.[391] Beispielsweise können kleinere Schwankungen der Körpertemperatur im medizinischen Bereich eine Anomalie markieren, während im Bereich des Aktienmarktes die gleiche Abweichung des Wertes als normal anzusehen ist.[392]

Ein großes Problem resultiert ferner aus der oftmals fehlenden Verfügbarkeit von Trainingsdaten.[393] Es liegen üblicherweise keine als anomal markierten Daten vor, um ein Training oder eine Validierung des Anomalieerkennungssystems vornehmen zu können.[394]

Außerdem ist Daten oftmals ein sogenanntes Rauschen enthalten, welches den tatsächlichen Anomalien sehr ähnlich ist und aus diesem Grund schwer von diesem unterscheidbar.[395] Unter „Rauschen" versteht man „jede ungewollte Anomalie in Daten".[396]

Bei den skizzierten Problemen handelt es sich primär um solche, die es von Seiten der Informationstechnik zu bewältigen gibt und einer Lösung mit juristischen Methoden nicht zugänglich sind.

---

[391] *Chandola/Banerjee/Kumar*, in: ACM Computing Surveys, Vol. 41, No. 3, Art. 15, 3.

[392] *Chandola/Banerjee/Kumar*, in: ACM Computing Surveys, Vol. 41, No. 3, Art. 15, 3.

[393] *Chandola/Banerjee/Kumar*, in: ACM Computing Surveys, Vol. 41, No. 3, Art. 15, 3.

[394] *Chandola/Banerjee/Kumar*, in: ACM Computing Surveys, Vol. 41, No. 3, Art. 15, 3.

[395] *Chandola/Banerjee/Kumar*, in: ACM Computing Surveys, Vol. 41, No. 3, Art. 15, 3; Alpaydin 2008, 4 ff.

[396] *Alpaydin* 2008, 28.

4 Rechtlicher Rahmen für Maßnahmen der Mitarbeiterüberwachung im Rahmen unternehmerischer Compliance auf Ebene der Grundrechte sowie der EMRK

Maßnahmen unternehmerischer Compliance sind oftmals mit der Verarbeitung personenbezogener Daten im Sinne des Art. 4 Nr. 1 DSGVO verbunden. Damit fallen solche Verarbeitungsvorgänge zumeist in den Anwendungsbereich der DSGVO (Art. 2 Abs. 1 DSGVO) sowie des BDSG (§ 1 Abs. 1 S. 1 BDSG), wenn die restlichen Voraussetzungen des Anwendungsbereichs erfüllt sind. Ferner werden durch sie Grundrechte der EMRK, des Unionsrechts sowie des Grundgesetzes berührt. Weitere Grenzen finden sich in Spezialgesetzen (z.B. dem TKG), sowie im Strafrecht (z.B. § 201 StGB) und dem Strafprozessrecht. Im Folgenden soll der datenschutzrechtliche Rahmen abgesteckt werden, wobei der Fokus auf den Neuerungen durch die DSGVO und das BDSG in seiner Fassung, die seit dem 25. Mai 2018 gültig ist, liegt. Im Anschluss daran wird auf ausgewählte Maßnahmen repressiver und präventiver Compliance eingegangen.

Problematisch bei Compliance-Maßnahmen ist die weitgehende Regelungsabstinenz von Seiten des Gesetzgebers was spezielle Vorschriften zur Überwachung von Beschäftigten zum Zwecke unternehmerischer Compliance anbelangt. Überschreiten Arbeitgeber die hierbei zu beachtenden Regelungen des Datenschutzrechts, begehen sie eine Rechtsverletzung, obwohl Compliance Rechtsverstöße gerade verhindern soll. Erfolgreiche Compliance setzt daher voraus, dass auch die datenschutzrechtlichen Regelungen beachtet werden. „Der Datenschutz ist Gegenstand, nicht Gegner der Compliance"[397]. Die DSGVO sieht in Art. 83 DSGVO einen empfindlichen Bußgeldrahmen vor. Je nach Verstoß können nach Art. 83 Abs. 5 DSGVO Verletzungen der Vorschriften der DSGVO zu einem Bußgeld von bis zu 4 Prozent des weltweiten Vorjahresumsatzes führen. Plastisch betrachtet bedeutet dies für den VW-Konzern[398] z.B. bei einem Jahresumsatz von ca. 217 Milliarden Euro im Jahr 2016 ein Maximalbußgeld von 8,7 Milliarden Euro.[399]

Das Fundament des Datenschutzrechts bilden die Grundrechte des Unionsrechts und des Grundgesetzes sowie der EMRK. Unmittelbare Bedeutung für den Beschäftigtendatenschutz im nicht-öffentlichen Bereich und konkret für Maßnahmen der Mitarbeiterüberwachung erlangen sie im Zuge der Abwägung, welche bei Art. 6 Abs. 1 UAbs. 1 S. 1 lit. f DSGVO sowie § 26 Abs. 1 BDSG vorzunehmen ist.

Auch wenn ein faktisches und rechtliches Bedürfnis nach Mitarbeiterüberwachung als Bestandteil unternehmerischer Compliance besteht, so ist mit solchen Maßnahmen in der Regel ein Eingriff in die Rechte des Arbeitnehmers verbunden.

Im Folgenden soll ein Überblick über die Grundzüge des relevanten Datenschutzrechts auf Ebene des europäischen Primär- und Sekundärrechts sowie des deutschen Verfassungsrechts gegeben werden.

---

[397] *Forst,* DuD 2010, 160, 161; *Thüsing:* in: Thüsing, Beschäftigtendatenschutz und Compliance, 3. Auflage 2021, § 2, Rn. 4.

[398] Dies gilt jedoch nur, wenn der Unternehmensbegriff des Art. 83 Abs. 5 DSGVO weit im Sinne des Kartellrechts verstananden wird, vgl. hierzu *Boehm,* in: Simitis/Hornung/Spiecker gen. Döhmann, Datenschutzrecht, 2019, Art. 83 DSGVO, Rn. 43 m.w.N.

[399] http://www.datenschutzticker.de/2018/01/neues-datenschutzrecht-vs-compliance/ (zuletzt abgerufen am 01.09.2023).

4.1 EMRK

4.1.1 Bindungswirkung und Einfluss der EMRK auf das Unionsrecht und auf das nationale Recht

Die EMRK wird nach den Reformen des am 1.12.2009 in Kraft getretenen Lissabon-Vertrags als Teil der allgemeinen Grundsätze des Unionsrechts in Art. 6 Abs. 3 EUV genannt. Nach Art. 52 Abs. 3 S. 1 GRCh haben außerdem die in der GRCh enthaltenen Rechte, die den durch die EMRK garantierten Rechten entsprechen, die gleiche Bedeutung und Tragweite, wie sie ihnen in der EMRK verliehen wird. Die Erläuterungen zur GRCh, die nach Art. 6 Abs. 1 UAbs. 1, UAbs. 3 EUV, 52 Abs. 7 GRCh gebührend zu berücksichtigen sind, erwähnen speziell mit Blick auf die Art. 7, 8 GRCh, dass Art. 8 GRCh sich auf Art. 8 EMRK stützt.[400] Gemäß Art. 7 GRCh hat jede Person das Recht auf Achtung ihres Privat- und Familienlebens, ihrer Wohnung sowie ihrer Kommunikation, Art. 8 Abs. 1 GRCh garantiert das Recht auf Schutz der eine Person betreffenden personenbezogenen Daten für diese Person. Gemäß Art. 8 Abs. 1 EMRK hat jede Person das Recht auf Achtung ihres Privat- und Familienlebens, ihrer Wohnung und ihrer Korrespondenz. Nach den Erläuterungen zu Art. 7 GRCh entsprechen die Rechte des Art. 7 GRCh den Rechten, die durch Art. 8 EMRK garantiert sind.[401] Unter Verweis auf Art. 52 Abs. 3 GRCh sind die möglichen Einschränkungen daher diejenigen, die Art. 8 EMRK gestattet.[402] Ein weitergehender Schutz durch Unionsrecht im Vergleich zum Schutzstandard der EMRK wird nach Art. 52 Abs. 3 S. 2 GRCh nicht ausgeschlossen.

Da der deutsche Gesetzgeber mit § 26 BDSG von der Öffnungsklausel des Art. 88 DSGVO Gebrauch gemacht hat und damit Unionsrecht durchführt, ist er nach Art. 52 Abs. 1 GRCh auch an die Unionsgrundrechte gebunden, welche mit denen der EMRK inhaltlich deckungsgleich sind.[403]

Ferner hat die Rechtsprechung des EGMR, selbst wenn sie nach Art. 46 Abs. 1 EMRK lediglich für die Parteien in der Rechtssache Rechtskraftwirkung entfaltet, auch für die restlichen Konventionsstaaten – mithin auch für die Bundesrepublik Deutschland – Orientierungswirkung.[404] Die Konventionsstaaten sind nach Art. 1 EMRK dazu verpflichtet, gegenüber den ihrer Hoheitsgewalt unterstehenden Personen die Rechte und Freiheiten der EMRK zu gewährleisten.[405] Danach sind die in der EMRK und den Protokollen – soweit sie eine Ratifikation durch den Konventionsstaat erfahren haben – garantierten Rechte und Freiheiten entscheidend.[406] Sie sind in der Form zu lesen, die sie durch die Rechtsprechung des EGMR erfahren haben.[407]

Innerhalb der deutschen Rechtsordnung kommt der EMRK und ihren Zusatzprotokollen, soweit sie für die Bundesrepublik Deutschland in Kraft getreten sind, der Rang eines Bundesgesetzes

---

[400] Erläuterungen zur Charta der Grundrechte, ABl. 2007 C 303/20, Erläuterung zu Art. 8.

[401] Erläuterungen zur Charta der Grundrechte, ABl. 2007 C 303/20, Erläuterung zu Art. 7.

[402] Erläuterungen zur Charta der Grundrechte, ABl. 2007 C 303/20, Erläuterung zu Art. 7.

[403] *Seifert*, EuZA 2018, 502, 509; zur Deckungsgleichheit des Schutzes personenbezogener Daten in der GRCh mit dem Schutz vor der Lissabon-Reform ausführlich *Pötters* 2013, 167; in diese Richtung auch GA Jääskinen, Schlussanträge v. 25.6.2013 – Rs. C-131/12 (Google und Google Spain), ECLI:EU:C:2013:424, Rn. 113, BeckRS 2013, 81374.

[404] *Grabenwarter/Pabel*, EMRK, 7. Auflage 2021, § 16, Rn. 8 f.; *Rohleder* 2009, 409.

[405] *Meyer-Ladewig/Brunozzi*, in: Meyer-Ladewig/Nettesheim/von Raumer, EMRK, 4. Auflage 2017, Art. 46 EMRK, Rn. 16.

[406] *Meyer-Ladewig/Brunozzi*, in: Meyer-Ladewig/Nettesheim/von Raumer, EMRK, 4. Auflage 2017, Art. 46 EMRK, Rn. 16.

[407] *Meyer-Ladewig/Brunozzi*, in: Meyer-Ladewig/Nettesheim/von Raumer, EMRK, 4. Auflage 2017, Art. 46 EMRK, Rn. 16; BVerfGE 111, 307, 319 f. – EGMR-Entscheidungen.

zu.[408] Die Konvention und Auslegung des EGMR wird vom Vorrang des Gesetzes nach Art. 59 Abs. 2 GG erfasst.[409] Das durch die Rechtsprechung des EGMR geschaffene Richterrecht kann insofern nicht von der Konvention verschieden behandelt werden.[410] Dennoch sind die Rechtswirkungen der EMRK deutlich stärker und heben sie in einen „Quasi-Verfassungsrang".[411] Denn nach der Rechtsprechung des BVerfG dienen der Konventionstext und die Rechtsprechung des EGMR auf der Ebene des Verfassungsrechts als Auslegungshilfen für die Bestimmung von Inhalt und Reichweite von Grundrechten und rechtsstaatlichen Grundsätzen des Grundgesetzes, sofern dies nicht zu einer – von der Konvention selbst nicht gewollten (Art. 53 EMRK) – Einschränkung oder Minderung des Grundrechtsschutzes nach dem Grundgesetz führt.[412]

4.1.2   Drittwirkung

Da sich die Konvention nur an die Vertragsstaaten richtet, besteht keine unmittelbare Bindungswirkung gegenüber Privatpersonen.[413] Obwohl eine solche in der Literatur teilweise befürwortet wird, hat der EGMR auch eine Drittwirkung zwischen Privaten in dem Sinne, dass sich Private gegenüber anderen Privaten auf eine konventionskonforme Auslegung berufen können, im Einklang mit der herrschenden Meinung in der Literatur bisher nicht angenommen und stellt auf die Gewährleistungspflichten der Konventionsrechte ab.[414]

Der EGMR unterscheidet im Hinblick auf Grundrechtseingriffe zwischen negativen und positiven aus Art. 8 EMRK resultierenden Verpflichtungen des Staates.[415] Diese Unterscheidung entfaltet praktische Relevanz im Zuge von mit Überwachungsmaßnahmen zusammenhängenden Kündigungen. Denn Folge von Überwachungsmaßnahmen ist oftmals eine Kündigung.[416] Indem staatliche Gerichte die Kündigung für wirksam erachten, kann die positive staatliche Schutzpflicht aus Art. 8 EMRK verletzt werden.[417]

4.1.3   Art. 8 EMRK

Art. 8 EMRK regelt im europäischen Raum als regionales Völkerrecht für die Mitgliedstaaten des Europarats, zu denen auch die Mitgliedstaaten der Europäischen Union zählen, den Schutz der Privatheit.[418]

Die EMRK selbst enthält kein ausdrückliches Grundrecht auf Datenschutz.[419] Der EGMR hat in seiner Rechtsprechung dennoch ein solches Recht herausgebildet und hierbei an Art. 8

---

[408]BVerfGE 111, 307, 315, 331 - EGMR-Entscheidungen, wobei die Gewährleistungen der Konvention die Auslegung der Grundrechte und rechtsstaatlichen Grundsätze des GG beeinflussen.

[409] *Meyer-Ladewig/Brunozzi*, in: Meyer-Ladewig/Nettesheim/von Raumer, EMRK, 4. Auflage 2017, Art. 46 EMRK, Rn. 16; BVerfGE 111, 307, 326 – EGMR-Entscheidungen .

[410] *Meyer-Ladewig/Brunozzi*, in: Meyer-Ladewig/Nettesheim/von Raumer, EMRK, 4. Auflage 2017, Art. 46 EMRK, Rn. 16, BVerfGE 111, 307, 316 – EGMR-Entscheidungen.

[411] *Grabenwarter/Pabel*, EMRK, 7. Auflage 2021, § 3, Rn. 3, Fn. 13.

[412] BVerfGE 111, 307, 316 – EGMR-Entscheidungen.

[413] *Schubert*, in: Franzen/Gallner/Oetker, Kommentar zum europäischen Arbeitsrecht, 4. Auflage 2022, Art. 1 EMRK, Rn. 42, *Meyer-Ladewig/Brunozzi*, in: Meyer-Ladewig/Nettesheim/von Raumer, EMRK, 4. Auflage 2017, Art. 1 EMRK, Rn. 19.

[414] *Meyer-Ladewig/Brunozzi*, in: Meyer-Ladewig/Nettesheim/von Raumer, EMRK, 4. Auflage 2017, Art. 1 EMRK, Rn. 19; *Schubert*, in: Franzen/ Gallner/Oetker, Kommentar zum europäischen Arbeitsrecht, 3. Auflage 2020, Art. 1 EMRK, Rn. 42 f.

[415] EGMR, Urt. v. 5.9.2017 – 61496/08 (Bărbulescu/Rumänien), Rn. 109, BeckRS 2017, 123332.

[416] EGMR, Urt. v. 5.9.2017 – 61496/08 (Bărbulescu/Rumänien), Rn. 109, BeckRS 2017, 123332.

[417] EGMR, Urt. v. 5.9.2017 – 61496/08 (Bărbulescu/Rumänien), Rn. 110 f., BeckRS 2017, 123332; *Sagan*, AuR 2018, 92, 93.

[418] *Schiedermair*, in: Simitis/Hornung/Spiecker gen. Döhmann, 2019, Einl. Rn. 163.

[419] *Jung* 2016, 43.

EMRK angeknüpft.[420] Diesem kommt lückenschließender Charakter zu, wobei Art. 8 EMRK keineswegs als allgemeines Auffanggrundrecht fungiert.[421] Der EGMR bezieht sich stets auf die in Art. 8 EMRK genannten Schutzgüter und wird damit der Konzeption des Art. 8 EMRK gerecht, die nicht jede private Lebensgestaltung erfasst.[422] Auch wenn zum Zeitpunkt der Unterzeichnung durch den Europarat im Jahr 1950 und der Ratifikation 1953 noch nicht absehbar war, welche neuen Gefahren durch moderne Technologien, wie beispielsweise die Überwachung mittels Keylogger, die Überwachung von Kommunikation und Internet oder Screenings für den Einzelnen entstehen, so bezieht die EMRK auch diese neueren Technologien mit in den Schutzbereich ein.[423] Dies ist einer Besonderheit der europäischen Methodik geschuldet, der sogenannten dynamischen oder evolutiven Auslegung.[424] Diese Auslegungsmethode kommt in der viel zitierten Formel des EGMR zum Ausdruck, in der er die EMRK als „living instrument (…) which must be interpreted in the light of present day conditions"[425] bezeichnet.[426]

Nach Art. 8 EMRK hat jede Person das Recht auf Achtung ihres Privat- und Familienlebens, ihrer Wohnung und ihrer Korrespondenz. Der Schutz personenbezogener Daten erfolgt durch verschiedene Ausprägungen des Schutzes des Privaten, wie beispielsweise den Schutz der Korrespondenz, wenn Telefongespräche durch den Staat überwacht werden.[427]

Wie die Große Kammer des EGMR feststellt, ist der Begriff „Privatleben" weit und kann nicht abschließend definiert werden.[428] Er umfasst neben der körperlichen und geistigen Integrität viele Aspekte der körperlichen und sozialen Identität sowie Namen und Bild einer Person.[429] Sowohl Name als auch Bild einer Person gehören klassischerweise zu den personenbezogenen Daten, die von Maßnahmen der Mitarbeiterüberwachung betroffen sind.

Der Begriff „Privatleben" beschränkt sich nicht auf die Intimsphäre, in welcher jeder ungestört seinem Geschmack nachgehen und sich von der Außenwelt abschirmen kann, sondern er beinhaltet im Sinne eines weiten Verständnisses auch die Chance, seine soziale Identität zu entwickeln.[430] Dieser Bereich umfasst die Möglichkeit, Beziehungen zu anderen und der Außenwelt zu knüpfen und kann auch die berufliche Tätigkeit mit einschließen.[431] Folglich können auch Beeinträchtigungen des Berufslebens einer Person unter Art. 8 EMRK fallen, wenn sie Auswirkungen auf die Art und Weise haben, in der diese ihre soziale Identität durch die Entwicklung von Beziehungen zu anderen gestaltet, zumal faktisch gerade im beruflichen Bereich Menschen besonders häufig die Gelegenheit haben, Kontakte zur Außenwelt zu knüpfen.[432]

---

[420] *Jung* 2016, 43; *Schiedermair*, in: Simitis/Hornung/Speicker gen. Döhmann, 2019, Einl. Rn. 165.

[421] *Schiedermair* 2012, 233.

[422] *Schiedermair* 2012, 233.

[423] *Schmidt* 2016, 28; *Nebel,* ZD 2015, 517, 520 f.

[424] *Klocke,* EuR 2015, 148, 149; *Schiedermair* 2012, 175; *Böth* 2013, 25 ff.

[425] EGMR, Urt. v. 25.4.1987 - Rs. 5856/72 (Tyrer vs. The United Kingdom), Rn. 31.

[426] *Schiedermair* 2012, 175.

[427] *Schiedermair* 2012, 240.

[428] EGMR, Urt. v. 17.10.2019 - 1874/13, 8567/13 (López Ribalda u.a./Spanien), NZA 2019, 1697, 1698, Rn. 87.

[429] EGMR, Urt. v. 17.10.2019 - 1874/13, 8567/13 (López Ribalda u.a./Spanien), NZA 2019, 1697, 1698, Rn. 87; EGMR, Urt. v. 7. 2. 2012 – 40660/08 u. 60641/08 (von Hannover/Deutschland Nr. 2), NJW 2012, 1053, 1054, Rn. 95 f.

[430] EGMR, Urt. v. 5.9.2017 – 61496/08 (Bărbulescu/Rumänien), Rn. 70, NZA 2017, 1443, 1444.

[431] EGMR, Urt. v. 17.10.2019 - 1874/13, 8567/13 (López Ribalda u.a./Spanien), NZA 2019, 1697, 1698, Rn. 88; EGMR, Urt. v. 12.6.2014 – 56030/07 (Fernández Martinez/Spanien), NZA 2015, 533, 535, Rn. 110 f.; EGMR, Urt. v. 5.9.2017 – 61496/08 (Bărbulescu/Rumänien), Rn. 71, NZA 2017, 1443, 1444.

[432] EGMR, Urt. v. 5.9.2017 – 61496/08 (Bărbulescu/Rumänien), Rn. 71, NZA 2017, 1443, 1444; EGMR, Urt. v. 3.4.2007 - 62617/00 (Copland vs. Vereinigtes Königreich), Rn. 41.

Als Kriterium zur Bestimmung des Schutzbereichs des Art. 8 EMRK zieht der EGMR die berechtigte Privatheitserwartung des Arbeitnehmers („reasonable expectation of privacy") heran.[433] Dieses Kriterium ist dem deutschen Grundrechtsverständnis fremd[434] und führt zu Rechtsunsicherheit, da im Einzelfall Unklarheit hinsichtlich der berechtigten Erwartung der Einzelnen bestehen kann.[435] Das Kriterium verliert aber insbesondere dadurch an Schärfe, dass der EGMR es selbst aufweicht. Nach der Großen Kammer des EGMR ist das Kriterium ein „wichtiger, wenn auch nicht notwendig entscheidender Gesichtspunkt"[436] bei der Beurteilung.

So hatte der EGMR zunächst darüber zu entscheiden, ob Telefongespräche am Arbeitsplatz dem „Privatleben" und der „Korrespondenz" im Sinne des Art. 8 EMRK unterfallen und bejahte dies.[437] In der Entscheidung *Copland* bezog der Gerichtshof die Nutzung von E-Mail und Internet am Arbeitsplatz mit in den Schutzbereich des Art. 8 EMRK ein und knüpfte hierzu an die Achtung des Privatlebens und der Korrespondenz an.[438] Jüngst bezog sich der EGMR in einem Urteil zur Überwachung des elektronischen Schriftverkehrs am Arbeitsplatz auf Art. 8 EMRK und anerkannte, dass die Kommunikation des Arbeitnehmers am Arbeitsplatz vom Schutzbereich des Art. 8 EMRK erfasst ist.[439] In einer jüngeren Entscheidung ließ es der EGMR dahingestellt, ob der Arbeitnehmer trotz ausdrücklichen Verbots der Privatnutzung des Internets am Arbeitsplatz die vernünftige Erwartung von Privatheit bei dessen unbefugter Nutzung haben durfte und stellte fest, dass auch solche Verbote das private soziale Leben am Arbeitsplatz nicht auf Null reduzieren könnten.[440]

4.1.4 Eigentumsschutz im Konventionsrecht

Auf Seiten des Arbeitgebers ist der Eigentumsschutz im Konventionsrecht von Bedeutung. Im ursprünglichen Konventionstext war die Eigentumsgarantie nicht enthalten. Zwar bestand Einigkeit, dass eine Garantie des Eigentums in die Konvention aufgenommen werden sollte, jedoch nicht über deren Inhalt, sodass sie im Ursprungstext nicht mit enthalten war.[441] Art. 1, 1. Zusatzprotokoll EMRK vom 20.3.1952 wurde nachträglich eingefügt und von Deutschland 1957 ratifiziert.[442] Nach Art. 1, 1. Zusatzprotokoll S. 1 EMRK hat jede natürliche oder juristische Person das Recht auf Achtung ihres Eigentums. Der EGMR greift in Fällen der Mitarbeiterüberwachung auf Art. 1, 1. Zusatzprotokoll EMRK zurück und anerkennt ein berechtigtes Interesse des Arbeitgebers am Schutz seines Eigentums.[443] Compliance-Maßnahmen, die der Abwehr von Straftaten sowie anderen Pflichtverletzungen dienen, können folglich von diesem berechtigten Interesse gedeckt sein.

---

[433] EGMR, Urt. v. 3.4.2007 - 62617/00 (Copland /Vereinigtes Königreich), Rn. 41, MMR 2007, 431, 433; EGMR, Urt. v. 25.6.1997 - 20605/92 (Halford/United Kingdom), Rn. 45.

[434] *Hornung*, MMR 2007, 431, 433.

[435] *Seifert*, EuZA 2018, 502, 506.

[436] EGMR, Urt. v. 17.10.2019 - 1874/13, 8567/13 (López Ribalda u.a./Spanien), Rn. 89, NZA 2019, 1697, 1698.

[437] EGMR, Urt. v. 25.6.1997 - 20605/92 (Halford/United Kingdom), Rn. 44.

[438] EGMR, Urt. v. 3.4.2007 - 62617/00 (Copland/Vereinigtes Königreich), Rn. 41, MMR 2007, 431, 433.

[439] EGMR, Urt. v. 5.9.2017 – 61496/08 (Bărbulescu/Rumänien), Rn. 70 ff., BeckRS 2017, 123332.

[440] EGMR, Urt. v. 5.9.2017 – 61496/08 (Bărbulescu/Rumänien), Rn. 80, BeckRS 2017, 123332.

[441] *Grabenwarter/Pabel*, in: Grabenwarter/Pabel, EMRK, 7. Auflage 2021, § 25, Rn. 1.

[442] BGBl. II, 1956, 1880; *Grabenwarter/Pabel*, in: Grabenwarter/Pabel, EMRK, 7. Auflage 2021, § 25, Rn. 1.

[443] EGMR, Urt. v. 5.10.2010 - 420/07 (Köpke/Deutschland), BeckRS 2011, 81439.

4.2 Die Grundrechte der Grundrechtecharta (GRCh) der Europäischen Union

Die Grundrechte der GRCh gelten nach Art. 51 Abs. 1 S. 1 GRCh umfassend für das Handeln der Union und binden die Mitgliedstaaten bei der Durchführung des Rechts der Union.[444]

4.2.1 Grundrechte des Unionsrechts oder deutsche Grundrechte?

Der deutsche Gesetzgeber hat mit der Schaffung des § 26 BDSG von der Öffnungsklausel des Art. 88 DSGVO Gebrauch gemacht. Diese Generalklausel fordert letztlich eine Abwägung der widerstreitenden grundrechtlich geschützten Interessen von Arbeitgeber und Arbeitnehmer. Da die nationale Gesetzgebung auf einen europäischen Gesetzgebungsakt zurückgeht, muss sich § 26 BDSG grundsätzlich an nationalem und europäischem Recht messen lassen. Insbesondere auf Grundrechtsebene stellt sich die Frage, ob die unionsrechtlichen Grundrechte der GRCh oder die nationalen Grundrechte Anwendung finden. Darüber hinaus existiert mit der EMRK auf europäischer Ebene ein weiterer grundrechtlicher Schutzstandard, sodass ein Schutzsystem aus mehreren Ebenen besteht.[445]

Teilweise wird zur Auslegung ohne Begründung auf die alte Rechtsprechung des BAG, welche sich auf die nationalen Grundrechte stützte, verwiesen.[446] Nur vereinzelt wird explizit bemerkt, dass bei der Auslegung der Tatbestandmerkmale des § 26 BDSG nicht auf nationale, sondern auf europäische Rechtsquellen im Wege der autonomen Auslegung zurückzugreifen ist.[447] Nach anderer Auffassung wird der gesamte Beschäftigtendatenschutz in Deutschland vom Unionsrecht überlagert, weshalb die Unionsgrundrechte Anwendung finden und die nationalen Grundrechte allenfalls nachrangig heranzuziehen sind.[448]

Die Gesetzesbegründung legt den Schluss nahe, dass nach dem Willen des Gesetzgebers die Maßstäbe nationaler Grundrechte herangezogen werden sollen.[449] Darin wird auf § 32 Abs. 1 BDSG a. F. verwiesen und die dort vorzunehmende Abwägung der Grundrechtspositionen.[450] Allerdings kann nicht der Wille des Gesetzgebers in der amtlichen Begründung dafür entscheidend sein, welche Grundrechte herangezogen werden. Dies richtet sich vielmehr nach allgemeinen Maßstäben.

Während in Deutschland nach Art. 1 Abs. 3 GG die Grundrechte der nationalen Verfassung Bund und Länder verpflichten, bestimmt Art. 51 Abs. 1 S. 1 GRCh, dass die Grundrechte der GRCh zwar umfassend für das Handeln der Union gelten, die Mitgliedstaaten jedoch ausschließlich bei der Durchführung des Rechts der Union binden.[451] Vor diesem Hintergrund ist zunächst die Frage zu klären, ob es sich bei nationalen Normen, die auf Öffnungsklauseln beruhen, um „Durchführung des Unionsrechts" im Sinne des Art. 51 Abs. 1 S. 1 GRCh handelt. Die Problematik wurde insbesondere in der Rechtsprechung bereits mehrfach diskutiert, da mit ihr die Frage der Letztentscheidungskompetenz von EuGH oder BVerfG verbunden ist.[452] Denkbar ist, dass ausschließlich die europäischen oder die nationalen Grundrechte oder aber

---

[444] *Wollenschläger/Krönke*, NJW 2016, 906.

[445] *Albrecht/Janson*, CR 2016, 500, 503; *Schiedermair*, in: Simitis/Hornung/Spiecker gen. Döhmann, 2019, Einl., Rn. 180 f.; siehe hierzu 4.1.

[446] *Ströbel/Böhm/Breunig/Wybitul*, CCZ 2018, 14, 20; *Gola/Thüsing/Schmidt*, DuD 2017, 244, 245.

[447] *Düwell/Brink*, NZA 2017, 1081, 1084.

[448] *Pötters*, in: Gola, DSGVO, 2. Auflage 2018, Art. 88 DSGVO, Rn. 52; *Pötters* 2013, 29; *Düwell/Brink*, NZA 2017, 1081, 1084, die auf „europäische Rechtsquellen" verweisen.

[449] BT-Drs. 18/11325, 97.

[450] BT-Drs. 18/11325, 97.

[451] *Wollenschläger/Krönke*, NJW 2016, 906.

[452] *Albrecht/Janson*, CR 2016, 500, 503.

beide Grundrechtsebenen kumulativ anwendbar sind oder nationale und europäische Grundrechte nebeneinander anzuwenden sind und jeweils auf den höheren Schutzstandard abzustellen ist.[453]

4.2.1.1 Rechtsprechung des BVerfG

Teile der Literatur sowie das BVerfG vertreten die Meinung, dass bei einem Tätigwerden des deutschen Gesetzgebers im Umsetzungsspielraum einer Richtlinie oder Verordnung grundsätzlich ausschließlich die deutschen Grundrechte Anwendung finden.[454] Das BVerfG geht im Grundsatz von getrennten Grundrechtsräumen aus.[455] Die sogenannte „Trennungsthese"[456] erklärt sich durch die Entstehungsgeschichte der Unionsgrundrechte.[457] Nachdem der EuGH in der Rs. *Costa/E.N.E.L.*[458] entschieden hatte, dass die Anwendung europäischen Rechts Vorrang vor nationalem Recht hat und in der Rs. *van Gend & Loos*[459] klargestellt hatte, dass dieses Unionsbürger unmittelbar berechtigen und verpflichten kann, wurde deutlich, dass ein Grundrechtsschutz auch gegenüber Rechtsakten der damaligen Europäischen Gemeinschaften auf Unionsebene notwendig war.[460] Auf den durch die mitgliedstaatlichen Verfassungen verbürgten Grundrechtsschutz konnte nicht zurückgegriffen werden, weil die einheitliche Anwendung des damaligen Gemeinschaftsrechts gefährdet worden wäre, wenn nationale Gerichte europäische Rechtsakte wegen Verstoßes gegen die Grundrechte für unanwendbar erklärt hätten.[461] Aus diesem Grund behandelte der EuGH die Grundrechte als „allgemeine Rechtsgrundsätze der Gemeinschaftsrechtsordnung"[462], welche die nationalen Grundrechte verdrängten.[463] Die Grundrechte binden die Mitgliedstaaten jedoch nur insoweit, als dies für die einheitliche Anwendung des Unionsrechts erforderlich ist und sind nicht anwendbar, wenn Spielräume für die Mitgliedstaaten bestehen.[464] Dies spiegelt sich in der Rechtsprechung des BVerfG wider. Bereits im Zuge seiner Solange-Rechtsprechung macht das BVerfG deutlich, dass seiner Auffassung nach entweder die Grundrechte des Grundgesetzes oder Unionsgrundrechte einschlägig sind.[465] Das BVerfG prüfte in seiner weiteren Rechtsprechung innerstaatliche Rechtsvorschriften bei der Umsetzung von Richtlinien insoweit am Unionsrecht, als dieses zwingende Vorgaben hinsichtlich der Umsetzung macht.[466] Es nimmt allerdings die Grundrechte des Grundgesetzes zum Maßstab, wenn dem deutschen Gesetzgeber ein Umsetzungsspielraum belassen wird und dieser in eigener Regelungskompetenz die Vorgaben einer Richtlinie konkretisiert

---

[453] *Calliess*, JZ 2009, 113, 118 ff.; *Albrecht/Janson*, CR 2016, 500, 505.

[454] BVerfG v. 19.7.2011 - 1 BvR 1916/09, Rn. 88 - Le-Corbusier-Möbel; BVerfG v. 18.7.2005- 2 BvR 2236/04, Rn. 79 ff. – Europäischer Haftbefehl; *Kingreen*, JZ 2013, 801, 803; *Ziegenhorn*, NVwZ 2010, 803, 807 f.

[455] Ausführlich zur Herleitung dazu *Thym*, NVwZ 2013, 889, 892, der von "Trennungsthese" spricht, *Kingreen*, JZ 2013, 801, 802 von „Alternativitätsthese".

[456] *Thym*, NVwZ 2013, 889, 892.

[457] *Kingreen*, JZ 2013, 801, 802.

[458] EuGH v. 15.7.1964, Rs. C - 6/64 (Costa/E.N.E.L), ECLI:EU:C:1964:66, S. 1269.

[459] EuGH v. 05.2.1963, Rs. C - 26/62 (van Gend & Loos), ECLI:EU:C:1963:1, S. 25.

[460] *Kingreen*, JZ 2013, 801, 802.

[461] *Kingreen*, JZ 2013, 801, 802.

[462] EuGH v. 12.11.1969, Rs. C - 29/69 (Stauder), ECLI:EU:C:1969:57, Rn. 7.

[463] *Kingreen*, JZ 2013, 801, 803.

[464] *Kingreen*, JZ 2013, 801, 803; BVerfGE 129, 78, 102 f. - Anwendungserweiterung; BVerfGE 113, 273, 300 – Europäischer Haftbefehl; BVerfGE 133, 277 - Antiterrordatei.

[465] BVerfGE 32, 271 – Solange I; 73, 339 – Solange II.

[466] *Albrecht/Janson*, CR 2016, 500, 504; *Kingreen*, JZ 2013, 801, 803; BVerfGE 118, 79, 95 -Treibhausgas-Emissionsberechtigungen.

oder diese überschießend umsetzt.[467] Maßgebliches Abgrenzungskriterium ist nach dem BVerfG, ob den Mitgliedstaaten ein (erheblicher) Gestaltungsspielraum verbleibt.[468]

Auf der Grundlage von Art. 23 Abs. 1 GG kann der Gesetzgeber auch Gesetzgeber auf Bundes- und Landesebene, wenn diese Sekundär- oder Tertiärrecht umsetzen, ohne dabei über einen Gestaltungsspielraum zu verfügen, von der Bindung an nationale Grundrechte freistellen um dem Anwendungsvorrang des Unionsrechts Geltung zu verleihen.[469] Umgekehrt sind die bei Bestehen eines Gestaltungsspielraums zur Ausfüllung erlassenen Rechtsakte einer verfassungs- gerichtlichen Kontrolle zugänglich.[470]

In seiner Entscheidung „Recht auf Vergessen I" räumte schließlich das BVerfG die parallele Geltung von Grundrechten des Grundgesetzes und der Unionsgrundrechte als Prüfungsmaßstab für innerstaatliches Recht ein, welches im Anwendungsbereich des Unionsrechts liegt, durch dieses aber nicht vollständig determiniert ist.[471] Grundsätzlich prüfe das BVerfG einen entspre- chenden Sachverhalt zwar am Maßstab der Grundrechte des Grundgesetzes. Dies schließe je- doch nicht aus, dass im Einzelfall auch die Grundrechte der GRCh Anwendung fänden.[472] In- nerstaatliche Regelungen könnten auch dann als Durchführung des Unionsrechts im Sinne des Art. 51 Abs. 1 Satz 1 GRCh zu beurteilen sein, wenn für deren Gestaltung den Mitgliedstaaten Spielräume verblieben, das Unionsrecht dieser Gestaltung aber einen hinreichend gehaltvollen Rahmen setze, der erkennbar auch unter Beachtung der Unionsgrundrechte konkretisiert wer- den solle.[473] Die Unionsgrundrechte träten dann zu den Grundrechtsgewährleistungen des Grundgesetzes hinzu, ohne die Bindungskraft des Grundgesetzes in Frage zu stellen.[474] Die Grundrechte des Grundgesetzes seien primär zu prüfen. Das BVerfG stützt sich dabei darauf, dass das Unionsrecht dort, wo es den Mitgliedstaaten Gestaltungsspielräume einräume, regel- mäßig nicht auf eine Einheitlichkeit des Grundrechtsschutzes abziele sowie auf die Vermutung, dass dort ein auf Vielfalt gerichtetes grundrechtliches Schutzniveau des Unionsrechts durch die Anwendung der Grundrechte des Grundgesetzes mitgewährleistet sei.[475] Außerdem wolle es die Grundrechte des Grundgesetzes im Lichte der Grundrechte der GRCh auslegen.[476]

In seiner Entscheidung „Recht auf Vergessen II" stellte das BVerfG deutlich klar, dass für den Bereich, in dem Rechtsvorschriften unionsrechtlich vollständig vereinheitlicht sind, die Uni- onsgrundrechte als alleiniger Prüfungsmaßstab maßgeblich seien.[477] Dies gelte sowohl für die Gültigkeitsprüfung dieser Normen als auch für deren konkretisierende Anwendung.[478] Die Grundrechte der GRCh genießen insoweit einen Anwendungsvorrang, der allerdings unter dem Vorbehalt steht, dass der Schutz des jeweiligen Grundrechts durch die stattdessen zur Anwen- dung kommenden Grundrechte der Union hinreichend wirksam sei.[479] Das BVerfG geht unter Verweis auf seine ständige Rechtsprechung davon aus, dass nach derzeitigem Stand des Uni- onsrechts diese Voraussetzung erfüllt ist und den Grundrechten des Grundgesetzes lediglich

---

[467] BVerfGE 118, 79, 95 -Treibhausgas-Emissionsberechtigungen; 212, 1, 15; 125, 260, 306 f.

[468] BVerfGE 118, 79, 95 -Treibhausgas-Emissionsberechtigungen.

[469] BVerfGE 140, 317, 335 - Identitätskontrolle.

[470] BVerfGE 140, 317, 335 - Identitätskontrolle.

[471] BVerfGE 152, 152, 170 – Recht auf Vergessen I.

[472] BVerfGE 152, 152, 169 – Recht auf Vergessen I.

[473] BVerfGE 152, 152, 169 f. – Recht auf Vergessen I.

[474] BVerfGE 152, 152, 170 – Recht auf Vergessen I.

[475] BVerfGE 152, 152, 171 f. – Recht auf Vergessen I.

[476] BVerfGE 152, 152, 177 – Recht auf Vergessen I.

[477] BVerfGE 152, 216, 233 – Recht auf Vergessen II.

[478] BVerfGE 152, 216, 233 – Recht auf Vergessen II.

[479] BVerfGE 152, 216, 233 – Recht auf Vergessen II.

eine Reservefunktion zukommt.[480] Für den Bereich des gestaltungsoffenen Unionsrechts finden demgegenüber die Grundrechte des Grundgesetzes sowie der GRCh kumulativ Anwendung.[481]

4.2.1.2 Rechtsprechung des EuGH

Dogmatischer Ausgangspunkt der Rechtsprechung des EuGH ist Art. 51 GRCh, der den Anwendungsbereich der GRCh regelt.[482] Nach Art. 51 Abs. 1 S. 1 GRCh gilt die GRCh für die Mitgliedstaaten ausschließlich bei der „Durchführung" des Rechts der Union. Der EuGH versteht diesen Begriff sehr weit.[483] Eine Definition enthält die GRCh nicht. Im AEUV wird von dem Begriff in Art. 291 AEUV Gebrauch gemacht, wobei auch dieser keine Legaldefinition enthält.

Art. 51 Abs. 1 S. 1 GRCh fordert eine Durchführungshandlung sowie das Vorhandensein von Unionsrecht. Zum Unionsrecht gehört neben dem Primärrecht auch das Sekundärrecht, insbesondere die in Art. 288 AEUV genannten Handlungsformen.[484] Die Durchführung des Unionsrechts umfasst vor allem zwei Konstellationen: zum einen dessen Auslegung, zum anderen die Ausführung durch die jeweilige nationale Legislative oder Exekutive.[485] Hierzu gehört die Umsetzung von Richtlinien, soweit die Mitgliedstaaten durch sie inhaltlich gebunden sind, ebenso wie die normative Ergänzung und der Vollzug von Verordnungen.[486]

Die in Art. 51 Abs. 1 S. 1 GRCh festgelegte „agency"-Situation wurde von der Rechtsprechung des EuGH bereits vor der ausdrücklichen Regelung in der GRCh anerkannt.[487] Die Rechtsprechung beruht auf dem Gedanken, dass die Mitgliedstaaten nur noch als verlängerter Arm der Union agieren.[488] Grundlegend entschied der EuGH in der Rs. *Wachauf*, dass die Mitgliedstaaten bei der Durchführung der gemeinschaftsrechtlichen Regelungen die europäischen Grundrechte anwenden, soweit dies in Übereinstimmung mit den gemeinschaftsrechtlichen Regelungen möglich ist.[489]

In der Rs. *Wachauf* beließ eine europäische Verordnung nationalen Behörden bei deren Durchführung einen Ermessensspielraum.[490] Der EuGH entschied, dass die nationalen Behörden bei der Ausfüllung dieses Ermessensspielraums an die Grundrechte auf Unionsebene gebunden sind.[491] In der *Bostock*-Entscheidung wies der EuGH explizit darauf hin, dass die Mitgliedstaaten bei der Durchführung von Unionsrecht an die Grundrechte auf europäischer Ebene gebunden sind, soweit eine Richtlinie diesen Ermessensspielraum belässt.[492]

Explizit zu Art. 51 GRCh entschied der EuGH in der Rs. *Chartry* im Sinne einer Negativabgrenzung, dass eine Durchführung von Unionsrecht nicht vorliege, wenn kein Anknüpfungspunkt zum Unionsrecht bestehe. Maßgeblich im konkreten Fall war, dass keinerlei Bezug zu

---

[480] BVerfGE 152, 216, 233 – Recht auf Vergessen II.

[481] BVerfGE 152, 216, 247 – Recht auf Vergessen II.

[482] *Buchholtz*, DÖV 2017, 837, 839.

[483] *Maier/Ossoining*, in: Roßnagel 2017, § 4, Rn. 48; EuGH v. 4.3.2010 – Rs. C-578/08 (Chakroun), ECLI:EU:C:2010:117, Rn. 43 f.

[484] *Hatje*, in: Schwarze/Becker/Hatje/Schoo, EU-Kommentar, 4. Auflage 2019, Art. 51 GRCh, Rn. 14.

[485] *Hatje*, in: Schwarze/Becker/Hatje/Schoo, EU-Kommentar, 4. Auflage 2019, Art. 51 GRCh, Rn. 16.

[486] *Hatje*, in: Schwarze/Becker/Hatje/Schoo, EU-Kommentar, 4. Auflage 2019, Art. 51 GRCh, Rn. 16.

[487] *Kingreen*, in: Calliess/Ruffert, EUV/AEUV, 6. Auflage 2022, Art. 51 GRCh, Rn. 8.

[488] *Sauer*, in: Matz-Lück/Hong 2012, 1, 24.

[489] EuGH v. 13.7.1989 – Rs. C-5/88 (Wachauf), ECLI:EU:C:1989:321, Rn. 19.

[490] EuGH v. 13.7.1989 – Rs. C-5/88 (Wachauf), ECLI:EU:C:1989:321, Rn. 2.

[491] EuGH v. 13.7.1989 – Rs. C-5/88 (Wachauf), ECLI:EU:C:1989:321, Rn. 19 f., 22.

[492] EuGH v. 24.3.1994 – Rs. C-2/92, Slg. 1994, I-955 (Bostock), Rn. 16; *Callies*, JZ 2009, 113, 116; *Lindner*, EuZW 2007, 71, 73; *Szczekalla*, NVwZ 2006, 1019, 1020 f.

einem Sachverhalt vorhanden war, der den Bestimmungen des EG-Vertrags über die Freizügigkeit, den freien Dienstleistungs- oder Kapitalverkehr unterlag.[493] Außerdem betraf der Sachverhalt nicht die Anwendung nationaler Maßnahmen, mit denen der betroffene Mitgliedstaat Unionsrecht durchführte.[494]

In der Rs. *NS* hatte der EuGH über einen Fall zu entscheiden, in dem den Mitgliedstaaten durch eine Verordnung Ermessen eingeräumt wurde.[495] Bei der Ausübung dieses Ermessens führte der Mitgliedstaat nach Auffassung des EuGH Unionsrecht im Sinne des Art. 51 GRC durch.[496] Begründet wurde dies in dem asylrechtlich geprägten Sachverhalt damit, dass das Ermessen „integraler Bestandteil des vom EU-Vertrag vorgesehenen und vom Unionsgesetzgeber ausgearbeiteten Gemeinsamen Europäischen Asylsystems ist. Wie die Kommission hervorgehoben hat, müssen die Mitgliedstaaten bei der Ausübung dieses Ermessens die übrigen Bestimmungen dieser Verordnung beachten. Außerdem ist Art. 3 II der Verordnung (EG) Nr. 343/2003 zu entnehmen, dass die Abweichung von dem in ihrem Art. 3 I aufgestellten Grundsatz bestimmte in der Verordnung vorgesehene Folgen nach sich zieht. So wird der Mitgliedstaat, der die Entscheidung fasst, einen Asylantrag selbst zu prüfen, zum zuständigen Mitgliedstaat im Sinne der Verordnung (EG) Nr. 343/2003 und muss gegebenenfalls den oder die anderen Mitgliedstaaten, die von dem Asylantrag betroffen sind, unterrichten."[497]

Der EuGH dehnte die exzessive Auslegung des Art. 51 Abs. 1 S. 1 GRCh in der *Åkerberg Fransson*-Entscheidung weiter aus.[498] Unter Bezugnahme auf seine ständige Rechtsprechung verwies er darauf, dass die in der Unionsrechtsordnung garantierten Grundrechte in allen unionsrechtlich geregelten Sachverhalten Anwendung fänden.[499] Im Wege einer Negativabgrenzung stellte er fest, dass eine nationale Vorschrift dann nicht an der Charta zu messen sei, wenn sie nicht in den Geltungsbereich des Unionsrechts falle.[500] „Da (...) die durch die Charta garantierten Grundrechte zu beachten sind, wenn eine nationale Rechtsvorschrift in den Geltungsbereich des Unionsrechts fällt, sind keine Fallgestaltungen denkbar, die vom Unionsrecht erfasst würden, ohne dass diese Grundrechte anwendbar wären. Die Anwendbarkeit des Unionsrechts umfasst die Anwendbarkeit der durch die Charta garantierten Grundrechte."[501] Aus Sicht des EuGH ist jedoch neben der Anwendung der Unionsgrundrechte die Anwendung auch der nationalen Grundrechte im nicht determinierten Bereich, in dem das Handeln des Mitgliedstaats nicht vollständig durch Unionsrecht bestimmt wird, möglich, sofern durch diese Anwendung weder das Schutzniveau der Charta, noch der Vorrang, die Einheit und die Wirksamkeit des Unionsrechts beeinträchtigt würden.[502] In den Entscheidungen *Siragusa* und *Hernández* stellte der EuGH schließlich besondere Anforderungen an den Begriff der „Durchführung des Unionsrechts" im Sinne des Art. 51 Abs. 1 S. 1 GRCh. Er forderte einen besonderen Zusammenhang zwischen dem Unionsrechtsakt und der nationalen Maßnahme, der darüber hinausgehen müsse, dass die fraglichen Sachbereiche benachbart seien oder der eine von ihnen mittelbare

[493] EuGH v. 1.3.2011 – Rs. C-457/09 (Chartry), ECLI:EU:C:2011:101, Rn. 25.

[494] EuGH v. 1.3.2011 – Rs. C-457/09 (Chartry), ECLI:EU:C:2011:101, Rn. 25.

[495] EuGH v. 21.12.2011 – Rs. C-411/10, C-493/10 (N. S./Secretary of State for the Home Department u. a.), ECLI:EU:C:2011:865, Rn. 65, 68.

[496] EuGH v. 21.12.2011 – Rs. C-411/10, C-493/10 (N. S./Secretary of State for the Home Department u. a.), ECLI:EU:C:2011:865, Rn. 68.

[497] EuGH v. 21.12.2011 – Rs. C-411/10, C-493/10 (N. S./Secretary of State for the Home Department u. a.), ECLI:EU:C:2011:865, Rn. 65 ff.

[498] *Albrecht/Janson,* CR 2016, 500, 505; *Kingreen*, JZ 2013, 801, 803.

[499] EuGH v. 26.2.2013 – Rs. C-617/10 (Åkerberg Fransson), ECLI:EU:C:2013:105, Rn. 19.

[500] EuGH v. 26.2.2013 – Rs. C-617/10 (Åkerberg Fransson), ECLI:EU:C:2013:105, Rn. 19.

[501] EuGH v. 26.2.2013 – Rs. C-617/10 (Åkerberg Fransson), ECLI:EU:C:2013:105, Rn. 21.

[502] EuGH v. 26.2.2013 – Rs. C-617/10 (Åkerberg Fransson), ECLI:EU:C:2013:105, Rn. 29.

Auswirkungen auf den anderen haben könne.[503] „Um festzustellen, ob eine nationale Maßnahme die Durchführung des Rechts der Union im Sinne von Art. 51 Abs. 1 der Charta betrifft, ist nach ständiger Rechtsprechung des Gerichtshofs u. a. zu prüfen, ob mit der fraglichen nationalen Regelung die Durchführung einer Bestimmung des Unionsrechts bezweckt wird, welchen Charakter diese Regelung hat und ob mit ihr andere als die unter das Unionsrecht fallenden Ziele verfolgt werden, selbst wenn sie das Unionsrecht mittelbar beeinflussen kann, sowie ferner, ob es eine Regelung des Unionsrechts gibt, die für diesen Bereich spezifisch ist oder ihn beeinflussen kann."[504]

Soweit die Mitgliedstaaten von der Öffnungsklausel des Art. 88 DSGVO Gebrauch machen und nationale Vorschriften erlassen, führen sie nach den zuvor aufgezeigten Kriterien des EuGH Unionsrecht im Sinne des Art. 51 Abs. 1 S. 1 GRCh durch. Art. 88 DSGVO bindet den deutschen Gesetzgeber zwar lediglich an die dort genannten, sehr weit gefassten Kriterien und belässt ihm dadurch einen Spielraum. Allerdings ergibt sich aus EwG 6 und 9 DSGVO, dass es erklärtes Ziel der DSGVO ist, ein gleichmäßiges, hohes Schutzniveau in den Mitgliedstaaten im Bereich des Datenschutzes zu erreichen. Gerade die Unterschiede bei der Umsetzung und Anwendung der DSRL werden in EwG 9 DSGVO als Grund für das unterschiedliche Datenschutzniveau in den Mitgliedstaaten, welches angeglichen werden soll, genannt. Würden die Unionsgrundrechte im Bereich der Öffnungsklauseln nicht gelten, würde es zu einer Rechtszersplitterung kommen, die gerade verhindert werden soll. Allerdings steht nach der Rechtsprechung des EuGH einer gleichzeitigen Anwendung der nationalen Grundrechte nichts entgegen.

4.2.1.3 Zwischenergebnis

Auch wenn die Mitgliedstaaten von dem durch die Öffnungsklausel des Art. 88 DSGVO eingeräumten Spielraum Gebrauch machen, bleiben sie an die Regelungen der DSGVO gebunden. Grundsätzlich regelt die DSGVO auch den Datenschutz im Beschäftigungsverhältnis. Soweit der nationale Gesetzgeber nicht auf Art. 88 DSGVO gestützte nationale Regelungen für den Bereich des Beschäftigtendatenschutzes erlässt, sind die Normen der DSGVO unmittelbar anwendbar. Überdies normiert die DSGVO einen Mindeststandard, an dem sich die Adressaten des Art. 88 DSGVO auch orientieren müssen, wenn sie von der Öffnungsklausel des Art. 88 DSGVO Gebrauch machen.

Eine Aufspaltung der Grundrechtsgeltung in einen unionalen und nationalen Teil, in dem eine Bindung an die jeweiligen verschiedenen Grundrechtsebenen besteht, mag bei formaler Betrachtung korrekt erscheinen, wird aber dem vereinheitlichenden Wesen der Verordnung nicht gerecht, selbst wenn diese dem nationalen Gesetzgeber Umsetzungsspielräume belässt.[505] Die Verordnung – speziell die Öffnungsklausel des Art. 88 DSGVO – stellt gewisse Anforderungen an nationale Regelungen und gibt damit einen festen Rahmen vor, innerhalb dessen sich der nationale Gesetzgeber zu bewegen hat.[506] Mehr noch ist sie Grund der innerstaatlichen Rechtssetzung, da die Mitgliedstaaten ohne eine entsprechende Öffnungsklausel nicht tätig werden

---

[503] EuGH v. 6.3.2014 – Rs. C-206/13 (Siragusa), ECLI:EU:C:2014:126, Rn. 24; EuGH v. 10.7.2014 – Rs. C-198/13 (Hernández), ECLI:EU:C:2014:2055, Rn. 34, 37 EuGH v. 22.1.2020, Rs. C-177/18 (Martín), E-CLI:EU:C:2020:26, Rn. 58.

[504] EuGH v. 10.7.2014 – Rs. C-198/13 (Hernández), ECLI:EU:C:2014:2055, 37, EuGH v. 6.3.2014 – Rs. C-206/13 (Siragusa), ECLI:EU:C:2014:126, Rn. 25; EuGH v. 22.1.2020, Rs. C-177/18 (Martín), ECLI:EU:C:2020:26, Rn. 59.

[505] *Sauer*, in: Matz-Lück/Hong 2012, 1, 26 zu Umsetzungsspielräumen bei Richtlinien.

[506] *Sauer*, in: Matz-Lück/Hong 2012, 1, 27 spricht im Hinblick auf Richtlinien davon, dass die Mitgliedstaaten zur Umsetzung der Richtlinie verpflichtet sind; anders liegt der Fall bei der Öffnungsklausel des Art. 88 DSGVO, da diese lediglich eine Regelungsoption für die Mitgliedstaaten bereithält; allerdings gilt zu beachten, dass es sich bei der Verordnung schon deswegen um die strengere Form handelt, da diese nach Art. 288 Abs. 3 AEUV unmittelbar in den Mitgliedstaaten gilt, also kein „Mehr" an Spielraum einräumt.

dürften, sondern sich der Beschäftigtendatenschutz aufgrund der unmittelbaren Wirkung der Verordnung nach Art. 288 Abs. 2 AEUV vollumfänglich nach der DSGVO richten würde.[507]

Die Mitgliedstaaten handeln, wenn sie von der Regelungsoption des Art. 88 DSGVO Gebrauch machen in Durchführung des Unionsrechts im Sinne von Art. 51 Abs. 1 S. 1 GRCh.

Bei Art. 88 DSGVO handelt es sich um eine Öffnungsklausel, die den deutschen Gesetzgeber lediglich an die dort genannten, sehr weit gefassten Kriterien bindet. Letztlich ist eine Grundrechtsabwägung entscheidend (Art. 88 Abs. 1, Abs. 2 DSGVO), sofern eine Regelung vorliegt, die spezifischere Regelungen für den Beschäftigungskontext erfordert. Art. 88 Abs. 2 DSGVO verlangt ebenfalls lediglich, dass „angemessene und besondere Maßnahmen" vorzusehen sind. Auch die Notifizierungspflicht in Art. 88 Abs. 3 DSGVO oktroyiert dem deutschen Gesetzgeber keinerlei inhaltliche Gestaltungspflichten auf. Da Art. 88 DSGVO dem deutschen Gesetzgeber damit einen weiten Umsetzungsspielraum belässt, würden nach der früheren von der Trennungstheorie geprägten Rechtsprechung deutsche Grundrechte Anwendung finden.[508] Erst recht gilt dies, soweit in § 26 Abs. 7 BDSG im Wege überschießender Umsetzung der nationale Gesetzgeber den Anwendungsbereich des § 26 BDSG sowie der DSGVO erweitert.

Speziell im Rahmen des § 26 BDSG hatte dies die auf den ersten Blick merkwürdige Auswirkung, dass nicht-automatisierte Verarbeitungsvorgängen nach § 26 Abs. 7 BDSG sich nach den nationalen Grundrechten bemessen, da hier der nationale Gesetzgeber außerhalb des Anwendungsbereichs der DSGVO agiert.

Nach der jüngeren Rechtsprechung des BVerfG sind zwar primär die Grundrechte des Grundgesetzes im Bereich der Öffnungsklausel des Art. 88 DSGVO anwendbar, daneben jedoch auch die der GRCh. Auch nach der Rechtsprechung des EuGH sind die nationalen Grundrechte sowie die des Unionsrechts im nicht determinierten Bereich parallel anwendbar.

Letztlich haben sich das BVerfG, der EuGH und der EGMR in der Interpretation der Grundrechte stark aneinander angeglichen.[509] Eine echte Kollision zwischen europäischen und nationalen Grundrechten war daher auch vor den Entscheidungen des BVerfG „Vergessen I" und „Vergessen II" nicht zu befürchten.[510]

4.2.2 Drittwirkung

Die GRCh ordnet nicht ausdrücklich die Drittwirkung der Grundrechte an, sondern adressiert lediglich die Union und die Mitgliedstaaten. Eine unmittelbare Drittwirkung wird der GRCh daher überwiegend abgesprochen.[511] Hierdurch entsteht auch keine Lücke im Grundrechtsschutz, da Grundrechte eine Schutzpflicht der Union auslösen können, sobald sie auf eine Verpflichtung Privater hinauslaufen.[512] Die Rechte Dritter können darüber hinaus als Schutzgüter einer einschränkenden Maßnahme fungieren, wie sich aus Art. 52 Abs. 1 GRCh ergibt und sind

---

[507] *Sauer*, in: Matz-Lück/Hong 2012, 1, 27 zu Umsetzungsspielräumen bei Richtlinien.

[508] *Maier/Ossoining*, in: Roßnagel 2017, § 4, Rn. 48.

[509] *Albrecht/Janson*, CR 2016, 500, 505; *Boehm/Andrees*, CR 2016, 146, 151 zum Verhältnis von EuGH und EGMR; *Craig/de Búrca*, EU Law, 6. Auflage 2015, 425; i.E. auch *Rohleder* 2009, 326; *Burgkardt* 2013, 347 f.

[510] *Albrecht/Janson*, CR 2016, 500, 505.

[511] *Hatje*, in: Schwarze/Becker/Hatje/Schoo, EU-Kommentar, 4. Auflage 2019, Art. 51 GRCh, Rn. 22; *Folz*, in: Vedder/Heintschel von Heinegg, Europäisches Unionsrecht, 2. Auflage 2018, Art. 51 GRCh, Rn. 16.

[512] *Hatje*, in: Schwarze/Becker/Hatje/Schoo, EU-Kommentar, 4. Auflage 2019, Art. 51 GRCh, Rn. 22; *Folz*, in: Vedder/Heintschel von Heinegg, Europäisches Unionsrecht, 2. Auflage 2018, Art. 51 GRCh, Rn. 16.

daher bei der Auslegung einer Norm zu berücksichtigen.[513] Bei der Auslegung von Generalklauseln des Primär- und Sekundärrechts kommt zumindest eine mittelbare Wirkung infrage.[514]

4.2.3   Art. 8, 7 GRCh

Die Art. 7 und 8 GRCh erfassen die Verarbeitung personenbezogener Daten.[515] Der Schutz personenbezogener Daten, der in Art. 8 Abs. 1 GRCh verankert ist, ist für das durch Art. 7 GRCh gewährleistete Recht auf Achtung des Privatlebens besonders bedeutsam.[516] Die beiden Grundrechte sind einschlägig, soweit es um personenbezogene Daten mit Bezug zum Privatleben geht.[517] Soweit es um die Verarbeitung anderer personenbezogener Daten geht, ist alleine Art. 8 GRCh maßgeblich.[518] Sobald geschäftliche Informationen in Rede stehen ist zusätzlich die unternehmerische Freiheit nach Art. 16 GRCh von Bedeutung sowie die Eigentumsgarantie nach Art. 17 GRCh.[519]

Nach der Rechtsprechung des Gerichtshofs erstreckt sich die in den Art. 7 und 8 der Charta anerkannte Achtung des Privatlebens hinsichtlich der Verarbeitung personenbezogener Daten auf jede Information, die eine bestimmte oder bestimmbare natürliche Person betrifft.[520] Allerdings geht aus den Art. 8 Abs. 2 und 52 Abs. 1 GRCh hervor, dass dieses Recht unter bestimmten Voraussetzungen Beschränkungen unterworfen werden kann.[521]

Mit Art. 8 Abs. 1 GRCh beinhaltet die GRCh seit der Lissabon-Reform der Europäischen Union zum 1.12.2009 ein Grundrecht auf Schutz personenbezogener Daten. Nach Art. 8 Abs. 2 GRCh dürfen diese Daten nur nach Treu und Glauben für festgelegte Zwecke und mit Einwilligung der betroffenen Person oder auf einer sonstigen gesetzlich geregelten legitimen Grundlage verarbeitet werden. Jede Person hat das Recht, Auskunft über die sie betreffenden erhobenen Daten zu erhalten und die Berichtigung der Daten zu erwirken. Art. 8 Abs. 3 GRCh verlangt, dass die Einhaltung dieser Vorschriften wird von einer unabhängigen Stelle überwacht. Die Norm beruhte nach den Erläuterungen des Präsidiums des Grundrechtekonvents auf Art. 286 EGV-Nizza und der DSRL.[522]

Art. 7 GRCh gibt jeder Person ein Recht auf Achtung ihres Privat- und Familienlebens, ihrer Wohnung sowie ihrer Kommunikation. Zwischen Art. 7 und Art. 8 GRCh besteht nach der

---

[513] *Hatje*, in: Schwarze/Becker/Hatje/Schoo, EU-Kommentar, 4. Auflage 2019, Art. 51 GRCh, Rn. 22; *Folz*, in: Vedder/Heintschel von Heinegg, Europäisches Unionsrecht, 2. Auflage 2018, Art. 51 GRCh, Rn. 16.

[514] *Hatje*, in: Schwarze/Becker/Hatje/Schoo, EU-Kommentar, 4. Auflage 2019, Art. 51 GRCh, Rn. 22; *Folz*, in: Vedder/Heintschel von Heinegg, Europäisches Unionsrecht, 2. Auflage 2018, Art. 51 GRCh, Rn. 16; *Jarass*, in: Jarass, GRCh, 4. Auflage 2021, Art. 51 GRCh, Rn. 37.

[515] EuGH, Urt. v. 8.4.2014, Rs. C-293/12 (Digital Rights Ireland) und C-594/12 (Seitlinger u. a.), E-CLI:EU:C:2014:238, Rn. 29; EuGH, Urt. v. 9.11.2010 - C-92/09 und C-93/09 (Schecke und Eifert), E-CLI:EU:C:2010:662, Rn. 47.

[516] EuGH, Urt. v. 8.4.2014 – Rs. C-293/12 (Digital Rights Ireland) und C-594/12 (Seitlinger u. a.), E-CLI:EU:C:2014:238, Rn. 53.

[517] *Jarass*, in: Jarass, GRCh, 4. Auflage 2021, Art. 8 GRCh, Rn. 4.

[518] *Jarass*, in: Jarass, GRCh, 4. Auflage 2021, Art. 8 GRCh, Rn. 4; kritisch zu dieser Trennung *Michl*, DuD 2017, 349, 353.

[519] *Jarass*, in: Jarass, GRCh, 4. Auflage 2021, Art. 8 GRCh, Rn. 4; EuGH, Urt. v. 29.1.2008 - Rs. C-275/06 (Promusicae); ECLI:EU:C:2008:54, Rn. 61.

[520] EuGH, Urt. v. 24.11.2011, Rs. C-468/10 (ASNEF) und C-469/10 (FECEMD), ECLI:EU:C:2011:777, Rn.42; EuGH, Urt. v. 9.11.2010 - C-92/09 und C-93/09 (Schecke und Eifert), ECLI:EU:C:2010:662, Rn. 47.

[521] EuGH, Urt. v. 24.11.2011, Rs. C-468/10 (ASNEF) und C-469/10 (FECEMD), ECLI:EU:C:2011:777, Rn.42, EuGH, Urt. v. 9.11.2010 - C-92/09 und C-93/09 (Schecke und Eifert), ECLI:EU:C:2010:662, Rn. 50 ff.

[522] ABl. 1995 Nr. L 281, 31.

Rechtsprechung des EuGH Idealkonkurrenz[523], zumindest zitiert er beide Grundrechte gemeinsam, auch wenn Art. 8 GRCh nach überwiegender Meinung als lex specialis zu Art. 7 GRCh gesehen wird.[524] Der EuGH sieht Art. 8 GRCh in engem Zusammenhang mit Art. 7 GRCh.[525] Art. 7 GRCh schützt entgegen dem Wortlaut nur die Kommunikation, die an bestimmte Adressaten, nicht aber an die Öffentlichkeit gerichtet ist.[526] Ferner geht es vor allem um die vermittelte Kommunikation, also die Kommunikation unter Abwesenden, insbesondere, wenn sie durch einen Dritten beherrscht oder mittels einer durch einen solchen beherrschten Einrichtung erfolgt.[527] Hierdurch wird den besonderen Risiken Rechnung getragen, die aus einer so gearteten Übermittlung für die Kommunikation erwachsen.[528] Unerheblich ist, welche Technik eingesetzt wird, also ob die Übermittlung per Telefon, E-Mail, über Briefe oder Karten erfolgt.[529]

4.2.4   Unternehmerische Freiheit und Eigentumsschutz

In EwG 4 S. 3 DSGVO nennt die DSGVO als eines der Rechte, mit denen das Recht auf Schutz personenbezogener Daten unter Wahrung des Verhältnismäßigkeitsprinzips abzuwägen ist, insbesondere die unternehmerische Freiheit. Diese wird durch Art. 16 GRCh gewährleistet. Das Arbeitnehmerdatenschutzrecht greift auf Seiten des Arbeitgebers in die unternehmerische Freiheit des Art. 16 GRCh ein.[530] Die unternehmerische Freiheit umfasst die „selbständige, wirtschaftliche Betätigungsfreiheit in allen Ausprägungen"[531], wozu auch die Art und Weise der Unternehmensführung gehört.[532] Hierzu gehört auch die freie Entscheidung über den Einsatz betrieblicher Mittel sowie die betriebliche Organisation.[533] Systeme zur Mitarbeiterüberwachung müssen dem Datenschutzrecht entsprechen, weswegen ein Eingriff in die unternehmerische Freiheit vorliegt. Die DSGVO muss einen angemessenen Ausgleich zwischen Art. 8, 15 und 16 GRCh herstellen, welcher insbesondere im Rahmen der Auslegung der Generalklauseln praktisch verwirklicht werden kann.[534] Art. 17 GRCh schützt überdies das Eigentum des Arbeitgebers.

---

[523] *Jarass*, in: Jarass, GRCh, 4. Auflage 2021, Art. 8 GRCh, Rn. 4, der jedoch anmerkt, dass gewichtige Gründe für einen Vorrang des Art. 8 GRCh sprechen; so etwa EuGH, Urt. v. 24.11.2011, Rs. C-468/10 (ASNEF) und C-469/10 (FECEMD), ECLI:EU:C:2011:777, Rn. 41 f.; EuGH, Urt. v. 9.11.2010 - C-92/09 und C-93/09 (Schecke und Eifert), ECLI:EU:C:2010:662, Rn. 47, 52.

[524] *Schmidt* 2016, 29; *Augsberg*, in: v. d. Groeben/Schwarze/Hatje, Europäisches Unionsrecht, 7. Auflage 2015, Art. 8 GRCh, Rn. 1; *Guckelberger*, EuZW 2011, 126, 127; *Bernsdorff*, in: Meyer/Hölscheidt, GRCh, 5. Auflage 2019, Art. 8 GRCh, Rn.13.

[525] EuGH, Urt. v. 24.11.2011, Rs. C-468/10 (ASNEF) und C-469/10 (FECEMD), ECLI:.EU:C:2011:777, Rn.41.

[526] *Jarass*, in: Jarass, GRCh, 4. Auflage 2021, Art. 7 GRCh, Rn. 25.

[527] *Jarass*, in: Jarass, GRCh, 4. Auflage 2021, Art. 7 GRCh, Rn. 25.

[528] *Jarass*, in: Jarass, GRCh, 4. Auflage 2021, Art. 7 GRCh, Rn. 25.

[529] *Jarass*, in: Jarass, GRCh, 4. Auflage 2021, Art. 7 GRCh, Rn. 25.

[530] *Schubert*, in: Franzen/Gallner/Oetker, Kommentar zum europäischen Arbeitsrecht, 4. Auflage 2022, Art. 16 GRCh, Rn. 44.

[531] *Ruffert*, in: Calliess/Ruffert, EUV/AEUV, 6. Auflage 2022, Art. 16 GRCh, Rn. 1.

[532] *Schubert*, in: Franzen/Gallner/Oetker, Kommentar zum europäischen Arbeitsrecht, 4. Auflage 2022, Art. 16 GRCh, Rn. 9.

[533] *Schubert*, in: Franzen/Gallner/Oetker, Kommentar zum europäischen Arbeitsrecht, 4. Auflage 2022, Art. 16 GRCh, Rn. 11.

[534] *Schubert*, in: Franzen/Gallner/Oetker, Kommentar zum europäischen Arbeitsrecht, 4. Auflage 2022, Art. 16 GRCh, Rn. 44.

4.3 Art 16 AEUV

Art. 16 Abs. 1 AEUV gewährt ein Recht auf Schutz personenbezogener Daten[535], während Art. 16 Abs. 2 AEUV eine Kompetenzregelung darstellt. Bis zum Inkrafttreten des Vertrags von Lissabon enthielt das Unionsrecht ebenso wie die meisten mitgliedsstaatlichen Verfassungen kein ausdrückliches Grundrecht auf Datenschutz.[536] Unklar ist, weshalb das Datenschutzgrundrecht durch die Dopplung in Art. 8 GRCh und Art. 16 Abs. 1 AEUV besonders hervorgehoben wird.[537] Art. 16 Abs. 1 AEUV nimmt die Grundrechtsgarantie des Art. 8 Abs. 1 GRCh auf, ohne wie Art. 8 Abs. 2 GRCh oder Art. 52 Abs. 1 GRCh eine Schrankenregelung zu enthalten. Dem kann jedoch nicht entnommen werden, dass ein über die GRCh hinausgehender, weitergehender Grundrechtsschutz im Sinne des Art. 52 Abs. 2 GRCh geschaffen werden sollte.[538] Methodisch könnte aber die Gefahr bestehen, dass die Schranken der GRCh leer laufen.[539] Art. 8 GRCh soll daher nach einer Auffassung Art. 16 AEUV ersetzen, da mit Art. 8 GRCh und dem Sekundärrecht der Inhalt des Rechts auf Datenschutzrechts detaillierter geregelt werde.[540] Überzeugend ist es jedoch, schlicht die Schranken der Art. 8 Abs. 2 und Art. 52 Abs. 1 GRCh auf das in Art. 16 Abs. 1 AEUV gewährte Grundrecht auf Datenschutz zu übertragen.[541]

4.4 Die Grundrechte des Grundgesetzes

Die Grundrechte des Grundgesetzes finden neben den Grundrechten der EMRK sowie der GRCh Anwendung.[542]

4.4.1 Drittwirkung

Die Grundrechte des Grundgesetzes binden nach Art. 1 Abs. 3 GG unmittelbar nur die öffentliche Gewalt. Sie entfalten keine unmittelbare Wirkung zwischen Privaten.[543] Der Arbeitnehmer kann sich also gegenüber dem Arbeitgeber nicht unmittelbar auf die Grundrechte, wie das Recht auf informationelle Selbstbestimmung, berufen. Dennoch bleiben die Grundrechte im Verhältnis zwischen Privaten nicht völlig unbeachtet. Im *Lüth*-Urteil hat das BVerfG anerkannt, dass die Grundrechte des Grundgesetzes eine objektive Wertordnung begründen.[544] Nach der Lehre von der mittelbaren Drittwirkung der Grundrechte strahlt diese im Wege der Auslegung

---

[535] aA *Schröder*, in: Streinz, EUV/AEUV, 3. Auflage 2018, Art. 16 AEUV, Rn. 5, der meint, hierin sei „eine besondere, zwar grundrechtsartig formulierte, gleichwohl aber objektiv-rechtliche Querschnittsverpflichtung der Unionsorgane auf den Datenschutz zu sehen, die dazu dient, dessen besondere Bedeutung für das gesamte Unionsrecht in der heutigen digitalen Welt zu betonen."

[536] *Kingreen*, in: Callies/Ruffert, EUV/AEUV, 5. Auflage 2016, Art. 16 AEUV, Rn. 3.

[537] Vgl. hierzu *Kingreen*, in: Callies/Ruffert, EUV/AEUV, 6. Auflage 2022, Art. 16 AEUV, Rn. 4; *Sobotta*, in Grabitz/Hilf/Nettesheim, 75. EL Januar 2022, Art. 16 AEUV, Rn. 8.

[538] *Britz*, EuGRZ 2009, 1, 2; *Sobotta*, in: Grabitz/Hilf/Nettesheim, Das Recht der Europäischen Union, 75. EL Januar 2022, Art. 16 AEUV, Rn. 8; *Kingreen*, in: Calllies/Ruffert, EUV/AEUV, 6. Auflage 2022, Art. 16 AEUV, Rn. 4.

[539] *Jung* 2016, 75; *Britz*, EuGRZ 2009, 1, 2; *Sobotta*, in: Grabitz/Hilf/Nettesheim, Das Recht der Europäischen Union, 75. EL Januar 2022, Art. 16 AEUV, Rn. 8; *Schröder*, in: Streinz, EUV/AEUV, 3. Auflage 2018, Art. 16 AEUV, Rn. 5.

[540] *Jung* 2016, 75; in diese Richtung wohl auch *Frenz*, Handbuch Europarecht, Band 4, 2009, Rn. 1430.

[541] *Sobotta*, in: Grabitz/Hilf/Nettesheim, Das Recht der Europäischen Union, 75. EL Januar 2022, Art. 16 AEUV, Rn. 8, *Siemen* 2006, 286 noch zu Art. 286 EGV.

[542] Siehe hierzu 4.2.1.

[543] So *Nipperdey* 1961, 14 und das BAG, Urt. v. 15.1.1955 - 1 AZR 305/54, NJW 1955, 684, 687 welches seinem damaligen Präsidenten Nipperdey folgte.

[544] BVerfGE 7, 198, 205 - Lüth.

und durch zivilrechtliche Generalklauseln ins Privatrecht aus.[545] Einfachgesetzliche Regelungen, wie insbesondere der für den Beschäftigtendatenschutz essentielle § 26 BDSG, müssen aus diesem Grund im Lichte der Grundrechte ausgelegt werden. Relevant werden im Arbeitsverhältnis auf Seite des Arbeitnehmers insbesondere das Recht auf informationelle Selbstbestimmung (Art. 2 Abs. 1 i.V.m. Art. 1 Abs. 1 GG), das Fernmeldegeheimnis (Art. 10 GG) und auf Arbeitgeberseite das Recht auf freie unternehmerische Entscheidung (Art. 12, 14 GG).

4.4.2 Das allgemeine Persönlichkeitsrecht

Mitarbeiterkontrollen greifen in der Regel in das grundrechtlich gewährleistete allgemeine Persönlichkeitsrecht des Arbeitnehmers aus Art. 2 Abs. 1 i.V.m. Art. 1 Abs. 1 GG ein.[546] Der sachliche Schutzbereich des allgemeinen Persönlichkeitsrechts zielt auf die Abwehr von Beeinträchtigungen der engeren persönlichen Lebenssphäre, der Selbstbestimmung sowie der Grundbedingungen der Persönlichkeitsentfaltung.[547] Das BVerfG hat mehrere nicht abschließende Fallgruppen entwickelt.[548] Insbesondere die engere persönliche Lebenssphäre in Form der Privat- und Intimsphäre ist geschützt.[549] Die Privatsphäre „umfasst Angelegenheiten, die wegen ihres Informationsinhalts typischerweise als „privat" eingestuft werden, weil ihre öffentliche Erörterung oder Zurschaustellung als unschicklich gilt, das Bekanntwerden als peinlich empfunden wird oder nachteilige Reaktionen der Umwelt auslöst."[550] Die Intimsphäre erfasst einen „Kernbereich privater Lebensgestaltung".[551] Anders als die Privatsphäre, bei denen Eingriffe durch gerechtfertigt werden können, handelt es sich bei der Intimsphäre um einen absolut geschützten Bereich, der Eingriffen nicht zugänglich ist.[552] Daher dürfen beispielsweise Umkleideräume oder auch Toilettenräume im Betrieb nicht überwacht werden.[553]

Auf die tatsächlichen Veränderungen auf technischer Ebene und die daraus resultierenden neuen Gefährdungen hat das BVerfG reagiert, indem es das Recht auf informationelle Selbstbestimmung, das Recht auf Vertraulichkeit und Integrität informationstechnischer Systeme sowie das Recht auf Vergessen aus dem allgemeinen Persönlichkeitsrecht abgeleitet hat.

4.4.3 Das Recht auf informationelle Selbstbestimmung

Die Interessen des Beschäftigten werden durch das Recht auf informationelle Selbstbestimmung (Art. 2 Abs. 1 i.V.m. Art. 1 Abs. 1 GG) auf verfassungsrechtlicher Ebene geschützt. Sofern Daten zu Überwachungszwecken verarbeitet werden, liegt in der Regel ein Eingriff in das Recht auf informationelle Selbstbestimmung vor, wenn das Datenmaterial zur Vorbereitung von belastenden Maßnahmen gegen Betroffene dienen soll, die in dem überwachten Bereich unerwünschte Verhaltensweisen zeigen, ihr abschreckende Wirkung zukommen soll und sie zugleich das Verhalten der Betroffenen lenken soll.[554] Vom Recht auf informationelle Selbst-

---

[545] BVerfGE 7, 198, 205 - Lüth; *Herdegen,* in: Maunz/Dürig, GG, 84. EL August 2018, Art. 1 Abs. 3 GG, Rn. 52; *Lohse* 2013, 31.

[546] BAG, Beschl. v. 15.4.2014 - 1 ABR 2/13, Rn. 43, ZD 2014, 426, 427.

[547] *Di Fabio,* in: Dürig/Herzog/Scholz, GG, Stand: 96. EL November 2021, Art. 2 Abs. 1 GG, Rn. 147.

[548] *Di Fabio,* in: Dürig/Herzog/Scholz, GG, Stand: 96. EL November 2021, Art. 2 Abs. 1 GG, Rn. 148.

[549] *Di Fabio,* in: Dürig/Herzog/Scholz, GG, Stand: 96. EL November 2021, Art. 2 Abs. 1 GG, Rn. 149.

[550] BAG, Beschl. v. 15.4.2014 - 1 ABR 2/13, Rn. 43, ZD 2014, 426, 427.

[551] *Di Fabio,* in: Dürig/Herzog/Scholz, GG, Stand: 96. EL November 2021, Art. 2 Abs. 1 GG, Rn. 158.

[552] *Di Fabio,* in: Dürig/Herzog/Scholz, GG, Stand: 96. EL November 2021, Art. 2 Abs. 1 GG, Rn. 157 ff.

[553] *Riesenhuber,* in: Wolff/Brink, BeckOK Online-Kommentar Datenschutzrecht, 40. Edition, Stand: 1.2.2022, § 26 BDSG, Rn. 147.

[554] BAG, Urt. v. 27.7.2017 – 2 AZR 681/16, Rn. 24, unter Verweis auf die Rechtsprechung zur Videoüberwachung öffentlicher Plätze BVerfG, Beschl. v. 23.2.2007 – 1 BvR 2368/06, Rn. 38; BVerwG, Urt. v. 25.1.2012 – 6 C 9/11, Rn. 24.

bestimmung ist in seiner speziellen Ausprägung auch das Recht am eigenen Bild und die Befugnis eines Menschen erfasst, selbst darüber bestimmen zu können, ob Filmaufnahmen von ihm gemacht und gegen ihn verwendet werden dürfen.[555]

Der Eingriff in den Schutzbereich entfällt auch nicht dadurch, dass nur das Verhalten des Beschäftigten am Arbeitsplatz erfasst wird.[556] Denn das allgemeine Persönlichkeitsrecht schützt neben der Intim- und Privatsphäre in Form des Rechts auf informationelle Selbstbestimmung auch die Schutzinteressen desjenigen, der sich in die (Betriebs-)Öffentlichkeit begibt.[557]

Insbesondere im Falle der Überwachung des Dienst-PC, etwa durch Keylogger, setzt ein Eingriff in das Recht auf informationelle Selbstbestimmung nicht voraus, dass der Betroffene das informationstechnische System als eigenes nutzt und dass er nach den Umständen davon ausgehen darf, dass er allein oder zusammen mit anderen Berechtigten über dieses selbstbestimmt verfügt.[558] Diese Voraussetzung besteht nur für das Recht auf Gewährleistung der Vertraulichkeit und Integrität informationstechnischer Systeme, welchem lückenfüllende Funktion zukommt.[559]

Das BAG hat in seiner Entscheidung zu Spindkontrollen mit in die Betrachtung einbezogen, dass es sich bei dem Spind um einen Gegenstand handelte, der dem Arbeitnehmer vom Arbeitgeber gegebenenfalls zur Erfüllung seiner Verpflichtungen aus § 6 Abs. 2 ArbStättV i.V.m. Nr. 4.1 Abs. 3 des Anh. zur Verfügung gestellt wurde.[560] Eine solche Überlassung berührt auch die Belange des Arbeitgebers, da zum einen die Möglichkeit besteht, dass der Beschäftigte den Spind nicht bestimmungsgemäß nutzt und vielleicht auch gefährliche Stoffe oder Gegenstände darin lagert.[561] Zum anderen zog das BAG hier interessanterweise in die Betrachtung mit ein, dass das Vorhandensein von Orten, auf die der Arbeitgeber nicht zugreifen könne, es böswilligen Mitarbeitern erleichtern kann, für den Arbeitgeber oder andere Beschäftigte nachteilige Handlungen vorzunehmen.[562] Dies muss auch dem Arbeitnehmer bewusst sein.[563]

Hinsichtlich der verdeckten Überwachung durch einen Privatdetektiv hat das BAG ausgeführt, dass ein von einer verdeckten Überwachung Betroffener in der Befugnis, selbst über die Preisgabe und Verwendung persönlicher Daten zu befinden – und damit in seinem Recht auf informationelle Selbstbestimmung aus Art. 2 Abs. 1 i.V.m. Art. 1 Abs. 1 GG – beschränkt werde, da er zum Ziel einer nicht erkennbaren systematischen Beobachtung gemacht werde und dadurch personenbezogene Daten über sein Verhalten preisgebe, ohne dass er den mit der Beobachtung verfolgten Verwendungszweck kenne.[564] Dies gelte unabhängig davon, ob Fotos, Videoaufzeichnungen oder Tonmitschnitte angefertigt werden und damit zugleich ein Eingriff in das Recht am eigenen Bild bzw. Wort vorliege.[565] Es sei auch keine notwendige Vorausset-

---

[555] BAG, Urt. v. 22.9.2016 – 2 AZR 848/15, Rn. 23; BAG, Urt. v. 20.10.2016 - 2 AZR 395/15, Rn. 22.

[556] BAG, Urt. v. 27.7.2017 – 2 AZR 681/16, Rn. 25, NZA 2017, 1327, 1329.

[557] BAG, Urt. v. 27.7.2017 – 2 AZR 681/16, Rn. 25, NZA 2017, 1327, 1329 unter Verweis auf die Rechtsprechung zur Videoüberwachung öffentlicher Plätze BVerfG, Beschl. v. 23.2.2007 – 1 BvR 2368/06, NVwZ 2007, 688, 690; BVerwG, Urt. v. 25.1.2012 – 6 C 9/11, Rn. 25, NVwZ 2012, 757, 759.

[558] BAG, Urt. v. 27.7.2017 – 2 AZR 681/16, Rn. 26, NZA 2017, 1327, 1330.

[559] BAG, Urt. v. 27.7.2017 – 2 AZR 681/16, Rn. 26, NZA 2017, 1327, 1330; BVerfG, Urt. v. 27.2.2008 - 1 BvR 370, 595/07, Rn. 201 f., NJW 2008, 822, 827.

[560] BAG, Urt. v. 20.6.2013 - 2 AZR 546/12, Rn. 27, NZA 2014, 143, 147.

[561] BAG, Urt. v. 20.6.2013 - 2 AZR 546/12, Rn. 27, NZA 2014, 143, 147.

[562] BAG, Urt. v. 20.6.2013 - 2 AZR 546/12, Rn. 27, NZA 2014, 143, 147.

[563] BAG, Urt. v. 20.6.2013 - 2 AZR 546/12, Rn. 27, NZA 2014, 143, 147.

[564] BAG, Urt. v. 29.6.2017 – 2 AZR 597/16, Rn. 24, NZA 2017, 1179, 1181.

[565] BAG, Urt. v. 29.6.2017 – 2 AZR 597/16, Rn. 24, NZA 2017, 1179, 1181.

zung für einen Eingriff in das Recht auf informationelle Selbstbestimmung, dass die Privatsphäre des Betroffenen ausgespäht werde.[566] Denn auch wenn der Einzelne außerhalb des thematisch und räumlich besonders geschützten Bereichs der Privatsphäre damit rechnen müsse, Gegenstand von Wahrnehmungen beliebiger Dritter zu werden, so müsse er nicht grundsätzlich davon ausgehen, Ziel einer verdeckten und systematischen Beobachtung zur Beschaffung konkreter, auf die eigene Person bezogener Daten zu sein.[567]

4.4.4 Das Recht auf Gewährleistung der Vertraulichkeit und Integrität informationstechnischer Systeme

Das BVerfG hat in seinem Urteil zur Online-Durchsuchung das Recht auf Gewährleistung der Vertraulichkeit und Integrität informationstechnischer Systeme aus dem allgemeinen Persönlichkeitsrecht aus Art. 2 Abs. 1 i.V.m. Art. 1 Abs. 1 GG abgeleitet.[568] Es schützt „vor Eingriffen in informationstechnische Systeme, soweit der Schutz nicht durch andere Grundrechte, wie insbesondere Art. 10 oder Art. 13 GG, sowie durch das Recht auf informationelle Selbstbestimmung gewährleistet ist."[569] Die Informationstechnik habe eine neuartige, für die Persönlichkeit und die Entfaltung des Einzelnen nicht vorhersehbare Bedeutung erlangt und eröffne dem Einzelnen zwar neue Möglichkeiten, begründe aber auch neuartige Gefährdungen für die Persönlichkeit.[570] Informationstechnische Systeme seien allgegenwärtig sind und ihre Nutzung von zentraler Bedeutung für die Lebensführung vieler Personen.[571] Es ist jedoch nicht jedes informationstechnische System erfasst, sondern nur solche, „die allein oder in ihren technischen Vernetzungen personenbezogene Daten des Betroffenen in einem Umfang und in einer Vielfalt enthalten können, dass ein Zugriff auf das System es ermöglicht, einen Einblick in wesentliche Teile der Lebensgestaltung einer Person zu gewinnen oder gar ein aussagekräftiges Bild der Persönlichkeit zu erhalten."[572] Eine grundrechtlich geschützte Vertraulichkeits- und Integritätserwartung bestehe jedoch nur, soweit der Betroffene das informationstechnische System als eigenes nutze und deshalb den Umständen nach davon ausgehen dürfe, dass er allein oder zusammen mit anderen zur Nutzung berechtigten Personen über das informationstechnische System selbstbestimmt verfüge.[573] Soweit die Nutzung des eigenen informationstechnischen Systems über informationstechnische Systeme stattfinde, die sich in der Verfügungsgewalt anderer befänden, erstrecke sich der Schutz des Nutzers auch hierauf.[574] In der modernen Arbeitswelt verschmelzen berufliche und private Nutzung oftmals, etwa wenn das Modell des „Bring your own device" angewendet wird, bei dem der Einsatz privater technischer Geräte, etwa Laptops, für berufliche Zwecke ausdrücklich vom Arbeitgeber gewünscht wird.[575] Screenings auf Basis der Anomalieerkennung erfassen auch personenbezogene Daten, die durch gemischt privat und beruflich genutzte Geräte von Beschäftigten verarbeitet werden, sodass das Recht auf Gewährleistung der Vertraulichkeit und Integrität informationstechnischer Systeme Bedeutung erlangt.

---

[566] BAG, Urt. v. 29.6.2017 – 2 AZR 597/16, Rn. 24, NZA 2017, 1179, 1181.

[567] BAG, Urt. v. 29.6.2017 – 2 AZR 597/16, Rn. 24, NZA 2017, 1179, 1181 unter Verweis auf BVerfGE 120, 378 für die automatisierte Erhebung öffentlich zugänglicher Informationen.

[568] BVerfGE 120, 274, 302 – Online-Durchsuchungen.

[569] BVerfGE 120, 274, 302 – Online-Durchsuchungen.

[570] BVerfGE 120, 274, 303 – Online-Durchsuchungen.

[571] BVerfGE 120, 274, 303 – Online-Durchsuchungen.

[572] BVerfGE 120, 274, 314 – Online-Durchsuchungen.

[573] BVerfGE 120, 274, 315 – Online-Durchsuchungen.

[574] BVerfGE 120, 274, 315 – Online-Durchsuchungen.

[575] Vgl. hierzu *Conrad/Schneider*, ZD 2011, 153.

4.4.5   Das Fernmeldegeheimnis

Das Fernmeldegeheimnis des Art. 10 Abs. 1 GG schützt den Arbeitnehmer flankierend zu den unterschiedlichen Ausprägungen des Art. 2 Abs. 1 i.V.m. Art. 1 Abs. 1 GG vor Überwachungsmaßnahmen vor der Kontrolle der Telekommunikations- und Internetnutzung am Arbeitsplatz.[576] Der Schutzzweck aller drei Garantien des Art. 10 Abs. 1 GG zielt darauf ab, die Vertraulichkeit der Kommunikation auf Distanz zu schützen, unabhängig von der materiellen Vertraulichkeit des Inhalts der Mitteilung.[577] Entscheidend ist allein, dass die Beteiligten ein geschütztes Medium genutzt haben.[578] Der Schutzbereich erfasst dabei auch neuere Technologien.[579] Art. 10 GG bezieht sich auf sämtliche im Wege der Fernmeldetechnik ausgetauschten inhaltlichen Informationen und außerdem auf die Umstände der Kommunikation, mithin ob, wann und wie oft zwischen welchen Personen oder Anschlüssen Fernmeldeverkehr versucht wurde oder tatsächlich erfolgt ist.[580] Der Schutz durch Art. 10 GG besteht, solange und soweit sich die Nachricht auf dem Übermittlungsweg befindet und deshalb angesichts der Entäußerung aus dem Herrschaftsbereich des Absenders und Empfängers die medienbedingte Gefahr des Verlustes der Privatheit besteht.[581] Vor der Absendung beim Absender und nach Zugang beim Empfänger wird der Schutz auf grundrechtlicher Ebene über Art. 2 Abs. 1 GG i.V.m. Art. 1 Abs. 1 GG gewährleistet.[582]

Während im Telefonverkehr der Abschluss des Telekommunikationsvorgangs leicht bestimmbar ist, ist dies beim E-Mail-Verkehr mit Schwierigkeiten verbunden. Befindet sich eine E-Mail auf dem Computer des Empfängers, ist sie seinem Herrschaftsbereich zuzurechnen und der Kommunikationsvorgang ist abgeschlossen.[583] Solange sich die E-Mail noch in der Mailbox des Providers befindet, ist sie noch vom Schutzbereich des Fernmeldegeheimnisses erfasst, da sie sich noch nicht im Herrschaftsbereich des Adressaten befindet.[584]

Im Bereich des Beschäftigtendatenschutzes wird das Fernmeldegeheimnis relevant, wenn der Arbeitgeber durch Überwachungsmaßnahmen in den laufenden Kommunikationsvorgang eingreift. Dies kann beim heimlichen Mithören des Telefongesprächs eines Beschäftigten der Fall sein oder bei der Kontrolle des E-Mail-Verkehrs, solange die E-Mail noch beim Provider gespeichert ist.[585]

4.4.6   Informationsfreiheit

Was die Informationsfreiheit des Art. 5 Abs. 1 S. 1 Alt. 1 GG anbelangt, so bezieht sie sich schon ihrem Wortlaut nach nur auf allgemein zugängliche Quellen und statuiert kein universelles Recht auf Informationsbeschaffung.[586] Der Arbeitgeber kann sich hierauf also nicht berufen, um Screenings durchzuführen, bei denen personenbezogene Daten von Beschäftigten genutzt

---

[576] *Kruchen* 2013, 14 f.; vgl. zum Verhältnis von Art. 10 GG zu der Menschenwürde und dem Persönlichkeitsrecht *Pagenkopf*, in: Sachs, GG, 7. Auflage 2014, Art. 10 GG, Rn. 6a ff, 53; *Gusy*, in: v. Mangoldt/Klein/Starck, GG, 7. Auflage 2018, Art. 10 GG, Rn. 43.

[577] *Gusy*, in: v. Mangoldt/Klein/Starck, GG, 7. Auflage 2018, Art. 10 GG, Rn. 44; *Pagenkopf*, in: Sachs, GG, 7. Auflage 2014, Art. 10 GG, Rn. 14.

[578] *Gusy*, in: v. Mangoldt/Klein/Starck, GG, 7. Auflage 2018, Art. 10 GG, Rn. 44.

[579] *Pagenkopf*, in: Sachs, GG, 7. Auflage 2014, Art. 10 GG, Rn. 14a.

[580] *Pagenkopf*, in: Sachs, GG, 7. Auflage 2014, Art. 10 GG, Rn. 14.

[581] *Gusy*, in: v. Mangoldt/Klein/Starck, GG, 7. Auflage 2018, Art. 10 GG, Rn. 43.

[582] *Gusy*, in: v. Mangoldt/Klein/Starck, GG, 7. Auflage 2018, Art. 10 GG, Rn. 43.

[583] *Lohse* 2013, 29.

[584] BVerfGE 124, 43, 55 – Beschlagnahme von E-Mails.

[585] *Lohse* 2013, 29; *Mattl* 2008, 68 ff.

[586] *Däubler* 2017, Rn. 114.

werden, die dem Arbeitgeber ausschließlich im Rahmen der Durchführung des Beschäftigungsverhältnisses verfügbar gemacht werden.

4.4.7 Eigentum und unternehmerische Betätigungsfreiheit

Das Eigentum (Art. 14 Abs. 1 S. 1 GG) sowie die unternehmerische Betätigungsfreiheit (Art. 12 Abs. 1 GG) des Arbeitgebers sind ebenso wie das allgemeine Persönlichkeitsrecht des Beschäftigten durch die Verfassung geschützt und mit diesem abzuwägen.[587] Das BAG erkennt insbesondere ein durch Art. 12 und Art. 14 GG geschütztes Verarbeitungs- und Nutzungsinteresse des Arbeitgebers hinsichtlich der personenbezogenen Daten von Beschäftigten an, die vorsätzliche Schädigungshandlungen unternommen haben.[588]

---

[587] BAG, Urt. v. 27.3.2003 - 2 AZR 51/02, NZA 2003, 1193, 1195.
[588] BAG, Urt. v. 23.8.2018 – 2 AZR 133/18, NZA 2018, 1329, 1334; BAG, Urt. v. 28.3.2019 – 8 AZR 421/17, NZA 2019, 1212, 1218.

5 Regelung des Beschäftigtendatenschutzes nach der DSGVO

Die DSGVO regelt in ihrem Anwendungsbereich auch den Beschäftigtendatenschutz, wie sich im Umkehrschluss zu der Öffnungsklausel des Art. 88 DSGVO ergibt.[589]

Soweit im Rahmen von Compliance-Maßnahmen personenbezogene Daten im Sinne des Art. 4 Nr. 1 DSGVO verarbeitet werden, ist der sachliche Anwendungsbereich der DSGVO nach Art. 2 Abs. 1 DSGVO eröffnet, wenn die Verarbeitung im Zuge ganz oder teilweise automatisierter Verarbeitung erfolgt oder in Form der nichtautomatisierten Verarbeitung personenbezogener Daten, die in einem Dateisystem gespeichert sind oder gespeichert werden sollen. Nach dem weiter gefassten Wortlaut des § 26 Abs. 7 BDSG sind die Absätze 1 bis 6 des § 26 BDSG auch anzuwenden, wenn personenbezogene Daten, einschließlich besonderer Kategorien personenbezogener Daten, von Beschäftigten verarbeitet werden, ohne dass sie in einem Dateisystem gespeichert sind oder gespeichert werden sollen.[590] Erfasst werden damit mündliche Datenverarbeitungen wie Telefongespräche mit früheren Arbeitgebern eines Bewerbers, aber auch das Beobachten und Befragen.[591]

Der räumliche Anwendungsbereich der DSGVO richtet sich nach Art. 3 DSGVO. Art. 3 DSGVO enthält für den räumlichen Anwendungsbereich drei verschiedene Ansatzpunkte, nämlich das Niederlassungsprinzip (Art. 3 Abs. 1 DSGVO), das Marktortprinzip (Art. 3 Abs. 2 DSGVO) sowie das Prinzip der Anwendbarkeit aufgrund völkerrechtlicher Vorgaben (Art. 3 Abs. 3 DSGVO).[592] Gegenstand der vorliegenden Arbeit ist die Verarbeitung personenbezogener Daten durch Unternehmen mit Sitz in Deutschland, sodass Art. 3 Abs. 1 DSGVO greift, der bestimmt, dass die DSGVO Anwendung auf die Verarbeitung personenbezogener Daten findet, soweit diese im Rahmen der Tätigkeiten einer Niederlassung eines Verantwortlichen oder eines Auftragsverarbeiters in der Union erfolgt, unabhängig davon, ob die Verarbeitung in der Union stattfindet.

Grundsätzlich gilt die DSGVO in ihrem Anwendungsbereich als Verordnung nach Art. 288 Abs. 2 AEUV unmittelbar. Speziell für den Beschäftigtendatenschutz enthält sie in Art. 88 DSGVO eine Öffnungsklausel, welche es den Mitgliedstaaten oder Parteien einer Kollektivvereinbarung ermöglicht, unter den dort genannten Voraussetzungen eigene Regelungen zu treffen. Der deutsche Gesetzgeber hat mit § 26 BDSG von dieser Kompetenz Gebrauch gemacht. Die Generalklausel des § 26 BDSG kommt hierbei als Nachfolgeregelung des § 32 BDSG a.F. als nationale Rechtsgrundlage für Maßnahmen der Mitarbeiterüberwachung im Allgemeinen, aber auch speziell für Screenings auf Basis der Anomalieerkennung in Betracht. Es stellt sich hier jedoch zum einen die Frage, ob die Generalklausel des § 26 Abs. 1 BDSG den Anforderungen des Art. 88 DSGVO genügt, oder ob ein Rückgriff auf die Rechtfertigungstatbestände des Art. 6 DSGVO erforderlich wird. Zum anderen ist fraglich, ob die Rechtsprechung des BAG zu § 32 BDSG a.F. auch bei Anwendung des § 26 BDSG weiterhin Geltung beansprucht und welche Anforderungen sich aus ihr ableiten lassen.

5.1 Abriss über die gesetzgeberischen Bemühungen im Beschäftigungsdatenschutz auf nationaler Ebene

Der nationale Gesetzgeber hat in der Vergangenheit bereits mehrmals zumindest angedacht, bereichsspezifische Regelungen auf dem Gebiet des Beschäftigtendatenschutzes zu erlassen.

---

[589] *Schmidt* 2016, 48.

[590] *Arning/Rothkegel*, in: Taeger/Gabel, DSGVO/BDSG/TTDSG, 4. Auflage 2022, Art. 4 DSGVO, Rn. 169; *Tiedemann*, in: Sydow, Bundesdatenschutzgesetz, 2020, § 26, Rn. 61; siehe zur Unionsrechtskonformität 6.2.3.3.

[591] *Arning/Rothkegel*, in: Taeger/Gabel, DSGVO/BDSG/TTDSG, 4. Auflage 2022, Art. 4 DSGVO, Rn. 169; *Wybitul*, ZD-Aktuell 2017, 05483.

[592] *Hornung*, in: Simitis/Hornung/Spiecker gen. Döhmann, Datenschutzrecht, 2019, Art. 3 DSGVO, Rn. 1.

© Der/die Autor(en), exklusiv lizenziert an
Springer Fachmedien Wiesbaden GmbH, ein Teil von Springer Nature 2023
A. C. Teigeler, *Innentäter-Screenings durch Anomalieerkennung*, DuD-Fachbeiträge, https://doi.org/10.1007/978-3-658-43757-2_5

Anders als in anderen europäischen Ländern wie beispielsweise Österreich[593], Finnland, Luxemburg, Portugal, Slowenien und Großbritannien ist in Deutschland der Beschäftigtendatenschutz nicht explizit geregelt.

Nachdem das erste Datenschutzgesetz in der BRD durch das Land Hessen im Jahre 1970 erlassen worden war[594] und das erste BDSG am 1.2.1977 in Kraft getreten war, wurde der Ruf nach einem speziellen, bundesweit geltenden Gesetz für den Bereich des Beschäftigtendatenschutzes bereits 1984 durch die Datenschutzbeauftragten des Bundes und der Länder laut.[595] In ihrer Position zur 43. Konferenz der Datenschutzbeauftragten des Bundes und der Länder am 23. und 24.3.1992 „bereichsspezifische und präzise gesetzliche Bestimmungen zum Arbeitnehmerdatenschutz".[596] In der Literatur wird teilweise eine eigenständige Regelung des Beschäftigtendatenschutzes für erforderlich gehalten[597], teils wird die Notwendigkeit einer solchen verneint[598].

Die Bundesregierung benannte bereits in den 80er Jahren den Arbeitnehmerdatenschutz als rechtspolitisches Ziel[599] und kündigte mehrfach[600] einen Gesetzesentwurf an. Vor Erlass des § 32 BDSG a.F. enthielt die für die fünfzehnte Legislaturperiode getroffene Koalitionsvereinbarung zwischen SPD, BÜNDNIS 90/DIE GRÜNEN vom 16.10.2002 ebenfalls die Absichtserklärung, erstmals ein eigenständiges Gesetz zum Arbeitnehmerdatenschutz zu erlassen.[601] Am 26.1.2005 teilte die Bundesregierung auf eine Große Anfrage der FDP-Fraktion vom 27.5.2004[602] mit, dass man die Bemühungen der Europäischen Kommission für eine unionsrechtliche Regelung – damals gemeinschaftsrechtliche – abwarten wolle.[603] Hiermit war vermutlich das Vorhaben einer Arbeitnehmerdatenschutzrichtlinie gemeint, welches in den Jahren 2001/2002 angedacht worden, jedoch letztlich nicht weiter verfolgt worden war.[604]

Angesichts einer Reihe von Datenschutzskandalen bei Großunternehmen wurde im Februar 2009 ein Handlungsbedarf im Bereich des Datenschutzes auf politischer Ebene festgestellt, welcher im Erlass des § 32 BDSG a.F. mündete.[605] Er trat zum 1.9.2009 in Kraft und enthielt eine allgemeine Regelung zum Beschäftigtendatenschutz, welche jedoch ein spezielles Gesetz

---

[593] Dort ist der Beschäftigtendatenschutz im Arbeitsverfassungsgesetz (ArbVG) geregelt. Die Regelung behält nach § 11 DSG als Vorschrift im Sinne des Art. 88 DSGVO weiterhin Geltung; auch hier finden sich jedoch keine detaillierten Regelungen zu einzelnen Überwachungsmaßnahmen.

[594] Hessisches GVBl. I, 625.

[595] Entschließung der 43. Konferenz der Datenschutzbeauftragten des Bundes und der Länder am 23./24. März 1992 in Baden-Württemberg, abrufbar unter https://datenschutz.sachsen-anhalt.de/konferenzen/nationale-datenschutzkonferenz/entschliessungen/entschliessung-der-43-konferenz-am-2324-maerz-1992-in-baden-wuerttemberg/arbeitnehmerdatenschutz/ (zuletzt abgerufen am 01.09.2023).

[596] Entschließung der 43. Konferenz der Datenschutzbeauftragten des Bundes und der Länder am 23./24. März 1992 in Baden-Württemberg, abrufbar unter https://datenschutz.sachsen-anhalt.de/konferenzen/nationale-datenschutzkonferenz/entschliessungen/entschliessung-der-43-konferenz-am-2324-maerz-1992-in-baden-wuerttemberg/arbeitnehmerdatenschutz/ (zuletzt abgerufen am 01.09.2023).

[597] *Erfurth*, NJOZ 2009, 2914, 2927;

[598] *Kock/Francke*, NZA 2009, 646, 651.

[599] BT-Drs. 10/4594.

[600] BT-Drs. 14/5401, 27; BT-Drs. 14/4329, 31; BT-Drs. 12/2948, 2.

[601] Koalitionsvereinbarung von SPD und BÜNDNIS 90/DIE GRÜNEN vom 16.10.2002, 67, abrufbar unter http://www.upi-institut.de/Koalitionsvereinbarung_02.pdf (zuletzt abgerufen am 01.09.2023).

[602] BT-Drs. 15/3256.

[603] BT-Drs. 15/4725, 22.

[604] *Preuß* 2016, 495.

[605] BT-Drs. 16/3657, 20; BGBl. 2009, Teil I, Nr. 54, 2814.

zum Arbeitnehmerdatenschutz weder präjudizieren noch entbehrlich machen sollte und die entwickelten Grundsätze der Rechtsprechung nicht ändern, sondern lediglich zusammenfassen sollte.[606]

In der Folgezeit gab es mehrere Entwürfe, die seitens der Opposition oder der Regierung vorgelegt wurden: So brachte die SPD-Fraktion einen Entwurf für ein Beschäftigtendatenschutzgesetz vom 25.11.2009[607] ein, das BÜNDNIS 90/DIE GRÜNEN legte einen Entwurf vom 22.2.2011 vor[608] und am 28.5.2010 wurde ein Referentenentwurf des Bundesministeriums des Innern sowie am 25.8.2010 ein Entwurf der Bundesregierung[609] hervorgebracht. Am 15.12.2010 legte die Bundesregierung einen endgültigen Entwurf zur Regelung des Beschäftigtendatenschutzes vor, welcher den Anspruch erhob, Rechtssicherheit für Arbeitgeber und Beschäftigte zu schaffen.[610] Letztendlich scheiterte das Vorhaben jedoch.[611]

Im Juni 2020 berief das Bundesministerium für Arbeit und Soziales einen interdisziplinären Beirat zum Beschäftigtendatenschutz ein, welcher am 17.1.2022 seinen Abschlussbericht vorlegte.[612]

5.2 Öffnungsklausel des Art. 88 DSGVO

Die DSGVO regelt nach Art. 288 Abs. 2 AEUV als Verordnung in ihrem Anwendungsbereich den Datenschutz umfassend und abschließend. Mit Art. 88 DSGVO beinhaltet die DSGVO eine Öffnungsklausel für die Datenverarbeitung im Beschäftigungskontext. Da Art. 88 DSGVO inhaltliche Anforderungen an nationale Rechtsvorschriften sowie Kollektivvereinbarungen aufstellt, werden im Folgenden die Rechtsfragen behandelt, die sowohl für Screenings relevant sind, die auf § 26 BDSG gestützt werden, als auch für solche, die auf Kollektivvereinbarungen zurückgehen. Fragen, die sich speziell mit Bezug auf § 26 BDSG oder mit Blick auf die Ausgestaltung von Kollektivvereinbarungen stellen, werden dort behandelt.

Der Öffnungsklausel kommt ambivalenter Charakter zu, je nachdem ob man sie aus integrationspolitischer oder sachlich-rechtspolitischer Sicht betrachtet.[613] Denn einerseits wird das erklärte Ziel der DSGVO, das Datenschutzniveau in der Union durch eine Verordnung auf ein gleichmäßiges hohes Niveau (EwG 10, 13 DSGVO) zu heben, verfolgt.[614] Andererseits beinhaltet Art. 88 DSGVO nicht nur eine Regelungsoption für die Mitgliedstaaten, sondern verpflichtet diese in Art. 88 Abs. 1 DSGVO dazu, spezifischere Vorschriften zu erlassen, wenn sie von der Regelungsoption Gebrauch machen sowie in Art. 88 Abs. 2 DSGVO, bestimmte Mindeststandards einzuhalten.[615]

---

[606] BT-Drs. 16/3657, 20.

[607] BT-Drs. 17/69.

[608] BT-Drs. 17/4853.

[609] Vgl. hierzu *Forst,* NZA 2010, 1043, BR-Drs. 535/10.

[610] BT-Drs. 17/4230, 1.

[611] Vgl. hierzu *Düwell* in: Weth/Herberger/Wächter/Sorge, Daten- und Persönlichkeitsschutz im Arbeitsverhältnis, 2. Auflage 2019, A.I., Rn. 31 ff.

[612] Abrufbar unter https://www.bmas.de/SharedDocs/Downloads/DE/Arbeitsrecht/ergebnisse-beirat-beschaeftigtendatenschutz.pdf;jsessionid=C48F1ED5FFA04E2799109CDD8047A551.delivery2-master? (zuletzt abgerufen am 01.09.2023)

[613] *Riesenhuber,* in: Wolff/Brink, BeckOK Datenschutzrecht, 40. Edition, Stand: 1.2.2022, Art. 88 DSGVO, Rn. 12.

[614] *Riesenhuber,* in: Wolff/Brink, BeckOK Datenschutzrecht, 40. Edition, Stand: 1.2.2022, Art. 88 DSGVO, Rn. 12.

[615] *Riesenhuber,* in: Wolff/Brink, BeckOK Datenschutzrecht, 40. Edition, Stand: 1.2.2022, Art. 88 DSGVO, Rn. 12.

Gerade im Beschäftigtendatenschutz sind spezifischere Regelungen von besonderer Bedeutung, weil hier ein Ausgleich zwischen den Schutzinteressen des Beschäftigten und den Verarbeitungsinteressen des Arbeitgebers als Verantwortlichem vorgenommen werden muss.[616]

Wie die Diskussion und die mehrmaligen und letztlich gescheiterten Anläufe des deutschen Gesetzgebers, ein umfassendes Gesetz zum Beschäftigtendatenschutz auf den Weg zu bringen[617], zeigen, ist dieser Interessenausgleich nur schwer zu lösen.[618] In den Mitgliedstaaten sind die Schutzinstrumente auf nationaler Ebene unterschiedlich ausgeprägt.[619] Nur wenn man den Mitgliedstaaten genügend Freiraum bei der Gestaltung lässt, können die Instrumente im Einzelfall ihre Wirkung voll entfalten.[620] Aus diesem Grund wird Art. 88 DSGVO zum Teil als „zweckgerechte Selbstbeschränkung des Unionsgesetzgebers"[621] bezeichnet.

Im Folgenden sollen die tatbestandlichen Voraussetzungen und insbesondere die Grenzen aufgezeigt werden, die Art. 88 DSGVO der Gesetzgebung auf nationaler Ebene sowie auch den Parteien bei der Gestaltung von Kollektivvereinbarungen setzt.

Im Zuge der Auslegung der Öffnungsklausel des Art. 88 DSGVO stellt sich die grundlegende Frage, ob diese weit oder eng auszulegen ist.

Zum Teil wird für eine autonome und restriktive Auslegung plädiert, um die mit der DSGVO beabsichtigte Vollharmonisierung des europäischen Datenschutzrechts nicht zu gefährden.[622] Nach der gegenteiligen Ansicht sind Öffnungsklauseln autonom und gegebenenfalls auch weit auszulegen, da die zweckgerechte Auslegung im Vordergrund stehen soll.[623]

Richtigerweise lässt sich die Frage, ob ein weiter oder enger Maßstab anzulegen ist, nicht pauschal beantworten.[624] Art. 88 DSGVO stellt inhaltliche Vorgaben an nationale Rechtsvorschriften und Kollektivvereinbarungen, die von der Öffnungsklausel der DSGVO Gebrauch machen. Diese Grenzen müssen eingehalten werden und sollen im Folgenden untersucht werden.

5.2.1 Anwendungsbereich

Nach Art. 88 Abs. 1 DSGVO erstreckt sich der Anwendungsbereich der Öffnungsklausel des Art. 88 DSGVO auf die Verarbeitung personenbezogener Beschäftigtendaten im Beschäftigungskontext.

Der Begriff der personenbezogenen Daten ist in Art. 4 Nr. 1 DSGVO legal definiert. Die DSGVO enthält jedoch weder für den Begriff des Beschäftigten noch den der Beschäftigung eine Definition. Der Beschäftigtenbegriff ist unionsrechtlich autonom auszulegen und beispielsweise nicht im Lichte des § 26 Abs. 8 BDSG, der eine eigenständige Definition für das

---

[616] *Riesenhuber*, in: Wolff/Brink, BeckOK Datenschutzrecht, 40. Edition, Stand: 1.2.2022, Art. 88 DSGVO, Rn. 12.

[617] Vgl. hierzu 5.1.

[618] *Riesenhuber*, in: Wolff/Brink, BeckOK Datenschutzrecht, 40. Edition, Stand: 1.2.2022, Art. 88 DSGVO, Rn. 12.

[619] Vgl. hierzu *Rehberg*, NZA 2013, 73.

[620] *Riesenhuber*, in: Wolff/Brink, BeckOK Datenschutzrecht, 40. Edition, Stand: 1.2.2022, Art. 88 DSGVO, Rn. 12.

[621] *Riesenhuber*, in: Wolff/Brink, BeckOK Datenschutzrecht, 40. Edition, Stand: 1.2.2022, Art. 88 DSGVO, Rn. 12.

[622] *Maschmann*, in: Kühling/Buchner, DSGVO/BDSG, 3. Auflage 2020, Art. 88 DSGVO, Rn. 8 ff.; *Körner* 2016, 55; *Pötters*, in: Gola, DSGVO, 2. Auflage 2018, Art. 88 DSGVO, Rn. 3.

[623] *Riesenhuber*, in: Wolff/Brink, BeckOK Datenschutzrecht, 40. Edition, Stand: 1.2.2022, Art. 88 DSGVO, Rn. 13; *Hornung/Spiecker gen. Döhmann*, in: Simitis/Hornung/Spiecker gen. Döhmann, Datenschutzrecht, 2019, Einl., Rn. 230.

[624] *Hornung/Spiecker gen. Döhmann*, in: Simitis/Hornung/Spiecker gen. Döhmann, Datenschutzrecht, 2019, Einl., Rn. 230.

deutsche BDSG enthält.[625] Auch Bewerber werden in die Terminologie mit einbezogen, da Art. 88 Abs. 1 DSGVO auch Datenverarbeitungsvorgänge für „Zwecke der Einstellung" nennt.[626] Inwieweit Beamte, freie Mitarbeiter, Selbständige oder andere arbeitnehmerähnliche Personen miterfasst sind, ist nicht vollends klar.[627] Für diese Arbeit soll diese Frage jedoch ohne Belang sein, da Screenings von Beschäftigtendaten auf Basis eines SIEM-Systems vor allem im privatwirtschaftlichen Bereich eingesetzt werden. Die dort abhängig Beschäftigten sind unstrittig vom Anwendungsbereich des Art. 88 DSGVO erfasst.

Die Öffnungsklausel bezieht sich nach Art. 88 Abs. 1 DSGVO lediglich auf die Datenverarbeitung im Beschäftigungskontext. In Art. 88 Abs. 1 DSGVO findet sich eine dem Wortlaut nach („insbesondere") nicht abschließende Aufzählung potenzieller Regelungsgegenstände. Danach können Rechtsvorschriften oder Kollektivvereinbarungen auch die Einstellung, Erfüllung und Beendigung des Beschäftigungsverhältnisses betreffen, die Gesundheit und Sicherheit am Arbeitsplatz, aber auch den Schutz des Eigentums der Arbeitgeber oder der Kunden. Damit können Maßnahmen der Mitarbeiterüberwachung wie Screenings, Kontrollen oder die Videoüberwachung grundsätzlich durch Rechtsvorschriften oder eine Kollektivvereinbarung geregelt werden.

In welchem Umfang Compliance-Maßnahmen und Maßnahmen der Mitarbeiterüberwachung von Art. 88 Abs. 1 DSGVO erfasst sind, wird in der Literatur diskutiert.[628] Grundsätzlich unterfallen auch Maßnahmen der Corporate Compliance Art. 88 Abs. 1 DSGVO, da sie dem Schutz des Eigentums des Arbeitgebers oder des Kunden dienen, welches als Regelbeispiel explizit in Art. 88 Abs. 1 DSGVO ebenso wie Maßnahmen des Managements benannt ist.[629]

Teilweise werden Beschäftigtendaten aber im Rahmen von Compliance-Maßnahmen nicht gezielt erhoben, sondern zufällig oder notwendig miterfasst. Dies gilt bei Überwachungsmaßnahmen, die vordergründig dem Schutz vor externen Angreifern dienen, beispielsweise bei der Überwachung eines Gebäudes, des (Tresor-)Raums, einer Grundstücksgrenze, der Umfriedung eines Betriebsgeländes oder einer technischen Anlage, die üblicherweise nicht von Beschäftigten bedient wird.[630] In diesem Fall soll die DSGVO unmittelbar anwendbar sein, da nationale Regelungen nur dann erlaubt sein sollen, wenn der Schwerpunkt der Datenverarbeitung zu Beschäftigungszwecken erfolgt.[631] Konsequenz hieraus wäre zum Beispiel für die Videoüberwachung von Beschäftigten im öffentlichen Bereich, wie sie etwa in Verkaufsräumen stattfindet, dass diese sich nicht nach den Regelungen des BDSG richtet, sondern nach Art. 6 Abs. 1 UAbs. 1 S. 1 lit. f DSGVO.

Um festzustellen, ob eine Vorschrift einen Sachverhalt im Beschäftigungskontext betrifft, wird von einer anderen Ansicht vorgeschlagen, die exemplarisch aufgezählten Zwecke in Art. 88 Abs. 1 DSGVO mit dem jeweiligen Sachverhalt zu vergleichen.[632] Danach wären solche Fälle, in denen die Überwachungsmaßnahme schwerpunktmäßig der Abwehr externer Angreifer dient, vom gegenständlichen Anwendungsbereich des Art. 88 Abs. 1 DSGVO erfasst, da es sich

[625] *Seifert*, in: Simitis/Hornung/Spiecker gen. Döhmann, Datenschutzrecht, 2019, Art. 88 DSGVO, Rn. 17; *Maschmann*, in: Kühling/Buchner, DSGVO/BDSG, 3. Auflage 2020, Art. 88 DSGVO, Rn. 11.

[626] *Selk*, in: Ehmann/Selmayr, DSGVO, 2. Auflage 2018, Art. 88 DSGVO, Rn. 44.

[627] Für ein enges Begriffsverständnis *Maschmann*, in: Kühling/Buchner, DSGVO/BDSG, 3. Auflage 2020, Art. 88 DSGVO, Rn. 13.

[628] *Forst*, in: Auernhammer, DSGVO/BDSG, 7. Auflage 2020, Art. 88 DSGVO, Rn. 15; *Maschmann*, in: Kühling/Buchner, DSGVO/BDSG, 3. Auflage 2020, Art. 88 DSGVO, Rn. 16.

[629] *Forst*, in: Auernhammer, DSGVO/BDSG, 7. Auflage 2020, Art. 88 DSGVO, Rn. 15; *Däubler*, in: Däubler/Wedde/Weichert/Sommer, DSGVO/BDSG, 2. Auflage 2020, Art. 88 DSGVO, Rn.11.

[630] *Maschmann*, in: Kühling/Buchner, DSGVO/BDSG, 3. Auflage 2020, Art. 88 DSGVO, Rn. 16.

[631] *Maschmann*, in: Kühling/Buchner, DSGVO/BDSG, 3. Auflage 2020, Art. 88 DSGVO, Rn. 16.

[632] *Tiedemann*, in: Sydow, Europäische Datenschutzgrundverordnung, 2. Auflage 2018, Art. 88 DSGVO, Rn. 17.

um eine Maßnahme handelt, die dem Schutz des Eigentums des Arbeitgebers dient, auch wenn Beschäftigte nur zufällig erfasst werden. Diese Konstellation ist in Art. 88 Abs. 1 DSGVO ausdrücklich erwähnt, sodass Vergleichbarkeit besteht. Hierfür spricht bei ergebnisorientierter Betrachtung, dass Überwachungsmaßnahmen auch dann, wenn sie schwerpunktmäßig nicht gegen Beschäftigte gerichtet sind, in ihrer Eingriffsintensität mit gezielten Überwachungsmaßnahmen vergleichbar sind. Denn im Unterschied zu externen Angreifern können sich Beschäftigte diesen ungleich schwerer entziehen, da sie, um an ihren Arbeitsplatz zu gelangen, die Grundstücksgrenze passieren müssen und nicht in jedem Fall ausgeschlossen werden kann, dass sie beispielsweise durch dort angebrachte Videokameras erfasst werden. Überdies kann der Arbeitgeber in der Regel Beschäftigte leichter identifizieren als Dritte, deren Identität ihm üblicherweise nicht bekannt sein wird.

Der Wortlaut des Art. 88 Abs. 1 DSGVO spricht von der Datenverarbeitung im Beschäftigungskontext, was darauf hindeutet, dass schon ein irgendwie gearteter Zusammenhang zum Beschäftigungsverhältnis ausreichend ist. Hierfür streitet auch die umfangreiche Aufzählung an Regelbeispielen, unter die sich fast jeder Sachverhalt im Arbeitsverhältnis subsumieren lässt, der mit Datenverarbeitungsprozessen einhergeht und die dem Wortlaut nach nicht abschließend ist („insbesondere"). Der Gesetzgeber stellt hier nicht auf die Datenverarbeitung zu Beschäftigungszwecken ab, sondern wählt den weiteren Begriff des Beschäftigungskontexts, obwohl der Zweckbegriff dem europäischen Gesetzgeber in der DSGVO nicht fremd ist.[633] An den Terminus „Beschäftigungskontext" werden auch keine qualitativen oder quantitativen Anforderungen, beispielsweise im Sinne eines „überwiegenden Beschäftigungskontexts" gestellt.[634] Außerdem wird der Schutz des Eigentums des Arbeitgebers oder Kunden explizit in Art. 88 Abs. 1 DSGVO als möglicher Regelungszweck genannt, ohne dass eine Einschränkung im Wortlaut aufgenommen wurde. Die englische Fassung spricht von „employment context" und die französische von „le cadre des relations de travail". Aus der französischen Sprachfassung ergibt sich, dass der „Rahmen" der Arbeitsbeziehungen gemeint ist. Dies legt eine weite Auslegung nahe.

Die systematische Auslegung führt demgegenüber zu keinem eindeutigen Ergebnis. Art. 88 Abs. 2 DSGVO spricht davon, dass geeignete und besondere Maßnahmen insbesondere auch im Hinblick auf die Überwachungssysteme am Arbeitsplatz getroffen werden sollen. Ob hiermit nur die Örtlichkeit gemeint ist, an der der Betroffene seine Arbeit verrichtet oder die gesamte Betriebsstätte, ergibt sich nicht aus dem Wortsinn. Denn „Arbeitsplatz" kann zum einen nur den konkreten Platz umreißen, der zum Arbeiten bestimmt ist, oder aber die Arbeitsstätte insgesamt.[635]

Sinn und Zweck des Art. 88 DSGVO ist es, den Mitgliedstaaten die Möglichkeit zu geben, nationale Regelungen der besonderen Situation im Beschäftigungskontext anzupassen und auch, die Schutzinstrumente für die Beschäftigten, die in den jeweiligen nationalen Rechtsordnungen unterschiedlich ausgestaltet und verschieden stark ausgeprägt sind, voll zur Geltung zu bringen.[636]

Der Begriff des Beschäftigungskontexts ist daher weit auszulegen. Insbesondere sind auch „Randbereiche"[637] noch erfasst, solange ein Zusammenhang zum Beschäftigungsverhältnis besteht.

---

[633] *Selk,* in: Ehmann/Selmayr, DSGVO, 2. Auflage 2018, Art. 88 DSGVO, Rn. 50 f.

[634] *Selk,* in: Ehmann/Selmayr, DSGVO, 2. Auflage 2018, Art. 88 DSGVO, Rn. 52.

[635] https://www.duden.de/rechtschreibung/Arbeitsplatz (zuletzt abgerufen am 01.09.2023).

[636] *Pauly,* in: Paal/Pauly, DSGVO/BDSG, 3. Auflage 2021, Art. 88 DSGVO, Rn. 1; *Selk,* in: Ehmann/Selmayr, DSGVO, 2. Auflage 2018, Art. 88 DSGVO, Rn. 39.

[637] *Selk,* in: Ehmann/Selmayr, DSGVO, 2. Auflage 2018, Art. 88 DSGVO, Rn. 53.

So sind vor dem Abschluss des Arbeitsvertrags stattfindende Pre-Employment-Screenings Datenverarbeitungsvorgänge im Beschäftigungskontext. Auch wenn Daten aus allgemein zugänglichen Quellen wie sozialen Medien, der Presse oder durch den gezielten Einsatz von Internetsuchmaschinen erhoben werden, kann dies – im Falle von Pre-Employment-Screenings sogar schwerpunktmäßig – zu Beschäftigungszwecken erfolgen.[638] Art. 88 Abs. 1 DSGVO lässt explizit die Regelung der Datenverarbeitung im Beschäftigungskontext zum Zwecke der Einstellung zu. Da Pre-Employment-Screenings in der Bewerbungsphase stattfinden, sind auch diese potenzieller Regelungsgegenstand.[639]

Für die Verarbeitung im Beschäftigungskontext ist nicht erforderlich, dass der Arbeitgeber selbst als Verantwortlicher die Datenverarbeitung vornimmt.[640] Somit kann auch die Datenverarbeitung durch forensische Services, die der Arbeitgeber beispielsweise als Auftragsdatenverarbeiter einsetzt, Regelungsgegenstand sein. Ausreichend ist es ferner, dass Mitarbeiter die Datenverarbeitung vornehmen oder eine gesellschaftsrechtliche Verbindung besteht, was etwa bei der Konzernrevision der Fall sein kann.[641] Dies ergibt sich aus Art. 88 Abs. 2 DSGVO, der mitgliedstaatliche Vorschriften zur Übermittlung von personenbezogenen Daten in der Unternehmensgruppe zulässt.[642]

5.2.2   Spezifischere Vorschriften

Art. 88 Abs. 1 DSGVO ermächtigt die Mitgliedstaaten zum Erlass „spezifischerer Vorschriften" durch Rechtsvorschriften oder Kollektivvereinbarung. Umstritten und klärungsbedürftig ist, wann Vorschriften „spezifischer" sind. Daran schließt sich die Frage an, inwieweit Abweichungen vom Schutzniveau der DSGVO zulässig sind.

5.2.2.1   Meinungsstand

Grundsätzlich können Öffnungsklauseln Konkretisierungen ermöglichen, sodass durch nationales Recht die jeweiligen Regelungen der DSGVO näher bestimmt werden.[643] Außerdem können sie Ergänzungen vorsehen, durch die Bestimmungen der DSGVO durch nationales Recht vervollständigt werden dürfen.[644] Ferner können auch Modifikationen in Form von Abweichungen vom Regelungsgehalt der DSGVO zulässig sein.[645]

Nach einer Ansicht sind Abweichungen vom Schutzniveau der DSGVO unzulässig.[646] Begründet wird dies mit dem Wortlaut des Art. 88 Abs. 1 DSGVO sowie der Systematik.[647] Denn anders als beispielsweise die Öffnungsklausel des Art. 85 DSGVO, der von „Abweichungen und Ausnahmen" spricht, enthält Art. 88 Abs. 1 DSGVO die Formulierung „spezifischere Vorschriften".[648] Überdies ergebe sich dies auch aus der Rechtsnatur der DSGVO, die nicht als Richtlinie, sondern als Verordnung ausgestaltet sei und daher mehr als eine Richtlinie das Ziel der Vollharmonisierung anstrebe.[649]

---

[638] *Maschmann*, in: Kühling/Buchner, DSGVO/BDSG, 3. Auflage 2020, Art. 88 DSGVO, Rn. 16.

[639] *Paal*, in: Paal/Pauly, DSGVO/BDSG, 3. Auflage 2020, Art. 88 DSGVO, Rn. 10.

[640] *Maschmann*, in: Kühling/Buchner, DSGVO/BDSG, 3. Auflage 2020, Art. 88, Rn. 17.

[641] *Maschmann*, in: Kühling/Buchner, DSGVO/BDSG, 3. Auflage 2020, Art. 88, Rn. 17.

[642] *Maschmann*, in: Kühling/Buchner, DSGVO/BDSG, 3. Auflage 2020, Art. 88, Rn. 17.

[643] *Kühling/Martini et al.* 2016, 10.

[644] *Kühling/Martini et al.* 2016, 10.

[645] *Kühling/Martini et al.* 2016, 10.

[646] *Wybitul*, NZA 2017, 413; *Düwell/Brink*, NZA 2016, 665, 666; *Imping*, CR 2017, 378, 380.

[647] *Pötters*, in: Gola, DSGVO, 2. Auflage 2018, Art. 88 DSGVO, Rn. 23 ff.; *Düwell/Brink*, NZA 2016, 665, 666.

[648] *Klösel/Mahnold*, NZA 2017, 1428, 1430.

[649] *Klösel/Mahnold*, NZA 2017, 1428, 1430; *Pötters*, in: Gola, DSGVO, 2. Auflage 2018, Art. 88 DSGVO, Rn. 24.

Jedenfalls Abweichungen „nach oben" werden teilweise für zulässig erachtet.[650] Negative Abweichungen seien unzulässig, da Art. 88 DSGVO in den Kontext der DSGVO eingebettet sei.[651] Der Beschäftigtendatenschutz betreffe als Querschnittsmaterie sowohl das Datenschutz- als auch das Arbeitsrecht.[652] Nur für das Datenschutzrecht besitze die EU nach Art. 16 AEUV die Kompetenz, eine Verordnung zu erlassen.[653] Für das Arbeitsrecht werde der Unionsgesetzgeber durch Art. 153 i.V.m. Art. 114 Abs. 2 AEUV lediglich ermächtigt, Richtlinien zu erlassen, denen keine unmittelbare Geltung zukomme, sondern die einer Umsetzung durch den nationalen Gesetzgeber bedürfen.[654] Die DSGVO konstituiert hiernach einen Mindeststandard.[655] Andere halten auch Unterschreitungen des Schutzniveaus für möglich.[656]

5.2.2.2 Stellungnahme

Letztlich erscheint eine Auslegung nach den traditionellen juristischen Auslegungsmethoden zweckmäßig, um sich den Bedeutungsgehalt des Art. 88 Abs. 1 DSGVO zu erschließen.

5.2.2.2.1 Wortlaut

Die Auslegung nach dem Wortlaut ist wenig ergiebig. Spezifisch meint „für jemanden, etwas besonders charakteristisch, typisch, eigentümlich, ganz in der jemandem eigenen Art."[657] Es ist zweifelhaft, ob die Wahl des Komparativs (auch in der englischen Fassung „more specific rules") an dieser Stelle im Gesetz sinnvoll ist. Zum Teil wird sogar darauf hingewiesen, dass der englische Begriff auch mit „weitere, spezifische Regelungen" übersetzt werden könne.[658] Davon ist aber nicht auszugehen, da auch die französische Fassung von „règles plus spécifique" spricht, also ebenfalls im Komparativ verfasst ist und angenommen werden kann, dass bei einer anderen Bedeutung eine Abtrennung von „more" und „specific" durch ein Komma erfolgt wäre. Denkbar ist allenfalls, dass in der deutschen Fassung „spezieller" die grammatikalisch korrekte Übersetzung gewesen wäre, da sich „spezifisch" nicht sinnvoll steigern lässt.[659]

Der Gebrauch der Steigerungsform in Zusammenschau mit den Präzisierungen des Art. 88 Abs. 2 DSGVO könnte auch dafür sprechen, dass kein beliebiges Abweichen vom Sinn und Zweck der übrigen Vorschriften der DSGVO zulässig ist, aber strengere Regeln geschaffen werden können.[660] Dagegen spricht aber zum einen, dass EwG 155 auf den Komparativ verzichtet und darin lediglich von „spezifische Vorschriften" die Rede ist und sowohl die englische („provide for specifc rules") als auch die französische Fassung („prévoir des règles specifique") des EwG 155 nicht im Komparativ verfasst sind.[661] Auch nach dem natürlichen Sprachgebrauch wird „spezifisch" nicht mit „streng" gleichgesetzt.

Misst man der Verwendung der Steigerungsform Bedeutung bei, so legt dies auf den ersten Blick nahe, dass lediglich Konkretisierungen der Regelungen der DSGVO zulässig sein sollen,

[650] *Kort*, ZD 2017, 319, 322; *Taeger/Rose*, BB 2016, 819, 821; *Däubler*, in: Däubler/Wedde/Weichert/Sommer, DSGVO/BDSG, 2. Auflage 2020, Art. 88 DSGVO, Rn.15; *Körner*, NZA 2016, 1383.

[651] *Kort*, ZD 2016, 555, 557.

[652] *Körner*, NZA 2016, 1383.

[653] *Körner*, NZA 2016, 1383.

[654] *Körner*, NZA 2016, 1383.

[655] *Wuermeling,* NZA 2012, 368, 370.

[656] *Riesenhuber*, in: Wolff/Brink, BeckOK Datenschutzrecht, 40. Edition, Stand: 1.2.2022, Art. 88 DSGVO, Rn. 67; *Franzen*, NZA 2020, 1593, 1595.

[657] Duden, spezifisch, (abrufbar unter https://www.duden.de/rechtschreibung/spezifisch, zuletzt abgerufen am 01.09.2023).

[658] *Selk*, in: Ehmann/Selmayr, DSGVO, 2. Auflage 2018, Art. 88 DSGVO, Fn. 55.

[659] *Maschmann*, in: Kühling/Buchner, DSGVO/BDSG, 3. Auflage 2020, Art. 88 DSGVO, Rn. 33.

[660] *Pauly*, in: Paal/Pauly, DSGVO/BDSG, 3. Auflage 2021, Art. 88 DSGVO, Rn. 4; *Kort,* DB 2016, 711, 714.

[661] *Maschmann*, in: Kühling/Buchner, DSGVO/BDSG, 3. Auflage 2020, Art. 88 DSGVO, Rn. 33.

da diese impliziert, dass auf europäischer Ebene bereits für den Beschäftigtendatenschutz anwendbare Regelungen bestehen, welche für spezielle Verarbeitungssituationen konkretisiert werden sollen.[662] Dafür spricht der Vergleich mit Art 6 Abs. 2, Abs. 3 S. 3 DSGVO. Er verwendet als einzige Norm der DSGVO ebenfalls den Begriff „spezifischere Bestimmungen" und versteht darunter, dass spezifische Anforderungen für die Verarbeitung sowie sonstige Maßnahmen präziser bestimmt werden, um eine rechtmäßig und nach Treu und Glauben erfolgende Verarbeitung zu gewährleisten. Art. 6 Abs. 2, Abs. 3 S. 3 DSGVO lässt sich außerdem entnehmen, dass die spezifischeren (Art. 6 Abs. 2 DSGVO) oder spezifischen (Art. 6 Abs. 3 S. 3 DSGVO) Vorschriften auf die Anpassung der Anwendung der DSGVO abzielen. „Anpassen" soll aber mit Verweis auf die Rechtsprechung des EuGH in der Rs. ASNEF und FECEMD[663] eben nicht „abweichen" oder „verändern" heißen.[664]

Für eine solche Auslegung streitet EwG 10 DSGVO. Dieser spricht mit Bezug auf die DSRL davon, dass es in „Verbindung mit den allgemeinen und horizontalen Rechtsvorschriften über den Datenschutz zur Umsetzung der Richtlinie 95/46/EG […] in den Mitgliedstaaten mehrere sektorspezifische Rechtsvorschriften in Bereichen [gibt], die spezifischere Bestimmungen erfordern." Das deutet darauf hin, dass „spezifischere Bestimmungen" im Sinne von „sektorspezifische Regelungen" zu verstehen sind, welche umfassende Abweichungen von der DSGVO zulassen.[665] Hierfür spricht auch EwG 155 DSGVO, wonach die Mitgliedstaaten „spezifische Vorschriften für die Verarbeitung personenbezogener Beschäftigtendaten im Beschäftigungskontext" schaffen können.[666]

Andererseits dürfen nach EwG 155 DSGVO lediglich die Bedingungen der Einwilligung geregelt werden, sodass der Spielraum nicht allzu weitgehend ist. Auch lautet EwG 10: „Diese Verordnung bietet den Mitgliedstaaten zudem einen Spielraum für die Spezifizierung ihrer Vorschriften, auch für die Verarbeitung besonderer Kategorien von personenbezogenen Daten (im Folgenden „sensible Daten"). Diesbezüglich schließt diese Verordnung nicht Rechtsvorschriften der Mitgliedstaaten aus, in denen die Umstände besonderer Verarbeitungssituationen festgelegt werden, einschließlich einer genaueren Bestimmung der Voraussetzungen, unter denen die Verarbeitung personenbezogener Daten rechtmäßig ist." Dies wiederum spricht dafür, dass bei der Ausfüllung der Spielräume nach der DSGVO lediglich eine Befugnis zur Konkretisierung besteht.

Die Auslegung nach dem Wortlaut ist daher nicht eindeutig.

5.2.2.2.2 Systematik

Die Öffnungsklauseln sind von unterschiedlicher Reichweite.[667] Art. 9 Abs. 4 DSGVO erlaubt zusätzliche Bedingungen, einschließlich Beschränkungen, soweit die Verarbeitung von genetischen, biometrischen oder Gesundheitsdaten betroffen ist. Schon der Wortlaut impliziert, dass eine Absenkung des Schutzniveaus durch solche Regelungen nicht von der Öffnungsklausel gedeckt ist und nur strengere Regelungen geschaffen werden dürfen.[668] Art. 23 DSGVO spricht bereits in der Überschrift von „Beschränkungen". Die genannten Öffnungsklauseln geben also

---

[662] *Traut*, RDV 2016, 312, 314; *Düwell/Brink*, NZA 2016, 665, 666.

[663] EuGH, Urt. v. 24.11.2011, Rs. C-468/10 (ASNEF) und C-469/10 (FECEMD), ECLI:EU:C:2011:777.

[664] *Nolte*, in: Gierschmann/Schlender/Stentzel/Veil, DSGVO, 2018, Art. 88 DSGVO, Rn. 19.

[665] *Traut*, RDV 2016, 312, 314.

[666] *Traut*, RDV 2016, 312, 314.

[667] *Maschmann*, in: Kühling/Buchner, DSGVO/BDSG, 3. Auflage 2020, Art. 88 DSGVO, Rn. 35.

[668] *Weichert*, in: Kühling/Buchner, DSGVO/BDSG, 3. Auflage 2020, Art. 9 DSGVO, Rn. 150; *Schiff*, in: Ehmann/Selmayr, DSGVO, 2. Auflage 2018, Art. 9 DSGVO, Rn. 64; *Wedde*, in: Däubler/Wedde/Weichert/Sommer, DSGVO/BDSG, 2. Auflage 2020, Art. 9 DSGVO, Rn. 165; *Schulz*, in: Gola, DSGVO, 2. Auflage 2018, Art. 9 DSGVO, Rn. 48; *Plath*, in: Plath, DSGVO/BDSG, 3. Auflage 2018, Art. 9 DSGVO, Rn. 30.

recht eindeutig vor, in welcher Hinsicht von den Vorgaben der DSGVO abgewichen werden kann. Konkreter sind auch die Öffnungsklauseln des Art. 6 Abs. 2, 6 Abs. 4, 8 Abs. 1, 10, 14 Abs. 5 lit. c, d, 17 Abs. 3 lit. b, 20 Abs. 2 lit. b, 28 Abs. 3 lit. a, g, 35 Abs.10, 36 Abs. 5, 37 Abs. 4, 49 Abs. 5, 58 Abs. 6, 80 Abs. 2, 84, 90 Abs. 2 DSGVO.

Art. 88 DSGVO befindet sich im Kapitel IX der DSGVO, welches den Titel „Vorschriften für besondere Verarbeitungssituationen" trägt. Dies spricht zunächst für die Zulässigkeit sektorspezifischer Regelungen, sagt jedoch nichts über die Reichweite aus.

Dafür, dass nicht für einen gesamten Bereich Ausnahmeregelungen geschaffen werden sollten, spricht die weit gehende Klausel des Art. 85 Abs. 2 DSGVO. Dort hat der Gesetzgeber konkrete Zwecke aufgeführt, hinsichtlich derer Abweichungen und Ausnahmen von den Regelungen der DSGVO geschaffen werden dürfen und diese auch explizit als solche benannt.[669] Die Abweichungen und Ausnahmen dürfen nur die in Art. 85 Abs. 2 DSGVO erwähnten Zwecke betreffen und nur von den dort genannten Regelungen erfolgen. Außerdem müssen die in Art. 85 Abs. 1 DSGVO bezeichneten Grundrechte miteinander in Einklang gebracht werden. Im Anwendungsbereich des Art. 85 DSGVO wird also vom Gesetzgeber deutlich zum Ausdruck gebracht, dass keine Vollharmonisierung angestrebt wird.[670] Daraus wird teilweise im Umkehrschluss gefolgert, dass, wenn der Gesetzgeber auch bei Art. 88 DSGVO weitreichende Abweichungen und Ausnahmen von den Regelungen der DSGVO hätte zulassen wollen, er diese explizit als solche benannt hätte.[671]

Andererseits ähneln sich Art. 88 DSGVO und Art. 85 DSGVO, da in beiden Fällen eine Abwägung der Grundrechte vorzunehmen ist und mit der Ausnahmeregelung bestimmte Zwecke verfolgt werden müssen. Dass der Gesetzgeber in Art. 85 DSGVO von „Abweichungen und Ausnahmeregelungen" spricht und auch die Vorschriften konkret benennt, von denen solche zulässig sind, deutet darauf hin, dass Art. 88 DSGVO eine vollumfängliche Ausnahme für den Bereich des Beschäftigtendatenschutzes statuieren soll und eine Bindung lediglich an die in Art. 88 Abs. 1, 2 DSGVO genannten Punkte bestehen sollte. Dafür, dass echte Abweichungen und Ausnahmen von der DSGVO möglich sein sollen, spricht, dass in Art. 88 Abs. 2 DSGVO geeignete und besondere Maßnahmen zur Wahrung der menschlichen Würde, der berechtigten Interessen und der Grundrechte der betroffenen Person verlangt werden. Es ist insbesondere nicht ersichtlich, weshalb der Gesetzgeber oder die Parteien einer Kollektivvereinbarung beispielsweise Maßnahmen zur Wahrung der Transparenz vorsehen sollten, wenn ohnehin die Regelungen der Art. 12 ff. DSGVO gelten. Auch fehlt eine Wendung, wie sie EwG 76, 119, 126c oder 127 DSGVO enthalten, wonach sich Regelungen „in den Grenzen der Verordnung" bewegen müssten.[672]

Art. 87 DSGVO spricht von „näher bestimmen", woraus deutlich wird, dass lediglich eine Konkretisierung gemeint ist, jedoch keine Bereichsausnahme intendiert war. Art. 89 Abs. 2 DSGVO schafft eine Öffnungsklausel für die Verarbeitung personenbezogener Daten zu wissenschaftlichen oder historischen Forschungszwecken oder zu statistischen Zwecken, und lässt explizit Ausnahmen von aufgeführten Regelungen der DSGVO zu, weshalb im Vergleich zu Art. 88 DSGVO engere Grenzen gesetzt werden.[673]

---

[669] *Pötters*, in: Gola, DSGVO, 2. Auflage 2018, Art. 88 DSGVO, Rn. 25.

[670] *Benecke/Wagner*, DVBl. 2016, 600, 602 zu Art. 80 DSGVO-E in Form der im Trilogverfahren erzielten Einigung; *Pauly,* in: Paal/Pauly, DSGVO/BDSG, 3. Auflage 2021, Art. 85 DSGVO, Rn. 4.

[671] *Maschmann*, in: Kühling/Buchner, DSGVO/BDSG, 3. Auflage 2020, Art. 88 DSGVO, Rn. 35.

[672] *Pötters*, in: Gola, DSGVO, 2. Auflage 2018, Art. 88 DSGVO, Rn. 24.

[673] *Pauly*, in: Paal/Pauly, DSGVO/BDSG, 3. Auflage 2021, Art. 89 DSGVO, Rn. 14.

5.2.2.2.3 Entstehungsgeschichte

Aus dem genannten Vergleich des Art. 88 DSGVO mit Art. 87 DSGVO lässt sich in Hinblick auf die Gesetzeshistorie ableiten, dass Art. 88 DSGV nach der gesetzgeberischen Intention bewusst weit gefasst wurde. Art. 88 DSGVO ist das Ergebnis eines Kompromisses. Der Entwurf der Kommission enthielt in Art. 82 Abs. 1 eine Aufzählung diverser allgemein gehaltener Zwecke, für die den Mitgliedstaaten eine Regelungskompetenz eingeräumt wurde.[674] Die auf die im Kommissionsentwurf vorgesehene Öffnungsklausel gestützten Regelungen mussten sich „in den Grenzen der Verordnung" bewegen und durften nur „per Gesetz" erfolgen.[675]

Der Vorschlag des Parlaments legte schon der Überschrift nach „Mindestnormen für die Datenverarbeitung im Beschäftigungskontext" fest. In Art. 82 Abs. 1c beinhaltete er einen Katalog von einzuhaltenden Mindeststandards und war damit wesentlich konkreter gefasst als der Entwurf der Kommission sowie die endgültige Version der DSGVO. Auch die Zwecke, für die Regelungen erlassen werden konnten, waren näher umrissen. Außerdem enthielt Art. 82 Abs. 1 in der Parlamentsfassung die Formulierung „im Einklang mit den Regelungen dieser Verordnung". Art. 88 Abs. 1 DSGVO beinhaltet demgegenüber keinen expliziten Verweis mehr dahingehend, dass sich die einzelstaatlich erlassenen Vorschriften oder die Kollektivvereinbarungen, die auf Art. 88 Abs. 1 DSGVO zurückgehen, an der Verordnung messen lassen müssen.

Da in der in Kraft getretenen Fassung der DSGVO keine derartigen Einschränkungen mehr enthalten sind, ist davon auszugehen, dass der Unionsgesetzgeber den Bereich der Verarbeitung von Daten im Beschäftigungskontext für nationale Regelungen freigeben wollte. Inwieweit hierzu ein bestimmter Mindeststandard einzuhalten ist, bestimmt sich nach den Vorgaben in Art. 88 Abs. 1, 2 DSGVO.[676]

5.2.2.2.4 Teleologische Auslegung

Aus Art. 1 Abs. 3 DSGVO geht hervor, dass der freie Datenverkehr weder eingeschränkt noch verboten werden darf. EwG 10 S. 1 DSGVO macht es zum erklärten Ziel der DSGVO, ein gleichmäßiges und hohes Datenschutzniveau für natürliche Personen zu gewährleisten und Hemmnisse für den Verkehr personenbezogener Daten in der Union zu beseitigen. Hierzu sollte ein gleichwertiges Schutzniveau für die Rechte und Freiheiten natürlicher Personen bei der Datenverarbeitung erzeugt werden.

Dem ist zweierlei zu entnehmen: Zum einen implementiert die DSGVO einen Mindeststandard, der allenfalls ein höheres Schutzniveau zulässt, da ein hohes Datenschutzniveau angestrebt wird.[677] Damit wird zumindest dem ersten Anschein nach Abweichungen nach unten eine Absage erteilt. Auch Abweichungen nach oben stellen grundsätzlich ein Problem dar, da hierdurch der freie Verkehr personenbezogener Daten zwischen den Mitgliedstaaten behindert würde. Allerdings wird sich im Beschäftigtendatenschutz der transnationale Verkehr zwischen den Mitgliedstaaten auf die Konzerndatenübermittlung beschränken. Sofern also die Abweichung vom Schutzniveau via Betriebsvereinbarung in Rede steht, kann dieses in vielen Fällen, wie bei der

---

[674] Art. 82 Vorschlag der Europäischen Kommission vom 25. Januar 2012 (KOM(2012) 11 endgültig; 2012/0011 (COD).

[675] *Maschmann*, in: Kühling/Buchner, DSGVO/BDSG, 3. Auflage 2020, Art. 88 DSGVO, Rn. 34 sieht hierin eine Ähnlichkeit zu Art. 5 DSRL, welche jedoch nach hier vertretener Auffassung nicht besteht, da die Formulierungen sich stark unterscheiden, mag auch der Sinngehalt derselbe sein.

[676] AA *Maschmann*, in: Kühling/Buchner, DSGVO/BDSG, 3. Auflage 2020, Art. 88 DSGVO, Rn. 34, der dies für „zweifelhaft" hält und Belege fordert.

[677] Zwingend ist diese Ansicht freilich nicht. So wird Art. 1 Abs. 3 DSGVO auch teilweise entnommen, dass im Bereich der Öffnungsklauseln Abweichungen in beide Richtungen zulässig sind, vgl. z.B. *Schantz*, in: Wolff/Brink, BeckOK Datenschutzrecht, 40. Edition, Stand: 1.11.2021, Art. 1 DSGVO, Rn. 10 f.

normalen Personaldatenübermittlung oder konzernweiten Screeningmaßnahmen durch eine Konzernbetriebsvereinbarung gelöst werden.

Aufgrund dessen ist die Gefahr einer befürchteten Rechtszersplitterung[678] nicht allzu groß, da viele Sachverhalte gerade keinen grenzüberschreitenden Datenverkehr auslösen werden.

Zum anderen bedeutet aber „gleichmäßig" nicht deckungsgleich, sodass durchaus ein Spielraum für mitgliedsstaatliche Regelungen besteht. Es genügt, wenn allenfalls ein Mindeststandard festgelegt wird und die Vorteile eines Wettbewerbs im Sinne einer „race to the top" genutzt werden.[679]

Hinzu kommt, dass mit den Öffnungsklauseln der Unionsgesetzgeber bestimmte Bereiche gerade für nationale Regelungen freigibt. EwG 10 kann im Anwendungsbereich dieser Öffnungsklauseln nicht herangezogen werden, um das Datenschutzniveau zu bestimmen. Allenfalls lässt sich ihm entnehmen, dass diese restriktiv zu interpretieren sind.

5.2.2.2.5 Auslegung unter Berücksichtigung des Primärrechts

Die DSGVO selbst gibt in EwG 12 DSGVO Art. 16 Abs. 2 AEUV als Kompetenzgrundlage an. Allerdings ist umstritten, ob der Beschäftigtendatenschutz, der im Grenzbereich zwischen Arbeitsrecht und Datenschutzrecht liegt, überhaupt durch die Union in Form einer Verordnung geregelt werden durfte.[680]

5.2.2.2.5.1 Meinungsstand

Gegen kompetenzrechtliche Bedenken wird eingewendet, dass Art. 16 Abs. 2 AEUV sehr weitreichende Regelungen zum Schutz personenbezogener Daten und zum freien Datenverkehr erlaubt.[681] Nach Art 16 Abs. 2 S. AEUV erlassen das Europäische Parlament und der Rat gemäß dem ordentlichen Gesetzgebungsverfahren Vorschriften über den Schutz natürlicher Personen bei der Verarbeitung personenbezogener Daten durch die Organe, Einrichtungen und sonstigen Stellen der Union sowie durch die Mitgliedstaaten im Rahmen der Ausübung von Tätigkeiten, die in den Anwendungsbereich des Unionsrechts fallen, und über den freien Datenverkehr. Die Mitgliedstaaten und insbesondere die in diesen für den Datenschutz verantwortlichen öffentlichen und privaten Stellen können hierdurch ebenfalls verpflichtet werden, wenn sie Tätigkeiten ausüben, die in den Anwendungsbereich des Unionsrechts fielen.[682] Die in Art. 153 Abs. 1 AEUV genannten Komplexe „Arbeitsbedingungen" und „Schutz der Arbeitsumwelt" würden nur als Annex erfasst, während der Schwerpunkt der Regelungen der DSGVO sich im Bereich des Art. 16 Abs. 2 AEUV bewegt.[683] Der EuGH habe bereits zur RL 95/46/EG und Art. 100 a EGV, der mit Art. 114 AEUV im Wortlaut identisch ist, entschieden, dass das Heranziehen von Art. 100 EGV als Kompetenzgrundlage nicht voraussetze, dass in jedem Einzelfall, welcher von dem auf dieser Rechtsgrundlage erlassenen Rechtsakt erfasst werde, ein tatsächlicher Zusammenhang mit dem freien Verkehr zwischen den Mitgliedstaaten bestehe.[684] Entscheidend

---

[678] *Maschmann,* in: Kühling/Buchner, DSGVO/BDSG, 3. Auflage 2020, Art. 88 DSGVO, Rn. 37; *Maschmann,* DB 2016, 2480, Rn. 41.

[679] *Wybitul/Sörup/Pötters,* ZD 2015, 559, 561, aA *Maschmann,* in: Kühling/Buchner, DSGVO/BDSG, 3. Auflage 2020, Art. 88 DSGVO, Rn. 37, der bezweifelt, dass ein solcher Wettbewerb überhaupt stattfindet.

[680] *Körner,* ZESAR 2013, 153, 154, die kritisierte, dass sich die Kommission in Art. 82 Abs. 3 i.V.m. Art. 86 Abs. 2 des Kommissionsentwurfs vom 25.1.2012 mit delegierten Rechtsakten vorbehielt in diesen Bereich Regelungen zu treffen; kritisch hierzu auch *Hornung,* ZD 2012, 99, 105.

[681] *Maschmann,* in: Kühling/Buchner, DSGVO/BDSG, 3. Auflage 2020, Art. 88 DSGVO, Rn. 39.

[682] *Maschmann,* in: Kühling/Buchner, DSGVO/BDSG, 3. Auflage 2020, Art. 88 DSGVO, Rn. 39.

[683] *Maschmann,* in: Kühling/Buchner, DSGVO/BDSG, 3. Auflage 2020, Art. 88 DSGVO, Rn. 39.

[684] So *Schmidt* 2016, 49 unter Verweis auf EuGH v. 20.5.2003, Rs. C-465/00 u.a. (Österreichischer Rundfunk), ECLI:EU:C:2003:294, Rn. 41.

sei, dass der erlassene Rechtsakt tatsächlich die Bedingungen für die Errichtung und das Funktionieren des Binnenmarktes verbessere.[685] Dies sei für den Bereich des Beschäftigtendatenschutzes anzunehmen, da ein einheitliches Datenschutzniveau in allen Mitgliedsstaaten eine Verbesserung des gemeinsamen Binnenmarktes mit sich bringe.[686] Die DSGVO wirke sich als „Querschnittsregelung" auf das Arbeitsrecht und jedes andere Rechtsgebiet aus, ohne dass sie auf einen Ausgleich der Interessen von Arbeitgeber und Arbeitnehmer spezifisch abziele.[687]

153 Abs. 1 AEUV sei als speziellere Rechtsgrundlage vorrangig, welche mit Beschränkungen hinsichtlich Form und Inhalt der Rechtsetzung verbunden ist.[688] Insbesondere lasse Art. 153 Abs. 2 UAbs. 1 lit. b AEUV lediglich eine Regelung in Form einer Richtlinie zu.[689]

Art. 16 Abs. 2 Alt. 1 AEUV soll aus dem Grund keine taugliche Rechtsgrundlage darstellen, weil es sich hierbei um eine Rechtsgrundlage für die Schaffung datenschutzrechtlicher Regelungen durch die Organe der Union sowie die Mitgliedsstaaten handele, welche aber nicht die Datenverarbeitung durch Privatrechtssubjekte zum Gegenstand habe.[690]

Darüber hinaus erlaube Art. 16 Abs. 2 Alt. 2 AEUV auch nur den Erlass von Rechtsvorschriften über den freien Datenverkehr, bei welchem es ebenfalls nicht um Datenschutz im Beschäftigungsverhältnis gehe.[691] Denn regelmäßig werde die Sicherung der ungehinderten Datenübertragung zwischen den Mitgliedsstaaten hiervon nicht berührt.[692] Daten von Beschäftigten nähmen überdies eine Sonderstellung ein, da sie aus dem Arbeitsverhältnis als wirtschaftlichen Abhängigkeitsverhältnis herrühren.[693] So fallen durch die Zutrittskontrolle, Arbeitszeiterfassung, Krankmeldungen, Angaben über Schwerbehinderung etc. Beschäftigtendaten an, die allerdings keinem Selbstzweck dienen, wie beispielsweise persönliche Präferenzen eines Kunden zum Zwecke des Marketings, sondern sie tragen der Erfüllung arbeitsvertraglicher oder sozialrechtlicher Pflichten Rechnung.[694] Insofern gebe es keinen „freien Datenverkehr", sondern die Daten seien ausschließlich für den Arbeitgeber bestimmt.[695] Auch insoweit, als Daten an Finanzbehörden und Sozialversicherungsträger weitergegeben werden sowie konzernintern übermittelt werden, soll kein freier Datenverkehr vorliegen, sondern vielmehr ein sehr eingeschränkter sowie regulierter Verkehr.[696]

Im Kommissionsentwurf war auch Art. 114 Abs. 1 AEUV als Kompetenzgrundlage ausdrücklich genannt.[697] Aber auch dieser soll als Rechtsgrundlage ausscheiden.[698] Denn hierbei handele

---

[685] So *Schmidt* 2016, 49 unter Verweis auf EuGH v. 5.10.2000, Rs. C-376/98, Rn. 85, Slg. 2000, I-8419; v. 10.12.2002 – C-491/01, Rn. 60, Slg. 2002, I-11453 (British American Tobacco).

[686] *Schmidt* 2016, 49.

[687] *Maschmann*, in: Kühling/Buchner, DSGVO/BDSG, 3. Auflage 2020, Art. 88 DSGVO, Rn. 39.

[688] *Franzen*, in: Franzen/Gallner/Oetker, Kommentar zum europäischen Arbeitsrecht, 4. Auflage 2022, Art. 153 AEVU, Rn. 76; *Franzen*, RDV 2014, 200, 201; *Gola/Schütz*, RDV 2013, 1, 4.

[689] *Franzen*, in: Franzen/Gallner/Oetker, Kommentar zum europäischen Arbeitsrecht, 4. Auflage 2022, Art. 153 AEVU, Rn. 76; *Franzen*, RDV 2014, 200, 201; *Franzen*, DuD 2012, 322, 326.

[690] *Franzen*, RDV 2014, 200, 201, *Franzen*, DuD 2012, 322, 325.

[691] *Franzen*, RDV 2014, 200, 201; *Franzen*, DuD 2012, 322, 325.

[692] *Franzen*, RDV 2014, 200, 201, *Stamer/Kuhnke*, in: Plath, DSGVO/BDSG, 3. Auflage 2018, Art. 88 DSGVO, Rn. 2.

[693] *Selk*, in: Ehmann/Selmayr, DSGVO, 2017, Art. 88 DSGVO, Rn. 5; aA *Selk*, in: Ehmann/Selmayr, DSGVO, 2. Auflage 2018, Art. 88 DSGVO, Rn. 13 ff, Rn. 19.

[694] *Selk*, in: Ehmann/Selmayr, DSGVO, 2017, Art. 88 DSGVO, Rn. 5.

[695] *Selk*, in: Ehmann/Selmayr, DSGVO, 2017, Art. 88 DSGVO, Rn. 5.

[696] *Selk*, in: Ehmann/Selmayr, DSGVO, 2017, Art. 88 DSGVO, Rn. 5.

[697] Kommission (2012) 11 endgültig 2012/0011 (COD), 19 (abrufbar unter http://ec.europa.eu/justice/data-protection/document/review2012/com_2012_11_de.pdf, zuletzt geprüft am 09.11.2017) .

[698] *Franzen*, DuD 2012, 322, 325; *Franzen*, RDV 2014, 200, 201; *Selk*, in: Ehmann/Selmayr, DSGVO, 2017, Art. 88 DSGVO, Rn. 5; *Stamer/Kuhnke*, in: Plath, DSGVO/BDSG, 3. Auflage 2018, Art. 88 DSGVO, Rn. 2.

es sich um die allgemeine Rechtsgrundlage für den Binnenmarkt, die nach Art. 114 Abs. 2 AEUV nicht für die Bestimmungen über die Rechte und Interessen der Arbeitnehmer gelte.[699] Anders als die RL 95/46/EG enthalte die DSGVO nicht nur Regelungen, die sich als Annex auf das Beschäftigungsverhältnis auswirken können, sondern genuine Regelungen über die Rechte und Interessen der Arbeitnehmer, welche von der Ausnahme des Art. 114 Abs. 2 AEUV erfasst seien.[700]

Eine derartige Regelung könne lediglich auf die sozialpolitischen Regelungen, insbesondere die des Art. 153 AEUV gestützt werden, wonach gemäß Art. 153 Abs. 2 lit. b AEUV lediglich eine EU-Richtlinie mit mindestharmonisierendem Charakter erlassen werden dürfte.[701]

Der Weg über eine Öffnungsklausel sei deswegen aus kompetenzrechtlichen Gründen geboten gewesen.[702] In der Folge sei die limitierende Wirkung des Art. 153 AEUV bei der Auslegung des Art. 88 DSGVO zu berücksichtigen.[703]

5.2.2.2.5.2 Bewertung

Art. 16 Abs. 2 S. 1 Alt. 1 AEUV regelt lediglich die Datenverarbeitung durch die Unionsorgane oder die Mitgliedsstaaten und ist aus diesem Grund offensichtlich nicht einschlägig.

Art. 16 Abs. 2 S. 1 Alt. 2 AEUV fungiert jedoch als Kompetenznorm für den Erlass von Vorschriften über den freien Datenverkehr. Auf den ersten Blick erscheint es zweifelhaft, ob die Datenverarbeitung im Beschäftigungskontext dem freien Datenverkehr unterfällt. Beschäftigtendaten haben insofern eine Sonderstellung inne, als sie aus dem Arbeitsverhältnis resultieren, insbesondere aus den mit diesem verbundenen arbeits- und sozialrechtlichen Verpflichtungen.[704] Daten wie Kommen- und Gehen-Zeiten, Daten über Krankmeldungen oder Schwerbehinderung werden im Rahmen eines Verhältnisses ökonomischer Abhängigkeit erhoben und dienen unmittelbar oder mittelbar der Begründung, Durchführung oder auch der Beendigung eines Beschäftigungsverhältnisses im Verhältnis der Arbeitsvertragsparteien.[705] Ein freier Datenverkehr liegt hier dem Wortsinn nach nicht vor, sondern dieser ist vielmehr eingeschränkt und reguliert. Gleiches gilt bei der Konzerndatenübermittlung und bei der Übermittlung an Finanzbehörden oder Sozialversicherungsträger.[706] Sprachlich erscheint der Begriff bei der Datenverarbeitung im Beschäftigungskontext daher zunächst unpassend.

---

[699] *Franzen*, DuD 2012, 322, 325; *Franzen*, RDV 2014, 200, 201; *Selk*, in: Ehmann/Selmayr, DSGVO, 2017, Art. 88 DSGVO, Rn. 5; *Stamer/Kuhnke*, in: Plath, DSGVO/BDSG, 3. Auflage 2018, Art. 88 DSGVO, Rn. 2.

[700] *Franzen*, DuD 2012, 322, 325; *Franzen*, RDV 2014, 200, 201.

[701] *Franzen*, DuD 2012, 322, 326; *Franzen*, RDV 2014, 200, 201; *Selk*, in: Ehmann/Selmayr, DSGVO, 2017, Art. 88 DSGVO, Rn. 5; *Stamer/Kuhnke*, in: Plath, DSGVO/BDSG, 3. Auflage 2018, Art. 88 DSGVO, Rn. 2; *Däubler*, in: Däubler/Wedde/Weichert/Sommer, DSGVO/BDSG, 2. Auflage 2020, Art. 88 DSGVO, Rn. 3 f., der jedoch darauf verweist, dass Art. 88 DSGVO dazu führt, dass die DSGVO weniger Verbindlichkeit für die Mitgliedsstaaten aufweist als eine Richtlinie und die dort niedergelegten einzuhaltenden Grenzen ebenso gut in einer Richtlinie geregelt hätten werden können. Deshalb könne man die kompetenzrechtlichen Bedenken zurückstellen.

[702] *Selk*, in: Ehmann/Selmayr, DSGVO, 2017, Art. 88 DSGVO, Rn. 5.

[703] *Selk*, in: Ehmann/Selmayr, DSGVO, 2017, Art. 88 DSGVO, Rn. 5.

[704] *Selk*, in: Ehmann/Selmayr, DSGVO, 2. Auflage 2018, Art. 88 DSGVO, Rn. 13.

[705] *Selk*, in: Ehmann/Selmayr, DSGVO, 2. Auflage 2018, Art. 88 DSGVO, Rn. 13.

[706] *Selk*, in: Ehmann/Selmayr, DSGVO, 2. Auflage 2018, Art. 88 DSGVO, Rn. 13.

Früher war die Kompetenz für den freien Datenverkehr in Art. 95 EGV-Nizza geregelt, der durch Art. 114 AEUV ersetzt wurde.[707] Dieser ermöglicht es, die Bedingungen für die Errichtung und das Funktionieren des Binnenmarkts zu regeln.[708] Nach der bisherigen Rechtsetzungspraxis der Union schließt dies die Regelung eines angemessenen Datenschutzniveaus in den Mitgliedstaaten – und insbesondere auch im Privatsektor – mit ein.[709] Wie bereits erwähnt, hat der EuGH hat bereits zur RL 95/46/EG und Art. 100 a EGV, dem Vorgänger von Art. 95 EGV-Nizza, der mit Art. 114 AEUV im Wortlaut identisch ist, entschieden, dass das Heranziehen von Art. 100 a EGV als Kompetenzgrundlage nicht voraussetzt, dass in jedem Einzelfall, welcher von dem auf dieser Rechtsgrundlage erlassenen Rechtsakt erfasst wird, ein tatsächlicher Zusammenhang mit dem freien Verkehr zwischen den Mitgliedstaaten besteht.[710] Entscheidend sei, dass der erlassene Rechtsakt tatsächlich die Bedingungen für die Errichtung und das Funktionieren des Binnenmarktes verbessere.[711]

Die DSGVO befasst sich schwerpunktmäßig mit dem Datenschutz und verbessert tatsächlich die Bedingungen für das Funktionieren des Binnenmarkts, indem sie auf ein gleichmäßiges und hohes Datenschutzniveau abzielt (EwG 6 DSGVO). Dies war auch Ziel der DSRL (EwG 3 DSRL). Es besteht insofern kein Unterschied zur Rechtslage zur Zeit der Geltung der DSRL. Damit besteht eine Kompetenz zur vollharmonisierenden Regelung des Datenschutzrechts. Auch wenn Art. 88 DSGVO Fragen zum Gegenstand hat, die dem Bereich des Arbeitsrechts zugehörig sind, liegt der Schwerpunkt der Regelungen des Beschäftigtendatenschutz im Bereich des Datenschutzrechts.[712]

5.2.2.2.6 Zwischenergebnis

Die Auslegung nach den traditionellen juristischen Auslegungsmethoden ergibt, dass Art. 88 Abs. 1 DSGVO für spezielle Verarbeitungssituationen im Beschäftigungskontext den Mitgliedstaaten die Kompetenz überantwortet, Regelungen zu treffen, die sich inhaltlich lediglich an den in Art. 88 Abs. 1, 2 DSGVO genannten Anforderungen messen lassen müssen. Grundsätzlich gilt nach Art. 288 Abs. 2 AEUV die DSGVO als Verordnung unmittelbar in allen Mitgliedstaaten. Für den Bereich des Beschäftigtendatenschutzes belässt die DSGVO dem nationalen Gesetzgeber oder den Parteien einer Kollektivvereinbarung jedoch eine Einschätzungsprärogative, innerhalb derer sie eine Abwägung der Grundrechte von Arbeitgeber als Verantwortlichem und Beschäftigten vorzunehmen haben.[713] Um diese zu wahren, haben sie geeignete und besondere Maßnahmen zu ergreifen.

Der Begriff „spezifischer" meint zunächst lediglich, dass für Verarbeitungssituationen, welche den Besonderheiten des Beschäftigungsverhältnisses geschuldet sind, Sonderregeln getroffen werden dürfen.

---

[707] *Sobotta*, in: Grabitz/Hilf/Nettesheim, Das Recht der Europäischen Union, 75. EL Januar 2022, Art. 16 AEUV, Rn. 30.

[708] *Sobotta*, in: Grabitz/Hilf/Nettesheim, Das Recht der Europäischen Union, 75. EL Januar 2022, Art. 16 AEUV, Rn. 30.

[709] *Sobotta*, in: Grabitz/Hilf/Nettesheim, Das Recht der Europäischen Union, 75. EL Januar 2022, Art. 16 AEUV, Rn. 30; EuGH, Urt. v. 20.5.2003, Rs. C-465/00, C-138/01 und C-139/01 (Österreichischer Rundfunk), E-CLI:EU:C:2003:294, Rn. 41 ff.; EuGH, Urt. v. 06.11.2003, Rs. C-101/01 (Lindqvist), ECLI:EU:C:2003:596, Rn. 40 ff.; vgl. Europäischer Konvent, CONV 650/03 v. 2. 4. 2003, 11 f.

[710] So *Schmidt* 2016, 49 unter Verweis auf EuGH v. 20.5.2003, Rs. C-465/00 u.a. (Österreichischer Rundfunk), ECLI:EU:C:2003:294, Rn. 41.

[711] So *Schmidt* 2016, 49 unter Verweis auf EuGH, Urt. v. 05.10.2000, Rs. C-376/98 (Deutschland/Parlament und Rat), ECLI:EU:C:2000:544, Rn. 85; EuGH, Urt. v. 10.12.2002, Rs. C-491/01 (British American Tobacco (Investments) und Imperial Tobacco), ECLI:EU:C:2002:741, Rn. 60.

[712] *Seifert*, in: Simitis/Hornung/Spiecker gen. Döhmann, Datenschutzrecht, 2019, Art. 88 DSGVO, Rn. 23.

[713] So auch *Zöll*, in: Taeger/Gabel, DSGVO/BDSG/TTDSG, 4. Auflage 2022, Art. 88 DSGVO, Rn. 21.

In einem ersten Schritt sind also speziell das Beschäftigungsverhältnis betreffende Verarbeitungssituationen herauszufiltern. In einem zweiten Schritt sind die der Kompromissregelung des Art. 88 Abs. 2 DSGVO zu entnehmenden Mindestinhalte mit aufzunehmen, sofern diese für die jeweilige Regelung passend sind.[714]

Auf den ersten Blick widersprechen Abweichungen nach unten, also solche, die mit einer Abschwächung des Datenschutzniveaus gegenüber den betroffenen Personen einhergehen, dem Harmonisierungsgedanken, der der DSGVO zugrunde liegt.[715] Andererseits hält der juristische Dienst des Rats der Europäischen Union hinsichtlich der Einschränkung der Betroffenenrechte auch Abweichungen nach unten für zulässig und sieht in ihnen nicht zwingend einen Widerspruch zu dem Harmonisierungsgedanken: „the Commission has accepted that there will be different levels of data protection in the draft regulation as it has proposed, and this has been accepted, that Member States could be allowed to derogate from the harmonised level of protection by providing a lower protection in certain cases"[716].

Auch Abweichungen nach oben sind aufgrund der weiten Formulierung des Art. 88 DSGVO möglich. Art. 88 DSGVO knüpft derartige Vorschriften, wenn sie „spezifischer" sind, lediglich an die dort niedergelegten Voraussetzungen. Auch aus der dargelegten Gesetzeshistorie ergibt sich, dass nur Abweichungen nach oben in jedem Fall zulässig sein sollten.[717]

Als unabdingbare Mindestanforderungen legt Art. 88 Abs. 2 DSGVO freilich eine Selbstverständlichkeit fest, nämlich, dass die Vorschriften geeignete und besondere Maßnahmen zur Wahrung der menschlichen Würde, der berechtigten Interessen und der Grundrechte der betroffenen Person vorsehen müssen. Zwar werden die berechtigten Interessen des Arbeitgebers als Verantwortlichen nicht explizit erwähnt und auf dessen Grundrechte wird nicht ausdrücklich rekurriert. Dies wird jedoch impliziert, da auch die Grundrechte der betroffenen Person nicht schrankenlos geschützt werden und die Maßnahmen „angemessen" sein müssen, was ein Abwägungselement beinhaltet. Ein solches Abwägungserfordernis ergibt sich für die Mitarbeiterüberwachung aus Art. 88 Abs. 1 DSGVO, wonach spezielle Regelungen zum Schutz des Eigentums des Arbeitgebers getroffen werden dürfen.

Letztlich kommt dem nationalen Gesetzgeber oder den Parteien einer Kollektivvereinbarung eine Einschätzungsprärogative bei der Abwägung zu.[718] Abweichungen aus sachlichen Gründen sind danach zulässig, wenngleich der Harmonisierungsgedanke, der der DSGVO zugrunde liegt, stets zu beachten ist.[719] Die DSGVO kann im Einzelfall als „Leitbild" dienen hinsichtlich der Ausgestaltung einzelner Regelungskomplexe.

Sofern ein nationales Gesetz oder eine Betriebsvereinbarung Abweichungen von gesetzlichen Regelungen vorsieht, sollte für jeden Einzelfall geprüft werden, ob in diesem Bereich spezielle

---

[714] Siehe hierzu 5.2.4.

[715] *Zöll*, in: Taeger/Gabel, DSGVO/BDSG/TTDSG, 4. Auflage 2022, Art. 88 DSGVO, Rn. 17.

[716] Ratsdokument 15712/14, 18.11.2014, 10; *Zöll*, in: Taeger/Gabel, DSGVO/BDSG/TTDSG, 4. Auflage 2022, Art. 88 DSGVO, Rn. 17.

[717] So auch *Zöll*, in: Taeger/Gabel, DSGVO/BDSG/TTDSG, 4. Auflage 2022, Art. 88 DSGVO, Rn. 19; *Gola/Pötters/Thüsing*, RDV 2016, 57, 59; *Wybitul/Pötters*, RDV 2016, 10, 14.

[718] *Zöll*, in: Taeger/Gabel, DSGVO/BDSG/TTDSG, 4. Auflage 2022, Art. 88 DSGVO, Rn. 21; BAG, Urt. v. 17.11.2016 – 2 AZR 730/15, Rn. 31, NZA 2017, 394, 397 bejaht zumindest einen Entscheidungsspielraum des Gesetzgebers bei betriebsvertraglichen Regelungen, wenn auch nicht speziell mit Blick auf Art. 88 DSGVO; *Traut*, RDV 2016, 312, 315.

[719] *Zöll*, in: Taeger/Gabel, DSGVO/BDSG/TTDSG, 4. Auflage 2022, Art. 88 DSGVO, Rn. 21; *Däubler*, in: Däubler/Wedde/Weichert/Sommer, DSGVO/BDSG, 2. Auflage 2020, Art. 88 DSGVO, Rn.15 spricht davon, dass letztlich eine „inhaltlich gebundene" Ermächtigung vorliege, die keine Abweichungen nach unten zulässt und nach oben insoweit offen ist, als sie eine Verstärkung zulässt, soweit es um den Schutz der dort genannten Grundwerte geht.

Regelungen vorgesehen sind, die Abweichungen nur unter engeren Voraussetzungen erlauben. So dürfen nach Art. 23 DSGVO Beschränkungen der Betroffenenrechte nur durch Rechtsvorschriften der Mitgliedstaaten vorgenommen werden. Ob Beschränkungen diesbezüglich auch durch Betriebsvereinbarung möglich sind, ist eine Frage, die danach zu beantworten ist, in welchem Verhältnis die Öffnungsklauseln zueinanderstehen. Diese Frage wird beispielsweise bei der heimlichen Überwachung von Mitarbeitern relevant. Wird eine Betriebsvereinbarung zur Zulässigkeit einer heimlichen Mitarbeiterüberwachung abgeschlossen, obwohl die DSGVO eine solche grundsätzlich nicht vorsieht, wird das Datenschutzniveau hierdurch abgesenkt.

Wird demgegenüber durch Betriebsvereinbarung der Datenschutzbeauftragte beispielsweise in die Re-Identifizierung der Trefferfälle beim Datenscreening mit eingebunden, wird das Datenschutzniveau hierdurch für den Betroffenen erhöht. Allerdings ist die Frage, inwieweit der Datenschutzbeauftragte in Datenverarbeitungsprozesse mit einzubeziehen ist und inwieweit ihm Aufgaben übertragen werden dürfen, in Art. 37 ff. DSGVO geregelt. Dies mit gutem Grund: Der Datenschutzbeauftragte soll in seinem Aufgabenbereich unabhängig agieren können. Diese Wertungen der DSGVO müssen berücksichtigt und gerade auch im Arbeitsrecht, in dem ein Spannungsverhältnis zwischen Betriebsrat und Datenschutzbeauftragtem besteht, beachtet werden.

Letztlich muss im Zuge der Abwägung eine Gesamtbetrachtung angestellt werden. Werden Abweichungen zu Lasten der betroffenen Arbeitnehmer vorgenommen, müssen andere Mechanismen, wie technische und organisatorische Maßnahmen, diese Eingriffe kompensieren, sodass das Datenschutzniveau der DSGVO insgesamt gewahrt bleibt.[720]

5.2.3 Gewährleistung des Schutzes der Rechte und Freiheiten

Inhaltlich sind nach Art. 88 Abs. 1 DSGVO Regelungen zur Gewährleistung des Schutzes der Rechte und Freiheiten hinsichtlich der Verarbeitung personenbezogener Beschäftigtendaten zulässig. Die DSGVO definiert diesen Begriff nicht.

Anders als an anderen Stellen verwendet der Gesetzgeber an dieser Stelle nicht den Begriff „Rechte und Freiheiten der betroffenen Person", sondern lediglich „Rechte und Freiheiten". Daraus lässt sich schlussfolgern, dass nicht nur die Rechte und Freiheiten der betroffenen Person in Bezug genommen werden sollen, sondern auch die des Arbeitgebers. Damit überträgt der europäische Gesetzgeber den Mitgliedstaaten die Befugnis, die Abwägung der Grundrechtspositionen an seiner Stelle unter Zubilligung einer Einschätzungsprärogative vorzunehmen.[721]

Hierfür spricht auch Art. 1 DSGVO. Denn nach Art. 1 Abs. 1 DSGVO ist Zweck der Verordnung allgemein der Ausgleich entgegengesetzter Interessen (Art. 1 Abs. 1 DSGVO).[722] Gemäß Art. 1 Abs. 2 DSGVO schützt die DSGVO zum einen die Grundrechte und Grundfreiheiten natürlicher Personen, nach Art. 1 Abs. 3 DSGVO ist Schutzgut der DSGVO aber auch der freie Verkehr personenbezogener Daten.[723]

Das Erfordernis einer Abwägung ergibt sich auch aus Art. 88 Abs. 2 DSGVO, der fordert, dass die berechtigten Interessen und die Grundrechte der Betroffenen zu schützen sind.[724] Da diese

---

[720] *Zöll*, in: Taeger/Gabel, DSGVO/BDSG/TTDSG, 4. Auflage 2022, Art. 88 DSGVO, Rn. 21 spricht davon, dass eine Begrenzung vorgenommen werden muss, die das Datenschutzniveau der DSGVO sichert.

[721] *Traut*, RDV 2016, 312, 315.

[722] *Riesenhuber*, in: Wolff/Brink, BeckOK Datenschutzrecht, 40. Edition, Stand: 1.2.2022, Art. 88 DSGVO, Rn. 74.

[723] *Riesenhuber*, in: Wolff/Brink, BeckOK Datenschutzrecht, 40. Edition, Stand: 1.2.2022, Art.88 DSGVO, Rn. 74.

[724] *Traut*, RDV 2016, 312, 315.

nicht schrankenlos gewährleistet sind, sondern beschränkt werden können, bringt dies notwendigerweise eine Abwägung mit sich.

5.2.4 Inhaltliche Vorgaben des Art. 88 Abs. 2 DSGVO

Nach Art. 88 Abs. 2 DSGVO umfassen die auf der Öffnungsklausel beruhenden Vorschriften und Kollektivvereinbarungen geeignete und besondere Maßnahmen zur Wahrung der menschlichen Würde, der berechtigten Interessen und der Grundrechte der betroffenen Person. Im Rahmen einer dem Wortlaut nach („insbesondere") nicht abschließenden Aufzählung beinhaltet dies insbesondere Maßnahmen im Hinblick auf die Transparenz der Verarbeitung, die Übermittlung personenbezogener Daten innerhalb einer Unternehmensgruppe oder einer Gruppe von Unternehmen, die eine gemeinsame Wirtschaftstätigkeit ausüben, und die Überwachungssysteme am Arbeitsplatz.

5.2.4.1 Regelungspflicht?

Da Art. 88 Abs. 2 DSGVO ohne Bedingungen oder Einschränkungen formuliert"[725] ist, wird zum Teil davon ausgegangen, dass entsprechende Rechtsvorschriften Regelungen zu allen dort genannten Themenkomplexen beinhalten müssen.[726] Hierfür spricht neben dem Wortlaut der englischen Fassung („shall include"), dass diese Bereiche besonders komplex sind oder – so die arbeitgeberseitige Überwachung – von besonderer Grundrechtsrelevanz, sodass eine Regelung durch den nationalen Gesetzgeber mit Blick auf die Wesentlichkeitstheorie wünschenswert wäre.

Art. 88 Abs. 2 DSGVO differenziert jedoch nicht zwischen Rechtsvorschriften und Kollektivvereinbarungen. Gerade bei Betriebsvereinbarungen ist es aber wenig sinnvoll, Regelungen zu jedem der in Art. 88 Abs. 2 DSGVO aufgezählten Bereiche zu treffen, da nicht jeder der in Art. 88 Abs. 2 DSGVO genannten Themenkomplexe für den jeweiligen Betrieb von Bedeutung ist.[727] So wird nicht in jedem Unternehmen eine Konzerndatenübermittlung stattfinden und auch Überwachungssysteme werden nicht in jedem Betrieb eingesetzt. Überdies könnte eine solche Lesart auch entgegen der Intention des Gesetzgebers, die Grundrechte des Betroffenen zu schützen, dazu führen, dass Überwachungssysteme im Betrieb eingesetzt werden, da ja ohnehin eine Regelung in einer Betriebsvereinbarung besteht.

Ferner steht der Optionscharakter der Vorschrift einer umfassenden Regelungsverpflichtung zu allen Themenkomplexen entgegen.[728] Zwar kann Art. 88 Abs. 1 DSGVO, der eine Regelungsoption beinhaltet, auch von Art. 88 Abs. 2 DSGVO getrennt gelesen werden, indem man zwar davon ausgeht, dass Art. 88 Abs. 1 DSGVO optional ausgestaltet ist, jedoch dann, wenn von der Möglichkeit Gebrauch gemacht wird, die in Art. 88 Abs. 2 DSGVO genannten Bereiche zwingend mitgeregelt werden müssen. Der Sinn einer solchen Lesart erschließt sich jedoch nicht. Hätte der europäische Gesetzgeber intendiert, dass zwingend eine Regelung der in Art. 88 Abs. 2 DSGVO genannten Bereiche erfolgen muss, so hätte er schon Art. 88 Abs. 1 DSGVO, auf den sich Art. 88 Abs. 2 DSGVO bezieht, obligatorisch ausgestaltet.

Aus diesem Grund ist Art. 88 Abs. 2 DSGVO dahingehend teleologisch zu reduzieren, dass nur insoweit Maßnahmen ergriffen werden müssen, als dies auch erforderlich ist.[729] Dafür spricht,

---

[725] *Riesenhuber*, in: Wolff/Brink, BeckOK Datenschutzrecht, 40. Edition, Stand: 1.2.2022, Art.88 DSGVO, Rn. 79; *Zöll*, in: Taeger/Gabel, DSGVO/BDSG/TTDSG, 4. Auflage 2022, Art. 88 DSGVO, Rn. 33.

[726] *Körner* 2016, 68.

[727] *Riesenhuber*, in: Wolff/Brink, BeckOK Datenschutzrecht, 40. Edition, Stand: 1.2.2022, Art.88 DSGVO, Rn. 79; *Pötters*, in: Gola, DSGVO, 2. Auflage 2018, Art. 88 DSGVO, Rn. 15.

[728] *Riesenhuber*, in: Wolff/Brink, BeckOK Datenschutzrecht, 40. Edition, Stand: 1.2.2022, Art.88 DSGVO, Rn. 79.

[729] *Riesenhuber*, in: Wolff/Brink, BeckOK Datenschutzrecht, 40. Edition, Stand: 1.2.2022, Art.88 DSGVO, Rn. 79; *Zöll*, in: Taeger/Gabel, DSGVO/BDSG/TTDSG, 4. Auflage 2022, Art. 88 DSGVO, Rn. 33.

dass die mitgliedstaatlichen Regelungen die DSGVO nur ergänzen und auch nur insoweit vorrangig sind.[730] Soweit beispielsweise die Transparenzvorschriften der Verordnung weiterhin Geltung behalten, sind im jeweiligen Einzelfall gegebenenfalls keine weiteren Maßnahmen erforderlich.[731] Überdies sind Schutzmaßnahmen auch nur bei einem entsprechenden Gefährdungspotential geboten. Wenn keine Konzerndatenübermittlung stattfindet, besteht keine Gefahr, die durch Schutzmaßnahmen eingedämmt werden muss.[732] Eine unnötige Regelung solcher Maßnahmen würde überdies zu Lasten der Transparenz gehen.[733]

Bereits der Wortlaut des Art. 88 Abs. 2 DSGVO streitet für eine solche Auslegung. Denn darin ist von „geeigneten und besonderen Maßnahmen" die Rede. Geeignet bedeutet aber eine dem Risiko angemessene Maßnahme. Wo also kein Risiko besteht, müssen keine Maßnahmen ergriffen werden.[734] Dasselbe gilt, wenn die Mechanismen der DSGVO, beispielsweise die Betroffenenrechte, weiterhin Geltung behalten, weil keine dahingehende Regelung getroffen wurde. Außerdem würde eine Regelungspflicht der Einschätzungsprärogative des Gesetzgebers bzw. den Parteien einer Kollektivvereinbarung widersprechen.[735]

5.2.4.2 Geeignete und besondere Maßnahmen zur Wahrung der menschlichen Würde, der berechtigten Interessen und Grundrechte der betroffenen Person

Nach Art. 88 Abs. 2 DSGVO müssen die spezifischeren Vorschriften nach Art. 88 Abs. 1 DSGVO geeignete und besondere Maßnahmen zur Wahrung der menschlichen Würde, der berechtigten Interessen und der Grundrechte der betroffenen Person vorsehen. Kritisiert wird, dass es sich um eine konturlose Formulierung handele, die keinen über den Schutz der DSGVO hinausgehenden Schutz bieten könne und nichts zur Harmonisierung in Europa beitragen könne.[736] Streit besteht schon über die Funktion des Art. 88 Abs. 2 DSGVO. Während nach einer Auffassung Art. 88 Abs. 2 DSGVO ins Leere geht[737], konkretisiert nach zutreffender Auffassung Art. 88 Abs. 2 DSGVO den durch Art. 88 Abs. 1 DSGVO vorgegebenen Prüfungsmaßstab.[738]

5.2.4.2.1 Maßnahmen

Was unter Maßnahmen zu verstehen ist, ergibt sich aus der Verordnung selbst nicht. Möglich wäre es, diese als konkrete, möglichst technisch-organisatorische Maßnahmen zu verstehen, wie beispielsweise Hinweisschilder bei der Videoüberwachung, Pseudonymisierung oder andere Vorkehrungen, wie sie beispielsweise in § 9 BDSG a.F. nebst Anlage vorgesehen waren.[739]

---

[730] *Riesenhuber*, in: Wolff/Brink, BeckOK Datenschutzrecht, 40. Edition, Stand: 1.2.2022, Art.88 DSGVO, Rn. 80.

[731] *Riesenhuber*, in: Wolff/Brink, BeckOK Datenschutzrecht, 40. Edition, Stand: 1.2.2022, Art.88 DSGVO, Rn. 80; *Zöll*, in: Taeger/Gabel, DSGVO/BDSG/TTDSG, 4. Auflage 2022, Art. 88 DSGVO, Rn. 33.

[732] *Riesenhuber*, in: Wolff/Brink, BeckOK Datenschutzrecht, 40. Edition, Stand: 1.2.2022, Art.88 DSGVO, Rn. 81; *Zöll*, in: Taeger/Gabel, DSGVO/BDSG/TTDSG, 4. Auflage 2022, Art. 88 DSGVO, Rn. 33.

[733] *Riesenhuber*, in: Wolff/Brink, BeckOK Datenschutzrecht, 40. Edition, Stand: 1.2.2022, Art.88 DSGVO, Rn. 82.

[734] So auch *Zöll*, in: Taeger/Gabel, DSGVO/BDSG/TTDSG, 4. Auflage 2022, Art. 88 DSGVO, Rn. 33.

[735] *Zöll*, in: Taeger/Gabel, DSGVO/BDSG/TTDSG, 4. Auflage 2022, Art. 88 DSGVO, Rn. 33.

[736] *Dammann*, ZD 2016, 307, 310; *Maschmann*, in: Kühling/Buchner, DSGVO/BDSG, 3. Auflage 2020, Art. 88 DSGVO, Rn. 43, der der Vorschrift einen geringen materiellen Gehalt zuweist.

[737] *Riesenhuber*, in: Wolff/Brink, BeckOK Datenschutzrecht, 40. Edition, Stand: 1.2.2022, Art.88 DSGVO, Rn. 71.

[738] *Zöll*, in: Taeger/Gabel, DSGVO/BDSG/TTDSG, 4. Auflage 2022, Art. 88 DSGVO, Rn. 33; *Seifert*, in: Simitis/Hornung/Spiecker gen. Döhmann, Datenschutzrecht, 2019, Art. 88 DSGVO, Rn. 31; *Wedde*, in: Däubler/Wedde/Weichert/Sommer, DSGVO/BDSG, 2. Auflage 2020, Art. 88 DSGVO, Rn.17; *Tiedemann*, in: Sydow, Europäische Datenschutzgrundverordnung, 2. Auflage 2018, Rn. 18 spricht von Mindestvorgaben.

[739] *Selk*, in: Ehmann/Selmayr, DSGVO, 2. Auflage 2018, Art. 88 DSGVO, Rn. 122.

Solche Maßnahmen wären Vorgaben, die im nationalen Recht vorgesehen und durch die Verantwortlichen umzusetzen wären.[740]

Eine weitere Möglichkeit wäre es, bereits die von den Mitgliedstaaten oder den Parteien einer Kollektivvereinbarung vorgesehenen spezifischeren Vorschriften nach Art. 88 Abs. 1 DSGVO als „Maßnahme" im Sinne des Art. 88 Abs. 2 DSGVO zu begreifen.[741]

Ferner könnten auch lediglich rechtliche Vorgaben und nicht technisch-organisatorische Maßnahmen gemeint sein.[742]

Der Terminus „Maßnahmen" deutet anders als der Begriff „Vorschriften" auf ein tatsächliches Element hin.[743] Deutlich wird dies in der englischen Fassung, in der von „measures to safeguard" die Rede ist, also solchen Maßnahmen, die die rechtlichen Vorgaben absichern sollen.[744] Ein solches Verständnis wird auch durch die Zusammenschau mit Art. 25 und 32 DSGVO bestärkt, in welchen mit „Maßnahmen" tatsächliche Schutzmaßnahmen adressiert sind.[745] Auch das Working Paper 249 der Art.-29-Datenschutzgruppe, welches sich in Ziffer 3.2.2 mit Maßnahmen im Sinne des Art. 88 Abs. 2 DSGVO beschäftigt, zieht als Beispiele vor allem Maßnahmen technischer Art heran.[746]

Demnach reicht es keinesfalls aus, lediglich „spezifischere Vorschriften" im Sinne des Art. 88 Abs. 1 DSGVO zu schaffen. Vielmehr müssen nationale Gesetze oder Kollektivvereinbarungen stets konkrete tatsächliche technische oder organisatorische Maßnahmen vorsehen, die dann vom Verantwortlichen umzusetzen sind. Auch rechtliche Maßnahmen[747], zum Beispiel Verpflichtungserklärungen, können als solche angesehen werden, nicht aber solche, die deckungsgleich mit Vorschriften oder Kollektivvereinbarungen im Sinne des Art. 88 Abs. 1 DSGVO sind. Das ergibt sich aus der Unterscheidung in Art. 88 Abs. 1 und Abs. 2 DSGVO.

5.2.4.2.2 Geeignete und besondere Maßnahmen

Art. 88 Abs. 2 DSGVO verlangt „geeignete" Maßnahmen. Dieser ist weniger in einem verfassungsrechtlichen, sondern vielmehr in einem praktischen Sinne zu verstehen.[748] Die entsprechenden Maßnahmen müssen der Verarbeitung gerecht werden und dürfen weder über- noch unterdimensioniert sein.[749] Hierfür spricht die englische Sprachfassung, die den Begriff „suitable" verwendet, welcher – im Unterschied zu „adequate", der „angemessen" bedeutet – dem Verständnis von „geeignet" im Sinne von „für den Einzelfall passend" nahe kommt.[750] Die ursprüngliche deutsche Fassung der DSGVO enthielt in Art. 88 Abs. 2 DSGVO die Formulierung „angemessene und besondere Maßnahmen". Eine solche Begrifflichkeit deutete eher auf

[740] *Selk,* in: Ehmann/Selmayr, DSGVO, 2. Auflage 2018, Art. 88 DSGVO, Rn. 122.

[741] *Selk,* in: Ehmann/Selmayr, DSGVO, 2. Auflage 2018, Art. 88 DSGVO, Rn. 122.

[742] *Körner,* NZA 2016, 1383; *Selk,* in: Ehmann/Selmayr, DSGVO, 2. Auflage 2018, Art. 88 DSGVO, Rn. 124.

[743] *Selk,* in: Ehmann/Selmayr, DSGVO, 2. Auflage 2018, Art. 88 DSGVO, Rn. 125.

[744] *Selk,* in: Ehmann/Selmayr, DSGVO, 2. Auflage 2018, Art. 88 DSGVO, Rn. 125.

[745] *Selk,* in: Ehmann/Selmayr, DSGVO, 2. Auflage 2018, Art. 88 DSGVO, Rn. 125; *Wedde,* in: Däubler/Wedde/Weichert/Sommer, DSGVO/BDSG, 2. Auflage 2020, Art. 88 DSGVO, Rn. 23.

[746] *Art.-29-Datenschutzgruppe,* WP 249, 9.

[747] *Wedde,* in: Däubler/Wedde/Weichert/Sommer, DSGVO/BDSG, 2. Auflage 2020, Art. 88 DSGVO, Rn. 23.

[748] *Selk,* in: Ehmann/Selmayr, DSGVO, 2. Auflage 2018, Art. 88 DSGVO, Rn. 131.

[749] *Selk,* in: Ehmann/Selmayr, DSGVO, 2. Auflage 2018, Art. 88 DSGVO, Rn. 131.

[750] *Selk,* in: Ehmann/Selmayr, DSGVO, 2. Auflage 2018, Art. 88 DSGVO, Rn. 132; ähnlich auch *Wedde,* in: Däubler/Wedde/Weichert/Sommer, DSGVO/BDSG, 2. Auflage 2020, Art. 88 DSGVO, Rn. 25, der an eine verfassungsrechtliche Verhältnismäßigkeitsprüfung angknüpft, allerdings noch von der anfangs in der DSGVO enthaltenen, später korrigierten Fassung der DSGVO ausgeht, die von „angemessenen und besonderen Maßnahmen" sprach.

eine Interessenabwägung hin.[751] Aus der Änderung der Terminologie lässt sich ableiten, dass eben doch keine verfassungsrechtliche Verhältnismäßigkeitsprüfung vorzunehmen ist, sondern vielmehr angestrebt wird, dass im Einzelfall passende Maßnahmen ergriffen werden, wobei freilich die genaueren Umstände der Datenverarbeitung mit einzubeziehen sind, ähnlich wie dies auch bei der Auswahl der Maßnahmen im Zuge von Art. 25 DSGVO oder Art. 32 DSGVO geschieht.[752] Hierbei spielen Faktoren wie die Art der personenbezogenen Daten, die Zwecke der Verarbeitung, die Verarbeitungssituation, aber auch die Kosten eine Rolle.[753] Eine solche Auslegung entspricht auch dem risikobasierten Ansatz der DSGVO, der insbesondere in Art. 24 Abs. 1 DSGVO zum Ausdruck kommt.[754] Nach Art. 24 Abs. 1 S. 1 DSGVO setzt der Verantwortliche unter Berücksichtigung der Art, des Umfangs, der Umstände und der Zwecke der Verarbeitung sowie der unterschiedlichen Eintrittswahrscheinlichkeit und Schwere der Risiken für die Rechte und Freiheiten natürlicher Personen geeignete technische und organisatorische Maßnahmen um, um insbesondere die Einhaltung der DSGVO zu gewährleisten. Technisch-organisatorische Maßnahmen werden an dieser Stelle an eine Risikobewertung geknüpft. Wie sich aus EwG 76 DSGVO ergibt, hat die Evaluation auf Basis einer objektiven Bewertung der konkreten Datenverarbeitung mit Blick darauf zu erfolgen, ob die entsprechende Datenverarbeitung ein Risiko oder ein hohes Risiko mit sich bringt.[755] Basierend auf dieser Einstufung hat dann eine Auswahl der Maßnahmen zu erfolgen. Beispielsweise sind Gesundheitsdaten in höherem Maße zu sichern als personenbezogene Daten, die im Internet frei zugänglich sind.[756]

Weiterhin muss es sich nicht nur um geeignete, sondern auch um besondere Maßnahmen handeln. Weder die DSGVO selbst, noch die EwG definieren diesen Begriff. In der englischen Fassung findet sich die Formulierung „specific". Hieraus wird deutlich, dass die Maßnahmen eine bestimmte Datenverarbeitung absichern sollen und speziell auf diese zugeschnitten sein müssen.[757]

5.2.4.2.3 Wahrung der menschlichen Würde, der berechtigten Interessen und Grundrechte der betroffenen Person

Die in Art. 88 Abs. 2 DSGVO genannten geeigneten und besonderen Maßnahmen zielen auf die Wahrung der dort genannten Schutzziele[758] – die Wahrung der menschlichen Würde, der berechtigten Interessen und Grundrechte der betroffenen Person – ab.

Art. 88 Abs. 2 DSGVO hebt die Wahrung der menschlichen Würde besonders hervor. Hierdurch wird zum Ausdruck gebracht, dass sie aus Sicht des Gesetzgebers gerade im Beschäftigungsverhältnis besonders gefährdet ist. Denn zwischen Arbeitnehmer und Arbeitgeber besteht ein Über-/Unterordnungsverhältnis, durch welches sich der Beschäftigte in ein Verhältnis struktureller Unterlegenheit begibt.[759] Arbeitgeber und Arbeitnehmer setzen wechselseitig ihre

---

[751] So etwa *Wybitul*, NZA 2017, 413.

[752] *Selk,* in: Ehmann/Selmayr, DSGVO, 2. Auflage 2018, Art. 88 DSGVO, Rn. 132.

[753] *Selk,* in: Ehmann/Selmayr, DSGVO, 2. Auflage 2018, Art. 88 DSGVO, Rn. 132; ähnlich auch *Wedde,* in: Däubler/Wedde/Weichert/Sommer, DSGVO/BDSG, 2. Auflage 2020, Art. 88 DSGVO, Rn. 25, der jedoch davon ausgeht, dass Verantwortliche „herausragende Anstrengungen" zum Schutz der Beschäftigtendaten unternehmen müssen.

[754] *Heberlein,* in: Ehmann/Selmayr, DSGVO, 2. Auflage 2018, Art. 5 DSGVO, Rn. 30.

[755] *Heberlein,* in: Ehmann/Selmayr, DSGVO, 2. Auflage 2018, Art. 5 DSGVO, Rn. 30.

[756] *Selk,* in: Ehmann/Selmayr, DSGVO, 2. Auflage 2018, Art. 88 DSGVO, Rn. 132.

[757] *Selk,* in: Ehmann/Selmayr, DSGVO, 2. Auflage 2018, Art. 88 DSGVO, Rn. 134; *Wedde,* in: Däubler/Wedde/Weichert/Sommer, DSGVO/BDSG, 2. Auflage 2020, Art. 88 DSGVO, Rn. 26.

[758] *Wedde,* in: Däubler/Wedde/Weichert/Sommer, DSGVO/BDSG, 2. Auflage 2020, Art. 88 DSGVO, Rn. 29 verwendet diesen Begriff.

[759] *Wedde,* in: Däubler/Wedde/Weichert/Sommer, DSGVO/BDSG, 2. Auflage 2020, Art. 88 DSGVO, Rn. 29.

Rechtsgüter einander aus. Während beim Arbeitgeber eine Gefährdung seines Eigentums in Rede steht, steht für den Arbeitnehmer sein allgemeines Persönlichkeitsrecht im Fokus.

In der Kommentarliteratur werden zur Ausfüllung der Anforderungen des Art. 88 Abs. 2 DSGVO mitunter das allgemeine Persönlichkeitsrecht des Arbeitnehmers sowie das Recht auf informationelle Selbstbestimmung aus Art. 2 Abs. 1 i.V.m. Art. 1 Abs. 1 GG herangezogen.[760] Allerdings handelt es sich bei der DSGVO um einen Unionsrechtsakt, der sich an den Unionsgrundrechten messen lassen muss (Art. 51 GRCh).[761]

Eine Rolle spielen hier die Grundrechte der GRCh, wie das Grundrecht auf menschliche Würde in Art. 1 GRCh, das Grundrecht auf Privatleben in Art. 7 GRCh, das Recht auf Schutz personenbezogener Daten aus Art. 8 GRCh, sowie die unternehmerische Freiheit nach Art. 16, 17 GRCh und die Schranken-Schranken des Art. 52 Abs. 1 GRCh zu beachten sind.[762] Überdies finden über Art. 52 Abs. 3 GRCh die Wertungen des Grundrechts auf Achtung des Privat- und Familienlebens aus Art. 8 EMRK Anwendung.[763] Auch wenn die Grundrechte des Arbeitgebers nicht ausdrücklich als solche benannt werden, so bleibt es auch weiterhin dabei, dass diese im Rahmen der Abwägung zu berücksichtigen sind, da sie nicht durch die DSGVO abbedungen werden können.[764]

Auch in EwG 1, 4, 153 DSGVO nimmt die DSGVO ausdrücklich auf die Grundrechte der GRCh Bezug. EwG 4 betont, dass das Recht auf Schutz personenbezogener Daten aus Art. 8 GRCh kein uneingeschränkt gewährleistetes Recht ist und im Hinblick auf seine gesellschaftliche Funktion gesehen werden muss. Im Rahmen einer Abwägung unter Beachtung des Verhältnismäßigkeitsprinzips muss es gegen andere Grundrechte abgewogen werden, wobei in EwG 4 DSGVO auch die im Arbeitsverhältnis auf Seiten des Arbeitgebers relevante unternehmerische Freiheit explizit mit aufgeführt wird und betont wird, dass die DSGVO insbesondere auch diese achtet.

Der in Art. 88 Abs. 2 DSGVO verwendete Begriff der „berechtigten Interessen" der betroffenen Person wird unter anderem in Art. 14 Abs. 5 lit. b, c Hs. 3, 22 Abs. 2 lit. b, Abs. 3, Abs. 4 DSGVO genannt. Ganz überwiegend wird der Begriff des „berechtigten Interesses" mit Bezug auf den Verantwortlichen, die Strafverfolgungsbehörden, Personen mit berechtigtem Interesse oder ganz allgemein Dritte verwendet. In Art. 6 Abs. 1 UAbs. 1 S. 1 lit. f DSGVO werden die berechtigten Interessen des Verantwortlichen den Interessen der betroffenen Person gegenübergestellt, wobei an dieser Stelle keine Einschränkung im Wortlaut auf die berechtigten Interessen der betroffenen Person erfolgt.

Im Rahmen des Art. 6 Abs. 1 UAbs. 1 S. 1 lit. f DSGVO wird eine Abwägung der berechtigten Interessen des Verantwortlichen mit den Interessen der betroffenen Person vorgenommen, welche überwiegen müssen, um die Datenverarbeitung auszuschließen. Der Wortlaut des Art. 6

---

[760] *Tiedemann*, in: Sydow, Europäische Datenschutzgrundverordnung, 2. Auflage 2018, Rn. 19.

[761] *Seifert*, in: Simitis/Hornung/Spiecker gen. Döhmann, Datenschutzrecht, 2019, Art. 88 DSGVO, Rn. 31; siehe hierzu 4.1.3.

[762] *Maschmann*, in: Kühling/Buchner, DSGVO/BDSG, 3. Auflage 2020, Art. 88 DSGVO, Rn. 22; *Tiedemann*, in: Sydow, Europäische Datenschutzgrundverordnung, 2. Auflage 2018, Art. 88 DSGVO, Rn. 19 erwähnt auch die Unionsgrundrechte; *Selk*, in: Ehmann/Selmayr, DSGVO, 2. Auflage 2018, Art. 88 DSGVO, Rn. 141; *Seifert*, in: Simitis/Hornung/Spiecker gen. Döhmann, Datenschutzrecht, 2019, Art. 88 DSGVO, Rn. 31.

[763] *Seifert*, in: Simitis/Hornung/Spiecker gen. Döhmann, Datenschutzrecht, 2019, Art. 88 DSGVO, Rn. 31; siehe hierzu 4.2.1.

[764] *Selk*, in: Ehmann/Selmayr, DSGVO, 2. Auflage 2018, Art. 88 DSGVO, Rn. 141.

Abs. 1 UAbs. 1 S. 1 lit. f DSGVO ist zwar nicht identisch mit dem des Art. 88 Abs. 2 DSGVO, dennoch soll in der Sache das gleiche gelten.[765]

Auch im Rahmen des Art. 88 Abs. 2 DSGVO muss eine solche Abwägung erfolgen, um überhaupt die berechtigten Interessen des Beschäftigten, zu deren Wahrung der Arbeitgeber als Verantwortlicher konkrete Maßnahmen ergreifen muss, zu identifizieren. Da nicht jegliches Interesse der betroffenen Person schutzwürdig ist, müssen die berechtigten Interessen des Arbeitgebers herausgearbeitet werden und denen des Betroffenen gegenübergestellt werden. Hierzu müssen insbesondere wieder die grundrechtlichen Wertungen herangezogen werden. Um den zu schützenden Rechten der Beschäftigten gerecht werden zu können, ist ein weites Verständnis des Begriffs des berechtigten Interesses zugrunde zu legen.[766]

Bei Maßnahmen zum Schutz der berechtigten Interessen des Beschäftigten kann es sich beispielsweise um solche handeln, die das Fragerecht bei der Begründung eines Beschäftigungsverhältnisses zum Gegenstand haben, die heimliche Überwachung im Beschäftigungsverhältnis ausdrücklich ausschließen, die Lokalisierung von Beschäftigten begrenzen, umfassende Bewegungsprofile, Dauerüberwachungen oder die Verwendung biometrischer Daten zu Authentifizierungs- und Autorisierungszwecken ausschließen.[767]

5.2.4.3 Die Beispiele in Art. 88 Abs. 2 DSGVO

Wie sich aus dem Wortlaut des Art. 88 Abs. 2 DSGVO („insbesondere") ergibt, hebt der Unionsgesetzgeber bestimmte Aspekte des Schutzes der Beschäftigten exemplarisch besonders hervor, ohne dass es sich hierbei um zwingende Mindestinhalte etwaiger Regelungen handelt.[768] Für den Bereich der Mitarbeiterüberwachung spielen insbesondere die geeigneten und besonderen Maßnahmen, die zum Zwecke der Transparenz der Verarbeitung getroffen werden müssen, sowie die, die mit Blick auf Überwachungssysteme getroffen werden müssen, eine besondere Rolle.

5.2.4.3.1 Transparenz

Art. 88 Abs. 2 DSGVO fordert, dass die spezifischen Vorschriften nach Art. 88 Abs. 1 DSGVO geeignete und besondere Maßnahmen zur Wahrung der Transparenz enthalten. Die Transparenz der Verarbeitung wird in Art. 5 Abs. 1 lit. a DSGVO ausdrücklich als Grundsatz des Datenschutzes benannt. Die Vorgabe meint die allgemeinen Informationspflichten nach Art. 13 f. DSGVO sowie das Auskunftsrecht nach Art. 15 DSGVO, über die der Verantwortliche den Beschäftigten in einer klaren und einfachen Sprache zu unterrichten hat (Art. 12 Abs. 1 S. 1, EwG 39 DSGVO).[769] Für Kollektivvereinbarungen ergibt sich hieraus i.V.m. § 26 Abs. 4 BDSG auch das Gebot, dass in diesen die Kollektivvereinbarung ausdrücklich als datenschutzrechtlicher Erlaubnistatbestand bezeichnet wird, beispielsweise in der Präambel.[770]

---

[765] *Maschmann*, in: Kühling/Buchner, DSGVO/BDSG, 3. Auflage 2020, Art. 88 DSGVO, Rn. 43; *Forst*, in: Auernhammer, DSGVO/BDSG, 7. Auflage 2020, Art. 88 DSGVO, Rn. 28; *Wedde*, in: Däubler/Wedde/Weichert/Sommer, DSGVO/BDSG, 2. Auflage 2020, Art. 88 DSGVO, Rn. 29.

[766] *Wedde*, in: Däubler/Wedde/Weichert/Sommer, DSGVO/BDSG, 2. Auflage 2020, Art. 88 DSGVO, Rn. 29.

[767] *Wedde*, in: Däubler/Wedde/Weichert/Sommer, DSGVO/BDSG, 2. Auflage 2020, Art. 88 DSGVO, Rn. 31, der die Beispiele BT-Drs. 18/11325, 97 entnimmt.

[768] Siehe hierzu 5.2.4.1.

[769] *Maschmann*, in: Kühling/Buchner, DSGVO/BDSG, 3. Auflage 2020, Art. 88 DSGVO, Rn. 47; *Wedde*, in: Däubler/Wedde/Weichert/Sommer, DSGVO/BDSG, 2. Auflage 2020, Art. 88 DSGVO, Rn. 34.

[770] *Tiedemann*, in: Sydow, Europäische Datenschutzgrundverordnung, 2. Auflage 2018, Art. 88 DSGVO, Rn. 19; *Wybitul*, NZA 2017, 1488, 1492; aA *Dzida/Grau*, DB 2018, 189, 193.

5.2.4.3.1.1 Formale oder inhaltliche Ausgestaltung als Anknüpfungspunkt?

Nicht eindeutig ist, ob sich das Tranzparenzerfordernis auf die formale oder die inhaltliche Ausgestaltung von Rechtsvorschriften und Kollektivvereinbarungen bezieht.

Nach einer Auffassung bezieht sich das Transparenzgebot eindeutig auf die von den spezifischen Vorschriften ermöglichte Datenverarbeitung und nicht auf deren formale Ausgestaltung.[771] Teilweise wird aus diesem Grund die Wiederholung der Art. 12 ff. DSGVO als unnötig und der Rechtssicherheit abträglich angesehen.[772] Zwar lässt sich EwG 41 S. 2 DSGVO als Wertung entnehmen, dass eine transparente Regelung in Vorschriften, insbesondere in Kollektivvereinbarungen, erstrebenswert ist, allerdings sei im Datenschutzrecht eine präzise, technische Sprache erforderlich, die kaum je juristische Laien adressieren könne.[773]

Nach einer anderen Auffassung ist in Betriebsvereinbarungen zumindest eine Bezugnahme auf die Informationspflichten nach Art. 13 f. DSGVO sowie auf die Betroffenenrechte nach Art. 15-22, 34 DSGVO erforderlich.[774] Es stellt sich weitergehend die Frage, ob eine Bezugnahme auf die Betroffenenrechte ausreichend ist, oder ob eine Beschreibung unter weitgehender Wiedergabe des Gesetzeswortlauts erforderlich ist. Nach einer Auffassung ist die bloße Wiedergabe des Gesetzeswortlauts nicht ausreichend.[775] Wie zutreffend angemerkt wird, steht „bereits die Regelungskomplexität [der DSGVO] im Widerspruch zur geforderten Transparenz sowie zum Postulat der Verständlichkeit und der einfachen Sprache"[776]. Aus diesem Grund erscheint weder die eine noch die andere Alternative vorzugswürdig. Werden die Betroffenenrechte unmittelbar in klarer und einfacher Sprache dargelegt, so mag dies zu Lasten der Übersichtlichkeit gehen. Vorteil ist jedoch, dass diese Alternative für die Beschäftigten der „bequemere" Weg ist, da ihnen erspart wird, selbst auf den Gesetzestext zurückgreifen zu müssen. Insofern ist der unmittelbare Informationsgehalt höher. Auch wenn es sachgerecht ist, dem Beschäftigten zuzumuten, sich nach einem Hinweis des Arbeitgebers selbst über seine Rechte zu informieren, so stellt dies die arbeitnehmerfreundlichere Alternative dar. Eine zwingende Anforderung ist dies jedoch nicht. Insbesondere dem Wortlaut des Art. 12 Abs. 1 S. 1 DSGVO lässt sich ein solches Erfordernis nicht entnehmen. Art. 12 Abs. 1 S. 1 DSGVO spricht davon, dass der Verantwortliche geeignete Maßnahmen zu treffen hat, um der betroffenen Person alle Informationen gemäß den Art. 13 f. und alle Mitteilungen gemäß den Art. 15-22 und Art. 34, die sich auf die Verarbeitung beziehen, in präziser, transparenter, verständlicher und leicht zugänglicher Form in einer klaren und einfachen Sprache zu übermitteln.

Ausreichend dürfte es jedoch sein, wenn die Informationspflichten in einer Rahmenvereinbarung geregelt werden, auf die Bezug genommen wird.[777]

5.2.4.3.1.2 Verdeckte Überwachungsmaßnahmen

Stark beschränkt ist der Grundsatz der Transparenz durch heimliche Überwachungsmaßnahmen.

5.2.4.3.1.2.1 Zulässigkeit

---

[771] *Riesenhuber*, in: Wolff/Brink, BeckOK Datenschutzrecht, 40. Edition, Stand: 1.2.2022, Art. 88 DSGVO, Rn. 85.

[772] *Riesenhuber*, in: Wolff/Brink, BeckOK Datenschutzrecht, 40. Edition, Stand: 1.2.2022, Art. 88 DSGVO, Rn. 86.

[773] *Riesenhuber*, in: Wolff/Brink, BeckOK Datenschutzrecht, 40. Edition, Stand: 1.2.2022, Art. 88 DSGVO, Rn. 86.

[774] *Sörup*, ArbRAktuell 2016, 207, 210.

[775] *Tiedemann*, in: Sydow, Europäische Datenschutzgrundverordnung, 2. Auflage 2018, Art. 88 DSGVO, Rn. 19.

[776] *Sörup*, ArbRAktuell 2016, 207, 210.

[777] *Sörup*, ArbRAktuell 2016, 207, 208.

Nach teilweise vertretener Auffassung sind jegliche Formen verdeckter Überwachung, wie beispielsweise die heimliche Videoüberwachung oder die heimliche Observation durch einen Privatdetektiv oder die Schrankkontrolle in Abwesenheit eines Beschäftigten durch geeignete und besondere Maßnahmen zu unterbinden.[778] Allein Art. 23 DSGVO erlaube Beschränkungen durch gesetzgeberische Maßnahmen.[779] Eine ständige höchstrichterliche Rechtsprechung – wie sie in § 26 Abs. 1 BDSG kodifiziert werden sollte – genüge nicht den Anforderungen des Art. 23 DSGVO.[780] Heimliche Datenverarbeitungsvorgänge, insbesondere heimliche Ermittlungsmaßnahmen wie eine heimliche Videoüberwachung sollen nach einer Auffassung danach grundsätzlich unzulässig sein.[781]

Allerdings hat der Arbeitgeber im Einzelfall durchaus ein berechtigtes und auch grundrechtlich durch Art. 14 GG, Art. 16, 17 GRCh geschütztes Interesse daran, heimliche Überwachungsmaßnahmen vorzunehmen, da sichtbare bisweilen nicht gleich effektiv sind.[782] Wie sich in Art. 6 Abs. 1 UAbs. 1 S. 1 lit. f DSGVO zeigt, sieht auch die DSGVO grundsätzlich eine Interessenabwägung im Einzelfall als erforderlich an, welche stets zu Ungunsten des Verantwortlichen ausfallen würde, würde man heimliche Überwachungsmaßnahmen pauschal als unzulässig erachten.[783] Daran ändert auch der Wortlaut des Art. 88 Abs. 2 DSGVO nichts, der die Grundrechte und Interessen des Arbeitgebers außer Acht lässt. Indem auf die Grundrechte des Beschäftigten und dessen berechtigte Interessen Bezug genommen wird, wird impliziert, dass auch die des Arbeitgebers zu berücksichtigen sind. Zum einen sind die Grundrechte des Beschäftigten nicht schrankenlos gewährleistet und können durch andere Grundrechte begrenzt werden, mit denen sie in Ausgleich zu bringen sind. Zum anderen ist Art. 88 Abs. 2 DSGVO unter Bezugnahme auf die „berechtigten Interessen" an Art. 6 Abs. 1 UAbs. 1 S. 1 lit. f DSGVO angelehnt, der ebenfalls eine Abwägung erfordert.

Nach zutreffender Ansicht ergibt sich somit aus Art. 88 Abs. 2 DSGVO kein Verbot heimlicher Ermittlungsmaßnahmen.[784] Art. 88 Abs. 1 DSGVO ist insofern als lex specialis zu Art. 23 Abs. 1 DSGVO zu sehen und ermöglicht, wenn spezifischere Vorschriften im Beschäftigungskontext geschaffen wurden, auch abweichende Regelungen durch Kollektivvereinbarungen.[785]

5.2.4.3.1.2.2 Regelung durch Kollektivvereinbarung

Unabhängig von der Frage, ob heimliche Formen der Mitarbeiterüberwachung auch nach Inkrafttreten der DSGVO per se noch zulässig sind, stellt sich die Frage, ob Einschränkungen des Transparenzprinzips durch Kollektivvereinbarungen erfolgen können. Nach einer Auffassung können die Vorschriften zur Transparenz nach den Art. 12 ff. DSGVO jedoch durch spezifischere Regelungen in Kollektivvereinbarungen verdrängt werden.[786] Grundsätzlich machen es

---

[778] *Wedde*, in: Däubler/Wedde/Weichert/Sommer, DSGVO/BDSG, 2. Auflage 2020, Art. 88 DSGVO, Rn. 37; *Maschmann*, in: Kühling/Buchner, DSGVO/BDSG, 3. Auflage 2020, Art. 88 DSGVO, Rn. 47; *Pauly*, in: Paal/Pauly, DSGVO/BDSG, 3. Auflage 2021, Art. 88 DSGVO, Rn. 14.

[779] *Maschmann*, in: Kühling/Buchner, DSGVO/BDSG, 3. Auflage 2020, Art. 88 DSGVO, Rn. 47; *Paal,* in: Paal/Pauly, DSGVO/BDSG, 3 Auflage 2021, Art. 88 DSGVO, Rn. 14.

[780] *Maschmann*, in: Kühling/Buchner, DSGVO/BDSG, 3. Auflage 2020, Art. 88 DSGVO, Rn. 47.

[781] *Maschmann*, in: Kühling/Buchner, DSGVO/BDSG, 3. Auflage 2020, Art. 88 DSGVO, Rn. 47; *Koreng*, in: Taeger/Gabel, 4. Auflage 2022, Art. 23 DSGVO, Rn. 11; *Dix*, in: Simitis/Hornung/Spiecker gen. Döhmann, Datenschutzrecht, 2019, Art. 23 DSGVO, Rn. 12.

[782] *Byers*, NZA 2017, 1086, 1090.

[783] *Byers*, NZA 2017, 1086, 1090.

[784] *Maier/Ossoining*, in: Roßnagel 2017, § 4, Rn. 49.

[785] *Seifert*, in: Simitis/Hornung/Spiecker gen. Döhmann, Datenschutzrecht, 2019, Art. 88 DSGVO, Rn. 35

[786] *Riesenhuber*, in: Wolff/Brink, BeckOK Datenschutzrecht, 40. Edition, Stand: 1.2.2022, Art. 88 DSGVO, Rn. 87.

nach EwG 60 S. 1 DSGVO die Grundsätze einer fairen und transparenten Verarbeitung erforderlich, dass die betroffene Person über die Existenz des Verarbeitungsvorgangs und seine Zwecke unterrichtet wird. Nach EwG 61 S. 1 DSGVO sollte dem Betroffenen grundsätzlich zum Zeitpunkt der Erhebung mitgeteilt werden, dass ihn betreffende personenbezogene Daten verarbeitet werden. Bei heimlichen Überwachungsmaßnahmen wie beispielsweise der heimlichen Videoüberwachung ist dies nicht der Fall. Vielmehr werden die Betroffenen gerade nicht von der Überwachung unterrichtet, weil dies den Ermittlungserfolg gefährden würde.

Jedoch schließt Art. 88 Abs. 2 DSGVO, mit seiner Forderung, dass insbesondere im Hinblick auf die Transparenz der Verarbeitung allgemeine und besondere Maßnahmen ergriffen werden müssen, heimliche Ermittlungsmaßnahmen noch nicht aus. Denn das Transparenzprinzip manifestiert sich neben Art. 5 Abs. 1 lit. a DSGVO in den Art. 12 ff. DSGVO. Art. 23 DSGVO erlaubt durchaus Beschränkungen des Transparenzprinzips, jedoch nur durch Gesetz.[787]

Es stellt hier demnach die Frage, in welchem Verhältnis Art. 88 DSGVO zu anderen Öffnungsklauseln steht. Denn denkbar wäre es, dass Art. 88 Abs. 1 DSGVO Regelungen sowohl durch Rechtsvorschriften als auch durch Kollektivvereinbarungen zulässt, solange diese die Verarbeitung personenbezogener Daten im Beschäftigungskontext betreffen und insoweit andere Öffnungsklauseln als lex specialis verdrängt.

Dagegen spricht, dass Art. 23 DSGVO eine Öffnungsklausel darstellt, die explizit Beschränkungen nur durch Rechtsvorschriften zulässt und zwar für den speziellen Bereich der Beschränkung der Art. 12 ff. DSGVO. Da heimliche Ermittlungsmaßnahmen typischerweise besonders tief in die Grundrechte des Betroffenen eingreifen und dem Betroffenen insbesondere vorbeugende Rechtsschutzmöglichkeiten faktisch abgeschnitten werden, soll eine solche Entscheidung dem Gesetzgeber überlassen bleiben. Auch eine ständige höchstrichterliche Rechtsprechung, die Anforderungen an die heimliche Überwachung stellt, genügt diesen Anforderungen nicht.[788] Auch mit Blick auf EwG 10 S. 1 DSGVO ist diese Auslegung vorzugswürdig. Der europäische Gesetzgeber wollte mit der DSGVO ein gleichmäßiges und hohes Schutzniveau in allen Mitgliedstaaten gewährleisten. Durch Betriebsvereinbarungen werden zwar einerseits sachgerechte und maßgeschneiderte Lösungen für den Einzelfall durch die Betriebspartner geschaffen. Andererseits geht mit ihnen eine Rechtszersplitterung in der Union einher. So war in der ursprünglichen Fassung des Kommissionsentwurfs noch keine Übertragung von Rechtssetzungskompetenzen auf die Parteien einer Kollektivvereinbarung vorgesehen. Erst im Parlamentsentwurf wurde dieser aufgenommen und schließlich im Ratsentwurf in EwG 124 um die explizite Nennung von Betriebsvereinbarungen ergänzt.[789] Der Trilog übernahm letztlich den Vorschlag des Rates in EwG 155. Die in sich abgeschlossen geregelten Komplexe der DSGVO würden unterlaufen werden, wenn durch eine ausufernde Auslegung des Art. 88 Abs. 1 DSGSVO für jeden Bereich im Beschäftigungsverhältnis Sonderregelungen geschaffen werden könnten.

Allerdings spricht für eine Regelungsmöglichkeit durch Kollektivvereinbarung, dass Art. 88 Abs. 1 DSGVO insbesondere auch Kollektivvereinbarungen zum Schutze des Eigentums der Arbeitgeber zulässt und Art. 88 Abs. 2 DSGVO auf die berechtigten Interessen und Grundrechte der betroffenen Person verweist, was jedoch mit Blick auf Art. 1 Abs. 2 DSGVO impliziert, dass eine Abwägung mit den grundrechtlich geschützten Interessen des Arbeitgebers erfolgen muss. Denn im Beschäftigungsverhältnis gibt der Arbeitgeber typischerweise seine Res-

---

[787] Ebenso: *Maschmann*, in: Kühling/Buchner, DSGVO, 3. Auflage 2020, Art. 88 DSGVO, Rn. 47.

[788] *Maschmann*, in: Kühling/Buchner, DSGVO, 3. Auflage 2020, Art. 88 DSGVO, Rn. 23, 47.

[789] Art. 82 Abs. 1 S. 2 in der Fassung des Standpunkts des Europäischen Parlaments v. 12.3.2014, P7_TC1-COD(2012)0011.

sourcen dem Arbeitnehmer preis, was diesem besondere Angriffsmöglichkeiten bietet. Das Eigentumsrecht nach Art. 17 GRCh gebietet es, dem Arbeitgeber zu ermöglichen, sich hiervor zu schützen. Ist insbesondere der Betriebsrat involviert, so kann davon ausgegangen werden, dass sich mit diesem und dem Arbeitgeber zwei gleich starke Verhandlungspartner gegenüberstehen, sodass den Rechten der Beschäftigten angemessen Rechnung getragen wird.

5.2.4.3.1.2.3 Zwischenergebnis

Somit steht Art. 88 Abs. 2 DSGVO heimlichen Überwachungsmaßnahmen im Beschäftigungsverhältnis nicht entgegen. Solche können insbesondere auch durch Kollektivvereinbarungen geregelt werden.

5.2.4.3.2 Mitarbeiterüberwachung

Art. 88 Abs. 2 DSGVO erwähnt ausdrücklich, dass geeignete und besondere Maßnahmen mit Blick auf Überwachungssysteme am Arbeitsplatz ergriffen werden müssen.

Bei der Überwachung am Arbeitsplatz handelt es sich um einen „Vorgang, mit dem die Person oder das Verhalten eines Beschäftigten oder das Geschehen am Arbeitsplatz laufend oder stichprobenartig beobachtet oder verfolgt wird und zwar, wie teleologisch zu ergänzen ist, in einer Weise, dass personenbezogene Daten verarbeitet werden oder verarbeitet werden können."[790] Die Norm erfasst dabei nur „Systeme" zur Überwachung, wobei ein System der Überwachung wohl schon gegeben ist, wenn eine Überwachung regelhaft erfolgt.[791]

Dass die Überwachung am Arbeitsplatz mit besonderen, gesteigerten Gefahren für das allgemeine Persönlichkeitsrecht der betroffenen Beschäftigten einhergeht, ist evident, insbesondere, da diese sich der Überwachungsmaßnahme nicht entziehen können und ihr regelmäßig ausgesetzt sind, wodurch eine Vielzahl an Daten anfällt. Aus diesem Grund sind auch besondere Maßnahmen erforderlich, um den Gefahren zu begegnen.

Besondere Maßnahmen, die den gesteigerten Gefahren entgegenwirken können, sind beispielsweise enge Tatbestandsvoraussetzungen, die für die Zulässigkeit einer Datenverarbeitung definiert werden. Dies gebietet eine möglichst enge Definition des Zwecks oder das Anknüpfen an einen konkreten Verdacht.[792]

Da Art. 88 Abs. 2 DSGVO von „Systemen" spricht, sind in der Regel nicht automatisierte Kontrollverfahren nicht erfasst.[793] Der Begriff umfasst jedes optische, mechanische, akustische oder elektronische Gerät, das dazu bestimmt ist, personenbezogene Daten über den Arbeitnehmer zu erheben, wie beispielsweise Kameras, Stechuhren oder Abhörgeräte.[794] Ausreichend ist jedoch, dass die Überwachung nur örtlich und zeitlich punktuell und nicht umfassend erfolgt. Denn hierdurch würde Art. 88 Abs. 2 DSGVO deutlich an Bedeutung verlieren und der durch Art. 7, 8 GrCh, Art. 8 EMRK, Art. 2 Abs. 1 i.V.m. Art. 1 Abs. 1 GG gewährleistete grundrechtliche Schutz verkürzt.[795] Denn selbst wenn beispielsweise eine Videoüberwachung nur räumlich beschränkt ist, stellt sie einen intensiven Eingriff in die Grundrechte der betroffenen Person dar.

---

[790] *Zöll,* in: Taeger/Gabel, DSGVO/BDSG/TTDSG, 4. Auflage 2022, Art. 88 DSGVO, Rn. 34; *Riesenhuber,* in: Wolff/Brink, BeckOK Datenschutzrecht, 27. Edition, Stand: 1.11.2018, Art.88 DSGVO, Rn. 91; *Wedde,* in: Däubler/Wedde/Weichert/Sommer, DSGVO/BDSG, 2. Auflage 2020, Art. 88 DSGVO, Rn. 47, der auf den Begriff in § 87 Abs. 1 Nr. 6 BetrVG verweist.

[791] *Zöll,* in: Taeger/Gabel, DSGVO/BDSG/TTDSG, 4. Auflage 2022, Art. 88 DSGVO, Rn. 34.

[792] *Forst,* in: Auernhammer, DSGVO/BDSG, 7. Auflage 2020, Art. 88 DSGVO, Rn. 33.

[793] *Pauly,* in: Paal/Pauly, DSGVO/BDSG, 3. Auflage 2021, Art. 88 Rn. 17.

[794] *Pauly,* in: Paal/Pauly, DSGVO/BDSG, 3. Auflage 2021, Art. 88 DSGVO, Rn. 17.

[795] *Seifert,* in: Simitis/Hornung/Spiecker gen. Döhmann, Datenschutzrecht, 2019, Art. 88 DSGVO, Rn. 42.

Freilich unterfällt insbesondere die Einführung von umfassenden IT-Systemen, die der Auswertung von Kommunikationsinhalten zum Zweck interner Ermittlungen dienen, dem Tatbestand des Art. 88 Abs. 2 DSGVO.[796]

5.2.5 Mitteilungspflicht (Art. 88 Abs. 3 DSGVO)

Nach Art. 88 Abs. 3 DSGVO war jeder Mitgliedstaat verpflichtet, der Kommission bis zum 25. Mai 2018 die Rechtsvorschriften, die er aufgrund von Art. 88 Abs. 1 DSGVO erlässt, sowie unverzüglich alle späteren Änderungen dieser Vorschriften mitzuteilen. Art. 88 Abs. 3 DSGVO bezieht sich ausdrücklich nicht auf Kollektivvereinbarungen, sondern nur auf die in Art. 88 Abs. 1 DSGVO genannten Rechtsvorschriften – anders als Art. 88 Abs. 2 DSGVO, der mit „Vorschriften" sowohl Rechtsvorschriften als auch Kollektivvereinbarungen nach Art. 88 Abs. 1 DSGVO meint. Für Kollektivvereinbarungen besteht also die Mitteilungspflicht des Art. 88 Abs. 3 DSGVO nicht.[797]

Durch die Mitteilungspflicht soll die Kommission die Möglichkeit erlangen, die in der EU bestehenden Regelungen zu dokumentieren und auf ihre Unionsrechtskonformität hin zu überprüfen.[798] Vor dem Hintergrund dieser Zwecksetzung sind auch Rechtsvorschriften, die nach dem 25. Mai 2018 erlassen wurden, zu melden, auch wenn dieser Fall nicht explizit in Art. 88 Abs. 3 DSGVO adressiert wird.[799]

5.2.6 Verhältnis zu anderen Rechtsvorschriften der DSGVO

Da nach hiesigem Begriffsverständnis der Terminus „spezifischere Vorschriften" in Art. 88 Abs. 1 DSGVO Vorschriften zu grundsätzlich allen Verarbeitungssituationen, die sich aus einer Besonderheit des Beschäftigungsverhältnisses ergeben, zulässt, kann nicht nur die materielle Rechtmäßigkeit der Verarbeitung geregelt werden, sondern es können auch darüber hinausgehende Bereiche Gegenstand von Regelungen sein.

Für den Bereich der Betroffenenrechte stellt sich beispielsweise die Frage, inwieweit Abweichungen oder Pauschalierungen für Löschfristen zulässig sind.[800] Ein weiteres Problem stellt sich, wenn Aufgaben im Bereich des Beschäftigtendatenschutzes durch Rechtsvorschriften oder Kollektivvereinbarung auf den Datenschutzbeauftragten übertragen werden sollen, so wenn dieser als Treuhänder im Rahmen der Pseudonymisierung mit der Aufbewahrung eines Teils des Zuordnungsschlüssels betraut werden soll oder wenn er pauschal in die Einführung von Überwachungssystemen mit einbezogen werden soll.[801]

Diese Fragen werden jeweils im Zusammenhang mit den einzelnen Themenkomplexen behandelt. In allen Fällen stellt sich die Frage, in welchem Verhältnis Art. 88 DSGVO zu den Öffnungsklauseln steht, die die jeweiligen Regelungskomplexe jeweils speziell vorhalten. Sieht man Art. 88 DSGVO als umfassende Öffnungsklausel, die abweichende Regelungen zu allen Bereichen der DSGVO zulässt, sind Abweichungen grundsätzlich zu allen Themenkomplexen zulässig. Diese müssen sich dann an den inhaltlichen Schranken des Art. 88 Abs. 1, 2 DSGVO messen lassen. Freilich ist auch hier eine sorgfältige Abwägung der Grundrechte vorzunehmen. Da die DSGVO Ausprägung der vom Gesetzgeber vorgenommenen Abwägung zwischen den Grundrechten und Grundfreiheiten der betroffenen Personen sowie dem freien Datenverkehr

---

[796] *Pauly,* in: Paal/Pauly, DSGVO/BDSG, 3. Auflage 2021, Art. 88 DSGVO, Rn. 17.

[797] *Forst,* in: Auernhammer, DSGVO/BDSG, 7. Auflage 2020, Art. 88 DSGVO, Rn. 34; *Zöll,* in: Taeger/Gabel, DSGVO/BDSG/TTDSG, 4. Auflage 2022, Art. 88 DSGVO, Rn. 35.

[798] *Forst,* in: Auernhammer, DSGVO/BDSG, 7. Auflage 2020, Art. 88 DSGVO, Rn. 34.

[799] *Forst,* in: Auernhammer, DSGVO/BDSG, 7. Auflage 2020, Art. 88 DSGVO, Rn. 34.

[800] *Traut,* RDV 2016, 312, 316 f.

[801] Siehe hierzu 6.10.2.

ist, was aus Art. 1 DSGVO hervorgeht, bilden deren Wertungen das Leitbild, an dem sich jede Abweichung zu orientieren hat.[802]

---

[802] Ähnlich auch *Traut,* RDV 2016, 312, 316 f.

6 Allgemeine Anforderungen der DSGVO und des BDSG an anomaliebasierte Screenings von Mitarbeitern

Die DSGVO sowie das BDSG enthalten eine Reihe von Anforderungen, die nicht speziell bei der Datenverarbeitung im Beschäftigungsverhältnis zu beachten sind, jedoch allgemeine Geltung beanspruchen und daher auch bei Screeningmaßnahmen auf Basis der Anomalieerkennung von Bedeutung sind.

6.1 Die Grundsätze des Datenschutzrechts

Bei der Verarbeitung personenbezogener Daten müssen insbesondere die in Art. 5 DSGVO normierten Grundsätze eingehalten werden. Dies bedeutet zum einen, dass der Verantwortliche bei der Verarbeitung von Beschäftigtendaten übergeordnet den Grundsätzen des Datenschutzrechts genügen muss, was durch eine entsprechende Organisation übergreifender Prozesse im Unternehmen geschehen muss. Allerdings müssen auch die konkrete Überwachungsmaßnahme und insbesondere die technische Ausgestaltung des konkreten Überwachungssystems den Grundsätzen des Datenschutzrechts genügen.

6.1.1 Rolle der Grundsätze

Die Grundsätze des Art. 5 DSGVO sind abstrakt formuliert und bedürfen der Konkretisierung.[803] Sie regeln, welche Anforderungen an eine grundrechtswahrende Verarbeitung personenbezogener Daten zu stellen sind und konkretisieren eben diese Grundrechte.[804] Bei den Grundsätzen handelt es sich um fundamentale Zielsetzungen des Schutzkonzepts der DSGVO und somit um Konkretisierungen der in Art. 1 DSGVO genannten Ziele, auch wenn die Grundsätze selbst konkretisierungsbedürftig sind.[805]

Nach herrschender Meinung handelt es sich nicht um bloße Programmsätze, sondern um verbindliche Regelungen[806] was sich bereits aus dem Wortlaut („müssen") ergibt.[807] Außerdem werden die Grundsätze des Art. 5 DSGVO zu einem großen Teil unmittelbar aus Art. 8 Abs. 2 GRCh hergeleitet.[808] Art. 8 Abs. 2 S. 1 GRCh beinhaltet den Grundsatz der Verarbeitung nach Treu und Glauben, den Zweckbindungsgrundsatz sowie den Rechtmäßigkeitsgrundsatz.[809] Bereits den in der DSRL verwurzelten Grundsätzen des Datenschutzrechts maß der EuGH nicht nur Bedeutung bei der Auslegung bei, sondern er leitete aus den Grundsätzen des Art. 6 Abs. 1 UAbs. 1 S. 1 lit. c-e DSRL sogar die Unzulässigkeit der Datenverarbeitung in der Rs. Google Spain ab.[810] Ein Verständnis der in Art. 5 DSGVO dargelegten Grundsätze als Grundprinzipien

---

[803] *Roßnagel,* in: Simitis/Hornung/Spiecker gen. Döhmann, Datenschutzrecht, 2019, Art. 5 DSGVO, Rn. 25.

[804] *Weichert,* in: in: Däubler/Wedde/Weichert/Sommer, DSGVO/BDSG, 2. Auflage 2020, Art. 5 DSGVO, Rn. 2; *Roßnagel,* in: Simitis/Hornung/Spiecker gen. Döhmann, Datenschutzrecht, 2019, Art. 5 DSGVO, Rn. 20.

[805] *Roßnagel,* in: Simitis/Hornung/Spiecker gen. Döhmann, Datenschutzrecht, 2019, Art. 5 DSGVO, Rn. 20.

[806] *Schantz,* in: Wolff/Brink, BeckOK Datenschutzrecht, 40. Edition, Stand: 1.11.2021, Art. 5 DSGVO, Rn. 2; *Albrecht/Jotzo* 2017, Teil 2, Rn. 1; wohl auch *Roßnagel,* in: Simitis/Hornung/Spiecker gen. Döhmann, Datenschutzrecht, 2019, Art. 5 DSGVO, Rn. 23; *Kramer,* in: Auernhammer, DSGVO/BDSG, 7. Auflage 2020, Art. 5 DSGVO, Rn. 5; *Voigt,* in: Tager/Gabel, DSGVO/BDSG, 4. Auflage 2022, Art. 5 DSGVO, Rn. 1; *Pötters,* in: Gola, DSGVO, 2. Auflage 2018, Art. 5 DSGVO, Rn. 4 bezeichnet die Grundsätze als „verbindliche bzw. allgemeine „Strukturprinzipien", wobei er klarstellt, dass es sich nicht um unverbindliche Vorschriften ohne Regelungscharatker handele.

[807] *Schantz,* in: Wolff/Brink, BeckOK Datenschutzrecht, 40. Edition, Stand: 1.11.2021, Art. 5 DSGVO, Rn. 2; *Roßnagel,* in: Simitis/Hornung/Spiecker gen. Döhmann, Datenschutzrecht, 2019, Art. 5 DSGVO, Rn. 23.

[808] *Schantz,* in: Wolff/Brink, BeckOK Datenschutzrecht, 40. Edition, Stand: 1.11.2021, Art. 5 DSGVO, Rn. 2.

[809] *Heberlein,* in: Ehmann/Selmayr, DSGVO, 2. Auflage 2018, Art. 5 DSGVO, Rn. 2.

[810] EuGH, Rs. 13.5.2014 – C-131/12 (Google Spain), ECLI:EU:C:2014:317, Rn. 93; *Schantz,* in: Wolff/Brink, BeckOK Datenschutzrecht, 36. Edition, Stand: 1.11.2021, Art. 5 DSGVO, Rn. 2.

© Der/die Autor(en), exklusiv lizenziert an
Springer Fachmedien Wiesbaden GmbH, ein Teil von Springer Nature 2023
A. C. Teigeler, *Innentäter-Screenings durch Anomalieerkennung,* DuD-Fachbeiträge, https://doi.org/10.1007/978-3-658-43757-2_6

in Form von Optimierungsgeboten passt grundsätzlich nicht zur Handlungsform einer Verordnung, spiegelt aber deren „Hybridcharakter"[811] als „Richtlinie im Gewand einer Verordnung"[812] wider, der sich auch in der Vielzahl an Öffnungsklauseln zeigt.[813] Die Überschrift „Grundsätze" ist Art. 6 DSRL entlehnt.[814] Dieser Titel war für die Rechtsform der Richtlinie passend, weil Art. 6 DSRL Grundsätze dafür aufstellt, wie die nationalen Gesetzgeber die Rechtslage in den Mitgliedstaaten ausgestalten sollten.[815] Da der Wortlaut des Art. 5 DSGVO die Grundsätze als Pflichten („müssen") formuliert, wird vorgeschlagen, nicht von Grundsätzen, sondern besser von „Grundpflichten" zu sprechen.[816] In jedem Fall handelt es sich nicht nur um Programmsätze, welche allgemein gehaltene Begriffe oder Grundsätze umreißen, aus denen sich keine unmittelbaren Vorgaben ableiten lassen und die nicht einklagbar sind.[817] Denn eine Verletzung der Grundsätze ist nach Art. 83 Abs. 5 lit. a DSGVO sogar bußgeldbewehrt, was ebenfalls gegen eine Einordnung als bloße Programmsätze spricht. Der Verbindlichkeit der Datenschutzgrundsätze steht nicht entgegen, dass sie abstrakt und damit unbestimmt formuliert sind.[818] Die Grundsätze beschreiben einen Idealzustand, den es zur Verwirklichung des Rechts zu erreichen gilt.[819] Es handelt sich um Zielsetzungen für die Gestaltung der Datenverarbeitung. Soweit die Datenschutzgrundsätze keine klaren Ziele vorgeben, gelten sie nicht absolut, sondern es handelt sich um Optimierungsgebote.[820] Da die vorgegebenen Ziele nur mehr oder weniger gut erreicht werden können, geht es um die „Optimierung der Verwirklichung des von ihnen angestrebten Idealzustands"[821].

Bei den Datenschutzgrundsätzen handelt es sich um „allgemeine Strukturprinzipien, die sämtliche Einzelregelungen des EU-Datenschutzrechts als roten Faden durchweben"[822]. Sie bilden eine „allgemeine objektive Ordnung des Datenschutzrechts"[823] und sind damit als objektives Recht auch ohne eine Anordnung der Datenschutzbehörde einzuhalten.[824] Da es sich um Grundsätze handelt, die ihre Konkretisierung in der DSGVO finden, sind diese überdies bei der Auslegung des Datenschutzrechts zu berücksichtigen.[825]

---

[811] *Roßnagel*, in: Simitis/Hornung/Spiecker gen. Döhmann, Datenschutzrecht, 2019, Art. 5 DSGVO, Rn. 25; *Kühling/Martini*, EuZW 2016, 448, 449.

[812] *Roßnagel*, in: Simitis/Hornung/Spiecker gen. Döhmann, Datenschutzrecht, 2019, Art. 5 DSGVO, Rn. 25.

[813] *Frenzel*, in: Paal/Pauly, DSGVO/BDSG, 3. Auflage 2021, Art. 5 DSGVO, Rn. 9; *Roßnagel*, in: Simitis/Hornung/Spiecker gen. Döhmann, Datenschutzrecht, 2019, Art. 5 DSGVO, Rn. 25.

[814] *Reimer*, in: Sydow, Europäische Datenschutzgrundverordnung, 2. Auflage 2018, Art. 5 DSGVO, Rn. 2.

[815] *Reimer*, in: Sydow, Europäische Datenschutzgrundverordnung, 2. Auflage 2018, Art. 5 DSGVO, Rn. 2.

[816] *Reimer*, in: Sydow, Europäische Datenschutzgrundverordnung, 2. Auflage 2018, Art. 5 DSGVO, Rn. 2.

[817] *Kramer*, in: Auernhammer, DSGVO/BDSG, 7. Auflage 2020, Art. 5 DSGVO, Rn. 4.

[818] *Kramer*, in: Auernhammer, DSGVO/BDSG, 7. Auflage 2020, Art. 5 DSGVO, Rn. 6; *Weichert*, in: Däubler/Wedde/Weichert/Sommer, DSGVO/BDSG, 2. Auflage 2020, Art. 5 DSGVO, Rn. 4 f.

[819] *Roßnagel*, in: Simitis/Hornung/Spiecker gen. Döhmann, Datenschutzrecht, 2019, Art. 5 DSGVO, Rn. 21; *Weichert*, in: Däubler/Wedde/Weichert/Sommer, DSGVO/BDSG, 2. Auflage 2020, Art. 5 DSGVO, Rn. 5.

[820] *Frenzel*, in: Paal/Pauly, DSGVO/BDSG, 3. Auflage 2021, Art. 5 DSGVO, Rn. 9; *Weichert*, in: Däubler/Wedde/Weichert/Sommer, DSGVO/BDSG, 2. Auflage 2020, Art. 5 DSGVO, Rn. 6; *Roßnagel*, in: Simitis/Hornung/Spiecker gen. Döhmann, Datenschutzrecht, 2019, Art. 5 DSGVO, Rn. 21; *Kramer*, in: Auernhammer, DSGVO/BDSG, 7. Auflage 2020, Art. 5 DSGVO, Rn. 6.

[821] *Roßnagel*, in: Simitis/Hornung/Spiecker gen. Döhmann, Datenschutzrecht, 2019, Art. 5 DSGVO, Rn. 21; *Weichert*, in: Däubler/Wedde/Weichert/Sommer, DSGVO/BDSG, 2. Auflage 2020, Art. 5 DSGVO, Rn. 6.

[822] *Pötters*, in: Gola, DSGVO, 2. Auflage 2018, Art. 5 DSGVO, Rn. 4.

[823] *Roßnagel*, in: Simitis/Hornung/Spiecker gen. Döhmann, Datenschutzrecht, 2019, Art. 5 DSGVO, Rn. 24.

[824] *Roßnagel*, in: Simitis/Hornung/Spiecker gen. Döhmann, Datenschutzrecht, 2019, Art. 5 DSGVO, Rn. 24; *Herbst*, in: Kühling/Buchner, DSGVO/BDSG, 3. Auflage 2020, Art. 5 DSGVO, Rn. 1.

[825] *Roßnagel*, in: Simitis/Hornung/Spiecker gen. Döhmann, Datenschutzrecht, 2019, Art. 5 DSGVO, Rn. 25; *Kramer*, in: Auernhammer, DSGVO/BDSG, 7. Auflage 2020, Art. 5 DSGVO, Rn. 6.

Beim Einsatz technischer Überwachungssysteme ist insbesondere Art. 25 DSGVO zu beachten, der darauf hinweist, dass der Verantwortliche unter Berücksichtigung der dort genannten Faktoren insbesondere verpflichtet ist, geeignete technische und organisatorische Maßnahmen zu treffen, um die Datenschutzgrundsätze wirksam umzusetzen.[826]

Nach § 26 Abs. 5 BDSG muss der Verantwortliche geeignete Maßnahmen ergreifen, um sicherzustellen, dass insbesondere die Datenschutzgrundsätze nach Art. 5 DSGVO eingehalten werden.

Schuldig bleibt der Gesetzgeber eine Erklärung, was unter dem Begriff „geeignete Maßnahmen" zu verstehen ist. In der Gesetzesbegründung ist von geeigneten technischen und organisatorischen Maßnahmen die Rede, mittels derer die Grundsätze der Datenverarbeitung gewährleistet werden sollen.[827] Allerdings wird auch in der Begründung nur zum Ausdruck gebracht, was die Grundsätze der DSGVO ohnehin schon besagen und darauf verwiesen, dass der Verantwortliche verpflichtet ist, Maßnahmen der Datensicherheit zu ergreifen.[828]

In der DSGVO enthält insbesondere Art. 32 Abs. 1 DSGVO einen nicht abschließenden Katalog technischer und organisatorischer Maßnahmen, die auf die Herstellen der Sicherheit der Verarbeitung abzielen.

6.1.2   Der Grundsatz der Rechtmäßigkeit der Verarbeitung

Nach Art. 5 Abs. 1 lit. a DSGVO müssen personenbezogene Daten auf rechtmäßige Weise, nach Treu und Glauben und in einer für die betroffene Person nachvollziehbaren Weise verarbeitet werden. Der Grundsatz der Rechtmäßigkeit findet sich in Art. 8 Abs. 2 S. 1 GRCh, wonach personenbezogene Daten nur mit Einwilligung der betroffenen Person oder auf einer sonstigen gesetzlich legitimierten Grundlage verarbeitet werden dürfen.

Der Grundsatz der Rechtmäßigkeit folgt nicht dem Verbotsprinzip[829] und führt nicht zu einem Verbot mit Erlaubnisvorbehalt[830], wie die herrschende Meinung annimmt.[831] Ein Verbot mit Erlaubnisvorbehalt stellt eine gesetzliche Regelung dar, die eine Handlung so lange verbietet, bis diese durch eine Verwaltungsbehörde im Einzelfall in einem gesetzlich vorgesehenen Genehmigungsverfahren gestattet worden ist.[832] Ziel ist eine Vormarktkontrolle, die gewährleisten soll, dass präventiv durch eine Behörde überprüft wird, ob die gesetzlichen Voraussetzungen eingehalten werden.[833] Dies ist aber bei der Rechtmäßigkeitsprüfung im Datenschutzrecht nicht der Fall.[834]

---

[826] Siehe hierzu 6.4.

[827] BT-Drs. 18/11325, 98.

[828] BT-Drs. 18/11325, 98.

[829] So aber *Schneider/Härting*, ZD 2012, 199, 202; *Veil*, ZD 2015, 347; *Buchner/Petri*, in: Kühling/Buchner, DSGVO/BDSG, 3. Auflage 2020, Art. 6 DSGVO, Rn. 1; *Schulz*, in: Gola, DSGVO, 2. Auflage 2018, Art. 6 DSGVO, Rn. 2.

[830] *Kramer*, in: Auernhammer, DSGVO/BDSG, 7. Auflage 2020, Art. 5 DSGVO, Rn. 10; *Pötters*, in: Gola, DSGVO, 2. Auflage 2018, Art. 5 DSGVO, Rn. 6; *Reimer*, in: Sydow, Europäische Datenschutzgrundverordnung, 2. Auflage 2018, Art. 5 DSGVO, Rn. 13; *Weichert*, in: Däubler/Wedde/Weichert/Sommer, DSGVO/BDSG, 2. Auflage 2020, Art. 5 DSGVO, Rn. 16; *Buchner/Petri*, in: Kühling/Buchner, DSGVO/BDSG, 3. Auflage 2020, Art. 6 DSGVO, Rn. 1; *Schulz*, in: Gola, DSGVO, 2. Auflage 2018, Art. 6 DSGVO, Rn. 2.

[831] *Roßnagel*, in: Simitis/Hornung/Spiecker gen. Döhmann, Datenschutzrecht, 2019, Art. 5 DSGVO, Rn. 36.

[832] *Roßnagel*, in: Simitis/Hornung/Spiecker gen. Döhmann, Datenschutzrecht, 2019, Art. 5 DSGVO, Rn. 36.

[833] *Roßnagel*, in: Simitis/Hornung/Spiecker gen. Döhmann, Datenschutzrecht, 2019, Art. 5 DSGVO, Rn. 36.

[834] *Roßnagel*, in: Simitis/Hornung/Spiecker gen. Döhmann, Datenschutzrecht, 2019, Art. 5 DSGVO, Rn. 36.

Die Datenverarbeitung ist nicht im Sinne eines Verbotsprinzips grundsätzlich verboten, sondern nur unter bestimmten Bedingungen erlaubt, die sich aus den gesetzlichen Erlaubnistatbeständen, wie sie insbesondere in Art. 6 Abs. 1 UAbs. 1 S. 1 DSGVO geregelt sind, ergeben.[835] Grundlage für die in Art. 6 Abs. 1 UAbs. 1 S. 1 DSGVO genannten Erlaubnistatbestände sind Abwägungen des Grundrechts auf Datenschutz mit anderen Grundrechten.[836]

Der Grundsatz der Rechtmäßigkeit ist eng zu verstehen und fordert lediglich, dass der Datenverarbeitungsvorgang von einer Rechtsgrundlage nach Art. 6 Abs. 1 UAbs. 1 S. 1 S. 1 DSGVO gedeckt ist und den übrigen materiellen Rechtmäßigkeitsvoraussetzungen, z.B. denen des Art. 44 DSGVO oder den besonderen Voraussetzungen der der Einwilligung, entspricht.[837] Er erstreckt sich demgegenüber nicht auf die Art und Weise der Datenverarbeitung.[838] Ein solch weites Begriffsverständnis würde dazu führen, dass der Bußgeldtatbestand des Art. 83 Abs. 5 lit. a DSGVO praktisch jeden Verstoß gegen die DSGVO blankettartig erfassen würde, was mit Blick auf den Bestimmtheitsgrundsatz problematisch erscheint.[839] Für dieses Verständnis spricht auch die Formulierung des Art. 8 Abs. 2 GRCh.[840] Darin finden sich einige der in Art. 5 DSGVO genannten Grundsätze. Der Grundsatz der Rechtmäßigkeit spiegelt sich in der Formulierung „mit Einwilligung der betroffenen Person oder auf einer sonstigen gesetzlich geregelten legitimen Grundlage" wider, was einem engen Verständnis der Rechtmäßigkeit entspricht.[841]

Im Falle der Mitarbeiterüberwachung kommen als Rechtsgrundlage vor allem Betriebsvereinbarungen sowie § 26 BDSG in Betracht. Im Einzelfall mag auch eine Einwilligung als Rechtsgrundlage dienen, jedoch ist bei Maßnahmen der Mitarbeiterüberwachung die Anforderung der Freiwilligkeit praktisch nur schwer umsetzbar.

Grundsätzlich kann ein Datenverarbeitungsvorgang auch auf mehrere Erlaubnistatbestände nebeneinander gestützt werden.[842] Auf diese Weise ist es möglich auch dann, wenn eine Rechtsgrundlage wegfällt, den Datenverarbeitungsvorgang fortzuführen. Allerdings gebieten es der Grundsatz von Treu und Glauben sowie der Grundsatz der Transparenz, die betroffene Person über das Vorhandensein einer weiteren Rechtsgrundlage zu informieren.[843] Grundsätzlich sollte eine primäre Rechtsgrundlage festgelegt und sichergestellt werden, dass deren Voraussetzungen – aufgrund der Rechenschaftspflicht nach Art. 5 Abs. 2 DSGVO nachweislich – eingehalten wurden.[844] Eine Einwilligung sollte nur dann als zusätzliche Sicherheit eingeholt werden, wenn Rechtsunsicherheit dahingehend besteht, ob die Voraussetzungen der anderen Rechtsgrundlage gegeben sind.[845] Dann sollte aber darüber informiert werden, dass „auch im Falle eines Widerrufs eine Verarbeitung auf gesetzlicher Grundlage nicht ausgeschlossen ist".[846]

---

[835] *Roßnagel*, in: Simitis/Hornung/Spiecker gen. Döhmann, Datenschutzrecht, 2019, Art. 5 DSGVO, Rn. 35.

[836] *Roßnagel*, in: Simitis/Hornung/Spiecker gen. Döhmann, Datenschutzrecht, 2019, Art. 5 DSGVO, Rn. 35.

[837] *Voigt*, in: Taeger/Gabel, DSGVO/BDSG/TTDSG, 4. Auflage 2022, Art. 5 DSGVO, Rn. 10; *Herbst*, in: Kühling/Buchner, DSGVO/BDSG, 3. Auflage 2020, Art. 5 DSGVO, Rn. 10 ff.; aA *Roßnagel*, in: Simitis/Hornung/Spiecker gen. Döhmann, Datenschutzrecht, 2019, Art. 5 DSGVO, Rn. 38 f.

[838] So *Roßnagel*, in: Simitis/Hornung/Spiecker gen. Döhmann, Datenschutzrecht, 2019, Art. 5 DSGVO, Rn. 38.

[839] *Voigt*, in: Taeger/Gabel, DSGVO/BDSG/TTDSG, 4. Auflage 2022, Art. 5 DSGVO, Rn. 9; *Herbst*, in: Kühling/Buchner, DSGVO/BDSG, 3. Auflage 2020, Art. 5 DSGVO, Rn. 10.

[840] *Herbst*, in: Kühling/Buchner, DSGVO/BDSG, 3. Auflage 2020, Art. 5 DSGVO, Rn. 10.

[841] *Herbst*, in: Kühling/Buchner, DSGVO/BDSG, 3. Auflage 2020, Art. 5 DSGVO, Rn. 10.

[842] *Voigt*, in: Taeger/Gabel, DSGVO/BDSG/TTDSG, 4. Auflage 2022, Art. 5 DSGVO, Rn. 12; *Schulz*, in: Gola, DSGVO, 2. Auflage 2018, Art. 6 DSGVO, Rn. 12.

[843] *Voigt*, in: Taeger/Gabel, DSGVO/BDSG/TTDSG, 4. Auflage 2022, Art. 5 DSGVO, Rn. 12; *Schulz*, in: Gola, DSGVO, 2. Auflage 2018, Art. 6 DSGVO, Rn. 12.

[844] *Voigt*, in: Taeger/Gabel, DSGVO/BDSG/TTDSG, 4. Auflage 2022, Art. 5 DSGVO, Rn. 12.

[845] *Schulz*, in: Gola, DSGVO, 2. Auflage 2018, Art. 6 DSGVO, Rn. 12.

[846] *Schulz*, in: Gola, DSGVO, 2. Auflage 2018, Art. 6 DSGVO, Rn. 12.

6.1.3 Der Grundsatz der Verarbeitung nach Treu und Glauben

Der Grundsatz der Verarbeitung nach Treu und Glauben stellt sich als konturlos und nur schwer fassbar dar.[847] In der englischen Fassung ist von „fairly" die Rede, in der französischen von „loyal". Die deutsche Übersetzung erinnert an „eines der schillerndsten Begriffspaare des deutschen Zivilrechts"[848], den in § 242 BGB explizit normierten Grundsatz von Treu und Glauben. Unionsrechtliche Begriffe sind jedoch autonom auszulegen, sodass sich ein Rückgriff auf die deutsche zivilrechtliche Dogmatik zu Auslegungszwecken verbietet.[849]

Der Grundsatz der Datenverarbeitung nach Treu und Glauben wird in der GRCh in Art. 8 Abs. 2 S. 1 GRCh explizit erwähnt. Der EuGH hat dort unmittelbar aus ihm Informationspflichten abgeleitet.[850] Allerdings kann sich der Grundsatz nicht hierin erschöpfen, da er neben dem Transparenzprinzip genannt wird und somit nicht mit diesem gleichzusetzen ist.[851] Die Transparenz stellt lediglich eine Ausprägung des Gebots der Verarbeitung nach Treu und Glauben dar, da Verfahrensrechte erforderlich sind, um eine faire Verarbeitung zu gewährleisten.[852] Eine Verarbeitung nach dem Grundsatz von Treu und Glauben erfordert daneben jedoch auch Vorhersehbarkeit in dem Sinne, dass die Verarbeitung innerhalb dessen liegen muss, womit der Betroffene zum Zeitpunkt der Erhebung redlicher Weise hat rechnen müssen.[853] Auf diese Weise kommt ihm die Bedeutung einer objektiven verfahrensrechtlichen Begrenzung des Grundsatzes der Zweckbindung zu.[854]

Es erscheint besser, den Grundsatz, ähnlich wie in der englischen Sprachfassung, mit dem auch im deutschen anerkannten Wort „Fairness" zu umschreiben, statt das in der deutschen Rechtsordnung bereits besetzte Begriffspaar „Treu und Glauben" zu wählen.[855] Bei einem solchen Begriffsverständnis kann der Grundsatz als Auffangtatbestand fungieren, der als Korrektiv dient, wenn eine Datenverarbeitung zwar allen datenschutzrechtlichen Einzelregelungen entspricht, aber dennoch aufgrund von Wertungsgesichtspunkten als unzulässig behandelt werden sollte.[856] Da eine solche Bewertung Haftungsfolgen für den Verantwortlichen nach sich ziehen kann, ist eine restriktive Handhabung angezeigt, um den grundrechtlichen Freiheiten der Verantwortlichen (Art. 11, 13, 16 GRCh) Rechnung zu tragen.[857] Insbesondere im Verhältnis zwischen Privaten, und damit im Verhältnis zwischen Arbeitgeber und Arbeitnehmer, kommt dem Grundsatz der Verarbeitung nach Treu und Glauben aber eine Bedeutung zu, die durchaus der des § 242 BGB ähnelt.[858] Denn vor allem Private, die im Datenschutzrecht über große Möglichkeiten verfügen, dürfen nicht in einer Weise von ihren Möglichkeiten Gebrauch machen, die die verständigen Interessen der anderen Seite unberücksichtigt lassen, beispielsweise wenn

---

[847] *Voigt,* in: Taeger/Gabel, DSGVO/BDSG/TTDSG, 4. Auflage 2022, Art. 5 DSGVO, Rn. 13; *Kramer,* in: Auernhammer, DSGVO/BDSG, 6. Auflage 2018, Art. 5 DSGVO, Rn. 12.

[848] *Voigt,* in: Taeger/Gabel, DSGVO/BDSG/TTDSG, 4. Auflage 2022, Art. 5 DSGVO, Rn. 13.

[849] *Voigt,* in: Taeger/Gabel, DSGVO/BDSG/TTDSG, 4. Auflage 2022, Art. 5 DSGVO, Rn. 13; *Herbst,* in: Kühling/Buchner, DSGVO/BDSG, 3. Auflage 2020, Art. 5 DSGVO, Rn. 13; *Roßnagel,* in: Simitis/Hornung/Spiecker gen. Döhmann, Datenschutzrecht, 2019, Art. 5 DSGVO, Rn. 46.

[850] EuGH, Urt. v. 1.10.2015, Rs. C-201/14 (Bara u.a.), ECLI:EU:C:2015:638, Rn. 32.

[851] *Wolff,* in: Schantz/Wolff 2017, Rn. 392.

[852] *Wolff,* in: Schantz/Wolff 2017, Rn. 58 f.

[853] *Wolff,* in: Schantz/Wolff 2017, Rn. 60; *Voigt,* in: Taeger/Gabel, DSGVO/BDSG/TTDSG, 4. Auflage 2022, Art. 5 DSGVO, Rn. 14.

[854] *Wolff,* in: Schantz/Wolff 2017, Rn. 60.

[855] *Roßnagel,* in: Simitis/Hornung/Spiecker gen. Döhmann, Datenschutzrecht, 2019, Art. 5 DSGVO, Rn. 46; *Reimer,* in: Sydow, Europäische Datenschutzgrundverordnung, 2. Auflage 2018, Art. 5 DSGVO, Rn. 14.

[856] *Roßnagel,* in: Simitis/Hornung/Spiecker gen. Döhmann, Datenschutzrecht, 2019, Art. 5 DSGVO, Rn. 46; *Reimer,* in: Sydow, Europäische Datenschutzgrundverordnung, 2. Auflage 2018, Art. 5 DSGVO, Rn. 14.

[857] *Reimer,* in: Sydow, Europäische Datenschutzgrundverordnung, 2. Auflage 2018, Art. 5 DSGVO, Rn. 14.

[858] *Wolff,* in: Schantz/Wolff 2017, Rn. 393.

die Verarbeitung zu einem Nachteil für die betroffene Person führt, der nicht dem durch die DSGVO beschriebenen Gesamtkonzept eines Kräftegleichgewichts entspricht.[859] Gerade im Beschäftigungsverhältnis besteht zwischen Arbeitgeber als Verantwortlichem und dem Beschäftigten eine Beziehung der Über-/Unterordnung. Gleichzeitig fällt im Beschäftigungsverhältnis eine Vielzahl personenbezogener Daten an. Der Grundsatz der Datenverarbeitung nach Treu und Glauben gebietet aber, dass der Arbeitgeber seine Datenübermacht nicht ausnutzt und sie beispielsweise nicht dazu missbraucht, den Arbeitnehmer einer Totalüberwachung in Form einer umfassenden Verhaltens- und Leistungskontrolle zu unterziehen. Schon der Grundsatz der Zweckbindung nach Art. 5 Abs. 1 lit. b DSGVO fordert, dass bei Erhebung der Daten ein Verarbeitungszweck festgelegt wird. Dieser wird wiederum durch die Vorhersehbarkeit für den redlichen Arbeitnehmer begrenzt.

Nach teilweise vertretener Ansicht werden auch heimliche Überwachungsmaßnahmen, wie der Einsatz von Spyware oder die heimliche Videoüberwachung in der Regel als unfair eingestuft.[860] Solche Maßnahmen würden zugleich dem Grundsatz der Transparenz widersprechen, der z.B. in EwG 60 DSGVO in einem Atemzug mit dem Grundsatz von Treu und Glauben genannt wird.[861] Zum Zeitpunkt der Geltung der DSRL wurde in dem dort verankerten Grundsatz von Treu und Glauben zugleich ein Transparenzgebot in dem Sinne gesehen, dass insbesondere heimliche Überwachungsmaßnahmen ausgeschlossen sein sollten.[862] Allerdings beinhaltet die DSGVO – anders als die DSRL – mittlerweile ausdrücklich den Grundsatz der Transparenz, sodass sich die grundsätzliche Zulässigkeit heimlicher Überwachungsmaßnahmen daran messen lassen muss.[863]

Zu den Rücksichtnahmepflichten gehört es grundsätzlich freilich, die betroffene Person vor einer unklaren Datenverarbeitung zu schützen, sodass dem Grundsatz nach Treu und Glauben ein Vorrang der offenen Datenerhebung zu entnehmen ist.[864] Auch wenn der Grundsatz der Direkterhebung – anders als in § 4 Abs. 3 BDSG a.F. – nicht mehr explizit im Datenschutzrecht verankert ist, kann dieser doch in Art. 5 Abs. 1 lit. a DSGVO insoweit als verwurzelt angesehen werden, als eine offene, bei der betroffenen Person stattfindende Datenerhebung für diese am besten nachvollziehbar ist und ihr die größtmögliche Kontrolle über ihre Daten bietet.[865] Erhebt der Verantwortliche Daten über Dritte oder heimlich, bedarf es hierfür eines sachlichen Grundes.[866] Im Beschäftigungsverhältnis ist ein solcher beispielsweise, dass auf andere Weise ein effektiver Schutz vor Straftaten nicht möglich ist und alle anderen Methoden, um eine Straftat oder schwere Pflichtverletzung aufzudecken, bereits ausgeschöpft wurden.

[859] *Wolff,* in: Schantz/Wolff 2017, Rn. 393; *Herbst,* in: Kühling/Buchner, DSGVO/BDSG, 3. Auflage 2020, Art. 5 DSGVO, Rn. 17; *Roßnagel,* in: Simitis/Hornung/Spiecker gen. Döhmann, Datenschutzrecht, 2019, Art. 5 DSGVO, Rn. 47.

[860] *Pötters,* in: Gola, DSGVO, 2. Auflage 2018, Art. 5 DSGVO, Rn. 9; *Weichert,* in: Däubler/Wedde/Weichert/Sommer, DSGVO/BDSG, 2. Auflage 2020, Art. 5 DSGVO, Rn. 18.

[861] *Pötters,* in: Gola, DSGVO, 2. Auflage 2018, Art. 5 DSGVO, Rn. 9.

[862] Vgl. hierzu *Herbst,* in: Kühling/Buchner, DSGVO/BDSG, 3. Auflage 2020, Art. 5 DSGVO, Rn. 15 m.w.N.

[863] *Herbst,* in: Kühling/Buchner, DSGVO/BDSG, 3. Auflage 2020, Art. 5 DSGVO, Rn. 15 f.; *Roßnagel,* in: Simitis/Hornung/Spiecker gen. Döhmann, Datenschutzrecht, 2019, Art. 5 DSGVO, Rn. 45 weist darauf hin, dass die DSRL keinen Transparenzgrundsatz beinhaltete, weswegen dieser in den Grunsatz von Treu und Glauben hineingelesen werden musste.

[864] *Schantz,* in: Wolff/Brink, BeckOK Datenschutzrecht, 40. Edition, Stand: 1.11.2021, Art 5 DSGVO, Rn. 9.

[865] *Stelljes,* DuD 2016, 787; *Schantz,* in: Wolff/Brink, BeckOK Datenschutzrecht, 40. Edition, Stand: 1.11.2021, Art 5 DSGVO, Rn. 9; aA wohl *Roßnagel,* in: Simitis/Hornung/Spiecker gen. Döhmann, Datenschutzrecht, 2019, Art. 5 DSGVO, Rn. 10.

[866] *Schantz,* in: Wolff/Brink, BeckOK Datenschutzrecht, 40. Edition, Stand: 1.11.2021, Art 5 DSGVO, Rn. 9.

Auch ein Verstoß gegen den Grundsatz der Zweckbindung ist zumeist treuwidrig, beispielsweise wenn belastendes Videomaterial, das zur Aufdeckung und Aufklärung von Straftaten erstellt wurde, zugleich zur Leistungskontrolle von Beschäftigten herangezogen wird.[867] Überdies widerspricht eine Datenverarbeitung dem Grundsatz von Treu und Glauben, wenn sie unverhältnismäßig ist.[868] Teilweise wird der Grundsatz von Treu und Glauben gar mit dem Grundsatz der Verhältnismäßigkeit nach Maßgabe des BDSG a. F. gleichgesetzt.[869]

Treuwidrig ist es außerdem, wenn eine Einwilligung gefordert wird, obwohl die Datenverarbeitung auf eine andere Rechtsgrundlage gestützt werden kann.[870] In diesem Fall wird durch den Hinweis auf das Widerspruchsrecht in Art. 7 Abs. 3 S. 3 DSGVO Vertrauen missbraucht, wenn die Verarbeitung trotz Widerspruchs weitergeführt wird, weil ein gesetzlicher Erlaubnistatbestand gegeben ist.[871] Allerdings gilt dies nur dann, wenn nicht auf die zusätzlichen gesetzlichen Erlaubnistatbestände, die vorliegen, bei Einholung der Einwilligung hingewiesen wurde.[872]

6.1.4 Der Grundsatz der Transparenz der Verarbeitung

Nach Art. 5 Abs. 1 lit. a DSGVO müssen personenbezogene Daten „in einer für die betroffene Person nachvollziehbaren Weise" verarbeitet werden. Primärrechtliche Grundlage des in der DSGVO verankerten Grundsatzes der Transparenz ist Art. 8 Abs. 2 GRCh, der statuiert, dass jeder Person das Recht zukommt, Auskunft über die sie betreffenden erhobenen Daten zu erhalten.[873] Der Grundsatz der Transparenz nach der DSGVO beschränkt sich jedoch nicht auf ein Auskunftsrecht der betroffenen Person, sondern findet seinen Ausdruck auch in den Rechten der betroffenen Person auf Information, die insbesondere in den Art. 13, 14 DSGVO, ebenso wie das Auskunftsrecht in Art. 15 DSGVO konkretisiert werden.[874] Zusammenfassend umfasst er „alle Informationen und Informationsmaßnahmen, die erforderlich sind, damit die betroffene Person überprüfen kann, ob die Datenverarbeitung rechtmäßig ist, und ihre Rechte wahrnehmen kann"[875].

Nach EwG 39 DSGVO sollte für natürliche Personen Transparenz dahingehend bestehen, dass und in welchem Umfang personenbezogene Daten aktuell und künftig verarbeitet werden. Der Grundsatz der Transparenz wird insbesondere durch die Informationspflichten des Verantwortlichen und die Betroffenenrechte nach Art. 12 ff. DSGVO konkretisiert. Nach Art. 12 Abs. 1 S. 1 DSGVO trifft der Verantwortliche geeignete Maßnahmen, um der betroffenen Person alle Informationen gemäß den Artikeln 13 und 14 und alle Mitteilungen gemäß den Artikeln 15 bis 22 und Artikel 34, die sich auf die Verarbeitung beziehen, in präziser, transparenter, verständlicher und leicht zugänglicher Form in einer klaren und einfachen Sprache zu übermitteln.

Speziell für die Mitarbeiterüberwachung stellt sich zukünftig die Frage, wie den Beschäftigten gegenüber die Informationspflichten in formaler Hinsicht erfüllt werden können. Denkbar ist

---

[867] *Pötters*, in: Gola, DSGVO, 2. Auflage 2018, Art. 5 DSGVO, Rn. 9; *Jaspers/Schwartmann/Hermann*, in: Schwartmann/Jaspers/Thüsing/Kugelmann, DSGVO/BDSG, 2. Auflage 2020, Art. 5 DSGVO, Rn. 31.

[868] *Jaspers/Schwartmann/Hermann*, in: Schwartmann/Jaspers/Thüsing/Kugelmann, DSGVO/BDSG, 2. Auflage 2020, Art. 5 DSGVO, Rn. 31.

[869] *Wybitul* 2016, Rn. 67; *Weichert*, in: Däubler/Wedde/Weichert/Sommer, DSGVO/BDSG, 2. Auflage 2020, Art. 5 DSGVO, Rn. 18.

[870] *Roßnagel*, in: Simitis/Hornung/Spiecker gen. Döhmann, Datenschutzrecht, 2019, Art. 5 DSGVO, Rn. 47.

[871] *Roßnagel*, in: Simitis/Hornung/Spiecker gen. Döhmann, Datenschutzrecht, 2019, Art. 5 DSGVO, Rn. 47.

[872] Voigt, in: Taeger/Gabel, DSGVO/BDSG/TTDSG, 4. Auflage 2022, Art. 5 DSGVO, Rn. 14.

[873] *Roßnagel*, in: Simitis/Hornung/Spiecker gen. Döhmann, Datenschutzrecht, 2019, Art. 5 DSGVO, Rn. 49.

[874] *Roßnagel*, in: Simitis/Hornung/Spiecker gen. Döhmann, Datenschutzrecht, 2019, Art. 5 DSGVO, Rn. 50 f.; *Voigt*, in: Taeger/Gabel, DSGVO/BDSG/TTDSG, 4. Auflage 2022, Art. 5 DSGVO, Rn. 18.

[875] *Roßnagel*, in: Simitis/Hornung/Spiecker gen. Döhmann, Datenschutzrecht, 2019, Art. 5 DSGVO, Rn. 50.

die Aufnahme in eine (Rahmen-)Betriebsvereinbarung oder aber auch in Datenschutzerklärungen, die an die Beschäftigten ausgehändigt werden. Selbst wenn jedoch feststeht, wie die Beschäftigten informiert werden, stellt sich die weitere Frage, wie ausführlich die Informationen mit aufgenommen werden müssen und inwieweit Verweise zulässig sind.

Auch die Ausgestaltung der konkreten Überwachungsmaßnahme wird vom Transparenzprinzip beeinflusst. Denn zum Teil wird die nach bisheriger Rechtsprechung des BAG für zulässig gehaltene heimliche Überwachung[876] nun für grundsätzlich unzulässig gehalten.[877]

In jedem Fall kommt gerade bei Überwachungsmaßnahmen dem Grundsatz der Transparenz große Bedeutung zu, da durch eine transparente Datenverarbeitung der Überwachungsdruck und die Sorge vor Kontrollverlust über die personenbezogenen Daten vermindert werden können.[878] Das BVerfG hat bereits im Volkszählungs-Urteil treffend die Informationsasymmetrie durch die Intransparenz der Datenverarbeitung und die Auswirkungen auf das Verhalten des Einzelnen beschrieben:[879] „Wer nicht mit hinreichender Sicherheit überschauen kann, welche ihn betreffenden Informationen in bestimmten Bereichen seiner sozialen Umwelt bekannt sind, und wer das Wissen möglicher Kommunikationspartner nicht einigermaßen abzuschätzen vermag, kann in seiner Freiheit wesentlich gehemmt sein, aus eigener Selbstbestimmung zu planen oder zu entscheiden. Mit dem Recht auf informationelle Selbstbestimmung wären eine Gesellschaftsordnung und eine diese ermöglichende Rechtsordnung nicht vereinbar, in der Bürger nicht mehr wissen, wer was bei welcher Gelegenheit über sie weiß."[880]

Problematisch ist bei computergestützten Auswertungen insbesondere, dass ein technischer Laie die Leistungsfähigkeit intelligenter Überwachungssysteme nicht einschätzen kann.[881] Die Datenverarbeitungsvorgänge müssen demnach in einfacher und klarer, laienverständlicher Sprache aufbereitet werden. Erst eine entsprechend aufbereitete Information entfaltet tatsächlich eingriffsmindernde Wirkung.

Neben der Erteilung von Informationen und Auskünften an die betroffenen Personen kann und muss Transparenz auch durch eine datenschutzfreundliche Systemgestaltung und datenschutzfreundliche Voreinstellungen nach Art. 25 Abs.1, 2 DSGVO sichergestellt werden.[882] Eine weitere Möglichkeit zur Gewährleistung von Transparenz stellen Zertifizierungsverfahren sowie Zertifikate, Datenschutzsiegel und Prüfzeichen nach Art. 42 DSGVO dar.[883]

Geht es um Systeme der Informationstechnik, wie den Einsatz einer softwarebasierten Überwachung im Unternehmen, so gebietet es der Grundsatz der Transparenz, dass für die betroffenen Beschäftigten mit angemessenem Aufwand erkennbar ist, was das System genau verarbeitet, welche Möglichkeiten der Verarbeitung es gibt und welche Veränderungen des Systems hinsichtlich der Verarbeitung sich mit der Zeit ergeben können.[884] In Betriebsvereinbarungen kann dies beispielsweise dadurch umgesetzt werden, dass diesen eine Anlage beigelegt wird, in der das Gesamtsystem genau beschrieben wird. Geht es darum, zu umschreiben, welche Veränderungen sich im Laufe der Zeit ergeben werden, kann nur verlangt werden, solche Veränderungen anzugeben, die überhaupt zum Zeitpunkt, in dem das System eingesetzt werden soll, bei objektiver, realistischer Betrachtung vorhersehbar sind. Alle denkbaren Fallkonstellationen

---

[876] Vgl. beispielsweise BAG, Urt. v. 22.9.2016 – 2 AZR 848/15, NZA 2017, 112.

[877] *Maschmann*, in: Kühling/Buchner, DSGVO, 3. Auflage 2020, § 26 BDSG, Rn. 22; siehe hierzu 5.2.4.3.1.2.

[878] *Gerhold/Heil*, DuD 2001, 377, 379; *Bretthauer* 2017, 153 zur Videoüberwachung.

[879] *Schantz*, in: Wolff/Brink, BeckOK Datenschutzrecht, 40. Edition, Stand: 1.11.2021, Art 5 DSGVO, Rn. 10.

[880] BVerfGE 65, 1, 43 - Volkszählungsurteil.

[881] *Vagts* 2013, 71.

[882] *Roßnagel*, in: Simitis/Hornung/Spiecker gen. Döhmann, Datenschutzrecht, 2019, Art. 5 DSGVO, Rn. 54.

[883] *Roßnagel*, in: Simitis/Hornung/Spiecker gen. Döhmann, Datenschutzrecht, 2019, Art. 5 DSGVO, Rn. 54.

[884] *Roßnagel*, in: Simitis/Hornung/Spiecker gen. Döhmann, Datenschutzrecht, 2019, Art. 5 DSGVO, Rn. 56.

zu erfassen ist zum einen nicht möglich und zum anderen auch nicht zweckdienlich, da Vereinbarungen dadurch intransparent würden. Überflüssige Informationen, die allenfalls zu einer Informationsmüdigkeit führen würden, müssen somit nicht mitgeteilt werden.[885]

6.1.5 Der Grundsatz der Zweckbindung

Nach Art. 5 Abs. 1 lit. b DSGVO dürfen Daten außer im dort geregelten Ausnahmefall des Art. 89 Abs. 1 DSGVO nur für festgelegte, eindeutige und legitime Zwecke erhoben werden und auch nicht in einer mit diesen Zwecken nicht zu vereinbarenden Weise weiterverarbeitet werden. Eine Zweckänderung ist nur unter den Voraussetzungen des Art. 6 Abs. 4 DSGVO zulässig.

6.1.5.1 Verarbeitung für festgelegte Zwecke

Der Grundsatz der Zweckfestlegung ist primärrechtlich in Art. 8 Abs. 2 S. 1 GRCh verankert, wonach personenbezogene Daten nur für festgelegte Zwecke verarbeitet werden dürfen. Aus Art. 5 Abs. 1 lit. b DSGVO ergibt sich, dass der Zweck der Datenverarbeitung bereits vor der Erhebung festgelegt werden muss, spätestens aber zum Zeitpunkt der Datenerhebung.[886] Dies folgt auch aus EwG 39 S. 6 DSGVO, der besagt, dass insbesondere die bestimmten Zwecke, zu denen die personenbezogenen Daten verarbeitet werden, eindeutig und rechtmäßig sein sollten und zum Zeitpunkt der Erhebung der personenbezogenen Daten feststehen sollten. Eine Verarbeitung personenbezogener Daten für abstrakte oder allgemein gehaltene Zwecke oder gar eine Datenerhebung auf Vorrat ist unzulässig.[887]

Der Verantwortliche darf den Zweck der Verarbeitung grundsätzlich unter Berücksichtigung des Prinzips des geringstmöglichen Eingriffs und der Verhältnismäßigkeit nach seinen Präferenzen festlegen, bindet sich aber damit selbst.[888] Der Grundsatz der Zweckbindung fungiert an dieser Stelle als Instrument der Selbstregulierung.[889]

Auch wenn der Gesetzeswortlaut keine besonderen Anforderungen an die Art und Weise der Zweckfestlegung stellt, so ist doch erforderlich, dass eine gewisse Perpetuierung und eine gewisse Transparenz der Zweckfestlegung gegeben sind.[890] Die Zweckfestlegung muss für den Betroffenen erkennbar sein.[891] Im Rahmen dessen, was berechtigterweise erwartet werden kann, kann sich eine solche Erkennbarkeit auch aus den tatsächlichen Umständen ergeben.[892] Werden die Daten bei der betroffenen Person erhoben, müssen ihr die Zwecke der Verarbeitung zum Zeitpunkt der Erhebung nach Art. 13 Abs. 1 lit. c DSGVO mitgeteilt werden. Werden sie nicht bei der betroffenen Person erhoben, so ist ihr der Zweck nach Art. 14 Abs. 1 lit. c, Abs. 3 lit. a DSGVO spätestens innerhalb eines Monats nach der Erhebung mitzuteilen. Der Festlegung des Zwecks kommt für den Verantwortlichen eine Hinweis- und Warnfunktion zu, da er faktisch bereits vor der Erhebung, spätestens aber zu diesem Zeitpunkt, dazu angehalten wird,

---

[885] *Ingold,* in: Sydow, Europäische Datenschutzgrundverordnung, 2. Auflage 2018, Art. 13 DSGVO, Rn. 10.

[886] *Wolff,* in: Schantz/Wolff 2017, Rn. 401; *Roßnagel,* in: Simitis/Hornung/Spiecker gen. Döhmann, Datenschutzrecht, 2019, Art. 5 DSGVO, Rn. 73.

[887] *Roßnagel,* in: Simitis/Hornung/Spiecker gen. Döhmann, Datenschutzrecht, 2019, Art. 5 DSGVO, Rn. 72; *Herbst,* in: Kühling/Buchner, DSGVO/BDSG, 3. Auflage 2020, Art. 5 DSGVO, Rn. 22.

[888] *Roßnagel,* in: Simitis/Hornung/Spiecker gen. Döhmann, Datenschutzrecht, 2019, Art. 5 DSGVO, Rn. 73; *Frenzel,* in: Paal/Pauly, DSGVO/BDSG, 3. Auflage 2021, Art. 5 DSGVO, Rn. 27.

[889] *Schantz,* in: Wolff/Brink, BeckOK Datenschutzrecht, 40. Edition, Stand: 1.11.2021, Art. 5 DSGVO, Rn. 14.

[890] *Wolff,* in: Schantz/Wolff 2017, Rn. 403.

[891] *Wolff,* in: Schantz/Wolff 2017, Rn. 403; *Roßnagel,* in: Simitis/Hornung/Spiecker gen. Döhmann, Datenschutzrecht, 2019, Art. 5 DSGVO, Rn. 75; *Frenzel,* in: Paal/Pauly, DSGVO/BDSG, 3. Auflage 2021, Art. 5 DSGVO, Rn. 27.

[892] *Roßnagel,* in: Simitis/Hornung/Spiecker gen. Döhmann, Datenschutzrecht, 2019, Art. 5 DSGVO, Rn. 75; *Frenzel,* in: Paal/Pauly, DSGVO/BDSG, 3. Auflage 2021, Art. 5 DSGVO, Rn. 27.

zu prüfen, welche Zwecke er mit der Verarbeitung verfolgt.[893] Eine Form für die Zweckfestlegung schreibt das Gesetz nicht vor. Um die Rechenschaftspflicht des Art. 5 Abs. 2 DSGVO zu erfüllen, sollte der Verantwortliche eine dauerhafte Form der Dokumentation, beispielsweise die Schriftform, wählen.[894]

6.1.5.2 Eindeutige Zwecke

In materieller Hinsicht verlangt Art. 5 Abs. 1 lit. b DSGVO für die Zweckfestlegung, dass diese eindeutig sein muss und dass die angestrebten Zwecke legitim sein müssen.[895] Der Grundsatz der Zweckbindung stellt „das beherrschende Konstruktionsprinzip des Datenschutzrechts"[896] dar.

Zum Teil wird „eindeutig" eine weitergehende Bedeutung dahingehend beigemessen, dass der Verantwortliche sich erklären müsse.[897] Begründet wird dies damit, dass die englische Fassung „explicit" nicht nur „eindeutig" und „ausdrücklich" bedeutet, sondern auf den lateinischen Begriff „explicare" zurückgeht, welcher mit „erklären" übersetzt wird.[898] Damit solle zum Ausdruck gebracht werden, dass der Zweck dem Betroffenen auch mitgeteilt werden müsse.[899]

In jedem Fall beinhaltet der natürliche Wortsinn von „eindeutig", dass der Zweck ausdrücklich als solcher bezeichnet wird sowie inhaltlich begrenzt und hinreichend präzise bestimmt werden muss.[900] Eindeutig kann ein Zweck nur sein, wenn er von anderen Zwecken klar zu unterscheiden ist.[901] Dies ergibt sich auch daraus, dass aus Gründen der Transparenz (Art. 5 Abs. 1 lit. a DSGVO) die Datenverarbeitung für den Betroffenen vorhersehbar sein muss.[902] Allgemeine Zweckbestimmungen lassen sich hiermit nicht vereinbaren.[903] Der Betroffene muss voraussehen können, zu welchen Zwecken die Daten verarbeitet werden und welche Gefahren mit der Datenverarbeitung einhergehen.[904] Eine genaue Zweckbestimmung ist auch deshalb erforderlich, weil sich zahlreiche Vorschriften der DSGVO auf den Zweck der Verarbeitung beziehen.[905] Dies gilt neben den Grundsätzen der Datenverarbeitung in Art. 5 DSGVO und allen Erlaubnisvorschriften sowie der Einwilligung (Art. 7, Art. 9 Abs. 2 lit. a DSGVO) auch für die Rechte der betroffenen Person, die sich auf bestimmte Zwecke beziehen (Art. 13 Abs. 1 lit. c, 14 Abs. 1 lit. c, 15 Abs. 1 lit. a, 16, 17 Abs. 1 lit. a, 18 Abs. 1 lit. c, 21 DSGVO) und die

---

[893] *Schantz*, in: Wolff/Brink, BeckOK Datenschutzrecht, 40. Edition, Stand: 1.11.2021, Art. 5 DSGVO, Rn. 14.

[894] *Schantz*, in: Wolff/Brink, BeckOK Datenschutzrecht, 40. Edition, Stand: 1.11.2021, Art. 5 DSGVO, Rn. 14; *Frenzel*, in: Paal/Pauly, DSGVO/BDSG, 3. Auflage 2021, Art. 5 DSGVO, Rn. 27.

[895] *Wolff*, in: Schantz/Wolff 2017, Rn. 401.

[896] *Schantz*, in: Wolff/Brink, BeckOK Datenschutzrecht, 40. Edition, Stand: 1.11.2021, Art. 5 DSGVO, Rn. 13.

[897] *Monreal*, ZD 2016, 507, 509; *Schantz*, in: Wolff/Brink, BeckOK Datenschutzrecht, 40. Edition, Stand: 1.11.2021, Art. 5 DSGVO, Rn. 16.

[898] *Monreal*, ZD 2016, 507, 509; *Schantz*, in: Wolff/Brink, BeckOK Datenschutzrecht, 40. Edition, Stand: 1.11.2021, Art. 5 DSGVO, Rn. 16.

[899] *Monreal*, ZD 2016, 507, 509; *Schantz*, in: Wolff/Brink, BeckOK Datenschutzrecht, 40. Edition, Stand: 1.11.2021, Art. 5 DSGVO, Rn. 16.

[900] *Wolff*, in: Schantz/Wolff 2017, Rn. 401; aA *Härting*, NJW 2015, 3284, 3287, der zum BDSG a.F. es dem Verantwortlichen überlasst, wie weit er den Zweck fasst.

[901] *Roßnagel*, in: Simitis/Hornung/Spiecker gen. Döhmann, Datenschutzrecht, 2019, Art. 5 DSGVO, Rn. 76.

[902] *Schantz*, in: Wolff/Brink, BeckOK Datenschutzrecht, 40. Edition, Stand: 1.11.2021, Art. 5 DSGVO, Rn. 15; *Roßnagel*, in: Simitis/Hornung/Spiecker gen. Döhmann, Datenschutzrecht, 2019, Art. 5 DSGVO, Rn. 76, 78.

[903] *Schantz*, in: Wolff/Brink, BeckOK Datenschutzrecht, 40. Edition, Stand: 1.11.2021, Art. 5 DSGVO, Rn. 15; *Roßnagel*, in: Simitis/Hornung/Spiecker gen. Döhmann, Datenschutzrecht, 2019, Art. 5 DSGVO, Rn. 78.

[904] *Schantz*, in: Wolff/Brink, BeckOK Datenschutzrecht, 40. Edition, Stand: 1.11.2021, Art. 5 DSGVO, Rn. 15.

[905] *Roßnagel*, in: Simitis/Hornung/Spiecker gen. Döhmann, Datenschutzrecht, 2019, Art. 5 DSGVO, Rn. 85.

Einschränkungen der Art. 23, 85 ff. DSGVO.[906] Unter systematischen und teleologischen Gesichtspunkten ist also eine präzise, enge und konkrete Zweckbestimmung geboten.[907]

In Art. 6 Abs. 1 UAbs. 1 S. 1 DSGVO werden diverse allgemeine, abstrakte Zwecke aufgeführt, die jedoch konkretisierungsbedürftig sind, um als eindeutige Zwecke den Anforderungen des Abs. 5 Abs. 1 lit. b DSGVO zu genügen.[908] Eine eindeutige Zweckfestlegung verlangt, dass der Zweck von anderen klar zu unterscheiden ist.[909] Zweifel daran, ob und in welchem Sinn der Verantwortliche den Zweck festgelegt hat, dürfen nicht verbleiben.[910]

Aus diesem Grund ist es nicht ausreichend, wenn der Verantwortliche sich beispielsweise darauf beruft, die Erhebung der Kontodaten sei zur Durchführung des Beschäftigungsverhältnisses erforderlich, wie dies in § 26 Abs. 1 S. 1 BDSG umschrieben ist, wenn er diese zu Abrechnungszwecken und für Kontodatenabgleich nutzt. Vielmehr muss er die Verwendung für diese Zwecke offenlegen. Hiergegen könnte zwar sprechen, dass, wenn eine Datenverarbeitung auf der Grundlage von § 26 Abs. 1 S. 1 BDSG zulässig ist, die Angabe der Rechtsgrundlage ausreichend sein muss. Allerdings ist § 26 Abs. 1 S. 1 BDSG ebenso wie § 26 Abs. 1 S. 2 BDSG sehr weit gefasst und dient als Rechtsgrundlage für diverse Datenverarbeitungsvorgänge im Beschäftigungsverhältnis.

Vor diesem Hintergrund muss der Betroffene auch einzelne Maßnahmen der Mitarbeiterüberwachung näher beschreiben. Es genügt nicht, wenn er sich allgemein auf „Compliance" – Zwecke beruft, sondern er muss umschreiben, welche Daten erhoben werden und wie sie weiterverarbeitet werden.

Nach dem eindeutigen Wortlaut des Art. 5 Abs. 1 lit. b DSGVO darf der Verantwortliche auch mehrere Zwecke für die Datenverarbeitung festlegen. Dies bedeutet beispielsweise, dass der Verantwortliche Stammdaten, wie Kontodaten, nicht nur zu Gehaltsabrechnungszwecken, sondern durchaus auch zum Abgleich mit Kontodaten nutzen darf. Allerdings muss der Zweck nach dem Wortlaut des Art. 5 Abs. 1 lit. b DSGVO durch den Verantwortlichen spätestens zu Beginn des Datenverarbeitungsvorgangs festgelegt werden.[911] Auf den ersten Blick erscheint die Möglichkeit, mehrere Zwecke festlegen zu können, unbefriedigend, da der Beschäftigte bei der Eingehung eines Beschäftigungsverhältnisses dazu gezwungen sein wird, eine Vielzahl seiner Daten preiszugeben, so beispielsweise auch seine Kontodaten. Allerdings legt Art. 5 Abs. 1 lit. b DSGVO in materieller Hinsicht nur fest, dass eindeutige und legitime Zwecke mit der Datenverarbeitung verfolgt werden müssen. Ob die Datenverarbeitung im Einzelnen zulässig ist, muss sich auch an den übrigen Voraussetzungen des Datenschutzrechts messen lassen, insbesondere an den strengen Maßstäben der Rechtsprechung, die über § 26 Abs. 1 BDSG in die Prüfung der Rechtmäßigkeit der Datenverarbeitung mit einfließen.

6.1.5.3 Legitime Zwecke

Der Verarbeitungszweck muss in inhaltlicher Hinsicht legitim sein. In Art. 6 Abs. 1 UAbs. 1 S. 1 lit. a DSRL wurde „legitimate" als „rechtmäßig" übersetzt, was einen Bezug zur Rechtmäßigkeit der Datenverarbeitung nahelegt.[912] „Legitim" ist jedoch weiter gefasst und nicht mit

---

[906] *Roßnagel*, in: Simitis/Hornung/Spiecker gen. Döhmann, Datenschutzrecht, 1. Auflage 2019, Art. 5 DSGVO, Rn. 85.

[907] *Roßnagel*, in: Simitis/Hornung/Spiecker gen. Döhmann, Datenschutzrecht, 2019, Art. 5 DSGVO, Rn. 75; *Monreal*, ZD 2016, 507, 509.

[908] *Roßnagel*, in: Simitis/Hornung/Spiecker gen. Döhmann, Datenschutzrecht, 2019, Art. 5 DSGVO, Rn. 87.

[909] *Roßnagel*, in: Simitis/Hornung/Spiecker gen. Döhmann, Datenschutzrecht, 2019, Art. 5 DSGVO, Rn. 76.

[910] *Roßnagel*, in: Simitis/Hornung/Spiecker gen. Döhmann, Datenschutzrecht, 2019, Art. 5 DSGVO, Rn. 76.

[911] *Roßnagel*, in: Simitis/Hornung/Spiecker gen. Döhmann, Datenschutzrecht, 2019, Art. 5 DSGVO, Rn. 73.

[912] *Monreal*, ZD 2016, 507, 509; *Schantz*, in: Wolff/Brink, BeckOK Datenschutzrecht, 40. Edition, Stand: 1.11.2021, Art. 5 DSGVO, Rn. 17.

„Rechtmäßigkeit" gleichzusetzen. Vielmehr ist damit gemeint, dass es sich nicht um einen von der Rechtsordnung insgesamt missbilligten Zweck handeln soll.[913] Zum Teil wird auch darauf abgestellt, ob der Verantwortliche ein „berechtigtes Interesse" in dem Sinne hat, dass der Zweck nachvollziehbar ist.[914] Dies ist in der Regel gegeben, wenn der Zweck sich im Rahmen einer gesetzlichen Grundlage bewegt[915], da der Verantwortliche die Verpflichtung hat, Rechtsverstöße in seinem Unternehmen zu verhindern.[916]

6.1.5.4 Bedeutung für die Rechtsgrundlage

Der Grundsatz der Zweckbindung erlangt konkrete Bedeutung für die Rechtsgrundlage. So müssen beispielsweise in Kollektivvereinbarungen die Zwecke, für welche Beschäftigtendaten erhoben werden, detailliert und eindeutig festgelegt sowie beschrieben werden.[917] Auch vor Erteilung einer Einwilligung muss der Verantwortliche den Beschäftigten nach § 26 Abs. 2 S. 1 BDSG über den Zweck der Datenverarbeitung aufklären.

Auch bei Datenverarbeitungen, die auf der Grundlage von § 26 Abs. 1 BDSG erfolgen, ist der Grundsatz der Zweckbindung von Bedeutung.[918] Hier soll er insbesondere unkontrollierten Big-Data-Analysen im Personalbereich entgegenwirken.[919] Während § 26 Abs. 1 S. 2 BDSG den Zweck der Datenverarbeitung selbst festlegt, da hiernach nur eine Datenverarbeitung zur Aufdeckung von Straftaten zulässig ist, ist § 26 Abs. 1 S. 1 BDSG weit gefasst, da hierauf jede Datenverarbeitung gestützt werden kann, die für Zwecke des Beschäftigungsverhältnisses erforderlich ist. Aus diesem Grund könnte man daran denken, dass auch alle für Zwecke des Beschäftigungsverhältnisses erhobenen Daten im Beschäftigungsverhältnis für verschiedene Unterzwecke verarbeitet werden dürfen. So wären präventiv durchgeführte Kontodatenabgleiche, die zu Compliance-Zwecken auf Grundlage von § 26 Abs. 1 S. 1 BDSG durchgeführt werden, unproblematisch möglich, da es sich bei Kontodaten um Daten handelt, die ursprünglich legitim für Zwecke des Beschäftigungsverhältnisses erhoben wurden. Allerdings müssen Zweckfestlegung und Verarbeitungsrechtfertigung voneinander getrennt werden, damit der Grundsatz der Zweckbindung seine volle Wirkung entfalten kann.[920] Das Gebot der Zweckfestlegung als Element des Grundsatzes setzt einen Akt der Selbstbindung voraus.[921] Er verlangt, dass die Zwecke innerhalb des Rechtsgrundes der Datenverarbeitung liegen und engt damit die Rechtsgrundlage noch einmal ein.[922] Der Verantwortliche muss festlegen, für welche Zwecke der Datenverarbeitung er die erhobenen Daten im konkreten Fall verwenden möchte.[923]

6.1.5.5 Zweckänderung

Gerade im Beschäftigungsverhältnis fällt eine Vielzahl an personenbezogenen Daten an. Zu denken ist etwa an Personaldaten, aber auch an Daten bei der Zutrittskontrolle oder Zugangsdaten beim Log-in am PC. Gerade bei Datenscreenings stellt sich die Frage, ob eine Weiterverarbeitung erfasster personenbezogener Daten zu Zwecken des Screenings zulässig ist, auch

[913] *Monreal*, ZD 2016, 507, 509; *Schantz*, in: Wolff/Brink, BeckOK Datenschutzrecht, 40. Edition, Stand: 1.11.2021, Art. 5 DSGVO, Rn. 17.

[914] *Wolff*, in: Schantz/Wolff 2017, Rn. 407.

[915] *Wolff*, in: Schantz/Wolff 2017, Rn. 407.

[916] Siehe hierzu 2.3.

[917] *Maschmann*, in: Kühling/Buchner, DSGVO, 3. Auflage 2020, § 26 BDSG, Rn. 68.

[918] *Maschmann*, in: Kühling/Buchner, DSGVO, 3. Auflage 2020, § 26 BDSG, Rn. 17.

[919] *Maschmann*, in: Kühling/Buchner, DSGVO, 3. Auflage 2020, § 26 BDSG, Rn. 17.

[920] *Wolff*, in: Schantz/Wolff 2017, Rn. 402.

[921] *Wolff*, in: Schantz/Wolff 2017, Rn. 402.

[922] *Wolff*, in: Schantz/Wolff 2017, Rn. 402.

[923] *Schantz*, in: Wolff/Brink, BeckOK Datenschutzrecht, 40. Edition, Stand: 1.11.2021, Art. 5 DSGVO, Rn. 15.

wenn die Daten ursprünglich zu anderen Zwecken gespeichert wurden. So wird beim Kontodatenabgleich auf personenbezogene Daten des Arbeitnehmers zurückgegriffen, über die der Verantwortliche als Arbeitgeber aus anderen Gründen als zu Compliance-Zwecken, wie zum Zweck der Gehaltsabrechnung, verfügt, und diese Daten werden mit den Kontodaten von Lieferanten abgeglichen.[924]

Nach dem ausdrücklichen Wortlaut des Art. 5 Abs. 1 lit. b DSGVO dürfen personenbezogene Daten nicht in einer mit den festgelegten Zwecken nicht zu vereinbarenden Weise weiterverarbeitet werden. Nach traditionellem deutschen Recht war der Grundsatz der Zweckbindung streng zu verstehen.[925] Eine Verwendung zu einem anderen Zweck als zu dem, zu dem die Daten erhoben worden waren, war stets erneut rechtfertigungsbedürftig.[926] Der DSGVO liegt demgegenüber ein weiteres Verständnis zugrunde.[927] Die Verarbeitung darf mit den Zwecken, die bei der Erhebung der Daten festgelegt wurden, nicht unvereinbar sein.[928] Nicht erforderlich ist nach Unionsrecht, dass die Verarbeitung zu genau den Zwecken erfolgt, zu denen die Daten erhoben wurden.[929]

6.1.5.5.1 Fiktion des Art. 5 Abs. 1 lit. b Hs. 2 DSGVO

Nach der Fiktion des Art. 5 Abs. 1 lit. b Hs. 2 DSGVO gilt eine Weiterverarbeitung für im öffentlichen Interesse liegende Archivzwecke, für wissenschaftliche oder historische Forschungszwecke oder für statistische Zwecke gemäß Art. 89 Abs. 1 DSGVO nicht als unvereinbar mit den ursprünglichen Zwecken.[930] Insbesondere wenn man davon ausgeht, dass eine Verarbeitung in den genannten Fällen ohne neue Rechtsgrundlage zulässig wäre, wäre eine Verarbeitung ohne weitere Voraussetzungen und ohne Berücksichtigung der Interessen der betroffenen Person zulässig, wodurch die Gefahr bestünde, dass der Zweckbindungsgrundsatz ausgehöhlt wird.[931] Art. 5 Abs. 1 lit. b Hs. 2 DSGVO ist daher eng auszulegen.[932] Wie sich insbesondere aus EwG 162 S. 5 DSGVO ergibt, wird im Zusammenhang mit den statistischen Zwecken vorausgesetzt, dass die Ergebnisse der Verarbeitung zu statistischen Zwecken keine personenbezogenen Daten, sondern aggregierte Daten sind und diese Ergebnisse oder personenbezogenen Daten nicht für Maßnahmen oder Entscheidungen gegenüber einzelnen natürlichen Personen verwendet werden. Statistische Methoden, wie etwa Profiling oder Big Data-Analysen, die sich auf Einzelpersonen beziehen, stellen daher keine Verarbeitungsprozesse zu statistischen Zwecken im Sinne des Art. 5 Abs. 1 lit. b Hs. 2 DSGVO dar.[933] Screeningmaßnahmen im Beschäftigungsverhältnis sind regelmäßig nicht von der Fiktion des Art. 5 Abs. 1 lit. b Hs. 2 DSGVO erfasst, da sie sich auf einzelne Beschäftigte beziehen.

---

[924] *Kock/Francke*, NZA 2009, 646, 647 f.

[925] *Wolff*, in: Wolff/Brink, BeckOK Datenschutzrecht, 40. Edition, Stand: 1.11.2021, Syst. A. Prinzipien des Datenschutzrechts, Rn. 33; zur zweischrittigen Vorgehensweise im Falle einer Zweckänderung zur Zeit der Geltung der DSRL vgl. *Albrecht/Jotzo* 2017, Teil 3, Rn. 53.

[926] Vgl. hierzu *Härting*, NJW 2384, 2388 m.w.N. insbesondere auch bereits dort zu Ansätzen und der Rspr. des BVerfG, die sich dem jetzt geltenden Unionsrecht annäherte.

[927] *Wolff*, in: Wolff/Brink, BeckOK Datenschutzrecht, 40. Edition, Stand: 1.11.2021, Syst. A. Prinzipien des Datenschutzrechts, Rn. 34; *Frenzel*, in: Paal/Pauly, DSGVO/BDSG, 3. Auflage 2021, Art. 5 DSGVO, Rn. 30.

[928] *Wolff*, in: Wolff/Brink, BeckOK Datenschutzrecht, 40. Edition, Stand: 1.11.2021, Syst. A. Prinzipien des Datenschutzrechts, Rn. 34.

[929] *Wolff*, in: Wolff/Brink, BeckOK Datenschutzrecht, 40. Edition, Stand: 1.11.2021, Syst. A. Prinzipien des Datenschutzrechts, Rn. 34.

[930] *Frenzel*, in: Paal/Pauly, DSGVO/BDSG, 3. Auflage 2021, Art. 5 DSGVO, Rn. 32; *Roßnagel*, in: Simitis/Hornung/Spiecker gen. Döhmann, Datenschutzrecht, 2019, Art. 5 DSGVO, Rn. 103.

[931] *Schantz*, in: Wolff/Brink, BeckOK Datenschutzrecht, 40. Edition, Stand: 1.11.2021, Art. 5 DSGVO, Rn. 22.

[932] *Schantz*, in: Wolff/Brink, BeckOK Datenschutzrecht, 40. Edition, Stand: 1.11.2021, Art. 5 DSGVO, Rn. 22.

[933] *Roßnagel*, in: Simitis/Hornung/Spiecker gen. Döhmann, Datenschutzrecht, 2019, Art. 5 DSGVO, Rn. 107; *Richter*, DuD 2015, 581, 584.

6.1.5.5.2 Vereinbarkeitsprüfung

Liegt kein von Art. 5 Abs. 1 lit. b Hs. 2 DSGVO erfasster Fall vor, so stellt sich die Frage, wann eine Weiterverarbeitung vorliegt, die nicht mit den festgelegten Zwecken vereinbar ist. Der Begriff der „Unvereinbarkeit" ist nur schwer eingrenzbar. In jedem Fall sind solche Zwecke mit dem Ursprungszweck unvereinbar, die diesen verhindern würden, wobei kaum ein solcher Fall denkbar ist.[934] Unvereinbarkeit ist daher eher als Unangemessenheit der Verarbeitung zu dem neuen Zweck zu verstehen, wobei die konkreten Umstände zu berücksichtigen sind, wobei der ursprüngliche Erhebungszweck als ein Gesichtspunkt mit einzubeziehen ist.[935] Letztlich bezweckt die Rückkopplung an den Erhebungszweck, solche Datenverarbeitungen auszuschließen, mit denen die betroffene Person bei Erhebung der Daten nicht rechnen musste.[936] Zu berücksichtigen sind hierbei die in Art. 6 Abs. 4 Hs. 2 DSGVO genannten Kriterien, insbesondere jede Verbindung zwischen den Zwecken, für die die personenbezogenen Daten erhoben wurden, und den Zwecken der beabsichtigten Weiterverarbeitung, der Zusammenhang, in dem die personenbezogenen Daten erhoben wurden, insbesondere hinsichtlich des Verhältnisses zwischen den betroffenen Personen und dem Verantwortlichen, die Art der personenbezogenen Daten, insbesondere ob besondere Kategorien personenbezogener Daten gemäß Art. 9 DSGvO verarbeitet werden oder ob personenbezogene Daten über strafrechtliche Verurteilungen und Straftaten gemäß Art. 10 verarbeitet werden, die möglichen Folgen der beabsichtigten Weiterverarbeitung für die betroffenen Personen sowie das Vorhandensein geeigneter Garantien, wozu Verschlüsselung oder Pseudonymisierung gehören kann. Bei den genannten Kriterien handelt es sich um eine nicht abschließende Aufzählung („unter anderem").

Eine Weiterverarbeitung unabhängig davon, ob diese mit dem Ursprungszweck vereinbar ist, sieht Art. 6 Abs. 4 DSGVO nur vor, wenn der Betroffene eingewilligt hat oder eine gesetzlich festgelegte Ausnahme vorliegt, die den in Art. 23 Abs.1 DSGVO genannten Zielen dient.

Gerade bei Screenings wird die Frage der zweckändernden Weiterverarbeitung personenbezogener Daten relevant. So werden die Kontodaten beim Kontodatenabgleich in der Regel ursprünglich zum Zwecke der Gehaltsabrechnung erhoben und gespeichert, nicht jedoch zur Betrugskontrolle. Weiterhin stellt sich beispielsweise bei SIEM-Systemen die Frage, ob zur Zugangskontrolle geloggte Beschäftigtendaten nachträglich genutzt werden dürfen, um festzustellen, welche Beschäftigten sich in einem bestimmten Bereich aufhielten, in dem betriebliche Mittel gestohlen wurden.

6.1.5.5.2.1   Einwilligung

Möglich ist es gemäß Art. 6 Abs. 4 DSGVO die Datenverarbeitung der ursprünglich zu einem anderen Zweck erhobenen Daten durch eine Einwilligung zu legitimieren. Diese muss die Wirksamkeitsvoraussetzungen der DSGVO sowie des § 26 Abs. 2 BDSG erfüllen. Eine Einwilligung wird jedoch in der Regel im Beschäftigungsverhältnis bei Maßnahmen der Mitarbeiterüberwachung nicht freiwillig abgegeben werden.[937]

6.1.5.5.2.2   Nationale Erlaubnistatbestände zur zweckändernden Weiterverarbeitung

Der nationale Gesetzgeber hat in den §§ 23, 24 BDSG nationale Rechtsgrundlagen für die Weiterverarbeitung personenbezogener Daten durch (nicht-)öffentliche Stellen geschaffen.[938] Während § 23 BDSG lediglich für öffentliche Stellen gilt, welche im Rahmen der vorliegenden

---

[934] *Reimer*, in: Sydow, Europäische Datenschutzgrundverordnung, 2. Auflage 2018, Art. 5 DSGVO, Rn. 25.

[935] *Reimer*, in: Sydow, Europäische Datenschutzgrundverordnung, 2. Auflage 2018, Art. 5 DSGVO, Rn. 26.

[936] *Schantz*, NJW 2016, 1841, 1844.

[937] Siehe hierzu 6.2.1.2.2.

[938] BT-Drs. 18/11325, 25 f.

Dissertation außer Betracht bleiben sollen, ist § 24 BDSG auf nichtöffentliche Stellen anwendbar.

§ 24 BDSG ist auch im Beschäftigungsverhältnis anwendbar und wird nicht durch die Spezialvorschrift des § 26 BDSG verdrängt. § 26 BDSG ist lediglich in seinem Anwendungsbereich abschließend und trifft gerade keine Aussagen zur Zweckänderung personenbezogener Daten im Beschäftigungsverhältnis.[939] Es kann jedoch nicht ohne jeglichen Anhaltspunkt angenommen werden, dass der Gesetzgeber jede Zweckänderung im Beschäftigungsverhältnis unterbinden wollte.[940]

Gemäß § 24 Abs. 1 Nr. 1 BDSG ist die Verarbeitung personenbezogener Daten zu einem anderen Zweck als zu demjenigen, zu dem die Daten erhoben wurden, durch nichtöffentliche Stellen zulässig, wenn sie zur Abwehr von Gefahren für die staatliche oder öffentliche Sicherheit oder zur Verfolgung von Straftaten erforderlich ist. Dieser Tatbestand erfasst die Zweckänderung zur Durchführung von Kontodatenabgleichen oder auch zur Ermittlung eines Straftäters. So können etwa personenbezogene Daten, die ursprünglich zur Zugangskontrolle verwendet wurden, nachträglich zur Aufklärung eines Diebstahls und Ermittlung des Täters verwendet werden. Ein anlassloses Screening oder eine Speicherung personenbezogener Daten auf Vorrat wird durch den Wortlaut nicht gerechtfertigt. Es müssen konkrete Anhaltspunkte für eine Straftat vorliegen und die Zweckänderung muss zur Verfolgung derselben erforderlich sein.[941] Da im Wortlaut eindeutig von „Straftaten" die Rede ist, darf eine Zweckänderung nicht zur Verfolgung von Ordnungswidrigkeiten oder Pflichtverletzungen vorgenommen werden.[942]

§ 24 Abs. 1 Nr. 2 BDSG erlaubt eine Zweckänderung, wenn die Verarbeitung zu geänderten Zwecken zur Geltendmachung, Ausübung oder Verteidigung zivilrechtlicher Ansprüche erforderlich ist. Es stellt sich hier die Frage, ob diese Norm auch Zweckänderungen zur Verfolgung von Ordnungswidrigkeiten oder Pflichtverletzungen im Arbeitsverhältnis erfasst. Dagegen spricht jedoch, dass § 24 Abs. 1 Nr. 1 BDSG explizit nur von der Zweckänderung zur Verfolgung von Straftaten spricht, jedoch nicht von der zur Verfolgung von Ordnungswidrigkeiten oder Pflichtverletzungen. Diese gesetzgeberische Wertung könnte unterlaufen werden, würde man eine Zweckänderung in diesen Fällen auf der Grundlage von § 24 Abs. 1 Nr. 2 BDSG für zulässig halten.

§ 24 Abs. 1 a. E. BDSG lässt allerdings eine Verarbeitung zu den geänderten Zwecken nur zu, sofern nicht die Interessen der betroffenen Person am Ausschluss der Verarbeitung überwiegen. Erforderlich ist demnach eine Abwägung der grundrechtlich geschützten Interessen von Arbeitgeber und Beschäftigtem.[943] Dabei kann nicht pauschal davon ausgegangen werden, dass das Interesse der betroffenen Person, nicht wegen einer von ihr begangenen Straftat verfolgt zu werden, nicht schutzwürdig ist, da zum Zeitpunkt der Zweckänderung in der Regel eine Ungewissheit vorherrscht.[944]

[939] *Franzen*, in: Müller-Glöge/Preis/Schmidt, Erfurter Kommentar zum Arbeitsrecht, 22. Auflage 2022, § 26 BDSG, Rn. 5.

[940] *Franzen*, in: Müller-Glöge/Preis/Schmidt, Erfurter Kommentar zum Arbeitsrecht, 22. Auflage 2022, § 26 BDSG, Rn. 5.

[941] *Rose*, in: Taeger/Gabel, DSGVO/BDSG/TTDSG, 4. Auflage 2022, § 24 BDSG, Rn. 10.

[942] *Rose*, in: Taeger/Gabel, DSGVO/BDSG/TTDSG, 4. Auflage 2022, § 24 BDSG, Rn. 10 zu Ordnungswidrigkeiten.

[943] *Frenzel*, in: Paal/Pauly, DSGVO/BDSG, 3. Auflage 2021, § 24 BDSG, Rn. 12;

[944] *Albers*, in: Wolff/Brink, BeckOK Datenschutzrecht, 40. Edition, Stand: 1.11.2021, § 24 BDSG, Rn. 20.

6.1.5.5.2.3   Die Kriterien des Art. 6 Abs. 4 DSGVO

Unabhängig davon, ob eine Einwilligung oder ein gesetzlicher Erlaubnistatbestand vorliegt, der eine Weiterverarbeitung erlaubt, ist die Verarbeitung zulässig, wenn der Zweck der Weiterverarbeitung mit dem ursprünglichen Zweck vereinbar ist. Die DSGVO definiert den Begriff der „Vereinbarkeit" nicht, enthält allerdings in Art. 6 Abs. 4 DSGVO einen nicht abschließenden Katalog von Kriterien, die bei der Prüfung der Vereinbarkeit zu berücksichtigen sind.

6.1.5.5.2.3.1   Verbindung zwischen den Zwecken

Art. 6 Abs. 4 lit. a DSGVO stellt auf jede Verbindung zwischen den Zwecken ab, für die die personenbezogenen Daten erhoben wurden, und den Zwecken der beabsichtigten Weiterverarbeitung. Je enger die Verbindung der beiden Zwecke in inhaltlicher und zeitlicher Hinsicht ist, desto eher ist von einer Vereinbarkeit der beiden Zwecke auszugehen.[945] Insbesondere dann, wenn sich die Verarbeitung zu dem neuen Zweck als „logischer nächster Schritt" darstellt, liegt dieses Kriterium vor.[946]

Personenbezogene Daten, die zum Zwecke der Gehaltsabrechnung gespeichert werden, dürfen vor diesem Hintergrund nicht für Kontodatenabgleiche genutzt werden. Auch Log-In-Daten am PC oder Zugangskontrolldaten dürfen nicht für umfassende Screenings genutzt werden, um Straftaten oder andere schwere Pflichtverletzungen im Beschäftigungsverhältnis zu verhindern oder aufzuklären, da die personenbezogenen Daten ursprünglich erfasst werden, um nur einem bestimmten Kreis von Beschäftigten Zugang zu Betriebsmitteln zu verschaffen oder die Arbeitszeit zu erfassen.

6.1.5.5.2.3.2   Zusammenhang

Nach Art. 6 Abs. 4 lit. b ist der Zusammenhang, in dem die personenbezogenen Daten erhoben wurden, insbesondere hinsichtlich des Verhältnisses zwischen der betroffenen Person und dem Verantwortlichen bei der Beurteilung der Vereinbarkeit zu berücksichtigen. Gemäß EwG 50 S. 6 DSGVO sind hierbei auch die vernünftigen Erwartungen der betroffenen Person in die Betrachtung mit einzubeziehen. Dabei ist auch zu berücksichtigen, ob zwischen der betroffenen Person ein Gleichgewicht der Entscheidungsfreiheit herrscht.[947]

Ein Beschäftigter muss nicht davon ausgehen, dass jegliche personenbezogenen Daten, die er dem Arbeitgeber im Beschäftigungsverhältnis zur Verfügung stellt, für Screenings zur Prävention oder Aufklärung von Straftaten genutzt werden. Dies zeigt sich auch im Gesetz: § 26 Abs. 1 S. 2 BDSG, der sich speziell mit der Datenverarbeitung zur Aufdeckung von Straftaten im Beschäftigungsverhältnis befasst, stellt andere Voraussetzungen auf als § 26 Abs. 1 S. 1 BDSG, sodass nicht durch die reine Verarbeitung personenbezogener Daten im Beschäftigungsverhältnis ein Zusammenhang zwischen verschiedenen Datenverarbeitungsvorgängen bestehen kann, der eine Vereinbarkeit der Zwecke begründet.

Keine Vereinbarkeit des Ursprungszwecks mit dem neuen Zweck ist beispielsweise gegeben, wenn Daten zum Zwecke der Gehaltsabrechnung zugleich für Kontodatenabgleiche genutzt werden, da hier keinerlei Zusammenhang zu erkennen ist und der Beschäftigte nicht damit rechnen muss, dass Daten, die er seinem Arbeitgeber zur Gehaltsabrechnung zur Verfügung stellt, für Screenings zur Aufdeckung von Straftaten genutzt werden. Allerdings kann eine Zweckvereinbarkeit beispielsweise bejaht werden, wenn personenbezogene Daten zum Zwecke der Zutrittskontrolle erhoben werden und nachträglich zur Aufklärung einer Straftat genutzt werden,

---

[945] *Monreal,* ZD 2016, 507, 510; *Buchner/Petri,* in: Kühling/Buchner, DSGVO/BDSG, 3. Auflage 2020, Art. 6 DSGVO, Rn. 187.

[946] *Buchner/Petri,* in: Kühling/Buchner, DSGVO/BDSG, 3. Auflage 2020, Art. 6 DSGVO, Rn. 187, *Art. 29-Datenschutzgruppe,* WP 203, 24.

[947] *Monreal,* ZD 2016, 507, 510.

beispielsweise um festzustellen, wer sich zu einem bestimmten Zeitpunkt in einem Bereich, in dem ein Diebstahl begangen wurde, aufhielt. Eine Zutrittskontrolle dient nämlich gerade dazu, nur befugten Personen den Aufenthalt in bestimmten Bereichen des Unternehmens zu ermöglichen.

6.1.5.5.2.3.3 Art der Daten

Weiterhin spielt die Art der verarbeiteten personenbezogenen Daten, insbesondere ob besondere Kategorien personenbezogener Daten gemäß Art. 9 DSGVO verarbeitet werden oder ob personenbezogene Daten über strafrechtliche Verurteilungen und Straftaten gemäß Art. 10 DSGVO verarbeitet werden, eine Rolle (Art. 6 Abs. 4 lit. c DSGVO). Es geht hierbei um die besondere Schutzwürdigkeit bestimmter Arten von Daten.[948]

6.1.5.5.2.3.4 Folgen für betroffene Personen

Nach Art. 6 Abs. 4 lit. d DSGVO sind auch die möglichen Folgen der beabsichtigten Weiterverarbeitung für die betroffenen Personen zu berücksichtigen. Es sind dabei nicht nur die negativen Aspekte, sondern auch die positiven Auswirkungen mit einzubeziehen.[949] Je höher jedoch das Risiko ist, dass erhebliche negative Folgen für die betroffenen Personen eintreten, desto eher ist von einer Unvereinbarkeit auszugehen.[950]

Screenings, die der Prävention und Aufdeckung von Straftaten sowie sonstigen Pflichtverletzungen im Beschäftigungsverhältnis dienen, gehen mit ganz erheblichen negativen Folgen für die betroffenen Personen, welche sich tatsächlich einer Verfehlung schuldig gemacht haben, einher. Es drohen arbeitsrechtliche Konsequenzen wie etwa eine Kündigung und eine Stigmatisierung. Allerdings ist auch zu beachten, dass Innentäter hinsichtlich ihres delinquenten Handelns nicht schutzwürdig sind und sich nicht darauf berufen können, dass ein solches negative Konsequenzen für sie nach sich zieht. Andererseits ist regelmäßig der Großteil der betroffenen Personen unschuldig. Für sie hat ein Screening je nach technischer Ausgestaltung die negative Wirkung, dass etwa Bewegungsprofile angelegt und Verhaltensmuster erkannt werden können.

6.1.5.5.2.3.5 Geeignete Garantien

Gemäß Art. 6 Abs. 4 lit. e DSGVO ist das Vorhandensein geeigneter Garantien, wozu Maßnahmen wie Verschlüsselung oder Pseudonymisierung gehören können, in die Beurteilung mit einzubeziehen. Defizite, die sich bei den übrigen Kriterien ergeben, können durch geeignete technische und organisatorische Maßnahmen oder etwa ein gesteigertes Maß an Transparenz kompensiert werden.[951]

6.1.6 Der Grundsatz der Datenminimierung, Art. 5 Abs. 1 lit. c DSGVO

Entsprechend dem Grundsatz der Datenminimierung aus Art. 5 Abs. 1 lit. c DSGVO müssen personenbezogene Daten dem Zweck angemessen und erheblich sowie auf das für die Zwecke der Verarbeitung notwendige Maß beschränkt sein. Der Grundsatz der Datenminimierung zielt darauf ab, die Daten innerhalb der Zweckbindung in qualitativer und quantitativer Hinsicht zu begrenzen.[952] Der Wortlaut („Datenminimierung") legt dabei eine weitestmögliche Begrenzung nahe.[953] Der Grundsatz der Datenminimierung weist eine gewisse Verbindung zum Grundsatz

---

[948] *Monreal,* ZD 2016, 507, 510.

[949] *Monreal,* ZD 2016, 507, 511.

[950] *Monreal,* ZD 2016, 507, 511.

[951] *Monreal,* ZD 2016, 507, 511; *Art. 29-Datenschutzgruppe,* WP 203, 26.

[952] *Frenzel,* in: Paal/Pauly, DSGVO/BDSG, 3. Auflage 2021, Art. 5 DSGVO, Rn. 34.

[953] *Frenzel,* in: Paal/Pauly, DSGVO/BDSG, 3. Auflage 2021, Art. 5 DSGVO, Rn. 34.

der Erforderlichkeit auf.[954] Zudem wird in ihm teilweise der Grundsatz der Datensparsamkeit gesehen.[955]

6.1.6.1 Dem Zweck angemessen und erheblich

Art. 5 Abs. 1 lit. c DSGVO bezieht die Zulässigkeit einer Datenerhebung auf den Zweck. Danach muss die Datenerhebung dem Zweck angemessen, erheblich und auf das notwendige Maß beschränkt sein. Der Grundsatz der Datenminimierung setzt eine rechtmäßige Datenverarbeitung und einen legitimen Zweck voraus und wirkt noch einmal begrenzend.[956] Er bezieht sich nicht nur auf das einzelne Datum, sondern auch auf eine gewisse Datenmenge.[957]

Die englische Sprachfassung spricht von „adequate, relevant and limited to what is necessary". Die Angemessenheit fungiert als Korrektiv für Informationen, die grundsätzlich zur Erreichung des Zwecks geeignet wären.[958] Daten sind dann angemessen, wenn ihre Zuordnung zu dem Zweck nicht beanstandet werden kann.[959] Insbesondere dann, wenn der Betroffene selbst im Einzelfall keinen Einfluss auf die Datenverarbeitung nehmen kann, ist die Angemessenheit als Korrektiv von Bedeutung.[960] Die Angemessenheit soll die Distanz der Beurteilung gewährleisten.[961] Diese ist deshalb notwendig, weil die Erforderlichkeit subjektiv unterschiedlich beurteilt wird.[962] Beispielsweise dürfen bei Stellenbewerbern Daten zur Gesundheit und politischen Einstellungen unter dem Gesichtspunkt der Angemessenheit üblicherweise nicht berücksichtigt werden.[963]

Die Daten müssen ferner für die Zweckerreichung erheblich sein. Dies bedeutet, dass sie geeignet sein müssen, um den Zweck zu erreichen.[964] Dies setzt voraus, dass sie der Zweckerreichung zumindest förderlich sind.[965] So ist die Erfassung des Eingangs einer Bewerbung zwar erforderlich, um die Einhaltung der Bewerbungsfrist zu überprüfen.[966] Allerdings ist sie danach nicht mehr erforderlich, um das Verfahren fortsetzen zu können.[967]

---

[954] Vgl. zum Meinungsstand *Barlag*, in: Roßnagel 2017, § 3, Rn. 233; *Roßnagel*, in: Simitis/Hornung/Spiecker gen. Döhmann, Datenschutzrecht, 2019, Art. 5 DSGVO, Rn. 116 bezeichnet bezogen auf das Ausmaß der Daten den Grundsatz der Datenminimierung als Ausfluss des Grundsatzes der Erforderlichkeit; *Hornung*, Spektrum SPEZIAL Physik Mathematik Technik 1.17, 62, 64 bezeichnet die Prinzipien als „miteinander verwandt"; *Wolff*, in: Schantz/Wolff 2017, Rn. 428 sieht den Grundsatz der Erforderlichkeit als eng mit dem Grundsatz der Datenminimierung verbunden, aber nicht identisch an.

[955] *Wolff*, in: Schantz/Wolff 2017, Rn. 427; *Pötters*, in: Gola, DSGVO, 2. Auflage 2018, Art. 5, Rn. 21; *Albrecht/Jotzo*, 2017, Teil 2. D. Rn. 6; *Herbst*, in: Kühling/Buchner, DSGVO/BDSG, 3. Auflage 2020, Art. 5 DSGVO, Rn. 55, der jedoch auch auf Unterschiede hinweist.

[956] *Wolff*, in: Schantz/Wolff 2017, Rn. 420.

[957] *Wolff*, in: Schantz/Wolff 2017, Rn. 420.

[958] *Wolff*, in: Schantz/Wolff 2017, Rn. 421.

[959] *Frenzel*, in: Paal/Pauly, DSGVO/BDSG, 3. Auflage 2021, Art. 5 DSGVO, Rn. 35.

[960] *Wolff*, in: Schantz/Wolff 2017, Rn. 421.

[961] *Frenzel*, in: Paal/Pauly, DSGVO/BDSG, 3. Auflage 2021, Art. 5 DSGVO, Rn. 35.

[962] *Frenzel*, in: Paal/Pauly, DSGVO/BDSG, 3. Auflage 2021, Art. 5 DSGVO, Rn. 35.

[963] *Frenzel*, in: Paal/Pauly, DSGVO/BDSG, 3. Auflage 2021, Art. 5 DSGVO, Rn. 35.

[964] *Wolff*, in: Schantz/Wolff 2017, Rn. 422.

[965] *Wolff*, in: Schantz/Wolff 2017, Rn. 422.

[966] *Frenzel*, in: Paal/Pauly, DSGVO/BDSG, 3. Auflage 2021, Art. 5 DSGVO, Rn. 36.

[967] *Frenzel*, in: Paal/Pauly, DSGVO/BDSG, 3. Auflage 2021, Art. 5 DSGVO, Rn. 36.

6.1.6.2 Auf das notwendige Maß begrenzt

Die Datenverarbeitung muss auf das notwendige Maß beschränkt sein. Dies bedeutet, dass die Datenmenge nur so groß sein darf, wie es für die Zweckerreichung erforderlich ist.[968] Das Gebot der Datenminimierung beinhaltet ein Verbot der Vorratsdatenspeicherung.[969] Die Erhebung von Daten losgelöst von einem bestimmten Zweck ist danach unzulässig.[970]

Besondere Relevanz hat der Grundsatz der Datenminimierung beim Einsatz und aufgrund des Art. 25 Abs. 1 DSGVO bereits bei der Ausgestaltung technischer Systeme.

Wann eine Vorratsdatenspeicherung vorliegt und wann eine Datenerhebung für den konkreten Verarbeitungszweck noch notwendig ist, kann nicht pauschal, sondern stets nur für den Einzelfall, beurteilt werden. So erfordert der Einsatz einer Anomalieerkennungssoftware, die dazu dienen soll, anomale, durch Innentäter ausgelöste Ereignisse aufzudecken, in jedem Unternehmen eine gewisse Lernphase für das neuronale System, da dieses die Abläufe im Unternehmen kennenlernen muss, um überhaupt Abweichungen von der Norm erkennen zu können. In dieser Phase sammelt das System personenbezogene Daten der Beschäftigten, um Verhaltensmuster zu erkennen. In dieser Anfangsphase werden personenbezogene Daten erhoben, bei denen feststeht, dass es sich überwiegend nicht um solche von Innentätern handelt und dass diese nicht sofort nach ihrer Erhebung anonymisiert oder gelöscht werden. Da es sich bei dem Grundsatz der Datenminimierung um ein Prinzip handelt, welches am Zweck der Datenerhebung ausgerichtet ist, ohne diesen zu hinterfragen, ist die Erhebung personenbezogener Daten zum Zwecke des Betreibens des Systems zulässig. Wenn die Ingangsetzung des Systems eine Anlernphase erfordert, um dieses überhaupt betreiben zu können, so dürfen Daten zu diesem Zweck erhoben werden. Ob es sich hierbei um einen legitimen Zweck handelt, bestimmt sich nach dem Grundsatz der Zweckbindung (Art. 5 Abs. 1 lit. b DSGVO). Steht fest, dass das System zum Zwecke der präventiven oder repressiven Compliance eingesetzt werden darf, so dürfen die zur Zweckerreichung erforderlichen Daten erhoben werden. In welchem Umfang Daten erhoben werden müssen, damit das System in Gang gesetzt und danach betrieben werden kann, ist primär von Seiten der Informatik zu beantworten und einer pauschalen juristischen Antwort nicht zugänglich.[971]

Schwieriger gestaltet sich die Frage, ob dies auch dann gilt, wenn die Datenerhebung zum Zwecke der Optimierung des Systems erfolgt. Denn je besser das Anomalieerkennungssystem die Gewohnheiten der Beschäftigten kennt, desto leichter fällt es ihm auch, anomale von gewöhnlichen Verhaltensmustern zu unterscheiden und Straftaten zu verhindern oder aufzudecken. Hier gilt es von Seiten der Informatik, die Schwelle zu bestimmen, welche ausreichend ist, um ein System effektiv zu betreiben. Dass Datenverarbeitungsvorgänge stattfinden, bei denen personenbezogene Daten aller Beschäftigten, also auch Nichttrefferfälle, verarbeitet werden, ist für die Funktionsfähigkeit eines Anomalieerkennungssystems elementare Voraussetzung. Nur auf diese Weise kann auch die Treffgenauigkeit erhöht werden, was eingriffsmindernde Auswirkung hat, da auf diese Weise die Zahl der Fälle, in denen fälschlicherweise ein Trefferfall angezeigt wird, verringert wird.

---

[968] *Wolff*, in: Schantz/Wolff 2017, Rn. 423; Schantz, in: Wolff/Brink, BeckOK Datenschutzrecht, 40. Edition, Stand: 1.11.2021, Art. 5 DSGVO, Rn. 25 geht davon aus, dass hierin nur das Tatbestandsmerkmal der Erforderlichkeit, welches alle der in Art. 6 Abs. 1 UAbs. 1 DSGVO genannten Rechtsgrundlagen mit Ausnahme der Einwilligung beinhalten, nachgezeichnet wird.

[969] *Wolff*, in: Schantz/Wolff 2017, Rn. 425.

[970] *Wolff*, in: Schantz/Wolff 2017, Rn. 425.

[971] *Skistims/Voigtmann/David/Roßnagel*, DuD 2012, 31, 34 für kontextvorhersagende Algorithmen; *Skistims*, 2015, 403 zu Smart Homes.

Sobald ein personenbezogenes Datum nicht mehr erforderlich ist, sich insbesondere herausstellt, dass kein Trefferfall vorliegt, ist dieses zu löschen.

6.1.6.3 Zusammenspiel mit Art. 25 DSGVO[972]

Nach Art. 25 Abs. 2 S. 1 DSGVO trifft der Verantwortliche geeignete technische und organisatorische Maßnahmen, die bereits durch Voreinstellung sicherstellen, dass nur die personenbezogenen Daten verarbeitet werden, deren Verarbeitung für den jeweiligen bestimmten Verarbeitungszweck erforderlich ist. Auch hier wird jedoch keine optimale Lösung gefordert, sondern vielmehr eine am Verarbeitungszweck orientierte.[973] Diesen legt der Verantwortliche vorher jedoch selbst fest, weshalb er auch über den Umfang der zu diesem Zweck erforderlichen Datenverarbeitungsvorgänge entscheidet.[974]

6.1.7 Der Grundsatz der Speicherbegrenzung (Art. 5 Abs. 1 lit. e DSGVO)

In Art. 5 Abs. 1 lit. e DSGVO enthält die DSGVO den Grundsatz der Speicherbegrenzung, der den Grundsatz der Datensparsamkeit in zeitlicher Hinsicht konkretisiert, wie dies bereits Art. 6 Abs. 1 UAbs. 1 S. 1 lit. e DSRL tat.[975] Nach Art. 5 Abs. 1 lit. e DSGVO dürfen Daten nur so lange in einer Form gespeichert werden, die die Identifizierung der betroffenen Person ermöglicht, wie dies für die Verarbeitungszwecke erforderlich ist. Die in Art. 5 Abs. 1 lit. e Hs. 2 DSGVO für die Datenverarbeitung zu im öffentlichen Interesse liegenden Archivzwecken, für wissenschaftlich-historische Forschungszwecke oder für statistische Zwecke gemäß den in Art. 89 Abs. 1 DSGVO aufgeführten Ausnahmen sind im Arbeitsverhältnis nicht einschlägig.

Dem Gebot der Speicherbegrenzung wird auch dadurch genügt, dass die Daten einer Person nicht mehr zugerechnet werden können und diese anonymisiert werden, da letztlich nicht das Speichern der Daten entscheidender Bezugspunkt ist, sondern der Personenbezug.[976] Damit enthält der Grundsatz auch ein Gebot der frühestmöglichen Anonymisierung, was das Erstellen umfassender Profile über eine Person verhindern soll.[977] Sobald der Primärzweck der Datenverarbeitung erreicht wurde, ist der Personenbezug aufzulösen.[978]

Darüber hinaus wird zum Teil sogar die Ansicht vertreten, dass der Grundsatz der Speicherbegrenzung auch das Gebot beinhaltet, Daten, die einer bestimmten Person zuzurechnen sind, so weit zu verallgemeinern, dass diese nur noch bestimmbar ist.[979] Für ein solches Erfordernis spricht, dass es sich hierbei um eine Maßnahme handelt, die dem Datenschutz durchaus dienlich ist[980] und sozusagen als „Minus" zum Erfordernis der Anonymisierung in Art. 5 Abs. 1 lit. e DSGVO mit enthalten sein könnte. Grenze der Auslegung ist jedoch der Wortlaut. In diesem findet sich kein Anhaltspunkt, aus dem sich eine solche allgemeine Pflicht ableiten ließe. Ein „Bestimmbar-Machen", wie dies beispielsweise bei der Pseudonymisierung geschieht, senkt die Intensität des Eingriffs in das Recht auf informationelle Selbstbestimmung ab und ergibt sich deshalb als Verpflichtung des Verantwortlichen bereits aus dem Grundsatz der Erforder-

---

[972] Siehe hierzu 6.4.

[973] *Baumgartner*, in: Ehmann/Selmayr, DSGVO, 2. Auflage 2018, Art. 25 DSGVO, Rn. 14.

[974] *Baumgartner*, in: Ehmann/Selmayr, DSGVO, 2. Auflage 2018, Art. 25 DSGVO, Rn. 14.

[975] *Albrecht/Jotzo* 2017, Teil 2, Rn. 6.

[976] *Roßnagel*, in: Simitis/Hornung/Spiecker gen. Döhmann, Datenschutzrecht, 2019, Art. 5 DSGVO, Rn. 155.

[977] *Wolff*, in: Schantz/Wolff 2017, Rn. 445; *Roßnagel*, in: Simitis/Hornung/Spiecker gen. Döhmann, Datenschutzrecht, 2019, Art. 5 DSGVO, Rn 157.

[978] *Roßnagel*, in: Simitis/Hornung/Spiecker gen. Döhmann, Datenschutzrecht, 2019, Art. 5 DSGVO, Rn 156.

[979] *Wolff*, in: Schantz/Wolff 2017, Rn. 446.

[980] *Wolff*, in: Schantz/Wolff 2017, Rn. 446.

lichkeit sowie aus Art. 25 DSGVO als Datenschutzmaßnahme. Freilich müssen solche Maßnahmen ergriffen werden, wenn beispielsweise Regeln für eine längere Aufbewahrung personenbezogener Daten gelten, um die Eingriffstiefe abzusenken.[981]

6.1.8 Grundsatz der Integrität und Vertraulichkeit gemäß Art. 5 Abs. 1 lit. f DSGVO

Nach Art. 5 Abs. 1 lit. f DSGVO müssen personenbezogene Daten in einer Weise verarbeitet werden, die eine angemessene Sicherheit der personenbezogenen Daten gewährleistet, einschließlich Schutz vor unbefugter oder unrechtmäßiger Verarbeitung und vor unbeabsichtigtem Verlust, unbeabsichtigter Zerstörung oder unbeabsichtigter Schädigung durch geeignete technische und organisatorische Maßnahmen. Der Grundsatz der Integrität und Vertraulichkeit wird auch als „Grundsatz des Systemdatenschutzes" bezeichnet.[982] Integrität wird verkürzt mit den Schlagwörtern „Unversehrtheit, Unverfälschtheit und Vollständigkeit"[983] umschrieben.

„Vertraulichkeit" zielt nach einer Ansicht auf die Quantität und Qualität der Sicherung vor fremdem Zugriff ab.[984] Andere stellen auf das durch die Datenverarbeitung konstituierte Rechtsverhältnis der Berechtigten ab.[985]

Hinsichtlich der Schutzrichtungen lassen sich die Risiken, vor denen die Maßnahmen schützen sollen, in zwei Gruppen unterteilen:[986]

Zum einen soll eine unbefugte oder unrechtmäßige Verarbeitung verhindert werden. Hiermit ist die Datenverarbeitung insbesondere durch unbefugte Personen nach Art. 4 Nr. 10 DSGVO gemeint.[987] Ferner sind auch rechtmäßige Verarbeitungsvorgänge, die gegen den Willen des Verantwortlichen stattfinden, erfasst.[988]

Eine unrechtmäßige Verarbeitung liegt vor, wenn keine datenschutzrechtliche Rechtsgrundlage, etwa nach Art. 6 Abs. 1 UAbs. 1 S. 1 DSGVO, für die Verarbeitung vorliegt, nicht aber, wenn ein Verstoß gegen sonstiges Recht gegeben ist, weil ansonsten dem Merkmal „unbefugt" der eigenständige Anwendungsbereich genommen werden würde.[989] Hierfür spricht auch, dass innerhalb der Verordnung von einem grundsätzlich einheitlichen Sprachgebrauch auszugehen ist, sodass nur die datenschutzrechtliche Rechtmäßigkeit von Bedeutung ist.[990]

Zum anderen soll auch vor unbeabsichtigtem Verlust, unbeabsichtigter Zerstörung oder unbeabsichtigter Schädigung geschützt werden. Solche Fälle liegen vor, „wenn Daten abhandenkommen oder derart verändert werden, dass sie nicht mehr oder nur noch eingeschränkt für den vorgesehenen Zweck verarbeitet werden können."[991] Dabei muss auch eine Veränderung der Daten durch Dritte ausgeschlossen werden, wie sich aus EwG 39 S. 12 DSGVO ergibt.[992]

---

[981] *Reimer,* in: Sydow, Europäische Datenschutzgrundverordnung, 2. Auflage 2018, Art. 5 DSGVO, Rn. 40.

[982] *Roßnagel,* in: Simitis/Hornung/Spiecker gen. Döhmann, Datenschutzrecht, 2019, Art. 5 DSGVO, Rn. 167.

[983] *Wolff,* in: Schantz/Wolff 2017, Rn. 448.

[984] *Wolff,* in: Schantz/Wolff 2017, Rn. 448.

[985] *Frenzel,* in: Paal/Pauly, DSGVO/BDSG, 3. Auflage 2021, Art. 5 DSGVO, Rn. 48.

[986] *Herbst,* in: Kühling/Buchner, DSGVO/BDSG, 3. Auflage 2020, Art. 5 DSGVO, Rn. 73.

[987] *Herbst,* in: Kühling/Buchner, DSGVO/BDSG, 3. Auflage 2020, Art. 5 DSGVO, Rn. 74.

[988] *Reimer,* in: Sydow, Europäische Datenschutzgrundverordnung, 2. Auflage 2018, Art. 5 DSGVO, Rn. 49.

[989] *Herbst,* in: Kühling/Buchner, DSGVO/BDSG, 3. Auflage 2020, Art. 5 DSGVO, Rn. 74; *Reimer,* in: Sydow, Europäische Datenschutzgrundverordnung, 2. Auflage 2018, Art. 5 DSGVO, Rn. 48.

[990] *Reimer,* in: Sydow, Europäische Datenschutzgrundverordnung, 2. Auflage 2018, Art. 5 DSGVO, Rn. 48.

[991] *Herbst,* in: Kühling/Buchner, DSGVO/BDSG, 3. Auflage 2020, Art. 5 DSGVO, Rn. 75.

[992] *Frenzel,* in: Paal/Pauly, DSGVO/BDSG, DSGVO/BDSG, 3. Auflage 2021, Art. 5 DSGVO, Rn. 47.

Der Verantwortliche muss angemessene technische und organisatorische Maßnahmen ergreifen, um die vorgenannten Anforderungen zu ergreifen. Art. 5 Abs. 1 lit. f DSGVO wird insbesondere in der Vorschrift des Art. 32 DSGVO konkretisiert.[993] Die Anlage zu § 9 BDSG a. F. enthielt einen Katalog mit technischen und organisatorischen Maßnahmen, an welchem man sich zur Erfüllung der Anforderungen des Art. 5 Abs. 1 lit. f DSGVO weiterhin orientieren kann.[994] Auch § 64 BDSG enthält in Umsetzung des Art. 29 JI-RL der sich mit der Sicherheit der Verarbeitung befasst, einen Katalog an technisch-organisatorischen Maßnahmen, welcher dem Grundgedanken des § 9 BDSG a. F. entspricht.[995] Zwar gilt § 64 BDSG, der im dritten Abschnitt des BDSG steht, nur im Anwendungsbereich der JI-RL, jedoch kann er zur Orientierung herangezogen werden.

EwG 39 S. 12 erwähnt, dass unbefugte Personen weder Zugang zu den Daten noch zu den Geräten haben sollen, mit denen sie verarbeitet werden.

Den Verantwortlichen trifft dabei keine Pflicht, jegliche Vorfälle vollkommen zu verhindern.[996] Es müssen jedoch Maßnahmen getroffen werden, die nicht evident unzureichend sind, sondern in Anbetracht des Ausmaßes und der Wahrscheinlichkeit der drohenden Ereignisse ein hinreichendes Schutzniveau gewährleisten.[997] Entscheidend ist das Risiko eines unberechtigten Zugriffs, die Art der Verarbeitung sowie die Bedeutung der Daten für die Rechte und Interessen der betroffenen Person.[998]

6.1.9 Zwischenergebnis

Aus den dargestellten Grundsätzen des Datenschutzrechts lassen sich konkrete Anforderungen an die Ausgestaltung technischer Überwachungssysteme ableiten.

Angesichts der vielfältigen Verknüpfungsmöglichkeiten, die moderne IT-Systeme und Big Data-Anwendungen bieten, gewinnt der Grundsatz der Zweckbindung stetig an Bedeutung.[999] Insbesondere beim Einsatz technischer Systeme fordert Art. 25 Abs. 1 S. 1 DSGVO, dass der Verantwortliche unter Berücksichtigung der dort festgelegten Faktoren technische und organisatorische Maßnahmen trifft, um die Datenschutzgrundsätze wirksam umzusetzen.

In Unternehmen ist der Einsatz technischer Systeme denkbar, welche Kameras und Sensoren miteinander verknüpfen und auf diese Weise einerseits eine großflächige Überwachung ermöglichen, andererseits aber auch vielfältige Verknüpfungsmöglichkeiten bieten. Dies gilt beispielsweise für SIEM-Systeme[1000] oder auch die intelligente Videoüberwachung[1001]. Gerade aufgrund der technischen Entwicklung besteht jedoch die Möglichkeit, die Technik so zu gestalten, dass diese dem Grundsatz der Zweckbindung Rechnung trägt.

In Betrieben kommt beispielsweise zunehmend intelligente Videoüberwachung zum Einsatz, welche mit einer Analysefunktion ausgestattet ist, die in der Lage ist, auffällige Vorfälle automatisch zu erkennen oder Personen automatisch auf diversen Kameras zu verfolgen.[1002] Dies kann genutzt werden, um dem Grundsatz der Zweckbindung Rechnung zu tragen.[1003]

---

[993] *Herbst*, in: Kühling/Buchner, DSGVO/BDSG, 3. Auflage 2020, Art. 5 DSGVO, Rn. 76.

[994] *Herbst*, in: Kühling/Buchner, DSGVO/BDSG, 3. Auflage 2020, Art. 5 DSGVO, Rn. 76.

[995] *Nolden*, in: Paal/Pauly, DSGVO/BDSG, 3. Auflage 2021, § 64 BDSG, Rn. 1.

[996] *Reimer*, in: Sydow, Europäische Datenschutzgrundverordnung, 2. Auflage 2018, Art. 5 DSGVO, Rn. 52.

[997] *Reimer*, in: Sydow, Europäische Datenschutzgrundverordnung, 2. Auflage 2018, Art. 5 DSGVO, Rn. 52.

[998] *Schantz*, in: Wolff/Brink, BeckOK Datenschutzrecht, 40. Edition, Stand: 1.11.2021, Art. 5 DSGVO, Rn. 36.

[999] *Albrecht/Jotzo* 2017, Teil 2, Rn. 5.

[1000] *Kort*, NZA 2011, 1319; *Krügel*, MMR 2017, 795.

[1001] *Bretthauer* 2017, 123.

[1002] *Roßnagel/Desoi/Hornung*, DuD 2011, 694; *Alter*, NJW 2015, 2375, 2378 f.

[1003] Siehe hierzu und zum Folgenden für die intelligente Videoüberwachung *Bretthauer* 2017, 122 ff.

In diesen Systemen wird von technischer Seite für die Videoüberwachung vorgeschlagen, einen auftragsorientieren Ansatz zu wählen.[1004] Moderne Videoüberwachungssysteme sind hinsichtlich ihrer Prozessstrukturen entweder so ausgestaltet, dass Daten zentral oder dezentral ausgewertet werden.[1005] Unabhängig von der Art der Auswertung erfolgt diese sensororientiert.[1006] Dies bedeutet, dass Informationen aus den verfügbaren Sensoren extrahiert, gesammelt und schließlich gespeichert werden.[1007] Ziel ist es, alle Objekte, die sich in dem überwachten Bereich befinden, zu erfassen und auf dieses Weise die Aufmerksamkeit des überwachenden Personals optimal zu steuern, da dieses nur im Falle einer Detektions- oder Alarmmeldung reagieren muss.[1008] Überdies werden Speicherkapazitäten geschont, da lediglich im Falle einer Alarmmeldung eine Speicherung der Bildaufnahmen erfolgt.[1009]

Im klassischen Fall der Videoüberwachung sammeln Sensoren alle Daten und stellen das Material dem Personal zur Verfügung, welches dann mit der eigentlichen Überwachungsaufgabe, der Auswertung der Aufnahmen, betraut und bei komplexen Kamerasystemen wohl oft überfordert ist.[1010] Diese Art der Auswertung wird als sensororientierte Auswertung bezeichnet.[1011] Unter dem Gesichtspunkt der Zweckbindung ist problematisch, dass eine Masse an Rohdaten erfasst wird und auch tatsächlich verfügbar ist, welche nur zu einem Bruchteil zur Zweckerreichung benötigt werden.[1012] Dadurch bringt die Maßnahme eine hohe Streubreite mit sich, da auch unbeteiligte Personen, unter Umständen in hoher Qualität, aufgezeichnet werden.[1013] Dies intensiviert die Eingriffsintensität.

Bei der auftragsorientierten Videoüberwachung hingegen sollen ausschließlich auftragsbezogene Daten erhoben und weiterverarbeitet werden.[1014] Ziel ist es, lediglich die „auftragsrelevanten" und damit zur Zweckerreichung erforderlichen Sensordaten zu erheben, zu speichern und weiterzuverarbeiten[1015]. Die Daten, die nicht erforderlich sind, um den Zweck zu erreichen, sollen wenn möglich schon nicht erhoben werden, bzw. dann zumindest nicht gespeichert oder weiterverarbeitet werden.[1016] Damit wird schon das Gesamtsystem dahingehend konfiguriert, dass die Zweckbindung von der Erhebung, über die Speicherung, Verarbeitung und Löschung technisch umgesetzt wird.[1017] Hierzu muss vor der Inbetriebnahme des Systems im Wege der Konfiguration genau festgelegt werden, welche Daten erhoben, verarbeitet und gespeichert werden sollen.[1018]

Für die Videoüberwachung kann dieses Prinzip am Beispiel der Personenverfolgung verdeutlicht werden:

[1004] *Monari/Kroschel*, Technisches Messen 2010, 530 ff.

[1005] *Monari/Kroschel*, Technisches Messen 2010, 530.

[1006] *Monari/Kroschel*, Technisches Messen 2010, 530.

[1007] *Monari/Kroschel*, Technisches Messen 2010, 530.

[1008] *Monari/Kroschel*, Technisches Messen 2010, 530, 531.

[1009] *Monari/Kroschel*, Technisches Messen 2010, 530, 531.

[1010] *Monari/Kroschel*, Technisches Messen 2010, 530, 531.

[1011] *Vagts* 2013, 55.

[1012] *Vagts* 2013, 55.

[1013] *Vagts* 2013, 55.

[1014] *Monari/Kroschel*, Technisches Messen 2010, 530, 531.

[1015] *Monari/Kroschel*, Technisches Messen 2010, 530, 532; *Bretthauer* 2017, 123.

[1016] *Monari/Kroschel*, Technisches Messen 2010, 530, 532; *Bretthauer* 2017, 123.

[1017] *Vagts* 2013, 55.

[1018] *Vagts* 2013, 56.

Ein Gast, der ein Gebäude für eine Konferenz besucht, meldet sich an der Pforte an.[1019] Dort erfasst ein sensororientiertes Überwachungssystem alle Personen, erstellt über alle Personen Bewegungsprofile und prüft, ob ein sensibler Bereich betreten wird.[1020] Währenddessen registriert bei dem auftragsorientierten Ansatz der Pförtner den Gast, erstellt einen Überwachungsauftrag und erhält eine Nachricht, sobald der Gast einen sensiblen Bereich betritt.[1021] Technisch umgesetzt werden kann dies beispielsweise durch RFID-Chips der Benutzer.[1022]

Die zur intelligenten Videoüberwachung gefundenen technischen Forschungsergebnisse können auf Überwachungssysteme, welche auf Anomalieerkennung basieren, allgemein übertragen werden. Die intelligente Videoüberwachung ist eine Form der Anomalieerkennung. Letztlich zielt nämlich auch diese darauf ab, aus einer Vielzahl von Sensoren lediglich die Ereignisse herauszufiltern, die Unregelmäßigkeiten aufweisen. Die Definition eines anomalen Ereignisses kann dadurch erfolgen, dass der Konfigurator Regeln (Hypothesen) aufstellt und darauf basierend Screenings vorgenommen werden. Dies kann jedoch auch unter Einsatz von Machine Learning erfolgen.[1023] Erforderlich ist, dass beim Training des neuronalen Netzes die Parameter möglichst eng definiert werden und dass eine hohe Treffgenauigkeit angestrebt wird. Ziel ist es, nur die Daten zu erheben, zu speichern und zu verarbeiten, die tatsächlich auf die Begehung von Straftaten hinweisen. Sind Anomalien definiert, so muss technisch gewährleistet werden, dass lediglich die Daten erhoben, verarbeitet und gespeichert werden, die auf eine Anomalie hinweisen. Sobald sich eine Anomalie nicht als solche erweist (Nicht-Trefferfall), müssen die entsprechenden personenbezogenen Daten wieder gelöscht werden.

Anomalieerkennung basiert auf einer Kombination von Software- und Hardwarekomponenten, die darauf abzielen, Anomalien im Unternehmen zu erkennen.

Bei der technischen Ausgestaltung können zum einen die Hardware-Komponenten begrenzt werden, indem nur die Sensoren eingesetzt werden, die zwingend notwendig sind, um ein funktionierendes Anomalieerkennungssystem zu gewährleisten und vor Ort auch nur diejenigen, die im konkreten Fall erforderlich sind, um eine Anomalie aufzudecken. Bei SIEM-Systemen, die oftmals mehrere Komponenten, wie auch Videosensorik enthalten, kann dies beispielsweise dadurch umgesetzt werden, dass die Videokamera nur automatisch oder manuell aktiviert wird, wenn eine Anomalie vom System erkannt wird, sodass keine dauerhafte visuelle Überwachung erfolgt. Auf diese Weise kann auch einer umfassenden Verhaltenskontrolle vorgebeugt werden, da durch die Sensoren nur punktuell Ereignisse erfasst werden.

Die Sensoren müssen zwingend diverse personenbezogene Daten sammeln, um diese auswerten zu können und um feststellen zu können, ob vom Normalverhalten abweichendes anomales Verhalten vorliegt, wie beispielsweise eine fehlende Zutrittsberechtigung oder eine nicht genehmigte Buchung. Auch wenn die Daten nur kurzzeitig technikbedingt miterfasst und gespeichert werden, so kann doch nicht im Sinne der mittlerweile überholten KFZ-Kennzeichen-Entscheidung des BVerfG davon ausgegangen werden, dass kein Eingriff in das Recht auf informationelle Selbstbestimmung vorliegt, da die personenbezogenen Daten durch den Algorithmus auf ungewöhnliche Ereignisse hin untersucht werden. Dadurch liegt kein rein technikbedingtes Miterfassen vor, sondern ein zielgerichtetes Erheben zum Zweck der algorithmischen Analyse.

Allerdings müssen eben die Nichttrefferfälle schnellstmöglich, nachdem feststeht, dass keine Anomalie vorliegt, wieder gelöscht werden. Es gelangen nur die Trefferfälle zur Kenntnis des

---

[1019] *Vagts* 2013, 56.

[1020] *Vagts* 2013, 56.

[1021] *Vagts* 2013, 56.

[1022] *Bretthauer* 2017, 125.

[1023] *Westermann/Spindler*, Expert Focus v. 07.11.2017

Überwachungspersonals, die Nichttrefferfälle werden nur kurzfristig verarbeitet. Damit wird die Intensität des Eingriffs in das Recht auf informationelle Selbstbestimmung für diese Personen verringert. Auf diese Weise werden nur diejenigen Daten weiterverarbeitet, die zum Zwecke der Detektion von Innentätern erforderlich sind.

Überdies wird auf diese Weise auch gewährleistet, dass nur ein begrenzter Personenkreis Zugriff auf die Daten hat. Dieser Schutz kann verstärkt werden, indem ein Mehr-Augen-Prinzip eingesetzt wird. Technisch kann dies umgesetzt werden, in dem eine technisch abgebildete treuhänderschaftliche Verteilung der Schlüssel implementiert wird.[1024] Bei dieser wird ein Teil des Schlüssels, der erforderlich ist, um eine Re-Identifikation möglich zu machen, auf mehrere Personen oder Institutionen verteilt, welche nur zusammen eine Re-Identifikation ermöglichen können. Möchte eine Person auf die Klardaten zugreifen, muss sie alle anderen Parteien zuerst um deren Einverständnis bitten, was technisch durch eine Benachrichtigung und einen Einverständnis-Button umgesetzt wird.

6.2 Rechtsgrundlagen für Screenings auf Basis der Anomalieerkennung im Beschäftigungsverhältnis

Primärrechtlich fordert Art. 8 Abs. 2 S. 1 GRCh, dass personenbezogene Daten nur mit Einwilligung der betroffenen Person oder auf einer sonstigen gesetzlich geregelten legitimen Grundlage – wie sie etwa die DSGVO in Art. 6 Abs. 1 UAbs. 1 S. 1 DSGVO enthält – verarbeitet werden. In der DSGVO setzt Art. 5 Abs. 1 lit. a DSGVO dieses Postulat mit dem Grundsatz der Rechtmäßigkeit der Verarbeitung um. Im Beschäftigungsverhältnis kommen als in der DSGVO vorgesehene Rechtsgrundlagen für Datenverarbeitungsprozesse die Einwilligung nach Art. 6 Abs. 1 UAbs. 1 S. 1 lit. a DSGVO, die Verarbeitung zur Erfüllung eines Vertrages nach Art. 6 Abs. 1 UAbs. 1 S. 1 lit. b DSGVO oder der Auffangtatbestand des Art. 6 Abs. 1 UAbs. 1 S. 1 lit. f DSGVO grundsätzlich infrage. Allerdings ist der nationale Gesetzgeber auf Grundlage der Öffnungsklausel des Art. 88 DSGVO tätig geworden und hat die Datenverarbeitung im Beschäftigungskontext mit § 26 BDSG speziell geregelt. Als weitere Rechtsgrundlagen kommen nach Art. 88 Abs. 1 DSGVO Kollektivvereinbarungen in Betracht, wobei hiermit nach EwG 155 DSGVO sowohl Tarifverträge als auch Betriebsvereinbarungen gemeint sind.

6.2.1   Einwilligung

Die Einwilligung wird in Art. 8 Abs. 2 S. 1 GRCh ausdrücklich genannt und als „Grundpfeiler des Datenschutzes" bezeichnet.[1025]

Nach Art. 6 Abs. 1 UAbs. 1 S. 1 lit. a DSGVO kann die Einwilligung der betroffenen Person die Verarbeitung der sie betreffenden personenbezogenen Daten rechtfertigen. Der deutsche Gesetzgeber hat mit § 26 Abs. 2 BDSG von seiner ihm durch die Öffnungsklausel des Art. 88 DSGVO zugedachten Kompetenz Gebrauch gemacht und die Einwilligung im Beschäftigungsverhältnis speziell geregelt.

6.2.1.1   Anwendbarkeit des § 26 Abs. 2 BDSG auf Compliance-Sachverhalte?

§ 26 Abs. 2 BDSG ist auch auf Compliance-Sachverhalte im Beschäftigungsverhältnis anwendbar, da auch ihr Schwerpunkt im Beschäftigungsverhältnis liegt.[1026] Wie eingangs der Arbeit gezeigt, besteht nicht nur ein Interesse des Arbeitgebers daran, Straftaten und gravierende Pflichtverstöße im Unternehmen zu unterbinden, sondern auch eine Pflicht hierzu. Wer Compliance aus dem Arbeitsverhältnis ausklammert, negiert dessen soziale und kollektive Bezüge.

[1024] Vgl. hierzu ausführlich 6.10.2.

[1025] *Albrecht*, CR 2016, 88, 91; *Schwartmann/Klein*, in: Schwartmann/Jaspers/Thüsing/Kugelmann, DSGVO/BDSG, 2. Auflage 2020, Art. 7 DSGVO, Rn 18.

[1026] Die Frage wirft *Zöll*, in: Taeger/Gabel, DSGVO/BDSG/TTDSG, 4. Auflage 2022, § 26 BDSG, Rn. 76 auf.

In der Regel geht mit einer innerdienstlich begangenen Straftat eine schwere Verletzung der arbeitsvertraglichen Pflichten sowie ein gravierender Vertrauensbruch einher.[1027]

Auch wenn außerbetrieblich begangene Straftaten in Rede stehen, kann es sich um eine Verletzung der Rücksichtnahmepflichten aus § 241 Abs. 2 BGB handeln.[1028] Nach § 241 Abs. 2 BGB ist jede Arbeitsvertragspartei zur Rücksichtnahme auf Rechte, Rechtsgüter und Interessen des anderen verpflichtet.[1029] Hat ein rechtswidriges außerdienstliches Verhalten des Arbeitnehmers negative Auswirkungen auf den Betrieb oder einen Bezug zum Arbeitsverhältnis, so verstößt der Arbeitnehmer mit einem solchen Verhalten gegen seine schuldrechtliche Pflicht zur Rücksichtnahme aus § 241 Abs. 2 BGB, wenn dadurch berechtigte Interessen des Arbeitgebers oder anderer Arbeitnehmer verletzt werden.[1030] Daher sind auch die Regeln des Beschäftigtendatenschutzes vollumfänglich auf Compliance-Maßnahmen anzuwenden.

6.2.1.2 Anforderungen

Nach Art. 4 Nr. 11 DSGVO ist Voraussetzung für eine wirksame Einwilligung eine freiwillige, für den bestimmten Fall abgegebene informierte und unmissverständliche Willensbekundung. Die Einwilligung muss in Form einer Erklärung oder einer sonstigen eindeutigen bestätigenden Handlung erfolgen, mit der die betroffene Person zu verstehen gibt, dass sie mit der Verarbeitung der sie betreffenden personenbezogenen Daten einverstanden ist. Zusätzlich zu den in der Legaldefinition enthaltenen Voraussetzungen stellt die DSGVO in Art. 7 DSGVO, EwG 32, 33, 42 und 43 DSGVO Anforderungen an eine wirksame Einwilligung auf. Speziell für den Beschäftigtendatenschutz hat der nationale Gesetzgeber von der Öffnungsklausel des Art. 88 DSGVO Gebrauch gemacht und in § 26 Abs. 2 BDSG besondere Anforderungen für die datenschutzrechtliche Einwilligung im Beschäftigungsverhältnis normiert.

6.2.1.2.1 Einwilligung der betroffenen Person

Die Einwilligung der betroffenen Person ist im Vorfeld des geplanten Datenverarbeitungsvorgangs einzuholen.[1031] Dies kommt zwar nicht explizit im Wortlaut des Art. 4 Nr. 11 DSGVO zum Ausdruck, wird jedoch durch die Überschrift des Art. 6 Abs. 1 UAbs. 1 S. 1 DSGVO sowie der Verwendung des Perfekts in Art. 6 Abs. 1 UAbs. 1 S. 1 lit. a DSGVO impliziert.[1032] Auch EwG 40 DSGVO deutet darauf hin, dass grundsätzlich bereits vor Beginn des Datenverarbeitungsvorgangs eine wirksame Rechtsgrundlage vorliegen muss.[1033]

Ferner ist die Einwilligung höchstpersönlich zu erteilen, da jeder Betroffene die Entscheidung über die Preisgabe seiner Daten selbst zu treffen hat.[1034] Während die Höchstpersönlichkeit bei der Übermittlung durch einen Boten unzweifelhaft gewahrt wird, ist umstritten, inwieweit eine Vertretung zulässig ist. Eine solche ist anerkannt und steht einer Ausübung des Rechts auf informelle Selbstbestimmung dann nicht entgegen, wenn die Vollmacht ausdrücklich erteilt und

---

[1027] *Müller*, öAT 2018, 95, 96.

[1028] BAG, Urt. v. 25.4.2018 – 2 AZR 611/17, Rn. 44, NZA 2018, 1405, 1409; BAG, Urt. v. 10.4.2014 – 2 AZR 684/13, Rn. 14, NZA 2014, 1197, 1198.

[1029] BAG, Urt. v. 25.4.2018 – 2 AZR 611/17, Rn. 44, NZA 2018, 1405, 1409; BAG, Urt. v. 10.4.2014 – 2 AZR 684/13, Rn. 14, NZA 2014, 1197, 1198; *Müller*, öAT 2018, 95, 96.

[1030] BAG, Urt. v. 25.4.2018 – 2 AZR 611/17, Rn. 44, NZA 2018, 1405, 1409; BAG, Urt. v. 10.4.2014 – 2 AZR 684/13, Rn. 14, NZA 2014, 1197, 1198.

[1031] *Ernst*, in: Paal/Pauly, DSGVO/BDSG, 3. Auflage 2021, Art. 4 DSGVO, Rn. 64.

[1032] *Art.-29-Datenschutzgruppe*, WP 259 rev. 0.1, 21.

[1033] *Art.-29-Datenschutzgruppe*, WP 259 rev. 0.1, 21.

[1034] *Ernst*, in: Paal/Pauly, DSGVO/BDSG, 3. Auflage 2021, Art. 4 DSGVO, Rn. 65; vgl. hierzu vertiefend *Gierschmann*, in: Gierschmann/Schlender/Stentzel/Veil, DSGVO, 2018, Art. 7 DSGVO, Rn. 38 ff.

hinreichend konkret gefasst ist.[1035] In diesem Fall begibt sich die betroffene Person nicht ihrer Grundrechtsausübung und überträgt die Entscheidung über die Preisgabe ihrer personenbezogenen Daten einer anderen Person.[1036] Für die Zulässigkeit einer Vertretung spricht auch, dass die DSGVO nicht nur auf das höchstmögliche Datenschutzniveau abzielt, sondern auch einer Bevormundung und Beschränkung der betroffenen Person in ihren Freiheiten entgegentreten möchte.[1037] Überdies wird in Art. 8 Abs. 1 DSGVO das Instrument der Stellvertretung für die Einwilligung von Minderjährigen anerkannt.[1038] Dem steht auch nicht entgegen, dass die EwG 32 und EwG 42 DSGVO ausdrücklich nur auf das Wissen der betroffenen Personen abzielen. Denn da der Stellvertreter als Repräsentant der betroffenen Person handelt, muss dieser nicht an jeder Stelle explizit erwähnt werden.

Unzulässig ist eine Einwilligung, soweit sie sich auf Daten Dritter bezieht.[1039] Der Betriebsrat kann beispielsweise mangels Vertretungsmacht für die Beschäftigten nicht in Datenverarbeitungsvorgänge zu deren Lasten einwilligen. Ihm steht als Regelungsinstrument jedoch die Betriebsvereinbarung zur Verfügung.

6.2.1.2.2 Freiwillige Abgabe

Die freie Entscheidung des Betroffenen stellt das „normative Fundament"[1040] der Einwilligung dar. Nach Art. 4 Nr. 11 DSGVO muss deshalb eine Einwilligung freiwillig abgegeben werden. Der Begriff der Freiwilligkeit wird in EwG 42 S. 5 DSGVO konkretisiert. Danach ist sie nur gegeben, wenn die betroffene Person eine echte oder freie Wahl hat und somit in der Lage ist, die Erteilung der Einwilligung zu verweigern oder zurückzuziehen, ohne Nachteile zu erleiden. In der DSGVO hat die Einwilligung speziell für das Beschäftigungsverhältnis keine ausdrückliche Regelung gefunden. Anders war dies noch im Kommissionsentwurf, der die Freiwilligkeit der Einwilligung im Beschäftigungsverhältnis – und damit diese als tauglichen Rechtfertigungstatbestand – faktisch ausschloss.[1041] Im deutschen Recht hat der Arbeitgeber mit § 26 Abs. 1 S. 1 BDSG eine auf Art. 88 DSGVO gestützte Spezialregelung getroffen, wonach für die Beurteilung der Freiwilligkeit der Einwilligung insbesondere die im Beschäftigungsverhältnis bestehende Abhängigkeit des Beschäftigten sowie die Umstände, unter denen die Einwilligung erteilt worden ist, zu berücksichtigen sind. Das BAG geht davon aus, dass im Arbeitsverhältnis eine freiwillige Entscheidung möglich ist, wenn dem Arbeitnehmer eine echte Wahlmöglichkeit verbleibt.[1042] Gemäß § 26 Abs. 2 S. 2 BDSG kann Freiwilligkeit insbesondere dann vorliegen, wenn für die beschäftigte Person ein rechtlicher oder wirtschaftlicher Vorteil erreicht wird oder Arbeitgeber und beschäftigte Person gleichgelagerte Interessen verfolgen. Diesen beiden Fallgruppen kommt eine gesetzliche Leitbildfunktion zu.[1043] Ein praktischer Anwen-

---

[1035] *Ingold*, in: Sydow, Europäische Datenschutzgrundverordnung, 2. Auflage 2018, Art. 7 DSGVO, Rn. 19; aA *Ernst*, ZD 2017, 110, 111; *Ernst*, in: Paal/Pauly, DSGVO/BDSG, 3. Auflage 2021, Art. 4 DSGVO, Rn. 65; *Klement*, in: Simitis/Hornung/Spiecker gen. Döhmann, Datenschutzrecht, 2019, Art. 7 DSGVO, Rn. 37.

[1036] *Ingold*, in: Sydow, Europäische Datenschutzgrundverordnung, 2. Auflage 2018, Art. 7 DSGVO, Rn. 19.

[1037] *Ingold*, in: Sydow, Europäische Datenschutzgrundverordnung, 2. Auflage 2018, Art. 7 DSGVO, Rn. 19.

[1038] *Ingold*, in: Sydow, Europäische Datenschutzgrundverordnung, 2. Auflage 2018, Art. 7 DSGVO, Rn. 19.

[1039] *Däubler*, in: Däubler/Wedde/Weichert/Sommer, DSGVO/BDSG, 2. Auflage 2020, Art. 7 DSGVO, Rn. 24, der eine Ausnahme anerkennt, wenn die Dritten ausnahmsweise selbst eingewilligt hätten.

[1040] *Schantz*, in: Schantz/Wolff 2017, Rn. 500.

[1041] Vorschlag für Verordnung des Europäischen Parlaments und des Rates zum Schutz natürlicher Personen bei der Verarbeitung personenbezogener Daten und zum freien Datenverkehr (Datenschutz-Grundverordnung), KOM(2012) 11 endg. 2012/0011 (COD), abrufbar unter https://eur-lex.europa.eu/LexUriServ/LexUriServ.do?uri=COM:2012:0011:FIN:DE:PDF (zuletzt abgerufen am 01.09.2023).

[1042] BAG Urt. v. 11. 12. 2014 – 8 AZR 1010/13, NZA 2015, 604, 607.

[1043] *Thüsing/Schmidt*, in: Schwartmann/Jaspers/Thüsing/Kugelmann, DSGVO/BDSG, 2018, Anhang Art. 88 DSGVO/§ 26 BDSG Rn. 34.

dungsfall ist die Einführung eines betrieblichen Gesundheitsmanagementsystems zur Gesundheitsförderung oder die Erlaubnis, betriebliche IT-Systeme privat zu nutzen.[1044] Zum Teil werden auch im Falle von Überwachungsmaßnahmen gleichgelagerte Interessen verfolgt, nämlich dann, wenn sie zur Sicherheit des Mitarbeiters installiert werden. Ein Beispiel stellt die Videoüberwachung in Banken dar, um Überfällen vorzubeugen oder die Überwachung eines Geldtransporters per GPS. Im Umkehrschluss ist eine Einwilligung in der Regel nicht freiwillig erteilt, wenn sie keinen, nicht einmal einen auch nur mittelbaren Nutzen, sondern insgesamt Nachteile mit sich bringt.[1045] Grundsätzlich handelt es sich bei der Datenverarbeitung zum Zwecke der Mitarbeiterüberwachung um eine Datenverarbeitung, die dem Interessenbereich des Arbeitgebers zuzurechnen ist. Zwar liegt die Verhinderung von Straftaten im gesamtgesellschaftlichen Interesse und trägt auch der Sicherheit sowie dem Sicherheitsgefühl der Mitarbeiter Rechnung. Allerdings handelt der Arbeitgeber primär zum Schutz seines Betriebes und seiner Rechtsgüter sowie zur Vermeidung negativer Haftungsfolgen. Bei der Annahme von Freiwilligkeit ist daher bei Überwachungsmaßnahmen Zurückhaltung geboten.

6.2.1.2.2.1 Abhängigkeitsverhältnis

Im Beschäftigungsverhältnis besteht aufgrund des Weisungsrechts des Arbeitgebers auf der Grundlage von § 106 GewO, § 84 HGB ein strukturelles Machtgefälle zwischen Arbeitgeber und Beschäftigtem.[1046] Nach dem Kommissionsentwurf wäre, legt man dieses Machtgefälle zugrunde, davon auszugehen gewesen, dass eine Einwilligung im Beschäftigungsverhältnis mangels Freiwilligkeit nicht möglich ist. Nach Art. 7 Nr. 4 der Entwurfsfassung sollte die Einwilligung keine Rechtsgrundlage für die Verarbeitung bieten, wenn zwischen der Position der betroffenen Person und der des für die Verarbeitung Verantwortlichen ein erhebliches Ungleichgewicht besteht. Nach EwG 34 des Entwurfs bestand ein Ungleichgewicht im Sinne des Art. 7 Nr. 4 der Entwurfsfassung vor allem dann, wenn sich die betroffene Person in einem Abhängigkeitsverhältnis von dem für die Verarbeitung Verantwortlichen befindet, zum Beispiel, wenn personenbezogene Daten von Arbeitnehmern durch den Arbeitgeber im Rahmen von Beschäftigungsverhältnissen verarbeitet werden. Laut EwG 33 des Entwurfs sollte klargestellt werden, dass die Einwilligung keine rechtswirksame Grundlage für die Verarbeitung liefert, wenn die betreffende Person keine echte Wahlfreiheit hat und somit nicht ohne Nachteile in der Lage ist, die Einwilligung zu verweigern oder zurückzuziehen.

In der finalen Fassung der DSGVO wurde dieses – eine freiwillige Einwilligung im Beschäftigungsverhältnis ausschließende – Regelbeispiel gestrichen. Art. 82 Abs. 1 b des Parlamentsbeschlusses bestimmte, dass die Einwilligung des Arbeitnehmers keine Rechtsgrundlage bilden sollte, wenn sie nicht freiwillig erteilt wurde und stellte damit vor allem noch einmal die Beweislastverteilung zu Lasten des Arbeitgebers klar, ohne die Möglichkeit einer Einwilligung grundlegend auszuschließen. In der endgültigen Fassung der DSGVO fehlt eine dahingehende Reglung vollends. Somit kommt grundsätzlich auch im Beschäftigungsverhältnis die Einwilligung als Rechtsgrundlage für Datenverarbeitungsprozesse in Betracht.[1047]

Aus EwG 155 DSGVO, wonach im Recht der Mitgliedstaaten oder in Kollektivvereinbarungen spezifische Vorschriften für die Verarbeitung personenbezogener Beschäftigtendaten im Beschäftigungskontext vorgesehen werden können, und zwar insbesondere Vorschriften über die

---

[1044] BT-Drs. 18/11325, 97; *Gola*, BB 2017, 1462, 1467.

[1045] *Däubler*, in: Däubler/Wedde/Weichert/Sommer, DSGVO/BDSG, 2. Auflage 2020, § 26 BDSG, Rn. 224; *Wybitul*, NZA 2017, 413, 417.

[1046] *Martini/Botta*, NZA 2018, 625, 628; eine ausführliche Darstellung der Problematik findet sich bei *Bausewein* 2011, 58 ff.

[1047] Einhellige Meinung, vgl. exemplarisch *Stamer/Kuhnke*, in: Plath, DSGVO/BDSG, 3. Auflage 2018, Art. 88 DSGVO, Rn. 12.

Bedingungen, unter denen personenbezogene Daten im Beschäftigungskontext auf der Grundlage der Einwilligung des Beschäftigten verarbeitet werden dürfen, ergibt sich sogar eindeutig, dass diese auch im Beschäftigungsverhältnis als Erlaubnistatbestand fungieren soll. Überdies impliziert § 26 Abs. 2 BDSG, wenn er spezielle Anforderungen an die Informiertheit und Freiwilligkeit einer Einwilligung im Beschäftigungsverhältnis stellt, dass es grundsätzlich möglich ist, Datenverarbeitungen im Beschäftigungsverhältnis auf eine solche zu stützen.[1048]

Allerdings wäre es nicht mit der DSGVO vereinbar, auf nationaler Ebene die Frage der grundsätzlichen Zulässigkeit der Einwilligung im Beschäftigungsverhältnis autonom zu regeln und diese etwa als Erlaubnistatbestand auszuschließen, da Art. 88 Abs. 1 DSGVO, der die DSGVO für nationale Regelungen im Beschäftigungskontext öffnet, die Einwilligung im speziellen nicht erwähnt und EwG 155 DSGVO explizit nur davon spricht, dass die Bedingungen der Einwilligung auf nationaler Ebene für das Beschäftigungsverhältnis geregelt werden dürfen.[1049] Überdies wird die Einwilligung in Art. 8 Abs. 2 S. 1 GRCh explizit als Verarbeitungsgrundlage genannt.[1050] Ein Ausschluss der Einwilligung als Rechtfertigungstatbestand wäre daher mit Blick auf die GRCh bedenklich. Daher kann die Einwilligung im konkreten Beschäftigungsverhältnis für bestimmte Verarbeitungssituationen auch nicht durch Kollektivvereinbarung ausgeschlossen werden.

Die Regelung des § 26 Abs. 2 BDSG ist demgegenüber von der Öffnungsklausel des Art. 88 DSGVO gedeckt, da darin nur rechtliche Anforderungen für eine wirksame Einwilligung aufgestellt werden.[1051] Gerade durch seine Existenz wird deutlich, dass der nationale Gesetzgeber die Einwilligung im Beschäftigungskontext nicht als Rechtfertigungstatbestand ausschließen wollte.[1052] Art. 88 Abs. 1 DSGVO selbst spricht zwar nicht ausdrücklich an, dass die Modalitäten der Einwilligung im Beschäftigungsverhältnis autonom im nationalen Recht geregelt werden dürfen; EwG 155 DSGVO lässt dies jedoch zu. Den Erwägungsgründen selbst kommt zwar kein normativer Charakter zu, allerdings dienen sie der Begründung des Rechtsakts und werden vom EuGH im Rahmen der systematischen und teleologischen Auslegung herangezogen.[1053] Insofern kann EwG 155 DSGVO auch im Zuge der Auslegung des Art. 88 Abs. 1 DSGVO dienbar gemacht werden, um zu bestimmen, was unter „spezifischere Vorschriften" zu verstehen ist. Zu beachten ist bei der Umsetzung die Einschätzungsprärogative des nationalen Gesetzgebers.[1054]

Letztlich besteht auch ein tatsächliches praktisches Bedürfnis für die Einwilligung. Da es sich bei einem Arbeitsvertrag um ein Dauerschuldverhältnis handelt, ist es unmöglich, ex ante alle

---

[1048] Teilweise (s. *Gola*, BB 2017, 1462, 1467; *Martini/Botta*, NZA 2018, 625, 628) wird § 26 Abs. 2 BDSG klarstellende Bedeutung hinsichtlich der grundsätzlichen Zulässigkeit der Einwilligung im Beschäftigungsverhältnis beigemessen. § 26 Abs. 2 BDSG konkretisiert jedoch nur die Bedingungen der Einwilligung. Dass diese grundsätzlich als Zulässigkeitstatbestand in Betracht kommt, ergibt sich aus Art. 6 Abs. 1 UAbs. 1 S. 1 lit. a DSGVO, EwG 155 DSGVO.

[1049] So auch, aber mit dem Argument, dass nicht vom Schutzstandard der DSGVO abgewichen werden dürfe *Schüßler/Zöll*, DuD 2013, 639, 640; *Däubler*, in: Däubler/Wedde/Weichert/Sommer, DSGVO/BDSG, 2. Auflage 2020, Art. 88 DSGVO, Rn. 222; vgl. zur Diskussion der Frage unter der alten Rechtslage, ob es unter der DSRL zulässig wäre, die Einwilligung im Beschäftigungsverhältnis auf nationaler Ebene auszuschließen *Riesenhuber*, RdA 2011, 257, 263 ff; *Bausewein* 2011, 53 ff; nach aA soll es in bestimmten Konstellationen im Arbeitsverhältnis möglich sein, dass der nationale Gesetzgeber einen völligen Ausschluss der Einwilligung regeln kann, wenn er die Voraussetzungen der Einwilligung als nicht gegeben sieht, *Schuler/Weichert* 2016, 7; *Franzen*, DuD 2012, 322, 324.

[1050] *Maschmann*, in: Kühling/Buchner, DSGVO/BDSG, 3. Auflage 2020, § 26 BDSG, Rn. 62.

[1051] *Kort*, ZD 2017, 319, 321 ohne Begründung; *Zöll*, in: Taeger/Gabel/TTDSG, DSGVO/BDSG, 4. Auflage 2022, § 26 BDSG, Rn. 76.

[1052] *Däubler*, in: Däubler/Wedde/Weichert/Sommer, DSGVO/BDSG, 2. Auflage 2020, § 26 BDSG, Rn. 37.

[1053] *Hess*, Europäisches Zivilprozessrecht, Rn. 56 f.

[1054] *Zöll*, in: Taeger/Gabel, DSGVO/BDSG/TTDSG, 4. Auflage 2022, § 26 BDSG, Rn. 73.

möglichen Datenverarbeitungen vorherzusehen, die im Laufe des Arbeitsverhältnisses erforderlich werden, sodass dafür eine flexible Rechtsgrundlage wie die Einwilligung notwendig ist.[1055]

Wie auch das BVerfG festgestellt hat, besteht jedoch zwischen Arbeitnehmer und Arbeitgeber beim Abschluss eines Arbeitsvertrages typischerweise ein Verhältnis struktureller Unterlegenheit, welches auch nicht durch den allgemeinen Kündigungsschutz beseitigt wird.[1056] Entscheidend ist das ungleiche wirtschaftliche Kräfteverhältnis, das darin begründet ist, dass der Arbeitnehmer stärker – nämlich existenziell – auf das Arbeitsverhältnis angewiesen ist als der Arbeitgeber.[1057]

Teilweise wird deshalb bezweifelt, ob im Arbeitsverhältnis eine freie Entscheidung, wie sie die Einwilligung fordert, möglich ist.[1058] Das BAG ging aber bereits zur Zeit der Geltung des § 4 a BDSG a.F. davon aus, dass auch im Arbeitsverhältnis eine freiwillige Entscheidung gegeben sein kann, wenn dem Arbeitnehmer eine echte Wahlmöglichkeit verbleibt.[1059] So prüfte es das Vorliegen einer Einwilligung bei Maßnahmen wie einer zeitlich auf wenige Wochen begrenzten Videoüberwachung zur Aufklärung eines konkreten Verdachts einer Straftat[1060] oder einer Spindkontrolle[1061]. Auch das Weisungsrecht des Arbeitgebers aus § 106 GewO steht der Annahme einer freien Entscheidung nicht grundsätzlich entgegen.[1062] Maßgeblich ist die Prüfung im Einzelfall auf Grundlage der konkreten Umstände.[1063]

Die Art.-29-Datenschutzgruppe weist ebenfalls darauf hin, dass es unwahrscheinlich, allerdings nicht ausgeschlossen ist, dass Bewerber oder Arbeitnehmer ihre Einwilligung freiwillig abgeben.[1064] Für die Beurteilung der Freiwilligkeit kann neben der Art des verarbeiteten Datums und der Tiefe des Eingriffs auch der Zeitpunkt der Einwilligungserteilung von Bedeutung sein.[1065] So werden Beschäftigte vor dem Abschluss eines Arbeitsvertrages regelmäßig einer größeren Drucksituation ausgesetzt sein als im bestehenden Arbeitsverhältnis.[1066] Denn vor Begründung des Beschäftigungsverhältnisses muss der potentielle Beschäftigte befürchten, dass im Falle der Nichterteilung der Einwilligung der Abschluss des Arbeitsvertrages gefährdet wäre.[1067] Während des bestehenden Arbeitsverhältnisses lassen die genannte existenzielle Abhängigkeit des Arbeitnehmers vom Fortbestand des Arbeitsverhältnisses sowie die Furcht vor einer Maßregelung durch den Arbeitgeber Zweifel an einer freien Entscheidung aufkommen.[1068] Denn hinter der Aufforderung des Arbeitgebers, eine Einwilligung abzugeben, steht häufig aus Sicht des Arbeitnehmers die unausgesprochene Androhung von Repressalien im

---

[1055] *Däubler,* in: Däubler/Wedde/Weichert/Sommer, DSGVO/BDSG, 2. Auflage 2020, § 26 BDSG, Rn. 37.

[1056] BVerfG vom 23.11.2006 – 1 BvR 1909/06, NJW 2007, 286; *Stelljes,* DuD 2016, 787, 788.

[1057] BVerfG vom 23.11.2006 – 1 BvR 1909/06, NJW 2007, 286; *Stelljes,* DuD 2016, 787, 788; *Bongers,* in: Kramer, IT-Arbeitsrecht, 1. Auflage 2017, Rn. 664 zu § 4a BDSG a.F.

[1058] *Duhr/Naujok/Peter/Seiffert,* DuD 2002, 5, 13; *Däubler* 2001, 142; *Schaar,* MMR 2001, 644; *Körner,* AuR 2010, 416, 418 zu § 4 a BDSG a.F.; *Körner,* AuR 2015, 392, 397.

[1059] BAG Urt. v. 11. 12. 2014 – 8 AZR 1010/13, NZA 2015, 604, 607; *Weichert,* in: Däubler/Wedde/Weichert/Sommer, DSGVO/BDSG, 2. Auflage 2020, Art. 4 DSGVO, Rn. 109.

[1060] BAG, Urt. v. 20.10.2016 – 2 AZR 395/15, Rn. 31 f., NZA 2017, 443, 447.

[1061] BAG, Urt. v. 20.6.2013 - 2 AZR 546/12, Rn. 28, NZA 2014, 143, 146.

[1062] VG Saarlouis, Urt. v. 29.1.2016 – 1 K 1122/14.

[1063] *Buchner/Kühling,* in: Kühling/Buchner, DSGVO/BDSG, 3. Auflage 2020, Art. 7 DSGVO, Rn. 44; *Schulz,* in: Gola, DSGVO, 2. Auflage 2018, Art. 7 DSGVO, Rn. 23; *Pötters,* in: Gola, DSGVO, 2. Auflage 2018, Art. 88 DSGVO, Rn. 86.

[1064] *Art.-29-Datenschutzgruppe,* WP 259 rev. 01, 7.

[1065] BT-Drs. 18/11325, 97; *Pötters,* in: Gola, DSGVO, 2. Auflage 2018, Art. 88 DSGVO, Rn. 86.

[1066] BT-Drs. 18/11325, 97; *Pötters,* in: Gola, DSGVO, 2. Auflage 2018, Art. 88 DSGVO, Rn. 86.

[1067] *Schimmelpfennig/Wenning,* DB 2006, 2290, 2292; *Kruchen* 2013, 222.

[1068] *Kruchen* 2013, 223; *Grimm/Schiefer,* RdA 2009, 329, 335; *Maties,* NJW 2008, 2219, 2220.

Falle der Verweigerung der Einwilligung.[1069] Soll die Einwilligung eine Maßnahme der Mitarbeiterüberwachung legitimieren, wird regelmäßig eine Drucksituation vorliegen, die die freie Entscheidungsmöglichkeit ausschließt.[1070] So nennt auch die Art.-29-Datenschutzgruppe die Videoüberwachung als Beispiel für einen Fall, in dem eine Einwilligung in der Regel nicht ohne das Empfinden von Druck erteilt wird.[1071] Auch der Gruppenzwang und der soziale Anpassungsdruck stellen zu berücksichtigende Faktoren dar, schließen aber andererseits die Freiwilligkeit nicht von Vornherein aus.[1072] In der Regel scheidet daher die Einwilligung bei Maßnahmen der Mitarbeiterüberwachung als Rechtsgrundlage aus, mag sie auch grundsätzlich als Rechtfertigungstatbestand für Datenverarbeitungen im Beschäftigungsverhältnis infrage kommen.

Eine andere Bewertung ist hinsichtlich der Einwilligung in die angemessene und transparente Kontrolle von E-Mails oder Internet-Nutzung bei erlaubter Privatnutzung am Arbeitsplatz angezeigt.[1073] Denn ausnahmsweise wird man dann von der Freiwilligkeit der Einwilligung ausgehen können, wenn sie mit einer Dienstleistung oder Vergütung im Beschäftigungsverhältnis verbunden ist, auf die der Arbeitnehmer nicht angewiesen ist.[1074] Wird die Einwilligung in die Überwachung des Verhaltens in den gesetzlichen Grenzen an die Privatnutzung des betrieblichen IT-Systems gekoppelt, so bestehen hier keine grundlegenden Zweifel an der Freiwilligkeit. Denn der Arbeitnehmer ist auf die private Nutzung des Systems nicht angewiesen, sodass keine Zwangssituation besteht.[1075] In dieser Konstellation ist von einer echten Wahlmöglichkeit des Arbeitnehmers auszugehen, der auf eine private Nutzung der Internet- und Telekommunikationsdienste verzichten und sich damit der Kontrollmöglichkeit entziehen kann, ohne Nachteile befürchten zu müssen. Er schlägt in diesem Fall lediglich einen vom Arbeitgeber gewährten Bonus aus.[1076]

In diesem Sinne hatte das BAG auch im Falle der Überwachung eines Beschäftigten mittels Keylogger die Einwilligung als Rechtfertigungstatbestand für die Überwachungsmaßnahme geprüft, im Ergebnis aber aufgrund fehlender Ausdrücklichkeit verneint.[1077] Die Freiwilligkeit der Einwilligung wurde nicht problematisiert, was vermutlich der Tatsache geschuldet war, dass der Entscheidung kein Sachverhalt zugrunde lag, in dem sich der Beschäftigte der Überwachung nicht entziehen konnte, weil er etwa auf die Nutzung der Betriebsmittel – des Dienst-PC – zwingend angewiesen war, sondern um einen Fall, in dem der Arbeitgeber den Beschäftigten freies WLAN zur Verfügung stellte und zur Kontrolle der ordnungsgemäßen Nutzung des freien WLANs einen Keylogger auf dem Dienst-PCs installierte.[1078]

Letztlich ist nicht davon auszugehen, dass eine Einwilligung zu einem Screening freiwillig erteilt werden kann. Außerhalb der genannten Sonderkonstellation, in der die Einwilligung mit einer Dienstleistung oder Vergütung verbunden ist, auf die der Beschäftigte nicht angewiesen ist, erscheint die Freiwilligkeit der Einwilligung in Überwachungsmaßnahmen angesichts des bestehenden Abhängigkeitsverhältnisses des Beschäftigten zweifelhaft. Ein Screening, welches Straftaten und Pflichtverstößen vorbeugen soll, bringt keinerlei persönlichen Nutzen für den Beschäftigten mit sich. Ein solcher mag bei einer Videoüberwachung, die gegebenenfalls dem

---

[1069] *Maties*, NJW 2008, 2219, 2220.

[1070] *Maschmann*, in: Kühling/Buchner, DSGVO/BDSG, 3. Auflage 2020, § 26 BDSG, Rn. 63.

[1071] *Artikel-29-Datenschutzgruppe*, WP 259 rev. 01, 7.

[1072] *Martini/Botta*, NZA 2018, 625, 627.

[1073] *Stelljes*, DuD 2016, 787, 788.

[1074] *Stelljes*, DuD 2016, 787, 788.

[1075] *Kruchen* 2013, 224.

[1076] aA wohl *Maschmann*, in: Kühling/Buchner, DSGVO/BDSG, 3. Auflage 2020, § 26 BDSG, Rn. 63.

[1077] BAG, Urt. v. 27.7.2017 – 2 AZR 681/16, Rn. 20, NZA 2017, 1327, 1329.

[1078] BAG, Urt. v. 27.7.2017 – 2 AZR 681/16, Rn. 20, NZA 2017, 1327, 1329.

Beschäftigten Sicherheit vor Überfällen vermittelt, denkbar sein, allerdings nicht bei einem Screening.

6.2.1.2.2.2   Überrumpelung

Die Einwilligung darf nicht durch „Überrumpelung" oder durch die unangemessene Ausübung von Druck auf den Beschäftigten erwirkt werden.[1079] Charakteristisch für eine Überrumpelungslage ist eine Situation, in der die betroffene Person aus zeitlichen oder anderen Gründen davon abgehalten wird, ihre Entscheidung ernsthaft zu überdenken oder Rat einzuholen.[1080] Die Verhandlungssituation darf nicht einseitig strukturiert werden, etwa indem der Arbeitnehmer unter Zeitdruck gesetzt wird oder er sich mehreren Personen gegenübersieht, die versuchen, gemeinschaftlich in eine Richtung auf ihn einzuwirken.[1081] Beispielsweise darf von einem Außendienstmitarbeiter nicht verlangt werden, in eine GPS-Ortung durch den Arbeitgeber einzuwilligen, weil er in seiner Leistung hinter der seiner Kollegen zurückgeblieben sei und ihm vorgeworfen wird, nicht korrekt abzurechnen.[1082]

6.2.1.2.2.3   Androhen von Nachteilen oder Versprechen hoher Vorteile

Ebenso wenig wie die Einwilligung nicht durch das Androhen von Nachteilen[1083] erlangt werden darf, darf sie auch nicht an finanzielle Vorteile oder Anreize gekoppelt sein, wie Prämien, Zulagen oder Sonderzahlungen, da ihnen für Beschäftigte zumeist existenzielle Bedeutung zukommt.[1084]

Werden im Falle der Nicht-Erteilung der Einwilligung Nachteile in Aussicht gestellt, kommt im Arbeitsrecht eine Ausnahme in Betracht, wenn sie unvermeidbare Konsequenz dringender betrieblicher Erfordernisse sind.[1085] Grundsätzlich müssen dem Beschäftigten jedoch Handlungsalternativen verbleiben.[1086] In den meisten Fällen der Mitarbeiterüberwachung handelt es sich typischerweise um Sachverhalte, bei denen beispielsweise eine Softwaresystem aufgrund einer grundrechtlich geschützten unternehmerischen Entscheidung im Betrieb eingeführt wird. Die Datenverarbeitung bedarf dann aber keiner Einwilligung mehr als Rechtsgrundlage, sondern kann auf § 26 Abs. 1 S. 1 BDSG gestützt werden.[1087] Wird zusätzlich eine Einwilligung eingeholt, so hat der Verantwortliche auf das Vorhandensein einer weiteren Rechtsgrundlage hinzuweisen. Die Einwilligung entfaltet in diesen Fällen lediglich absichernde Wirkung.

6.2.1.2.2.4   Kopplungsverbot

Art. 7 Abs. 4 DSGVO gibt einen Maßstab für die Qualifizierung der Einwilligung als freiwillig vor.[1088] Danach muss bei der Beurteilung, ob eine Einwilligung freiwillig erteilt wurde, dem Umstand in größtmöglichem Umfang Rechnung getragen werden, ob unter anderem die Erfüllung eines Vertrages, einschließlich der Erbringung einer Dienstleistung, von der Einwilligung

---

[1079] *Däubler*, in: Däubler/Wedde/Weichert/Sommer, DSGVO/BDSG, 2. Auflage 2020, Art. 7 DSGVO, Rn. 40.

[1080] *Ernst*, in: Paal/Pauly, DSGVO/BDSG, 3. Auflage 2021, Art. 4 DSGVO, Rn. 72.

[1081] *Däubler*, in: Däubler/Wedde/Weichert/Sommer, DSGVO/BDSG, 2. Auflage 2020, Art. 7 DSGVO, Rn. 40.

[1082] *Däubler*, in: Däubler/Wedde/Weichert/Sommer, DSGVO/BDSG, 2. Auflage 2020, Art. 7 DSGVO, Rn. 40.

[1083] *Däubler*, in: Däubler/Wedde/Weichert/Sommer, DSGVO/BDSG, 2. Auflage 2020, Art. 7 DSGVO, Rn. 41 f.; *Ernst*, in: Paal/Pauly, DSGVO/BDSG, 3. Auflage 2021, Art. 4 DSGVO, Rn. 75.

[1084] *Stelljes*, DuD 2016, 787, 788; *Däubler*, in: Däubler/Wedde/Weichert/Sommer, DSGVO/BDSG, 2. Auflage 2020, Art. 7 DSGVO, Rn. 43; *Ernst*, in: Paal/Pauly, DSGVO/BDSG, 3. Auflage 2021, Art. 4 DSGVO, Rn. 72.

[1085] *Däubler*, in: Däubler/Wedde/Weichert/Sommer, DSGVO/BDSG, 2. Auflage 2020, Art. 7 DSGVO, Rn. 42.

[1086] *Däubler*, in: Däubler/Wedde/Weichert/Sommer, DSGVO/BDSG, 2. Auflage 2020, Art. 7 DSGVO, Rn. 42.

[1087] Vgl. zur Frage, ob ein Wechsel des Erlaubnistatbestands bei Unwirksamkeit der Einwilligung zulässig ist *Veil*, NJW 2018, 3337, 3341 f.

[1088] *Schwartmann/Klein*, in: Schwartmann/Jaspers/Thüsing/Kugelmann, DSGVO/BDSG, 2. Auflage 2020, Art. 7 DSGVO, Rn. 45.

zu einer Verarbeitung von personenbezogenen Daten abhängig ist, die für die Erfüllung des Vertrages nicht erforderlich sind.[1089] Nur dann, wenn die betroffene Person eine echte und freie Wahl hatte, ohne dass sie davon ausgehen musste, Nachteile zu erleiden, kann davon ausgegangen werden, dass die Einwilligung tatsächlich freiwillig erteilt wurde (EwG 42 S. 5 DSGVO).[1090] Nach zutreffender Ansicht enthält – anders als es § 28 Abs. 3b BDSG a.F. für Monopolisten vorsah – die DSGVO kein absolutes Kopplungsverbot, welches die Widerlegung der Vermutung der Freiwilligkeit ausschließen würde.[1091] Wortlaut und Systematik sprechen gegen eine solche Auslegung.[1092] Die im Tatbestand beschriebene Lage stellt nach dem Wortlaut lediglich einen Faktor dar, dem „in größtmöglichem Umfang Rechnung" zu tragen ist.[1093] Die Einwilligung wäre als Instrument zum Ausgleich privatautonomer Interessen praktisch obsolet, wenn nur noch die Erhebung von zur Vertragserfüllung erforderlichen Daten auf die Einwilligung gestützt werden könnte, da in diesem Fall ohnehin Art. 6 Abs. 1 UAbs. 1 S. 1 UAbs. 1 it. b DSGVO greifen würde[1094] oder speziell im Beschäftigungsverhältnis § 26 Abs. 1 S. 1 BDSG. Entgegen der Wertung des Art. 8 Abs. 2 S. 1 GRCh hätte die Einwilligung nur noch im Sonderfall der Verarbeitung sensibler Daten nach Art. 9 Abs. 2 DSGVO eine eigenständige Bedeutung.[1095] Auch die historische Auslegung spricht gegen ein absolutes Kopplungsverbot, denn im Entwurf des Parlaments war ein solches zwar ausdrücklich formuliert, es konnte sich aber letztlich nicht durchsetzen.[1096]

Außerhalb von Monopolstrukturen ist die Ablehnung eines Vertragsangebots, weil eine Einwilligung nicht erteilt wurde, in der Regel Ausdruck der Privatautonomie und stellt sich deshalb nicht als Nachteil im Sinne des EwG 42 DSGVO dar, sofern keine besonderen Umstände vorliegen.[1097] Anderenfalls würde ein mittelbarer Kontrahierungszwang eingeführt, der die Grundrechte des Verantwortlichen aus Art. 11, 15, 16 GRCh, Art. 12, 14 GG beeinträchtigen würde.[1098]

Ist die begleitend erklärte Einwilligung notwendige Voraussetzung für die Durchführung des Arbeitsvertrages, liegt keine unzulässige Kopplung nach Art. 7 Abs. 4 DSGVO vor.[1099] So liegt der Fall beispielsweise, wenn es um die Verarbeitung von Stammdaten zu Abrechnungszwecken geht, wobei diese Verarbeitung ohnehin auf § 26 Abs. 1 S. 1 BDSG gestützt werden kann, da sie für die Durchführung des Beschäftigungsverhältnisses erforderlich ist.

[1089] Zur Frage, ob sich hieraus ein absolutes Koppelungsverbot ableiten lässt s. *Frenzel*, in: Paal/Pauly, DSGVO/BDSG, 3. Auflage 2021, Art. 7 DSGVO, Rn. 18 m.w.N.

[1090] *Schwartmann/Klein*, in: Schwartmann/Jaspers/Thüsing/Kugelmann, DSGVO/BDSG, 2. Auflage 2020, Art. 7 DSGVO, Rn. 46.

[1091] *Schwartmann/Klein*, in: Schwartmann/Jaspers/Thüsing/Kugelmann, DSGVO/BDSG, 2. Auflage 2020, Art. 7 DSGVO, Rn. 46; *Schulz*, in: Gola, DSGVO, 2. Auflage 2018, Art. 7 DSGVO, Rn. 26; aA *Dammann*, ZD 2016, 307, 311.

[1092] *Klement*, in: Simitis/Hornung/Spiecker gen. Döhmann, Datenschutzrecht, 2019, Art. 7 DSGVO, Rn. 58.

[1093] *Klement*, in: Simitis/Hornung/Spiecker gen. Döhmann, Datenschutzrecht, 2019, Art. 7 DSGVO, Rn. 58; *Schulz*, in: Gola, DSGVO, 2. Auflage 2018, Art. 7 DSGVO, Rn. 26.

[1094] *Klement*, in: Simitis/Hornung/Spiecker gen. Döhmann, Datenschutzrecht, 2019, Art. 7 DSGVO, Rn. 58; *Taeger*, in: Taeger/Gabel, DSGVO/BDSG/TTDSG, 4. Auflage 2022, Art. 7 DSGVO, Rn. 101.

[1095] *Klement*, in: Simitis/Hornung/Spiecker gen. Döhmann, Datenschutzrecht, 2019, Art. 7 DSGVO, Rn. 58.

[1096] *Klement*, in: Simitis/Hornung/Spiecker gen. Döhmann, Datenschutzrecht, 2019, Art. 7 DSGVO, Rn. 58; *Frenzel*, in: Paal/Pauly, DSGVO/BDSG, 3. Auflage 2021, Art. 7 DSGVO, Rn. 5; *Schulz*, in: Gola, DSGVO, 2. Auflage 2018, Art. 7 DSGVO, Rn. 26.

[1097] *Schulz*, in: Gola, DSGVO, 2. Auflage 2018, Art. 7 DSGVO, Rn. 29.

[1098] *Schulz*, in: Gola, DSGVO, 2. Auflage 2018, Art. 7 DSGVO, Rn. 29.

[1099] *Schulz*, in: Gola, DSGVO, 2017, Art. 7 DSGVO, Rn. 46; *Klabunde*, in: Ehmann/Selmayr, DSGVO, 2. Auflage 2018, Art. 4 DSGVO, Rn. 51.

Die Einwilligung darf jedoch nicht als notwendige Bedingung – sozusagen als „conditio sine qua non" – für den Arbeitsvertrag eingefordert werden.[1100] Gerade im Bewerbungsverfahren kann die Einwilligung in eine Datenverarbeitung daher nicht an den Abschluss des Arbeitsvertrages gekoppelt werden.[1101] Eine Datenverarbeitung, die über die Verarbeitung der Daten im konkreten Bewerbungsverfahren hinausgeht, ist danach nur schwer denkbar.[1102] Ein möglicher Anwendungsfall ist die Einwilligung des Bewerbers in die weitere Speicherung der Bewerberdaten, wenn das Bewerbungsverfahren erfolglos durchlaufen wurde.[1103] Der Arbeitgeber hat jedoch die Möglichkeit, die Drucksituation dadurch zu verhindern, dass er die Einwilligung gesondert zum Arbeitsvertrag und in einem separaten Schriftstück nach der Unterzeichnung des Arbeitsvertrages einholt.[1104]

6.2.1.2.3 Abgabe für den bestimmten Fall

Art. 4 Nr. 11 DSGVO fordert ausdrücklich, dass die Einwilligung für den bestimmten Fall abgegeben wird. Dieses Erfordernis ergibt sich bereits aus dem sowohl in Art. 5 Abs. 1 lit. b DSGVO als auch primärrechtlich in Art. 8 Abs. 2 S. 1 GRCh als zentralen Pfeiler des europäischen Datenschutzrechts verankerten Grundsatz der Zweckbindung.[1105] Damit wird einer pauschalen Einwilligung für alle Datenverarbeitungsvorgänge im Beschäftigungsverhältnis eine Absage erteilt.[1106] Aus dem Wortlaut des Art. 6 Abs. 1 UAbs. 1 S. 1 lit. a DSGVO („für einen oder mehrere Zwecke") folgt, dass auch mehrere Zwecke mit einer Einwilligung verfolgt werden können, allerdings müssen sie deutlich zum Ausdruck gebracht werden und der betroffenen Person muss freigestellt werden, die Datenverarbeitung zu einzelnen Zwecken auch abzulehnen.[1107] Auf diese Weise wird auch dem Transparenzgebot aus Art. 5 Abs. 1 lit. a DSGVO Rechnung getragen, da der Datenverarbeitungsvorgang für den Einzelnen überschaubar bleibt.[1108] Um zu gewährleisten, dass personenbezogene Daten nicht für Zwecke verarbeitet werden, mit denen die betroffene Person bei der Erhebung nicht gerechnet hat, müssen die Zwecke der Verarbeitung so präzise wie möglich beschrieben werden.[1109]

6.2.1.2.4 Informierte Einwilligung

Eine Einwilligung ist nur dann selbstbestimmt, wenn sie in informierter Weise abgegeben wird (Art. 4 Nr. 11 DSGVO). § 26 Abs. 2 S. 4 BDSG verlangt für die Datenverarbeitung im Beschäftigungsverhältnis, dass der Verantwortliche die Beschäftigten über den Zweck der Datenverarbeitung und über ihr Widerrufsrecht nach Art. 7 Abs. 3 DSGVO aufklärt. EwG 42 S. 2 DSGVO gibt vor, dass die betroffene Person mindestens wissen soll, wer der Verantwortliche

---

[1100] *Buchner/Kühling,* in: Kühling/Buchner, DSGVO/BDSG, 3. Auflage 2020, Art. 88 DSGVO, Rn. 51.

[1101] *Kort,* NZA-Beil. 2016, 62, 65; *Pötters,* in: Gola, DSGVO, 2. Auflage 2018, Art. 88 DSGVO, Rn. 86.

[1102] *Grimm/Göbel,* jM 2018, 278, 281; *Pötters,* in: Gola, DSGVO, 2. Auflage 2018, Art. 88 DSGVO, Rn. 86.

[1103] *Pötters,* in: Gola, DSGVO, 2. Auflage 2018, Art. 88 DSGVO, Rn. 86; *Taeger,* in: Taeger/Gabel, DSGVO/BDSG/TTDSG, 4. Auflage 2022, Art. 7 DSGVO, Rn. 101.

[1104] *Kruchen* 2013, 223 f.

[1105] *Buchner/Kühling,* in: Kühling/Buchner, DSGVO/BDSG, 3. Auflage 2020, Art. 7 DSGVO, Rn. 61; *Klement,* in: Simitis/Hornung/Spiecker gen. Döhmann, Datenschutzrecht, 2019, Art. 7 DSGVO, Rn. 70.

[1106] *Däubler,* in: Däubler/Wedde/Weichert/Sommer, DSGVO/BDSG, 2. Auflage 2020, Art. 7 DSGVO, Rn. 23; *Ernst,* in: Paal/Pauly, DSGVO/BDSG, 3. Auflage 2021, Art. 4 DSGVO, Rn. 78; *Buchner/Kühling,* in: Kühling/Buchner, DSGVO/BDSG, 3. Auflage 2020, Art. 7 DSGVO, Rn. 62; *Klement,* in: Simitis/Hornung/Spiecker gen. Döhmann, Datenschutzrecht, 2019, Art. 7 DSGVO, Rn. 70.

[1107] *Däubler,* in: Däubler/Wedde/Weichert/Sommer, DSGVO/BDSG, 2. Auflage 2020, Art. 7 DSGVO, Rn. 23; *Buchner/Kühling,* in: Kühling/Buchner, DSGVO/BDSG, 3. Auflage 2020, Art. 7 DSGVO, Rn. 62; *Klabunde,* in: Ehmann/Selmayr, DSGVO, 2. Auflage 2018, Art. 4 DSGVO, Rn. 51.

[1108] *Däubler,* in: Däubler/Wedde/Weichert/Sommer, DSGVO/BDSG, 2. Auflage 2020, Art. 7 DSGVO, Rn. 23.

[1109] *Buchner/Kühling,* in: Kühling/Buchner, DSGVO/BDSG, 3. Auflage 2020, Art. 7 DSGVO, Rn. 61.

ist und für welche Zwecke ihre Daten verarbeitet werden sollen, damit sie in Kenntnis der Sachlage ihre Einwilligung erteilen kann. Lediglich abstrakte Zielbeschreibungen sind danach nicht ausreichend.[1110] Für den Betroffenen muss erkennbar sein, zu welchen Zwecken die Überwachungsmaßnahme erfolgt.[1111]

Die Information muss in jedem Fall so ausführlich sein, dass der Beschäftigte den Umfang und die Reichweite seiner Einwilligung genau beurteilen kann.[1112] Als Anhaltspunkt zu Art und Umfang der Informationspflichten können die Art. 13 und 14 DSGVO herangezogen werden.[1113] Die Anforderungen der Informationspflichten des Art. 13 und 14 DSGVO sind jedoch unabhängig von der Einwilligung einzuhalten und von dieser zu unterscheiden.[1114] Die Art.-29-Datenschutzgruppe gibt als Mindestanforderungen vor, dass die betroffene Person über die Identität des Verantwortlichen, den Zweck jedes Verarbeitungsvorgangs, für den die Einwilligung eingeholt wird, die Art der Daten, die erhoben und verwendet werden, das Vorliegen des Rechts, die Einwilligung zu widerrufen, gegebenenfalls Informationen über die Verwendung der Daten für eine automatisierte Entscheidungsfindung gemäß Art. 22 Abs. 2 lit. c DSGVO und Angaben zu möglichen Risiken von Datenübermittlungen in Drittländer, wenn weder ein Angemessenheitsbeschluss noch geeignete Garantien gem. Art. 46 Abs. 1 DSGVO vorliegen.[1115] Im Einzelfall kann eine ausführlichere Information geboten sein, um sicherzustellen, dass die betroffene Person die Datenverarbeitungsvorgänge tatsächlich versteht.[1116]

Angesichts der technischen Komplexität von zur Mitarbeiterüberwachung eingesetzten IT-Systemen, die in der Regel für Laien unverständlich ist, stellt die transparente Darstellung der Zwecke eine Herausforderung dar und steht in engem Zusammenhang mit dem Transparenzgebot.[1117] Der Arbeitnehmer sollte in jedem Fall über den Ort, den Umfang sowie die Art und Weise der Überwachungsmaßnahme informiert werden.[1118]

Überdies ist über die Folgen der Verweigerung einer Einwilligung zu informieren, soweit dies nach den Umständen des Einzelfalls erforderlich ist oder die betroffene Person danach fragt.[1119] Ein entsprechender Hinweis kann nur entfallen, wenn die Konsequenzen offensichtlich sind.[1120] Gerade im Beschäftigungsverhältnis ist es zumindest stark zu empfehlen, klarzustellen, dass bei einer Verweigerung der Einwilligung keine Nachteile drohen.[1121]

Die Datenverarbeitung kann sich neben der Einwilligung auch noch auf andere Rechtsgrundlagen stützen.[1122] Art. 6 Abs. 1 UAbs. 1 S. 1 DSGVO verlangt, dass mindestens eine der dort genannten Bedingungen erfüllt ist,[1123] woraus sich ergibt, dass einer Datenverarbeitung auch mehrere Rechtsgrundlagen zugrunde liegen können. Allerdings sollte für die betroffene Person

---

[1110] *Martini/Botta*, NZA 2018, 625, 628.

[1111] BAG, Urt. v. 27.7.2017 – 2 AZR 681/16, Rn. 20 zu BDSG a.F, NZA 2017, 1327, 1329.

[1112] *Buchner/Kühling*, in: Kühling/Buchner, DSGVO/BDSG, 3. Auflage 2020, Art. 7 DSGVO, Rn. 59.

[1113] *Buchner/Kühling*, in: Kühling/Buchner, DSGVO/BDSG, 3. Auflage 2020, Art. 7 DSGVO, Rn. 59.

[1114] *Art.-29-Datenschutzgruppe*, WP 259 rev. 01, 16; *Klement*, in: Simitis/Hornung/Spiecker gen. Döhmann, Datenschutzrecht, 2019, Art. 7 DSGVO, Rn. 73.

[1115] *Art.-29-Datenschutzgruppe*, WP 259 rev. 01, 15.

[1116] *Art.-29-Datenschutzgruppe*, WP 259 rev. 01, 16.

[1117] *Körner*, AuR 2015, 392, 397; *Buchner/Kühling*, in: Kühling/Buchner, DSGVO/BDSG, 2. Auflage 2018, Art. 7 DSGVO, Rn. 60; *Klement*, in: Simitis/Hornung/Spiecker gen. Döhmann, Datenschutzrecht, 2019, Art. 7 DSGVO, Rn. 69.

[1118] *Bongers*, in: Kramer, IT-Arbeitsrecht, 2. Auflage 2019, B, Rn. 730 zu Videoüberwachung.

[1119] *Däubler*, in: Däubler/Wedde/Weichert/Sommer, DSGVO/BDSG, 2. Auflage 2020, Art. 7 DSGVO, Rn. 15.

[1120] *Däubler*, in: Däubler/Wedde/Weichert/Sommer, DSGVO/BDSG, 2. Auflage 2020, Art. 7 DSGVO, Rn. 17.

[1121] *Däubler*, in: Däubler/Wedde/Weichert/Sommer, DSGVO/BDSG, 2. Auflage 2020, Art. 7 DSGVO, Rn. 17.

[1122] *Tinnefeld/Conrad*, ZD 2018, 391, 392.

[1123] *Tinnefeld/Conrad*, ZD 2018, 391, 392.

erkennbar sein, dass eine andere Rechtsgrundlage vorliegt, die die Beendigung der Datenverarbeitung etwa durch einen Widerruf verhindert.[1124] Der Gedanke der Selbstbestimmung, der der Einwilligung zugrunde liegt, würde ansonsten in eine Fremdbestimmung verkehrt.[1125] Es würde überdies einen Verstoß gegen den Grundsatz nach Treu und Glauben aus Art. 5 Abs. 1 lit. a DSGVO bedeuten, wenn der Verantwortliche sich, ohne den Beschäftigten informiert zu haben, im Falle der Unwirksamkeit der Einwilligung auf den alternativen Rechtfertigungstatbestand berufen würde.[1126] Nach Art. 13 Abs. 1 lit. c DSGVO ist die betroffene Person bei der Erhebung der Daten auf die Rechtsgrundlage für die Verarbeitung hinzuweisen.[1127]

Die DSGVO enthält keine zwingenden Vorschriften dazu, in welcher Form die Informationen darzustellen sind. Möglich sind verschiedene Formen der Darstellung, sei es mündlich, schriftlich oder auch in Form von Audio- oder Videonachrichten.[1128] In jedem Fall sollte eine klare und einfache Sprache verwendet werden.[1129] Die Informationen sollten in laienverständlicher Sprache so aufbereitet werden, dass sie nicht nur für Juristen, sondern auch für die Durchschnittsperson eingängig sind.[1130] Zu achten ist ferner auf eine übersichtliche Gestaltung und einen möglichst vertretbaren Umfang.[1131]

Nicht unmittelbar anwendbar ist Art. 12 DSGVO.[1132] Art. 12 DSGVO knüpft insbesondere an die Informationspflichten der Art. 13 f. DSGVO an, welche sich auf den Zeitpunkt ab Datenerhebung beziehen, während die Information bei der Einwilligung bereits vor diesem Zeitpunkt liegt.[1133] Dies spricht jedoch nicht zwingend gegen eine Anwendung der dort genannten Grundsätze. Allerdings bezieht Art. 12 DSGVO sich in seinem Wortlaut explizit nur auf die Betroffenenrechte. Auch seine systematische Stellung spricht gegen eine Anwendung auf die Informationspflichten im Zuge der Einwilligung.[1134]

6.2.1.2.5 Form

Nach der deutschen Regelung des § 26 Abs. 2 S. 3 BDSG hat die Einwilligung im Beschäftigungsverhältnis schriftlich oder elektronisch zu erfolgen, soweit nicht wegen besonderer Umstände eine andere Form angemessen ist. Die Formulierung „schriftlich oder elektronisch" wurde durch das Zweite Datenschutz-Anpassungs- und Umsetzungsgesetz EU, welches am

---

[1124] *Tinnefeld/Conrad*, ZD 2018, 391, 392.

[1125] *Tinnefeld/Conrad*, ZD 2018, 391, 392.

[1126] *Tinnefeld/Conrad*, ZD 2018, 391, 392.

[1127] *Tinnefeld/Conrad*, ZD 2018, 391, 392.

[1128] *Art.-29-Datenschutzgruppe*, WP 259 rev. 01, 16.

[1129] *Riesenhuber*, in: Wolff/Brink, BeckOK Datenschutzrecht, 40. Edition, Stand: 1.2.2022, § 26 BDSG, Rn. 45.

[1130] *Art.-29-Datenschutzgruppe*, WP 259 rev. 01, 16; *Buchner/Kühling*, in: Kühling/Buchner, DSGVO/BDSG, 3. Auflage 2020, Art. 7 DSGVO, Rn. 60.

[1131] *Buchner/Kühling*, in: Kühling/Buchner, DSGVO/BDSG, 3. Auflage 2020, Art. 7 DSGVO, Rn. 60; *Klement*, in: Simitis/Hornung/Spiecker gen. Döhmann, Datenschutzrecht, 2019, Art. 7 DSGVO, Rn. 69, 74, der auch auf den jeweiligen Adressatenkreis abstellt.

[1132] *Schwartmann/Schneider*, in: Schwartmann/Jaspers/Thüsing/Kugelmann, DSGVO/BDSG, 2. Auflage 2020, Art. 12 DSGVO, Rn. 16; *Klement*, in: Simitis/Hornung/Spiecker gen. Döhmann, Datenschutzrecht, 2019, Art. 7 DSGVO, Rn. 72

[1133] *Schwartmann/Schneider*, in: Schwartmann/Jaspers/Thüsing/Kugelmann, DSGVO/BDSG, 2. Auflage 2020, Art. 12 DSGVO, Rn. 16; *Heckmann/Paschke*, in: Ehmann/Selmayr, DSGVO, 2. Auflage 2018, Art. 12 DSGVO, Rn. 5.

[1134] *Schwartmann/Schneider*, in: Schwartmann/Jaspers/Thüsing/Kugelmann, DSGVO/BDSG, 2. Auflage 2020, Art. 12 DSGVO, Rn. 16.

26.11.2019 in Kraft getreten ist, eingeführt und löste die vormals geltende Formulierung, welche Schriftform forderte, ab.[1135] Der Gesetzgeber beabsichtigte mit der Änderung, die Einholung einer Einwilligung zu erleichtern.[1136]

6.2.1.2.5.1 Zulässige Abweichung von den Regelungen der DSGVO

Wie sich aus Art. 4 Nr. 11, Art. 7 Abs. 2 DSGVO im Umkehrschluss sowie EwG 32 DSGVO ergibt, ist die Einwilligung nach der Konzeption der DSGVO an keine Form gebunden. Der deutsche Gesetzgeber geht mit der Regelung des § 26 Abs. 2 S. 3 BDSG über die Anforderungen der DSGVO hinaus.[1137] Die Gesetzesbegründung sieht § 26 Abs. 2 BDSG als Konkretisierung des Art. 7 Abs. 1 DSGVO an, der wiederum in Konkretisierung der Rechenschaftspflicht des Verantwortlichen aus Art. 5 Abs. 2 DSGVO fordert, dass die Einwilligung nachweisbar ist.[1138] Wie dieser Nachweis zu erfolgen hat, lässt die DSGVO offen. Nach EwG 32 S. 1 DSGVO kann die Einwilligung in Form einer schriftlichen Erklärung, die auch elektronisch erfolgen kann, oder in mündlicher Form erteilt werden. Eine solche mündliche Einwilligung lässt § 26 Abs. 2 S. 3 BDSG nur ausnahmsweise zu, nämlich dann, wenn besondere Umstände vorliegen. Damit stellt § 26 Abs. 2 S. 3 BDSG ein Regel-Ausnahme-Verhältnis auf, welches so nicht in der DSGVO niedergelegt ist.

Art. 88 Abs. 1 DSGVO lässt jedoch spezifischere Regelungen im Beschäftigungskontext explizit zu. EwG 155 DSGVO konkretisiert den Begriff der „spezifischeren Regelungen" dahingehend, dass insbesondere die Bedingungen der Einwilligung durch die Mitgliedstaaten in solchen Rechtsvorschriften speziell geregelt werden dürfen. Hierzu gehören in jedem Fall spezielle Anforderungen an die formellen Voraussetzungen. Aus EwG 155 DSGVO ergibt sich, dass die nationalen Regelungen auch strengere Prämissen aufstellen können als die DSGVO, solange es sich um „Bedingungen", mithin „spezifischere" Rechtsvorschriften im Sinne des Art. 88 Abs. 1 DSGVO, handelt.[1139] Zudem impliziert Art. 88 Abs. 1 DSGVO eine Abwägung der wechselseitigen Rechte und Interessen von Beschäftigtem und Verantwortlichem, wenn er verlangt, dass die Vorschriften die Gewährleistung des Schutzes der Rechte und Freiheiten zum Ziel haben.[1140] Das in Art. 2 Abs. 1, Art. 1 Abs. 1 GG begründete nationale Recht auf informationelle Selbstbestimmung sowie der sachliche Schutzbereich des Art. 8 GRCh beinhalten vor allem die Herrschaft über die personenbezogenen Daten und damit die Möglichkeit, Dritte von der Erhebung und Verwendung der personenbezogenen Daten auszuschließen, Informationen über die Erhebung der Daten zu erhalten sowie die Löschung unrichtiger oder nicht mehr zur Verarbeitung erforderlicher Daten zu verlangen.[1141] Gerade im Beschäftigungsverhältnis besteht ein Abhängigkeitsverhältnis zwischen Arbeitgeber und Arbeitnehmer. Zudem liefert der Arbeitnehmer dem Arbeitgeber seine Grundrechte in besonderem Maße aus, weswegen auch

---

[1135] BT-Drs. 19/11181, 19.

[1136] BT-Drs. 19/11181, 19.

[1137] *Däubler*, in: Däubler/Wedde/Weichert/Sommer, DSGVO/BDSG, 2. Auflage 2020, Art. 7 DSGVO, Rn. 17.

[1138] So die Gesetzesbegründung zu § 26 Abs. 2 S. 3 BDSG in seiner Form nach dem Ersten Datenschutz-Anpassungs- und Umsetzungsgesetz EU, BT-Drs. 18/11325, 97.

[1139] aA *Maschmann*, in: Kühling/Buchner, DSGVO/BDSG, 3. Auflage 2020, § 26 BDSG, Rn. 64; wohl auch *Krohm*, ZD 2016, 368, 370 f., der allerdings nicht auf § 26 BDSG Bezug nimmt, sondern die Übernahme des durch das BAG geforderten Schriftformerfordernisses für Einwilligungen im Arbeitsverhältnis unter der DSGVO ablehnt.

[1140] Siehe hierzu 5.2.4.2.3.

[1141] *Kingreen*, in: Calliess/Ruffert, EUV/AEUV, 6. Auflage 2022, Art. 8 GRCh, Rn. 9; der EuGH scheint diesbezüglich nicht zwischen Art. 7 GRCh und Art. 8 GRCh zu differenzieren und leitet das Grundrecht aus beiden Bestimmungen insgesamt her, vgl. EuGH v. 17.10.2013, Rs. C–291/12 (Schwarz), ECLI:EU:C:2013:670, Rn. 24 ff.; EuGH v. 8.4.2014, Rs. C–293/12 und 594/12 (Digital Rights Ireland), ECLI:EU:C:2014:238, Rn. 31 ff.; EuGH, Urt. v. 6.10.2015, Rs. C–362/14 (Schrems/Digital Rights Ireland), ECLI:EU:C:2015:650, Rn. 37 ff.; EuGH, Rs. C–92 u. 93/09 (Schecke/Land Hessen), ECLI:EU:C:2010:662, Rn. 56 ff..

erhöhte Anforderungen an das Vorliegen einer Einwilligung gestellt werden dürfen.[1142] Eine spezifische Verarbeitungssituation bezüglich der Einwilligung im Beschäftigungsverhältnis, wie sie die Öffnungsklausel des Art. 88 Abs. 1 DSGVO fordert, besteht, da nur durch ein besonderes Formerfordernis verdeutlicht werden kann, dass die Einwilligung unabhängig von den jeweiligen Verpflichtungen aus dem eingegangenen Beschäftigungsverhältnis erfolgt und dass die Erteilung oder Verweigerung der Einwilligung für das Arbeitsverhältnis keine Folgen hat.[1143] Insofern spricht das BAG insbesondere der Schriftform eine Warnfunktion zu, da dem Beschäftigten die Tragweite und das Ausmaß seiner Einwilligungserklärung bewusst gemacht werden müssen.[1144] Begrüßenswert ist, dass der Gesetzgeber durch das Zweite Datenschutz-Anpassungs- und Umsetzungsgesetz EU die elektronische Form in den Wortlaut des § 26 Abs. 3 S. 2 BDSG mit aufgenommen hat, da die Warnfunktion auch auf andere Weise als durch das Schriftformerfordernis sichergestellt werden kann. Gerade zu umfangreiche und verklausuliert formulierte Einwilligungserklärungen können ihre Warnfunktion verlieren.[1145] Durch die voranschreitende Digitalisierung mögen auch abgestufte Datenschutzhinweise ein geeigneteres Mittel darstellen, um Transparenz sicherzustellen.[1146]

Nach Art. 88 Abs. 2 DSGVO handelt es sich auch um eine geeignete und besondere Maßnahme zur Gewährleistung der Rechte und Freiheiten der betroffenen Personen, da damit die Transparenz der Einwilligung sichergestellt wird. Im Rahmen der dort gesteckten gesetzlichen Anforderungen kommt dem nationalen Gesetzgeber auch eine gewisse Einschätzungsprärogative zu.[1147] § 26 Abs. 2 S. 3 BDSG ist auch nicht einschränkungslos formuliert, sondern lässt ausnahmsweise eine andere Form aufgrund besonderer Umstände zu.

6.2.1.2.5.2   Die Begriffe der Schriftform und der elektronischen Form

Teilweise wird zur Ausfüllung des Schriftformerfordernisses sowie der elektronischen Form auf die §§ 126, 126a BGB zurückgegriffen.[1148] Allerdings wird in der Gesetzesbegründung zu § 26 Abs. 2 S. 3 BDSG in seiner Form nach dem Ersten Datenschutz-Anpassungs- und Umsetzungsgesetz EU ausdrücklich davon gesprochen, dass das Schriftformerfordernis dazu dient, die Nachweispflicht des Arbeitgebers im Sinne des Art. 7 Abs. 1 DSGVO zu konkretisieren.[1149] Da der deutsche Gesetzgeber mit der Änderung durch das Zweite Datenschutz-Anpassungs- und Umsetzungsgesetz EU nicht beabsichtigte, den Inhalt des Schriftformerfordernisses des § 26 Abs. 2 S. 3 BDSG zu verändern, sondern vielmehr beabsichtigte, die Vorschriften auf ihre Digitaltauglichkeit zu überprüfen[1150], weswegen der Gesetzgeber die Schriftform um die elektronische Form ergänzte, behalten die Aussagen der Gesetzesbegründung zum Ersten Datenschutz-Anpassungs- und Umsetzungsgesetz EU nach wie vor Gültigkeit. § 126 BGB Abs. 1 BGB verlangt für das Schriftformerfordernis, dass die Urkunde von dem Aussteller eigenhändig durch Namensunterschrift oder mittels notariell beglaubigten Handzeichens unterzeichnet werden muss, § 126a BGB für die elektronische Form, dass der Aussteller der Erklärung dieser seinen Namen hinzufügt und das elektronische Dokument mit einer qualifizierten elektroni-

---

[1142] aA wohl *Krohm*, ZD 2016, 368, 371, wobei dieser sich lediglich mit der Verallgemeinerung der Rechtsprechung des BAG unter der DSGVO befasst, nicht jedoch mit dem Fall, dass der Gesetzgeber von der Öffnungsklausel des Art. 88 DSGVO Gebrauch macht.

[1143] BAG, Urt. v. 11.12.2014 - 8 AZR 1010/13, Rn. 26, NZA 2015, 604, 606.

[1144] *Krohm*, ZD 2016, 368, 371.

[1145] *Krohm*, ZD 2016, 368, 371.

[1146] *Krohm*, ZD 2016, 368, 371.

[1147] ähnlich *Schröder*, EuZW 2016, 5, 10 zur Umsetzung von Richtlinien.

[1148] *Zöll*, in: Taeger/Gabel, DSGVO/BDSG/TTDSG, 4. Auflage 2022, § 26 BDSG, Rn. 82.

[1149] BT-Drs. 18/11325, 97.

[1150] BT-Drs. 19/11181, 19.

schen Signatur versieht. Ausweislich der Gesetzesbegründung soll es jedoch für die elektronische Form ausreichen, wenn der Arbeitgeber eine E-Mail abspeichert, sodass der Begriff anders zu verstehen ist als in § 126a BGB.[1151] Vielmehr ist Ausgangspunkt jeglicher Überlegung, dass das Formerfordernis in § 26 Abs. 3 S. 2 BDSG nach der Intention des Gesetzgebers dazu dient, das Nachweiserfordernis des Art. 7 Abs. 1 DSGVO zu konkretisieren. Es reicht daher aus, wenn es sich um eine irgendwie verkörperte oder gespeicherte Erklärung handelt.[1152] Auf diese Weise wird auch der Warnfunktion, die im Arbeitsverhältnis aufgrund des bestehenden Subordinationsverhältnisses zwischen Arbeitgeber und Beschäftigten stets eine Rolle spielen muss, Rechnung getragen, da eine Verkörperung oder Speicherung der Einwilligung ausreicht, um dem Beschäftigten die Reichweite seiner Erklärung vor Augen zu führen.

6.2.1.2.6 Verarbeitung besonderer Kategorien personenbezogener Daten

§ 26 Abs. 3 S. 2 BDSG fordert bei der Verarbeitung besonderer Kategorien personenbezogener Daten eine Einwilligung, die sich ausdrücklich auf diese bezieht. Gerade im Bereich der Mitarbeiterüberwachung kann beim Einsatz technischer Systeme in vielen Fällen nicht ausgeschlossen werden, dass besondere Kategorien personenbezogener Daten im Sinne des Art. 9 Abs. 1 DSGVO unbeabsichtigt miterfasst werden, wie beispielsweise bei der Durchführung einer Telekommunikationsüberwachung.[1153] Es ist daher sorgfältig bereits ex ante zu prüfen, ob die Möglichkeit besteht, dass solche verarbeitet werden. Bejahendenfalls ist § 26 Abs. 3 S. 2 BDSG Rechnung zu tragen.

6.2.1.2.7 Unmissverständlich

Die Einwilligung muss durch eine unmissverständlich abgegebene Willenserklärung erfolgen (Art. 4 Nr. 11 DSGVO). Dies setzt eine Erklärung oder eine sonstige eindeutige bestätigende Handlung voraus. Nach EwG 32 kann dies beispielsweise durch Anklicken eines Kästchens beim Besuch einer Internetseite, durch die Auswahl technischer Einstellungen oder durch eine andere Erklärung oder Verhaltensweise geschehen, mit der die betroffene Person in dem jeweiligen Kontext eindeutig ihr Einverständnis mit der beabsichtigten Verarbeitung ihrer personenbezogenen Daten signalisiert. Stillschweigen, bereits angekreuzte Kästchen oder Untätigkeit der betroffenen Person sollen danach keine wirksame Einwilligung darstellen. Im Falle einer nicht ausdrücklich, sondern konkludent erfolgenden Erklärung wird man auf den jeweiligen Kontext abstellen müssen und sich fragen müssen, ob man der Willensbekundung den unmissverständlichen Erklärungswert beimessen kann, dass der betroffene Arbeitnehmer die Datenverarbeitung akzeptiert.[1154]

Das bloße Unterlassen eines Protests ist ebenfalls nicht ausreichend.[1155] So wird man es beispielsweise im Falle der Videoüberwachung nicht als Einwilligung deuten können, wenn der Beschäftigte nach einer Information über die Überwachung durch den Arbeitgeber weiterarbeitet.[1156] Auch ist zweifelhaft, ob es ausreicht, wenn dem Arbeitnehmer eine Widerspruchsfrist gesetzt wird. Das BAG ließ diese Frage unter der alten Rechtslage offen, da die Widerspruchsfrist in dem zu entscheidenden Fall noch nicht abgelaufen war.[1157] Da EwG 32 DSGVO z. B. bereits vorangekreuzte Kästchen nicht ausreichen lässt, lässt sich dem die Wertung entnehmen, dass ein proaktives Verhalten des Arbeitnehmers gefordert ist. Angesichts dessen, dass § 26

[1151] BT-Drs. 19/11181, 19.

[1152] Ähnlich *Riesenhuber*, in: BeckOK Datenschutzrecht, Wolff/Brink, 40. Edition, Stand: 1.2.2022, § 26 BDSG, Rn. 45.

[1153] *Kruchen* 2013, 221.

[1154] *Franzen*, EuZA 2017, 313, 322.

[1155] BAG, Urt. v. 27.7.2017 – 2 AZR 681/16, Rn. 20 zu BDSG a.F., NZA 2017, 1327, 1329.

[1156] *Franzen*, EuZA 2017, 313, 322.

[1157] BAG, Urt. v. 27.7.2017 – 2 AZR 681/16, Rn. 20, NZA 2017, 1327, 1329.

Abs. 2 S. 3 BDSG in der Regel Schriftform oder elektronische Form fordert, ist eine entsprechende Einwilligung, ebenso wie eine konkludente Einwilligungserklärung oder eine solche durch Unterlassen jedoch praktisch kaum denkbar.

6.2.1.2.8 Jederzeitige Widerruflichkeit

Nach Art. 7 Abs. 3 S. 1 DSGVO können Einwilligungen jederzeit frei widerrufen werden. Das BAG hatte vor Geltung der DSGVO in der Vergangenheit noch gefordert, dass der Widerruf nicht gegen die Treupflicht nach den §§ 242, 241 Abs. 2 BGB verstoßen dürfe und nahm eine Abwägung der wechselseitigen Interessen im Einzelfall vor.[1158]

Art. 7 Abs. 3 DSGVO normiert nun den Grundsatz der freien Widerruflichkeit der Einwilligung ausdrücklich.[1159] Die freie Widerrufbarkeit der Einwilligung soll sicherstellen, dass es dem Einzelnen im Sinne einer effektiven Ausübung des Rechts auf informationelle Selbstbestimmung möglich ist, eine einmal erteilte Einwilligung in die Verarbeitung personenbezogener Daten wieder zu korrigieren, was aufgrund besserer Überlegung oder geänderter Umstände der Fall sein kann.[1160]

6.2.1.2.8.1   Form

Der Widerruf ist nach der DSGVO ebenso wie die Einwilligung selbst formlos möglich.[1161] Auch im Beschäftigungsverhältnis ist keine andere Bewertung vorzunehmen, weil § 26 Abs. 2 S. 3 BDSG grundsätzlich Schriftform oder elektronische Form für die Einwilligung fordert. Schon nach dem Wortlaut erfasst die Regelung nicht den Widerruf. Die Formvorschrift dient außerdem vorwiegend der Beweissicherung und ihr kommt eine Warnfunktion für den Arbeitnehmer zu.[1162] Hinsichtlich des Widerrufs muss jedoch keinem dieser beiden Schutzzwecke Rechnung getragen werden. Art. 7 Abs. 3 S. 4 DSGVO besagt lediglich, dass der Widerruf der Einwilligung so einfach wie die Erteilung sein muss. Dies bedeutet, dass beispielsweise keine Vereinbarung eines Widerrufs durch Einschreiben getroffen werden darf.[1163] Eine leichter zu handhabende Form darf aber im Umkehrschluss vorgesehen werden, wie etwa ein Widerruf per Mail, wenn die Einwilligung in Schriftform erteilt wurde.[1164] Keinesfalls folgt aber aus einer schriftlichen Erteilung der Einwilligung, dass auch der Widerruf schriftlich erfolgen muss.[1165]

6.2.1.2.8.2   Begründung

Das BAG verlangte vor Inkrafttreten der DSGVO und des BDSG neu, dass eine „plausible Erklärung" für die Ausübung des Widerrufsrechts vorliegt.[1166] Das BAG folgerte aus einem Umkehrschluss zu § 28 Abs. 3 a S. 1 a.E. BDSG a.F., „dass eine einmal erteilte Einwilligung nicht generell »jederzeit mit Wirkung für die Zukunft widerrufen werden kann«. Es ist wiederum im Rahmen der gegenseitigen Rücksichtnahme auf die Interessen der anderen Seite, § 241 Abs. 2 BGB eine Abwägung im Einzelfall vorzunehmen."[1167] In Art. 7 Abs. 3 DSGVO findet

---

[1158] BAG, Urt. v. 11.12.2014 - 8 AZR 1010/13, Rn. 38, NZA 2015, 604, 607.

[1159] *Buchner/Kühling*, in: Kühling/Buchner, DSGVO/BDSG, 3. Auflage 2020, Art. 7 DSGVO, Rn. 33.

[1160] *Däubler*, in: Däubler/Wedde/Weichert/Sommer, DSGVO/BDSG, 2. Auflage 2020, Art. 7 DSGVO, Rn. 46;
       Buchner/Kühling, in: Kühling/Buchner, DSGVO/BDSG, 3. Auflage 2020, Art. 7 DSGVO, Rn. 34.

[1161] *Klement*, in: Simitis/Hornung/Spiecker gen. Döhmann, Datenschutzrecht, 2019, Art. 7 DSGVO, Rn. 85; *Ernst*,
       ZD 2020, 383.

[1162] Siehe 6.2.1.2.5.

[1163] *Däubler*, in: Däubler/Wedde/Weichert/Sommer, DSGVO/BDSG, 2. Auflage 2020, Art. 7 DSGVO, Rn. 47.

[1164] *Däubler*, in: Däubler/Wedde/Weichert/Sommer, DSGVO/BDSG, 2. Auflage 2020, Art. 7 DSGVO, Rn. 47.

[1165] *Däubler*, in: Däubler/Wedde/Weichert/Sommer, DSGVO/BDSG, 2. Auflage 2020, Art. 7 DSGVO, Rn. 47.

[1166] BAG, Urt. v. 11.12.2014 – 8 AZR 1010/13, Rn. 40, NZA 2015, 604, 607.

[1167] BAG, Urt. v. 11.12.2014 – 8 AZR 1010/13, Rn. 38, NZA 2015, 604, 607.

sich noch nicht einmal eine Andeutung für dieses Erfordernis, sodass die Einwilligung frei widerruflich ist.[1168] Eine Ausnahme vom Grundsatz der freien Widerrufbarkeit wird allenfalls dann angenommen, wenn die Einwilligung im Rahmen eines umfassenderen Vertragsverhältnisses erteilt wurde oder unverzichtbare Voraussetzung für ein solches ist.[1169] Das Beschäftigungsverhältnis ist jedoch von diesen Ausnahmen nicht erfasst.

6.2.1.2.8.3 Wirkung

Der Widerruf der Einwilligung hat die Unzulässigkeit der Datenverarbeitung mit Wirkung für die Zukunft zur Folge.[1170] Art. 7 Abs. 3 S. 2 DSGVO ordnet an, dass die Rechtmäßigkeit der aufgrund der Einwilligung bis zum Widerruf erfolgten Verarbeitung nicht berührt wird. Jedoch hat die betroffene Person im Falle eines Widerrufs nach Art. 17 Abs. 1 lit. b DSGVO das Recht, von dem für die Verarbeitung Verantwortlichen die Löschung der sie betreffenden Daten zu verlangen und der Verantwortliche verpflichtet ist, die Daten ohne unangemessene Verzögerung zu löschen, es sei denn es ist einer der Ausnahmetatbestände des Art. 17 Abs. 3 DSGVO erfüllt.[1171]

6.2.1.3 Regelung der Einwilligung durch Kollektivvereinbarung

Nach Art. 88 DSGVO können die Mitgliedstaaten durch Kollektivvereinbarungen spezifischere Vorschriften zu der Datenverarbeitung im Beschäftigungskontext treffen, gemäß EwG 155 auch über die Bedingungen, unter denen personenbezogene Daten im Beschäftigungskontext auf der Grundlage der Einwilligung des Beschäftigten verarbeitet werden dürfen.

Unverfügbar sind jedoch die Grundelemente der Einwilligung, welche durch die DSGVO vorgegeben werden.[1172] Nach der Legaldefinition des Art. 4 Nr. 11 DSGVO handelt es sich bei der Einwilligung um eine freiwillig für den bestimmten Fall, in informierter Weise und unmissverständlich abgegebene Willensbekundung in Form einer Erklärung oder einer sonstigen eindeutigen bestätigenden Handlung, mit der die betroffene Person zu verstehen gibt, dass sie mit der Verarbeitung der sie betreffenden personenbezogenen Daten einverstanden ist. Die dort und in Art. 7 DSGVO[1173] genannten Elemente sind unabdingbar.[1174] Erlaubt ist lediglich eine Präzisierung.[1175] Auch das Recht des Betroffenen, jederzeit seine Einwilligung zu widerrufen, welches in Art. 7 Abs. 3 DSGVO verankert ist, steht nicht zu Disposition der Parteien einer Kollektivvereinbarung.[1176]

Insbesondere ist auch die Freiwilligkeit der Einwilligung als Voraussetzung unabdingbar.[1177] Nach EwG 42 S. 5 DSGVO ist sie nur dann gegeben, wenn die betroffene Person eine echte und freie Wahl hat und dadurch in der Lage ist, die Einwilligung zu verweigern oder zurückzuziehen, ohne Nachteile zu erleiden. Kollektivvereinbarungen dürfen daher nicht einwilligende

---

[1168] *Däubler*, in: Däubler/Wedde/Weichert/Sommer, DSGVO/BDSG, 2. Auflage 2020, Art. 7 DSGVO, Rn. 48; *Laue/Nink/Kremer*, 2. Auflage 2019, § 2, Rn. 17; *Wybitul*, ZD 2016, 203, 205; *Schmidl/Tannen*, DB 2017, 1633, 1638; *Franzen*, in: Franzen/Gallner/Oetker, Kommentar zum europäischen Arbeitsrecht, 4. Auflage 2022, Art. 7 DSGVO, Rn. 6; *Kort*, DB 2016, 711, 715.

[1169] *Buchner/Kühling*, in: Kühling/Buchner, DSGVO/BDSG, 3. Auflage 2020, Art. 7 DSGVO, Rn. 38a; *Däubler*, in: Däubler/Wedde/Weichert/Sommer, DSGVO/BDSG, 2. Auflage 2020, Art. 7 DSGVO, Rn. 50.

[1170] *Buchner/Kühling*, in: Kühling/Buchner, DSGVO/BDSG, 3. Auflage 2020, Art. 7 DSGVO, Rn. 36.

[1171] *Buchner/Kühling*, in: Kühling/Buchner, DSGVO/BDSG, 3. Auflage 2020, Art. 7 DSGVO, Rn. 37.

[1172] *Maschmann*, in: Kühling/Buchner, DSGVO/BDSG, 3. Auflage 2020, § 26 BDSG, Rn. 62; *Stamer/Kuhnke*, in: Plath, DSGVO/BDSG, 3. Auflage 2018, Art. 88 DSGVO, Rn. 13.

[1173] *Stamer/Kuhnke*, in: Plath, DSGVO/BDSG, 3. Auflage 2018, Art. 88 DSGVO, Rn. 12.

[1174] *Maschmann*, in: Kühling/Buchner, DSGVO/BDSG, 3. Auflage 2020, § 26 BDSG, Rn. 62.

[1175] *Nolte*, in: Gierschmann/Schlender/Stentzel/Veil, DSGVO, 2018, Art. 88 DSGVO, Rn. 15.

[1176] *Maschmann*, in: Kühling/Buchner, DSGVO/BDSG, 3. Auflage 2020, § 26 BDSG, Rn. 62.

[1177] *Maschmann*, in: Kühling/Buchner, DSGVO/BDSG, 3. Auflage 2020, § 26 BDSG, Rn. 62.

Beschäftigte nicht gegenüber einwilligenden Arbeitnehmern schlechter stellen, beispielsweise in dem für letztere Prämien ausgehandelt werden.

Ein vollkommener Ausschluss der Einwilligung durch Betriebsvereinbarung kommt ebenfalls nicht infrage. Ein solcher Ausschluss der Einwilligung als Rechtfertigungstatbestand wird für nationales Recht diskutiert in bestimmten Situationen, in denen eine freiwillige Entscheidung der betroffenen Person unwahrscheinlich oder nicht vorstellbar ist.[1178] Gerade weil das Arbeitsverhältnis durch ein strukturelles Ungleichgewicht von Arbeitnehmer und Arbeitgeber geprägt ist und aufgrund des grundsätzlich bestehenden Abhängigkeitsverhältnisses der Parteien eine freie Entscheidung gerade bei Datenverarbeitungen zur Mitarbeiterüberwachung zumindest zweifelhaft erscheint, kommt unter diesen Gesichtspunkten zum Schutz des Arbeitnehmers ein Ausschluss der Einwilligung in Betracht. Der Arbeitgeber könnte dann nicht die Regelungen der Betriebsvereinbarung umgehen, indem er im Einzelfall eine Einwilligung des Arbeitnehmers einholt und die personenbezogenen Daten auf dieser Rechtsgrundlage verarbeitet. Allerdings lässt EwG 155 DSGVO ausdrücklich nur eine Regelung der Bedingungen der Einwilligung zu. Sie wird primärrechtlich in Art. 8 Abs. 2 S. 1 GRCh ausdrücklich als gesetzliche Grundlage für Datenverarbeitungen benannt.[1179] Es ist daher fraglich, ob ein sekundärrechtlicher oder mitgliedstaatlicher Ausschluss vor dem Hintergrund der grundrechtlichen Verankerung zulässig ist.[1180] Versteht man die Einwilligung in Art. 8 Abs. 2 S. 1 GRCh als spezielle Schrankenregelung, so ist ein Ausschluss möglich.[1181] Nach zutreffender Ansicht handelt es sich jedoch bei der Einwilligung um die genuine Ausprägung der grundrechtlich garantierten Autonomie des einzelnen, über den Umgang mit seinen personenbezogenen Daten selbst zu bestimmen.[1182] Bei der Einwilligung handelt es sich dem Wortlaut nach, der sie explizit der sonstigen gesetzlichen Grundlage gegenüberstellt, nicht lediglich um eine Rechtfertigungsgrundlage, sondern ihr Vorliegen schließt bereits einen Eingriff aus.[1183]

Die Zulässigkeit von Einschränkungen richtet sich daher nach Art. 52 Abs. 1 GRCh. Da es sich beim Ausschluss der Einwilligung um einen solchen Eingriff handeln würde, müsste eine Verhältnismäßigkeitsprüfung stattfinden, der ein völliger Ausschluss nicht standhalten würde.[1184] Zwar adressiert Art. 52 Abs. 1 GRCh nicht unmittelbar die Parteien einer Kollektivvereinbarung, allerdings gilt im Verhältnis zwischen den Parteien einer Kollektivvereinbarung nichts anderes, auch wenn es sich um private Akteure handelt. Denn Art. 88 Abs. 1 DSGVO fordert eine Abwägung der wechselseitigen grundrechtlich geschützten Interessen von Arbeitgeber als Verantwortlichem und Beschäftigten auch von diesen.

6.2.1.4 AGB

Die Arbeitnehmereinwilligung wird vielfach im Wege von AGB, welche etwa im Arbeitsvertrag enthalten sein können, eingeholt werden. In diesem Fall ist schon zu fragen, ob diese Vorgehensweise mit dem Kopplungsverbot des Art. 7 Abs. 4 DSGVO vereinbar ist.[1185]

[1178] *Wybitul/Pötters*, RDV 2016, 10, 13; *Albers/Veil*, in: Wolff/Brink, BeckOK Datenschutzrecht, 40. Edition, Stand: 1.11.2021, Art. 9 DSGVO, Rn. 62; *Weichert*, in: Kühling/Buchner, DSGVO/BDSG, 3. Auflage 2020, Art. 9 DSGVO, Rn 48; siehe hierzu 6.2.1.2.2.

[1179] *Maschmann*, in: Kühling/Buchner, DSGVO/BDSG, 3. Auflage 2020, § 26 BDSG, Rn. 62; *Forst*, NZA 2012, 364, 365 zum Kommissionsentwurf, der einen Ausschluss vorsah in Art. 7 Abs. 4, EwG 34.

[1180] *Forst*, NZA 2012, 364, 365.

[1181] *Johlen*, in: Tettinger/Stern, GRCh, 2016, Art. 8 GRCh, Rn. 51 ff.; *Forst*, NZA 2012, 364, 365.

[1182] *Albers/Veil*, in: Wolff/Brink, BeckOK Datenschutzrecht, 40. Edition, Stand: 1.11.2021, Art. 9 DSGVO, Rn. 62; *Forst*, NZA 2012, 364, 365.

[1183] *Augsberg*, in: von der Groeben/Schwarze/Hatje, Europäisches Unionsrecht, 7. Auflage 2015, Art. 8 GRCh, Rn. 12.

[1184] *Forst*, NZA 2012, 364, 365.

[1185] *Kort*, DB 2016, 711, 715.

Die Einwilligung unterliegt auch der AGB-Kontrolle nach den §§ 305 ff. BGB.[1186] Nach § 310 Abs. 4 S. 2 BGB sind bei der Auslegung die Besonderheiten des Arbeitsrechts zu berücksichtigen. Insbesondere das Verbot der überraschenden Klauseln sowie das Transparenzgebot (§§ 305c, 307 Abs. 1 S. 2 BGB) sind hier zu beachten.[1187]

Die DSGVO selbst stellt in Art. 7 Abs. 2 DSGVO ebenfalls besondere Anforderungen an formularmäßig erteilte Einwilligungen.[1188] Erfolgt die Einwilligung der betroffenen Person durch eine schriftliche Erklärung, die noch andere Sachverhalte betrifft, so muss das Ersuchen um Einwilligung in verständlicher und leicht zugänglicher Form in einer klaren und einfachen Sprache so erfolgen, dass es von den anderen Sachverhalten klar zu unterscheiden ist. Transparenz ist also in sprachlich-inhaltlicher sowie gestalterischer Hinsicht zu wahren.[1189] Dies bedeutet insbesondere, dass eine Einwilligungserklärung nicht im „Kleingedruckten" verschwinden darf, sondern gestalterisch abgesetzt oder hervorgehoben werden muss, beispielsweise durch Kursiv- oder Fettdruck oder entsprechende Unterlegung.[1190]

6.2.1.5 Rückgriff auf andere Rechtsgrundlagen?

Ist die Einwilligung unwirksam, stellt sich die Frage, ob der Verantwortliche auf andere Rechtsgrundlagen, wie § 26 Abs. 1 S. 1 BDSG, zurückgreifen darf, um die Datenverarbeitung zu legitimieren. Da Compliance-Maßnahmen entweder nach § 26 Abs. 1 S. 1 BDSG zur Durchführung des Beschäftigungsverhältnisses erforderlich sind oder nach § 26 Abs. 1 S. 2 BDSG der Aufdeckung von Straftaten dienen, können auch diese Tatbestände als Rechtsgrundlage herangezogen werden.

Nach einer Auffassung ist ein Rückgriff auf die Einwilligung nach dem Grundsatz von Treu und Glauben zumindest dann nicht mehr möglich, wenn der Verantwortliche zu erkennen gegeben hat, dass er die Einwilligung als alleinigen Rechtfertigungstatbestand heranzieht.[1191]

Eine Einwilligung kann mehrere Funktionen bekleiden. So kann sie neben einem anderen Tatbestand absichernde Wirkung haben, sie kann alleinige Rechtsgrundlage sein oder sich auf nur einen von mehreren speziellen Zwecken beziehen, für die auch eine Rechtsgrundlage besteht.[1192] Welche Alternative gewollt ist, bedarf der Auslegung.[1193] Im Zweifel wird man davon ausgehen müssen, dass die Einwilligung einzige Rechtsgrundlage einer Datenverarbeitung sein soll.[1194] Art. 17 Abs. 1 lit. b DSGVO lässt im Falle einer unwirksamen Einwilligung zwar einen Rückgriff auf Art. 6 Abs. 1 UAbs. 1 S. 1 lit. b DSGVO zu, besagt aber insofern nichts anderes, sondern stellt lediglich klar, dass neben der Einwilligung auch noch andere Rechtsgrundlagen

---

[1186] *Kort*, DB 2016, 711, 715; exemplarisch BGH, Urt. v. 16.7.2008 – VIII ZR 348/06, GRUR 2008, 1010; weiterführend zum Verhältnis zwischen DSGVO und AGB-Recht *Wendehorst/Graf von Westphalen*, NJW 2016, 3745.

[1187] *Taeger*, in: Taeger/Gabel, DSGVO/BDSG/TTDSG, 4. Auflage 2022, Art. 7 DSGVO, Rn. 53.

[1188] *Kort*, DB 2016, 711, 715; *Taeger*, in: Taeger/Gabel, DSGVO/BDSG/TTDSG, 4. Auflage 2022, Art. 7 DSGVO, Rn. 53.

[1189] *Taeger*, in: Taeger/Gabel, DSGVO/BDSG/TTDSG, 4. Auflage 2022, Art. 7 DSGVO, Rn. 59.

[1190] *Taeger*, in: Taeger/Gabel, DSGVO/BDSG/TTDSG, 4. Auflage 2022, Art. 7 DSGVO, Rn. 72; *Kramer*, in: Auernhammer, DSGVO/BDSG, 7. Auflage 2020, Art. 7 DSGVO, Rn. 24 f.

[1191] *Buchner/Petri*, in: Kühling/Buchner, DSGVO/BDSG, 3. Auflage 2020, Art. 6 DSGVO, Rn. 23, *Buchner/Kühling*, in: Kühling/Buchner, DSGVO/BDSG, 3. Auflage 2020, Art. 7 DSGVO, Rn. 21; *Schulz*, in: Gola, DSGVO, 2. Auflage 2018, Art. 6 DSGVO, Rn. 12; *Datenschutzkonferenz*, Kurzpapier Nr. 20, 3, abrufbar unter https://www.tlfdi.de/mam/tlfdi/themen/kurzpapier_20.pdf (zuletzt abgerufen am 01.09.2023); *Uecker*, ZD 2019, 248, 249.

[1192] *Däubler*, in: Däubler/Wedde/Weichert/Sommer, DSGVO/BDSG, 2. Auflage 2020, Art. 7 DSGVO, Rn. 45.

[1193] *Däubler*, in: Däubler/Wedde/Weichert/Sommer, DSGVO/BDSG, 2. Auflage 2020, Art. 7 DSGO, Rn. 45.

[1194] *Däubler*, in: Däubler/Wedde/Weichert/Sommer, DSGVO/BDSG, 2. Auflage 2020, Art. 7 DSGVO, Rn. 45.

für eine Datenverarbeitung bestehen können.[1195] Vor diesem Hintergrund muss gerade dann, wenn eine Einwilligung durch den Verantwortlichen nur eingeholt wird, um sich rechtlich abzusichern, darauf hingewiesen werden, dass bei Widerruf oder Unwirksamkeit der Einwilligung auf § 26 Abs. 1 BDSG oder eine Betriebsvereinbarung als Rechtsgrundlage zurückgegriffen werden kann.[1196] Ansonsten ist im Zweifel davon auszugehen, dass die Einwilligung als alleinige Rechtsgrundlage fungieren soll, mit der Konsequenz, dass der Verantwortliche sich auch nur auf diese und nicht hilfsweise auch auf andere Rechtsgrundlagen bei deren Wegfall berufen kann.

6.2.1.6 Praktische Untauglichkeit

Auch wenn die Einwilligung grundsätzlich aus rechtlicher Sicht als Rechtfertigungstatbestand für Maßnahmen der Mitarbeiterüberwachung herangezogen werden kann, so stellt sie sich doch aus praktischer Sicht als untauglich dar.

Zum einen können Maßnahmen der Mitarbeiterüberwachung neben der Einwilligung auch auf Kollektivvereinbarungen oder auf die nationale Rechtsgrundlage des § 26 Abs. 1, 3 BDSG gestützt werden, sodass eine Einwilligung insoweit nicht erforderlich ist.[1197] Wird daneben eine Einwilligung eingeholt, um Rechtssicherheit für den Verantwortlichen zu erzeugen, so handelt es sich hierbei nur um eine scheinbar sichere Lösung, da die Einwilligung nach Art. 7 Abs. 3 S. 1 DSGVO jederzeit mit Wirkung für die Zukunft widerrufen werden kann.[1198] Die Anschaffung einer Anomalieerkennungssoftware zur Detektion von Innentätern ist in der Regel mit hohen Kosten verbunden. Widerrufen Beschäftigte ihre Einwilligung, so ist diese Investition kaum lohnenswert.

Von wirklichem Nutzen für den Verantwortlichen wäre die Einwilligung, wenn sie Befugnis erweiternd wirken könnte und Datenverarbeitungsvorgänge legitimieren könnte, die ihm durch die gesetzlichen Normen verwehrt wären.[1199] Der Arbeitgeber darf jedoch die Grenzen, die ihm durch das allgemeine Persönlichkeitsrecht des Beschäftigten gezogen werden, nicht umgehen, indem er eine Einwilligung der betroffenen Person einholt und auf diese Weise an Informationen gelangt, deren Einholung ihm beispielsweise durch arbeitsrechtliche Regelungen oder das AGG versagt würde.[1200] Das BAG betont in ständiger Rechtsprechung unter Verweis auf die wechselseitigen Rücksichtnahmepflichten von Arbeitgeber und Arbeitnehmer aus § 241 BGB, „dass in die Privatsphäre des Arbeitnehmers nicht tiefer eingegriffen werden darf, als es der Zweck des Arbeitsverhältnisses unbedingt erfordert"[1201].

Überdies darf der Arbeitgeber nicht die Grenzen, welche ihm mit Blick auf die Wahrung des allgemeinen Persönlichkeitsrechts des Arbeitnehmers gezogen werden, im Wege der Einwilligung aufweichen.[1202]

Außerdem ändert sich die Zusammensetzung der Belegschaft stetig und es muss in jedem Fall der Neueinstellung darauf geachtet werden, dass eine freiwillige Einwilligung vorliegt.[1203]

[1195] *Däubler*, in: Däubler/Wedde/Weichert/Sommer, DSGVO/BDSG, 2. Auflage 2020, Art. 7 DSGVO, Rn. 45.

[1196] *Schulz*, in: Gola, DSGVO, 2. Auflage 2018, Art. 6 DSGVO, Rn. 12.

[1197] *Reiserer/Christ/Heinz*, DStR 2018, 1501, 1507; *Gola*, BB 2017, 1462, 1468; *Kruchen* 2013, 221; *Riesenhuber*, RdA 2011, 257, 260 f. verweist allerdings darauf, dass durch die Einwilligung erhöhte Akzeptanz beim Betroffenen hervorgerufen werden kann.

[1198] *Reiserer/Christ/Heinz*, DStR 2018, 1501, 1507; *Fuhlrott*, in: Kramer, IT-Arbeitsrecht, 2. Auflage 2019, B, Rn. 466.

[1199] *Kruchen* 2013, 233.

[1200] *Schulz*, in: Gola, DSGVO, 2017, Art. 7 DSGVO, Rn. 47.

[1201] BAG, Beschl. v. 11.5.1986 – 1 ABP 12/84.

[1202] Gola, BB 2017, 1462, 1468.

[1203] *Fuhlrott*, in: Kramer, IT-Arbeitsrecht, 2. Auflage 2019, B, Rn. 466.

Auch die hohen Anforderungen an die Freiwilligkeit der Einwilligung stehen der Praxistauglichkeit entgegen.[1204] So ist bei der Videoüberwachung eine Einwilligung wohl nur von praktischer Bedeutung, wenn sie an einem öffentlich zugänglichen Arbeitsplatz zum Schutz vor Straftaten durch betriebsfremde Dritte erfolgt und damit auch im Interesse des Arbeitnehmers erfolgt. Erfolgt die Überwachungsmaßnahme an einem nicht öffentlich zugänglichen Arbeitsplatz zu präventiven Zwecken, um Straftaten von Mitarbeitern Vorschub zu leisten, ist eine wirksame Einwilligung mangels freier Entscheidung nicht denkbar.[1205]

6.2.2 Kollektivvereinbarungen

Eine weitere Möglichkeit, Rechtfertigungstatbestände für Datenverarbeitungsprozesse im Beschäftigungsverhältnis zu schaffen, bilden Kollektivvereinbarungen, wie § 26 Abs. 4 BDSG in Konkretisierung des Art. 88 Abs. 1 DSGVO explizit klarstellt. Bereits vor Inkrafttreten der DSGVO wurden normativ wirkende Kollektivvereinbarungen als eine „andere Rechtsvorschrift" im Sinne des § 4 Abs. 1 BDSG a. F. eingeordnet, weshalb sie auch damals schon als Rechtsgrundlage für die Verarbeitung von Beschäftigtendaten dienen konnten.[1206] Soweit § 26 Abs. 4 S. 1 BDSG sich auf die Verarbeitung besonderer Kategorien personenbezogener Daten bezieht, beruht er auf Art. 9 Abs. 2 lit. b DSGVO.[1207]

6.2.2.1 Betriebsvereinbarungen als taugliche Rechtsgrundlage

Der deutsche Gesetzgeber hat mit § 26 Abs. 4 BDSG von der Öffnungsklausel des Art. 88 Abs. 1 DSGVO Gebrauch gemacht und in § 26 Abs. 4 S. 1 BDSG klargestellt, dass die Verarbeitung personenbezogener Daten, einschließlich besonderer Kategorien personenbezogener Daten von Beschäftigten für Zwecke des Beschäftigungsverhältnisses aufgrund einer Kollektivvereinbarung zulässig ist. Die DSGVO definiert den Begriff selbst nicht, stellt ihn aber in Art. 88 Abs. 1 DSGVO Rechtsvorschriften gegenüber. Unklar ist, ob es sich um eine eigene Kategorie handelt oder ob Kollektivvereinbarungen diesen als Unterkategorie zugehörig sind.[1208] § 26 Abs. 4 BDSG ist als auf Unionsrecht zurückgehende Norm im Sinne des unionsrechtlichen Begriffsverständnisses auszulegen.[1209] Vom Begriff „Kollektivvereinbarungen" sind nach EwG 155 DSGVO sowohl Tarifverträge als auch Betriebsvereinbarungen erfasst, die auf Betreiben Deutschlands ausdrücklich in den Text des EwG 155 DSGVO mit aufgenommen wurden.[1210]

Betriebsvereinbarungen sind generell und insbesondere bei Maßnahmen der Mitarbeiterüberwachung eine sinnvolle Rechtsgrundlage, da sie nicht nur als Mittel fungieren, um die Mitbestimmungsrechte des zuständigen Betriebsrats nach § 87 Abs. 1 Nr. 6 BetrVG zu wahren, sondern sie bringen auch für den Arbeitgeber den Vorteil mit sich, dass es sich um eine belastbare

---

[1204] *Kort*, DB 2016, 711, 715; *Byers/Wenzel*, BB 2017, 2036, 2040.

[1205] *Byers/Wenzel*, BB 2017, 2036, 2040.

[1206] *Erfurth*, DB 2011, 1275; BAG, Beschl. v. 27.5.1986 – 1 ABR 48/84, NZA 1986, 643, 646.; *Forst*, in: Auernhammer, DSGVO/BDSG, 7. Auflage 2020, § 26 BDSG, Rn. 89.

[1207] BT-Drs. 18/11325, 98.

[1208] *Forst*, in: Auernhammer, DSGVO/BDSG, 7. Auflage 2020, Art. 88 DSGVO, Rn. 10 f.

[1209] aA wohl *Forst*, in: Auernhammer, DSGVO/BDSG, 7. Auflage 2020, Art. 88 DSGVO, Rn. 10, der den Begriff akzessorisch zum mitgliedstaatlichen Arbeitsrecht auslegt und eine Kompetenz der Union zur unionsrechtlichen Klärung dieses Begriffs anzweifelt; gegen die kompetenzrechtlichen Bedenken lässt sich einwenden, dass einem eigenen datenschutzrechtlichen Verständnis des Begriffs „Kollektivvereinbarung" keine Einwände entgegenstehen; Begriffen kann in unterschiedlichen Rechtsgebieten durchaus eine unterschiedliche Bedeutung zukommen; letztlich spielt der Meinungsstreit jedoch keine Rolle, da der deutsche Gesetzgeber in § 26 Abs. 1 S. 1 BDSG selbst Betriebs- und Dienstvereinbarungen als Kollektivvereinbarungen versteht, wie auch *Forst*, in: Auernhammer, DSGVO/BDSG, 7. Auflage 2020, Art. 88 DSGVO, Rn. 11 einräumt.

[1210] *Piltz*, BDSG 2018, § 26 BDSG, Rn. 94 f.; *Zöll*, in: Taeger/Gabel, DSGVO/BDSG/TTDSG, 4. Auflage 2022, Art. 88 DSGVO, Rn. 11; *Seifert*, in: Simitis/Hornung/Spiecker gen. Döhmann, Datenschutzrecht, 2019, Art. 88 DSGVO, Rn. 26.

Regelung handelt, durch die ein Grundkonsens zum Thema Datenschutz im Betrieb entwickelt und festgehalten werden kann.[1211] Durch Betriebsvereinbarungen wird für ihn die Rechtsunsicherheit vermieden, die sich im Hinblick auf die Einwilligung aufgrund ihrer freien Widerruflichkeit und der gerade im Zuge der Mitarbeiterüberwachung nur schwer nachweisbaren Freiwilligkeit ergibt. Eine Betriebsvereinbarung kann nicht nur Arbeitnehmerrechte schaffen, sondern begründet auch datenschutzrechtlich relevante Pflichten von Arbeitnehmern, wie beispielsweise die Pflicht zur Partizipation an dem durch die Betriebsvereinbarung geregelten IT-System.[1212] Einer Betriebsvereinbarung wohnt insofern eine kollektive Ordnungsfunktion inne, die es ausschließt, dass sich einzelne Mitarbeiter unter Berufung auf den Beschäftigtendatenschutz der Teilnahme an der Durchführung des Systems entziehen.[1213] Diese Funktion ergibt sich aus § 77 Abs. 4 S. 1 BetrVG.[1214]

Die Datenverarbeitung auf Grundlage einer Betriebsvereinbarung oder eines Tarifvertrags in seinen normativen Teilen ist nach Art. 6 Abs. 1 UAbs. 1 S. 1 lit. c DSGVO gestattet.[1215] Die objektive rechtliche Verpflichtung in Art. 6 Abs. 1 UAbs. 1 S. 1 lit. c DSGVO kann sowohl auf Unionsrecht als auch auf eine mitgliedstaatliche Verpflichtung zurückgehen.[1216] Betriebsvereinbarungen kommt nach § 77 Abs. 4 S. 1 BetrVG unmittelbare und zwingende und damit normative Wirkung zu.[1217] Durch eine Betriebsvereinbarung wird also objektives Recht geschaffen, welches in jedem Bereich des Arbeitsverhältnisses automatisch gilt.[1218]

Ungeklärt ist, ob die Kompetenz zur Regelung durch Kollektivvereinbarungen originär oder derivativ ist und daher eine Ermächtigungsgrundlage erst durch nationales Recht begründet werden muss.

Für eine originäre Kompetenz der Parteien einer Kollektivvereinbarung spricht die alternative Formulierung des Art. 88 Abs. 1 DSGVO sowie EwG 155 DSGVO.[1219]

Demgegenüber spricht für eine derivative Kompetenz der Wortlaut des Art. 88 Abs. 1 DSGVO, der lediglich die Mitgliedstaaten als regelungsberechtigte Akteure nennt und nicht die Parteien der Kollektivvereinbarung.[1220] Hierfür streitet auch, dass grundsätzlich das nationale Recht die Handlungsmöglichkeiten sowie die Stellung der Sozial- und Betriebspartner regelt.[1221] Überdies sieht Art. 88 Abs. 3 DSGVO keine Notifizierungspflicht für Kollektivvereinbarungen vor, sondern lediglich für Rechtsvorschriften, sodass diese ohne Mitteilung erlassen werden könn-

---

[1211] *Panzer-Heemeier*, in: Oberthür/Seitz, Betriebsvereinbarungen, 3. Auflage 2021, B.V., Rn. 28, 30; *Wybitul*, NZA 2014, 225.

[1212] *Kort*, RdA 2018, 24, 33.

[1213] *Kort*, RdA 2018, 24, 33.

[1214] BAG, Urt. v. 17.11.2016 – 2 AZR 730/15, Rn. 24, NZA 2017, 394, 396.

[1215] *Piltz*, BDSG 2018, § 26 BDSG, Rn. 95; *Schulz*, in: Gola, DSGVO, 2. Auflage 2018, Art. 6 DSGVO, Rn. 43; Ratsdokument 15108/14, 5.11.2014, 2; *Wybitul/Sörup/Pötters*, ZD 2015, 559, 560; *Wurzberger*, ZD 2017, 258, 259; *Frenzel*, in: Paal/Pauly, DSGVO/BDSG, 3. Auflage 2021, Art. 6 DSGVO, Rn. 16; aA *Stamer/Kuhnke*, in: Plath, DSGVO/BDSG, 3. Auflage 2018, Art. 88 DSGVO, Rn. 8.

[1216] *Schwartmann/Jacquemain*, in: Schwartmann/Jaspers/Thüsing/Kugelmann, DSGVO/BDSG, 2. Auflage 2020, Art. 6 DSGVO, Rn. 72; *Gola*, in: Gola, DSGVO, 2. Auflage 2018, Art. 6 DSGVO, Rn. 98.

[1217] *Kania*, in: Müller-Glöge/Preis/Schmidt, Erfurter Kommentar zum Arbeitsrecht, 22. Auflage 2022, § 77 BetrVG, Rn. 5; *Lorenz*, in: Düwell, BetrVG, 5. Auflage 2018, § 77 BetrVG, Rn. 56.

[1218] *Kania*, in: Müller-Glöge/Preis/Schmidt, Erfurter Kommentar zum Arbeitsrecht, 22. Auflage 2022, § 77 BetrVG, Rn. 5; *Lorenz*, in: Düwell, BetrVG, 5. Auflage 2018, § 77 BetrVG, Rn. 56.

[1219] *Paal*, in: Paal/Pauly, DSGVO/BDSG, 3. Auflage 2021, Art. 88 DSGVO, Rn. 5 ff.; *Körner* 2017, 50.

[1220] *Riesenhuber*, in: Wolff/Brink, BeckOK Datenschutzrecht, 40. Edition, Stand: 1.2.2022, Art.88 DSGVO, Rn. 49.

[1221] *Riesenhuber*, in: Wolff/Brink, BeckOK Datenschutzrecht, 40. Edition, Stand: 1.2.2022, Art.88 DSGVO, Rn. 49.

ten. Hält man eine Regelung der Mitgliedstaaten für erforderlich, welche den Parteien der Kollektivvereinbarung Normsetzungskompetenz verleiht, so unterliegt zumindest die mitgliedstaatliche Regelung der Notifizierungspflicht.[1222] Auch der deutsche Gesetzgeber ging offenbar davon aus, dass den Parteien einer Kollektivvereinbarung keine originäre Regelungskompetenz zukommt. Ansonsten wäre § 26 Abs. 4 BDSG obsolet.

Da der deutsche Gesetzgeber mit § 26 Abs. 4 S. 1 BDSG von seiner Regelungsmöglichkeit nach Art. 88 Abs. 1 DSGVO Gebrauch gemacht hat, spielt der Streit letztlich keine Rolle, insbesondere, da in § 26 Abs. 4 S. 2 BDSG auf die Anforderungen des Art. 88 Abs. 2 DSGVO verwiesen wird.

6.2.2.2 Tarifvertrag

Dem Begriff der Kollektivvereinbarung aus Art. 88 Abs. 1, EwG 155 DSGVO, § 26 Abs. 4 BDSG unterfallen auch Tarifverträge.[1223] Nach § 4 Abs. 1 S. 1 TVG gilt der normative Teil eines Tarifvertrages zwischen den tarifgebundenen Parteien unmittelbar und zwingend.

Anders als für Betriebsvereinbarungen in § 75 Abs. 2 BetrVG findet sich hier kein einfachgesetzlich normiertes Einfallstor für die Geltung der Grundrechte zwischen den Tarifvertragsparteien. Auch dem Gestaltungsspielraum der Tarifvertragsparteien ist jedoch eine Grenze gesetzt.[1224] Diese sind an Gesetz und Recht gebunden.[1225] Obgleich sie als Vereinigungen des privaten Rechts (Art. 9 Abs. 3 GG) nicht nach Art. 1 Abs. 3 GG unmittelbar die Grundrechte des GG zu befolgen haben, sind sie diesen mittelbar verpflichtet.[1226]

Die DSGVO ordnet nunmehr in Art. 88 Abs. 1, 2 DSGVO die Bindung an die Grundrechte ausdrücklich an. Daher haben die Tarifvertragsparteien die Unionsgrundrechte zu beachten, wenn sie von den ihnen durch Art. 88 Abs. 1 DSGVO, § 26 Abs. 4 S. 1 BDSG eingeräumten Möglichkeiten Gebrauch machen.

Eine tarifvertragliche Regelung ist wenig praxisrelevant, weil gerade Maßnahmen der Mitarbeiterüberwachung einer individuellen Anpassung an den Betrieb bedürfen und von Unternehmen zu Unternehmen divergieren.[1227] Allerdings besteht für die Parteien eines Tarifvertrags auch die Möglichkeit, einen Firmentarifvertrag abzuschließen.[1228] Ein Nachteil von Tarifverträgen ist, dass Inhaltsnormen von Tarifverträgen nur für tarifgebundene Arbeitnehmer gelten,[1229] nämlich solche, die Mitglied einer Gewerkschaft sind und in den persönlichen Anwendungsbereich eines Tarifvertrages fallen, die Geltung eines Tarifvertrages individualvertraglich vereinbart haben oder wenn ein Tarifvertrag für allgemeinverbindlich nach § 5 TVG erklärt wurde.[1230] Dagegen entfalten Rechtsnormen des Tarifvertrags über betriebliche und betriebsverfassungsrechtliche Fragen für alle Betriebe Wirkung, deren Arbeitgeber tarifgebunden sind (§ 3 Abs. 2 TVG). Diese Wirkung auf „Außenseiter" ist jedoch problematisch und muss mit

---

[1222] *Riesenhuber*, in: Wolff/Brink, BeckOK Datenschutzrecht, 40. Edition, Stand: 1.2.2021, Art.88 DSGVO, Rn. 49; *Jerchel/Schubert*, DuD 2016, 782, 783; *Traut*, RDV 2016, 312, 313.

[1223] BT-Drs. 18/11325, 98.

[1224] *Boecken*, in: Boecken/Düwell/Diller/Hanau, Gesamtes Arbeitsrecht, 2016, § 622 BGB, Rn. 21; BAG, Urt. v. 15.1.1955 – 1 AZR 305/54, NJW 1955, 684, 687 nahm trotz Art. 1 Abs. 3 GG eine unmittelbare Grundrechtsbindung an.

[1225] *Boecken*, in: Boecken/Düwell/Diller/Hanau, Gesamtes Arbeitsrecht, 2016, § 622 BGB, Rn. 21; BAG, Urt. v. 15.1.1955 – 1 AZR 305/54, NJW 1955, 684, 687.

[1226] *Boecken*, in: Boecken/Düwell/Diller/Hanau, Gesamtes Arbeitsrecht, 2016, § 622 BGB, Rn. 21; *Gamillscheg* 1989, 75 ff.

[1227] *Kempter/Steinat*, NZA 2017, 1505, 1509.

[1228] *Schreiber*, NZA-RR 2010, 617, 622.

[1229] *Schreiber*, NZA-RR 2010, 617, 622.

[1230] *Koch*, in: Schaub/Koch, Arbeitsrecht von A-Z, 26. Auflage 2022, Allgemeinverbindlicherklärung.

Blick auf die negative Koalitionsfreiheit restriktiv gehandhabt werden.[1231] Hinter der Norm steht der Gedanke, dass entsprechende Regeln nur einheitlich im Betrieb gelten können und deshalb deren Wirksamkeit gegenüber den Arbeitnehmern nicht von einer Gewerkschaftsmitgliedschaft abhängig gemacht werden soll.[1232] Betriebsnormen regeln das betriebliche Rechtsverhältnis zwischen Arbeitgeber und Belegschaft und gehen über den Inhalt des einzelnen Individualarbeitsvertrages hinaus.[1233] „Betriebsnormen regeln das betriebliche Rechtsverhältnis zwischen dem Arbeitgeber und der Belegschaft als Kollektiv, hingegen nicht die Rechtsverhältnisse zwischen Arbeitgeber und einzelnen Arbeitnehmern, die allenfalls mittelbar betroffen sind."[1234] Aus dem Regelungsgegenstand ergibt sich, weshalb nicht die Tarifgebundenheit der Beschäftigten, sondern die des Arbeitgebers entscheidend ist.[1235] Denn die Gewerkschaftsmitgliedschaft der Belegschaft als Kollektiv ist nicht möglich.[1236] Betriebsnormen können aber nur einheitlich gelten und eine individualvertragliche Regelung wäre offensichtlich unzweckmäßig.[1237] Betriebsnormen stellen solche Bestimmungen dar, „die in der sozialen Wirklichkeit aus tats. oder rechtl. Gründen nur einheitl. gelten können"[1238]. Es handelt sich um Arbeitsbedingungen, die in einer Wechselbeziehung zu denen anderer Arbeitnehmer stehen und deshalb nur kollektiv mit Blick auf diese Wechselbezüglichkeit geregelt werden sollen.[1239] Solche betriebliche Fragen betreffen neben Regelungen des Arbeitsschutzes auch Fragen der betrieblichen Ordnung wie beispielsweise Torkontrollen oder andere Überwachungsmaßnahmen.[1240] Überdies kann auch einzelvertraglich auf einen etwaigen Firmentarifvertrag verwiesen werden.[1241]

Ein Vorteil von Tarifverträgen ist, dass sie aufgrund ihrer breiten Geltung auf weitgehende Akzeptanz der Arbeitgeber stoßen.[1242] Ferner unterliegen sie nach § 310 Abs. 4 S. 1 BGB nicht der AGB-Kontrolle, sondern lediglich einer Überprüfung auf Verstöße gegen höherrangiges Recht, was ebenfalls als Vorteil erachtet wird.[1243] Hierbei handelt es sich jedoch nur um einen scheinbaren Vorteil, da eine Prüfung nach den Maßstäben des Grundsatzes von Treu und Glauben und des Transparenzgebots, die in Art. 5 Abs. 1 lit. a DSGVO verankert sind, nicht hinter einer AGB-rechtlichen Prüfung zurückbleiben wird.

6.2.2.3 Inhaltliche Anforderungen

Art. 88 Abs. 1 DSGVO lässt in seiner nicht abschließenden Aufzählung („insbesondere") Kollektivvereinbarungen ausdrücklich auch zum Schutz des Eigentums des Arbeitgebers zu, wozu

---

[1231] BAG, Beschl. v. 26.4.1990 - 1 ABR 84/87, NZA 1990, 850, 853.

[1232] *Franzen*, in: Müller-Glöge/Preis/Schmidt, Erfurter Kommentar zum Arbeitsrecht, 22 Auflage 2022, § 3 TVG, Rn. 16.

[1233] *Franzen*, in: Müller-Glöge/Preis/Schmidt, Erfurter Kommentar zum Arbeitsrecht, 22 . Auflage 2022, § 1 TVG, Rn. 45; BAG, Beschl. v. 17.6.1997 - 1 ABR 3/97, NZA 1998, 213, 214.

[1234] BAG, Beschl. v. 17.6.1997 - 1 ABR 3/97, NZA 1998, 213, 214.

[1235] BAG, Beschl. v. 17.6.1997 - 1 ABR 3/97, NZA 1998, 213, 214.

[1236] BAG, Beschl. v. 17.6.1997 - 1 ABR 3/97, NZA 1998, 213, 214.

[1237] BAG, Beschl. v. 17.6.1997 - 1 ABR 3/97, NZA 1998, 213, 214, wobei das Gericht auch keine verfassungsrechtlichen Bedenken mit Blick auf die aus Art. 9 Abs. 3 GG resultierende negative Koalitionsfreiheit sieht; vgl. hierzu *Franzen*, in: Müller-Glöge/Preis/Schmidt, Erfurter Kommentar zum Arbeitsrecht, 22. Auflage 2022, § 3 TVG, Rn. 17 m.w.N.

[1238] BAG, Beschl. v. 26.4.1990 - 1 ABR 84/87, NZA 1990, 850, 853.

[1239] *Franzen*, in: Müller-Glöge/Preis/Schmidt, Erfurter Kommentar zum Arbeitsrecht, 22. Auflage 2022, § 1 TVG, Rn. 47.

[1240] *Löwisch/Rieble*, Tarifvertragsgesetz, 4. Auflage 2017, § 1 TVG, Rn. 410; *Schreiber*, NZA-RR 2010, 617, 622 für Compliance-Richtlinien.

[1241] BAG, Urt. v. 15.4.2008 - 9 AZR 159/07, NZA-RR 2008, 586, Ls. 8; *Schreiber*, NZA-RR 2010, 617, 622.

[1242] *Schreiber*, NZA-RR 2010, 617, 623.

[1243] *Schreiber*, NZA-RR 2010, 617, 623.

auch Maßnahmen der präventiven und repressiven Compliance, insbesondere zur Mitarbeiterüberwachung, gehören, solange sie die dort gesetzten Grenzen einhalten.[1244]
§ 26 Abs. 4 S. 2 BDSG stellt klar, dass die Verhandlungspartner der Kollektivvereinbarung die Voraussetzungen des Art. 88 Abs. 2 DSGVO zu beachten haben.

Gemäß Art. 88 Abs. 2 DSGVO müssen nationale Vorschriften geeignete und besondere Maßnahmen zur Wahrung der menschlichen Würde, der berechtigten Interessen und der Grundrechte der betroffenen Person umfassen, insbesondere im Hinblick auf die Transparenz der Verarbeitung, die Datenübermittlung innerhalb einer Unternehmensgruppe oder einer Gruppe von Unternehmen, die eine gemeinsame Wirtschaftstätigkeit ausüben, sowie die Transparenz der Überwachungssysteme am Arbeitsplatz.

Art. 88 Abs. 2 DSGVO stellt besondere Anforderungen an die in Art. 88 Abs. 1 DSGVO genannten Vorschriften. Diese müssen geeignete und besondere Maßnahmen zur Wahrung der menschlichen Würde, der berechtigten Interessen und der Grundrechte der betroffenen Person, insbesondere im Hinblick auf die Transparenz der Verarbeitung, die Übermittlung personenbezogener Daten innerhalb einer Unternehmensgruppe oder einer Gruppe von Unternehmen, die eine gemeinsame Wirtschaftstätigkeit ausüben, und die Überwachungssysteme am Arbeitsplatz umfassen.[1245] Art. 88 Abs. 2 DSGVO bezieht sich auf „Vorschriften", ohne Kollektivvereinbarungen explizit zu nennen. Art. 88 Abs. 1 DSGVO differenziert zwischen Rechtsvorschriften und Kollektivvereinbarungen. Aus diesem Grund ist zweifelhaft, ob Art. 88 Abs. 2 DSGVO überhaupt Anforderungen an Kollektivvereinbarungen stellt. Dass auch eine Kollektivvereinbarung Art. 88 Abs. 2 DSGVO genügen muss, ergibt sich daraus, dass Art. 88 Abs. 2 DSGVO das Demonstrativpronomen „diese" benutzt und sich auf Art. 88 Abs. 1 DSGVO bezieht. Dort sind Rechtsvorschriften und Kollektivvereinbarungen gleichwertig nebeneinander genannt. Ferner übernimmt Art. 88 Abs. 2 DSGVO den Wortlaut des Art. 88 Abs. 1 DSGVO nicht völlig inhaltsgleich, da er von „Vorschriften" und nicht von „Rechtsvorschriften" spricht. Diese sprachliche Unterscheidung findet sich auch in der englischen Fassung der DSGVO die in Art. 88 Abs. 1 DSGVO den Begriff „law" enthält, während sich in Art. 88 Abs 2 DSGVO die Formulierung „those rules" findet.

Weiterhin erscheint es nicht plausibel, weshalb an Rechtsvorschriften, bei denen es sich nach EwG 41 DSGVO in der Regel mindestens um Gesetze im materiellen Sinn handelt und die dadurch bereits durch das parlamentarische Gesetzgebungsverfahren einen höheren Schutz bieten, auch inhaltlich höhere Anforderungen gestellt werden sollten als an Betriebsvereinbarungen.

Letztlich regelt mittlerweile § 26 Abs. 4 S. 2 BDSG ausdrücklich, dass die Vorgaben des Art. 88 Abs. 2 DSGVO durch Kollektivvereinbarungen eingehalten werden müssen.

6.2.3 Zulässigkeit von Screenings nach § 26 Abs. 1 BDSG

§ 26 Abs. 1 BDSG entspricht größtenteils § 32 Abs. 1 BDSG a. F., erweitert § 32 Abs. 1 S. 1 BDSG a. F. allerdings insoweit, als eine Datenverarbeitung nach § 26 Abs. 1 S. 1 BDSG auch zur Erfüllung der sich aus einer Kollektivvereinbarung ergebenden Rechte und Pflichten der Interessenvertretung der Beschäftigten zulässig ist. Nach § 26 Abs. 1 S. 1 BDSG dürfen personenbezogene Daten von Beschäftigten für Zwecke des Beschäftigungsverhältnisses verarbeitet werden, wenn dies für die Entscheidung über die Begründung eines Beschäftigungsverhältnisses oder nach Begründung des Beschäftigungsverhältnisses für dessen Durchführung oder Beendigung oder zur Ausübung oder Erfüllung der sich aus dem Gesetz oder einem Tarifvertrag, einer Betriebs- oder Dienstvereinbarung (Kollektivvereinbarung) ergebenden Rechte und

---

Pflichte der Interessenvertretung der Beschäftigten erforderlich ist. § 26 Abs. 1 S. 2 BDSG regelt speziell die Datenverarbeitung zur Aufdeckung von Straftaten. Beiden Sätzen gemeinsam ist, dass letztendlich eine Interessenabwägung zwischen den Interessen von Arbeitgeber und Beschäftigtem vorzunehmen ist. Die Rechtsprechung zu § 32 BDSG a. F. hat im Wege dieser Interessenabwägung mehrere Kriterien herausgearbeitet, die auch für § 26 Abs. 1 BDSG weiter zutreffend und letztendlich auf jede Ermittlungsmaßnahme anzuwenden sind

§ 26 Abs. 1 S. 1 BDSG bestimmt unter anderem, dass personenbezogene Daten eines Beschäftigten dann für Zwecke des Beschäftigungsverhältnisses verarbeitet werden dürfen, wenn dies für die Entscheidung über die Begründung des Beschäftigungsverhältnisses oder nach dessen Begründung für dessen Durchführung erforderlich ist. Eine Sonderregelung enthält § 26 Abs. 3 BDSG für die Verarbeitung besonderer Kategorien personenbezogener Daten.

6.2.3.1 Vereinbarkeit des § 26 Abs. 1 BDSG mit Art. 88 DSGVO

§ 26 BDSG geht auf Art. 88 DSGVO zurück. § 26 Abs. 1 BDSG ist generalklauselartig gefasst und bedarf – wie schon § 32 Abs. 1 S. 1 BDSG a.F. – der Konkretisierung durch die Rechtsprechung. Es stellt sich die Frage, ob er damit die durch die Öffnungsklausel des Art. 88 vorgegebenen Anforderungen erfüllt. Art. 88 Abs. 1 DSGVO fordert nämlich „spezifischere" Vorschriften.

6.2.3.1.1 Meinungsstand zur Unionsrechtskonformität des § 26 Abs. 1 BDSG

Ein großer Teil der Literatur vertritt die Auffassung, dass die Regelung des § 26 BDSG den in Art. 88 Abs. 1, 2 DSGVO geforderten Voraussetzungen entspricht.[1246] Spezifischere Vorschriften seien solche, „die den Beschäftigungskontext kennzeichnen, prägen oder – vor allem in Bezug auf unbestimmte Rechtsbegriffe – konkretisieren."[1247] § 26 Abs. 1 BDSG stelle eine Konkretisierung des Art. 6 Abs. 1 UAbs. 1 DSGVO dar.[1248] Durch die gefestigte Rechtsprechung des BAG bestehe ein austarierter und funktionierender Rechtsrahmen, der zur Rechtssicherheit führe und weitgehend vorhersehbare Ergebnisse liefere.[1249] Da die deutsche Rechtsprechung im Rahmen des § 26 BDSG eine umfassende Verhältnismäßigkeitsprüfung vornimmt, führe sie sogar zu einem höheren Schutzstandard als dem durch die DSGVO garantierten.[1250] Die aus den in Art. 5 DSGVO genannten Grundsätzen ableitbaren Anforderungen blieben hinter den von der Rechtsprechung aufgestellten Voraussetzungen zurück.[1251] Die inhaltlichen Anforderungen des Art. 88 Abs. 2 DSGVO ergäben sich ohnehin aus dem nationalen Verfassungsrecht.[1252]

[1246] *Wybitul/Sörup/Pötters*, ZD 2015, 559, 561; *Gola/Pötters/Thüsing*, RDV 2016, 57, 60; *Wybitul/Pötters*, RDV 2016, 10, 14; *Sörup/Marquardt*, ArbRAktuell 2016, 103, 105; *Düwell/Brink*, NZA 2016, 665, 667; *Stelljes*, DuD 2016, 787, 790; *Stamer/Kuhnke*, in: Plath, DSGVO/BDSG, 3. Auflage 2018, Art. 88 DSGVO, Rn. 7; *Gräber/Nolden*, in: Paal/Pauly, DSGVO/BDSG, 3. Auflage 2021, § 26 BDSG, Rn. 9 ff.; *Seifert*, in: Simitis/Hornung/Spiecker gen. Döhmann, Datenschutzrecht, 2019, Art. 88 DSGVO, Rn. 21; *Zöll*, in: Taeger/Gabel, DSGVO/BDSG/TTDSG, 4. Auflage 2022, Art. 88 DSGVO, Rn. 13; *Tiedemann*, in: Sydow, Europäische Datenschutz-Grundverordnung, 2. Auflage 2018, Art. 88 DSGVO, Rn. 8; *Forst*, in: Auernhammer, DSGVO/BDSG, 7. Auflage 2020, Art. 88 DSGVO, Rn. 7; *Thüsing/Traut*, in: Schwartmann/Jaspers/Thüsing/Kugelmann, DSGVO/BDSG, 2018, Art. 88 DSGVO, Rn. 46.

[1247] *Zöll*, in: Taeger/Gabel, DSGVO/BDSG/TTDSG, 4. Auflage 2022, Art. 88 DSGVO, Rn. 12.

[1248] *Seifert*, in: Simitis/Hornung/Spiecker gen. Döhmann, Datenschutzrecht, 2019, Art. 88 DSGVO, Rn. 21; *Zöll*, in: Taeger/Gabel, DSGVO/BDSG/TTDSG, 4. Auflage 2022, Art. 88 DSGVO, Rn. 13 ohne Begründung; *Tiedemann*, in: Sydow, Europäische Datenschutz-Grundverordnung, 2. Auflage 2018, Art. 88 DSGVO, Rn. 8.

[1249] *Wybitul/Sörup/Pötters*, ZD 2015, 559, 561 zu § 32 BDSG a.F.

[1250] *Wybitul/Sörup/Pötters*, ZD 2015, 559, 561 zu § 32 BDSG a.F.

[1251] *Wybitul/Sörup/Pötters*, ZD 2015, 559, 561 zu § 32 BDSG a.F.

[1252] *Kühling/Martini et al.* 2016, 298 zu § 32 BDSG a.F.

Für die von Art. 88 Abs. 1 DSGVO geforderte Spezifität der Regelung sei es ausreichend, dass § 26 Abs. 7 BDSG den sachlichen Anwendungsbereich auf nicht automatisierte Verarbeitungsvorgänge erweitert.[1253] Damit sind auch rein tatsächliche Handlungen wie Spindkontrollen und gleichförmig strukturierte, manuell geführte Aktenbestände erfasst, wie nicht elektronisch geführte Personalakten.[1254] Nach Art. 2 Abs. 1 DSGVO erfasst der Anwendungsbereich der DSGVO gerade nicht solche Datenverarbeitungsvorgänge, die sich nicht auf die Verarbeitung personenbezogener Daten beziehen, die nicht in einem Dateisystem gespeichert sind oder gespeichert werden sollen.

Außerhalb des Anwendungsbereichs der DSGVO behalte der deutsche Gesetzgeber seine Normsetzungskompetenz und er sei deshalb frei gewesen, den sachlichen Anwendungsbereich des BDSG auf nicht in einem Dateisystem gespeicherte personenbezogene Daten auszudehnen.[1255] Innerstaatlich könne allenfalls bezweifelt werden, ob der Bund auch die Normsetzungskompetenz für den Beschäftigtendatenschutz im Bereich der öffentlichen Verwaltung und des Beamtentums innehabe.[1256]

Überdies spezifiziere § 26 BDSG in Einklang mit der Wesentlichkeitstheorie des BVerfG den Umgang mit Beschäftigtendaten.[1257]

Nach der Gegenauffassung entspricht § 26 BDSG nicht den Anforderungen des Art. 88 DSGVO.[1258] Es sei schon bedenklich, dass § 26 Abs. 1 BDSG als Generalklausel formuliert sei.[1259] Nach der Rechtsprechung des EuGH zur Umsetzung von Richtlinien in innerstaatliches Recht verlange eine solche zwar nicht zwingend, dass die Umsetzung der Bestimmung förmlich und wörtlich in einer besonderen Gesetzesvorschrift erfolgt, sondern es könne je nach dem Inhalt der Richtlinie auch ein allgemeiner rechtlicher Rahmen ausreichend sein.[1260] Dieser müsse jedoch tatsächlich die vollständige und richtige Anwendung der Richtlinie gewährleisten und zwar in so klarer und bestimmter Weise, dass die betreffenden Personen – im zu entscheidenden Fall ging es um Begünstigungen – in der Lage seien, von allen ihren Rechten Kenntnis zu erlangen und diese vor den nationalen Gerichten geltend zu machen.[1261] Nationale Vorschriften müssten dabei „so konkret, bestimmt und klar (…) [sein], dass sie dem Gebot der Rechtssicherheit genügen."[1262] Typischerweise könne dem nicht durch eine Generalklausel Rechnung getragen werden.[1263] Diese Rechtsprechung sei auf die Ausgestaltung des durch Öffnungsklauseln gewährten Spielraums übertragbar, da die Öffnungsklausel des Art. 88 DSGVO – einer Richtlinie vergleichbar – formelle und materielle Voraussetzungen an die nationalen Vorschriften stelle.[1264] Zwar existiere im deutschen Recht eine detaillierte Rechtsprechung des BAG zum

---

[1253] *Spelge*, DuD 2016, 775, 778 f.

[1254] *Spelge*, DuD 2016, 775, 778 f.

[1255] *Düwell/Brink*, NZA 2017, 1081, 1083; *Riesenhuber*, in: Wolff/Brink, BeckOK Datenschutzrecht 2017, § 26 BDSG, Rn. 14.

[1256] *Düwell/Brink*, NZA 2017, 1081, 1083.

[1257] *Selk*, in: Ehmann/Selmayr, DSGVO, 2. Auflage 2018, Art. 88 DSGVO, Rn. 160 hier wie im Folgenden zur Rechtslage nach § 32 BDSG a.F., jedoch ohne Begründung für diese Aussage.

[1258] *Selk*, in: Ehmann/Selmayr, 2017, Art. 88 DSGVO, Rn. 160 hier wie im Folgenden zur Rechtslage nach § 32 BDSG a.F.; *Spelge*, DuD 2016, 775, 779; *Maschmann*, in: Kühling/Buchner, DSGVO/BDSG, 3. Auflage 2020, Art. 88 DSGVO, Rn. 63.

[1259] *Maschmann*, in: Kühling/Buchner, DSGVO/BDSG, 3. Auflage 2020, Art. 88 DSGVO, Rn. 63.

[1260] EuGH v. 30.5.1991 - Rs C - 361/88, Rn. 15, NVwZ 1991, 866; EuGH, Urt. v. 8.7.1999 - C-354/98, Rn. 2.

[1261] EuGH, Urt. v. 30.5.1991 - Rs C - 361/88, Rn. 15, NVwZ 1991, 866; EuGH, Urt. v. 8.7.1999 - C-354/98, Rn. 2.

[1262] EuGH, Urt. v. 8.7.1999 - C-354/98, Rn. 2.

[1263] *Schroeder*, in: Streinz, EUV/AEUV, 3. Auflage 2018, Art. 288 AEUV, Rn. 93 für die Umsetzung von Richtlinien; *Maschmann*, in: Kühling/Buchner, DSGVO/BDSG, 3. Auflage 2020, Art. 88 DSGVO, Rn. 63.

[1264] *Maschmann*, in: Kühling/Buchner, 3. Auflage 2020, Art. 88 DSGVO, Rn. 63.

Datenschutzrecht, allerdings habe diese noch nicht zur klaren Bildung von Fallgruppen geführt.[1265] Hinzu komme, dass der Gesetzgeber die Rechtsprechung des BAG dazu usurpiere, eine gesetzgeberische Entscheidung zu ersetzen.[1266] Dies sei jedoch unzulässig, da es Aufgabe der Gerichte ist, das Gesetz zu konkretisieren und zu präzisieren und somit lediglich unterstützend und nicht ersetzend tätig zu werden.[1267] Außerdem wird bezweifelt, dass § 26 Abs. 1 S. 1 BDSG die Anforderungen des Art. 88 Abs. 2 DSGVO erfüllt, da er sich auf eine Regelung zur Erforderlichkeit der Datenverarbeitung beschränkt und keinerlei geeignete und besondere Maßnahmen zur Wahrung der Grundrechte beinhalte.[1268] Vielmehr handele es sich um eine dem Art. 6 Abs. 1 UAbs. 1 S. 1 lit. b DSGVO ähnelnde Regelung.[1269] § 26 Abs. 1 S. 2 BDSG stelle zwar Voraussetzungen für die Aufdeckung von Straftaten im Betrieb auf, bei welchen es sich jedoch lediglich um rechtliche Anforderungen handele.[1270] „Maßnahmen" auf tatsächlicher Ebene, wie Art. 88 Abs. 2 DSGVO sie fordere, sehe § 26 Abs. 1 S. 2 BDSG nicht vor.[1271] § 26 Abs. 5 BDSG sei ebenfalls nicht ausreichend, da er lediglich darauf verweise, dass der Verantwortliche geeignete Maßnahmen ergreifen muss, um sicherzustellen, dass insbesondere die in Art. 5 DSGVO niedergelegten Grundsätze eingehalten werden.[1272] Gerade dies sei jedoch nicht ausreichend, da Art. 88 Abs. 2 DSGVO besondere Maßnahmen fordert und ein Verweis auf die allgemeinen technischen und organisatorischen Maßnahmen nicht ausreicht.[1273]

6.2.3.1.2 Unionsrechtskonformität des § 26 BDSG

Nach zutreffender Ansicht genügt § 26 Abs. 1 BDSG in beiden Sätzen den Anforderungen des Art. 88 DSGVO. Wie bereits in Kapitel 5.2.2 untersucht, meint der Begriff der „spezifischeren Regelung", dass für Verarbeitungssituationen, welche den Besonderheiten des Beschäftigungsverhältnisses geschuldet sind, Sonderregeln getroffen werden dürfen. § 26 Abs. 1 S. 1 BDSG soll nach der Gesetzesbegründung § 32 BDSG a.F. fortführen.[1274] Dieser sollte die durch die Rechtsprechung abgeleiteten Grundsätze zum Datenschutz im Beschäftigungsverhältnis kodifizieren, welche sich insbesondere auf das verfassungsrechtlich nach Art. 2 Abs. 1, 1 Abs. 1 GG geschützte allgemeine Persönlichkeitsrecht bezog.[1275] Letztlich kam es hier auf eine Abwägung der grundrechtlich geschützten Interessen von Arbeitgeber und Arbeitnehmer an. Gerade für den Bereich der Mitarbeiterüberwachung knüpft das BAG an die Rechtsprechung des BVerfG an.[1276] Nach der Gesetzesbegründung sind auch bei § 26 BDSG im Rahmen einer Erforderlichkeitsprüfung die widerstreitenden grundrechtlich geschützten Interessen abzuwägen.[1277] Das Interesse des Arbeitgebers an der Durchführung der Datenverarbeitung und das allgemeine Persönlichkeitsrecht sind im Wege der praktischen Konkordanz zu einem schonenden Ausgleich zu bringen.[1278] Das BAG hat insbesondere im Bereich der Videoüberwachung,

---

[1265] *Maschmann*, in: Kühling/Buchner, DSGVO/BDSG, 3. Auflage 2020, Art. 88 DSGVO, Rn. 63; *Körner*, NZA 2016, 1383, 1384.

[1266] *Maschmann*, in: Kühling/Buchner, DSGVO/BDSG, 3. Auflage 2020, Art. 88 DSGVO, Rn. 63.

[1267] *Maschmann*, in: Kühling/Buchner, DSGVO/BDSG, 3. Auflage 2020, Art. 88 DSGVO, Rn. 63.

[1268] *Taeger/Rose*, BB 2016, 819, 831; *Selk*, in: Ehmann/Selmayr, DSGVO, 2. Auflage 2018, Art. 88 DSGVO, Rn. 229.

[1269] *Selk*, in: Ehmann/Selmayr, DSGVO, 2. Auflage 2018, Art. 88 DSGVO, Rn. 230.

[1270] *Selk*, in: Ehmann/Selmayr, DSGVO, 2. Auflage 2018, Art. 88 DSGVO, Rn. 231.

[1271] *Selk*, in: Ehmann/Selmayr, DSGVO, 2. Auflage 2018, Art. 88 DSGVO, Rn. 231.

[1272] VG Wiesbaden, Beschluss vom 21.12.2020 – 23 K 1360/20.WI.PV, ZD 2021, 393, 395 unter Vorlage der Frage zum EuGH zur Regelung des § 23 Abs. 1 S. 1 HDSIG, welcher der des § 26 Abs. 1 S. 1 BDSG entspricht.

[1273] VG Wiesbaden, Beschluss vom 21.12.2020 – 23 K 1360/20.WI.PV, ZD 2021, 393, 395.

[1274] BT-Drs. 18/11325, 96 f.

[1275] BT-Drs. 16/13657, 21.

[1276] Vgl. *Heinson* 2015, 337 m.w.N.

[1277] BT-Drs. 18/11325, 97.

[1278] BT-Drs. 18/11325, 97.

aber auch generell zur Mitarbeiterüberwachung verallgemeinerbare Grundsätze für Überwachungsmaßnahmen aufgestellt, welche sich aus der Rechtsprechung des BVerfG ableiten.[1279] Auch dem Erfordernis des Art. 88 Abs. 2 DSGVO, dass die spezifischere Regelung selbst geeignete und besondere Maßnahmen vorsehen muss, wird in ausreichender Weise Rechnung getragen. § 26 Abs. 5 BDSG verlangt, dass der Verantwortliche geeignete Maßnahmen ergreift, um sicherzustellen, dass insbesondere die in Art. 5 DSGVO dargelegten Grundsätze der Datenverarbeitung eingehalten werden. Diese Regelung bezieht sich auf jeglichen Datenverarbeitungsvorgang im Beschäftigungsverhältnis, mithin auch auf solche Vorgänge, die auf § 26 Abs. 1 BDSG beruhen. Art. 5 DSGVO gilt zwar nach Art. 288 Abs. 2 AEUV unmittelbar, allerdings geht § 26 Abs. 5 BDSG über dessen Anforderungen hinaus, indem er nicht nur die schlichte Befolgung von Art. 5 DSGVO verlangt, sondern dem Verantwortlichen die Pflicht auferlegt, geeignete Maßnahmen zur Umsetzung der Grundsätze des Datenschutzrechts zu ergreifen.[1280] Zutreffend ist, dass § 26 Abs. 5 BDSG keine konkreten Maßnahmen zur Umsetzung benennt. Allerdings ist es schlichtweg nicht möglich, solche Maßnahmen zu benennen. Eine Aufzählung kann allenfalls exemplarisch sein, da die Umsetzung der Grundsätze im jeweiligen Unternehmen von den jeweiligen Gegebenheiten abhängt und regelmäßig die Hinzuziehung von technisch vorgebildeten Personen erfordert. Letztlich stellt alleine schon die Tatsache, dass der deutsche Gesetzgeber in § 26 Abs. 5 BDSG eine ausdrückliche Verpflichtung geschaffen hat, die in Art. 5 DSGVO niedergelegten Grundsätze durch geeignete Maßnahmen umzusetzen, eine geeignete und besondere Maßnahme im Sinne des Art. 88 Abs. 2 DSGVO dar, um die Rechte und Interessen der Beteiligten zu wahren.

§ 26 Abs. 1 S. 2 BDSG enthält überdies eine Dokumentationspflicht. Hierbei handelt es sich ebenfalls um eine besondere Maßnahme, die die Interessen der Betroffenen, insbesondere das Interesse des Beschäftigten vor willkürlicher, anlassloser Überwachung, sichern soll, wie es Art. 88 Abs. 2 DSGVO verlangt.

6.2.3.2 Europarechtskonforme Erweiterung des sachlichen Anwendungsbereichs

§ 26 Abs. 7 BDSG bestimmt ähnlich wie § 32 Abs. 2 BDSG a.F., dass § 26 Abs. 1 bis 6 BDSG auch anzuwenden sind, wenn personenbezogene Daten von Beschäftigten, einschließlich besonderer Kategorien personenbezogener Daten, verarbeitet werden, ohne dass sie in einem Dateisystem gespeichert sind oder gespeichert werden sollen.

Wortlaut und Systematik deuten darauf hin, dass sich § 26 Abs. 7 BDSG lediglich auf § 26 Abs. 1-6 BDSG erstreckt, während sich der Anwendungsbereich der allgemeinen Vorschriften der DSGVO – insbesondere auch der des Art. 6 DSGVO – nach Art. 2 DSGVO bestimmt.[1281] § 26 Abs. 7 BDSG bezieht sich danach auf etwas, was nach Art. 6 DSGVO gar keiner Rechtfertigung durch einen der dort aufgezählten Erlaubnistatbestände bedürfte, da es vom sachlichen Anwendungsbereich des Art. 2 DSGVO nicht erfasst wäre.

§ 1 Abs. 1 S. 1 BDSG bestimmt, dass das BDSG auf die Verarbeitung personenbezogener Daten durch öffentliche Stellen anwendbar ist. Nach § 1 Abs. 1 S. 2 BDSG gilt das BDSG für nichtöffentliche Stellen nur für die ganz oder teilweise automatisierte Verarbeitung personenbezogener Daten sowie für die nicht automatisierte Verarbeitung personenbezogener Daten, die in einem Dateisystem gespeichert sind oder gespeichert werden sollen. Auch nach Art. 2 Abs. 1 DSGVO ist der sachliche Anwendungsbereich der DSGVO außer in den in Art. 2 Abs. 2 DSGVO genannten Ausnahmefällen auf die ganz oder teilweise automatisierte Verarbeitung personenbezogener Daten sowie die nichtautomatisierte Verarbeitung personenbezogener Daten, die in einem

---

[1279] Siehe hierzu 6.2.3.6.

[1280] Däubler, in: Däubler/Wedde/Weichert/Sommer, DSGVO/BDSG, 2. Auflage 2020, § 26 BDSG, Rn. 257.

[1281] Riesenhuber, in: Wolff/Brink, BeckOK Datenschutzrecht, 40. Edition, Stand: 1.2.2022, § 26 BDSG, Rn. 41.

Dateisystem gespeichert sind oder gespeichert werden sollen, beschränkt. Nach der Legaldefinition des Art. 4 Nr. 6 DSGVO versteht man unter einem Dateisystem eine strukturierte Sammlung personenbezogener Daten, welche nach bestimmten Kriterien zugänglich sind, unabhängig davon, ob diese Sammlung zentral, dezentral oder nach funktionalen oder geografischen Gesichtspunkten geordnet geführt wird. Dem unterfällt beispielsweise eine tabellarische Bewerberübersicht ebenso wie eine Personalakte.[1282]

§ 26 Abs. 7 BDSG erweitert im Beschäftigungskontext den Anwendungsbereich dahingehend, dass auch nicht automatisiert erfolgende Verarbeitungsvorgänge erfasst sein sollen. Dem BDSG unterfallen danach auch rein tatsächliche Handlungen wie Spindkontrollen[1283], Tor- und Taschenkontrollen[1284], die Krankenkontrolle durch einen Detektiv[1285], die einfache Befragung[1286] oder die Beobachtung von Arbeitnehmern durch Wach- und Sicherheitspersonal[1287].

§ 26 Abs. 7 BDSG geht nach dem erklärten Willen des Gesetzgebers von der Beschreibung des Art. 2 Abs. 1 DSGVO aus und führt § 32 Abs. 2 BDSG a.F. fort.[1288] Explizit durch Art. 88 zugelassen wird eine Ausdehnung des sachlichen Anwendungsbereichs nicht. Allerdings erfasst eben die DSGVO in ihrem sachlichen Anwendungsbereich gerade nicht den durch § 26 Abs. 7 BDSG geregelten Fall der nicht automatisierten und nicht dateimäßigen Verarbeitung, sodass auch Art. 88 DSGVO nicht anwendbar ist.[1289] Der deutsche Gesetzgeber darf in einem Bereich, in dem die DSGVO nicht anwendbar ist, bedenkenlos selbständig tätig werden, sofern er die innerstaatlich durch das Grundgesetz gesetzte Kompetenzordnung wahrt.[1290]

An der Regelung des § 32 Abs. 2 BDSG a.F., der § 32 Abs. 1 BDSG a.F. für anwendbar erklärte, wenn personenbezogene Daten erhoben, verarbeitet oder genutzt werden, ohne dass sie automatisiert verarbeitet oder in oder aus einer nicht automatisierten Datei verarbeitet, genutzt oder für die Verarbeitung oder Nutzung in einer solchen Datei erhoben werden, wurde vereinzelt kritisiert, dass die Vorschrift auch solche Fälle erfasst, in denen keine spezifische Gefährdung

---

[1282] *Riesenhuber*, in: Wolff/Brink, BeckOK Datenschutzrecht, 40. Edition, Stand: 1.2.2022, § 26 BDSG, Rn. 39.

[1283] BAG, Urt. v. 20.6.2013 – 2 AZR 546/12, Rn. 24 (zu § 32 Abs. 2 BDSG a.F.), NZA 2014, 143, 146.

[1284] BAG, Beschluss vom 15.4.2014 – 1 ABR 2/13 (B), Rn. 49 (zu § 32 Abs. 2 BDSG a.F.), AP BetrVG 1972 § 29 Nr. 9; *Riesenhuber*, in: Wolff/Brink, BeckOK Datenschutzrecht, 40. Edition, Stand: 1.2.2022, § 26 BDSG, Rn. 42.

[1285] BAG, Urt. v. 19.2.2015 - 8 AZR 1007/13, NJW 2015, 2749 (ohne dass auf § 32 Abs. 2 BDSG a.F. besonders eingegangen würde).

[1286] BAG, Urt. v. 12.2.2015 – 6 AZR 845/13, Rn. 73 (zu § 32 Abs. 2 BDSG a.F.), NZA 2015, 741, 747.

[1287] *Maschmann*, in: Kühling/Buchner, DSGVO/BDSG, 3. Auflage 2020, § 26 BDSG, Rn. 4.

[1288] BT-Drs. 18/11325, 99.

[1289] *Piltz*, BDSG 2018, § 26 BDSG, Rn. 113; *Düwell/Brink*, NZA 2017, 1081, 1083; *Wybitul*, NZA 2017, 413, 418; selbst wenn Art. 88 Abs. 1 DSGVO anwendbar wäre, so sind die dort genannten Anwendungsbeispiele nicht abschließend. Art. 88 Abs. 1 DSGVO verlangt „spezifischere Vorschriften", das heißt es muss einer besonderen, aus den Besonderheiten des Beschäftigungsverhältnisses erwachsenden Verarbeitungssituation Rechnung getragen werden.[1289] Durch die Erweiterung des sachlichen Anwendungsbereichs wird dem Umstand Beachtung geschenkt, dass im Beschäftigungsverhältnis vielfach Vorgänge nicht automatisiert durchgeführt werden und diese dennoch besondere Relevanz für das allgemeine Persönlichkeitsrecht des Betroffenen haben. Indem sich die Vorschriften der DSGVO und des BDSG auch auf nicht automatisierte Verarbeitungsvorgänge, die in keinem Dateisystem gespeichert werden, erstrecken sollen, wird das Schutzniveau der DSGVO für Beschäftigte angehoben. Dies ist grundsätzlich – anders als eine Absenkung – zulässig, sofern die Grenzen des Art. 88 Abs. 1, 2 DSGVO gewahrt werden.

[1290] *Piltz*, BDSG 2018, § 26 BDSG, Rn. 113; *Düwell/Brink*, NZA 2017, 1081, 1083.

für das Persönlichkeitsrecht gegeben ist, da diese typischerweise aus dem Einsatz von Datenverarbeitungsanlagen herrührt.[1291] § 32 Abs. 2 BDSG a.F. wurde als „Fremdkörper im Datenschutzrecht"[1292] bezeichnet, „verstanden als abstraktes Gefahrenabwehrrecht"[1293]. Die Ausweitung des Anwendungsbereichs führe nicht zu einem sachgerechten Interessenausgleich zwischen Arbeitgeber und Arbeitnehmer.[1294] Da die Gesetzesbegründung darauf verwies, dass lediglich die von der Rechtsprechung aufgestellten Grundsätze umgesetzt werden sollten, wurde vorgeschlagen, § 32 Abs. 2 BDSG a. F. teleologisch zu reduzieren, um eine Interessenverschiebung zu Lasten des Arbeitgebers zu vermeiden.[1295] Denn die Entscheidungen des BAG, auf die die Beschlussempfehlung des Innenausschusses Bezug nimmt[1296], bezogen sich auf sensible Daten, die unabhängig von der Art ihrer Speicherung aufgrund ihrer grundrechtsgewährleistenden Funktion eines besonderen Schutzes bedürfen.[1297] Es sollte daher nicht anzunehmen sein, dass ein Wille des Gesetzgebers besteht, jegliche Art nicht automatisierter Datenverarbeitung, also z.B. auch die händische Personalaktenführung, zu erfassen.[1298]

Für § 26 Abs. 7 BDSG kommt eine solche teleologische Einschränkung keinesfalls in Betracht. Schon seinem Wortlaut ist zu entnehmen, dass der Anwendungsbereich zwar auch für die Verarbeitung besonderer Kategorien personenbezogener Daten ausgeweitet wird, aber sich auch auf alle anderen Beschäftigtendaten bezieht, die verarbeitet werden, ohne dass sie in einem Dateisystem gespeichert sind oder gespeichert werden sollen. Der Wille des Gesetzgebers, alle Datenverarbeitungsvorgänge zu erfassen, kommt darin unzweideutig zum Ausdruck. Dies ist auch teleologisch gerechtfertigt, da auch eine nicht automatisierte Datenverarbeitung im Beschäftigungsverhältnis besondere Gefahren für das allgemeine Persönlichkeitsrecht mit sich bringt.

6.2.3.3 Das Verhältnis der beiden Sätze des § 26 Abs. 1 BDSG zueinander

Das Verhältnis der beiden Sätze des § 26 Abs. 1 BDSG zueinander ist wie bei § 32 Abs. 1 BDSG a.F. nicht endgültig geklärt.[1299] Umstritten war und ist, inwieweit § 26 Abs. 1 S. 2 BDSG gegenüber § 26 Abs. 1 S. 1 BDSG Sperrwirkung entfaltet und zwar in zweierlei Hinsicht: Zum einen stellt sich die Frage, ob Überwachungsmaßnahmen zur Aufdeckung von unterhalb der Strafbarkeitsschwelle liegenden Pflichtverletzungen auf § 26 Abs. 1 S. 1 BDSG gestützt werden können, zum anderen, ob hiervon auch präventive, insbesondere anlassunabhängige Maßnahmen, erfasst sind.

[1291] *Franzen*, RdA 2010, 257, 258 f.; *Deutsch/Diller*, DB 2009, 1462, 1463.

[1292] *Franzen*, RdA 2010, 257, 259.

[1293] *Franzen*, RdA 2010, 257, 259.

[1294] *Deutsch/Diller*, DB 2009, 1462, 1463.

[1295] *Grentzenberg/Schreibauer/Schuppert*, K&R 2009, 535, 539.

[1296] BT-Drs. 16/13657, 21 mit Verweis auf

[1297] *Grentzenberg/Schreibauer/Schuppert*, K&R 2009, 535, 539.

[1298] *Grentzenberg/Schreibauer/Schuppert*, K&R 2009, 535, 539.

[1299] Im Folgenden wird auch Literatur zu § 32 Abs. 1 BDSG a.F. zitiert, da sich an dem Streitstand aufgrund des weitgenden Gleichlaufs der Normen nichts geändert hat.

6.2.3.3.1 Präventive Maßnahmen

Nach zutreffender Ansicht können präventive Maßnahmen auf § 26 Abs. 1 S. 1 BDSG gestützt werden.[1300]

Zum Teil wird zwar vertreten, dass § 26 Abs. 1 S. 2 BDSG dahingehend Sperrwirkung entfaltet und Präventionsmaßnahmen zur Aufdeckung von Straftaten generell unzulässig seien, soweit personenbezogene Daten verarbeitet werden, da sie nicht von § 26 Abs. 1 S. 2 BDSG erfasst sind, der einen konkreten Tatverdacht voraussetzt.[1301] In jüngerer Zeit haben das LAG Baden-Württemberg[1302] und das LAG Hamm[1303] eine solche Sperrwirkung des § 32 Abs. 1 S. 2 BDSG a.f. für repressive Maßnahmen angenommen.

Hinsichtlich des mit § 26 Abs. 1 S. 1 BDSG für präventive Überwachungsmaßnahmen im materiell-rechtlichen Gehalt identischen § 32 Abs. 1 S. 1 BDSG a.F. wurde außerdem vertreten, dass dieser als Rechtsgrundlage für die Datenverarbeitung ausscheide, da Maßnahmen präventiver Compliance nicht für Zwecke des Beschäftigungsverhältnisses erforderlich seien.[1304] Denn dies würde bedeuten, dass ohne die Datenverarbeitung das Beschäftigungsverhältnis gar nicht durchgeführt werden könnte, was aber nicht der Fall sei.[1305] Der Begriff „für Zwecke des Beschäftigungsverhältnisses" in § 32 Abs. 1 S. 1 BDSG a.F. wurde eng dahingehend ausgelegt, dass er sich nur auf die Hauptleistungspflicht erstrecken sollte und nicht auf die Nebenpflicht, die es dem Arbeitnehmer verbietet, gegenüber seinem Arbeitgeber Straftaten zu begehen.[1306]

Aus dem Vergleich mit der Formulierung des § 28 Abs. 1 Nr. 1 BDSG a.F. wurde die Schlussfolgerung gezogen, dass die Datenerhebung und -nutzung legitim sei, wenn diese zur Erfüllung der Pflichten oder zur Wahrnehmung der Rechte aus einem mit dem Betroffenen geschlossenen Vertrag vorgenommen wird.[1307] Die Datenerhebung müsse geeignet sein, der Erfüllung der Pflichten aus dem Vertragsverhältnis zu dienen.[1308] Erfasst seien typische Fälle wie die Speicherung der Ausbildungsdaten des Arbeitnehmers, dessen Familiendaten oder der krankheitsbedingten Fehlzeiten im Hinblick auf eine spätere Kündigung oder auch eines Vorgangs, der zu einer Abmahnung geführt hat.[1309] Zum Teil wurde deshalb als Rechtsgrundlage § 28 Abs. 1 Nr. 2 BDSG a.F. herangezogen.[1310]

Diese Ansicht blendet jedoch die Betriebs- und Kollektivbezüge des Arbeitsverhältnisses aus, weshalb § 26 Abs. 1 S. 1 BDSG – der § 32 Abs. 1 S. 1 BDSG a.F. entspricht – taugliche

---

[1300] *Kort*, RdA 2018, 24, 26, *Kort*, NZA-RR 2018, 449, 452 f.; *Kempter/Steinat*, DB 2016, 2415, zu BDSG a.F., die § 32 Abs. 1 S. 1 BDSG a. F. oder § 28 Abs. 1 Nr. 2 BDSG a. F. heranzogen; *Seifert*, in: Simitis/Hornung/Spiecker gen. Döhmann, Datenschutzrecht, 2019, Art. 88 DSGVO, Rn. 161, *Franzen*, in: Erfurter Kommentar zum Arbeitsrecht, 22. Auflage 2022, § 26 BDSG, Rn. 36; *Riesenhuber*, in: Wolff/Brink, BeckOK Datenschutzrecht, 40. Edition, Stand: 1.2.2022, § 26 BDSG, Rn. 130, 138; *Grimm*, jM 2016, 17, 19; *Forst*, in: Auernhammer, DSGVO/BDSG, 7. Auflage 2020, § 26 BDSG, Rn. 16; *Wedde*, in: Däubler/Wedde/Weichert/Sommer, DSGVO/BDSG, 2. Auflage 2020, § 26 BDSG, Rn. 167.

[1301] *Brink/Schmidt*, MMR 2010, 592, 594, die präventive Screenings nur auf der Grundlage anonymisierter Daten als zulässig erachten; *Deutsch/Diller*, DB 2009, 1462, 1463 f. zur Entwurfsfassung des § 32 BDSG a.F.; *Erfurth*, NJOZ 2009, 2914, 2920 f.

[1302] LAG Baden-Württemberg, Urt. v. 20.7.2016 – 4 Sa 61/15, Rn. 85, ZD 2017, 88, 90.

[1303] LAG Hamm, Urt. v. 17.6.2016 – 16 Sa 1711/15, Rn. 96 f., ZD 2017, 140, 141.

[1304] *Brink/Schmidt*, MMR 2010, 592, 593; *Joussen*, NZA-Beil. 2011, 35, 40 f; *Deutsch/Diller*, DB 2009, 1462, 1463 f. zur Entwurfsfassung des BDSG a.F.; *Erfurth*, NJOZ 2009, 2914, 2920 f.

[1305] *Brink/Schmidt*, MMR 2010, 592, 593.

[1306] *Joussen*, NZA 2010, 254, 258; *Joussen*, NZA-Beil. 2011, 35, 40 f.

[1307] *Joussen*, NZA 2010, 254, 258; *Joussen*, NZA-Beil. 2011, 35, 40.

[1308] *Joussen*, NZA 2010, 254, 258; *Joussen*, NZA-Beil. 2011, 35, 40.

[1309] *Joussen*, NZA 2010, 254, 258; *Joussen*, NZA-Beil. 2011, 35, 40.

[1310] *Joussen*, NZA 2010, 254, 257 f., *Joussen*, NZA-Beil. 2011, 35, 40 f.; *Vogel/Glas*, DB 2009, 1747, 1751.

Rechtsgrundlage für vorbeugende Maßnahmen ist.[1311] Denn soweit in einem Unternehmen mehrere Beschäftigte zusammenarbeiten, besteht die Gefahr von nicht ohne weiteres erkennbaren Straftaten und Pflichtverletzungen, die der Arbeitgeber verhindern können muss.[1312] Nach dem Willen des Gesetzgebers sollte gerade § 32 Abs. 1 S. 2 BDSG a.f. der repressiven Verfolgung von Straftaten dienen, während § 32 Abs. 1 S. 1 BDSG a.f. die präventive Verhinderung besorgter Pflichtverletzungen regeln sollte.[1313] Diese bewusste Entscheidung des Gesetzgebers, lediglich die Erforderlichkeit für das Beschäftigungsverhältnis als tatbestandliche Voraussetzung für deren Zulässigkeit aufzustellen, ist auch aus teleologischer Sicht gerechtfertigt.[1314] Denn in diesen Fällen ist niemand konkret in der Rolle des Tatverdächtigen Ziel von Ermittlungsmaßnahmen, sondern vielmehr müssen sich alle anderen in derselben Situation einer routinemäßigen Kontrolle unterziehen, sodass niemand besonders verdächtigt wird.[1315]

Überdies kann die Sperrwirkung einer Norm nur so weit reichen, wie ihr Anwendungsbereich reicht.[1316] § 26 Abs. 1 S. 2 BDSG regelt jedoch nur einen Teilbereich, nämlich die Datenverarbeitung zur Aufdeckung von Straftaten im Beschäftigungsverhältnis.[1317]

Präventive Maßnahmen können geboten sein, um einem allgemeinem Fehlverhalten sozusagen „erzieherisch" entgegenzuwirken und potentielle Täter von der Begehung von Straftaten abzuhalten.[1318] Wie bereits im Kapitel 2 gezeigt, ist der Verantwortliche unabhängig von der Aufdeckung konkreter Straftaten verpflichtet, seinen Betrieb so zu organisieren, dass das Unternehmen nicht geschädigt wird.[1319] Ansonsten läuft er Gefahr, sich strafbar zu machen oder jedenfalls nach § 130 OWiG ordnungswidrig zu handeln.[1320] Bei § 26 Abs. 1 S. 1 BDSG geht es aber im Rahmen der Erforderlichkeit zunächst nur darum, festzustellen, ob ein legitimes Interesse an Compliance-Maßnahmen besteht. Dann wird im Rahmen der vorzunehmenden Verhältnismäßigkeitsprüfung in Abhängigkeit von der jeweiligen Ausgestaltung der Maßnahme bestimmt, ob diese zulässig ist. Unstreitig besteht aber eine Pflicht und auch ein Recht des Unternehmers zu Compliance-Maßnahmen, sodass diese nicht pauschal als unzulässig abgetan werden können.[1321] Jeder Arbeitgeber hat ein berechtigtes Interesse daran, Missbrauch oder in seinem Unternehmen begangene Straftaten nicht nur aufzudecken, sondern auch zu verhindern.[1322] Unterhalb der Schwelle von Straftaten ist dieses Bedürfnis auch damit zu rechtfertigen, dass der Arbeitgeber zur Lohnzahlung verpflichtet ist und deshalb auch prüfen darf, ob der Arbeitnehmer die Gegenleistung gemäß der von ihm geschuldeten Sorgfalt erbringt.[1323] Dies gilt auch vor dem Hintergrund dessen, dass der Arbeitgeber gegenüber seinen Kunden eine

---

[1311] *Riesenhuber*, in: Wolff/Brink, BeckOK Datenschutzrecht, 40. Edition, Stand: 1.2.2022, § 26 BDSG, Rn. 138; so auch *Thüsing*, NZA 2009, 865, 868 zu § 32 BDSG a.F.

[1312] *Riesenhuber*, in: Wolff/Brink, BeckOK Datenschutzrecht, 40. Edition, Stand: 1.2.2022, § 26 BDSG, Rn. 138.

[1313] BT-Drs. 16/13675, 21; *Schneider*, NZG 2010, 1201, 1206; insbesondere zum Verhältnis von § 32 BDSG a.F. und § 28 BDG a.F. vgl. *Erfurth*, NJOZ 2009, 2914, 2922 ff.

[1314] *Riesenhuber*, in: Wolff/Brink, BeckOK Datenschutzrecht, 40. Edition, Stand: 1.2.2022, § 26 BDSG, Rn. 138, aA *Vogel/Glas*, DB 2009, 1747, 1751.

[1315] *Riesenhuber*, in: Wolff/Brink, BeckOK Datenschutzrecht, 40. Edition, Stand: 1.2.2022, § 26 BDSG, Rn. 138.

[1316] *Pötters*, in: Gola, DSGVO, 2. Auflage 2018, Art. 88 DSGVO, Rn. 56.

[1317] *Pötters*, in: Gola, DSGVO, 2. Auflage 2018, Art. 88 DSGVO, Rn. 56; *Gola/Thüsing/Schmidt*, DuD 2017, 244, 247; *Wybitul*, NZA 2017, 413, 416; *Fuhlrott/Schröder*, NZA 2017, 278, 283 prüfen in Anschluss an BAG, 207sion nebeneinander; Schmidt, RDV 2017, 284.

[1318] *Gola*, BB 2017, 1462,1267.

[1319] *Thüsing*, NZA 2009, 865, 868.

[1320] *Thüsing*, NZA 2009, 865, 868; *Zikesch/Reimer*, DuD 2010, 96, 97.

[1321] Vgl hierzu Teil A.

[1322] *Deutsch/Diller*, DB 2009, 1462, 1464; *Schmidt*, DuD 2010, 207, 211.

[1323] *Deutsch/Diller*, DB 2009, 1462, 1464.

bestimmte Qualität schuldet.[1324] Überdies besteht auch ein nicht abstreitbares praktisches Bedürfnis an Kontrolle, so beispielsweise an einer wirksamen Innenrevision, um Waren- oder Vermögensabflüsse zu verhindern.[1325]

Der Gesetzgeber hat sich außerdem bei der Einführung von § 32 BDSG a.F. an § 100 Abs. 3 S. 1 TKG orientiert.[1326] Damit wird auch auf die Regelungen des § 100 Abs. 3 S. 2, 3 TKG Bezug genommen, die präventive Maßnahmen zulassen.[1327] Zwar hat diese Regelung im Wortlaut keinen Ausdruck gefunden[1328], sie muss allerdings im Wege der historischen Auslegung Berücksichtigung finden, da die Intention des Gesetzgebers sich in den Gesetzgebungsmaterialien niedergeschlagen hat. Überdies sollte ausweislich der Materialien die Rechtsprechung des BAG kodifiziert werden.[1329] Diese lässt aber präventive Überwachungsmaßnahmen zu.[1330] Bereits zum Zeitpunkt der Kodifikation des § 32 Abs. 1 S. 1 BDSG a.F. war anerkannt, dass, auch wenn die Materialien auf die strenge Rechtsprechung zur Videoüberwachung im Beschäftigungsverhältnis verwiesen, Maßnahmen mit geringerer Eingriffsintensität auch unter geringeren Voraussetzungen zulässig sein sollten.[1331]

Zum Teil wurde die Meinung vertreten, dass § 32 Abs. 1 S. 2 BDSG a.F. – jetzt § 26 Abs. 1 S. 2 BDSG – heranzuziehen sei, da präventive Maßnahmen nicht unter geringeren Voraussetzungen zulässig sein dürften als repressive Maßnahmen.[1332] Dagegen spricht jedoch neben dem eindeutigen Wortlaut[1333], dass nicht nur der Tatvorwurf, sondern auch die Ausgestaltung der konkreten Maßnahme für die Eingriffsintensität von Bedeutung ist.[1334] Das BAG hat überdies ausdrücklich klargestellt, dass insbesondere weniger intensiv in das allgemeine Persönlichkeitsrecht des Arbeitnehmers eingreifende Datenerhebungen nach § 32 Abs. 1 S. 1 BDSG a.F. ohne Vorliegen eines durch Tatsachen begründeten Anfangsverdachts – zumal einer Straftat oder anderen schweren Pflichtverletzung – zulässig sein können.[1335] Denn das BAG bezieht sich ausdrücklich auf im Vergleich zur Videoüberwachung weniger intensiv in das allgemeine Persönlichkeitsrecht eingreifende Maßnahmen.[1336]

Da § 26 Abs. 1 BDSG § 32 Abs. 1 BDSG a.F. nahezu inhaltsgleich übernimmt, behalten die Argumente zu § 32 Abs. 1 BDSG a.F. ihre Gültigkeit.[1337] § 26 Abs. 1 S. 1 BDSG kann damit als Rechtsgrundlage für präventive Kontrollen dienen.[1338] Hierfür spricht auch, dass in der Regierungsbegründung zu § 26 BDSG ausgeführt wird, dass § 26 Abs. 1 S. 1 BDSG Art. 10

[1324] *Deutsch/Diller*, DB 2009, 1462, 1464.

[1325] *Deutsch/Diller*, DB 2009, 1462, 1464.

[1326] BT-Drs., 16/13657, 21.

[1327] *Schmidt*, DuD 2010, 207, 211; *Schmidt*, RDV 2009, 193, 197.

[1328] *Preuß* 2016, 381.

[1329] BT-Drs., 16/13657, 21.

[1330] BAG, Urt. v. 27.7.2017 – 2 AZR 681/16, Rn. 30 f., NZA 2017, 1327, 1330; BAG, Urt. v. 29.6.2017 – 2 AZR 597/16, Rn. 28 ff., NZA 2017, 1179, 1182.

[1331] *Schmidt*, DuD 2010, 207, 211, *Preuß* 2016, 381.

[1332] *Kamp/Körffer*, RDV 2010, 72, 76; *Mähner*, MMR 2010, 379, 381;

[1333] *Preuß* 2016, 284.

[1334] *Schmidt*, DuD 2010, 207, 211; *Schmidt*, RDV 2009, 193, 196.

[1335] BAG, Urt. v. 27.7.2017 – 2 AZR 681/16, Rn. 30 f., NZA 2017, 1327, 1330; BAG, Urt. v. 29.6.2017 – 2 AZR 597/16, Rn. 28 ff., NZA 2017, 1179, 1182.

[1336] BAG, Urt. v. 27.7.2017 – 2 AZR 681/16, Rn. 30 f., NZA 2017, 1327, 1330.

[1337] *Forst*, in: Auernhammer, DSGVO/BDSG, 7. Auflage 2020, § 26 BDSG, Rn. 16.

[1338] *Maschmann*, NZA-Beil. 2018, 115, 119; *Forst*, in: Auernhammer, DSGVO/BDSG, 7. Auflage 2020, § 26 BDSG, Rn. 16; *Thüsing/Schmidt*, in: Schwartmann/Jaspers/Thüsing/Kugelmann, DSGVO/BDSG, 2. Auflage 2020, Anhang Art. 88 DSGVO/§ 26 BDSG, Rn. 7.

DSGVO für den Sonderfall umsetzt, dass ein Arbeitgeber personenbezogene Daten über strafrechtliche Verurteilungen verarbeitet, um ein Beschäftigungsverbot nach § 25 JArbSchG prüfen zu können.[1339]

Zwar besteht keine mit § 28 BDSG a.F. inhaltsgleiche Regelung mehr im nationalen Recht. Allerdings bildet Art. 6 DSGVO ein Äquivalent hierzu. Aus diesem Grund wird diskutiert, ob präventive Maßnahmen auch auf Art. 6 Abs. 1 UAbs. 1 S. 1 lit. f DSGVO zu stützen sind.[1340]

Hiergegen spricht jedoch, dass der nationale Gesetzgeber den Beschäftigtendatenschutz in § 26 BDSG auf der Grundlage von Art. 88 DSGVO geregelt hat und Art. 88 Abs. 2 DSGVO als Regelbeispiel pauschal Überwachungssysteme am Arbeitsplatz nennt. Damit ist davon auszugehen, dass sowohl deren präventiver als auch repressiver Einsatz erfasst sein soll.

Letztlich ergibt sich kein Unterschied für die Prüfung, da – gleichgültig ob man § 26 Abs. 1 S. 1 BDSG oder Art. 6 Abs. 1 UAbs. 1 S. 1 lit. f DSGVO als Rechtsgrundlage heranzieht – eine Verhältnismäßigkeitsprüfung vorzunehmen ist, die regelmäßig zum gleichen Ergebnis führen wird.[1341]

6.2.3.3.2 Abgrenzungsschwierigkeiten insbesondere bei Screenings von Beschäftigtendaten

Besondere Schwierigkeiten ergeben sich bei der Einordnung von Screenings innerhalb der beiden Sätze des § 26 Abs. 1 BDSG, da sich nicht immer trennscharf feststellen lässt, ob sie präventiven (dann § 26 Abs. 1 S. 1 BDSG) oder repressiven (dann § 26 Abs. 1 S. 2 BDSG) dienen.

§ 26 Abs. 1 S. 2 BDSG spricht davon, dass die Datenverarbeitung „zur" Aufdeckung von Straftaten erfolgen muss. Entscheidend ist nach dem Wortlaut die Zielrichtung. Versteht man unter „Aufdeckung von Straftaten" den gesamten Prozess interner Ermittlungen, erscheint der Zeitpunkt des Screenings als taugliches Abgrenzungskriterium.[1342] Liegen die Maßnahmen vor der Begehung der Straftaten, so handelt es sich um Maßnahmen der Prävention, finden sie nach deren Begehung statt, soll es sich um repressive Maßnahmen handeln.[1343] Eine solche Abgrenzung mag in der Theorie zu klaren Ergebnissen führen, ist jedoch praktisch untauglich, weil präventive und repressive Maßnahmen zumeist vermischt sind und zeitlich ineinander übergehen. So sind präventive Maßnahmen nur wirksam, wenn sie auch Straftaten aufdecken und umgekehrt werden bei der Aufdeckung von Straftaten der Tatbegehung zeitlich vorgelagerte Umstände zu berücksichtigen sein.[1344]

Insbesondere für Mitarbeiterscreenings wird in der Literatur angenommen, dass der präventive Ansatz nur vorgeschoben sei, da stets um die Aufdeckung konkreter Zuwiderhandlungen gehe.[1345] Der Datenabgleich werde dazu genutzt, durch die sich zwingend einstellenden Zufallsfunde einen konkreten Verdacht zu generieren und die Maßnahme sodann in eine repressive umzustellen, weshalb die strengeren Voraussetzungen des § 26 Abs. 1 S. 2 BDSG umgangen würden.[1346] Denn nach § 26 Abs. 1 S. 2 BDSG dürfen personenbezogene Daten eines Beschäftigten zur Aufdeckung von Straftaten nur dann erhoben, verarbeitet oder genutzt werden, wenn zu dokumentierende tatsächliche Anhaltspunkte den Verdacht begründen, dass der Betroffene im Beschäftigungsverhältnis eine Straftat begangen hat, die Erhebung, Verarbeitung

---

[1339] BT-Drs. 18/11325, 97; *Forst,* in: Auernhammer, DSGVO/BDSG, 7. Auflage 2020, § 26 BDSG, Rn. 16.

[1340] *Gola,* BB 2017, 1462, 1467.

[1341] *Gola,* BB 2017, 1462, 1467.

[1342] *Schmidt,* RDV 2009, 193, 197; *Vogel/Glas,* DB 2009, 1747, 1751; *Mähner,* MMR 2010, 379, 381.

[1343] *Schmidt,* RDV 2009, 193, 197.

[1344] *Schmidt,* RDV 2009, 193, 197.

[1345] *Erfurth,* NJOZ 2009, 2914, 2921.

[1346] *Erfurth,* NJOZ 2009, 2914, 2921.

oder Nutzung zur Aufdeckung erforderlich ist und kein überwiegendes schutzwürdiges Interesse des Beschäftigten besteht, insbesondere Art und Ausmaß im Hinblick auf den Anlass nicht unverhältnismäßig sind.

Vorgeschlagen wird auch eine Abgrenzung nach der tatsächlichen Eignung, unabhängig vom Willen der verantwortlichen Stelle vorzunehmen und Screenings nur dann unter den strengeren Voraussetzungen des § 26 Abs. 1 S. 2 BDSG zuzulassen, wenn sie dazu geeignet sind, zur Aufdeckung von Straftaten beizutragen.[1347] Die Existenz des § 26 Abs. 1 S. 2 BDSG zeige, dass an die Datenverarbeitung zur Aufklärung von Straftaten besondere Anforderungen zu stellen seien.[1348] Sofern eine Untersuchung hierfür geeignet sei, müsse sie auch an den Anforderungen des § 26 Abs. 1 S. 2 BGB gemessen werden. Ansonsten würde der Zweck der Regelung, Beschäftigte in diesem Fall besonders zu schützen, leerlaufen.[1349]

Sofern Datenabgleiche nicht dazu geeignet sind, gerade Straftaten aufzudecken, sollen erst recht tatsächliche Anhaltspunkte für präventive Maßnahmen erforderlich sein, da ein Eingriff in das Recht auf informationelle Selbstbestimmung durch präventive investigative Maßnahmen zur Verhinderung und Aufdeckung von Vertragspflichtverletzungen und Ordnungswidrigkeiten, die unterhalb der Schwelle von Strafbarkeiten liegen, schwerer zu rechtfertigen seien als zur Aufdeckung von Straftaten.[1350] Dann kann dieser schwerer wiegende Eingriff aber nicht unter den geringeren Voraussetzungen des § 26 Abs. 1 S. 1 BDSG möglich sein.[1351] Zwar soll es sich insbesondere bei dem Erfordernis eines konkreten Verdachts nicht um ein ungeschriebenes Tatbestandsmerkmal des § 26 Abs. 1 S. 1 BDSG handeln, jedoch soll es im Rahmen der Verhältnismäßigkeitsprüfung zu beachten sein.[1352] Das BAG hat mittlerweile entschieden, dass § 26 Abs. 1 S. 1 BDSG auch zur Aufdeckung schwerer Vertragspflichtverletzungen herangezogen werden kann.[1353] Insofern kann auf die Diskussion zur Zulässigkeit präventiver Maßnahmen oben verwiesen werden.[1354]

§ 26 Abs. 1 S. 2 BDSG stellt strenge Voraussetzungen für Datenverarbeitungen mit repressiver Zielrichtung auf. Insbesondere müssen zu dokumentierende tatsächliche Anhaltspunkte den Verdacht begründen, dass der Betroffene eine Straftat im Beschäftigungsverhältnis begangen hat. Diese werden aber zumeist nicht vorliegen. Die Gesetzesbegründung zu § 32 Abs. 1 S. 1 BDSG a.F., der mit § 26 Abs. 1 S. 1 BDSG materiellrechtlich übereinstimmt, besagt allerdings ausdrücklich, dass dieser Maßnahmen präventiver Compliance erfassen sollte.[1355] Würde man nun alle Datenabgleiche, die zur Aufdeckung von Straftaten geeignet sind, unter § 26 Abs. 1 S. 2 BDSG fassen und nur unter dessen strengen Voraussetzungen zulassen, so verbliebe für § 26 Abs. 1 S. 1 BDSG faktisch kein Anwendungsbereich mehr, da jeder Datenabgleich zumindest auch dazu geeignet ist, begangene Straftaten aufzudecken. Dies gilt auch für sonstige Maßnahmen präventiver Compliance, da nur schwer Fälle denkbar sind, in denen sie nicht auch eine repressive Zielrichtung aufweisen. Beispielsweise wäre die Durchführung des Mehraugenprinzips bei der Durchsicht von Spesenquittungen zur Aufdeckung von Abrechnungsbetrug nicht

---

[1347] *Heinson/Yannikos/Franke/Winter/Schneider*, DuD 2010, 75, 78 f.; im Ergebnis so *Erfurth*, NJOZ 2009, 2914, 2921.

[1348] *Heinson/Yannikos/Franke/Winter/Schneider*, DuD 2010, 75, 78 f.; *Erfurth*, NJOZ 2009, 2914, 2921; *Mähner*, MMR 2010, 379, 381.

[1349] *Mähner*, MMR 2010, 379, 381.

[1350] *Heinson/Schmidt*, CR 2010, 540, 545.

[1351] *Heinson/Schmidt*, CR 2010, 540, 545.

[1352] *Heinson/Schmidt*, CR 2010, 540, 545.

[1353] BAG, Urt. v. 27.7.2017 – 2 AZR 681/16, Rn. 31, NZA 2017, 1327, 1330.

[1354] Vgl. hierzu 6.2.3.4.1

[1355] BT-Drs. 16/3657, 21.

mehr möglich, weil in der Regel keine konkreten Anhaltspunkte vorlägen, die den Verdacht einer Straftat begründen.[1356]

Eine andere Auffassung will auf den Schwerpunkt der entsprechenden Maßnahme abstellen.[1357] Allerdings ist auch die Abgrenzung bei Datenabgleichen nach dem Schwerpunkt der Maßnahme problematisch, weil Strafverfolgung und Strafverhinderung in einem Zusammenhang zueinanderstehen. Jede Strafverfolgung hat zugleich präventive Wirkung, insbesondere, wenn sie offen im Unternehmen bekannt wird.[1358] Eine eindeutige Einordnung als repressive Maßnahme ist beispielsweise möglich, wenn in einem Unternehmen ein konkreter Verstoß gegen Strafvorschriften offenbar wird und IT-forensische Untersuchungen vorgenommen werden, um intern die Verantwortlichkeiten aufzuklären. Dennoch ist eine Abgrenzung nach dem Schwerpunkt am praktikabelsten.

Datenscreenings können richtigerweise sowohl präventiven als auch repressiven Zwecken dienen. So ist beispielsweise die Anomalieerkennung auf den ersten Blick darauf gerichtet, bereits begangene Verstöße gegen vertragliche Verpflichtungen oder Straftaten aufzudecken. Allerdings ist es möglich, dass beispielsweise ein Sensor in einem SIEM-System einen Zutritt einer grundsätzlich berechtigten Person zu einem ungewöhnlichen Zeitpunkt meldet, was auf einen geplanten Diebstahl hinweist, welcher dann aber infolge der Alarmmeldung verhindert werden kann. In diesem Fall wirkt das Screening auch präventiv. Rein repressiv zur Aufdeckung begangener Gesetzesverstöße können Datenabgleiche überhaupt nur wirken, wenn sie heimlich durchgeführt werden, da mit Überwachungsmaßnahmen stets ein gewisser Abschreckungseffekt einhergeht, wenn sie den Betroffenen bekannt sind. Umgekehrt ist ein Screening mit rein präventiver Zwecksetzung in der Praxis wohl kaum denkbar, da ein Arbeitgeber zumeist davon ausgehen wird, dass bestimmte Gesetzesverstöße begangen werden und diese nicht nur verhindern, sondern auch aufdecken wollen wird. Die Trennlinie zwischen präventiven und repressiven Maßnahmen, die § 26 Abs. 1 BDSG vorgibt, ist also für die Beurteilung der rechtlichen Zulässigkeit von Screenings nur schwer einzuhalten. Dennoch ist je nach Zielrichtung § 26 Abs. 1 S. 1 BDSG oder § 26 Abs. 1 S. 2 BDSG als taugliche Rechtsgrundlage heranzuziehen.[1359]

6.2.3.3.3 Rechtsprechung zu Terrorlistenscreenings

Nach § 26 Abs. 1 S. 1 BDSG dürfen personenbezogene Daten eines Beschäftigten unter anderem für Zwecke des Beschäftigungsverhältnisses erhoben, verarbeitet oder genutzt werden, wenn dies nach Begründung des Beschäftigungsverhältnisses für dessen Durchführung oder Beendigung erforderlich ist.

In der Literatur ist generell umstritten, ob präventive Maßnahmen auf § 26 Abs. 1 S. 1 BDSG gestützt werden können, da bezweifelt sind, ob solche erforderlich für das einzelne Beschäftigungsverhältnis sind.[1360] Für Terrorlistenscreenings wird zum Teil deshalb angenommen, dass sie nicht auf § 26 Abs. 1 S. 1 BDSG gestützt werden könnten, weil sie nicht erforderlich im

---

[1356] *Traut*, RDV 2014, 119, 122.

[1357] *Traut*, RDV 2014, 119, 121.

[1358] *Erfurth*, NJOZ 2009, 2914, 2921.

[1359] *Thüsing/Schmidt*, in: Schwartmann/Jaspers/Thüsing/Kugelmann, DSGVO/BDSG, 2. Auflage 2020, Anhang Art. 88 DSGVO/§ 26 BDSG, Rn. 7.

[1360] Siehe hierzu 6.2.3.4.1; *Brink/Schmidt*, MMR 2010, 592, 593; *Wedde*, in: Däubler/Wedde/Weichert/Sommer, DSGVO/BDSG, 2. Auflage 2020, § 26 BDSG, Rn. 118, 161, Art. 6 DSGVO, Rn. 106.

Sinne des § 26 Abs. 1 S. 1 BDSG seien.[1361] Als alternative Rechtsgrundlage wird Art. 6 Abs. 1 UAbs. 1 DSGVO vorgeschlagen.[1362]

Infolge der Terroranschläge vom 11. September 2001 ist es dem Arbeitgeber verboten, terrorverdächtigen Personen und Organisationen Gelder oder wirtschaftliche Ressourcen zur Verfügung zu stellen (Bereitstellungsverbot). Diese Verpflichtung ergibt sich aus der Verordnung (EG) 881/2002 und der Verordnung (EG) Nr. 2580/2001. Die Verordnungen enthalten in ihren Anhängen Listen mit den Namen natürlicher Personen und Organisationen, die Terrorgruppen zuzurechnen sind. Diesen dürfen weder Gelder noch sonstige wirtschaftliche Ressourcen zur Verfügung gestellt werden, wozu auch Arbeitsentgelt zählt. Insbesondere Unternehmen der Außenwirtschaft haben einen Abgleich zwischen den auf den Anhängen gelisteten Namen und ihren eigenen Beschäftigten durchzuführen, um diesem sogenannten „Bereitstellungsverbot" nachzukommen.[1363]

Trotz des grundsätzlichen Zusammenhangs mit dem Beschäftigungsverhältnis sei der Abgleich nur dann für das Beschäftigungsverhältnis erforderlich, wenn man das Verbot der Bereitstellung von finanziellen Mittel an die gelisteten Personen zum Beschäftigungsverbot ausdehne[1364] oder sich der Arbeitgeber strafbar mache, was aber zumindest nach einer Auffassung nicht der Fall sei[1365]. Zum Teil werden die Verordnungen unmittelbar als Rechtsgrundlage herangezogen, obwohl diese nicht ausdrücklich ein Screening erlauben, da nur so der Arbeitgeber seinen Pflichten nachkommen könne.[1366]

Überdies wird gerade bei mehrstufigen Screenings auf das Verhältnis von § 26 Abs. 1 S. 1 BDSG zu § 26 Abs. 1 S. 2 BDSG verwiesen, und bezweifelt, dass § 26 Abs. 1 S. 1 BDSG als Rechtsgrundlage in Frage komme.[1367] Würde man nur die Weiterverfolgung von Verdachtsfällen unter § 26 Abs. 1 S. 2 BDSG subsumieren, würde dies zu dem widersprüchlichen Ergebnis führen, dass eine verdachtsunabhängige Aufklärung von Straftaten unter den niedrigeren Voraussetzungen des § 26 Abs. 1 S. 1 BDSG möglich wäre.[1368] Der vom Gesetzgeber intendierte Schutz des § 26 Abs. 1 S. 2 BDSG würde erst auf der zweiten Stufe wirksam, wenn bereits eine verdachtsunabhängige Überprüfung Ergebnisse geliefert hätte.[1369] Im Ergebnis wären danach Screenings nur unter den Voraussetzungen des § 26 Abs. 1 S. 2 BDSG zulässig.

[1361] *Gleich*, DB 2013, 1967, 1969, der dieses jedoch unter den Voraussetzungen des § 28 Abs. 1 Nr. 2 BGB a.F. zulässt, dem Art. 6 Abs. 1 UAbs. 1 S. 1 lit. f DSGVO entsprechen würde, ebenso *Otto/Lampe*, NZA 2011, 1134, 1137; *Roeder/Buhr*, BB 2011, 1333, 1336; *Roeder/Buhr*, BB 2012, 193, 196; *Byers/Fetsch*, NZA 2015, 1364, 1365; der Düsseldorfer Kreis fordert in seinen Beschlüssen vom 23./24.4.2009 zu § 28 BDSG a.F. (abrufbar https://www.datenschutz.rlp.de/fileadmin/lfdi/Konferenzdokumente/Datenschutz/Duesseldorfer_Kreis/Beschluesse/20090424_mitarbscreen.html, zuletzt abgerufen am 01.09.2023) und vom 22./23.11.2011 fordert eine spezielle Rechtsgrundlage, da auch eine Einwilligung an der fehlenden Freiwilligkeit scheitere; aA *Maschmann*, NZA-Beil. 2012, 50, 55, der zutreffend darauf verweist, dass der Arbeitgeber sich im Ergebnis von dem terrorverdächtigen Mitarbeiter trennen müsse, sodass letztlich doch das Terrorlistenscreening zur Beendigung des Arbeitsverhältnisses diene.

[1362] *Gräber/Nolden*, in: Paal/Pauly, DSGVO/BDSG, 3. Auflage 2021, § 26 BDSG, Rn. 17.

[1363] *Seifert*, in: Simitis/Hornung/Spiecker gen. Döhmann, 2019, Art. 88 DSGVO, Rn. 166.

[1364] *Gleich*, DB 2013, 1967, 1969.

[1365] *Gundelach*, NJOZ 2018, 1841, 1844 f, der Mitarbeiterscreenings überdies für verfassungswidrig hält.

[1366] *Seifert*, in: Simitis/Hornung/Spiecker gen. Döhmann, 2019, Art. 88 DSGVO, Rn. 135.

[1367] Vgl. hierzu bereits ausführlich 6.2.3.4.2; *Bierekoven*, CR 2010, 203, 206 nimmt zu § 32 BDSG a.F. die Abgrenzung zu § 28 Abs. 1 Nr. 1 und 2 BDSG a.F. vor; *Schmidt*, RDV 2009, 193, 197; *Mähner*, MMR 2010, 379, 381.

[1368] *Mähner*, MMR 2010, 379, 381.

[1369] *Mähner*, MMR 2010, 379, 381.

Richtigerweise kann § 26 Abs. 1 S. 1 BDSG als Rechtsgrundlage herangezogen werden.[1370] Der Listenabgleich dient dazu, zu entscheiden, ob das Arbeitsverhältnis überhaupt eingegangen werden soll und später auch der Durchführung des Arbeitsverhältnisses, da er dazu dient, festzustellen, ob das Bereitstellungsgebot greift (vgl. Art. 2 Abs. 1 lit. b VO 2580/2001; Art. 2 Abs, 2 VO 881/2002).[1371] Außerdem führt das Bereitstellungsverbot letztlich dazu, dass der Arbeitgeber nicht mehr berechtigt ist, Entgelt an den Arbeitnehmer auszuschütten und dem Beschäftigten in der Regel verhaltens- oder personenbedingt kündigen wird.[1372] Hinsichtlich der Strafbarkeit ist zu beachten, dass durchaus eine Strafbarkeit nach § 18 Abs. 1 Nr. 1 lit. a AWG oder zumindest eine Ordnungswidrigkeit nach § 19 Abs. 1 AWG in Betracht kommt, wenn Terrorlistenscreenings unterlassen werden.[1373]

6.2.3.3.4 Versuch der Einordnung von Anomalieerkennung

Die bisher erschienen Publikationen sprechen von „Screenings"[1374], „Datenabgleichen" oder einer „betrieblichen Rasterfahndung" ohne auf die Vorgehensweise jeweils detailliert einzugehen.[1375] Betrachtet man beispielsweisen die technischen Verfahrensschritte der Anomalieerkennung anhand eines SIEM-Systems, das mit einer entsprechenden Software ausgestattet ist, genauer, erleichtert dies die Abgrenzung.

In einem ersten Schritt werden Daten des Arbeitnehmers erhoben, beispielsweise, wenn er versucht, sich Zutritt zu einem Raum zu verschaffen. Die Datenerhebung hat hier eindeutig präventive Zielrichtung, da sie dazu dienen soll, beispielsweise unberechtigten Zutritt zu verhindern. Die Schwerpunktsetzung liegt hier in der Verhinderung von Straftaten oder Vertragspflichtverletzungen. Als Rechtsgrundlage hierfür kommt § 26 Abs. 1 S. 1 BDSG in Betracht. Auch die sich daran anschließende Speicherung wird noch mit präventiver Zielrichtung vorgenommen, da zu diesem Zeitpunkt die Speicherung erfolgt, um abzugleichen, ob tatsächlich eine Zutrittsberechtigung gegeben ist.

Es kann auch nicht von vornherein als unzulässige Umgehung der Voraussetzungen des § 26 Abs. 1 S. 2 BDSG angesehen werden, wenn § 26 Abs. 1 S. 1 BDSG als Rechtsgrundlage genutzt wird, um zu ermitteln, ob tatsächlich Anhaltspunkte für das Vorliegen einer Straftat vorliegen, sondern vielmehr um den vom Gesetzgeber vorgesehenen Weg.

Ergibt sich hier eine Auffälligkeit, so werden die Daten weiterverwendet (z.B. zur Beweissicherung oder Alarmmeldung gespeichert), um dann eine Straftat aufzudecken. Diese Schritte sind dann entweder unter § 26 Abs. 1 S. 2 BDSG zu subsumieren, wenn es um die Aufdeckung einer Straftat geht, oder unter § 26 Abs. 1 S. 1 BDSG, wenn es darum geht, eine Ordnungswidrigkeit oder eine schwere Vertragspflichtverletzung aufzudecken.

[1370] Vgl. hierzu bereits 6.2.3.4.2; *Maschmann*, NZA-Beil. 2012, 50, 55; *Kort*, RdA 2018, 24, 26, der sich jedoch nicht festlegt und darauf hinweist, dass unter der DSGVO der Abgleich auch auf Art. 6 Abs. 1 UAbs. 1 S. 1 lit. c oder f DSGVO gestützt werden könne; BFH, Urt. v. 19.6.2012 - VII R 43/11, Rn. 13 f.; die Vorinstanz des FG Düsseldorf, Urt. v. 1.6.2011 - 4 K 3063/10 Z, Rn. 19 zog § 28 Abs. 2 Nr. 2 lit. b BDSG a.F. als Rechtsgrundlage für Terrorlistenscreenings herangezogen; kritisch hierzu *Roeder/Buhr*, BB 2012, 193, 196; *Heinson/Yannikos/Franke/Winter/Schneider*, DuD 2010, 75, 78 f.; *Heinson/Schmidt*, CR 2010, 540, 545; *Stück*, CCZ 2020, 77, 79 verweist überdies auf Art. 6 Abs. 1 UAbs. 1 S. 1 lit. c DSGVO, sofern man das Terrorlistenscreening als echte Rechtspflicht und nicht als bloße Obliegenheit des Arbeitgebers ansehe.
[1371] *Hohenhaus*, NZA 2016, 1046, 1047; *Tiedemann*, ZD 2018, 426, 438.
[1372] *Hohenhaus*, NZA 2016, 1046, 1048.
[1373] *Nolde*, in: Koreng/Lachenmann, Formularhandbuch Datenschutzrecht, 3. Auflage 2021, H.VI.
[1374] *Traut*, RDV 2014, 119.
[1375] *Traut*, RDV 2014, 119 zum Versuch einer begrifflichen Einordnung.

6.2.3.3.5 Rechtsgrundlage zur Aufdeckung von Pflichtverletzungen

§ 26 Abs. 1 S. 2 BDSG ist dem reinen Wortlaut nach auf die Aufdeckung von Straftaten beschränkt. Datenverarbeitungsvorgänge, um andere Verfehlungen aufzudecken (wie beispielsweise vertragliche Pflichtverletzungen), werden vom Wortlaut nicht erfasst.[1376]

Auf diesen limitierten Wortlaut hat auch der Bundesrates in seiner Stellungnahme zum DSAnpUG-EU hingewiesen.[1377] Es wird insofern auf die Rechtsprechung des BAG verwiesen, die solche Verarbeitungsvorgänge zulässt.[1378] Entscheidend ist auch nach der Stellungnahme des Bundesrates nicht die strafrechtliche Bewertung, sondern das Gewicht des Kündigungsgrundes und die Qualität der Pflichtverletzung.[1379] Der Arbeitgeber kann als Laie auch nicht dem Risiko ausgesetzt werden, beurteilen zu müssen, ob die Pflichtverletzung strafrechtlichen Charakter aufweise.[1380]

Das BAG hat zu § 32 Abs. 1 S. 2 BDSG a.F. entschieden, dass Eingriffe in das Recht der Arbeitnehmer am eigenen Bild durch eine verdeckte Videoüberwachung dann zulässig seien, wenn der konkrete Verdacht einer strafbaren Handlung oder einer anderen schweren Verfehlung zu Lasten des Arbeitgebers bestehe.[1381] Dem Wortlaut lässt sich diese Auslegung freilich nicht unmittelbar entnehmen, weshalb eine Klarstellung durch den Gesetzgeber geboten wäre.[1382] Die Stellungnahme des Bundesrats deutet an, dass solche Verstöße von § 26 Abs. 1 S. 2 BDSG gedeckt sein sollen, da sich zu § 26 Abs. 1 S. 1 BDSG keine Ausführungen finden. Die Stellungnahme beschränkt sich inhaltlich auf § 26 Abs. 1 S. 2 BDSG.[1383] Allerdings ist eine solche Auslegung mit dem Wortlaut des § 26 Abs. 1 S. 2 BDSG nicht vereinbar, der auf Straftaten abstellt. Maßnahmen zur Aufdeckung von unterhalb der Schwelle einer Straftat liegenden Pflichtverletzungen bestimmen sich nach § 26 Abs. 1 S. 1 BDSG.[1384] Auch das BAG stützt solche Maßnahmen auf § 26 Abs. 1 S. 1 BDSG.[1385]

Das BAG hat zu § 32 Abs. 1 S. 1 BDSG a.F. mittlerweile entschieden, dass anlassbezogene Datenerhebungen im Rahmen unternehmerischer Compliance durch den Arbeitgeber nicht nur auf § 32 Abs. 1 S. 2 BDSG a.F. – und damit auf den inhaltsgleichen § 26 Abs. 1 S. 2 BDSG – gestützt werden können.[1386] Erfolgt die Datenverarbeitung nicht zur Aufdeckung einer im Beschäftigungsverhältnis begangenen Straftat nach § 26 Abs. 1 S. 2 BDSG, kann die Maßnahme auch auf § 26 Abs. 1 S. 1 BDSG gestützt werden.[1387] Zur Durchführung des Beschäftigungsverhältnisses gehört auch die Kontrolle, ob der Arbeitnehmer seine Pflichten erfüllt.[1388] Dem Arbeitgeber muss es grundsätzlich möglich sein, zu überprüfen, ob Beschäftigte den ihnen auferlegten Verboten oder Beschränkungen Folge leisten.[1389]

[1376] *Gräber/Nolden*, in: Paal/Pauly, DSGVO/BDSG, 3. Auflage 2021, § 26 BDSG, Rn. 21.

[1377] Drs. 18/11655, Stellungnahme des Bundesrates, 15, Nr. 24.

[1378] BAG, Urt. v. 22.9.2016 – 2 AZR 848/15, Rn. 28, NZA 2017, 112, 114.

[1379] Drs. 18/11655, Stellungnahme des Bundesrates, 15, Nr. 24.

[1380] Drs. 18/11655, Stellungnahme des Bundesrates, 15, Nr. 24.

[1381] BAG, Urt. v. 22.9.2016 – 2 AZR 848/15, Rn. 28, NZA 2017, 112, 114.

[1382] Drs. 18/11655, Stellungnahme des Bundesrates, 15, Nr. 24.

[1383] Drs. 18/11655, Stellungnahme des Bundesrates, 15, Nr. 24.

[1384] BAG, Urt. v. 29.6.2017 – 2 AZR 597/16, Rn. 25 f., NZA 2017, 1179, 1181.

[1385] BAG, Urt. v. 29.6.2017 – 2 AZR 597/16, NZA 2017, 1179, 1182, anders noch in BAG, Urt. v. 22.9.2016 – 2 AZR 848/15, Rn. 28, NZA 2017, 112, 114; aA *Gräber/Nolden*, in: Paal/Pauly, DSGVO/BDSG, 3. Auflage 2021, § 26 BDSG, Rn. 21 ff.

[1386] BAG, Urt. v. 29.6.2017 – 2 AZR 597/16, Rn. 25, NZA 2017, 1179, 1181.

[1387] BAG, Urt. v. 29.6.2017 – 2 AZR 597/16, Rn. 25, NZA 2017, 1179, 1181.

[1388] BAG, Urt. v. 29.6.2017 – 2 AZR 597/16, Rn. 26, NZA 2017, 1179, 1181; BAG, Urt. v. 27.7.2017 – 2 AZR 681/16, Rn. 28, NZA 2017, 1327, 1330; *Grimm*, jM 2016, 17, 19.

[1389] BAG, Urt. v. 27.7.2017 – 2 AZR 681/16, Rn. 31, NZA 2017, 1327, 1330 f.

§ 26 Abs. 1 S. 2 BDSG ist keine Sperrwirkung für die Fälle zu entnehmen, in denen der Arbeitgeber einen Verdacht einer schwerwiegenden Pflichtverletzung hat, nicht aber den einer Straftat.[1390] Eine solche ergibt sich weder aus dem Wortlaut noch der Systematik. Überdies stünde eine Sperrwirkung auch nicht mit den grundrechtlich geschützten kollidierenden Interessen des Arbeitgebers in Einklang.[1391] Nach der Gesetzesbegründung zu § 32 Abs. 1 S. 1 BDSG a.F., die auch für § 26 Abs. 1 BDSG weiterhin Geltung beansprucht[1392], war sie nicht intendiert.[1393] Zur in § 26 Abs. 1 S. 1 BDSG genannten „Beendigung" gehört auch die Vorbereitung einer Kündigung in dem Sinne, dass die Aufdeckung einer Pflichtverletzung, die einen Kündigungsgrund bilden kann, erfasst ist.[1394] Da der Begriff der „Beendigung" die Abwicklung eines Beschäftigungsverhältnisses umfasst, darf der Arbeitgeber „alle Daten speichern und verwenden, die er zur Erfüllung der ihm obliegenden Darlegungs- und Beweislast in einem potenziellen Kündigungsschutzprozess benötigt."[1395]

Die anzustellende Verhältnismäßigkeitsprüfung darf zwar nicht großzügiger bemessen sein als die, welche im Zuge des § 26 Abs. 1 S. 2 BDSG vorzunehmen ist.[1396] Zu Gunsten des Arbeitgebers ist allerdings zu beachten, dass an anderer als der Arbeitgeber sich in der Regel nicht um die Aufklärung solcher Pflichtverletzungen bemühen wird, während bei der Aufdeckung von Straftaten die Staatsanwaltschaft mit deren Aufklärung im Zuge des strafrechtlichen Ermittlungsverfahrens befasst ist.[1397] Außerdem sind die Folgen für den Arbeitnehmer nicht so schwer wie im Falle der Aufdeckung einer Straftat, zumindest wenn man einen objektiven Maßstab anlegt, da der Arbeitnehmer zwar je nach den Umständen mit einer Abmahnung oder Kündigung rechnen muss, nicht aber daneben noch mit der strafrechtlichen Ahndung des Sachverhalts.[1398] Da § 32 Abs. 1 BDSG a.F. an die Rechtsprechung zur Videoüberwachung anknüpfte, ist im Falle einer der (verdeckten) Videoüberwachung vergleichbar eingriffsintensiven Maßnahme zur Aufklärung einer schwerwiegenden, aber nicht strafbaren Pflichtverletzung ebenso wie bei Ermittlungen zur Aufdeckung von Straftaten nach § 26 Abs. 1 S. 2 BDSG ein auf konkrete Tatsachen gegründeter Verdacht für das Vorliegen einer solchen Pflichtverletzung erforderlich.[1399] Verdeckte Ermittlungen „ins Blaue hinein", ob ein Arbeitnehmer sich pflichtwidrig verhält, sind auch auf der Grundlage von § 26 Abs. 1 S. 1 BDSG unzulässig.[1400] Der Gesetzgeber hat vielmehr, da er davon ausgeht, dass es sich bei Maßnahmen zur Aufdeckung von Straftaten um besonders eingriffsintensive Maßnahmen handelt, diesen Fall als Spezialfall gesondert geregelt.[1401]

Keineswegs kann aus dem Untätigbleiben des Gesetzgebers hinsichtlich Änderungen nach Inkrafttreten der DSGVO geschlossen werden, dass sich eine Änderung gegenüber der Rechtslage

[1390] BAG, Urt. v. 29.6.2017 – 2 AZR 597/16, Rn. 28, NZA 2017, 1179, 1182; *Pötters*, in: Gola, DSGVO, 2. Auflage 2018, Art. 88 DSGVO, Rn. 56.

[1391] BAG, Urt. v. 29.6.2017 – 2 AZR 597/16, Rn. 28, NZA 2017, 1179, 1182.

[1392] BT-Drs. 18/11325, 97.

[1393] BT-Drs. 16/13657, 21; BAG, Urt. v. 29.6.2017 – 2 AZR 597/16, Rn. 28, NZA 2017, 1179, 1182.

[1394] BAG, Urt. v. 22.9.2016 – 2 AZR 848/15, Rn. 38, NZA 2017, 112, 114, 115; BAG, Urt. v. 29.6.2017 – 2 AZR 597/16, Rn. 26, NZA 2017, 1179, 1182; BAG, Urt. v. 27.7.2017 – 2 AZR 681/16, Rn. 28, NZA 2017, 1327, 1330.

[1395] BAG, Urt. v. 29.6.2017 – 2 AZR 597/16, Rn. 26, NZA 2017, 1179, 1182.

[1396] *Thüsing*, NZA 2009, 865, 868, wobei nicht deutlich wird, ob auch die sonstigen Voraussetzungen des § 32 Abs. 1 S. 2 BDSG a.F./§ 26 Abs. 1 S. 2 BDSG zu prüfen sein sollen.

[1397] *Thüsing*, NZA 2009, 865, 868 f.

[1398] *Thüsing*, NZA 2009, 865, 869.

[1399] BAG, Urt. v. 29.6.2017 – 2 AZR 597/16, Rn. 32, NZA 2017, 1179, 1183.

[1400] BAG, Urt. v. 29.6.2017 – 2 AZR 597/16, Rn. 32, NZA 2017, 1179, 1183.

[1401] BAG, Urt. v. 29.6.2017 – 2 AZR 597/16, Rn. 30, 33, NZA 2017, 1179, 1182 f.

zu § 32 BDSG a.F. ergeben sollte.[1402] Denn § 26 BDSG soll nach dem Willen des Gesetzgebers § 32 BDSG fortführen.[1403] Lediglich der Wortlaut ist der Terminologie der DSGVO angepasst.[1404]

6.2.3.3.6 Weniger eingriffsintensive Maßnahmen

Nach einer Auffassung sollen entgegen dem Wortlaut des § 26 Abs. 1 S. 2 BDSG weniger intensiv in das Persönlichkeitsrecht des Arbeitnehmers eingreifende Maßnahmen unabhängig davon, ob sie der Aufdeckung einer Straftat dienen, unter § 26 Abs. 1 S. 1 BDSG fallen.[1405] Nach der Rechtsprechung des BAG gelte § 26 Abs. 1 S. 2 BDSG nur für besonders eingriffsintensive Maßnahmen.[1406]

Zutreffend ist, dass nach dem BAG weniger intensiv in das allgemeine Persönlichkeitsrecht des Arbeitnehmers eingreifende Datenerhebungen ohne Vorliegen eines durch Tatsachen begründeten Anfangsverdachts – zumal einer Straftat oder anderen schweren Pflichtverletzung – zulässig sein sollen.[1407] Dies gelte vor allem für nach abstrakten Kriterien durchgeführte, keinen Arbeitnehmer besonders unter Verdacht stellende offene Überwachungsmaßnahmen, die der Verhinderung von Pflichtverletzungen dienen sollen.[1408] Allerdings bezieht sich das BAG im Urteil ausdrücklich auf präventive Maßnahmen: „Solche präventiven Maßnahmen können sich schon aufgrund des Vorliegens einer abstrakten Gefahr als verhältnismäßig erweisen, wenn sie keinen solchen psychischen Anpassungsdruck erzeugen, dass die Betroffenen bei objektiver Betrachtung in ihrer Freiheit, ihr Handeln aus eigener Selbstbestimmung zu planen und zu gestalten, wesentlich gehemmt sind."[1409] Der Rechtsprechung des BAG lässt sich dabei nicht entnehmen, dass auch repressive Maßnahmen von nur geringfügiger Eingriffsintensität unter § 26 Abs. 1 S. 1 BDSG zu subsumieren sind.

Deutlicher ergibt sich dies aus einer Entscheidung des BAG aus dem Jahr 2015.[1410] Dort hat das BAG hinsichtlich einer Verdachtskündigung vorausgehenden Anhörung entschieden, dass diese auf den mit § 26 Abs. 1 S. 1 BDSG inhaltsgleichen § 32 Abs. 1 S. 1 BDSG a.F. zu stützen wäre und nicht auf den mit § 26 Abs. 1 S. 2 BDSG materiellrechtlich identischen § 32 Abs. 1 S. 2 BDSG a.F., weil es sich hierbei weder um eine Kontrolle noch Überwachung handle, da der Beschäftigte in offener Weise mit Verdachtsmomenten konfrontiert werde und die Gelegenheit erhalte, die Vorwürfe zu entkräften.[1411] Überdies bestünde für ihn anders als bei Überwachungsmaßnahmen die Möglichkeit, die Einlassung zu verweigern.[1412] Da die Anhörung keine einer Überwachungsmaßnahme vergleichbare Eingriffsintensität aufweise, seien nicht die Maßstäbe des § 26 Abs. 1 S. 2 BDSG anzulegen.[1413] Mit diese Regelung wolle der Gesetzgeber Aufklärungsmaßnahmen erfassen, die wegen der Intensität des Eingriffs in das Persönlichkeitsrecht solch erhöhte Anforderungen verlangen.[1414]

[1402] *Gräber/Nolden*, in: Paal/Pauly, DSGVO/BDSG, 3. Auflage 2021, § 26 BDSG, Rn. 23.

[1403] BT-Drs. 18/11325, 96 f.

[1404] BT-Drs. 18/11325, 97., *Thüsing/Schmidt*, in: Schwartmann/Jaspers/Thüsing/Kugelmann, DSGVO/BDSG, 2. Auflage 2020, Art. 88 DSGVO/§ 26 BDSG, Rn. 1 ff.

[1405] *Pötters*, in: Gola, DSGVO, 2. Auflage 2018, Art. 88 DSGVO, Rn. 56, 75.

[1406] *Pötters*, in: Gola, DSGVO, 2. Auflage 2018, Art. 88 DSGVO, Rn. 56.

[1407] BAG, Urt. v. 27.7.2017 – 2 AZR 681/16, Rn. 31, NZA 2017, 1327, 1330.

[1408] BAG, Urt. v. 27.7.2017 – 2 AZR 681/16, Rn. 31, NZA 2017, 1327, 1330.

[1409] BAG, Urt. v. 27.7.2017 – 2 AZR 681/16, Rn. 31, NZA 2017, 1327, 1330.

[1410] BAG, Urt. v. 12.2.2015 – 6 AZR 845/13, Rn. 76, NZA 2015, 741, 747.

[1411] BAG, Urt. v. 12.2.2015 – 6 AZR 845/13, Rn. 76, NZA 2015, 741, 747.

[1412] BAG, Urt. v. 12.2.2015 – 6 AZR 845/13, Rn. 76, NZA 2015, 741, 747.

[1413] BAG, Urt. v. 12.2.2015 – 6 AZR 845/13, Rn. 76, NZA 2015, 741, 747.

[1414] BAG, Urt. v. 12.2.2015 – 6 AZR 845/13, Rn. 76, NZA 2015, 741, 747.

Diese Rechtsprechung schlägt sich nicht unmittelbar im Gesetzeswortlaut nieder. Da der Gesetzgeber den Tatbestand jedoch bewusst offen gestaltet hat und an die Rechtsprechung des BAG zu § 32 BDSG a.f. anknüpft, beanspruchen die vom BAG herausgearbeiteten Grundsätze weiterhin Geltung.[1415]

6.2.3.3.7 Maßnahmen gegenüber unverdächtigen Beschäftigten

§ 26 Abs. 1 S. 2 BDSG setzt einen Verdacht gegenüber der betroffenen Person voraus. Deshalb wurde zum inhaltsgleichen § 32 Abs. 1 S. 2 BDSG a.f. diskutiert, ob auf ihn auch Maßnahmen gegenüber unverdächtigen Beschäftigten gestützt werden können.[1416] Das BAG hat mittlerweile entschieden, dass § 32 Abs. 1 S. 2 BDSG a.f./§ 26 Abs. 1 S. 2 BDSG auch für Maßnahmen gegen unverdächtige Beschäftigte herangezogen werden kann.[1417] Soweit der Wortlaut etwas anderes nahelegt, ist er als verunglückt zu betrachten, da er nach der Gesetzesbegründung die Rechtsprechung des BAG kodifizieren sollte.[1418] Hierzu gehört unter anderem das Urteil des BAG vom 27.3.2003 zur verdeckten Videoüberwachung, wonach der Kreis der Verdächtigen zwar nach Möglichkeit eingegrenzt werden musste, es aber nicht zwingend notwendig war, dass eine Überwachungsmaßnahme derart beschränkt werden kann, dass nur Personen erfasst werden, bezüglich derer ein konkretisierter Verdacht bestand.[1419]

6.2.3.4 Verhältnis zu Art. 6 DSGVO

Zum Verhältnis von § 32 BDSG a.F. und § 28 Abs. 1 Nr. 2 BDSG a.F. bestand eine Diskussion, ob Maßnahmen präventiver Compliance unter § 32 Abs. 1 S. 1 BDSG a.f. oder § 28 Abs. 1 S. 1 Nr. 2 BDSG a.f. zu fassen waren. Wenn die Datenerhebung weder der Aufdeckung von Straftaten nach § 32 Abs. 1 S. 2 BDSG a. F. noch sonstigen Zwecken des Beschäftigungsverhältnisses nach § 32 Abs. 1 S. 1 BDSG a.f. diente, konnte nach einer Ansicht als Rechtsgrundlage § 28 Abs. 1 Nr. 2 BDSG a.f. herangezogen werden, der die Datenverarbeitung „zur Wahrung berechtigter Interessen" regelte.[1420]

Zwar existiert keine inhaltsgleiche Regelung zu § 28 Abs. 1 Nr. 2 BDSG a.f. im geltenden BDSG mehr, allerdings ist nun fraglich, ob und inwieweit Art. 6 Abs. 1 UAbs. 1 S. 1 DSGVO neben § 26 BDSG Anwendung findet. Entscheidend ist hierfür das Verhältnis der beiden Vorschriften.

Teilweise wurde zum mit § 26 BDSG inhaltsgleichen § 32 BDSG a.f. die Meinung vertreten, dass dieser sich als Konkretisierung des Art. 6 Abs. 1 UAbs. 1 S. 1 lit. b DSGVO darstellte und auch in der Lage war, die Bindungswirkung an die Rechtsprechung des BAG herzustellen.[1421]

Nach Auffassung der Europäischen Kommission sind Verarbeitungsvorgänge auf der Grundlage von Kollektivvereinbarungen von Art. 6 Abs. 1 UAbs. 1 S. 1 lit. c DSGVO umfasst.[1422] Dem ließe sich allenfalls entnehmen, dass § 26 BDSG lediglich eine Konkretisierung der Erlaubnistatbestände des Art. 6 Abs. 1 UAbs. 1 S. 1 DSGVO darstellt.[1423] Demgegenüber lässt

---

[1415] BT-Drs. 18/11325, 97.

[1416] *Rübenstahl/Debus,* NZWiSt 2012, 126, 136 wohl bejahend, da die Zahl der unverdächtigen Mitarbeiter in die Abwägung mit einbezogen werden muss; *Preuß* 2016, 383.

[1417] BAG, Urt. v. 22.9.2016 – 2 AZR 848/15, Rn. 30, NZA 2017, 112, 114.

[1418] BAG, Urt. v. 22.9.2016 – 2 AZR 848/15, Rn. 30, NZA 2017, 112, 114.

[1419] BAG, Urt. v. 22.9.2016 – 2 AZR 848/15, Rn. 30, NZA 2017, 112, 114.

[1420] BAG, Urt. v. 29.6.2017 – 2 AZR 597/16, Rn. 25, NZA 2017, 1179, 1181.; BT-Drs. 16/13657, 20 f.; zu dieser zu BDSG a.F. umstrittenen Frage vgl. *Kort,* ZD 2017, 319, 321.; *Gola,* BB 2017, 1462, 1464, 1466 f.; *Joussen,* NZA-Beil. 2011, 35, 40; *Lohse* 2013, 84 ff m.w.N..

[1421] *Gola,* in: Gola, DSGVO, 1. Auflage 2017, Art. 6 DSGVO, Rn. 87.

[1422] Ratsdokument 15108/14, 5.11.2014, 2.

[1423] *Piltz,* BDSG 2018, § 26 BDSG, Rn. 20.

sich dieser Aussage nichts über das Verhältnis von § 26 BDSG und Art. 6 DSGVO hinsichtlich der Frage entnehmen, ob § 26 BDSG eine abschließende Regelung darstellt.

Nach zutreffender Ansicht stellt § 26 BDSG eine gegenüber den allgemeinen Regelungen der DSGVO vorrangige Regelung dar.[1424] Hierfür sprechen der Sinn und Zweck der Öffnungsklausel des Art. 88 Abs. 1 DSGVO sowie EwG 10 DSGVO, in denen sich zeigt, dass der europäische Gesetzgeber selbst davon ausging, dass in einem bestimmten Bereich auch spezielle Regelungen erforderlich sein können, um den Besonderheiten des jeweiligen Sektors gerecht zu werden.[1425] Ihre volle Wirkung können diese Regelungen jedoch nur entfalten, wenn sie auch in ihrem Anwendungsbereich gegenüber den allgemeinen Regelungen der DSGVO vorrangig sind.[1426]

Gerade hinsichtlich Maßnahmen präventiver Compliance wird angezweifelt, ob diese zu Zwecken des Beschäftigungsverhältnisses im Sinne des § 26 Abs. 1 S. 1 BDSG erforderlich und daher nicht eher auf Art. 6 Abs. 1 UAbs. 1 S. 1 lit. f DSGVO zu stützen sind.[1427] Denn hierdurch erfüllt die Unternehmensleitung in der Regel ihre organschaftlichen Pflichten gegenüber der Gesellschaft.[1428] Ein Rückgriff auf Art. 6 Abs. 1 UAbs. 1 S. 1 lit. f DSGVO ist nach zutreffender Ansicht aber nur möglich, wenn der Sachverhalt nicht durch § 26 BDSG abschließend geregelt ist.[1429]

Zutreffend ist danach zu differenzieren, ob Maßnahmen der Corporate Compliance der Schadensabwehr vom Unternehmen dienen, ohne dass es darum geht, Fehlverhalten einzelner Beschäftigter aufzudecken und zu ahnden, oder ob es zumindest auch darum geht, aus den gewonnenen Kenntnissen Konsequenzen für einzelne Beschäftigte zu ziehen und deren Fehlverhalten aufzudecken.[1430] In letzterem Fall ist der Anwendungsbereich des § 26 Abs. 1 BDSG eröffnet. Da die im Rahmen dieser Arbeit zu untersuchenden Maßnahmen speziell die Mitarbeiterüberwachung regeln, ist nach dieser Differenzierung § 26 BDSG die richtige Rechtsgrundlage.

Letztlich ergibt sich jedoch im Ergebnis kein Unterschied, da sowohl Art. 6 Abs. 1 UAbs. 1 S. 1 lit. f DSGVO als auch § 26 Abs. 1 S. 1 und S. 2 BDSG auf eine Abwägung der grundrechtlich geschützten Interessen von Arbeitgeber und Arbeitnehmer hinauslaufen.[1431] Außerhalb des Anwendungsbereichs des § 26 Abs. 1 BDSG ist Art. 6 DSGVO anwendbar und § 26 BDSG entfaltet insofern keine Sperrwirkung.[1432]

6.2.3.5 Verhältnis zu Art. 10 DSGVO

Werden im Zuge von Überwachungsmaßnahmen oder generell im Rahmen von Compliancemaßnahmen Daten verarbeitet, stellt sich die Frage, ob Art. 10 DSGVO einschlägig ist.[1433] Nach

---

[1424] *Piltz*, BDSG 2018, § 26 BDSG, Rn. 21.

[1425] *Piltz*, BDSG 2018, § 26 BDSG, Rn. 21.

[1426] *Piltz*, BDSG 2018, § 26 BDSG, Rn. 21.

[1427] *Gräber/Nolden*, in: Paal/Pauly, DSGVO/BDSG, 3. Auflage 2021, § 26 BDSG, Rn. 2, 10; *Wedde*, in: Däubler/Wedde/Weichert/Sommer, DSGVO/BDSG, 2. Auflage 2020, Art. 6 DSGVO, Rn. 106, der jedoch darauf hinweist, dass, selbst wenn man Art. 6 Abs. 1 UAbs. 1 S. 1 lit. f DSGVO neben § 26 BDSG für anwendbar hält, damit keine Erweiterung der Befugnisse gegenüber § 26 BDSG einhergeht

[1428] *Forst*, in: Auernhammer, DSGVO/BDSG, 7. Auflage 2020, § 26 BDSG, Rn. 17.

[1429] *Däubler*, in: Däubler/Wedde/Weichert/Sommer, DSGVO/BDSG, 2. Auflage 2020, § 26 BDSG, Rn. 17; *Schmidl/Tannen*, DB 2017, 1633, 1639; *Düwell/Brink*, NZA 2017, 1081, 1082; aA wohl *Wybitul*, NZA 2017, 413, 416 mit Blick auf Art. 6 Abs. 1 UAbs. 1 S. 1 lit. c, Abs. 3 DSGVO.

[1430] *Forst*, in: Auernhammer, DSGVO/BDSG, 7. Auflage 2020, § 26 BDSG, Rn. 18.

[1431] *Forst*, in: Auernhammer, DSGVO/BDSG, 7. Auflage 2020, § 26 BDSG, Rn. 18; *Wedde*, in: Däubler/Wedde/Weichert/Sommer, DSGVO/BDSG, 2. Auflage 2020, Art. 6 DSGVO, Rn. 104 ff.

[1432] *Benkert*, NJW-Spezial 2018, 562, 563; *Pötters*, in: Gola, DSGVO, 2. Auflage 2018, Art. 88 DSGVO, Rn. 63 ff.

[1433] So bei Pre-Employment-Screenings *Schwarz*, ArbRAktuell 2018, 514, 516 f.; *Schwarz*, ZD 2018, 353, 356.

Art. 10 S. 1 DSGVO darf die Verarbeitung personenbezogener Daten über strafrechtliche Verurteilungen und Straftaten oder damit zusammenhängende Sicherungsmaßregeln aufgrund von Art. 6 Abs. 1 UAbs. 1 S. 1 DSGVO nur unter behördlicher Aufsicht vorgenommen werden oder wenn dies nach dem Unionsrecht oder dem Recht der Mitgliedstaaten, das geeignete Garantien für die Rechte und Freiheiten der betroffenen Personen vorsieht, zulässig ist. Da sich Art. 10 DSGVO im Kapitel „Grundsätze" befindet, ist davon auszugehen, dass er nicht nur an öffentliche Stellen adressiert ist, sondern allgemeine Geltung beansprucht und damit grundsätzlich auch für Private gilt.[1434] Für wesentliche Teile öffentlicher Verantwortlicher findet die DSGVO ohnehin keine Anwendung, da nach Art. 2 Abs. 2 lit. d DSGVO die DSGVO nicht gilt für die Verarbeitung personenbezogener Daten durch die zuständigen Behörden zum Zwecke der Verhütung, Ermittlung, Aufdeckung oder Verfolgung von Straftaten oder der Strafvollstreckung, einschließlich des Schutzes vor und der Abwehr von Gefahren für die öffentliche Sicherheit. Die Datenverarbeitung durch diese Stellen ist nach den Vorgaben der JI-RL zu gestalten.

In jedem Fall betrifft Art. 10 DSGVO Daten über strafrechtliche Verurteilungen. Unklar ist jedoch, ob auch Daten, die lediglich einen Verdacht oder eine Vermutung für das Vorliegen einer Straftat betreffen, dem Anwendungsbereich des Art. 10 DSGVO unterfallen.

Nach einer Ansicht dient die separate Nennung des Begriffs „Straftaten" dazu, dass auch Fälle gerechtfertigten oder schuldlosen Handelns, welche nicht zu einem Urteil führen, miterfasst werden.[1435] Begründet wird dies mit der Mittelstellung in Art. 10 S. 1 DSGVO, der Begrenzung des sachlichen Anwendungsbereichs des DSGVO in Art. 2 Abs. 2 lit. d DSGVO und der Unschuldsvermutung (Art. 48 Abs. 1 GRCh).[1436]

Nach anderer Ansicht ist Art. 10 DSGVO auch schon im vorbereitenden strafrechtlichen Verfahren, etwa aus einem Ermittlungsverfahren anwendbar, wenn diesen bereits eine „vorläufige hoheitliche Feststellung" zugrunde liegt.[1437] Auf § 26 BDSG gestützte Maßnahmen betrieblicher Compliance oder interne Ermittlungen, die der Aufklärung oder Vermeidung von Straftaten dienen, sind danach nicht vom Anwendungsbereich des Art. 10 DSGVO umfasst.[1438] Auf den ersten Blick erscheinen private Ermittlungen gegenüber dem hoheitlichen Ermittlungsverfahren nicht weniger belastend zu sein.[1439] Auch fordern § 26 Abs. 1 S. 2 BDSG und § 152 StPO einen ähnlichen Verdachtsgrad.[1440]

Art. 10 DSGVO lässt sich jedoch kein allgemeines Verbot der Verarbeitung personenbezogener Daten über strafrechtliche Verurteilungen und Straftaten oder deren Prävention entnehmen.[1441] So weist EwG 47 S. 6 DSGVO ausdrücklich darauf hin, dass die Verhinderung von Betrug ein legitimes Interesse im Sinne des Art. 6 Abs. 1 UAbs. 1 S. 1 lit. f DSGVO darstellt, weshalb

[1434] *Forst*, in: Auernhammer, DSGVO/BDSG, 7. Auflage 2020, § 26 BDSG, Rn. 13; *Gierschmann*, in: Gierschmann/Schlender/Stenzel/Veil, DSGVO, 2018, Art. 10 DSGVO, Rn. 25.

[1435] *Frenzel*, in: Paal/Pauly, DSGVO/BDSG, 3. Auflage 2021, Art. 10 DSGVO, Rn. 5.

[1436] *Frenzel*, in: Paal/Pauly, DSGVO/BDSG, 3. Auflage 2021, Art. 10 DSGVO, Rn. 5.

[1437] *Bäcker*, in: Wolff/Brink, BeckOK Datenschutzrecht, 40. Edition, Stand: 1.11.2021, Art. 10 DSGVO, Rn. 3.

[1438] *Gola*, in: Gola, DSGVO, 2. Auflage 2018, Art. 10 DSGVO, Rn. 5; *Frenzel*, in: Paal/Pauly, DSGVO/BDSG, 3. Auflage 2021, Art. 10 DSGVO, Rn. 5; *Jaspers/Claus*, in: Schwartmann/Jaspers/Thüsing/Kugelmann, DSGVO/BDSG/TTDSG, 2. Auflage 2020, Art. 10 DSGVO, Rn. 3.

[1439] *Nolde*, in: Taeger/Gabel, DSGVO/BDSG/TTDSG, 4. Auflage 2022, Art. 10 DSGVO, Rn. 12.

[1440] *Nolde*, in: Taeger/Gabel, DSGVO/BDSG/TTDSG, 4. Auflage 2022, Art. 10 DSGVO, Rn. 12.

[1441] *Forst*, in: Auernhammer, DSGVO/BDSG, 7. Auflage 2020, § 26 BDSG, Rn. 14; *Jaspers*, in: Schwartmann/Jaspers/Thüsing/Kugelmann, DSGVO/BDSG, 2018, Art. 10 DSGVO, Rn. 3; *Bäcker*, in: Wolff/Brink, BeckOK Datenschutzrecht 40. Edition, Stand: 1.11.2021, Art. 10 DSGVO, Rn. 5; aA wohl *Petri*, in: Simitis/Hornung/Spiecker gen. Döhmann, Datenschutzrecht, 2019, Art. 10 DSGVO, Rn. 20.

auch interne Ermittlungen zulässig sein müssen.[1442] Auch Art. 88 Abs. 1 DSGVO lässt aus-drücklich Maßnahmen zum Schutz des Eigentums im Beschäftigungsverhältnis zu, was sinnlos wäre, wenn man ein Verbot privater Ermittlungen annehmen würde.[1443] Der Wortlaut verlangt auch in anderen Sprachfassungen lediglich, dass eine Behörde die Verarbeitung überwacht, nicht jedoch, dass eine Behörde die Verarbeitung selbst durchführt.[1444] Überdies spricht Art. 10 S. 1 DSGVO an dieser Stelle nur von einer auf Art. 6 DSGVO gestützten Verarbeitung, erfasst also gerade nicht auf § 26 BDSG oder eine andere Rechtsgrundlage gestützte Datenverarbei-tungsvorgänge.[1445] Außerdem bezieht sich EwG 19 DSGVO, der sich mit den Erwägungen des Gesetzgebers in Hinblick auf Art. 10 DSGVO befasst, in seinem letzten Satz auf die Arbeit kriminaltechnischer Labore. Hieraus ergibt sich, dass die DSGVO nicht generell die Verarbei-tung von Daten über strafrechtliche Verurteilungen durch Private verbieten möchte, sondern davon ausgeht, dass eine solche grundsätzlich zulässigerweise möglich ist.[1446]

Für § 26 Abs. 1 S. 1 BDSG geht der deutsche Gesetzgeber davon aus, dass dieser i.V.m. § 26 Abs. 5 BDSG den Anforderungen des Art. 10 S. 1 DSGVO entspricht.[1447] § 26 Abs. 1 S. 2 BDSG betrifft lediglich Ermittlungsmaßnahmen und nicht die Verarbeitung über strafrechtliche Verurteilungen und Straftaten.[1448] Allerdings handelt es sich auch hier nach überwiegender Auffassung um eine ausreichende Rechtsgrundlage, die geeignete Garantien vorsieht.[1449]

6.2.3.6 Erforderlich

Sowohl § 26 Abs. 1 S. 1 BDSG als auch § 26 Abs. 1 S. 2 BDSG enthalten letztlich als Anfor-derung, dass die Datenverarbeitung zu den dort aufgeführten Zwecken erforderlich sein muss. Die Rechtsprechung nahm bei § 32 Abs. 1 BDSG a.F. eine „volle" Verhältnismäßigkeitsprü-fung unter Verweis auf die Rechtsprechung des BVerfG vor.[1450] § 26 BDSG setzt § 32 BDSG a.F. fort und passt die Terminologie an die der DSGVO an.[1451] Dieser verlangte eine dreistufige Prüfung in dem Sinne, dass der Eingriff geeignet, erforderlich und unter Berücksichtigung der gewährleisteten Freiheitsrechte angemessen sein musste, um den erstrebten Zweck zu errei-chen.[1452]

Materiellrechtlich ergeben sich durch § 26 BDSG keine Änderungen.[1453] Auch bei § 26 Abs. 1 BDSG ist das Merkmal der „Erforderlichkeit" daher im Sinne von „Verhältnismäßigkeit" zu

---

[1442] *Jaspers/Claus*, in: Schwartmann/Jaspers/Thüsing/Kugelmann, DSGVO/BDSG, 2. Auflage 2020, Art. 10 DSGVO, Rn. 3.

[1443] *Forst*, in: Auernhammer, DSGVO/BDSG, 7. Auflage 2020, § 26 BDSG, Rn. 14.

[1444] *Forst*, in: Auernhammer, DSGVO/BDSG, 7. Auflage 2020, § 26 BDSG, Rn. 14.

[1445] *Forst*, in: Auernhammer, DSGVO/BDSG, 7. Auflage 2020, § 26 BDSG, Rn. 14.

[1446] *Forst*, in: Auernhammer, DSGVO/BDSG, 7. Auflage 2020, § 26 BDSG, Rn. 14.

[1447] BT-Drs. 18/11325, 97; *Gola*, BB 2017, 1462, 1464.

[1448] *Gierschmann*, in: Gierschmann/Schlender/Stenzel/Veil, DSGVO, 2018, Art. 10 DSGVO, Rn. 31; *Schwarz*, ArbRAktuell 2018, 514, 516; *Schwarz*, ZD 2018, 353, 356.

[1449] *Forst*, in: Auernhammer, DSGVO/BDSG, 7. Auflage 2020, § 26 BDSG, Rn. 15; *Petri*, in: Simitis/Hor-nung/Spiecker gen. Döhmann, Datenschutzrecht, 2019, Art. 10 DSGVO, Rn. 19; *Jaspers/Claus*, in: Schwart-mann/Jaspers/Thüsing/Kugelmann, DSGVO/BDSG, 2. Auflage 2020, Art. 10 DSGVO, Rn. 7.

[1450] Vgl. etwa BAG, Urt. v. 17.11.2016 – 2 AZR 730/15, Rn. 30, NZA 2017, 394, 396; BAG, Urt. v. 27.7.2017 – 2 AZR 681/16, Rn. 30, NZA 2017, 1327, 1330; BAG, Urt. v. 23.8.2018 – 2 AZR 133/18, Rn. 24, NZA 2018, 1329, 1332; nach *Forst*, in: Auernhammer, 7. Auflage 2020, DSGVO/BDSG, § 26 BDSG, Rn. 65 ist die Verarbeitung jedenfalls dann nicht erforderlich, wenn die Grundsätze des Art. 5 DSGVO nicht beachtet wur-den; diese seien als „Leitlinie" heranzuziehen.

[1451] BT-Drs. 18/11325, 97.

[1452] BAG, Urt. v. 27.7.2017 – 2 AZR 681/16, Rn. 30, NZA 2017, 1327, 1330.

[1453] BT-Drs. 18/11325, 97; *Thüsing/Schmidt*, in: Schwartmann/Jaspers/Thüsing/Kugelmann, DSGVO/BDSG, 2. Auflage 2020, Anhang Art. 88 DSGVO/§ 26 BDSG, Rn. 5.

verstehen.[1454] Es muss eine Abwägung der beiderseitigen Interessen stattfinden.[1455] Der Eingriff muss geeignet, erforderlich und unter Berücksichtigung der gewährleisteten Freiheitsrechte angemessen sein, um den erstrebten Zweck zu erreichen.[1456] Ferner dürfen keine anderen, zur Zielerreichung gleich wirksamen und das Persönlichkeitsrecht der Arbeitnehmer weniger einschränkenden Mittel zur Verfügung stehen.[1457] Die Verhältnismäßigkeit im engeren Sinne ist gewahrt, wenn die Schwere des Eingriffs bei einer Gesamtabwägung nicht außer Verhältnis zu dem Gewicht der ihn rechtfertigenden Gründe steht.[1458] Die Datenverarbeitung bei Maßnahmen der Mitarbeiterüberwachung darf keine übermäßige Belastung für den Arbeitnehmer darstellen und muss der Bedeutung des Informationsinteresses des Arbeitgebers entsprechen.[1459] Die Gesetzesbegründung selbst spricht von einem Ausgleich der Grundrechte im Zuge „praktischer Konkordanz"[1460]. Die Maßstäbe des BAG zur bisherigen Rechtsprechung leiten sich überwiegend aus der Rechtsprechung des BVerfG zur Auslegung der Grundrechte, insbesondere auch zu staatlichen Überwachungsmaßnahmen, her.

6.2.3.6.1 Legitimes Ziel

Das Erfordernis, dass jede Datenverarbeitung einem bestimmten legitimen Zweck dienen muss, ergibt sich bereits aus Art. 5 Abs. 1 lit. b DSGVO.[1461] Während bei § 26 Abs. 1 S. 2 BDSG Zweck der Datenverarbeitung die Aufdeckung von Straftaten im Beschäftigungsverhältnis ist, ist bei § 26 Abs. 1 S. 1 BDSG fraglich, wie weit oder eng der Begriff der „Zwecke des Beschäftigungsverhältnisses" zu fassen ist.[1462] In jedem Fall müssen die Zwecke, wie sich auch aus Art. 5 Abs. 1 lit. b DSGVO ergibt, legitim sein.[1463] Die Datenverarbeitung muss einen Zusammenhang mit der vertraglich geschuldeten Leistung des Arbeitnehmers oder seiner sonstigen Pflichtenbindung oder der Pflichtenbindung des Arbeitgebers aufweisen.[1464] Betroffen sein können sowohl Haupt- als auch Nebenleistungspflichten.[1465] Arbeitgeber verfolgen mit Maßnahmen der Mitarbeiterüberwachung grundsätzlich das berechtigte Interesse, das Verhalten der Beschäftigten während der Arbeitszeit bzw. die Arbeitsergebnisse zu kontrollieren.[1466] Sie ermöglichen es ihm festzustellen, ob sich die Beschäftigten entsprechend ihren vertraglichen Verpflichtungen verhalten.[1467] Speziell mit Mitarbeiterüberwachung im Zuge unternehmerischer Compliance verfolgt der Arbeitgeber die auch in Art. 88 Abs. 1 DSGVO anerkannte legitime Zwecksetzung, sein Eigentum vor strafbarem Verhalten zu schützen. Prävention, speziell die

---

[1454] *Pötters*, in: Gola, DSGVO, 2. Auflage 2018, Art. 88 DSGVO, Rn. 47; *Kort*, ZD 2017, 319, 320; *Wybitul*, NZA 2017, 413, 415.

[1455] BAG, Urt. v. 17.11.2016 – 2 AZR 730/15, Rn. 30, NZA 2017, 394, 396.

[1456] BAG, Urt. v. 17.11.2016 – 2 AZR 730/15, Rn. 30, NZA 2017, 394, 396; BAG, Urt. v. 23.8.2018 – 2 AZR 133/18, Rn. 24, NZA 2018, 1329, 1332.

[1457] BAG, Urt. v. 17.11.2016 – 2 AZR 730/15, Rn. 30, NZA 2017, 394, 396; BAG, Urt. v. 23.8.2018 – 2 AZR 133/18, Rn. 24, NZA 2018, 1329, 1332.

[1458] BAG, Urt. v. 17.11.2016 – 2 AZR 730/15, Rn. 30, NZA 2017, 394, 396; BAG, Urt. v. 23.8.2018 – 2 AZR 133/18, Rn. 24, NZA 2018, 1329, 1332.

[1459] BAG, Urt. v. 17.11.2016 – 2 AZR 730/15, Rn. 30, NZA 2017, 394, 396.

[1460] BT-Drs. 18/11325, 97.

[1461] *Forst*, in: Auernhammer, 7. Auflage 2020, DSGVO/BDSG, § 26 BDSG, Rn. 65.

[1462] Siehe hierzu bereits

[1463] *Pötters*, in: Gola, DSGVO, 2. Auflage 2018, Art. 88 DSGVO, Rn. 47; *Chandna-Hoppe*, NZA 2018, 614, 616 und *Behling*, BB 2018, 52, 54 sprechen von einem berechtigten Interesse.

[1464] BAG, Urt. v. 17.11.2016 – 2 AZR 730/15, Rn. 30; BAG, Urt. v. 29.6.2017 – 2 AZR 597/16, Rn. 31.

[1465] *Thüsing/Schmidt*, in: Schwartmann/Jaspers/Thüsing/Kugelmann, DSGVO/BDSG, 2. Auflage 2020, Anhang Art. 88 DSGVO/§ 26 BDSG, Rn. 31.

[1466] *Seifert*, in: Simitis/Hornung/Spiecker gen. Döhmann, Datenschutzrecht, 2019, Art. 88 DSGVO, Rn. 133; *Rudkowski*, NZA 2019, 72, 73.

[1467] *Seifert*, in: Simitis/Hornung/Spiecker gen. Döhmann, Datenschutzrecht, 2019, Art. 88 DSGVO, Rn. 133; *Rudkowski*, NZA 2019, 72, 73.

Verhinderung von Betrug, ist in EwG 47 DSGVO auch ausdrücklich als legitimes Interesse im Sinne des Art. 6 Abs. 1 UAbs. 1 S. 1 lit. f DSGVO anerkannt. Screenings verfolgen in der Regel mit gemischt präventiv-repressiver Zielrichtung den Zweck, Straftaten zu verhindern und begangene aufzudecken.[1468] Da eine Pflicht der Geschäftsleitung besteht, Straftaten und sonstige Gesetzesverstöße im Unternehmen zu verhindern, handelt es sich hierbei um einen legitimen Zweck.

6.2.3.6.2 Geeignetheit

Eine Maßnahme ist nach der Rechtsprechung geeignet, wenn sie zur Erreichung des legitimen Zwecks zumindest förderlich ist.[1469] Screenings sind je nach Zielrichtung der Prävention und/oder der Aufdeckung von Straftaten zumindest förderlich. In der Regel dienen sie zumindest dazu, Hinweise auf ein gesetzeswidriges Verhalten von Unternehmensangehörigen zu liefern und einen Anfangsverdacht zu generieren, welcher als Ausgangspunkt für weitere Ermittlungen genommen werden kann.[1470] Der Einsatz von Anomalieerkennungsverfahren im genannten Forschungsprojekt DREI[1471] erfolgt beispielsweise zur Verhinderung und Aufdeckung von Straftaten. Der erste Schritt der Erhebung von Beschäftigtendaten zur Zutrittskontrolle durch ein SIEM-System dient vorwiegend zur Verhinderung, der zweite Schritt – die Untersuchung einer Alarmmeldung und die Re-Identifikation - der Aufdeckung von Straftaten.

6.2.3.6.3 Erforderlichkeit

Die Erforderlichkeit verlangt, dass keine anderen, zur Zielerreichung gleich wirksamen und das Persönlichkeitsrecht der Arbeitnehmer weniger einschränkenden Mittel zur Verfügung stehen.[1472] Der Verantwortliche ist hierbei nur gehalten, unter mehreren gleich wirksamen Mitteln das am wenigsten einschneidende zu wählen.[1473] Er muss sich nicht eines weniger effektiven Mittels bedienen.[1474] Dem Arbeitgeber kommt an dieser Stelle kein Beurteilungsspielraum hinsichtlich der ihm zur Verfügung stehenden Aufklärungsmöglichkeiten zu, da er nicht für die Konturierung des Persönlichkeitsrechts des Beschäftigten zuständig ist.[1475] Ob dies anders zu beurteilen wäre, wenn der Arbeitgeber lediglich eine geringfügig tiefer in das allgemeine Persönlichkeitsrecht des Betroffenen eingreifende Maßnahme wählen würde, hat das BAG bewusst offen gelassen.[1476]

So ist zum Beispiel zu prüfen, ob Mitarbeitergespräche zur Aufklärung von Vorfällen eine mildere Alternative darstellen und stets, ob eine offene Überwachung möglich ist, bevor eine heimliche durchgeführt wird.[1477] Überdies stellt sich die Frage, ob eine effektive Überwachung durch Vorgesetzte oder Kollegen durchgeführt werden kann.[1478] Jedoch stellen insbesondere bei seiner Natur nach auf Heimlichkeit angelegtem Verhalten, wie der Begehung von Straftaten, offene Überwachungsmaßnahmen keine mildere Alternative dar.[1479]

[1468] S. hierzu A.

[1469] BAG, Urt. v. 26.8.2008 – 1 ABR 16/07, Rn. 19, NZA 2008, 1187, 1190.

[1470] *Thüsing/Granetzny*, in: Thüsing, Beschäftigtendatenschutz und Compliance, 3. Auflage 2021, § 8, Rn. 3.

[1471] Siehe hierzu 3.4.3.

[1472] BAG, Urt. v. 27.7.2017 – 2 AZR 681/16, Rn. 30, NZA 2017, 1327, 1330.

[1473] *Pötters*, in: Gola, DSGVO, 2. Auflage 2018, Art. 88 DSGVO, Rn. 48.

[1474] *Pötters*, in: Gola, DSGVO, 2. Auflage 2018, Art. 88 DSGVO, Rn. 48.

[1475] BAG, Urt. v. 20.6.2013 - 2 AZR 546/12, Rn. 34, NZA 2014, 143, 148.

[1476] BAG, Urt. v. 20.6.2013 - 2 AZR 546/12, Rn. 34, NZA 2014, 143, 148.

[1477] BAG, Urt. v. 20.10.2016 - 2 AZR 395/15, Rn. 26 ff., NZA 2017, 443, 446.

[1478] BAG, Urt. v. 20.10.2016 - 2 AZR 395/15, Rn. 29; NZA 2017, 443, 447.

[1479] BAG, Urt. v. 20.10.2016 - 2 AZR 395/15, Rn. 29; NZA 2017, 443, 447.

Insbesondere mit Blick auf technische Überwachungsmaßnahmen ist eine manuelle Kontrolle oftmals nicht die mildere Alternative. So stellt beispielsweise die Kleidungs- und Taschenkontrolle kein milderes, gleich effektives Mittel zur Videokontrolle dar, da hier in der Regel keine vergleichbare Eingrenzung des Personenkreises möglich ist, wie dies bei der Überwachung eines eingeschränkten räumlichen Bereichs, zu dem nur wenige Zutritt erlangen, geschehen kann.[1480] Aufgrund von Anonymisierungsmechanismen beim Einsatz intelligenter Videoüberwachungsmaßnahmen ist dieser oftmals der Vorzug gegenüber einer manuellen Kontrolle zu geben, etwa durch Sicherheitspersonal, Kollegen oder Vorgesetzte. Gerade beim Einsatz von Softwaresystemen, die auf Anomalieerkennung basieren, gelangen nur die Trefferfälle überhaupt zur Kenntnis eines Menschen.

An dieser Stelle ist auch das Erforderlichkeitsprinzip zu beachten, welches sich unmittelbar aus Art. 52 Abs. 1 S. 2 GRCh ergibt und daher in die Grundrechtsabwägung mit einzubeziehen ist.[1481] Dieses bezieht sich auf alle Aspekte des Grundrechtseingriffs, somit auf „Umfang, Dauer, Phasen, Tiefe, Qualität, Modalitäten und Teilnehmer der Datenverarbeitung".[1482] Als Ausprägung des Grundsatzes der Erforderlichkeit ist das Gebot der Datenminimierung nach Art. 5 Abs. 1 lit. c DSGVO zu berücksichtigen.[1483] Personenbezogene Daten, die nicht zum Zwecke der Datenverarbeitung erforderlich sind, sind danach bereits gar nicht zu erheben oder zu löschen.[1484] Neben der Anzahl der verarbeiteten Daten sind auch die Nutzungen zu beschränken. Aus diesem Grund sind die Anzahl der zugriffsberechtigten Personen und die Anzahl der betroffenen Personen auf das für die Datenverarbeitung erforderliche zu limitieren.[1485] Ferner ist auch der Grundsatz der Speicherbegrenzung mit einzubeziehen (Art. 5 Abs. 1 lit. e DSGVO).[1486] Das Vorhalten von Daten in Form einer Vorratsdatenspeicherung oder von Bewerberdatenbanken ohne eine Löschfrist ist danach unzulässig.[1487] Ebenso muss nach Möglichkeit mit anonymisierten Daten gearbeitet werden.[1488]

6.2.3.6.4 Interessenabwägung

Die Verhältnismäßigkeit im engeren Sinne (Angemessenheit) setzt voraus, dass die Schwere des Eingriffs bei einer Gesamtabwägung nicht außer Verhältnis zu dem Gewicht der ihn rechtfertigenden Gründe steht.[1489] Die Datenerhebung, -verarbeitung oder -nutzung darf keine übermäßige Belastung für den Arbeitnehmer darstellen und muss der Bedeutung des Informationsinteresses des Arbeitgebers entsprechen.[1490] EwG 48 und 49 DSGVO nennen weitere im Rahmen der Interessenabwägung zu berücksichtigende Umstände. Dabei sind insbesondere die vernünftigen Erwartungen der betroffenen Person in Bezug auf die Verarbeitung ihrer personenbezogenen Daten zu berücksichtigen.[1491] Da die zur Verfügung gestellten Informationen die

---

[1480] BAG, Urt. v. 20.10.2016 - 2 AZR 395/15, Rn. 30; NZA 2017, 443, 447.

[1481] *Roßnagel,* in: Simitis/Hornung/Spiecker gen. Döhmann, Datenschutzrecht, 2019, Art. 5 DSGVO, Rn. 67.

[1482] *Roßnagel,* in: Simitis/Hornung/Spiecker gen. Döhmann, Datenschutzrecht, 2019, Art. 5 DSGVO, Fn. 97; *Roßnagel/Pfitzmann/Garstka* 2001, 98 ff.

[1483] *Pötters,* in: Gola, DSGVO, 2. Auflage 2018, Art. 88 DSGVO, Rn. 49; *Forst,* in: Auernhammer, 7. Auflage 2020, § 26 BDSG, Rn. 65.

[1484] *Forst,* in: Auernhammer, 7. Auflage 2020, § 26 BDSG, Rn. 65 spricht von „aussortieren".

[1485] *Pötters,* in: Gola, DSGVO, 2. Auflage 2018, Art. 88 DSGVO, Rn. 49.

[1486] *Pötters,* in: Gola, DSGVO, 2. Auflage 2018, Art. 88 DSGVO, Rn. 49; *Forst,* in: Auernhammer, 7. Auflage 2020, § 26 BDSG, Rn. 65.

[1487] *Forst,* in: Auernhammer, 7. Auflage 2020, DSGVO/BDSG, § 26 BDSG, Rn. 65.

[1488] *Forst,* in: Auernhammer, 7. Auflage 2020, DSGVO/BDSG, § 26 BDSG, Rn. 66; *Pötters,* in: Gola, DSGVO, 2. Auflage 2018, Art. 88 DSGVO, Rn. 49.

[1489] BAG, Urt. v. 27.7.2017 – 2 AZR 681/16, Rn. 30, NZA 2017, 1327, 1330.

[1490] BAG, Urt. v. 27.7.2017 – 2 AZR 681/16, Rn. 30, NZA 2017, 1327, 1330.

[1491] *Wybitul,* NZA 2017, 413, 415.

vernünftigen Erwartungen der betroffenen Person prägen, ist zu berücksichtigen, welche Informationen der Verantwortliche den betroffenen Personen zur Verfügung gestellt hat.[1492] So ist es als ein positiver Aspekt bei der Prüfung der Verhältnismäßigkeit zu beurteilen, wenn beispielsweise im Vorhinein über die Möglichkeit einer heimlichen Überwachungsmaßnahme unter strengen Voraussetzungen pauschal informiert wurde.

Nach der Gesetzesbegründung sind „die widerstreitenden Grundrechtspositionen zur Herstellung praktischer Konkordanz abzuwägen. Dabei sind die Interessen des Arbeitgebers an der Datenverarbeitung und das Persönlichkeitsrecht des Beschäftigten zu einem schonenden Ausgleich zu bringen, der beide Interessen möglichst weitgehend berücksichtigt."[1493]

Bereits hinsichtlich § 32 BDSG a.F. wurde vereinzelt bezweifelt, dass eine dritte Stufe der Verhältnismäßigkeitsprüfung, wie sie das BVerfG vornahm, auch hier anzustellen war, da das Verhältnismäßigkeitsprinzip in seiner dreistufigen Form aus dem Rechtsstaatsprinzip des Art. 20 Abs. 3, 28 Abs. 1 S. 2 GG abgeleitet wurde, welches zunächst einmal nur für öffentliche Stellen verbindlich war.[1494]. Die Erforderlichkeit im Sinne des § 26 BDSG ist jedoch nicht mehr als Verhältnismäßigkeitsprüfung im Sinne des Grundgesetzes zu verstehen, sondern es ist der Maßstab der DSGVO anzulegen.[1495] Vor diesem Hintergrund wird die zitierte Stelle der Gesetzesbegründung schon als problematisch angesehen, weil bei der Auslegung des Tatbestandsmerkmals der Erforderlichkeit nicht mehr nur auf nationale, sondern auch auf europäische Rechtsquellen abzustellen ist.[1496] Überdies sei der Begriff der „praktischen Konkordanz" vor diesem Hintergrund problematisch.[1497]

Für den Begriff der praktischen Konkordanz gibt es jedoch ohnehin keine feste Definition und für die dabei vorzunehmende Abwägung kein allgemeingültiges Vorgehen.[1498] Eine abstrakte Gewichtung der Grundrechte scheitert jedoch „an der Heterogenität der kollidierenden Interessen und ihrer jeweiligen Kontexte".[1499] Es findet eine Art Begründungsvorgang statt, im Zuge dessen erörtert wird, weshalb im Einzelfall die Interessen des einen Grundrechtsträgers Vorrang vor den Interessen des anderen genießen.[1500] Es geht dabei mehr um das Verarbeiten von Argumenten als um das Gewichten von Rechtspositionen.[1501]

6.2.3.7 Repressive Maßnahmen der Aufdeckung von Straftaten

Maßnahmen repressiver Compliance sind unter den Voraussetzungen des § 26 Abs. 1 S. 2 BDSG zulässig. Nach § 26 Abs. 1 S. 2 BDSG dürfen zur Aufdeckung von Straftaten personenbezogene Daten von Beschäftigten nur dann verarbeitet werden, wenn zu dokumentierende tatsächliche Anhaltspunkte den Verdacht begründen, dass die betroffene Person im Beschäftigungsverhältnis eine Straftat begangen hat, die Verarbeitung zur Aufdeckung erforderlich ist und das schutzwürdige Interesse der oder des Beschäftigten an dem Ausschluss der Verarbeitung nicht überwiegt, insbesondere Art und Ausmaß im Hinblick auf den Anlass nicht unverhältnismäßig sind.

[1492] *Wybitul,* NZA 2017, 413, 415.

[1493] BT-Drs. 18/11325, 97.

[1494] *Düwell/Brink,* NZA 2017, 1081, 1084.

[1495] *Düwell/Brink,* NZA 2017, 1081, 1084.

[1496] *Düwell/Brink,* NZA 2017, 1081, 1084.

[1497] *Düwell/Brink,* NZA 2017, 1081, 1084.

[1498] *Pötters* 2013, 75.

[1499] *Pötters* 2013, 75.

[1500] *Pötters* 2013, 75 f.; *Thüsing/Schmidt,* in: Schwartmann/Jaspers/Thüsing/Kugelmann, DSGVO/BDSG, 2. Auflage 2020, Anhang Art. 88 DSGVO/§ 26 BDSG, Rn. 6.

[1501] *Pötters* 2013, 76; *Thüsing/Schmidt,* in: Schwartmann/Jaspers/Thüsing/Kugelmann, DSGVO/BDSG, 2. Auflage 2020, Anhang Art. 88 DSGVO/§ 26 BDSG, Rn. 6.

6.2.3.7.1 Verdacht

§ 26 Abs. 1 S. 2 BDSG fordert, dass tatsächliche Anhaltspunkte den Verdacht einer Straftat begründen. Die Formulierung erinnert an den Wortlaut des § 152 StPO.[1502] Während § 152 Abs. 2 stopp jedoch „zureichende tatsächliche Anhaltspunkte" fordert, spricht der Wortlaut des § 26 Abs. 1 S. 2 BDSG lediglich von tatsächlichen Anhaltspunkten. Das BAG verlangt hinsichtlich des Verdachtsgrads einen durch konkrete Tatsachen belegten einfachen Verdacht.[1503] Das BAG verweist zur Begründung auf den „einfachen Tatverdacht" im Sinne des § 100a StPO.[1504] Für eine solche Auslegung sprechen der Wortlaut, der keinen dringenden Tatverdacht verlangt, sowie der Telos der Norm, wonach lediglich verhindert werden soll, dass aufgrund schwacher Indizien und bloßer Mutmaßungen schwerwiegende Eingriffe in das allgemeine Persönlichkeitsrecht des Betroffenen vorgenommen werden.[1505] Repressiven Ermittlungen „ins Blaue hinein" wird durch diese Anforderung eine Absage erteilt.[1506]

6.2.3.7.2 Im Beschäftigungsverhältnis begangene Straftat

Bei der Straftat muss es sich um eine im Beschäftigungsverhältnis begangene Straftat handeln. Erfasst sind sowohl in zeitlichem, räumlichem oder inhaltlichem Zusammenhang mit dem Beschäftigungsverhältnis begangene Straftaten (wie beispielsweise Diebstahl, Untreue, Geheimnisverrat nach § 17 UWG oder Korruption) als auch „bei Gelegenheit" des Beschäftigungsverhältnisses begangene Straftaten.[1507] Unerheblich ist hierbei, ob der Geschädigte der Arbeitgeber selbst oder ein Dritter, z.B. ein Kunde, ist.[1508]

6.2.3.7.3 Zur Aufdeckung von Straftaten

In Abgrenzung zu § 26 Abs. 1 S. 1 BDSG darf es sich bei Maßnahmen, die auf § 26 Abs. 1 S. 2 BDSG gestützt werden, nicht um allgemeine Compliance-Maßnahmen handeln, sondern nur um solche, mit denen die Aufdeckung von Straftaten angestrebt wird.[1509] Nach der Rechtsprechung des BAG können auf § 26 Abs. 1 S. 2 BDSG sowohl Maßnahmen gestützt werden, die dazu dienen, bereits in der Vergangenheit begangene Straftaten aufzudecken, als auch solche, die dazu dienen, Erkenntnisse über vermutete künftige strafbare Handlungen im Beschäftigungsverhältnis zu gewinnen, allerdings nur, wenn hierfür konkrete Anhaltspunkte vorliegen und vor dem Hintergrund, dass eine Wiederholung bestimmter Verhaltensweisen eine mögliche indizielle Wirkung für in der Vergangenheit begangene Straftaten haben.[1510] Der Wortlaut des § 26 Abs. 1 S. 2 BDSG („begangen hat") ist eindeutig auf die Aufdeckung krimineller Verhaltensweisen in der Vergangenheit gerichtet.

6.2.3.7.4 Dokumentationspflicht

Die tatsächlichen Anhaltspunkte für den Tatverdacht sind zu dokumentieren. Hierfür ist erforderlich, dass der Kreis der Verdächtigen, der Schaden sowie die Indizien, aus denen sich der

---

[1502] *Zöll,* in: Taeger/Gabel, DSGVO/BDSG/TTDSG, 4. Auflage 2022, § 26 BDSG, Rn. 66.

[1503] BAG, Urt. v. 20.10.2016 - 2 AZR 395/15, Rn. 25, NZA 2017, 443, 446; *Zöll,* in: Taeger/Gabel, DSGVO/BDSG/TTDSG, 4. Auflage 2022, § 26 BDSG, Rn. 66, zum „einfachen Tatverdacht" in § 100a StPO vgl. etwa *Bruns,* in: Hannich, Karlsruher Kommentar zur StPO, 8. Auflage 2019, § 100a StPO, Rn. 30.

[1504] BAG, Urt. v. 20.10.2016 - 2 AZR 395/15, Rn. 25, NZA 2017, 443, 446.

[1505] BAG, Urt. v. 20.10.2016 - 2 AZR 395/15, Rn. 25, NZA 2017, 443, 446.

[1506] *Grözinger,* in: Müller/Schlothauer/Knauer, Münchener Anwaltshandbuch Strafverteidigung, 3. Auflage 2022, § 50, Rn. 162.

[1507] *Zöll,* in: Taeger/Gabel, DSGVO/BDSG/TTDSG, 4. Auflage 2022, § 26 BDSG, Rn. 67; *Forst,* in: Auernhammer, 7. Auflage 2020, DSGVO/BDSG, § 26 BDSG, Rn. 70.

[1508] *Forst,* in: Auernhammer, 7. Auflage 2020, DSGVO/BDSG, § 26 BDSG, Rn. 70.

[1509] *Forst,* in: Auernhammer, 7. Auflage 2020, DSGVO/BDSG, § 26 BDSG, Rn. 68; *Zöll,* in: Taeger/Gabel, DSGVO/BDSG/TTDSG, 4. Auflage 2022, § 26 BDSG, Rn. 68.

[1510] BAG, Urt. v. 20.10.2016 - 2 AZR 395/15, Rn. 29, NZA 2017, 443, 446.

Verdacht ergibt, schriftlich oder elektronisch festgehalten werden.[1511] Als problematisch wird für die Fälle, in denen sich ex post herausstellt, dass der Verdacht unbegründet war, angesehen, dass die unbegründeten Verdachtsmomente sich durch diese Pflicht perpetuieren.[1512] Allerdings kann nur so die Dokumentationspflicht des § 26 Abs. 1 S. 2 BDSG ihre Kontrollfunktion entfalten. Sie soll dem Arbeitgeber als Abschreckung und Warnung dienen, keine unbegründeten repressiven Überwachungsmaßnahmen vorzunehmen. Nach Art. 17 Abs. 1 lit. a DSGVO sind die dokumentierten personenbezogenen Daten nach Zweckerreichung zu löschen oder in ihrer Verarbeitung einzuschränken.[1513] Wenn der Arbeitgeber die Daten in einem späteren zivilrechtlichen Verfahren, z.B. einem Schadensersatz- oder Kündigungsschutzprozess weiterhin benötigt, ist in der Regel eine Zweckänderung gerechtfertigt.[1514]

Unschädlich ist, dass bei einem Zufallsfund keine vorherige Dokumentation stattfinden konnte, da § 26 Abs. 1 S. 2 BDSG eine Dokumentation nur bei Maßnahmen „zur" Aufdeckung einer Straftat verlangt.[1515]

6.2.3.8 Aspekte der Interessenabwägung des § 26 Abs. 1 BDSG und Gestaltungsvorschläge

Das BAG hat durch seine Rechtsprechung zu verschiedenen Maßnahmen der Mitarbeiterüberwachung § 32 Abs. 1 BDSG a.F. konkretisiert. Der Rechtsprechung lassen sich allgemeine, auf jede Überwachungsmaßnahme übertragbare Grundsätze entnehmen. Eine Konkretisierung der Anforderungen an Mitarbeiterüberwachung ist auch durch den EGMR erfolgt.

Im Allgemeinen zieht das BAG bei Überwachungsmaßnahmen verschiedener Natur seine relativ ausgereifte Rechtsprechung zur Videoüberwachung als Vergleichsmaßstab heran.[1516] Bei Überwachungsmaßnahmen im Beschäftigungsverhältnis greift das BAG auf die Rechtsprechung des BVerfG zu staatlichen Überwachungsmaßnahmen zurück, was wohl dadurch zu erklären ist, dass es auch im Beschäftigungsverhältnis letztlich auf eine Abwägung der Grundrechte von Arbeitgeber und Arbeitnehmer ankommt. Im Folgenden sollen die nach dem BAG und dem BVerfG maßgeblichen Kriterien für Maßnahmen der Mitarbeiterüberwachung aufgezeigt werden. Das BAG wendet diese auch im Kontext des § 26 Abs. 1 BDSG weiterhin an, da § 26 Abs. 1 BDSG § 32 Abs. 1 BDSG a.F. in weiten Teilen inhaltsgleich übernimmt.[1517]

6.2.3.8.1 Keine anlasslose Dauerüberwachung

Das BAG hat eine anlasslose Dauerüberwachung für unzulässig erklärt.[1518] Das allgemeine Persönlichkeitsrecht schützt den Arbeitnehmer vor einer lückenlosen technischen Überwachung am Arbeitsplatz (im vom BAG zu entscheidenden Fall durch eine heimliche Videoüberwachung). Hierdurch wird nicht lediglich die hergebrachte menschliche Beobachtung durch eine Aufsichtsperson ersetzt, sondern die Überwachung per Video geht darüber hinaus.[1519] Durch den Einsatz technischer Überwachungseinrichtungen besteht die grundsätzliche Möglichkeit,

---

[1511] *Zöll*, in: Taeger/Gabel, DSGVO/BDSG/TTDSG, 4. Auflage 2022, § 26 BDSG, Rn. 69.

[1512] *Zöll*, in: Taeger/Gabel, DSGVO/BDSG/TTDSG, 4. Auflage 2022, § 26 BDSG, Rn. 69; *Deutsch/Diller*, DB 2009, 1462, 1464 zu § 32 BDSG a.F.; *Schmidt*, RDV 2009, 193, 197 zu § 32 BDSG a.F.

[1513] *Forst*, in: Auernhammer, 7. Auflage 2020, DSGVO/BDSG, § 26 BDSG, Rn. 72.

[1514] *Forst*, in: Auernhammer, 7. Auflage 2020, DSGVO/BDSG, § 26 BDSG, Rn. 72.

[1515] *Zöll*, in: Taeger/Gabel, DSGVO/BDSG/TTDSG, 4. Auflage 2022, § 26 BDSG, Rn. 69; BAG, Urt. v. 22.9.2016 – 2 AZR 848/15, Rn. 31, NZA 2017, 112, 115.

[1516] Vgl. etwa BAG, Urt. v. 27.7.2017 – 2 AZR 681/16, Rn. 24, NZA 2017, 1327, 1329 f.

[1517] Vgl. etwa BAG, Beschl. v. 23.3.2021 – 1 ABR 31/19, Rn. 29 f. NZA 2021, 959, 962.

[1518] BAG, Urt. v. 27.7.2017 – 2 AZR 681/16, Rn. 30, NZA 2017, 1327, 1330; zu einen unzulässigen Zeiterfassungssystem, bei dem sich die Arbeitnehmer alle drei Minuten per Knopfdruck zur Anzeige ihrer Arbeitsbereitschaft melden mussten ArbG Berlin, Urt. v. 10.8.2017 – 41 Ca 12115/16, ZD 2018, 498.

[1519] BAG, Urt. v. 27.3.2003 - 2 AZR 51/02, NZA 2003, 1193, 1194.

Einzelangaben über einen bestimmten Beschäftigten zu erheben, die Daten zu speichern und jederzeit auf sie zurückzugreifen.[1520] Allein diese Option ist geeignet, bei den betroffenen Personen „einen psychischen Anpassungsdruck zu erzeugen, durch den sie in ihrer Freiheit, ihr Handeln aus eigener Selbstbestimmung zu planen und zu gestalten, wesentlich gehemmt werden".[1521] Diesem ständigen Überwachungsdruck kann der Beschäftigte sich während seiner Tätigkeit auch nicht entziehen.[1522] Das BAG fordert für Kontrollmaßnahmen, die hinsichtlich der Eingriffsintensität für das allgemeine Persönlichkeitsrecht mit einer offenen oder verdeckten Videoüberwachung vergleichbar sind, dass gegen den Betroffenen ein durch konkrete Tatsachen begründeter einfacher Verdacht im Sinne eines Anfangsverdachts in Bezug auf eine Straftat oder eine schwere Pflichtverletzung besteht.[1523] Verdeckte Ermittlungen „ins Blaue hinein", um festzustellen, ob ein Arbeitnehmer sich pflichtwidrig verhält, können danach nicht auf § 26 Abs. 1 S. 1 BDSG gestützt werden.[1524]

Von großer Bedeutung für Überwachungsmaßnahmen ist jedoch, dass das BAG feststellt, „dass weniger intensiv in das allgemeine Persönlichkeitsrecht des Arbeitnehmers eingreifende Datenerhebungen nach § 32 BDSG [a.F.] ohne Vorliegen eines durch Tatsachen begründeten Anfangsverdachts – zumal einer Straftat oder anderen schweren Pflichtverletzung – zulässig sein können. Das gilt vor allem für nach abstrakten Kriterien durchgeführte, keinen Arbeitnehmer besonders unter Verdacht stellende offene Überwachungsmaßnahmen, die der Verhinderung von Pflichtverletzungen dienen sollen. Solche präventiven Maßnahmen können sich schon aufgrund des Vorliegens einer abstrakten Gefahr als verhältnismäßig erweisen, wenn sie keinen solchen psychischen Anpassungsdruck erzeugen, dass die Betroffenen bei objektiver Betrachtung in ihrer Freiheit, ihr Handeln aus eigener Selbstbestimmung zu planen und zu gestalten, wesentlich gehemmt sind".[1525] Eine nur stichprobenartige Kontrolle erachtet das BAG als zulässig.[1526]

Hier betont das BAG einen entscheidenden Aspekt: Durch anlass- und lückenlose Überwachungsmaßnahmen wird ein Überwachungsdruck erzeugt, der dazu führt, dass Betroffene in ihrer Freiheit, selbstbestimmt zu handeln, gehemmt werden. Insbesondere für Maßnahmen der Videoüberwachung hat das BAG zwei Punkte herausgestellt: Zum einen spielt es eine Rolle, dass bei Überwachungsmaßnahmen am Arbeitsplatz anders als bei Überwachungsmaßnahmen im öffentlichen Raum der Personenkreis nicht anonym, sondern dem Arbeitgeber bekannt und überschaubar ist, was dazu führt, dass ein größerer Überwachungs- und Anpassungsdruck für die betroffenen Personen entsteht.[1527] Zum anderen können sich die Arbeitnehmer aufgrund ihrer vertraglichen Gebundenheit der Überwachungsmaßnahme auch nicht entziehen, sondern diese wiederholt sich potentiell jeden Tag.[1528]

Keinesfalls dürfen sich lückenlose Profile erstellen lassen und auf hochsensible Daten wie Benutzernamen, Passwörter für geschützte Bereiche, PIN-Nummern, Kreditkartendaten etc. zugegriffen werden, welche für die Kontroll- und Überwachungszwecke nicht erforderlich sind.[1529] Das BAG vergleicht Überwachungsmaßnahmen hinsichtlich ihrer Eingriffsintensität generell

---

[1520] BAG, Beschl. v. 25.4.2017 – 1 ABR 46/15, Rn. 20, NZA 2017, 1205, 1209.

[1521] BAG, Urt. v. 27.3.2003 - 2 AZR 51/02, NZA 2003, 1193, 1194; BAG, Beschl. v. 26.8.2008 – 1 ABR 16/07, Rn. 15, NZA 2008, 1187, 1189; BAG, Beschl. v. 25.4.2017 – 1 ABR 46/15, Rn. 20, NZA 2017, 1205, 1209.

[1522] BAG, Urt. v. 27.3.2003 - 2 AZR 51/02, NZA 2003, 1193, 1194, Ls. 1.

[1523] BAG, Urt. v. 29.6.2017 – 2 AZR 597/16, Ls.3, Rn. 30, NZA 2017, 1179, 1182.

[1524] BAG, Urt. v. 27.7.2017 – 2 AZR 681/16, Rn. 30, NZA 2017, 1327, 1330.

[1525] BAG, Urt. v. 27.7.2017 – 2 AZR 681/16, Rn. 31, NZA 2017, 1327, 1330 f.

[1526] BAG, Urt. v. 27.7.2017 – 2 AZR 681/16, Rn. 31, NZA 2017, 1327, 1330 f..

[1527] BAG, Beschl. v. 29.6.2004 – 1 ABR 21/03, NZA 2004, 1278, 1282.

[1528] BAG, Beschl. v. 29.6.2004 – 1 ABR 21/03, NZA 2004, 1278, 1282.

[1529] BAG, Urt. v. 27.7.2017 – 2 AZR 681/16, Rn. 33, NZA 2017, 1327, 1331.

mit Maßnahmen der (verdeckten) Videoüberwachung. Jedoch deutet es mit der Keylogger-Ent-scheidung[1530] erstmals an, dass der Anpassungsdruck durch entsprechende Ausgestaltung der Technik gemindert werden kann. Wird lediglich die Gesamtleistung einer Gruppe überwacht, und ist der einzelne nicht individualisierbar, so ist zu prüfen, ob der Überwachungsdruck auf die einzelnen Gruppenmitglieder durchschlägt.[1531] Auch kann die Eingriffsintensität durch Anonymisierung abgeschwächt werden.[1532] Im Falle einer Anonymisierung ist es dem Verant-wortlichen faktisch nicht möglich, den Einzelnen zu identifizieren. Im Falle der Pseudonymi-sierung erfolgt eine Re-Identifizierung nur im Falle von Trefferfällen. Es stellt sich die Frage, ob Anonymisierung und Pseudonymisierung tatsächlich Einfluss auf den Überwachungsdruck haben. Psychologisch ist wenig erforscht, ob und inwieweit Menschen ihr Verhalten ändern, wenn sie überwacht werden oder glauben, überwacht zu werden und ob mit der Zeit ein Ge-wöhnungseffekt hinsichtlich der Überwachung eintritt.[1533] Eine psychologische Untersuchung zu intelligenter Videoüberwachung hat aber ergeben, dass Personen, die darüber informiert werden, dass sie technisch überwacht werden, beispielsweise Kameras stärker wahrnehmen.[1534] Zu Beginn der Überwachung mittels intelligenter Videotechnik nimmt der subjektiv erlebte Stress der betroffenen Personen in Verbindung mit den Informationen zu intelligenter Technik in Vergleich zu der Situation bei „herkömmlicher" oder gar keiner Überwachung stark zu.[1535] Bei sehr auffälliger Überwachung hatten die betroffenen Personen die Neigung, überwachte Bereiche zu meiden und zwar bei jeglicher Art der Überwachung.[1536] Gerade diese Möglichkeit ist jedoch Beschäftigten nicht gegeben, da sie aufgrund ihrer vertraglichen Verpflichtung, die Arbeitsleistung zu erbringen, sich an ihrem Arbeitsplatz aufhalten müssen. Interessant ist, dass ein Einschüchterungseffekt alleine durch Überwachung nicht erwiesen ist, dieser jedoch aus dem Aufzeigen möglicher Konsequenzen resultieren kann.[1537] Negative Folgen, wie eine Ab-mahnung, Kündigung oder gar strafrechtliche Verfolgung haben allerdings nur diejenigen zu befürchten, die sich tatsächlich einer Straftat oder sonstigen schweren Verfehlung schuldig ge-macht haben. Andererseits müssen alle überwachten Beschäftigten grundsätzlich fürchten, dass ihre Daten, solange sie noch nicht innerhalb der üblichen Löschroutinen gelöscht wurden, re-produzierbar für andere Personen zur Verfügung stehen. Dieser Befürchtung kann jedoch be-gegnet werden, indem Arbeitnehmer darüber informiert werden, dass nur in Trefferfällen eine Re-Identifikation überhaupt möglich ist, was durch technische und organisatorische Maßnah-men abgesichert werden muss. Ferner sollte Beschäftigten deutlich vor Augen geführt werden, dass die personenbezogenen Daten nur einem engen Kreis von Personen zur Verfügung stehen und dass diese verpflichtet sind, die personenbezogenen Daten vertraulich zu behandeln. Ver-teilt man die Befugnisse zur Re-Identifizierung an mehrere Personen, die nur zusammen die Re-Identifizierung ermöglichen können, wird bei einer Re-Identifikation das Mehraugenprinzip angewendet. Auf diese Weise kann die Befürchtung, dass Daten jederzeit für andere reprodu-zierbar zur Verfügung stehen, abgemildert und damit der Überwachungsdruck gemindert wer-den.

Letztlich ist zu beachten, dass eine psychologische Studie sogar einen Gewöhnungseffekt bei intelligenter Videoüberwachung nachgewiesen hat.[1538] Allerdings ist unsicher, ob diese einen

---

[1530] BAG, Urt. v. 27.7.2017 – 2 AZR 681/16, Rn. 31, NZA 2017, 1327, 1330 f.

[1531] BAG, Beschl. v. 13.12.2016 – 1 ABR 7/15, Rn. 29, NZA 2017, 657, 659.

[1532] BAG, Beschl. v. 13.12.2016 – 1 ABR 7/15, Rn. 29, NZA 2017, 657, 659.

[1533] http://www.taz.de/Videoueberwachung-veraendert-Verhalten/!5143944/ zuletzt abgerufen am 01.09.2023.

[1534] *Ammicht-Quinn* 2015, 19.

[1535] *Ammicht-Quinn* 2015, 19.

[1536] *Ammicht-Quinn* 2015, 20.

[1537] *Ammicht-Quinn* 2015, 20.

[1538] *Ammicht-Quinn* 2015, 20.

qualitativen Unterschied beschreibt oder ob ein Zusammenhang zu einer anfänglichen Unsicherheit besteht, die bei der Einführung neuer Technologien festzustellen ist.[1539] Ob also tatsächlich eine „Gewöhnung" an technische Überwachung vorliegt, kann bezweifelt werden.

6.2.3.8.2 Nur ausnahmsweise heimliche Überwachung

Die Heimlichkeit einer in die Grundrechte des Betroffenen eingreifenden Maßnahme erhöht typischerweise das Gewicht des Eingriffs.[1540] Den Betroffenen wird hierdurch vorheriger Rechtsschutz faktisch verwehrt und nachträglicher Rechtsschutz erschwert.[1541] Das BAG hält ausnahmsweise eine verdeckte Videoüberwachung für zulässig, falls sie das einzige Mittel zur Überführung von Arbeitnehmern ist, die der Begehung von Straftaten oder einer anderen schweren Verfehlung zu Lasten des Arbeitgebers konkret verdächtig sind.[1542]

Die heimliche Videoüberwachung eines Arbeitnehmers ist „zulässig, wenn der konkrete Verdacht einer strafbaren Handlung oder einer anderen schweren Verfehlung zu Lasten des Arbeitgebers besteht, weniger einschneidende Mittel zur Aufklärung des Verdachts ergebnislos ausgeschöpft sind, die verdeckte Videoüberwachung damit praktisch das einzig verbleibende Mittel darstellt und sie insgesamt nicht unverhältnismäßig ist (…). Der Verdacht muss in Bezug auf eine konkrete strafbare Handlung oder andere schwere Verfehlung zu Lasten des Arbeitgebers gegen einen zumindest räumlich und funktional abgrenzbaren Kreis von Arbeitnehmern bestehen. Er darf sich einerseits nicht auf die allgemeine Mutmaßung beschränken, es könnten Straftaten begangen werden. Er muss sich andererseits nicht notwendig nur gegen einen einzelnen, bestimmten Arbeitnehmer richten. Auch im Hinblick auf die Möglichkeit einer weiteren Einschränkung des Kreises der Verdächtigen müssen weniger einschneidende Mittel als eine verdeckte Videoüberwachung zuvor ausgeschöpft worden sein."[1543]

6.2.3.8.3 Anzahl der überwachten Personen und Streubreite

Für die Intensität des Grundrechtseingriffs ist die Anzahl der überwachten Personen von Bedeutung.[1544] Hierbei ist wiederum zu berücksichtigen, ob diese anlasslos von der Überwachung erfasst werden oder ob sie beispielsweise durch eine Rechtsverletzung einen zurechenbaren Anlass für die Überwachung gesetzt haben.[1545] Es spielt durchaus eine Rolle, ob und wie viele unverdächtige Personen von der Maßnahme betroffen sind.[1546] Der Kreis der Verdächtigten muss nach Möglichkeit eingegrenzt werden, allerdings muss eine Überwachungsmaßnahme nicht zwingend derart beschränkt werden können, dass von ihr ausschließlich Personen erfasst werden, gegen die bereits ein konkretisierter Verdacht vorliegt.[1547] Sofern eine konkrete Über-

---

[1539] *Ammicht-Quinn* 2015, 20.

[1540] BAG, Beschl. v. 26.8.2008 – 1 ABR 16/07, Rn. 21, NZA 2008, 1187, 1190; BAG, Urt. v. 20.6.2013 - 2 AZR 546/12, Ls. 2, NZA 2014, 143.

[1541] BAG, Beschl. v. 26.8.2008 – 1 ABR 16/07, Rn. 21, NZA 2008, 1187, 1190; BVerfGE 150, 244, 277 – Kennzeichenkontrollen Bayern; BAG, Urt. v. 20.6.2013 - 2 AZR 546/12, 31, NZA 2014, 143, 147.

[1542] BAG, Urt. v. 27.3.2003 - 2 AZR 51/02, Ls. 4, NZA 2003, 1193; BAG, Urt. v. 21.6.2012 – 2 AZR 153/11, NZA 2012, 1025, 1029; *Bergwitz*, NZA 2012, 353, 357 f.; aA *Bayreuther*, NZA 2005, 1038, 1040; *Maschmann*, NZA 2002, 13, 17 f.

[1543] BAG, Urt. v. 22.9.2016 – 2 AZR 848/15, Rn. 28, NZA 2017, 112, 114; BAG, Urt. v. 20.10.2016 - 2 AZR 395/15, Rn. 22, NZA 2017, 443, 445.

[1544] BAG, Beschl. v. 26.8.2008 – 1 ABR 16/07, Rn. 21, NZA 2008, 1187, 1190; BAG, Beschl. v. 29.6.2004 - 1 ABR 21/03, NZA 2004, 1278, 1281; BAG, Urt. v. 27.3.2003 - 2 AZR 51/02, NZA 2003, 1193, 1195; BVerfGE 109, 279, 353 - Großer Lauschangriff.

[1545] BAG, Beschl. v. 29.6.2004 - 1 ABR 21/03, NZA 2004, 1278, 1281; BAG, Urt. v. 27.3.2003 - 2 AZR 51/02, NZA 2003, 1193, 1195.

[1546] BAG, Beschl. v. 29.6.2004 - 1 ABR 21/03, NZA 2004, 1278, 1281.

[1547] BAG, Urt. v. 22.9.2016 – 2 AZR 848/15, Rn. 30, NZA 2017, 112, 114 f.

wachungsmaßnahme erforderlich war, ist der Eingriff auch in das allgemeine Persönlichkeits-recht gerechtfertigt.[1548] Werden Zufallsfunde erlangt, durch die Straftaten auch solcher Perso-nen aufgedeckt werden, die nicht originärer Auslöser der ursprünglichen Überwachungsmaß-nahme waren, so dürfen diese nach § 26 Abs. 1 S. 1 BDSG verwendet werden.[1549] Dem steht auch § 26 Abs. 1 S. 2 BDSG nicht entgegen, da dieser eine Dokumentation des Verdachts nur insoweit verlangt, als eine Maßnahme „zur" Aufdeckung von Straftaten erfolgt.[1550] Ist eine Maßnahme grundsätzlich zulässig, so sind unvermeidbare Eingriffe in das allgemeine Persön-lichkeitsrecht der ebenfalls betroffenen Beschäftigten gerechtfertigt.[1551]

6.2.3.8.4 Räumliche und zeitliche Begrenzung

Außerdem ist neben einer funktionalen Begrenzung auch eine räumliche und eine zeitliche Be-grenzung der Überwachungsmaßnahme erforderlich.[1552]

6.2.3.8.5 Art der Daten

Auch wenn das BVerfG im Volkszählungsurteil festgestellt hat, dass es aufgrund der automa-tisierten Datenverarbeitung sowie der damit verbundenen Verknüpfungs- und Korrelations-möglichkeiten kein „belangloses" Datum mehr gibt[1553], so ist es nach der Rechtsprechung des BAG doch erheblich, welche Umstände und Inhalte der Kommunikation erfasst werden können und welche Nachteile Grundrechtsträgern aus der Überwachungsmaßnahme drohen oder von ihnen nicht ohne Grund befürchtet werden.[1554] Bereits das BVerfG hat im Volkszählungsurteil festgestellt, dass die Frage, inwieweit Informationen sensibel sind, nicht danach zu beurteilen ist, ob ein Datum intime Vorgänge betrifft, sondern es sind die persönlichkeitsrechtliche Be-deutung des Datums sowie der Verwendungszusammenhang entscheidend.[1555] Das BAG spricht insofern von der „Persönlichkeitsrelevanz" der erfassten Informationen.[1556]

Die Intim- oder Privatsphäre darf durch eine heimliche Überwachungsmaßnahme nicht betrof-fen sein, sondern sie darf sich nur auf Bereiche erstrecken, die dem arbeitsvertraglichen Wei-sungsrecht unterliegen.[1557] Die Intimsphäre darf niemals betroffen werden und wird durch den 2015 eingeführten § 201a StGB strafrechtlich geschützt.[1558] Die Überwachung von Umkleide-kabinen, Toilettenräumen oder geschlossenen Sanitärbereichen ist damit strafrechtlich bewehrt unzulässig.[1559]

[1548] BAG, Urt. v. 22.9.2016 – 2 AZR 848/15, Rn. 31, NZA 2017, 112, 115.

[1549] BAG, Urt. v. 22.9.2016 – 2 AZR 848/15, Rn. 37 f., NZA 2017, 112, 115

[1550] BAG, Urt. v. 22.9.2016 – 2 AZR 848/15, Rn. 31, NZA 2017, 112, 115.

[1551] BAG, Urt. v. 22.9.2016 – 2 AZR 848/15, Rn. 39, NZA 2017, 112, 115.

[1552] BAG, Urt. v. 27.3.2003 – 2 AZR 51/02, NZA 2003, 1193, 1195.

[1553] BVerfGE 65, 1, 45 – Volkszählungsurteil.

[1554] BAG, Urt. v. 27.3.2003 – 2 AZR 51/02, NZA 2003, 1193, 1195; BAG, Beschl. v. 26.8.2008 – 1 ABR 16/07, Rn. 21, NZA 2008, 1187, 1190.

[1555] BVerfGE 65, 1, 45 – Volkszählungsurteil.

[1556] BAG, Beschl. v. 26.8.2008 – 1 ABR 16/07, Rn. 21, NZA 2008, 1187, 1190.

[1557] BAG, Urt. v. 27.3.2003 – 2 AZR 51/02, NZA 2003, 1193, 1195; BAG, Beschl. v. 29.6.2004 – 1 ABR 21/03, NZA 2004, 1278, 1281.

[1558] *Maschmann*, NZA-Beilage 2018, 115, 121.

[1559] *Maschmann*, NZA-Beilage 2018, 115, 121; BT-Drs. 15/2466, der sich jedoch nicht speziell auf die Überwa-chung im Beschäftigungsverhältnis bezieht.

6.2.3.8.6 Dauer

Die Dauer der Überwachungsmaßnahme spielt im Zuge der Verhältnismäßigkeitsprüfung ebenfalls eine Rolle.[1560] Hinsichtlich der Dauer der Überwachung verwies das BAG für die Videoüberwachung auf § 163 f StPO, der die längerfristige Observation vorerst auf einen Monat begrenzt.[1561] Zwar macht das BAG deutlich, dass für die private Überwachung nicht dieselben Grundsätze gelten können wie für die staatliche Überwachung.[1562] Allerdings können zum einen die für Private geltenden Grundsätze nicht wesentlich über staatliche Maßnahmen hinausgehen, zum anderen wird hieraus die besondere Bedeutung der Dauer für die Eingriffsintensität deutlich.[1563] Das BAG hat in einer Betriebsvereinbarung zur Videoüberwachung zur Aufklärung einer konkreten Straftat eine zeitliche Obergrenze von vier Wochen als zulässig erachtet, wobei in einem obiter dictum davon die Rede ist, dass sie auch über einen längeren Zeitraum erforderlich sein könnte.[1564] Zu beachten ist, dass es sich hierbei um eine Obergrenze handelt. Grundsätzlich ist die Dauer stets auf das erforderliche Maß zu beschränken.[1565]

Diese Anforderung ergibt sich unabhängig von der Rechtsprechung des BAG aus dem Grundsatz der Datenminimierung (Art. 5 Abs. 1 lit. c DSGVO) sowie dem Grundsatz der Speicherbegrenzung (Art. 5 Abs. 1 lit. e DSGVO).

6.2.3.8.7 Art der Durchführung

Eine Überwachungsmaßnahme muss auch in der Art ihrer Durchführung ultima ratio sein.[1566] Werden investigative Maßnahmen, wie beispielsweise eine Spindkontrolle, in Anwesenheit des Betroffenen, also offen, durchgeführt, so kann dieser auch auf die Art und Weise der Durchsuchung Einfluss nehmen oder diese ganz abwenden, indem er freiwillig kooperiert und z.B. die gesuchten Gegenstände herausgibt.[1567] Hieraus wird deutlich, dass die technisch-organisatorische Ausgestaltung von besonderer Bedeutung für die Zulässigkeit einer Maßnahme ist. Aus diesem Grund sind beispielsweise auch Screenings nicht pauschal als unrechtmäßig zu bewerten, sondern es ist stets die konkrete Ausgestaltung mit in die Betrachtung einzubeziehen.

6.2.3.8.8 Zahl der an dem Eingriff beteiligten Personen

Das BAG hat klargestellt, dass ein Eingriff umso intensiver ist, je mehr Personen an dem Eingriff ohne Einwilligung des Betroffenen beteiligt sind.[1568] In Rede stand der Fall, dass eine rechtswidrige heimliche Spindkontrolle stattfand, wobei der Arbeitgeber sich mitbestimmungswidrig mit zwei Mitgliedern des Betriebsrats absprach und einen der Betriebsratsmitglieder bei der Durchsuchung des Spinds hinzuzog.[1569] Die Beteiligung des Betriebsrat als „Interessenvertretung" der Beschäftigten bei Durchsuchungsmaßnahmen wird normalerweise als Schutzmaßnahme und positiver Aspekt für die Bewertung der Zulässigkeit erachtet.[1570] Zutreffend ist, dass die Hinzuziehung vertrauenswürdiger Zeugen zumindest vor Gericht die beweiskräftige Rekonstruktion des Sachverhalts erleichtern kann.[1571] Da genuine Funktion des Betriebsrats die

---

[1560] BAG, Beschl. v. 26.8.2008 – 1 ABR 16/07, Rn. 33, NZA 2008, 1187, 1191; BAG, Urt. v. 20.10.2016 - 2 AZR 395/15, Rn. 30, NZA 2017, 443, 446 f.

[1561] BAG, Beschl. v. 29.6.2004 – 1 ABR 21/03, NZA 2004, 1278, 1284.

[1562] BAG, Beschl. v. 29.6.2004 – 1 ABR 21/03, NZA 2004, 1278, 1284.

[1563] BAG, Beschl. v. 29.6.2004 – 1 ABR 21/03, NZA 2004, 1278, 1284.

[1564] BAG, Beschl. v. 26.8.2008 – 1 ABR 16/07, Rn. 33, 37, NZA 2008, 1187, 1191 f.

[1565] BAG, Beschl. v. 26.8.2008 – 1 ABR 16/07, Rn. 33, 37, NZA 2008, 1187, 1191 f.

[1566] BAG, Urt. v. 22.9.2016 – 2 AZR 848/15, Rn. 39, NZA 2017, 112, 115.

[1567] BAG, Urt. v. 20.6.2013 - 2 AZR 546/12, Rn. 31, NZA 2014, 143, 148.

[1568] BAG, Urt. v. 20.6.2013 - 2 AZR 546/12, Rn. 35; NZA 2014, 143, 148.

[1569] BAG, Urt. v. 20.6.2013 - 2 AZR 546/12, Rn. 35, NZA 2014, 143, 148.

[1570] *Brink*, jurisPR-ArbR 20/2013 Anm. 1.

[1571] *Brink*, jurisPR-ArbR 20/2013 Anm. 1.

Wahrung der Arbeitnehmerinteressen ist, ist überdies davon auszugehen, dass er eine Kontroll-funktion gegenüber dem Arbeitgebers bei Überwachungsmaßnahmen einnehmen kann.

Allerdings wird der Eingriff in die Privatsphäre der betroffenen Person durch die Hinzuziehung weiterer Personen vertieft und eine etwaige Verletzung des Grundrechts intensiviert.[1572]

6.2.3.8.9 Drohende Nachteile

Maßgeblich für die Eingriffsintensität ist weiterhin, welche über die Datenerhebung hinausge-henden Nachteile den Grundrechtsträgern auf Grund der Maßnahme drohen oder von ihnen nicht ohne Grund befürchtet werden.[1573] Die Eingriffsintensität nimmt mit der Möglichkeit der Nutzung der Daten für Folgeeingriffe zu sowie mit der Möglichkeit der Verknüpfung mit an-deren Daten, woraus weitere Maßnahmen resultieren können.[1574] Damit ist eine bloße Zutritts-kontrolle, die lediglich dazu dient, die Zutrittsberechtigung zu überprüfen, anders zu bewerten als beispielsweise der Einsatz von Software im Betrieb um ein strafbares Verhalten der dort Beschäftigten vorherzusagen, bei dem umfassende Nutzerprofile angelegt werden. Letztlich bringen aber alle Maßnahmen der Mitarbeiterüberwachung die Gefahr einer Abmahnung, Kün-digung oder gar strafrechtlichen Verfolgung mit sich. Gerade auch die Gefahr einer falschen Verdächtigung wohnt nahezu jeder Maßnahme inne. Aus diesem Grund ist die Quote der fal-schen Trefferfälle möglichst gering zu halten.

6.2.3.8.10   Unterscheidung zwischen Treffern und Nicht-Treffern sowie Bedeutung der Veranlassung

Hinsichtlich der Eingriffsintensität ist zunächst Treffern und Nicht-Treffern zu unterscheiden. Hinsichtlich der Nicht-Trefferfälle ist die Eingriffsintensität gering, da keine natürliche Person die gespeicherten Daten wahrnimmt. In seiner Entscheidung zur automatisierten Kennz-chenerfassung stellte das BVerfG fest, dass kein Eingriff in den Schutzbereich des Grundrechts auf informationelle Selbstbestimmung gegeben sei, wenn das Kennzeichen unverzüglich mit dem Fahndungsbestand abgeglichen worden sei und ohne weitere Auswertung sofort wieder gelöscht wurde.[1575] Wenn Datenerfassungen technisch wieder spurenlos, anonym und ohne die Möglichkeit, einen Personenbezug herzustellen, ausgesondert werden, stellten sie keine Ge-fährdung für das Recht auf informationelle Selbstbestimmung dar.[1576] Diese Rechtsprechung wurde jedoch aufgegeben und mittlerweile begründen nach dem BVerfG automatisierte Kraft-fahrzeugkennzeichenkontrollen Eingriffe in das Grundrecht auf informationelle Selbstbestim-mung aller Personen, deren Kennzeichen in die Kontrolle einbezogen wurden, auch wenn das Ergebnis zu einem "Nichttreffer" führte und die Daten sogleich gelöscht wurden.[1577] Durch die Kennzeichenkontrolle würden die betroffenen Personen einer staatlichen Maßnahme unterzo-gen und ein spezifisch verdichtetes behördliches Interesse ihnen gegenüber zum Ausdruck ge-bracht.[1578] Eine Eingriffsmaßnahme sei unabhängig von ihrem Ergebnis zu beurteilen.[1579] Den-noch sah es das BVerfG als eingriffsmindernd an, dass die Kontrolle gegenüber der ganz über-wiegenden Zahl der Betroffenen mit keinerlei unmittelbar beeinträchtigenden Folgen verbun-den sei und keine Spuren hinterlasse, dass der Datenabgleich in Sekundenschnelle durchgeführt

---

[1572] *Brink,* jurisPR-ArbR 20/2013 Anm. 1.

[1573] BVerfGE 120, 378, 403 - Automatisierte Kennzeichenerfassung; BVerfGE 100, 313, 376 - Telekommunika-tionsüberwachung I; BVerfGE 113, 348, 382 - Vorbeugende Telekommunikationsüberwachung.

[1574] BVerfGE 120, 378, 403 - Automatisierte Kennzeichenerfassung; BVerfGE 100, 313, 376 - Telekommunika-tionsüberwachung I; BVerfGE 113, 348, 382 - Vorbeugende Telekommunikationsüberwachung.

[1575] BVerfGE 120, 378, 397 - Automatisierte Kennzeichenerfassung.

[1576] BVerfGE 120, 378, 398 - Automatisierte Kennzeichenerfassung.

[1577] BVerfGE 150, 244 (Ls. 1) – Kennzeichenkontrollen Bayern.

[1578] BVerfGE 150, 244, 268 – Kennzeichenkontrollen Bayern.

[1579] BVerfGE 150, 244, 269 – Kennzeichenkontrollen Bayern.

werde und die erfassten Daten im Nichttrefferfall sofort vollständig wieder gelöscht werden, ohne einer Person bekannt zu werden.[1580]

Das BVerfG misst der Streubreite von Maßnahmen eine besondere Bedeutung bei, weil unter Umständen eine große Zahl Unschuldiger miterfasst wird.[1581] Damit bewegt man sich in Richtung einer Generalverdächtigung der Arbeitnehmer.[1582] Daher muss bereits die Datenbasis sorgfältig ausgewählt werden, indem nach Möglichkeit beispielsweise von vornherein nur besonders verdächtige Datenbanken im Unternehmen durchsucht werden.[1583] Eine Totalüberwachung von Arbeitnehmern ist nicht gerechtfertigt.[1584] Selbst für die Nicht-Trefferfälle entsteht nämlich durch die ständige Überwachung ein Überwachungs- und Anpassungsdruck.[1585]

Außerdem kann der Arbeitgeber hinsichtlich der Nicht-Trefferfälle den Rückschluss ziehen, dass diese dem Muster, nach welchem die Anomalieerkennung durchgeführt wird, nicht unterfallen, was auf einfachgesetzlicher Ebene ein personenbezogenes Datum darstellt, sodass der Effekt einer abstrakten Verhaltenskontrolle verbleibt.[1586] Hiermit ist ein für Überwachungsmaßnahmen typischer Überwachungsdruck verbunden.[1587]

Was die Eingriffsschwellen anbelangt, so hat das Bundesverfassungsgericht ausgeführt, dass die Grundrechte den Einzelnen vor einer Generalverdächtigung schützen.[1588] Eingriffe in das Recht auf informationelle Selbstbestimmung und das IT-Grundrecht bedürfen eines hinreichenden Anlasses.[1589] Überträgt man dies wie *Heinson* auf interne Ermittlungen, so ist stets ein konkreter Verdacht erforderlich.[1590] Eine Auswertung dürfte niemals stattfinden, um einen Verdacht zu generieren.[1591]

Andererseits kann die Auswahl besonderer Risikogruppen mit dem Ziel der Überwachung nur besonders „verdächtiger" Beschäftigter mit einer Stigmatisierung verbunden sein, da gerade diesen unterstellt wird, sich verdächtig zu verhalten.[1592] Insofern gilt: „Wer alle gleichbehandelt, verdächtigt niemand besonders".[1593] Dennoch wird in gefahrgeneigten Bereichen, in denen es erfahrungsgemäß öfter zur Begehung von Straftaten kommt, eine Überwachung leichter zu rechtfertigen sein. Eine Stigmatisierung einzelner Beschäftigter oder von Gruppen von Beschäftigten ist hiermit nicht verbunden, da sich die Notwendigkeit einer Überwachung aus der Tätigkeit ergibt.

In letzter Konsequenz würde die Pflicht, nur bestimmte Personen zu überwachen, die einen Anlass dazu gesetzt haben, dazu führen, dass Screenings zu rein präventiven Zwecken faktisch

---

[1580] BVerfGE 150, 244, 283 – Kennzeichenkontrollen Bayern.

[1581] BVerfGE 115, 320, 354, 356 – Rasterfahndung II; BVerfG, Beschl. v. 8.6.2016 - BvQ 42/15, NVwZ 2016, 1240, 1241; *Heinson* 2015, 340, 342; *Heinson*, BB 2010, 3084, 3086; BVerfGE 150, 244, 283 – Kennzeichenkontrollen Bayern.

[1582] BVerfGE 115, 320, 347 – Rasterfahndung II.

[1583] *Heinson*, BB 2010, 3084, 3087.

[1584] *Traut*, RDV 2014, 119, 124.

[1585] Zur Videoüberwachung unter Übernahme der Rechtsprechung des BVerfG vgl. BAG, Beschl. v.29.6.2004 - 1 ABR 21/03, NZA 2004, 1278, 1284.

[1586] *Traut*, RDV 2014, 119, 123.

[1587] Zur Videoüberwachung unter Übernahme der Rechtsprechung des BVerfG vgl. BAG, Beschl. v.29.6.2004 - 1 ABR 21/03, NZA 2004, 1278, 1284.

[1588] BVerfGE 115, 320, 354 – Rasterfahndung II.

[1589] BVerfGE 120, 378, 402 - Automatisierte Kennzeichenerfassung.

[1590] BVerfGE 115, 320, 360 – Rasterfahndung II.

[1591] *Heinson* 2015, 337.

[1592] *Thüsing/Granetzny*, in: Thüsing, Beschäftigtendatenschutz und Compliance, 3. Auflage 2021, § 8, Rn. 6.

[1593] *Thüsing/Granetzny*, in: Thüsing, Beschäftigtendatenschutz und Compliance, 3. Auflage 2021, § 8, Rn. 6.

ausgeschlossen wären, da es in ihrer Natur als Vorfeldmaßnahmen liegt, verdachtsbegründende Tatsachen aufzuspüren, ohne dass bereits ein Verdacht besteht.[1594]

Dies spiegelt sich aber nicht im Gesetz wider. Zwar wird man nicht so weit gehen können, dass selbst § 26 Abs. 1 S. 2 BDSG nur zu dokumentierende tatsächliche Anhaltspunkte für die Begehung einer Straftat fordert, nicht jedoch, dass ein solcher Verdacht tatsächlich besteht.[1595] Denn immerhin wird verlangt, dass bestimmte tatsächliche Anhaltspunkte vorliegen. Dann muss denknotwendig auch ein Anfangsverdacht gegeben sein, es werden lediglich keine besonderen Anforderungen an einen bestimmten Verdachtsgrad gestellt.[1596]

Allerdings bestimmt sich die Zulässigkeit eines präventiven Screenings nach § 26 Abs. 1 S. 1 BDSG, der keine Einschränkungen auf bestimmte Arten präventiver Ermittlungsmaßnahmen vorsieht und seinem Wortlaut nach im Gegensatz zu § 26 Abs. 1 S. 2 BDSG keine tatsächlichen Anhaltspunkte als Voraussetzung für präventive Maßnahmen fordert.

Die Intensität des Grundrechtseingriffs für die Personen, die sich gesetzeskonform verhalten, aber dennoch von der Überwachungsmaßnahme betroffen sind, hält sich zudem in Grenzen. Zwar besteht ein nicht zu verleugnender Überwachungsdruck, allerdings wirkt es sich nach der Rechtsprechung des BVerfG eingriffsmindernd aus, dass zumindest bei der Anomalieerkennung die Daten der Nicht-Trefferfälle sofort wieder gelöscht werden.

Eine davon zu unterscheidende Frage ist für repressive Screenings die Frage, wie konkret der Verdacht sein muss. Dies hängt von den Umständen des Einzelfalls ab und ist einer pauschalen Betrachtung nicht zugänglich.[1597] Je gewichtiger jedoch der drohende Verstoß ist, desto geringere Anforderungen dürfen an den Verdachtsgrad gestellt werden.[1598] Dem kann man entnehmen, dass auch präventive Screenings nach § 26 Abs. 1 S. 1 BDSG eben nicht vorgenommen werden dürfen, um bloße Bagatellen aufzudecken, und möglichst treffgenau ausgestaltet werden müssen.[1599]

6.2.3.8.11   Fazit

Zusammenfassend lässt sich der Rechtsprechung entnehmen, dass Überwachungsmaßnahmen sowohl zu präventiven als auch zu repressiven Zwecken infrage kommen und zwar sowohl was die Aufdeckung von Straftaten als auch von Pflichtverletzungen anbelangt. Es kommt hier entscheidend auf die technische Ausgestaltung an.[1600] Das BAG rekurriert zum einen auf die Rechtsprechung des BVerfG zu diversen staatlichen Überwachungsmaßnahmen, zum anderen auf die – freilich wiederum daraus abgeleiteten – hergebrachten eigenen Grundsätze zur Videoüberwachung, wenn es um die Zulässigkeit von Überwachungsmaßnahmen im Beschäftigungsverhältnis geht. Dies mag einerseits daran liegen, dass hierzu bereits eine – zumindest im Vergleich zu anderen Überwachungsmaßnahmen – umfangreiche Kasuistik besteht und die Rechtsprechung dazu als einigermaßen gefestigt gelten kann. Zum anderen sollte aber in § 32 Abs.1 S. 2 BDSG a.F., der sich an § 100 Abs. 1 S. 3 TKG a.F. orientierte, die Rechtsprechung des BAG zu Überwachungsmaßnahmen, welche sich bis zum Erlass des § 32 BDSG a.F. auf Videoüberwachung konzentrierte und insbesondere in den grundsätzlichen Ausführungen des BAG, Urt. v. 27.03.2003 – 2 AZR 51/02 seinen Niederschlag fand, kodifiziert werden.[1601] Diese

---

[1594]*Heinson* 2015, 340, unter Verweis u.a. auf BVerfGE 115, 320, 361 – Rasterfahndung II, in der das BVerfG Ermittlungen ohne konkreten Anlass für unzulässig erklärt.

[1595] *Traut*, RDV 2014, 119, 123.

[1596] Siehe hierzu 6.2.3.5.1.

[1597] *Heinson* 2015, 339.

[1598] BVerfGE 115, 320, 360 f. – Rasterfahndung II; BT-Drs. 16/3657, 21.

[1599] *Traut*, RDV 2014, 119, 124.

[1600] BAG, Urt. v. 27.7.2017 – 2 AZR 681/16, Rn. 31, NZA 2017, 1327, 1330 f.

[1601] BT-Drs. 16/13657, 21; BAG, Urt. v. 20.6.2013 - 2 AZR 546/12, Rn. 26, NZA 2014, 143, 146.

Grundsätze sollten nach der Gesetzesbegründung allerdings nicht zu einer Änderung der Rechtsprechung führen, sondern lediglich zusammengefasst werden.[1602] Die Interessen von Arbeitgeber und Arbeitnehmer sind gegeneinander abzuwägen. Da es sich bei der Anomalieerkennungssoftware um eine verdachtsunabhängige Kontrollmaßnahme handelt, ist zu beachten, dass eine Totalüberwachung der Arbeitnehmer unzulässig ist.[1603] Stattdessen sollen lediglich verdachtsunabhängige, periodisch wiederkehrende Stichprobenkontrollen zulässig sein.[1604]

Im Unterschied zu einem vom BAG zu beurteilenden Fall der Überwachung der Leistungsfähigkeit der Mitarbeiter[1605] ist die Überwachung im Wege der Anomalieerkennung aber nur punktuell, selbst wenn von ihr auch Nicht-Trefferfälle erfasst werden. Denn anders als bei dem dort zu entscheidenden Fall liegt gerade keine auf technischem Wege erfolgende Ermittlung und Aufzeichnung von Informationen über Arbeitnehmer bei der Erbringung ihrer Arbeitsleistung vor, die die Gefahr in sich birgt, dass sie zum Objekt einer Überwachungstechnik gemacht werden, die anonym personen- oder leistungsbezogene Informationen erhebt, speichert, verknüpft und sichtbar macht.[1606] Vielmehr werden Daten in SIEM-Systemen regelmäßig lediglich durch bestimmte Sensoren erhoben, welche so angelegt sein müssen, dass sie weder eine umfassende Leistungs- und Verhaltenskontrolle ermöglichen, noch die Daten zusammenführen und in Nicht-Trefferfällen sichtbar machen dürfen.

Auch die zur Videoüberwachung entwickelten Grundsätze sind nicht unbesehen übertragbar, da der Überwachungsdruck nicht vergleichbar ist.[1607] Denn durch Videoaufzeichnungen kann potenziell jede Verhaltensweise inklusive Mimik, Gestik und privater Momente festgehalten werden.[1608] Soweit Sensoren eingesetzt werden, die eine Videoüberwachung ermöglichen, müssen freilich die besonderen Voraussetzungen der Videoüberwachung im Beschäftigungsverhältnis eingehalten werden.

Überdies ist auch kein konkreter Anlass im Sinne eines konkreten Verdachts für Screenings mit präventiver oder gemischt präventiv-repressiver Zielrichtung zu fordern. Zu weit geht allerdings die Auffassung, die es als ausreichend ansieht, wenn nach der allgemeinen Lebenserfahrung Verstöße vorkommen können, die mit dem Screening bekämpft werden können.[1609] Richtigerweise wird man eine Abwägung im konkreten Einzelfall vornehmen müssen, wobei schon auf Ebene der Erforderlichkeit überlegt werden muss, ob alternative, weniger einschneidende Mittel in Betracht kommen. Eine Software kann als SIEM-System fungieren und Daten z.B. zur Zutrittskontrolle loggen, aber auch schlicht die Anmeldung eines Users an seinem Arbeits-PC. Die Anomalieerkennung darf nicht dazu eingesetzt, Bagatellverstöße aufzudecken und Mitarbeiter deswegen zu maßregeln, sondern vielmehr dient sie zur Aufdeckung von Straftaten. Sofern es sich um eine Software handelt, die in besonders bedeutsamen Sektoren, etwa im Bereich der Werksfeuerwehren eingesetzt wird, besteht ein gesteigertes Interesse dahingehend, dass die Funktionsfähigkeit des Systems nicht durch Angriffe, wie digitalen Vandalismus, gestört wird. In der Natur der Anomalieerkennung liegt es, nach Möglichkeit nur Trefferfälle aufzudecken und zur Kenntnis des Arbeitgebers zu bringen, wobei natürlich zu berücksichtigen

---

[1602] BT-Drs. 16/13657, 21; BAG, Urt. v. 20.6.2013 - 2 AZR 546/12, Rn. 26, NZA 2014, 143, 146.

[1603] BAG, Beschl. v. 25.4.2017 – 1 ABR 46/15, NZA 2017, 1205 zur dauerhaften Überwachung der Produktivität.

[1604] *Kock/Francke*, NZA 2010, 646, 648.

[1605] BAG, Beschl. v. 25.4.2017 – 1 ABR 46/15, NZA 2017, 1205.

[1606] BAG, Beschl. v. 25.4.2017 – 1 ABR 46/15, Rn. 20, NZA 2017, 1205, 1209.

[1607] *Traut*, RDV 2014, 119, 125.

[1608] *Pötters/Traut*, RDV 2014, 132, 133 ff.

[1609] *Traut*, RDV 2014, 119, 125; *Diller*, BB 2009, 438, 439.

ist, dass auch fälschlicherweise als Treffer eingeordnete Fälle möglich sind. Die Treffgenauigkeit muss deshalb möglichst hoch sein.

Ferner sind auch umfassende Verhaltens- oder Persönlichkeitsanalysen möglich, da keine großen Datenmengen aus diversen Bereichen mit einbezogen werden. Die Intimsphäre des Beschäftigten darf nicht berührt werden, sondern es dürfen lediglich Daten des Berufslebens in das Screening punktuell mit einbezogen werden.[1610] So dürfen etwa keinesfalls personenbezogene Daten über Toilettenbesuche in das Screening mit einbezogen werden.

Es kann sogar als durch das Verhältnismäßigkeitsprinzip geboten angesehen werden, ein Datenscreening vorzuschalten, um dann konkreten Verdachtsfällen nachzugehen.[1611] Nichts anderes setzt aber die Anomalieerkennung technisch um.

Eine Zutrittskontrolle durch Aufsichtspersonen oder gar eine Taschenkontrolle, um etwa den Diebstahl von Betriebsmitteln aufzudecken, wären auch keine mildere Alternative, da hier aufgrund der bewussten Wahrnehmung der Betroffenen Stichproben willkürlich ausgewählt und überprüft würden, so dass der Eingriff sogar schwerer wiegen kann, da der Arbeitgeber diese auswählt und die von der Stichprobe Betroffenen dem Arbeitgeber bewusst zur Kenntnis gelangen, während dies bei einem automatisierten Datenabgleich nicht der Fall ist. Auch hier hätte die überwiegende Zahl der Mitarbeiter keinen Anlass für die Überprüfung gesetzt, während Ziel der Anomalieerkennung ist, eben nur solche Fälle aufzudecken, die eine schwere Vertragspflichtverletzung oder eine Straftat zum Gegenstand haben.

Auch der letztlich gescheiterte Entwurf des § 32d Abs. 3 BDSG-E sah vor, in einem ersten Schritt aufgrund anonymisierter oder pseudonymisierter Daten abzugleichen und im Falle eines Verdachtsfalls zu repersonalisieren. Gerade diese verhältnismäßige und damit zulässige Vorgehensweise wird aber versucht, mit der Anomalieerkennung technisch umzusetzen.

6.2.4 Videoüberwachung im Kontext von Screenings

Wie der Landesbeauftragte für Datenschutz der Freien Hansestadt Bremen feststellt, nimmt die Videoüberwachung im betrieblichen Umfeld „dramatisch" zu.[1612]

Grund dafür mag ihre weite Verbreitung als Instrument zur Kontrolle sein.[1613] Sie wird aber nicht nur zur Überwachung von Beschäftigten eingesetzt, sondern in Kaufhäusern, Supermärkten oder Tankstellen auch, um neben dem Schutz des Eigentums des Arbeitgebers vor Straftaten durch Kunden die Sicherheit der Beschäftigten zu gewährleisten.[1614] Schätzungen der Industrie zufolge waren bereits 1998 über 500.000 Videoüberwachungsanlagen im Arbeitsverhältnis im Einsatz.[1615]

Da Videosensorik vielfach auch in SIEM-Systemen verbaut ist, gelten hierfür die speziellen gesetzlichen Regelungen sowie die Anforderungen der Rechtsprechung des EGMR sowie des BAG.

Im Folgenden sollen die Anforderungen an die Rechtmäßigkeit der Videoüberwachung dargestellt werden.

[1610] *Traut*, RDV 2014, 119, 126.

[1611] *Traut*, RDV 2014, 119, 126.

[1612] https://www.datenschutz.bremen.de/datenschutztipps/orientierungshilfen_und_handlungshilfen/videoueberwachung_am_arbeitsplatz-15383 (zuletzt abgerufen am 01.09.2023).

[1613] *Seifert*, in: Simitis/Hornung/Spiecker gen. Döhmann, 2019, Art. 88 DSGVO, Rn. 134; *Tinnefeld/Viethen*, NZA 2003, 468, 471.

[1614] *Seifert*, in: Simitis/Hornung/Spiecker gen. Döhmann, 2019, Art. 88 DSGVO, Rn. 134; *Tinnefeld/Viethen*, NZA 2003, 468, 471.

[1615] *Tinnefeld/Viethen*, NZA 2003, 468, 471.

6.2.4.1 Die Rechtsprechung des EGMR zur Videoüberwachung

Die Zulässigkeit der Videoüberwachung war bereits Gegenstand der Rechtsprechung des EGMR.[1616]

6.2.4.1.1 Rs. Köpke/Deutschland

In der bereits 2010 entschiedenen Rs. *Köpke/Deutschland*[1617] erachtete der EGMR unter engen Voraussetzungen eine heimliche Videoüberwachung Beschäftigter für zulässig.[1618]

Der Entscheidung lag ein Sachverhalt aus dem Jahr 2002 zugrunde. Nachdem ein Arbeitgeber auf Unregelmäßigkeiten bei der Abrechnung aufmerksam geworden war und zwei Angestellte – unter anderem die Beschwerdeführerin – verdächtigte, Kassenbelege gefälscht zu haben, ließ er die Getränkeabteilung, in der die Arbeitnehmerinnen beschäftigt waren, heimlich per Video von einem Detektiv über einen Zeitraum von circa zwei Wochen für etwa 50 Stunden überwachen.

Der EGMR prüfte eine Verletzung von Art. 8 EMRK. Der Schutzbereich des Art. 8 Abs. 1 EMRK war eröffnet, da sich das dort explizit aufgeführte Schutzgut „Privatleben" auch auf Aspekte der persönlichen Identität, wie das Bild oder den Namen einer Person, bezieht.[1619] Da auf Anweisung des Arbeitgebers von der Beschwerdeführerin Bildmaterial angefertigt wurde, welches mehreren für den Arbeitgeber bzw. die beauftragte Detektei tätigen Personen zur Kenntnis gelangte und im arbeitsgerichtlichen Verfahren verwendet wurde, lag ein Eingriff in den Schutzbereich des Art. 8 EMRK vor.[1620]

Im Zuge der Prüfung der Rechtmäßigkeit des Eingriffs untersuchte der EGMR, ob der Staat der Beschwerdeführerin angemessenen Schutz im Hinblick auf die Videoüberwachung am Arbeitsplatz gewährt hatte.[1621] Zum für die Entscheidung maßgeblichen Zeitpunkt war der am 1.9.2009 in Kraft getretene, mit § 26 BDSG weitgehend inhaltsgleiche § 32 BDSG a.F. noch nicht geltendes Recht.[1622] Der EGMR sah es als ausreichend an, dass das BAG wichtige Grenzen hinsichtlich der Zulässigkeit der Videoüberwachung am Arbeitsplatz entwickelt hatte, um einen wirksamen Schutz vor willkürlichen Eingriffen in das allgemeine Persönlichkeitsrecht zu gewährleisten.[1623] Bei der Videoüberwachung am Arbeitsplatz handele es sich um keinen solch schweren Eingriff in das Privatleben, dass eine gesetzliche Regelung unerlässlich sei. Zu der Generalklausel des § 32 BDSG a. F. äußerte das Gericht sich lediglich dahingehend, dass die gesetzgeberische Regelung Folge der zunehmenden Sensibilität für den Schutz der Privatsphäre sei, der unerlässlich sei, um mit der Speicherung und Reproduktion von personenbezogenen Daten Schritt halten zu können, die aus dem Einsatz von neuen Kommunikationsmitteln resultiert.

[1616] Vgl. zum Beispiel EGMR, Urt. v. 5.10.2010 - 420/07 (Köpke/Deuschland).

[1617] Der deutschen Übersetzung und den nachstehenden Ausführungen liegt die deutsche Zusammenfassung des Urteils von *Schöpfer*, NLMR 2010, 335, sowie die englische Fassung des Urteils EGMR, Urt. v. 5.10.2010 - 420/07 (Köpke/Deuschland), abrufbar unter https://hudoc.echr.coe.int/eng#{%22itemid%22:[%22001-101536%22]} (zuletzt abgerufen am 01.09.2023).

[1618] Die folgenden Ausführungen entstammen dem Urteil des EGMR, Urt. v. 5.10.2010 - 420/07 (*Köpke/Deuschland*) wie sie durch *Schöpfer*, NLMR 2010, 335 ff. wiedergegeben werden.

[1619] EGMR, Urt. v. 5.10.2010 - 420/07 (Köpke/Deuschland), *Schöpfer*, NLMR 2010, 335, 336.

[1620] *Schöpfer*, NLMR 2010, 335, 336.

[1621] *Schöpfer*, NLMR 2010, 335, 336.

[1622] *Schöpfer*, NLMR 2010, 335, 336.

[1623] *Schöpfer*, NLMR 2010, 335, 336.

Bei der Prüfung des Eingriffs stuft der EGMR die heimliche Videoüberwachung als schwerwiegenden Eingriff in das Privatleben der Arbeitnehmer ein, weil eine reproduzierbare Dokumentation des Verhaltens stattfinde, der sie sich aufgrund ihrer arbeitsvertraglichen Verpflichtung nicht entziehen könnten.

Eingriffsmindernd wirkte sich aus, dass ein substantiierter Anfangsverdacht gegen zwei Beschäftigte vorlag und dass neben dieser personellen Begrenzung die Überwachung in zeitlicher Hinsicht auf einen Zeitraum von zwei Wochen begrenzt war.[1624] Überdies erstreckte sich die Videoüberwachung lediglich auf den Nahbereich der Kasse, der nicht speziell abgeschottet war, sondern der Öffentlichkeit zugänglich.[1625] Auch die strenge zweckgebundene Verwendung der Daten spielte eine Rolle. Denn diese wurden lediglich zur Auflösung des Arbeitsverhältnisses und für das arbeitsgerichtliche Verfahren verwendet.[1626] Außerdem hatte nur ein begrenzter Personenkreis Zugriff auf die erlangten visuellen Daten.[1627]

Der Gerichtshof prüfte, ob ein anderes gleichwertiges effektives Mittel zum Schutz der Eigentümerrechte (Art. 1, 1. Protokoll EMRK) vorlag, welches die Rechte der Beschäftigten auf Achtung ihres Privatlebens in einem geringeren Maße beeinträchtigen würde.[1628] Der Arbeitgeber konnte seine Eigentümerrechte aber im konkreten Fall nur wahren, indem er Beweise für das kriminelle Verhalten seiner Angestellten sammeln und bis zum Abschluss des rechtskräftigen Verfahrens aufbewahren konnte.[1629] Allerdings sollte im Rahmen der Interessenabwägung stets das Ausmaß, mit dem ein Eindringen in die Privatsphäre durch neue, immer weiter entwickelte Technologien möglich ist, beachtet werden.[1630]

Aus dem Urteil wird deutlich, dass der EGMR eine heimliche Videoüberwachung als Überwachungsmaßnahme grundsätzlich anerkennt, wenn es sich um das einzige verfügbare Mittel handelt, das dem Arbeitgeber zur Verfügung steht, um seine Eigentümerrechte zu wahren. Sie darf damit nur im Ausnahmefall zur Anwendung kommen. Überdies muss ein hinreichender Anfangsverdacht gegen einen abgegrenzten Kreis von Beschäftigten vorliegen. Eine dauerhafte Überwachung hält der EGMR für unzulässig.

Von Bedeutung für die Intensität des Eingriffs war die Begrenzung des Zugriffs auf das Videomaterial auf einen bestimmten Zweck und Personenkreis. Die konkrete technisch-organisatorische Ausgestaltung der Überwachungsmaßnahme ist also auch für den EGMR in die Betrachtung mit einzubeziehen.

Beachtenswert erscheint, dass der EGMR es – obwohl er feststellte, dass die heimliche Videoüberwachung einen schwerwiegenden Eingriff in das Recht auf Privatheit darstellt – es als ausreichend ansah, dass eine austarierte Rechtsprechung des BAG bestand und somit keine detaillierte gesetzliche Regelung der Videoüberwachung forderte.

Die zum damaligen Zeitpunkt noch nicht in Kraft getretene Generalklausel des § 32 Abs.1 BDSG a.F., welcher nach der gesetzgeberischen Intention die Rechtsprechung des BAG kodifizieren sollte, hätte damit den Ansprüchen des EGMR zum Zeitpunkt der Entscheidung genügt. Allerdings wies der EGMR bereits 2010 darauf hin, dass durchaus vor dem Hintergrund der fortschreitenden technischen Möglichkeiten eine andere Bewertung der Interessen möglich sei:

[1624] EGMR, Urt. v. 5.10.2010 - 420/07 (Köpke/Deuschland).

[1625] EGMR, Urt. v. 5.10.2010 - 420/07 (Köpke/Deuschland).

[1626] EGMR, Urt. v. 5.10.2010 - 420/07 (Köpke/Deuschland).

[1627] EGMR, Urt. v. 5.10.2010 - 420/07 (Köpke/Deuschland).

[1628] EGMR, Urt. v. 5.10.2010 - 420/07 (Köpke/Deuschland).

[1629] EGMR, Urt. v. 5.10.2010 - 420/07 (Köpke/Deuschland).

[1630] EGMR, Urt. v. 5.10.2010 - 420/07 (Köpke/Deuschland).

„The Court would observe, however, that the balance struck between the interests at issue by the domestic authorities does not appear to be the only possible way for them to comply with their obligations under the Convention. The competing interests concerned might well be given a different weight in the future, having regard to the extent to which intrusions into private life are made possible by new, more and more sophisticated technologies."[1631]

6.2.4.1.2 Rs. Bărbulescu/Rumänien[1632]

6.2.4.1.2.1   Entscheidung

Die Entscheidung *Bărbulescu/Rumänien* betrifft nicht die Videoüberwachung, sondern die Überwachung der E-Mail- und Internetnutzung am Arbeitsplatz. Das Urteil ist allerdings für das Verständnis der Rechtsprechung des EGMR von besonderer Bedeutung und bildet die Grundlage für nachfolgende Entscheidungen zur Videoüberwachung, die auf die hier entwickelten Kriterien referenzieren.

Es handelte sich um einen Fall, in dem eine anlasslose Überwachung des E-Mail-Verkehrs erfolgte und die Privatnutzung der dienstlichen E-Mail-Adresse durch den Arbeitgeber ausdrücklich untersagt war.

Der EGMR legte in der Entscheidung den Begriff „Korrespondenz" weit aus. In Fällen, die sich auf die Korrespondenz mit einem Anwalt bezogen, habe der EGMR nicht einmal in Betracht gezogen, dass der Schutzbereich wegen des professionellen Charakters nicht eröffnet sei.[1633] Telefongespräche seien von den Begriffen „Privatleben" und „Korrespondenz" erfasst und zwar auch dann, wenn Telefonate von Geschäftsräumen ausgeführt oder in solchen empfangen würden.[1634] Dies überträgt der Gerichtshof auf vom Arbeitsplatz verschickte E-Mails und die aus der Überwachung der Internetnutzung gewonnen Informationen.[1635] Das Senden und Empfangen von Kommunikation sei vom Begriff der „Korrespondenz" umfasst, auch wenn sie von einem Computer des Arbeitgebers aus verschickt werde und eine Anweisung des Arbeitgebers bestehe, jede persönliche Aktivität am Arbeitsplatz zu unterlassen.[1636]

Als Kriterium, um den Schutzbereich des Art. 8 EMRK zu bestimmen, prüft der Gerichtshof, ob die betroffenen Personen die vernünftige Erwartung haben durften, ihre Privatsphäre werde geachtet und geschützt.[1637] Als einen die berechtigte Erwartung prägenden Aspekt sah der Gerichtshof es an, ob der Arbeitnehmer vom Arbeitgeber über die Überwachung des Internets und der E-Mail informiert wurde.[1638] Obwohl Richtlinien existierten, die eine Privatnutzung des Internets untersagten, stellte der Gerichtshof fest, dass auch solche Richtlinien das private soziale Leben am Arbeitsplatz nicht auf null reduzieren könnten.[1639] Die Achtung des Privatlebens und der Vertraulichkeit der Korrespondenz bestünden weiter, selbst wenn sie eingeschränkt werden könnten, soweit dies notwendig sei.[1640]

[1631] EGMR, Urt. v. 5.10.2010 - 420/07 (Köpke/Deuschland).

[1632] Der folgende Abschnitt gibt die Übersetzung des Urteils in der Fassung des des NLMR 2017, 430 teilweise wörtlich wieder.

[1633] EGMR, Urt. v. 5.9.2017 – 61496/08 (Bărbulescu/Rumänien), Rn. 72, BeckRS 2017, 123332.

[1634] EGMR, Urt. v. 5.9.2017 – 61496/08 (Bărbulescu/Rumänien), Rn. 72, BeckRS 2017, 123332.

[1635] EGMR, Urt. v. 5.9.2017 – 61496/08 (Bărbulescu/Rumänien), Rn. 72, BeckRS 2017, 123332.

[1636] EGMR, Urt. v. 5.9.2017 – 61496/08 (Bărbulescu/Rumänien), Rn. 74, BeckRS 2017, 123332.

[1637] EGMR, Urt. v. 5.9.2017 – 61496/08 (Bărbulescu/Rumänien), Rn. 72, BeckRS 2017, 123332.

[1638] EGMR, Urt. v. 5.9.2017 – 61496/08 (Bărbulescu/Rumänien), Rn. 77, BeckRS 2017, 123332.

[1639] EGMR, Urt. v. 5.9.2017 – 61496/08 (Bărbulescu/Rumänien), Rn. 80, BeckRS 2017, 123332.

[1640] EGMR, Urt. v. 5.9.2017 – 61496/08 (Bărbulescu/Rumänien), Rn. 80, BeckRS 2017, 123332.

Speziell für die Überwachung der E-Mail- und Internetnutzung am Arbeitsplatz unterscheidet der EGMR zwischen der Überwachung des Kommunikationsflusses und des Inhalts der Kommunikation und erachtet letztere als deutlich invasivere Methode, die einer gewichtigeren Rechtfertigung bedarf.[1641] Aus diesem Grund ist beispielweise auch zu überprüfen, ob es weniger eingreifende Methoden gegeben hätte als den direkten Zugriff auf den Inhalt der Kommunikation des Beschäftigten, insbesondere auch, ob das vom Arbeitgeber vorgegebene Ziel auch ohne Zugang zum vollen Inhalt der Kommunikation hätte erreicht werden können.[1642] Der EGMR konkretisiert den Verhältnismäßigkeitsgrundsatz und gibt konkrete Punkte vor, die im Rahmen der Abwägung, welche für Art. 8 EMRK vorzunehmen ist, insbesondere von den innerstaatlichen Behörden zu berücksichtigen sind.[1643]

Namentlich sind dies folgende Aspekte:[1644]

- ob der Arbeitnehmer – ungeachtet verschiedener Möglichkeiten einer Information – über die Möglichkeit, dass der Arbeitgeber Maßnahmen zur Überwachung der Korrespondenz und anderer Kommunikation ergreifen könnte und über die Umsetzung einer solchen Überwachung im Voraus informiert wurde

- den Umfang der Überwachung und den Grad, in dem in die Privatsphäre des Arbeitnehmers eingedrungen wird; an dieser Stelle nimmt der EGMR die angesprochene Differenzierung zwischen der Überwachung des Kommunikationsflusses und des Inhalts der Kommunikation vor. Entscheidend sei auch, ob die gesamte Kommunikation überwacht wurde, ob sie zeitlich und räumlich begrenzt wurde und wie viele Personen Zugang zu den Ergebnissen der Überwachung hatten;

- ob der Arbeitgeber legitime Gründe zur Rechtfertigung der Überwachung der Kommunikation und des Zugangs zu ihrem eigentlichen Inhalt vorgebracht hat;

- ob es möglich gewesen wäre, ein weniger invasives Überwachungssystem einzurichten, das keinen direkten Zugriff auf den (vollen) Inhalt der Kommunikation der Arbeitnehmer erfordert

- die Konsequenzen der Überwachung für den betroffenen Arbeitnehmer und die Verwendung der Resultate der Überwachungsoperation durch den Arbeitgeber, insbesondere ob die Ergebnisse verwendet wurden, um das erklärte Ziel der Maßnahme zu erreichen;

- ob dem Arbeitnehmer angemessene Sicherungen eingeräumt wurden, insbesondere wenn die Überwachungsoperationen des Arbeitgebers von eingreifender Art waren. Solche Sicherungen sollten insbesondere gewährleisten, dass der Arbeitgeber keinen Zugang zum eigentlichen Inhalt der betroffenen Kommunikation hat, solange der Arbeitnehmer nicht im Vorhinein über diese Möglichkeit informiert worden ist. [...]

- Schließlich sollten die [...] Behörden sicherstellen, dass ein Arbeitnehmer, dessen Kommunikation überwacht wurde, Zugang zu einem Rechtsbehelf vor einem gerichtlichen Spruchkörper hat, der dafür zuständig ist, zumindest der Sache nach zu entscheiden, wie

---

[1641] EGMR, Urt. v. 5.9.2017 – 61496/08 (Bărbulescu/Rumänien), Rn. 121 (ii), (iii), BeckRS 2017, 123332.

[1642] EGMR, Urt. v. 5.9.2017 – 61496/08 (Bărbulescu/Rumänien), Rn. 121 (iv), BeckRS 2017, 123332.

[1643] EGMR, Urt. v. 5.9.2017 – 61496/08 (Bărbulescu/Rumänien), Rn. 121, BeckRS 2017, 123332; diese hat die Große Kammer des EGMR auch in der jüngeren Entscheidung EGMR (Große Kammer), Urt. v. 17.10.2019 – 1874/13, 8567/13 (López Ribalda ua / Spanien), NZA 2019, 1697, 1700, Rn. 116 herangezogen, um die Erfüllung der staatlichen Schutzpflichten zu prüfen.

[1644] EGMR, Urt. v. 5.9.2017 – 61496/08 (Bărbulescu/Rumänien), Rn. 121 ff., BeckRS 2017, 123332, NZA 2017, 1443, 1446.

die oben dargelegten Kriterien beachtet wurden und ob die umstrittenen Maßnahmen rechtmäßig waren.

6.2.4.1.2.2 Die Bedeutung der Unterrichtungspflicht

Nach dem Urteil des EGMR stellt sich die Frage, ob der Arbeitgeber nunmehr die Arbeitnehmer über entsprechende Überwachungsmaßnahmen im Vorhinein zu unterrichten hat.[1645] Eine solche Pflicht lässt sich jedoch weder dem deutschen Recht noch der Rechtsprechung des BAG entnehmen.[1646] Auch Art. 13 und 14 DSGVO verpflichten den Arbeitgeber als Verantwortlichen nicht, den Arbeitnehmer bereits im Vorfeld der Datenerhebung zu unterrichten.[1647] Art. 13 Abs. 1 DSGVO verpflichtet zur Information zum Zeitpunkt der Datenerhebung und Art. 14 Abs. 3 DSGVO nennt ebenfalls nur Zeitpunkte nach der Datenerhebung, zu denen informiert werden muss (Art. 14 Abs. 3 lit. a DSGVO: innerhalb einer angemessenen Frist nach Erlangung der personenbezogenen Daten; Art. 14 Abs. 3 lit. b DSGVO: spätestens zum Zeitpunkt der ersten Mitteilung; Art. 14 Abs. 3 lit. c DSGVO: spätestens zum Zeitpunkt der ersten Offenlegung).

Im vom EGMR zu entscheidenden Fall handelte es sich um eine Einzelfallentscheidung, die sich mit der anlasslosen Überwachung von Beschäftigten befasste. Eine Pflicht zur vorherigen Unterrichtung in jedem Fall der Überwachung ist abzulehnen und wohl auch nicht vom EGMR angestrebt.[1648] Ansonsten wäre es dem Arbeitgeber unmöglich, sein ebenfalls grundrechtlich durch die EMRK geschütztes Eigentumsrecht effektiv zu schützen. Dies anerkennt auch der EGMR, der eine heimliche Videoüberwachung von Arbeitnehmern durchaus für zulässig erachtet, wenn auch unter strengen Voraussetzungen.[1649] Die Große Kammer wich von dieser Rechtsprechung nicht ausdrücklich ab.[1650] Auch die 3. Sektion des Gerichtshofes forderte in einem später ergangenen Urteil zur heimlichen Videoüberwachung von Beschäftigten keine vorherige Unterrichtung auf die Entscheidung der Großen Kammer in der Rechtssache *Bărbulescu/Rumänien*.[1651] Vielmehr erfolgt an mehreren Stellen eine Bezugnahme auf die Rechtssache *Köpke/Deutschland*, in der der EGMR die heimliche Videoüberwachung unter strengen Voraussetzungen für zulässig erachtet hatte.[1652]

6.2.4.1.3 Rs. Antović und Mirković/Montenegro [1653]

In der Rs. *Antović und Mirković/Montenegro* wurden sieben Hörsäle einer Universität sowie der Bereich vor dem Büro des Dekans auf seine Veranlassung hin überwacht. In der Entscheidung des Dekans wurde darauf hingewiesen, dass die Videoüberwachung mit dem Ziel der Gewährleistung der Sicherheit des Eigentums und der Personen, insbesondere auch der der Studierenden und zur Überwachung der Lehrtätigkeit erfolgte. Der Zugang zu dem Überwachungsmaterial sei durch Codes geschützt, die nur dem Dekan bekannt seien und die gesammelten Daten sollte für einen Zeitraum von einem Jahr aufbewahrt werden.

[1645] Hierzu umfassend *Seifert*, EuZA 2018, 502, 509.

[1646] *Seifert*, EuZA 2018, 502, 509.

[1647] *Seifert*, EuZA 2018, 502, 509.

[1648] *Seifert*, EuZA 2018, 502, 509.

[1649] *Seifert*, EuZA 2018, 502, 509.

[1650] *Seifert*, EuZA 2018, 502, 509.

[1651] *Seifert*, EuZA 2018, 502, 509; EGMR, Urt. v. 9.1.2018 – 1874/13 und 8567/13 (López Ribalda und andere/Spanien).

[1652] EGMR, Urt. v. 9.1.2018 – 1874/13 und 8567/13 (López Ribalda und andere/Spanien), Rn. 67 ff.

[1653] Die für die Analyse verwendete Übersetzung basiert auf der deutschen Zusammenfassung des ÖIM, abrufbar unter https://hudoc.echr.coe.int/eng#{%22languageiso-code%22:[%22GER%22],%22appno%22:[%2270838/13%22],%22documentcollectio-nid2%22:[%22CHAMBER%22],%22itemid%22:[%22001-188640%22]}

Der EGMR verweist zunächst darauf, dass er bereits vor der Entscheidung mehrmals betont hat, dass berufliche Aktivitäten und Aktivitäten, die im öffentlichen Bereich stattfinden, vom Begriff des „Privatlebens" in Art. 8 EMRK erfasst sind.[1654] Gerade im beruflichen Leben haben die meisten Menschen eine bedeutende, wenn nicht sogar die größte Möglichkeit, Beziehungen mit der Außenwelt zu entwickeln, wobei nicht immer klar unterscheidbar ist, welche Aktivitäten dem Berufs- oder Geschäftsleben zuzurechnen sind und welche nicht.[1655]

Als Abgrenzungskriterium zieht der EGMR das Kriterium der „berechtigten Privatheitserwartung" heran, wobei dieses ein bedeutsames, wenngleich nicht das alleinige Abgrenzungskriterium ist.[1656] Bei Hörsälen handelt es sich um Arbeitsplätze von Lehrpersonen, in denen diese nicht nur Studierenden unterrichten, sondern in denen auch soziale Interaktion mit diesen stattfindet.[1657] Die betroffenen Personen gestalten auf diesem Wege ihre soziale Identität, und es entwickeln sich wechselseitige Beziehungen.[1658] Auch wenn Vorschriften des Arbeitgebers existieren, die bezüglich des privaten sozialen Lebens restriktiv ausgestaltet sind, können sie dieses nicht auf null reduzieren, sodass die Achtung des Privatlebens weiterbesteht.[1659] Da die Videoüberwachung mit einer aufgezeichneten und reproduzierbaren Dokumentation des Verhaltens einhergeht, bedeutet sie, auch wenn sie offen durchgeführt wird, einen erheblichen Eingriff in das Privatleben der betroffenen Personen.[1660]

Im konkreten Fall waren die Voraussetzungen der innerstaatlichen Rechtsvorschriften, die eine Videoüberwachung an bestimmte Ziele wie die Sicherheit des Eigentums oder der von Menschen knüpften, schon nicht eingehalten, weshalb Art. 8 EMRK verletzt war.[1661] Die Überwachung der Lehrtätigkeit war von vornherein nicht als zulässiges Ziel einer Überwachung im nationalstaatlichen Recht vorgesehen.[1662]

6.2.4.1.4 Rs. Lopez Ribalda

An der *Rs. Lopez Ribalda u.a./Spanien* wird besonders deutlich, dass ein Fehlen gesetzlicher Regelungen zu Rechtsunsicherheit führt und dass eine unterschiedliche Gewichtung der Kriterien, die herangezogen werden, um die Intensität eines Grundrechtseingriffs zu bestimmen, zur Zulässigkeit oder eben zur Unzulässigkeit einer Maßnahme führen kann.

Zunächst war die 3. Kammer des EGMR mit dem Fall befasst und stellte mit einer Mehrheit von sechs Stimmen zu einer Stimme fest, dass eine Verletzung des Art. 8 EMRK vorlag. Die Große Kammer des EGMR hingegen bewertete dieselbe Frage unter Heranziehung derselben Abwägungskriterien anders.

[1654] EGMR, Urt. v. 28.11.2017 – 70838/13 (*Antović and Mirković/Montenegro*), Rn. 42; EGMR (Große Kammer), Urt. v. 17.10.2019 – 1874/13, 8567/13 (*López Ribalda u.a./Spanien*), NUA 2019, 1697, 1699, Rn. 88.

[1655] EGMR, Urt. v. 28.11.2017 – 70838/13 (*Antović and Mirković/Montenegro*), Rn. 42.

[1656] EGMR, Urt. v. 28.11.2017 – 70838/13 (*Antović and Mirković/Montenegro*), Rn. 43.

[1657] EGMR, Urt. v. 28.11.2017 – 70838/13 (*Antović and Mirković/Montenegro*), Rn. 44.

[1658] EGMR, Urt. v. 28.11.2017 – 70838/13 (*Antović and Mirković/Montenegro*), Rn. 44.

[1659] EGMR, Urt. v. 28.11.2017 – 70838/13 (*Antović and Mirković/Montenegro*), Rn. 44.

[1660] EGMR, Urt. v. 28.11.2017 – 70838/13 (*Antović and Mirković/Montenegro*), Rn. 44, 55; kritisch hierzu die abweichende Meinung der Richter Spano, Bianku und Kjolbro, Rn. 9 ff, die zwischen der Videoüberwachung als solcher und anderen Verarbeitungsschritten wie dem Aufzeichnen, Verarbeiten oder anderen möglichen Datenverwendungen unterscheiden wollen und davon ausgehen, dass ein Lehrtätiger im Hörsaal – anders als in seinem Büro – nur eine sehr eingeschränkte Privatheitserwartung haben dürfe (Rn. 12).

[1661] EGMR, Urt. v. 28.11.2017 – 70838/13 (*Antović and Mirković/Montenegro*), Rn. 56 ff.

[1662] EGMR, Urt. v. 28.11.2017 – 70838/13 (*Antović and Mirković/Montenegro*), Rn. 59.

6.2.4.1.4.1　Die Entscheidung der 3. Kammer des EGMR, Urt. v. 9.1.2018 - 1874/13, 8567/13

In der *Rs. Lopez Ribalda u. a./Spanien* nahm der Arbeitgeber, nachdem er Differenzen in Höhe von insgesamt 82.310 Euro im Zeitraum von Februar 2009 bis Juni 2009 in den Lagerbeständen festgestellt hatte und Kundendiebstähle oder Diebstähle der Arbeitnehmer vermutete, eine Videoüberwachung vor.[1663] Er montierte hierzu sichtbare Kameras im Bereich der Ein- und Ausgänge, um Kundendiebstähle zu erfassen und versteckte Kameras im Bereich der Kassen, um das Verhalten der Kassierer zu überwachen.[1664] Die Mitarbeiter wurden zuvor über die Montage der sichtbaren, nicht jedoch der unsichtbaren Kameras informiert.[1665] Infolge der Kameraüberwachung wurde aufgedeckt, dass 14 Mitarbeiter – darunter die fünf Beschwerdeführer[1666] – entweder selbst Täter eines Diebstahls waren oder Beihilfe hierzu leisteten.[1667]

Wie in der *Rs. Köpke* stellte der EGMR fest, dass es sich bei der Videoüberwachung um einen Eingriff in das Privatleben des Arbeitnehmers im Sinne von Art. 8 Abs. 1 EMRK handele.[1668] Die Videoüberwachung bringe eine Aufzeichnung und reproduzierbare Dokumentation des Verhaltens einer Person am Arbeitsplatz mit sich, der sich diese aufgrund ihrer arbeitsvertraglichen Verpflichtungen nicht entziehen könne.[1669]

In die Verhältnismäßigkeitsprüfung stellte der EGMR mit ein, dass die verdeckte Videoüberwachung erst durchgeführt wurde, nachdem Verluste festgestellt worden waren, die einen Verdacht auf Diebstahl laut werden ließen.[1670]

Im Rahmen der Abwägung berücksichtigte das Gericht ferner, dass es sich um persönliche Daten handelte, die der Privatsphäre der Beschäftigten angehörten und dass das Videomaterial gespeichert und durch mehrere beim Arbeitgeber beschäftigte Personen gesichtet wurde, bevor die Arbeitnehmer über die Aufzeichnung informiert wurden.[1671] Eine solche Informationspflicht ergab sich jedoch aus der nationalen Gesetzgebung.[1672] Hieraus leitete der EGMR her, dass in einem Fall, in dem eine gesetzliche Verpflichtung besteht, die betroffene Person über die Existenz, den Zweck und die Art der verdeckten Videoüberwachung zu unterrichten, die Kläger eine berechtigte Privatheitserwartung hatten.[1673]

Als unzulässig sah der EGMR es ferner an, dass sich die Videoüberwachung – anders als im Fall *Köpke* – gegen alle Beschäftigte richtete und diese unter Generalverdacht stellte.[1674] Die Videoüberwachung fand – anders als in der *Rs. Köpke*, in der die Videoüberwachung auf einen Zeitraum von zwei Wochen begrenzt war – ohne zeitliche Begrenzung und während der gesamten Arbeitszeit statt.[1675] Nachdem das Gericht auf die gesetzlichen Informationspflichten eingegangen war, merkte es an, dass die Beschäftigtenrechte zumindest bis zu einem gewissen Grad durch andere Sicherheitsmaßnahmen hätten gewahrt werden können, wie beispielsweise

---

[1663] EGMR, Urt. v. 9.1.2018 - 1874/13, 8567/13 (*López Ribalda u.a./Spanien*), BeckRS 2018, 34505, Rn. 7 f.

[1664] EGMR, Urt. v. 9.1.2018 - 1874/13, 8567/13 (*López Ribalda u.a./Spanien*), BeckRS 2018, 34505, Rn. 7 f.

[1665] EGMR, Urt. v. 9.1.2018 - 1874/13, 8567/13 (*López Ribalda u.a./Spanien*), BeckRS 2018, 34505, Rn. 8.

[1666] EGMR, Urt. v. 9.1.2018 - 1874/13, 8567/13 (*López Ribalda u.a./Spanien*), BeckRS 2018, 34505, Rn. 10.

[1667] EGMR, Urt. v. 17.10.2019 – 1874/13, 8567/13 (*López Ribalda u.a./Spanien*), NZA 2019, 1697, 1698.

[1668] EGMR, Urt. v. 9.1.2018 - 1874/13, 8567/13 (*López Ribalda u.a./Spanien*), BeckRS 2018, 34505, Rn. 58; Art. 6 EMRK sah der EGMR dagegen nicht als verletzt an.

[1669] EGMR, Urt. v. 9.1.2018 - 1874/13, 8567/13 (*López Ribalda u.a./Spanien*), BeckRS 2018, 34505, Rn. 59.

[1670] EGMR, Urt. v. 9.1.2018 - 1874/13, 8567/13 (*López Ribalda u.a./Spanien*), BeckRS 2018, 34505, Rn. 62.

[1671] EGMR, Urt. v. 9.1.2018 - 1874/13, 8567/13 (*López Ribalda u.a./Spanien*), BeckRS 2018, 34505, Rn. 63.

[1672] EGMR, Urt. v. 9.1.2018 - 1874/13, 8567/13 (*López Ribalda u.a./Spanien*), BeckRS 2018, 34505, Rn. 64 f.

[1673] EGMR, Urt. v. 9.1.2018 - 1874/13, 8567/13 (*López Ribalda u.a./Spanien*), BeckRS 2018, 34505, Rn. 67.

[1674] EGMR, Urt. v. 9.1.2018 - 1874/13, 8567/13 (*López Ribalda u.a./Spanien*), BeckRS 2018, 34505, Rn. 68.

[1675] EGMR, Urt. v. 9.1.2018 - 1874/13, 8567/13 (*López Ribalda u.a./Spanien*), BeckRS 2018, 34505, Rn. 68.

indem die Beschäftigten im Vorhinein abstrakt über die Installation eines Videoüberwachungs-system informiert worden wären und ihnen vorab die gesetzlich vorgesehenen Informationen geliefert worden wären.[1676]

Die 3. Kammer des EGMR stellte vor diesem Hintergrund fest, dass die nationalen Gerichte eine faire Abwägung zwischen dem Recht des Arbeitnehmers auf Privatheit aus Art. 8 EMRK sowie den Interessen des Arbeitgebers hinsichtlich des Schutzes seiner Eigentümerrechte ver-fehlt hatten.[1677]

Dass eine andere Sichtweise zumindest vertretbar ist, wurde aus der abweichenden Meinung des Richters Dedov deutlich.[1678] Unter Bezugnahme auf die Rechtsprechung im Fall *Köpke* vertritt er die Meinung, dass die Videoüberwachung rechtmäßig sei, zumal der Eingriff in der *Rs. Köpke* insofern schwerwiegender war, als es nur versteckte Kameras gab und die Beschäf-tigten zu keinem Zeitpunkt von dem Kameraeinsatz in Kenntnis gesetzt worden waren.[1679]

Rechtsmissachtendes Verhalten und das Recht auf Privatleben seien unvereinbar.[1680] Dem öf-fentlichen Interesse der Gesellschaft sei Vorrang einzuräumen und der Schutz gegen Rechts-widrigkeit und Willkür solle sich auf den Schutz gegen einen missbräuchlichen Eingriff be-schränken.[1681] Willkür sei vorliegend jedoch nicht erkennbar:[1682]

Der Einsatz von versteckten und sichtbaren Kameras sei nicht rechtsmissbräuchlich.[1683] Als missbräuchlich könnte man ansehen, dass die versteckten Kameras den Kassenschalter hinter der Kasse vergrößert hätten.[1684] Die Videokameras waren jedoch nicht im privaten, sondern im öffentlichen Bereich angebracht worden und erforderlich gewesen, um die gesamte Organisa-tion des Diebstahlsprozesses aufzudecken, was sich in der Praxis darin zeigte, dass im Prozess sowohl Aufzeichnungen der versteckten als auch der sichtbaren Kameras verwendet wur-den.[1685]

Außerdem sei ein Teil der Kameras sichtbar gewesen, sodass die Feststellung nicht zutreffend sei, dass die Arbeitnehmer nicht informiert gewesen seien.[1686]

Hinsichtlich des vom Gericht aufgeführten Aspekts, dass eine Überwachung, wie sie im Fall *López Ribalda* stattfand, alle Mitarbeiter unter Generalverdacht stelle, weist Richter Dedov da-rauf hin, dass vorliegend von vornherein – aufgrund der zunehmenden Schadenshöhe bei relativ geringwertiger Ware in einem Supermarkt – davon auszugehen gewesen sei, dass die Verluste nicht nur durch eine Person verursacht wurden.[1687]

Die Entscheidung der Mehrheit widerspreche dem allgemeinen Rechtsgrundsatz, dass niemand aus dem eigenen Fehlverhalten rechtlich geschützt Nutzen ziehen dürfe.[1688]

[1676] EGMR, Urt. v. 9.1.2018 - 1874/13, 8567/13 (*López Ribalda u.a./Spanien*), BeckRS 2018, 34505, Rn. 69; vgl. das Sondervotum von Richter Dedov, der es für ausreichend hielt, dass ein Teil der Kameras sichtbar war und deshalb eine Information für entbehrlich hielt.

[1677] EGMR, Urt. v. 9.1.2018 - 1874/13, 8567/13 (*López Ribalda u.a./Spanien*), BeckRS 2018, 34505, Rn. 69.

[1678] EGMR, Urt. v. 9.1.2018 - 1874/13, 8567/13 (*López Ribalda u.a./Spanien*), BeckRS 2018, 34505, Rn. 110.

[1679] EGMR, Urt. v. 9.1.2018 - 1874/13, 8567/13 (*López Ribalda u.a./Spanien*), BeckRS 2018, 34505, Rn. 110.

[1680] EGMR, Urt. v. 9.1.2018 - 1874/13, 8567/13 (*López Ribalda u.a./Spanien*), BeckRS 2018, 34505, Rn. 110.

[1681] EGMR, Urt. v. 9.1.2018 - 1874/13, 8567/13 (*López Ribalda u.a./Spanien*), BeckRS 2018, 34505, Rn. 110.

[1682] EGMR, Urt. v. 9.1.2018 - 1874/13, 8567/13 (*López Ribalda u.a./Spanien*), BeckRS 2018, 34505, Rn. 110.

[1683] EGMR, Urt. v. 9.1.2018 - 1874/13, 8567/13 (*López Ribalda u.a./Spanien*), BeckRS 2018, 34505, Rn. 110.

[1684] EGMR, Urt. v. 9.1.2018 - 1874/13, 8567/13 (*López Ribalda u.a./Spanien*), BeckRS 2018, 34505, Rn. 110.

[1685] EGMR, Urt. v. 9.1.2018 - 1874/13, 8567/13 (*López Ribalda u.a./Spanien*), BeckRS 2018, 34505, Rn. 110.

[1686] EGMR, Urt. v. 9.1.2018 - 1874/13, 8567/13 (*López Ribalda u.a./Spanien*), BeckRS 2018, 34505, Rn. 110.

[1687] EGMR, Urt. v. 9.1.2018 - 1874/13, 8567/13 (*López Ribalda u.a./Spanien*), BeckRS 2018, 34505, Rn. 110.

[1688] EGMR, Urt. v. 9.1.2018 - 1874/13, 8567/13 (*López Ribalda u.a./Spanien*), BeckRS 2018, 34505, Rn. 110.

6.2.4.1.4.2 Die Entscheidung der Großen Kammer des EGMR vom 17.10.2019 – 1874/13, 8567/13

Die *Große Kammer* des EGMR hält die Videoüberwachung im Fall *Lopez Ribalda* in seiner Entscheidung vom 17.10.2019 für rechtmäßig.[1689]

Zunächst stellt auch sie fest, dass der Begriff „Privatleben" in Art. 8 EMRK weit zu verstehen und einer abschließenden Definition nicht zugänglich ist.[1690] Er umfasst auch das Bild einer Person und ist nicht auf die Intimsphäre beschränkt, sondern umfasst auch das „Soziale Privatleben", welches die Möglichkeit bezeichnet, Beziehungen zu anderen und der Außenwelt zu knüpfen und zu entwickeln und schließt damit berufliche Tätigkeiten und Aktivitäten im öffentlichen Raum nicht aus.[1691]

Wenn zu entscheiden ist, ob das Privatleben durch Maßnahmen außerhalb der privaten Wohnung einer Person berührt wird, zieht der Gerichtshof als Beurteilungsmaßstab unter anderem heran, ob sie eine berechtigte Erwartung auf Vertraulichkeit hat.[1692] Keinen Eingriff in das Privatleben stellt es dar, wenn Aktivitäten einer Person an einem öffentlichen Ort durch Kameras überwacht werden, ohne dass eine Speicherung der Aufnahmen erfolgt.[1693] Anders ist dies zu beurteilen, wenn personenbezogenen Daten wie das Bild einer Person, systematisch und dauerhaft aufgenommen werden.[1694]

Da das Bild einer Person deren Besonderheiten zeigt und sie von anderen unterscheidbar macht, ist sie wesentliches Merkmal der Persönlichkeit und entscheidend für deren Entwicklung.[1695] Der Einzelne muss daher über den Gebrauch seines Bildes bestimmen können, was bedeutet, dass er der Veröffentlichung widersprechen können muss, aber auch schon der Aufnahme, Speicherung und Wiedergabe durch einen anderen.[1696]

Entscheidend sei auch, ob die Überwachung gezielt gegen die betroffene Person gerichtet war oder über das hinausging, was sie vernünftigerweise vorhersehen konnte.[1697]

Die Beschwerdeführer waren zwar nicht individuell Ziel der Überwachung, jedoch konnten drei von ihnen täglich den ganzen Tag gefilmt werden, wenn sie an der Kasse waren, zwei von ihnen, wenn sie an der Kasse vorbeikamen.[1698]

[1689] EGMR (Große Kammer), Urt. v. 17.10.2019 – 1874/13, 8567/13 (López Ribalda ua / Spanien), NZA 2019, 1697 (in englischer Fassung abrufbar unter https://hudoc.echr.coe.int/fre#{%22itemid%22:[%22001-197098%22]}, zuletzt abgerufen am 01.09.2023; die im Folgenden angegebenen Randnummern beziehen sich auf die Originalentscheidung).

[1690] EGMR (Große Kammer), Urt. v. 17.10.2019 – 1874/13, 8567/13 (*López Ribalda ua / Spanien*), NZA 2019, 1697, 1699, Rn. 87.

[1691] EGMR (Große Kammer), Urt. v. 17.10.2019 – 1874/13, 8567/13 (*López Ribalda ua / Spanien*), NZA 2019, 1697, 1699, Rn. 88.

[1692] EGMR (Große Kammer), Urt. v. 17.10.2019 – 1874/13, 8567/13 (*López Ribalda ua / Spanien*), NZA 2019, 1697, 1699, Rn. 89.

[1693] EGMR (Große Kammer), Urt. v. 17.10.2019 – 1874/13, 8567/13 (*López Ribalda ua / Spanien*), NZA 2019, 1697, 1699, Rn. 89.

[1694] EGMR (Große Kammer), Urt. v. 17.10.2019 – 1874/13, 8567/13 (*López Ribalda ua / Spanien*), NZA 2019, 1697, 1699, Rn. 89.

[1695] EGMR (Große Kammer), Urt. v. 17.10.2019 – 1874/13, 8567/13 (*López Ribalda ua / Spanien*), NZA 2019, 1697, 1699, Rn. 89.

[1696] EGMR (Große Kammer), Urt. v. 17.10.2019 – 1874/13, 8567/13 (*López Ribalda ua / Spanien*), NZA 2019, 1697, 1699, Rn. 89.

[1697] EGMR (Große Kammer), Urt. v. 17.10.2019 – 1874/13, 8567/13 (*López Ribalda ua / Spanien*), NZA 2019, 1697, 1699, Rn. 90

[1698] EGMR (Große Kammer), Urt. v. 17.10.2019 – 1874/13, 8567/13 (*López Ribalda ua / Spanien*), NZA 2019, 1697, 1699, Rn. 92.

Was die Frage anbelangt, ob die Beschwerdeführer eine „berechtigte Privatheitserwartung" haben durften, stellt der EGMR fest, dass der Supermarkt ein öffentlich zugänglicher Ort gewesen sei und es sich nicht um Tätigkeiten intimer oder privater Natur gehandelt habe.[1699] Aber auch an öffentlichen Orten könne eine systematische und andauernde Überwachung und anschließende Verwertung der Bilder vom Schutzbereich des Art. 8 EMRK unter dem Aspekt des „Privatlebens" erfasst sein.[1700] Da die Beschwerdeführer – wie durch die spanischen Gesetze vorgesehen – von ihrem Arbeitgeber über andere, sichtbare Kameras an den Ein- und Ausgängen des Supermarktes informiert worden waren, mussten sie nicht davon ausgehen, in anderen Bereichen des Supermarktes ohne vorherige Information überwacht zu werden.[1701]

Die Videos seien von mehreren Angestellten angesehen worden, noch bevor die Beschwerdeführer von ihrer Existenz erfahren hätten und wurden Grundlage der Kündigung sowie Beweismittel im Arbeitsgerichtsprozess.[1702]

Die durch Art. 8 EMRK dem Staat auferlegten positiven Schutzpflichten verlangen unter Umständen den Erlass einer gesetzlichen Regelung.[1703] Dies ist im Bereich der Schutzgüter des Art. 8 EMRK zum Beispiel bei schwerwiegenden Straftaten wie Vergewaltigung der Fall (Eingriff in die sexuelle Selbstbestimmung, der ebenfalls vom „Privatleben" erfasst ist).[1704] Bei weniger schwerwiegenden Taten im Verhältnis zwischen Einzelpersonen, welche die in Art. 8 EMRK garantierten Rechte betreffen können, besteht ein Ermessensspielraum.[1705] Der EGMR prüft dann, ob durch die bestehenden Rechtsbehelfe ein ausreichender Schutz besteht.[1706]

Unter Bezugnahme auf die Rechtsprechung in den Fällen *Köpke/Deutschland* und *Bărbulescu/Rumänien* stellt die Große Kammer fest, dass im Bereich der Arbeitnehmerüberwachung den Staaten bei der Wahl des angemessensten Mittels ein Ermessenspielraum zukommt, innerhalb dessen die Behörden sicherstellen müssen, dass die Überwachungsmaßnahmen des Arbeitgebers verhältnismäßig sind und angemessene und ausreichende Garantien gegen Missbrauch bestehen.[1707]

Bei der Prüfung, ob der Staat im konkreten Fall seine positiven Schutzpflichten erfüllt hat, zieht die Große Kammer die im Fall *Bărbulescu/Rumänien* entwickelten Kriterien des EGMR heran.[1708]

[1699] EGMR (Große Kammer), Urt. v. 17.10.2019 – 1874/13, 8567/13 (*López Ribalda ua / Spanien*), NZA 2019, 1697, 1699, Rn. 93.

[1700] EGMR (Große Kammer), Urt. v. 17.10.2019 – 1874/13, 8567/13 (*López Ribalda ua / Spanien*), NZA 2019, 1697, 1699, Rn. 93.

[1701] EGMR (Große Kammer), Urt. v. 17.10.2019 – 1874/13, 8567/13 (*López Ribalda ua / Spanien*), NZA 2019, 1697, 1699, Rn. 93.

[1702] EGMR (Große Kammer), Urt. v. 17.10.2019 – 1874/13, 8567/13 (*López Ribalda ua / Spanien*), NZA 2019, 1697, 1699, Rn. 113.

[1703] EGMR (Große Kammer), Urt. v. 17.10.2019 – 1874/13, 8567/13 (*López Ribalda ua / Spanien*), NZA 2019, 1697, 1699, Rn. 113.

[1704] EGMR (Große Kammer), Urt. v. 17.10.2019 – 1874/13, 8567/13 (*López Ribalda ua / Spanien*), NZA 2019, 1697, 1699, Rn. 95.

[1705] EGMR (Große Kammer), Urt. v. 17.10.2019 – 1874/13, 8567/13 (*López Ribalda ua / Spanien*), NZA 2019, 1697, 1700, Rn. 113.

[1706] EGMR (Große Kammer), Urt. v. 17.10.2019 – 1874/13, 8567/13 (*López Ribalda ua / Spanien*), NZA 2019, 1697, 1700, Rn. 113.

[1707] EGMR (Große Kammer), Urt. v. 17.10.2019 – 1874/13, 8567/13 (*López Ribalda ua / Spanien*), NZA 2019, 1697, 1700, Rn. 114.

[1708] EGMR (Große Kammer), Urt. v. 17.10.2019 – 1874/13, 8567/13 (*López Ribalda ua / Spanien*), NZA 2019, 1697, 1700, Rn. 116 ff.

Der EGMR prüft, ob die spanischen Gerichte die wechselseitigen Interessen von Arbeitgeber und Arbeitnehmer erkannt und einen angemessenen Ausgleich vorgenommen haben.[1709] Letztlich stellt der EGMR in die Abwägung auf Seiten des Arbeitgebers mit ein, dass er über mehrere Monate hinweg erhebliche Verluste feststellte und deshalb ein darauf gegründeter Verdacht bestand.[1710] Es bestehe ein berechtigtes Interesse des Arbeitgebers, Maßnahmen zu treffen, um die Verantwortlichen für die Verluste zu ermitteln und zur Rechenschaft zu ziehen, um sein Eigentum zu schützen und den reibungslosen Betrieb des Unternehmens sicherzustellen.[1711] Zudem war ein reibungsloser Betrieb des Unternehmens gefährdet, da mehrere Arbeitnehmer in die Straftaten involviert waren, wodurch ein allgemeines Klima des Misstrauens entstand.[1712]

Was das Ausmaß der Überwachung anbelangt, sei sie nach ihrem Bereich und dem überwachten Personal begrenzt gewesen, weil die Kameras nur die Kassen abdeckten, bei denen die Verluste wahrscheinlich eingetreten waren, und die Überwachung nicht länger dauerte, als notwendig war, um den Verdacht auf Diebstähle aufzudecken.[1713]

Der EGMR führt aus, dass bei der Beurteilung der Verhältnismäßigkeit einer Videoüberwachung nach den Orten unterschieden werden müsse, an denen die Überwachung stattgefunden habe.[1714] An privaten Orten sei die Privatheitserwartung sehr hoch, so etwa in Toiletten oder Garderoben, in denen ein höheres Schutzniveau oder sogar ein völliges Verbot der Videoüberwachung gerechtfertigt sei.[1715] Die Erwartung sei ferner hoch in geschlossenen Arbeitsbereichen wie Büros, aber deutlich niedriger an Orten, die von Kollegen eingesehen werden können oder zu denen sie Zugang haben, oder, wie im vorliegenden Fall, im Kassenbereich, der sich in der Öffentlichkeit befinde.[1716]

Auch die zehn Tage andauernde Überwachung erachtete der EGMR für angemessen, zumal die Maßnahme beendet wurde, sobald die verantwortlichen Beschäftigten identifiziert worden waren.[1717] Was die Zahl der Personen anbelangt, stellt die Große Kammer fest, dass lediglich der Leiter des Supermarkts, dessen Syndikus und Gewerkschaftsvertreterin die Videobänder gesichtet hatten, bevor die Beschäftigten informiert wurden. Das Gericht hält vor diesem Hintergrund den Eingriff für nicht schwerwiegend.[1718]

[1709] EGMR (Große Kammer), Urt. v. 17.10.2019 – 1874/13, 8567/13 (*López Ribalda ua / Spanien*), NZA 2019, 1697, 1701, Rn. 122 ff.

[1710] EGMR (Große Kammer), Urt. v. 17.10.2019 – 1874/13, 8567/13 (*López Ribalda ua / Spanien*), NZA 2019, 1697, 1701, Rn. 123.

[1711] EGMR (Große Kammer), Urt. v. 17.10.2019 – 1874/13, 8567/13 (*López Ribalda ua / Spanien*), NZA 2019, 1697, 1701, Rn. 123.

[1712] EGMR (Große Kammer), Urt. v. 17.10.2019 – 1874/13, 8567/13 (*López Ribalda ua / Spanien*), NZA 2019, 1697, 1699, Rn. 134.

[1713] EGMR (Große Kammer), Urt. v. 17.10.2019 – 1874/13, 8567/13 (*López Ribalda ua / Spanien*), NZA 2019, 1697, 1701, Rn. 124.

[1714] EGMR (Große Kammer), Urt. v. 17.10.2019 – 1874/13, 8567/13 (*López Ribalda ua / Spanien*), NZA 2019, 1697, 1701, Rn. 125.

[1715] EGMR (Große Kammer), Urt. v. 17.10.2019 – 1874/13, 8567/13 (*López Ribalda ua / Spanien*), NZA 2019, 1697, 1701, Rn. 125.

[1716] EGMR (Große Kammer), Urt. v. 17.10.2019 – 1874/13, 8567/13 (*López Ribalda ua / Spanien*), NZA 2019, 1697, 1701, Rn. 124.

[1717] EGMR (Große Kammer), Urt. v. 17.10.2019 – 1874/13, 8567/13 (*López Ribalda ua / Spanien*), NZA 2019, 1697, 1701, Rn. 126.

[1718] EGMR (Große Kammer), Urt. v. 17.10.2019 – 1874/13, 8567/13 (*López Ribalda ua / Spanien*), NZA 2019, 1697, 1701, Rn. 126.

Die Auswirkungen für die Beschäftigten, die die Videoüberwachung zeitigte, seien erheblich gewesen, da sie in deren Folge entlassen wurden.[1719] Allerdings wurden die Aufnahmen nur zu dem Zweck genutzt, die Innentäter zu ermitteln und gegen sie disziplinarische Maßnahmen zu verhängen.[1720]

Ferner war die Videoüberwachung auch ultima ratio.[1721] Der Umfang der festgestellten Verluste ließ darauf schließen, dass mehrere Personen in die Diebstähle involviert waren. In dieser Situation hätte die Unterrichtung eines Mitglieds den Zweck der Videoüberwachung vereiteln können, der nach den Feststellungen der spanischen Gerichte darin bestand, die für die Diebstähle Verantwortlichen zu ermitteln und Beweise für das disziplinarische Vorgehen gegen sie zu sammeln.[1722]

Die Große Kammer betont, dass der Transparenz und der Pflicht zur grundsätzlichen abstrakten Information wichtige Bedeutung zukomme, dass es sich aber nur um eines der Kriterien handele, welches bei der Beurteilung der Verhältnismäßigkeit zu berücksichtigen ist. Habe eine solche Information nicht stattgefunden, seien die im Übrigen vorgesehenen Garantien von besonderer Bedeutung.[1723] Angesichts der besonderen Bedeutung des Rechts auf Unterrichtung könnten allerdings nur überwiegende Erfordernisse des Schutzes öffentlicher oder wichtiger Privatinteressen das Unterlassen einer vorherigen Information rechtfertigen.[1724]

Angesichts der besonderen Umstände des Falles durften die nationalen spanischen Gerichte annehmen, dass der Eingriff in das Recht auf Privatleben verhältnismäßig gewesen sei. Zwar könne nicht schon der geringste Verdacht von Unterschlagungen oder anderen Straftaten ausreichen, um eine heimliche Videoüberwachung als zulässig zu erachten.[1725] Aufgrund des Umstandes, dass im vorliegenden Fall ein berechtigter Verdacht bestand, dass schwerwiegende Straftaten begangen wurden und aufgrund des Ausmaßes der festgestellten Verluste, war die heimliche Videoüberwachung aber gerechtfertigt.[1726]

6.2.4.1.4.3   Zwischenergebnis

Der Fall *López Ribalda u.a./Spanien* zeigt deutlich die bestehende Rechtsunsicherheit und die Notwendigkeit nach einer klaren Regelung auf, wenngleich es sich um eine Entscheidung auf völkerrechtlicher Ebene handelt. Die Kriterien, die der EGMR heranzieht, unterscheiden sich nicht von denen, die auch das BAG bei der Prüfung des § 26 BDSG heranzieht.

Festzuhalten bleibt, dass eine verdeckte Videoüberwachung stets nur als ultima ratio bei Bestehen eines konkreten Verdachts hinsichtlich der Begehung schwerwiegender Straftaten in Betracht kommt. Bemerkenswert ist dabei, dass die Große Kammer des EGMR die Transparenz der Überwachungsmaßnahme zwar als bedeutenden Faktor, aber eben auch nur als einen von

---

[1719] EGMR (Große Kammer), Urt. v. 17.10.2019 – 1874/13, 8567/13 (*López Ribalda ua / Spanien*), NZA 2019, 1697, 1701, Rn. 127.

[1720] EGMR (Große Kammer), Urt. v. 17.10.2019 – 1874/13, 8567/13 (*López Ribalda ua / Spanien*), NZA 2019, 1697, 1701, Rn. 127.

[1721] EGMR (Große Kammer), Urt. v. 17.10.2019 – 1874/13, 8567/13 (*López Ribalda ua / Spanien*), NZA 2019, 1697, 1701, Rn. 127.

[1722] EGMR (Große Kammer), Urt. v. 17.10.2019 – 1874/13, 8567/13 (*López Ribalda ua / Spanien*), NZA 2019, 1697, 1701, Rn. 127.

[1723] EGMR (Große Kammer), Urt. v. 17.10.2019 – 1874/13, 8567/13 (*López Ribalda ua / Spanien*), NZA 2019, 1697, 1702, Rn. 131.

[1724] EGMR (Große Kammer), Urt. v. 17.10.2019 – 1874/13, 8567/13 (*López Ribalda ua / Spanien*), NZA 2019, 1697, 1702, Rn. 133.

[1725] EGMR (Große Kammer), Urt. v. 17.10.2019 – 1874/13, 8567/13 (*López Ribalda ua / Spanien*), NZA 2019, 1697, 1699, Rn. 134.

[1726] EGMR (Große Kammer), Urt. v. 17.10.2019 – 1874/13, 8567/13 (*López Ribalda ua / Spanien*), NZA 2019, 1697, 1699, Rn. 134.

vielen herausstellt und damit klarstellt, dass eine heimliche Videoüberwachung grundsätzlich möglich ist. Wenn jedoch eine vorherige Information nicht stattfindet, müssen die sonstigen Garantien zur Sicherung des Rechts auf Privatleben umso stärker ausgestaltet sein.

Hinsichtlich der von der 3. Kammer vorgesehenen Pflicht, die Arbeitnehmer abstrakt vorab über die Videoüberwachung zu informieren, stellt sich die Frage, inwieweit eine solche Information „auf Vorrat" die Transparenz wahrt. Geht man von dem vom EGMR stets herangezogenen Kriterium der „berechtigten Privatheitserwartung" aus, könnte man argumentieren, dass eine solche nicht mehr bestehe, wenn den Arbeitnehmern von Vornherein deutlich gemacht wird, dass sie jederzeit auch „heimlich" – das heißt ohne erneute Ankündigung – überwacht werden könnten. Sinn der Informationspflichten ist jedoch zuvörderst zu gewährleisten, dass der Einzelne über die Verarbeitung seiner personenbezogenen Daten selbst bestimmen können soll. Eine Information „auf Vorrat" würde diesem Sinn jedoch nicht mehr gerecht. Zudem wird aus dieser Entscheidung deutlich, dass die Pflicht zur Unterrichtung lediglich ein Aspekt zur Beurteilung der Rechtmäßigkeit ist, anders als es die Entscheidung *Bărbulescu/Rumänien* vermuten lassen könnte.[1727]

Interessant ist, dass der EGMR auch eine großflächige Videoüberwachung für zulässig hält, die sich gegen eine Vielzahl an Beschäftigten richtet, wenn – wie vorliegend aufgrund der enormen Schadenshöhe – anzunehmen ist, dass ein Diebstahlssystem durch mehrere Beschäftigte implementiert wurde und nur so die Straftaten aufgeklärt werden können.

6.2.4.1.5 Konsequenzen der Rechtsprechung des EGMR

Die Rechtsprechung des EGMR hat Bedeutung für das nationale Recht. Nach Art. 52 Abs. 3 S. 1 GRCh haben die Chartagrundrechte die gleiche Bedeutung und Tragweite, wie sie ihnen durch die EMRK verliehen wird, soweit die GRCh Rechte enthält, die den durch die EMRK garantierten Rechten entsprechen. Die Transferklausel führt zu einer inhaltlichen Identität der jeweils komplementären Rechte in GRCh und EMRK.[1728]

Wie bereits ausgeführt, finden im Beschäftigungsverhältnis auch die Unionsgrundrechte Anwendung, da der deutsche Gesetzgeber beim Erlass des § 26 BDSG „in Ausführung des Unionsrechts" des Art. 88 DSGVO handelte. Für den Schutzstandard, der im Rahmen des § 26 BDSG mindestens anzuwenden ist, ist der Maßstab der DSGVO als Mindeststandard heranzuziehen. Art. 88 Abs. 2 DSGVO benennt ausdrücklich die „Grundrechte der betroffenen Person", als durch die auf der Öffnungsklausel beruhenden nationalen Vorschriften zu wahrenden Mindeststandard, sodass die Grundsätze des EGMR zur Auslegung der EMRK über die entsprechende Auslegung der GRCh auch für die Auslegung der DSGVO Anwendung finden. Außerdem muss sich § 26 BDSG an diesen messen lassen. Zusätzlich ist aufgrund des Grundsatzes der völkerrechtsfreundlichen Auslegung die gesamte deutsche Rechtsordnung völkerrechtsfreundlich auszulegen, um Widersprüche zu vermeiden.[1729]

Eine Generalklausel wie die des § 26 BDSG wäre nach den Maßstäben des EGMR in der Rs. *Köpke* ausreichend, solange eine austarierte nationale Rechtsprechung, wie sie die deutschen Gerichte pflegen, besteht.

Grundsätzlich stuft der EGMR die Videoüberwachung stets als schwerwiegenden Eingriff in das Privatleben des Arbeitnehmers ein, weil eine reproduzierbare Dokumentation des Verhaltens stattfinde, der er sich aufgrund seiner arbeitsvertraglichen Verpflichtung nicht entziehen könne.

[1727] Vgl. hierzu 6.2.4.1.2.2.

[1728] *Borowsky*, in: Meyer, GRCh, 4. Auflage 2014, Art. 52 GRCh, Rn. 29

[1729] *Lorenzmeier*, in: Spiecker gen. Döhmann/Bretthauer, Dokumentation zum Datenschutz, 76 2020, D..1, Rn. 14.; *Oberthür*, RdA 2018, 286, 296.

Der EGMR nimmt eine Abwägung der widerstreitenden Interessen von Arbeitgeber und Arbeitnehmer vor, wobei er das Recht des Beschäftigten auf Achtung des Privatlebens dem Recht des Arbeitgebers gegenüberstellt, den Schutz seines Eigentums und das reibungslose Funktionieren des Unternehmens, insbesondere durch seine Disziplinarbefugnisse, sicherzustellen.[1730]

Eingriffsmindernd wirkt es sich aus, wenn ein substantiierter Anfangsverdacht und damit ein Anlass zur heimlichen Videoüberwachung besteht. Dasselbe gilt, wenn die Videoüberwachung in personeller und zeitlicher Hinsicht begrenzt ist. Im Fall *Köpke/Deutschland* lief die heimliche Videoüberwachung über einen Zeitraum von zwei Wochen, in der Rs. *López Ribalda u.a/Spanien* über einen Zeitraum von zehn Tagen während der gesamten Arbeitszeit. Deutlich wird jedoch insbesondere in der Entscheidung der Großen Kammer in der Rs. *López Ribalda u.a/Spanien*, dass es dem EGMR weniger darauf ankam, starre zeitliche Grenzen festzulegen, als vielmehr darauf, die Überwachung auf das notwendige Maß zu beschränken. Ebenso liegt der Fall mit der personellen Begrenzung: Während die 3. Kammer des EGMR in der Rs. *López Ribalda u.a/Spanien* monierte, dass die Videoüberwachung im konkreten Fall die Mitarbeiter unter Generalverdacht stelle, sah die Große Kammer des EGMR die großflächig angelegte Videoüberwachung als erforderlich an, da bereits ex ante angesichts des Ausmaßes der festgestellten Verluste davon auszugehen war, dass nicht nur ein einzelner Innentäter in die Diebstähle involviert war.

Überdies erstreckte sich die Videoüberwachung lediglich auf den Nahbereich der Kasse, der nicht speziell abgeschottet war, sondern der Öffentlichkeit zugänglich war. Umkleideräume oder Sanitärräume, welche der Intimsphäre zuzuordnen sind, sind einer Videoüberwachung demgegenüber nicht zugänglich

Berücksichtigt wurde ferner die streng zweckgebundene Verwendung der Daten zur Aufklärung der Straftaten, sowie zur Verwendung im arbeitsgerichtliche Verfahren verwendet.

Außerdem hatte nur ein begrenzter Personenkreis Zugriff auf die Videoaufzeichnungen.

Der Entscheidung der 3. Kammer in der Rs. *López Ribalda u.a./Spanien* wird zum Teil entnommen, dass eine vorherige Information auch vor repressiven Maßnahmen notwendig ist.[1731] Bei repressiven Kontrollmaßnahmen ergeben sich jedoch praktische Schwierigkeiten, was die Information anbelangt, da diese von den Umständen des Einzelfalls abhängig sind.[1732] Bei präventiven Maßnahmen ist es unschwer möglich, im Vorhinein diese abstrakt-generell festzulegen.[1733] Repressive Maßnahmen finden allerdings erst statt, wenn ein konkreter Tatverdacht besteht. Eine vorherige Information kann in dieser Situation dazu führen, dass die Aufklärung des Verdachts gestört wird.[1734] Dies sieht auch die Große Kammer des EGMR und hält in einem solchen Fall eine Vorabinformation für entbehrlich, betont aber, dass die Maßnahme gewissermaßen als Ausgleich durch andere Garantien zur Wahrung des Rechts auf Privatleben abgesichert werden müsse. Letztlich wird aus der Rs. *López Ribalda u.a./Spanien* deutlich, dass nicht sstets eine vorherige Unterrichtung der Beschäftigten vorgenommen werden muss.

Die *Rs. Antović and Mirković/Montenegro* machte vor allem deutlich, dass auch das berufliche Leben vom Schutzbereich des Art. 8 EMRK erfasst ist.

Auch wenn Regelungen des Arbeitgebers bestehen, die hinsichtlich des privaten sozialen Lebens am Arbeitsplatz restriktiv ausgestaltet sind, können sie dieses nicht auf null reduzieren.

[1730] EGMR (Große Kammer), Urt. v. 17.10.2019 – 1874/13, 8567/13 (*López Ribalda ua / Spanien*), NZA 2019, 1697, 1700, Rn. 118.

[1731] *Heuschmid*, NZA-Beil. 2018, 68, 73 f.

[1732] *Oberthür*, RdA 2018, 286, 296.

[1733] *Oberthür*, RdA 2018, 286, 296.

[1734] *Oberthür*, RdA 2018, 286, 296.

Eine Überwachung der Lehrveranstaltungen im Sinne einer Leistungskontrolle war gesetzlich nicht vorhergesehen, und schon unter diesem Gesichtspunkt unzulässig. Ob eine solche generell mit Art. 8 EMRK unvereinbar ist, lässt der EGMR offen.

6.2.4.2 Die Zulässigkeit der Videoüberwachung im Beschäftigungsverhältnis

SIEM-Systeme beinhalten oftmals als Komponente eine Videoüberwachung. Zudem hat das BAG zur Videoüberwachung eine im Verhältnis zu anderen Überwachungsmaßnahmen austarierte Rechtsprechung entwickelt, die als Vergleichsmaßstab für andere Systeme der Überwachung dienen kann.

Für die rechtliche Einordnung der Videoüberwachung im Arbeitsverhältnis ist zum einen von Bedeutung, ob sie in öffentlich zugänglichen Räumen oder in nicht-öffentlich zugänglichen Räumen vorgenommen wird, sowie zum anderen, ob sie offen oder verdeckt erfolgt.[1735]

Generell ausgeschlossen ist die Videoüberwachung von besonders geschützten Bereichen, wie Dusch-, Umkleide- oder Sanitärräumen.[1736]

6.2.4.2.1 § 4 BDSG als Rechtsgrundlage für die offene Videoüberwachung im öffentlichen Bereich auch im Beschäftigungsverhältnis?

Die offene Videoüberwachung öffentlich zugänglicher Räume hat im BDSG in § 4 BDSG eine spezialgesetzliche Regelung erfahren. Wie § 4 Abs. 1 BDSG zu entnehmen ist, ist Videoüberwachung im Sinne der Vorschrift „die Beobachtung (...) mit optisch-elektronischen Einrichtungen".[1737] Vor Inkrafttreten der DSGVO und des BDSG in seiner jetzigen Fassung existierte eine solche Regelung in § 6 b BDSG a.F. Das Verhältnis zwischen § 32 BDSG a.F. und § 6 b BDSG a.F. war nicht vollends geklärt.[1738] Die überwiegende Auffassung in der Literatur hielt diese Norm auch im Arbeitsverhältnis für anwendbar.[1739] Nach § 4 Abs. 1 S. 1 BDSG ist die Videoüberwachung nur zulässig, soweit sie zur Aufgabenerfüllung öffentlicher Stellen (Nr. 1), zur Wahrnehmung des Hausrechts (Nr. 2) oder zur Wahrnehmung berechtigter Interessen für konkret festgelegte Zwecke (Nr. 3) erforderlich ist und keine Anhaltspunkte dafür bestehen, dass schutzwürdige Interessen der Betroffenen überwiegen. Für die Videoüberwachung im Beschäftigungsverhältnis kommen die Tatbestände des § 4 Abs. 1 S. 1 Nr. 2 und 3 BDSG in Betracht. Allerdings stellt sich zunächst die Frage, ob der nationale Gesetzgeber zu einer solchen Regelung befugt war.

Art. 6 Abs. 2 und 3 DSGVO eröffnen dem nationalen Gesetzgeber in Bezug auf die Datenverarbeitung zur Erfüllung einer rechtlichen Verpflichtung oder zur Wahrnehmung einer Aufgabe im öffentlichen Interesse oder in Ausübung öffentlicher Gewalt nach Art. 6 Abs. 1 S. 1 lit. c und e DSGVO einen Regelungsspielraum. Dagegen existiert in Art. 6 DSGVO keine Öffnungsklausel für die Datenverarbeitung durch private Verantwortliche, sofern diese nicht mit der Wahrnehmung einer Aufgabe im öffentlichen Interesse betraut sind.

§ 4 Abs. 1 S. 1 Nr. 1 BDSG, der eine Videoüberwachung zur Erfüllung der Aufgaben öffentlicher Stellen ermöglicht, stellt eine Rechtsgrundlage dar, die den Anforderungen der dargestellten Öffnungsklausel genügt, allerdings für die vorliegende Videoüberwachung im privatwirtschaftlichen Bereich nicht als Rechtsgrundlage dienen kann.[1740]

[1735] Vgl. hierzu *Byers/Pracka*, BB 2013, 760, 761; *Venetis/Oberwetter*, NJW 2016, 1051.

[1736] *Oberwetter*, NZA 2008, 609, 610.

[1737] *Riesenhuber*, in: Wolff/Brink, BeckOK Datenschutzrecht, 40. Edition, Stand: 1.2.2022, § 26 BDSG, Rn. 147.

[1738] Die Frage offenlassend BAG, Urt. v. 21.11.2013 – 2 AZR 797/11, Rn. 42, NZA 2014, 243, 247.

[1739] *Forst*, RDV 2009, 204, 209 ff.; *Maties*, NJW 2008, 2219, 2221, aA nun BAG, Urt. v. 22.9.2016 – 2 AZR 848/15, NZA 2017, 112, 115; *Jerchel/Schubert*, DuD 2015, 151, 152.

[1740] *Scholz*, in: Simits/Hornung/Spiecker gen. Döhmann, Datenschutzrecht, 2019, Anhang 1 zu Art. 6, Rn. 22.

§ 4 Abs. 1 S. 1 Nr. 2, 3 BDSG sind ihrem Wortlaut nach nicht auf öffentliche Stellen beschränkt. Insoweit ist die Norm als europarechtswidrig anzusehen.[1741]

Auf Art. 88 Abs. 1 DSGVO kann § 4 BDSG nicht gestützt werden, da § 4 BDSG in keiner Weise auf den Beschäftigungskontext Bezug nimmt.[1742]

6.2.4.2.2 Ausschließliche Anwendbarkeit des § 26 BDSG?

Für die Videoüberwachung durch nichtöffentliche Stellen gilt somit grundsätzlich Art. 6 Abs. 1 UAbs. 1 S. 1 lit. f DSGVO unmittelbar.[1743] Nach einer Auffassung sollen sich auch im Beschäftigungsverhältnis Umfang und Grenzen der Zulässigkeit der Videoüberwachung nunmehr aus den allgemeinen Vorschriften der DSGVO und damit aus Art. 6 Abs. 1 UAbs. 1 S. 1 lit. f DSGVO ergeben.[1744]

Da der deutsche Gesetzgeber mit der Regelung des § 26 BDSG von der Öffnungsklausel des Art. 88 DSGVO Gebrauch gemacht hat und Art. 88 Abs. 2 DSGVO davon spricht, dass nationale Regelungen sich auch auf Überwachungssysteme im Beschäftigungsverhältnis beziehen, könnte mit guten Gründen davon ausgegangen werden, dass sich die Videoüberwachung im Beschäftigungsverhältnis schon deswegen sowohl im öffentlichen als auch im nicht-öffentlichen Bereich nach § 26 BDSG richten soll. Bereits hinsichtlich § 32 Abs. 1 S. 1 BDSG a. F. wurde teilweise die Meinung vertreten, dass § 32 Abs. 1 S. 1 BDSG durch § 6 b BDSG a. F. lediglich konkretisiert, aber nicht verdrängt werden könne.[1745] Anwendbar sollte bei der Überwachung von Beschäftigten auch in öffentlich zugänglichen Räumen nur § 32 BDSG a.F. sein, während für die Videoüberwachung Nicht-Beschäftigter § 6 b BDSG a.F. gelten sollte.[1746]

Nach der Gesetzesbegründung sollte § 32 BDSG a.F. die Rechtsprechung des BAG zur Videoüberwachung kodifizieren.[1747] Nach der älteren Rechtsprechung war § 6 b BDSG a.F. in Bezug auf die Videoüberwachung als lex specials gegenüber § 32 BDSG a. F. BDSG zu sehen, der

---

[1741] BVerwG, Urt. v. 27.3.2019 – 6 C 2/18, Rn. 47, NJW 2019, 2556, 2562; *Leopold,* in: Auernhammer, DSGVO/BDSG, 7. Auflage 2020, § 4 BDSG, Rn. 31, 34; *Wilhelm-Robertson,* in: Wolff/Brink, BeckOK Datenschutzrecht, 40. Edition, Stand 1.11.2021, § 4 BDSG, Rn. 28; *Buchner,* in: Kühling/Buchner, DSGVO/BDSG, 3. Auflage 2020 § 4 BDSG, Rn. 2 ff.; 11 f.; *Scholz,* in: Simits/Hornung/Spiecker gen. Döhmann, Datenschutzrecht, 2019, Anhang 1 zu Art. 6, Rn. 22.; *Schindler/Wentland,* ZD-Aktuell 2018, 06057; *Roßnagel,* DuD 2017, 277, 281; *Lachenmann,* ZD 2017, 407, 410; *Reuter/Grabenschröer,* in: Taeger/Gabel, DSGVO/BDSG/TTDSG, 4. Auflage 2022, § 4 BDSG, Rn. 43; *Ambrock,* in: Jandt/Steidle, Datenschutz im Internet, 2018, A. II. Rn. 77; *Gola,* in: Gola, 2. Auflage 2018, Art. 6 DSGVO, Rn. 165, 56; *Heberlein,* in: Ehmann/Selmayr, DSGVO, 2. Auflage 2018, Art. 6 DSGVO, Rn. 67; aA *Wedde,* in: Däubler/Wedde/Weichert/Sommer, DSGVO/BDSG, 2. Auflage 2020, § 4 BDSG, Rn. 38; *Wilhelm-Robertson,* in: Wolff/Brink, BeckOK Datenschutzrecht, 40. Edition, Stand 1.11.2021, § 4 BDSG, Rn. 30.

[1742] *Byers/Wenzel,* BB 2017, 2036, 2038.

[1743] *Leopold,* in: Auernhammer, DSGVO/BDSG, 7. Auflage 2020, § 4 BDSG, Rn. 31, 34; *Wilhelm-Robertson,* in: Wolff/Brink, BeckOK Datenschutzrecht, 40. Edition, Stand 1.11.2021, § 4 BDSG, Rn. 28, 19; *Buchner,* in: Kühling/Buchner, DSGVO/BDSG, 2. Auflage 2020, § 4 BDSG, Rn. 11 f.; *Scholz,* in: Simits/Hornung/Spiecker gen. Döhmann, Datenschutzrecht, 2019, Anhang 1 zu Art. 6, Rn. 22; *Roßnagel,* DuD 2017, 277, 281; *Ambrock,* in: Jandt/Steidle, Datenschutz im Internet, 2018, A. II. Rn. 77.

[1744] *Seifert,* in: Simitis/Hornung/Spiecker gen. Döhmann, 2019, Art. 88 DSGVO, Rn. 135; *Lachenmann,* ZD 2017, 307, 310, möchte den Maßstab des Art. 6 Abs. 1 UAbs. 1 S. 1 lit. f DSGVO heranziehen.

[1745] *Brink,* in: Boecken/Düwell/Diller/Hanau, Gesamtes Arbeitsrecht, 2016, § 32 BDSG, Rn. 105.

[1746] *Brink,* in: Boecken/Düwell/Diller/Hanau, Gesamtes Arbeitsrecht, 2016, § 32 BDSG, Rn. 105.

[1747] BT-Drs. 16/13657, 21.

lediglich eine allgemeine Regelung in Bezug auf die Verarbeitung von Beschäftigtendaten enthielt.[1748] § 6 b BDSG a.F. galt nach der Gesetzesbegründung unter anderem für Videoaufzeichnungen in öffentlich zugänglichen Verkaufsräumen.[1749] Als unerheblich war es anzusehen, ob Beschäftigte oder die Allgemeinheit Ziel der Beobachtung waren.[1750] Dafür spricht auch, dass in den Materialien davon die Rede ist, dass die Videoüberwachung im nicht-öffentlichen Bereich durch besondere Gesetze, wie ein Arbeitnehmerdatenschutzgesetz zu regeln sei, was jedoch nicht erfolgt ist.[1751] § 6 b BDSG a.F. wurde durch § 4 BDSG abgelöst, der jedoch als unionrechtswidrig anzusehen ist.[1752] Daher würde, sollte die offene Videoüberwachung von Beschäftigten im öffentlichen Bereich nicht von § 4 BDSG erfasst sein, Art. 6 Abs. 1 UAbs. 1 lit. f DSGVO Anwendung finden.

Das BAG stellte jedoch 2016 in Änderung seiner Rechtsprechung klar, dass als Rechtsgrundlage für die offene Videoüberwachung öffentlich zugänglicher Räume im Beschäftigungsverhältnis § 32 BDSG a.F. - nun § 26 Abs. 1 BDSG – als Rechtsgrundlage heranzuziehen sei.[1753] Es handele sich hierbei um eine eigenständige Rechtsgrundlage, die unabhängig von den Voraussetzungen des § 6 b Abs. 3 BDSG a.F. bestehe.[1754] § 26 BDSG ist eine Vorschrift, die auf den Ausgleich der Interessen von Arbeitgeber und Arbeitnehmer in Bezug auf den Datenschutz im Beschäftigungsverhältnis abziele[1755], während § 6 b BDSG unabhängig von einem solchen Dauerschuldverhältnis zum Schutz der Allgemeinheit sicherstellen solle, dass die Videoüberwachung im öffentlichen Raum nicht ausfere.[1756] Dafür, dass § 26 BDSG einen eigenständigen Erlaubnistatbestand darstellen soll, spricht auch, dass keine Sonderregelung für die Videoüberwachung nicht öffentlich zugänglicher Räume existiert und sich deren Zulässigkeit in jedem Fall nach § 26 BDSG richtet, soweit Arbeitnehmer von der Videoüberwachung erfasst sind.[1757] Es erscheint auch nicht plausibel, hinsichtlich der Zulässigkeitsvoraussetzungen zwischen Arbeitnehmern, die sich in öffentlich zugänglichen Räumen aufhalten und solchen, die sich in nicht-öffentlichen Räumen zur Verrichtung ihrer Tätigkeit befinden, zu differenzieren.[1758] Zwar dient im öffentlichen Bereich die Videoüberwachung vor allem der Aufdeckung von Straftaten

---

[1748] BAG, Beschl. v. 26.8.2008 - 1 ABR 16/07, Rn. 47 ff., NZA 2008, 1187, 1193; BAG, Urt. v. 21.6.2012 – 2 AZR 153/11, Rn. 36, NJW 2012, 3594, 3597; OVG Saarlouis, Urt. v. 14.12.2017 – 2 A 662/17, Rn. 35, ZD 2018, 134, 135; *Byers* 2012, 117 ff.

[1749] BAG, Urt. v. 21.6.2012 – 2 AZR 153/11, Rn. 36, NJW 2012, 3594, 3597; BT-Drs. 14/4329, 39.

[1750] BAG, Urt. v. 21.6.2012 – 2 AZR 153/11, Rn. 36, NJW 2012, 3594, 3597; *Bayreuther*, NZA 2005, 1038.

[1751] BT-Drs. 14/4329, 38.

[1752] Siehe hierzu 6.2.4.2.1.

[1753] BAG, Urt. v. 22.9.2016 – 2 AZR 848/15, Rn. 43, NZA 2017, 112, 116; wohl auch BAG, Urt. v. 23.8.2018 – 2 AZR 133/18, Rn. 23, NZA 2018, 1329, 1331 jeweils zum materiellrechtlich inhaltsgleichen § 32 Abs. 1 BDSG a.F.; *Forst*, in: Auernhammer, DSGVO/BDSG, 7. Auflage 2020, § 26 BDSG, Rn. 148; *Byers/Wenzel*, BB 2017, 2036, 2038.

[1754] BAG, Urt. v. 22.9.2016 – 2 AZR 848/15, Rn. 34, 43, NZA 2017, 112, 115 f.; BAG, Urt. v. 23.8.2018 – 2 AZR 133/18, Rn. 23, NZA 2018, 1329, 1331; BAG, Urt. v. 28.3.2019 – 8 AZR 421/17, Rn. 33, NZA 2019, 1212, 1215.

[1755] So die Gesetzesbegründung zu § 32 BDSG a.F. in BT-Drs. 16/13657, 20 f. und nun auch BT-Drs. 18/11325, 97 zu § 26 Abs. 1 BDSG, der § 32 Abs. 1 BDSG a.F. materiellrechtlich inhaltsgleich fortführt.

[1756] BAG, Urt. v. 22.9.2016 – 2 AZR 848/15, Rn. 43, NZA 2017, 112, 116 zu § 6b BDSG a.F. unter Berufung auf BT-Drs. 14/5793, 61; auch wenn in § 4 Abs. 1 S. 2 BDSG, soweit der Betreiber eine Videoüberwachung einsetzen möchte und die Schutzgüter Leben, Gesundheit oder Freiheit in den dort genannten Anlagen betroffen sein können und die Abwägungsentscheidung zugunsten der Zulässigkeit des Einsatzes einer Videoüberwachungsmaßnahme geprägt wird, soweit die Formulierung „gilt als...ein besonders wichtiges Interesse" (BT-Drs. 18/11325, 81), kann dem nicht entnommen werden, dass nun eine breitere Verwendung der Videoüberwachung angestrebt wird. Hiergegen spricht, dass diese nur für eng begrenzte, besonders gewichtige Schutzgüter gelten soll.

[1757] BAG, Urt. v. 22.9.2016 – 2 AZR 848/15, Rn. 43, NZA 2017, 112, 116; *Byers/Wenzel*, BB 2017, 2036, 2038.

[1758] BAG, Urt. v. 22.9.2016 – 2 AZR 848/15, Rn. 43, NZA 2017, 112, 116.

durch betriebsfremde Dritte oder gar der Sicherheit von Beschäftigten. Anders als im nichtöffentlichen Bereich ist hier kein Sonderschutz der Beschäftigten gerechtfertigt, sondern vielmehr sind im öffentlichen Bereich Beschäftigte so zu behandeln wie Dritte, beispielsweise wenn es um die Überwachung der Außenmauer eines Betriebs geht. Andererseits ist zu beachten, dass Beschäftigte sich anders als betriebsfremde Dritte der Überwachung beispielsweise in Verkaufsräumen nicht entziehen können. § 26 BDSG bildet aus diesem Grund alleinige Rechtsgrundlage für die Videoüberwachung von Beschäftigten.[1759]

6.2.4.2.3 Die Zulässigkeit präventiver Videoüberwachung

In der Literatur wird teilweise präventive Videoüberwachung für unzulässig gehalten. Es wird ein durch konkrete Tatsachen belegter „einfacher Anfangsverdacht", der nicht die Schwelle eines „dringenden Tatverdachts" erreicht haben muss, aber über vage Anhaltspunkte und bloße Mutmaßungen hinausreichen muss, verlangt.[1760] *Maschmann* beruft sich dabei auf ein Urteil des BAG, welches sich mit dem Sonderfall der verdeckten Videoüberwachung befasste, bei der besonders strenge Maßstäbe anzulegen sind und welches sich darüber hinaus auf § 26 Abs. 1 S. 2 BDSG stütze, welcher schon als Tatbestandsmerkmal einen Verdacht verlangt.[1761] Ein Generalverdacht gegen die gesamte Belegschaft oder eine Abteilung reiche nicht aus, sondern stets müsse sich der Verdacht gegen eine bestimmte Person oder eine bestimmte Gruppe richten.[1762]

Riesenhuber stützt die offene präventive Videoüberwachung demgegenüber auf § 26 Abs. 1 S. 1 BDSG und schlägt vor, die Wertungen des § 4 BDSG bei der vorzunehmenden Interessenabwägung zu berücksichtigen.[1763] Danach muss die offene Videoüberwachung zur Wahrnehmung eines berechtigten Interesses auf Seiten des Verantwortlichen und eines konkret festgelegten Zwecks erforderlich sein und es dürfen keine Anhaltspunkte dafür bestehen, dass die schutzwürdigen Interessen der betroffenen Personen überwiegen.[1764]

Letztlich gilt – wie auch bei den übrigen Überwachungsmaßnahmen – dass § 26 Abs. 1 S. 1 BDSG keine Art von Mitarbeiterüberwachung ausschließt. Zu berücksichtigen ist freilich die besondere Eingriffsintensität, die mit einer Videoüberwachung einhergeht.

6.2.4.2.4 Rechtmäßigkeitsgrundsätze

Sowohl die beiden Sätze des § 26 Abs. 1 BDSG als auch Art. 6 Abs. 1 UAbs. 1 S. 1 lit. f DSGVO verlangen eine Abwägung, in der die Grundrechte eine Rolle spielen. Das BAG hat infolge der Regelungsabstinenz durch den Gesetzgeber eine austarierte Rechtsprechung zur Videoüberwachung im Arbeitsverhältnis entwickelt.

Kontrollmaßnahmen sind stets mit einem Eingriff in das allgemeine Persönlichkeitsrecht des Arbeitnehmers verbunden, welches der Arbeitgeber nach nationalem Recht schon nach § 75 Abs. 2 BetrVG und § 823 Abs. 1 BGB zu schützen hat.[1765] Das neben der GRCh im Rahmen des § 26 Abs. 1 BDSG anwendbare allgemeine Persönlichkeitsrecht aus Art. 2 Abs. 1, Art. 1 Abs. 1 GG schützt auch das Recht am eigenen Bild und am gesprochenen Wort.[1766] Das Recht

---

[1759] *Byers/Wenzel*, BB 2017, 2036, 2038.

[1760] *Maschmann*, in: Kühling/Buchner, DSGVO/BDSG, 3. Auflage 2020, § 26 BDSG, Rn. 45 f..

[1761] BAG, Urt. v. 20.10.2016 – 2 AZR 395/15, Rn. 25, NJW 2017, 1193, 1195.

[1762] *Maschmann*, in: Kühling/Buchner, DSGVO/BDSG, 3. Auflage 2020, § 26 BDSG, Rn. 45 unter Berufung auf LAG Baden-Württemberg, Urt. v. 6.5.1998 – 12 Sa 116/97, BeckRS 1998, 30453301.

[1763] *Riesenhuber*, in: Wolff/Brink, BeckOK Datenschutzrecht, 40. Edition, Stand: 1.2.2022, § 26 BDSG, Rn. 152.

[1764] *Riesenhuber*, in: Wolff/Brink, BeckOK Datenschutzrecht, 40. Edition, Stand: 1.2.2022, § 26 BDSG, Rn. 152.

[1765] BAG, Urt. v. 15.4.2014 – 1 ABR 2/13, NZA 2014, 551, 555; *Maschmann*, in: Kühling/Buchner, DSGVO/BDSG, 3. Auflage 2020, § 26 BDSG, Rn. 42; *Grimm/Schiefer*, RdA 2009, 329, 330.

[1766] BVerfG, Urt. v. 31.1.1973 – 2 BvR 454/71, NJW 1973, 891, 892; BVerfG, Urt. v. 5.6.1973 - 1 BvR 536/72, NJW 1973, 1226, 1229; BAG, Urt. v. 27.3.2003 – 2 AZR 51/02, NZA 2003, 1193, 1194; *Tinnefeld/Viethen*, NZA 2003, 468, 469.

am eigenen Bild spricht dem Einzelnen Entscheidungs- und Einflussmöglichkeiten zu, soweit durch andere Fotografien und Aufzeichnungen seiner Person angefertigt werden.[1767] Dabei spielt es keine Rolle, ob diese den Einzelnen im privaten oder öffentlichen Kontext zeigen.[1768] Das Schutzbedürfnis ergibt sich vor allem aus der Möglichkeit, das Erscheinungsbild eines Menschen in einem bestimmten Zusammenhang von diesem abzulösen, in Form von Daten zu fixieren und beliebig vor einem nicht überschaubaren Personenkreis zu reproduzieren.[1769]

Eine Videoüberwachung ist nur dann erlaubt, wenn das Kontrollinteresse des Arbeitgebers das Persönlichkeitsrecht des Arbeitnehmers deutlich überwiegt.[1770] Hierzu müssen rechtlich geschützte Güter des Arbeitgebers gravierend beeinträchtigt sein, beispielsweise durch die Begehung von Straftaten wie Diebstahl, Unterschlagung oder den Verrat von Geschäftsgeheimnissen.[1771]

Ein berechtigtes Interesse des Arbeitgebers kann neben der Prävention und Aufdeckung von Straftaten auch der Schutz des Betriebes sowie der Arbeitnehmer sein, zum Beispiel bei der Videoüberwachung in einem Kernkraftwerk.[1772] Eine Überwachung mit dem Ziel, einen ordnungsgemäßen Dienstablauf zu gewährleisten, kann in der Regel nicht gerechtfertigt werden.[1773] Ebenso wenig kann die Videoüberwachung dafür herangezogen werden, um eine Leistungskontrolle vorzunehmen und schlichtweg zu überprüfen, „ob und wie gearbeitet wird".[1774]

Im Zuge der Prüfung der Verhältnismäßigkeit dürfen zunächst keine milderen, im Hinblick auf den Zweck gleich wirksamen Mittel vorliegen.[1775] Ein solches Mittel kann beispielsweise die auf zufälliger Auswahl basierende Torkontrolle sein, um Diebstähle zu verhindern.[1776]

In seiner grundlegenden Entscheidung, in der es die Grundsätze zur Videoüberwachung am Arbeitsplatz entwickelte, entschied das BAG, dass das allgemeine Persönlichkeitsrecht den Arbeitnehmer vor einer lückenlosen technischen Überwachung am Arbeitsplatz durch – im konkreten Fall heimliche – Videoaufnahmen schützt, weil hierdurch nicht lediglich die hergebrachte menschliche Beobachtung durch eine Aufsichtsperson ersetzt werde.[1777] Der Arbeitnehmer werde einem ständigen Überwachungsdruck ausgesetzt, dem er sich nicht entziehen könne, da er damit rechnen müsse, dass der Arbeitgeber in bestimmten Situationen heimliche Videoaufzeichnungen anfertige.[1778] Eine Rolle spielt ferner, dass zumindest bei der Videoüberwachung am nichtöffentlichen Arbeitsplatz, anders als an öffentlichen Plätzen, der Personenkreis nicht anonym, sondern dem Arbeitgeber bekannt und überschaubar ist, was dazu führt, dass ein größerer Überwachungs- und Anpassungsdruck für die betroffenen Personen entsteht.[1779] Überdies können sich die Arbeitnehmer aufgrund ihrer vertraglichen Gebundenheit der Videoüberwachung nicht entziehen, sondern diese wiederholt sich potentiell jeden Tag für

---

[1767] BVerfG, Urt. v. 15. 12. 1999 - 1 BvR 653/96, NJW 2000, 1021, 1022.

[1768] BVerfG, Urt. v. 15. 12. 1999 - 1 BvR 653/96, NJW 2000, 1021, 1022.

[1769] BVerfG, Urt. v. 15. 12. 1999 - 1 BvR 653/96, NJW 2000, 1021, 1022.

[1770] *Maschmann*, NZA-Beilage 2018, 115, 120.

[1771] *Maschmann*, NZA-Beilage 2018, 115, 120.

[1772] *Gola*, in: Gola, DSGVO, 2. Auflage 2018, Art. 6 DSGVO, Rn. 182.

[1773] *Gola*, in: Gola, DSGVO, 2. Auflage 2018, Art. 6 DSGVO, Rn. 182.

[1774] *Maschmann*, NZA-Beilage 2018, 115, 120; *Maschmann*, in: Kühling/Buchner, DSGVO/BDSG, 3. Auflage 2020, § 26 BDSG, Rn. 45; unklar *Gola*, in: Gola, DSGVO, 2. Auflage 2018, Art. 6 DSGVO, Rn. 182, erster und letzter Satz.

[1775] *Gola*, in: Gola, DSGVO, 2. Auflage 2018, Art. 6 DSGVO, Rn. 182.

[1776] BAG, Bechl. v. 15.4.2014 – 1 ABR 2/13, Rn. 44, NZA 2014, 551, 556.

[1777] BAG, Urt. v. 27. 3. 2003 - 2 AZR 51/02, NZA 2003, 1193, 1194.

[1778] BAG, Urt. v. 27. 3. 2003 - 2 AZR 51/02, NZA 2003, 1193, 1194.

[1779] BAG, Beschl. v. 29.6.2004 – 1 ABR 21/03, NZA 2004, 1278, 1282.

mehrere Stunden.[1780] Eine solch lückenlose technische Überwachung kann weder auf das Direktionsrecht, noch auf das Hausrecht gestützt werden.[1781]

Das BAG übernahm die Grundsätze des Volkszählungsurteils auch für die Videoüberwachung und betonte, dass das als Teil des allgemeinen Persönlichkeitsrechts gewährleistete Recht auf informationelle Selbstbestimmung unter den Bedingungen der automatischen Datenverarbeitung besonders gefährdet und damit schutzbedürftig sei, weil mit dieser Technik Informationen über bestimmte Personen jederzeit abrufbar und unbegrenzt speicherbar seien und mit anderen Informationen zu einem Persönlichkeitsbild zusammengefügt werden könnten, ohne dass es dem Betroffenen möglich sei, die Richtigkeit und Verwendung zureichend zu kontrollieren.[1782] Durch die Videoüberwachung werden die betroffenen Arbeitnehmer einem ständigen Überwachungsdruck ausgesetzt, da sie jederzeit damit rechnen müssten, gefilmt zu werden. Die Videokameras waren sichtbar angebracht, für die Arbeitnehmer war im konkreten Fall aber nicht erkennbar, wann sie im Betrieb waren.[1783] Deshalb mussten sie während der gesamten Arbeitszeit damit rechnen, gefilmt zu werden. Gestik, Mimik, bewusste oder unbewusste Gebärden, der Gesichtsausdruck bei der Arbeit oder während der Kommunikation mit Kollegen konnten stets beobachtet werden.[1784] Hierdurch entstand der Druck, sich unauffällig zu benehmen, da sich die Arbeitnehmer ansonsten der Gefahr aussetzten, aufgrund abweichender Verhaltensweisen Gegenstand von Spott, Kritik oder Sanktionen zu werden.[1785]

Überdies wurde es als für die Verhältnismäßigkeit erheblich angesehen, dass sich die Überwachung auf einen Bereich erstreckte, der dem arbeitsvertraglichen Weisungsrecht unterlag und nicht auf die Intim- oder Privatsphäre der Arbeitnehmer.[1786] Unter Verweis auf das Urteil des BVerfG zum Großen Lauschangriff stellte das BAG fest, dass entscheidend sei, wie viele Personen wie intensiven Beeinträchtigungen ausgesetzt sind und ob sie hierfür einen Anlass gegeben haben.[1787] Das Gewicht der Beeinträchtigung hängt auch davon ab, ob die Betroffenen als Personen anonym bleiben, welche Umstände und Inhalte der Kommunikation erfasst werden können und welche Nachteile Grundrechtsträgern aus der Überwachungsmaßnahme drohen oder von ihnen nicht ohne Grund befürchtet werden.[1788] Überdies spielt es eine Rolle, ob die Überwachungsmaßnahmen auf die Betriebs- oder Geschäftsräume beschränkt ist oder in einer Privatwohnung stattfinden und wenn die Videoüberwachung auf einen besonders gefährdeten Bereich beschränkt ist.[1789]

Außerdem sind Art und Dauer der Überwachungsmaßnahme von Bedeutung.[1790] Hinsichtlich der Dauer der Überwachung verweist das BAG auf § 163 f StPO, der die längerfristige Observation vorerst auf einen Monat begrenzt.[1791] Zwar macht das BAG deutlich, dass für die private

---

[1780] BAG, Beschl. v. 29.6.2004 – 1 ABR 21/03, NZA 2004, 1278, 1282.

[1781] BAG, Beschl. v. 29.6.2004 – 1 ABR 21/03, NZA 2004, 1278, 1282 f.; *Bayreuther*, NZA 2005, 1038, 1040; *Tinnefeld/Viethen*, NZA 2003, 468, 472; *Maschmann*, in: Kühling/Buchner, DSGVO/BDSG, 3. Auflage 2020, § 26 BDSG, Rn. 45.

[1782] BAG, Urt. v. 27. 3. 2003 - 2 AZR 51/02, NZA 2003, 1193, 1195.

[1783] BAG, Urt. v. 27. 3. 2003 - 2 AZR 51/02, NZA 2003, 1193, 1195.

[1784] BAG, Beschl. v. 29.6.2004 – 1 ABR 21/03, NZA 2004, 1278, 1281.

[1785] BAG, Beschl. v. 29.6.2004 – 1 ABR 21/03, NZA 2004, 1278, 1281.

[1786] BAG, Urt. v. 27. 3. 2003 - 2 AZR 51/02, NZA 2003, 1193, 1195.

[1787] BAG, Urt. v. 27. 3. 2003 - 2 AZR 51/02, NZA 2003, 1193, 1195.

[1788] BAG, Urt. v. 27. 3. 2003 - 2 AZR 51/02, NZA 2003, 1193, 1195.

[1789] BAG, Beschl. v. 29.6.2004 – 1 ABR 21/03, NZA 2004, 1278, 1283.

[1790] BAG, Urt. v. 27. 3. 2003 - 2 AZR 51/02, NZA 2003, 1193, 1195.

[1791] BAG, Beschl. v. 29.6.2004 – 1 ABR 21/03, NZA 2004, 1278, 1284.

Überwachung nicht dieselben Grundsätze gelten können wie für die staatliche Überwachung.[1792] Allerdings können zum einen die für Private geltenden Grundsätze nicht wesentlich über staatliche Maßnahmen hinausgehen, zum anderen wird hieraus die besondere Bedeutung der Dauer für die Eingriffsintensität deutlich.[1793]

Was die Art der Videoüberwachung anbelangt, so stellt das Fernseh-Monitoring nach der Rechtsprechung eine mildere Alternative gegenüber einer Videoüberwachung, die Aufzeichnungen und damit auch spätere Wiederholungen und Verarbeitungen ermöglicht, dar.[1794] Qualitative Unterschiede hinsichtlich der Eingriffsintensität bestehen zwischen analoger und digitaler Videoüberwachung, wobei sich das BAG auf eine Beschlussempfehlung des Innenausschusses[1795] bezieht.[1796] Schutzwürdige Interessen Betroffener seien in besonderer Weise berührt, wenn automatisierte Verfahren das Herausfiltern und Vergrößern einzelner Personen ermöglichen, zur biometrischen Erkennung, zum Bildabgleich oder zur Profilerstellung eingesetzt werden oder in dem entsprechenden Videoüberwachungssystem verfügbar und einsatzbereit sind.[1797] *Riesenhuber* merkt zutreffend an, dass ein Überwachungsdruck und die dadurch befürchtete Anpassung des Verhaltens vor allem durch die „Überwachung" in Form der Beobachtung erzeugt wird und nicht durch die Dokumentation, die auch ohne Beobachtung erfolgen kann.[1798] Das Fernseh-Monitoring ist mit einer ständigen Beobachtung verbunden, während im anderen Fall Videoaufnahmen vorsorglich gespeichert und die Auswertung nur gezielt erfolgen darf.[1799] Aus diesem Grund ist zwischen Dauerüberwachung und Daueraufzeichnung zu unterscheiden.[1800] Die Daueraufnahme kann die mildere Alternative von beiden darstellen, wenn die Möglichkeiten der Auswertung beschränkt sind und diese nur zu konkret festgelegten Zwecken erfolgen darf.[1801] Zuzugeben ist freilich, dass auch das Wissen der Beschäftigten darum, dass sie gefilmt werden und Aufnahmen gespeichert werden, ebenfalls zu einem Überwachungsdruck führen kann.

Als bedeutsam für die Eingriffsintensität wurde auch gewertet, dass die Videoüberwachung zwar darauf abzielte, Straftaten aufzudecken, dies jedoch nur einen quantitativ unbedeutenden Teil der Aufnahmen ausmacht.[1802] Der Großteil der Aufnahmen enthalten Verhaltensweisen und Lebensäußerungen, die sich nicht auf Straftaten beziehen, sondern auf die Verrichtung und Unterbrechung der Arbeit. Bei den Betroffenen handelt es sich weit überwiegend um Personen,

---

[1792] BAG, Beschl. v. 29.6.2004 – 1 ABR 21/03, NZA 2004, 1278, 1284.

[1793] BAG, Beschl. v. 29.6.2004 – 1 ABR 21/03, NZA 2004, 1278, 1284.

[1794] BAG, Beschl. v. 29.6.2004 – 1 ABR 21/03, NZA 2004, 1278, 1283; BAG, Urt. v. 23.8.2018 – 2 AZR 133/18, Rn. 33, NZA 2018, 1329, 1333 wertet die Aufzeichnung ebenfalls als gravierend, wobei in der Entscheidung die Frage aufgeworfen – und offen gelassen – wird, ob eine vollumfängliche, anlasslose Auswertung der Videoaufzeichnung mit anschließender Löschung irrelevanter Sequenzen oder eine längere Speicherung verbunden mit der lediglich anlassbezogenen Auswertung einen tieferen Eingriff in das allgemeine Persönlichkeitsrecht begründet.

[1795] BT-Drs. 14/5793, 62.

[1796] BAG, Beschl. v. 29.6.2004 – 1 ABR 21/03, NZA 2004, 1278, 1284.

[1797] BAG, Beschl. v. 29.6.2004 – 1 ABR 21/03, NZA 2004, 1278, 1284; vgl. zu „Smart Cameras" *Hornung/Desoi*, K&R 2011, 153.

[1798] *Riesenhuber*, in: Wolff/Brink, BeckOK Datenschutzrecht, 40. Edition, Stand: 1.2.2022, Art. 88 DSGVO, Rn. 144.

[1799] *Riesenhuber*, in: Wolff/Brink, BeckOK Datenschutzrecht, 40. Edition, Stand: 1.2.2022, Art. 88 DSGVO, Rn. 144.

[1800] *Riesenhuber*, in: Wolff/Brink, BeckOK Datenschutzrecht, 40. Edition, Stand: 1.2.2022, Art. 88 DSGVO, Rn. 144; *Thüsing/Schmidt*, DB 2017, 2608.

[1801] *Riesenhuber*, in: Wolff/Brink, BeckOK Datenschutzrecht, 40. Edition, Stand: 1.2.2022, Art. 88 DSGVO, Rn. 144; *Thüsing/Schmidt*, DB 2017, 2608.

[1802] BAG, Beschl. v. 29.6.2004 – 1 ABR 21/03, NZA 2004, 1278, 1281.

denen gegenüber kein Verdacht einer strafbaren Handlung besteht.[1803] Schwer wog, dass der Großteil der Arbeitnehmer sich nichts hatte zuschulden kommen lassen und dennoch schwerwiegende Eingriffe in das Persönlichkeitsrecht hinnehmen musste, um einige wenige potenzielle Täter abzuschrecken oder zu identifizieren.[1804] Andererseits dient das Bildmaterial auch zur Entlastung der anderen Beschäftigten.[1805]

6.2.5 Sensible Daten

Im Rahmen von Zugangskontrollen werden zum Teil biometrische Daten im Sinne des Art. 4 Nr. 14 DSGVO verarbeitet, beispielsweise wenn Technologien wie Iris-Scan oder Fingerprint verwendet werden, da es sich um mit speziellen technischen Verfahren gewonnene personenbezogene Daten zu den physischen, physiologischen oder verhaltenstypischen Merkmalen einer natürlichen Person handelt, die die eindeutige Identifizierung dieser natürlichen Person ermöglichen oder bestätigen.[1806] Statt Passwörtern oder PINs werden biometrische Merkmale der Zutritts- bzw. Authentisierungsberechtigten genutzt, was den Vorteil bietet, dass diese nicht durch Unbefugte missbraucht werden können.[1807] Die Authentifikation kann entweder im Wege der Identifikation oder der Verifikation erfolgen.[1808] Bei der Identifikation wird aus einer großen Gruppe von Personen die Identität einer Person ermittelt, wie dies beispielsweise bei einem Video-Warnsystem der Fall ist.[1809] Bei der Verifikation werden die auf einem Datenträger gespeicherten biometrischen Merkmale mit dem individuellen aktuellen biometrischen Merkmal der betroffenen Person überprüft.[1810] Unterschieden werden kann zwischen passiven physiologischen Merkmalen wie Fingerabdruck, Gesichts-, Iris- oder Venenerkennung und aktiven verhaltensbedingten Merkmalen wie Stimmerkennung, Unterschrift oder Tippmuster bei Eingabe eines Passworts.[1811] Diese Daten bergen ein besonderes Gefahrenpotential, da sich aus ihnen in vielen Fällen „überschießende Informationen" ergeben können.[1812] So geben beispielswese Stimme oder Gesichtsausdruck Aufschluss über die gesundheitliche oder psychische Verfassung.[1813] Art. 9 Abs. 1 DSGVO untersagt die Verarbeitung dieser Daten grundsätzlich und erlaubt die Verarbeitung nur in den in Art. 9 Abs. 2 DSGVO abschließend aufgezählten Fällen.

Bereits nach der Rechtsprechung zu § 32 BDSG a.F. galt dieser nicht für sensible Daten, sondern es war § 28 Abs. 6 BDSG a.F. heranzuziehen.[1814] Nach Inkrafttreten der DSGVO gilt hierfür § 26 Abs. 3 BDSG. Dieser gibt im Wesentlichen den Wortlaut des Art. 9 Abs. 2 lit. b DSGVO wieder. Danach ist die Verarbeitung besonderer Kategorien personenbezogener Daten für Zwecke des Beschäftigungsverhältnisses insbesondere zulässig, wenn sie zur Ausübung von Rechten oder zur Erfüllung rechtlicher Pflichten aus dem Arbeitsrecht erforderlich ist und kein Grund zu der Annahme besteht, dass das schutzwürdige Interesse der betroffenen Person an dem Ausschluss der Verarbeitung überwiegt.

[1803] BAG, Beschl. v. 29.6.2004 – 1 ABR 21/03, NZA 2004, 1278, 1281.

[1804] BAG, Beschl. v. 29.6.2004 – 1 ABR 21/03, NZA 2004, 1278, 1284.

[1805] BAG, Urt. v. 27.3.2003 - 2 AZR 51/02, NZA 2003, 1193, 1195.

[1806] *Maschmann*, NZA-Beilage 2018, 115, 119.

[1807] *Gola*, NZA 2007, 1139, 1140.

[1808] *Gola*, NZA 2007, 1139, 1140.

[1809] *Gola*, NZA 2007, 1139, 1140.

[1810] *Gola*, NZA 2007, 1139, 1140.

[1811] *Gola*, NZA 2007, 1139, 1140.

[1812] *Hornung/Steidle*, AuR 2005, 201; *Däubler*, in: Däubler/Wedde/Weichert/Sommer, DSGVO/BDSG, 2. Auflage 2020, § 26 BDSG, Rn. 97.

[1813] *Däubler*, in: Däubler/Wedde/Weichert/Sommer, DSGVO/BDSG, 2. Auflage 2020, § 26 BDSG, Rn. 97.

[1814] BAG, Urt. v. 7.2.2012 – 1 ABR 46/10, NZA 2012, 744.

6.2.5.1 Unionsrechtskonformität des § 26 Abs. 3 BDSG

Da § 26 Abs. 3 BDSG im Wesentlichen den Wortlaut des Art. 9 Abs. 2 lit. b DSGVO wiedergibt, stellt sich die Frage, ob ein Verstoß gegen das unionsrechtliche Normwiederholungsverbot vorliegt.

Das BAG verweist zutreffend auf EwG 8 DSGVO und begründet mit der darin vorgesehenen Möglichkeit, Teile der DSGVO in ihr nationales Recht aufzunehmen, soweit dies erforderlich ist, um die Kohärenz zu wahren und die nationalen Rechtsvorschriften für die Personen, für die sie gelten, verständlicher zu machen, die Unionsrechtskonformität des § 26 Abs. 3 DSGVO. Zudem reiche der Verweis auf § 22 Abs. 2 BDSG aus, um den Schutz der Grundrechte und die Wahrung der Interessen der betroffenen Personen sicherzustellen.[1815] Demnach sind bei der Verarbeitung besonderer Kategorien personenbezogener Daten angemessene und spezifische Maßnahmen zur Wahrung der Interessen der betroffenen Person vorzusehen.

6.2.5.2 Verarbeitungszwecke

§ 26 Abs. 3 S. 1 BDSG sieht vor, dass die Verarbeitung besonderer Kategorien personenbezogener Daten im Sinne des Art. 9 Abs. 1 DSGVO für Zwecke des Beschäftigungsverhältnisses zulässig ist, wenn sie zur Ausübung von Rechten oder zur Erfüllung rechtlicher Pflichten aus dem Arbeitsrecht, dem Recht der sozialen Sicherheit und des Sozialschutzes erforderlich ist und kein Grund zu der Annahme besteht, dass das schutzwürdige Interesse der betroffenen Person an dem Ausschluss der Verarbeitung überwiegt. Nach der Gesetzesbegründung dient § 26 Abs. 3 BDSG ebenso wie § 22 Abs. 1 Nr. 1 lit. a BDSG der Umsetzung von Art. 9 Abs. 2 lit. b DSGVO.[1816] Art. 9 Abs. 2 lit. b DSGVO bestimmt, dass die Verarbeitung zulässig ist, wenn sie erforderlich ist, damit der Verantwortliche oder die betroffene Person die ihm bzw. ihr aus dem Arbeitsrecht und dem Recht der sozialen Sicherheit und des Sozialschutzes erwachsenden Rechte ausüben und seinen bzw. ihren diesbezüglichen Pflichten nachkommen kann, soweit dies nach Unionsrecht oder dem Recht der Mitgliedstaaten oder einer Kollektivvereinbarung nach dem Recht der Mitgliedstaaten, das geeignete Garantien für die Grundrechte und die Interessen der betroffenen Person vorsieht, zulässig ist. Es handelt sich dabei nicht um einen eigenständigen Erlaubnistatbestand, sondern vielmehr ergibt sich die Erforderlichkeit der Datenverarbeitung aus einem nationalen Gesetz, wozu auch Betriebsvereinbarungen und Tarifverträge zählen.[1817]

Ausweislich der Gesetzesbegründung bleibt die Verarbeitung zu anderen Zwecken als den in § 26 Abs. 3 S. 1 BDSG genannten unberührt.[1818] Somit bleibt auch ein Rückgriff auf die in Art. 9 Abs. 2 DSGVO genannten Erlaubnistatbestände möglich.[1819]

Biometrische Zugangskontrollen können nach einer Auffassung nicht auf § 26 Abs. 3 S. 1 BDSG gestützt werden.[1820] Hierfür spricht auf den ersten Blick der Wortlaut („wenn sie zur Ausübung von Rechten oder zur Erfüllung rechtlicher Pflichten aus dem Arbeitsrecht, dem

---

[1815] BAG, Beschl. v. 9.4.2019 – 1 ABR 51/17, Rn. 28, NZA 2019, 1055, 1058.

[1816] BT-Drs. 18/11325, 98.

[1817] *Schulz,* in: Gola, DSGVO, 2. Auflage 2018, Art. 9 DSGVO, Rn. 20.

[1818] BT-Drs. 18/11325, 98.

[1819] *Gräber/Nolden,* in: Paal/Pauly, DSGVO/BDSG, 3. Auflage 2021, § 26 BDSG, Rn. 41; *Wedde,* in: Däubler/Wedde/Weichert/Sommer, DSGVO/BDSG, 2. Auflage 2020, § 26 BDSG, Rn. 238 weist darauf hin, dass sich hieraus ergibt, dass § 26 Abs. 3 BDSG allein die Verarbeitung besonderer Kategorien personenbezogener Daten regelt; ein Rückgriff auf die anderen in Art. 9 Abs. 2 DSGVO enthaltenen Tatbestände ist damit ausgeschlossen; allerdings ist der nationale Gesetzgeber nicht befugt, dies zu bestimmen; Art. 9 Abs. 2 lit. b DSGVO verleiht ihm vielmehr erst die Kompetenz, die Datenverarbeitung im Beschäftigungskontext gesondert zu regeln; er kann umgekehrt durch seine Regelungskompetenz nicht alle anderen Tatbestände, die die DSGVO enthält, ausschließen.

[1820] *Kort,* RdA 2018, 24, 29.

Recht der sozialen Sicherheit und des Sozialschutzes erforderlich ist"), der den Anschein erweckt, dass lediglich die Rechte und Pflichten des Arbeitgebers in Rede stehen. Art. 9 Abs. 2 lit. b DSGVO, auf den § 26 Abs. 3 BDSG zurückgeht, schließt seinem Wortlaut nach dagegen ausdrücklich auch die Rechte und Pflichten der betroffenen Person mit ein. Dem Wortlaut nach gilt das grundsätzliche Verbot des Art. 9 Abs. 1 DSGVO nicht, sofern die Verarbeitung erforderlich ist, damit der Verantwortliche oder die betroffene Person die ihm bzw. ihr aus dem Arbeitsrecht und dem Recht der sozialen Sicherheit und des Sozialschutzes erwachsenden Rechte ausüben und seinen bzw. ihren diesbezüglichen Pflichten nachkommen kann, soweit dies nach Unionsrecht oder dem Recht der Mitgliedstaaten oder einer Kollektivvereinbarung nach dem Recht der Mitgliedstaaten, das geeignete Garantien für die Grundrechte und die Interessen der betroffenen Person vorsieht, zulässig ist. Art. 9 Abs. 2 lit. b DSGVO bezieht sich sowohl auf die Rechte und Pflichten des Arbeitgebers als Verantwortlichen als auch auf die der betroffenen Person, also die des Beschäftigten. Weiterhin stellt sich die Frage, ob der Begriff „Pflichten aus dem Arbeitsrecht" neben Rechtsnormen auch Pflichten aus dem Arbeitsvertrag mit einschließt. Ein Blick in die englische Sprachfassung legt dies nahe. Dort ist von „field of employment [law]" die Rede, also vom „Bereich des Arbeitsrechts", was weiter formuliert ist als die deutsche Fassung. Der Begriff des Arbeitsrechts umfasst sowohl das Individual- als auch das Kollektivarbeitsrecht.[1821] Als taugliche Rechtsgrundlage für eine Datenverarbeitung kommen allerdings nach dem eindeutigen Wortlaut nur das Unionsrecht, das Recht eines Mitgliedstaats oder eine Kollektivvereinbarung nach dem Recht eines Mitgliedstaats in Betracht, nicht hingegen ein Individualarbeitsvertrag.[1822] Führt der Arbeitgeber als Verantwortlicher ein biometriebasiertes Zugangskontrollsystem ein, so ist die Verarbeitung der Daten erforderlich, da der Arbeitnehmer in der Regel die Zugangskontrolle passieren muss, um an seinen Arbeitsplatz zu gelangen und seinen arbeitsvertraglich geschuldeten Pflichten nachzukommen.

§ 26 Abs. 3 S. 1 BDSG fordert zusätzlich, dass kein Grund zu der Annahme besteht, dass das schutzwürdige Interesse der betroffenen Person an dem Ausschluss der Verarbeitung überwiegt.

Wie § 26 Abs. 1 S. 1 BDSG fordert auch § 26 Abs. 3 BDSG, dass die Verarbeitung besonderer Kategorien personenbezogener Daten erforderlich sein muss und verlangt damit eine Verhältnismäßigkeitsprüfung.[1823] Unklar ist, welche Bedeutung die Formulierung des § 26 Abs. 3 S. 1 BDSG hat, dass kein Grund zu der Annahme bestehen dürfe, dass das schutzwürdige Interesse der betroffenen Person an dem Ausschluss der Verarbeitung überwiege. Denn die Interessen der betroffenen Person finden im Zuge der Verhältnismäßigkeitsprüfung bereits Berücksichtigung.[1824] Letztlich betont die Formulierung, dass die Interessen der betroffenen Personen aufgrund der Sensibilität der Daten von besonderer Bedeutung sind.

Grundsätzlich verfolgt der Arbeitgeber einen legitimen Zweck, wenn er personenbezogene Daten zur Zugangskontrolle verarbeitet.[1825] Eine nachträgliche Verwendung dieser Daten zur Leistungskontrolle im Zuge der Zweckänderung ist nicht zulässig.[1826] Einer weiten Zweckfestle-

---

[1821] *Weichert*, in: Kühling/Buchner, DSGVO/BDSG, 3. Auflage 2020, Art. 9 DSGVO, Rn. 54.

[1822] *Petri*, in: Simitis/Hornung/Spiecker gen. Döhmann, Datenschutzrecht, 2019, Art. 9 DSGVO, Rn. 38; *Frenzel*, in: Paal/Pauly, DSGVO/BDSG, 3. Auflage 2021, Art. 9 DSGVO, Rn. 27.

[1823] *Forst*, in: Auernhammer, DSGVO/BDSG, 7. Auflage 2020, § 26 BDSG, Rn. 84.

[1824] *Forst*, in: Auernhammer, DSGVO/BDSG, 7. Auflage 2020, § 26 BDSG, Rn. 84.

[1825] *Riesenhuber*, in: Wolff/Brink, BeckOK Datenschutzrecht, 40. Edition, Stand: 1.2.2022, § 26 BDSG, Rn. 158.

[1826] *Riesenhuber*, in: Wolff/Brink, BeckOK Datenschutzrecht, 40. Edition, Stand: 1.2.2022, § 26 BDSG, Rn. 158; *Art.-29-Datenschutzgruppe*, WP 203, 56; siehe hierzu bereits oben 6.1.5.5.

gung von vornherein, die auch Screenings mit einschließt, steht demgegenüber nichts entgegen.[1827] In besonders risikobehafteten oder sicherheitsempfindlichen Bereichen (z.B. wenn Produktionsgeheimnisse zu schützen sind, deren unbefugte Kenntnisnahme zu einer erheblichen Beeinträchtigung des Wettbewerbs führen würde) kann es auch geboten sein, besonders sichere Authentifizierungsverfahren zu benutzen.[1828] Biometrische Zutrittskontrollsysteme dürfen aufgrund der Gefahren für das Recht auf informationelle Selbstbestimmung und das Recht auf angemessenen Datenschutz (Art. 8 GRCh) nur unter strengen Voraussetzungen eingesetzt werden.[1829] Diese besondere Gefahrenlage hat auch der deutsche Gesetzgeber gesehen und sich vorbehalten, die Verwendung biometrischer Daten zu Authentifizierungs- und Autorisierungszwecken gesondert zu regeln.[1830] Die Erforderlichkeit verlangt, dass keine gleich effektiven, weniger eingriffsintensiven Kontrollsysteme zur Verfügung stehen.[1831] Solche wären beispielsweise physische Schlüssel, Zugangscodes oder Identifikationsnummern.[1832] Bei der Beurteilung steht dem Arbeitgeber ein gewisser Einschätzungs- und Beurteilungsspielraum zu.[1833] Dieser ist Ausfluss der unternehmerischen Entscheidungsfreiheit des Arbeitgebers, welche durch Art. 12 GG, Art. 16, 17 GRCh geschützt ist, seines Eigentumsrechts (Art. 14 GG, Art. 17 GRCh) sowie der Vertragsfreiheit (Art. 2 Abs. 1, 1 Abs. 1 GG, Art. 16 GRCh).[1834] Aus den Grundrechten des Arbeitgebers erwächst ihm grundsätzlich die Freiheit, Unternehmensziele und die Unternehmensorganisation festzulegen, auch wenn dies Auswirkungen auf die Verarbeitung personenbezogener Daten haben mag.[1835] So ist der Arbeitgeber auch beispielsweise nicht verpflichtet, Gehälter in bar auszuzahlen, sondern darf seine Arbeitnehmer per Überweisung entlohnen, auch wenn dies die Erhebung und Speicherung von Kontodaten bedeutet.[1836] Unzulässig ist aber die Speicherung beispielsweise von Fingerabdrücken, um bei Vorliegen einer Straftat den Täter leichter zu identifizieren zu können.[1837] Im Rahmen der Prüfung der Erforderlichkeit ist die konkrete Ausgestaltung des technischen Systems zu beachten, beispielsweise ob eine dezentrale oder zentrale Speicherung der Referenzdaten erfolgt oder ob Löschroutinen implementiert sind.[1838] Ein milderes Mittel stellt in der Regel auch die Speicherung der biometrischen Daten auf einer Chipkarte dar, selbst wenn mit der Nutzung von Karten eine Verlustgefahr einhergeht.[1839] Auch ist der Referenzdatensatz, also der im System gespeicherte Datensatz, welcher dazu dient, das Merkmal der individuellen betroffenen Person mit den Daten der Software abzugleichen, um eine Berechtigung zu prüfen, besonders zu sichern

---

[1827] Siehe hierzu bereits oben 6.1.5.1.

[1828] *Riesenhuber*, in: Wolff/Brink, BeckOK Datenschutzrecht, 40. Edition, Stand: 1.2.2022, § 26 BDSG, Rn. 158; *Seifert*, in: Simitis/Hornung/Spiecker gen. Döhmann, Datenschutzrecht, 1. Auflage 2019, Art. 88 DSGVO, Rn. 154; *Forst*, in: Auernhammer, DSGVO/BDSG, 7. Auflage 2020, § 26 BDSG, Rn. 115.

[1829] *Seifert*, in: Simitis/Hornung/Spiecker gen. Döhmann, Datenschutzrecht, 2019, Art. 88 DSGVO, Rn. 153 f.,

[1830] BT-Drs. 18/11325, 97.

[1831] *Seifert*, in: Simitis/Hornung/Spiecker gen. Döhmann, Datenschutzrecht, 2019, Art. 88 DSGVO, Rn. 154; *Forst*, in: Auernhammer, DSGVO/BDSG, 7. Auflage 2020, § 26 BDSG, Rn. 115.

[1832] *Forst*, in: Auernhammer, DSGVO/BDSG, 7. Auflage 2020, § 26 BDSG, Rn. 115.

[1833] *Riesenhuber*, in: Wolff/Brink, BeckOK Datenschutzrecht, 40. Edition, Stand: 1.2.2022, § 26 BDSG, Rn. 158.

[1834] *Riesenhuber*, in: Wolff/Brink, BeckOK Datenschutzrecht, 40. Edition, Stand: 1.2.2022, § 26 BDSG, Rn. 62.

[1835] *Riesenhuber*, in: Wolff/Brink, BeckOK Datenschutzrecht, 40. Edition, Stand: 1.2.2022, § 26 BDSG, Rn. 62.

[1836] *Riesenhuber*, in: Wolff/Brink, BeckOK Datenschutzrecht, 40. Edition, Stand: 1.2.2022, § 26 BDSG, Rn. 62.

[1837] *Däubler*, in: Däubler/Wedde/Weichert/Sommer, DSGVO/BDSG, 2. Auflage 2020, § 26 BDSG, Rn. 99.

[1838] *Riesenhuber*, in: Wolff/Brink, BeckOK Datenschutzrecht, 40. Edition, Stand: 1.2.2022, § 26 BDSG, Rn. 158; zum Aufbau eines biometrischen Systems und Schwachstellen *Hornung/Steidle*, AuR 2005, 201, 203 f., 206 zur Ausgestaltung; *Däubler*, in: Däubler/Wedde/Weichert/Sommer, DSGVO/BDSG, 2. Auflage 2020, § 26 BDSG, Rn. 99.

[1839] *Seifert*, in: Simitis/Hornung/Spiecker gen. Döhmann, Datenschutzrecht, 2019, Art. 88 DSGVO, Rn. 155; *Däubler*, in: Däubler/Wedde/Weichert/Sommer, DSGVO/BDSG, 2. Auflage 2020, § 26 BDSG, Rn. 99.

und nach Möglichkeit zu anonymisieren.[1840] Aus Gründen der Transparenz sind biometrische Überwachungssysteme nach Möglichkeit mitwirkungsgebunden auszugestalten, da ansonsten auch ein heimliches Vorgehen, zum Beispiel ein Gesichtsscan im Vorübergehen, möglich wäre.[1841] Eine solche heimliche Kontrolle sollte jedoch schon technisch ausgeschlossen werden.[1842]

Soweit ein biometrisches Lichtbild, beispielsweise auf einem Werksausweis, Aufschluss über Rasse, ethnische Herkunft, Behinderung oder Krankheit gibt und der Zutritt oder Zugang verweigert wird, liegt auch keine verbotene Ungleichbehandlung nach dem AGG vor[1843], da keine Diskriminierung aufgrund eines solchen Merkmals erfolgt (denkbar wäre eine Benachteiligung hinsichtlich der Beschäftigungs- und Arbeitsbedingungen nach § 2 Abs. 1 Nr. 2 AGG), sondern der Zugang lediglich aufgrund einer fehlenden Berechtigung verweigert wird, die unabhängig von den genannten Merkmalen ist.

Da der nationale Gesetzgeber in § 26 Abs. 3 BDSG die Verarbeitung biometrischer im Beschäftigungsverhältnis Daten als Teil der Regelung zu besonderen Kategorien von Daten nach Art. 9 Abs. 1 speziell geregelt hat, kann § 26 Abs. 1 S. 1 BDSG nicht als Rechtsgrundlage herangezogen werden und der sensiblen Natur biometrischer Daten im Zuge der Rechtsgüterabwägung besonders Rechnung getragen werden.[1844] Maßgeblich sind die Voraussetzungen, die § 26 Abs. 3 BDSG aufstellt.

Nach § 26 Abs. 3 S. 3 BDSG i.V.m. § 22 Abs. 2 S. 1 BDSG haben Datenverarbeitungssysteme, die besondere Kategorien personenbezogener Daten verarbeiten, angemessene und spezifische Maßnahmen zur Wahrung der Interessen der betroffenen Person vorzusehen. Hierzu gehören insbesondere die regelbeispielhaft in § 22 Abs. 2 S. 2 BDSG aufgezählten Maßnahmen. Durch den Verweis soll dem Postulat des Art. 9 Abs. 2 Nr. 2 lit. b DSGVO Rechnung getragen werden, wonach der nationale Gesetzgeber geeignete Garantien zur Wahrung der Grundrechte und der Interessen der betroffenen Person vorzusehen hat.[1845]

Erfolgt die Verarbeitung auf der Grundlage einer Einwilligung, so stellt § 26 Abs. 3 S. 2 Hs. 1 BDSG klar, dass die Voraussetzungen des § 26 Abs. 2 BDSG auch hier zu beachten sind. Überdies muss die Einwilligung sich ausdrücklich auf diese Daten beziehen. Damit gestaltet der Gesetzgeber zugleich Art. 9 Abs. 2 lit. a DSGVO aus, der eine qualifizierte Einwilligung fordert, wenn sensible Daten verarbeitet werden.[1846] Besonders strenge Anforderungen sind bei der Verarbeitung besonderer Kategorien personenbezogener Daten an die Freiwilligkeit zu stellen.[1847] Da die Freiwilligkeit der Einwilligung im Beschäftigungsverhältnis ohnehin strengen Maßstäben unterliegt ist fraglich, wann bei der Verarbeitung biometrischer Daten überhaupt noch von Freiwilligkeit gesprochen werden kann. Die Freiwilligkeit muss also noch sorgfältiger

[1840] *Däubler*, in: Däubler/Wedde/Weichert/Sommer, DSGVO/BDSG, 2. Auflage 2020, § 26 BDSG, Rn. 99 f.; *Hornung/Steidle*, AuR 2005, 201, 206, die darauf hinweisen, dass zum Matching in der Regel der Rohdatensatz erhalten bleiben muss.

[1841] *Hornung/Steidle*, AuR 2005, 201, 206; *Däubler*, in: Däubler/Wedde/Weichert/Sommer, DSGVO/BDSG, 2. Auflage 2020, § 26 BDSG, Rn. 99.

[1842] *Hornung/Steidle*, AuR 2005, 201, 206.

[1843] *Riesenhuber*, in: Wolff/Brink, BeckOK Datenschutzrecht, 40. Edition, Stand: 1.2.2022, § 26 BDSG, Rn. 159.

[1844] So *Riesenhuber*, in: Wolff/Brink, BeckOK Datenschutzrecht, 40. Edition, Stand: 1.2.2022, § 26 BDSG, Rn. 158.

[1845] BT-Drs. 18/11325, 98.

[1846] *Thüsing/Schmidt*, in: Schwartmann/Jaspers/Thüsing/Kugelmann, DSGVO/BDSG, 2. Auflage 2020, Art. 88 DSGVO/§ 26 BDSG, Rn. 42.

[1847] BT-Drs. 18/11325, 98.

durch den Verantwortlichen hinterfragt werden und dieser sollte die Prüfung aufgrund seiner Nachweispflicht und zur Verwendung in einem etwaigen Rechtsstreit dokumentieren.[1848]

Denkbar ist auch, die Verarbeitung auf eine Kollektivvereinbarung zu stützen, wie Art. 9 Abs. 2 lit. b DSGVO es explizit zulässt.

6.2.6 Verarbeitung der Daten Dritter

Soweit beispielsweise beim Kontodatenabgleich Lieferantendaten in den Abgleich mit einbezogen werden, ist typischerweise auf Art. 6 Abs. 1 UAbs. 1 S. 1 lit. f DSGVO zurückzugreifen, sofern keine Einwilligung oder andere Rechtsgrundlage vorliegt. Die Fragen der Zulässigkeit werden hier ausgeklammert.

6.3 Betroffenenrechte

„Information und Transparenz sind die Basis der informationellen Selbstbestimmung."[1849] Transparenz ist verfassungsrechtlich aufgrund des Grundrechts auf informationelle Selbstbestimmung sowie unionsrechtlich aufgrund von Art. 8 Abs. 2 S. 2 GRCh geboten.[1850] Die DSGVO sieht zur Gewährleistung von Transparenz in den Art. 13 f. DSGVO Informationspflichten vor, denen in Art. 12 DSGVO Pflichten des Verantwortlichen vorangestellt sind, um eine transparente Information des Betroffenen zu gewährleisten und die Ausübung der Betroffenenrechte insgesamt zu erleichtern. Gerade die Informationspflichten des Art. 13 f. DSGVO sowie das umfangreiche Auskunftsrecht nach Art. 15 DSGVO können zu einer Gefährdung des Ermittlungserfolges führen, wenn ermittlungstaktische Gründe eigentlich dafürsprechen würden, dem verdächtigen Arbeitnehmer Informationen über interne Ermittlungen vorzuenthalten.[1851] Praktisch umgesetzt werden können die umfangreichen Mitteilungs- und Informationspflichten insbesondere durch eine (Rahmen-)Betriebsvereinbarung.[1852]

6.3.1 Art. 12 DSGVO

Der Verantwortliche ist nach Art. 12 Abs. 2 S. 1 DSGVO grundsätzlich dazu verpflichtet, der betroffenen Person die Ausübung der Rechte nach Art. 15-22 DSGVO zu erleichtern. Gemäß Art. 12 Abs. 3 S. 1 DSGVO muss er der betroffenen Person innerhalb eines Monats nach Eingang des Antrags nach den Art. 15-22 DSGVO die entsprechenden Informationen zur Verfügung stellen. Aufgrund der Komplexität und der Anzahl an Anträgen kann die Frist um weitere zwei Monate verlängert werden (Art. 12 Abs. 3 S. 2 DSGVO). Hierüber ist die betroffene Person nach Art. 12 Abs. 3 S. 3 DSGVO innerhalb eines Monats nach Eingang des Antrags unter Angabe der Gründe zu unterrichten. Bei elektronischer Antragstellung ist sie nach Möglichkeit elektronisch zu unterrichten, sofern sie nichts anderes angibt (Art. 12 Abs. 3 S. 4 DSGVO). Bei Untätigkeit des Verantwortlichen muss der Verantwortliche die betroffene Person hierüber sowie über die Möglichkeit unterrichten, bei einer Aufsichtsbehörde Beschwerde oder einen gerichtlichen Rechtsbehelf einzulegen.

Nach Art. 12 Abs. 5 S. 1 DSGVO werden Informationen und Mitteilungen, die aufgrund der Betroffenenrechte zu erteilen sind, grundsätzlich unentgeltlich zur Verfügung gestellt. Anderes gilt nach Art. 12 Abs. 5 S. 2 DSGVO bei offenkundig unbegründeten oder exzessiven Anträgen

[1848] *Forst*, in: Auernhammer, DSGVO/BDSG, 7. Auflage 2020, § 26 BDSG, Rn. 87.

[1849] *Dix*, in: Simitis/Hornung/Spiecker gen. Döhmann, Datenschutzrecht, 2019, Art. 12 DSGVO, Rn. 1.

[1850] *Klaas*, CCZ 2018, 242.

[1851] *Klaas*, CCZ 2018, 242, 243, der auch auf die Benachrichtigungspflicht nach Art. 34 DSGVO hinweist; allerdings greift diese ja nur wenn eine Verletzung des Schutzes personenbezogener Daten eingetreten ist, was durch Ermittlungsmaßnahmen ja vermieden werden soll.

[1852] *Grimm*, ArbRB 2018, 78, 79.

einer betroffenen Person, insbesondere bei häufiger Wiederholung. Die Nachweispflicht für den offenkundig unbegründeten oder exzessiven Charakter trägt der Verantwortliche.

Art. 12 Abs. 7 S. 1 DSGVO stellt klar, dass die Informationen, die den betroffenen Personen gemäß den Artikeln 13 und 14 bereitzustellen sind, in Kombination mit standardisierten Bildsymbolen bereitgestellt werden können, um in leicht wahrnehmbarer, verständlicher und klar nachvollziehbarer Form einen aussagekräftigen Überblick über die beabsichtigte Verarbeitung zu vermitteln. Werden die Bildsymbole in elektronischer Form dargestellt, müssen sie maschinenlesbar sein (Art. 12 Abs. 7 S. 2 DSGVO).

Den Informationspflichten nach Art. 13 f. DSGVO kann der Arbeitgeber bereits bei Abschluss des Arbeitsvertrags nachkommen.[1853] Dies kann beispielsweise in Form eines Anhangs zum Vertrag erfolgen oder im Wege allgemeiner Datenschutzbestimmungen.[1854] Überdies können Betriebsvereinbarungen geeignetes Mittel sein.[1855]

Es muss hierbei besonders darauf geachtet werden, dass eine „klare und einfache Sprache" verwendet wird, wie dies in Art. 12 Abs. 1 S. 1 DSGVO verlangt wird.[1856] Da die Verordnung umfangreiche und komplexe Regelungen trifft, steht diese Forderung in einem gewissen Widerspruch zum Wortlaut und der postulierten Transparenz.[1857] Insbesondere wenn eine umfangreiche deskriptive Darstellung der Betroffenenrechte erfolgt, lässt sich eine Wiedergabe des oftmals komplexen Gesetzestextes nicht vermeiden.[1858]

6.3.2 Die Informationspflichten nach Art. 13, 14 DSGVO

In Art. 13, 14 DSGVO wurden durch die DSGVO Informationspflichten eingeführt, die, wie EwG 60 DSGVO deutlich macht, zum Ziel haben, eine faire und transparente Verarbeitung zu gewährleisten, indem der Betroffene über die Existenz des Datenverarbeitungsvorgangs sowie seine Zwecke aktiv durch den Verantwortlichen unterrichtet werden soll.

Auf europäischer Ebene sah bisher Art. 10 RL 95/46/EG Informationspflichten bei der Erhebung personenbezogener Daten bei der betroffenen Person vor.

Im nationalen Recht normierte § 4 Abs. 2 BDSG den Grundsatz der Direkterhebung, wonach personenbezogene Daten grundsätzlich beim Betroffenen zu erheben waren und nur in den § 4 Abs. 2 S. 2 BDSG a. F. genannten Fällen ohne Mitwirkung des Betroffenen erhoben werden durften. Überdies waren in den §§ 19a, 33 BDSG a. F. Benachrichtigungspflichten bei der erstmaligen Speicherung personenbezogener Daten ohne Kenntnis des Betroffenen geregelt.

Anstelle der Benachrichtigungspflichten wurden mit Art 13, 14 DSGVO Informationspflichten in die DSGVO mit aufgenommen, die bei der Datenerhebung direkt beim Betroffenen zum Zeitpunkt der Datenerhebung ein proaktives Vorgehen des Verantwortlichen verlangen und fordern, dass dieser dem Betroffenen jedenfalls die in Art. 13 Abs. 1, 14 Abs. 1 DSGVO genannten Informationen aktiv mitteilt sowie gegebenenfalls die jeweils in Art. 13 Abs. 2, 14 Abs. 2 DSGVO aufgeführten Informationen zur Verfügung stellt. Anders als im bisherigen Recht wird damit die Datenschutzerklärung auch im Beschäftigungsverhältnis extrem aufgewertet. Die Information muss gegenüber dem Betroffenen im Falle des Art. 13 DSGVO grundsätzlich zum Zeitpunkt der Erhebung erfolgen. Werden Bewerber im Internet angeworben, so bedeutet

---

[1853] *Sörup/Marquardt*, ArbRAktuell 2016, 103, 105.

[1854] *Sörup/Marquardt*, ArbRAktuell 2016, 103, 105.

[1855] *Sörup/Marquardt*, ArbRAktuell 2016, 103, 105; *Wybitul/Sörup/Pötters*, ZD 2015, 559, 562; *Sörup*, ArbRAktuell 2016, 207 mit konkreten Formulierungsvorschlägen.

[1856] *Sörup*, ArbRAktuell 2016, 207, 210.

[1857] *Sörup*, ArbRAktuell 2016, 207, 210.

[1858] *Sörup*, ArbRAktuell 2016, 207, 210.

dies, dass die Erklärung grundsätzlich unmittelbar dort zu platzieren ist.[1859] Ansonsten ist es auch ausreichend, wenn die Erklärung allgemein im Betrieb bekannt gemacht wird.

Einerseits sind gerade bei technischen Überwachungsmaßnahmen die Informationspflichten von besonderer Bedeutung, da Laien aufgrund der Komplexität der Technik sowie der gegebenenfalls algorithmischen Auswertung grundsätzlich keinen Einblick haben, auf welche Art und Weise und zu welchem Zweck Daten verarbeitet werden.[1860] Durch die Informationspflicht soll dieser Problematik beigekommen werden.

Andererseits können die Informationspflichten Überwachungs- und Ermittlungsmaßnahmen in Unternehmen gefährden, da bei Kenntnis des Betroffenen von der Überwachungsmaßnahme unter Umständen deren Erfolg gefährdet ist. So besteht beispielsweise die Gefahr, dass Beweismittel vernichtet werden, wenn eine E-Mail-Kontrolle angekündigt wird.[1861] Zum Teil wird auch bezweifelt, dass heimliche Kontrollmaßnahmen überhaupt noch zulässig sind.[1862] Nach EwG 60 Satz 2 sollte der Verantwortliche der betroffenen Person alle weiteren Informationen zur Verfügung stellen, die unter Berücksichtigung der besonderen Umstände und Rahmenbedingungen, unter denen die personenbezogenen Daten verarbeitet werden, notwendig sind, um eine faire und transparente Verarbeitung zu gewährleisten.

Hierzu kann auch ein Hinweis auf die Möglichkeit gehören, den Betriebsrat in Fragen des Beschäftigtendatenschutzes nach den §§ 80 Abs. 1 Nr. 1, 85 Abs. 1 BetrVG anzurufen.[1863] Auch der Name des Datenschutzbeauftragten sowie dessen Sprechzeiten können zu diesen Informationen zählen.[1864]

Im Folgenden soll der Einfluss von Informationspflichten auf Ermittlungsmaßnahmen sowie deren Umsetzung im Unternehmen untersucht werden.

6.3.2.1 Informationspflichten bei Erhebung personenbezogener Daten bei der betroffenen Person nach Art. 13 DSGVO

Art. 13 Abs. 1 DSGVO normiert – wie schon Art. 10 RL 95/46/EG – Informationspflichten für den Fall der Erhebung personenbezogener Daten direkt beim Betroffenen. In diesem Fall muss der Verantwortliche der betroffenen Person zum Zeitpunkt der Datenerhebung nach Art. 13 Abs. 1 DSGVO Namen und Kontaktdaten des Verantwortlichen, gegebenenfalls seines Vertreters sowie des Datenschutzbeauftragten, die Zwecke der Datenverarbeitung sowie die Rechtsgrundlage, bei Datenverarbeitungen nach Art. 6 Abs. 1 UAbs. 1 S. 1 lit. f DSGVO die von dem Verantwortlichen oder einem Dritten verfolgten berechtigten Interessen, gegebenenfalls die Empfänger der personenbezogenen Daten sowie die Absicht des Verantwortlichen, die personenbezogenen Daten an ein Drittland oder eine internationale Organisation zu übermitteln, sowie das Vorhandensein oder das Fehlen eines Angemessenheitsbeschlusses der Kommission oder im Falle von Übermittlungen gemäß Art. 46, Art. 47 oder Art. 49 Abs. 1 UAbs. 2 DSGVO einen Verweis auf die geeigneten oder angemessenen Garantien und die Möglichkeit, wie eine Kopie von ihnen zu erhalten ist, oder wo sie verfügbar sind, mitteilen.

Weitere Angaben nach Art. 13 Abs. 2 DSGVO sind zum Zeitpunkt der Erhebung dem Betroffenen zur Verfügung zu stellen, um eine faire und transparente Verarbeitung zu gewährleisten. Dazu gehören die Dauer der Speicherung personenbezogener Daten, die Rechte der betroffenen

---

[1859] *Kloos/Schramm*, AuA 2017, 212, 215.

[1860] *Vagts* 2013, 71.

[1861] *Ströbel/Böhm/Breunig/Wybitul*, CCZ 2018, 14, 16.

[1862] *Maschmann*, in. Kühling/Buchner, DSGVO/BDSG, 3. Auflage 2020, Art. 88 DSGVO, Rn. 47.

[1863] *Franck*, in: Gola, DSGVO, 2. Auflage 2018, Art. 13 DSGVO, Rn. 31.

[1864] *Franck*, in: Gola, DSGVO, 2. Auflage 2018, Art. 13 DSGVO, Rn. 31.

Person auf Auskunft, Berichtigung, Löschung, Einschränkung der Verarbeitung oder das Bestehen eines Widerspruchsrechts sowie des Rechts auf Datenübertragbarkeit. Sofern die Verarbeitung auf einer Einwilligung beruht, muss der Verantwortliche dem Betroffenen die Information zu Verfügung stellen, dass diese jederzeit mit Wirkung für die Zukunft widerrufen werden kann. Ebenso gehört das Bestehen eines Beschwerderechts bei der Aufsichtsbehörde, das Bestehen von etwaigen Pflichten zur Bereitstellung der Informationen aufgrund gesetzlicher oder vertraglicher Regelungen sowie die Folgen und im Falle einer automatisierten Entscheidungsfindung einschließlich Profiling aussagekräftige Informationen über die involvierte Logik sowie die Tragweite und die angestrebten Auswirkungen einer derartigen Verarbeitung für die betroffene Person zu den zur Verfügung zu stellenden Informationen.

6.3.2.1.1 Erhebung bei der betroffenen Person

Die Informationspflichten aus Art. 13 DSGVO knüpfen an die Datenerhebung „bei" der betroffenen Person an. Die Auslegung des Tatbestandsmerkmals ist umstritten und erlangt insbesondere bei heimlichen Überwachungsmaßnahmen Bedeutung. Verlangt man nämlich kein bewusstes Mitwirken von Seiten des Beschäftigten an der Datenerhebung, so sind heimliche Überwachungsmaßnahmen von Art. 13 Abs. 1 DSGVO erfasst und der Verantwortliche hat den Beschäftigten grundsätzlich bei der Erhebung der Daten zu informieren. Dadurch wären heimliche Überwachungsmaßnahmen praktisch nach der DSGVO ausgeschlossen.

6.3.2.1.1.1   Keine Kenntnis oder Mitwirkung nach teilweise vertretener Ansicht erforderlich

Teilweise wird eine am Normzweck orientierte Auslegung des Begriffs „bei" vorgenommen.[1865] Art. 13 DSGVO zielt darauf ab, den Datenverarbeitungsprozess transparent zu gestalten.[1866] Da die Informationspflichten des Art. 13 Abs. 1, 2 DSGVO zum Zeitpunkt der Datenerhebung zu erfüllen sind, soll es darauf ankommen, ob es dem Verantwortlichen möglich ist, die Person in diesem Zeitpunkt zu kontaktieren und ihr die entsprechenden Informationen bereitzustellen.[1867] Entscheidend soll sein, ob „die betroffene Person selbst als unmittelbare Datenquelle dient, indem der Verantwortliche entweder ihre Erscheinung oder ihr Verhalten synchron wahrnimmt oder mit ihr in einen – auch asynchronen – persönlichen Kontakt tritt."[1868] Abgestellt wird damit darauf, auf welchem Weg der Verantwortliche die Daten erlangt.[1869] Für die Frage, ob die Datenerhebung bei der betroffenen Person erfolgt, könne es nur auf den Ort der Datenerhebung ankommen.[1870] Ein Verweis auf eine Mitwirkung fehle im Wortlaut.[1871] Ohne Bedeutung sei daher, ob die betroffene Person Kenntnis von der Datenerhebung hat, sich ihr entziehen kann oder aktiv an ihr mitwirkt.[1872]

Überdies würde nach dieser Argumentation eine andere Sichtweise, die eine Mitwirkung fordert, zu unbefriedigenden Ergebnissen führen.[1873] Würde die betroffene Person heimlich fotografiert, so unterfiele dies Art. 14 DSGVO, während bei Kenntnis von dem Anfertigen eines Fotos Art. 13 DSGVO einschlägig wäre.[1874] Wegen der weiteren Ausnahmetatbestände des Art.

[1865] *Bäcker*, in: Kühling/Buchner, DSGVO/BDSG, 3. Auflage 2020, Art. 13 DSGVO, Rn. 13.

[1866] *Bäcker*, in: Kühling/Buchner, DSGVO/BDSG, 3. Auflage 2020, Art. 13 DSGVO, Rn. 13.

[1867] *Bäcker*, in: Kühling/Buchner, DSGVO/BDSG, 3. Auflage 2020, Art. 13 DSGVO, Rn. 13.

[1868] *Bäcker*, in: Kühling/Buchner, DSGVO/BDSG, 3. Auflage 2020, Art. 13 DSGVO, Rn. 13.

[1869] *Veil*, in: Gierschmann/Schlender/Stenzel/Veil, DSGVO, 2018, Art. 13 DSGVO, Rn. 40.

[1870] *Veil*, in: Gierschmann/Schlender/Stenzel/Veil, DSGVO, 2018, Art. 13 DSGVO, Rn. 40.

[1871] *Veil*, in: Gierschmann/Schlender/Stenzel/Veil, DSGVO, 2018, Art. 13 DSGVO, Rn. 40.

[1872] *Bäcker*, in: Kühling/Buchner, DSGVO/BDSG, 3. Auflage 2020, Art. 13 DSGVO, Rn. 13.

[1873] *Veil*, in: Gierschmann/Schlender/Stenzel/Veil, DSGVO, 2018, Art. 13 DSGVO, Rn. 42.

[1874] *Veil*, in: Gierschmann/Schlender/Stenzel/Veil, DSGVO, 2018, Art. 13 DSGVO, Rn. 42.

14 Abs. 5 DSGVO würde dies für den Fotografen einen Anreiz setzen, unbemerkt vorzugehen.[1875]

Verdeckte Überwachungsmaßnahmen unterfallen bei einer solchen Lesart Art. 13 Abs. 1 DSGVO und sind nur ausnahmsweise zulässig, wenn Beschränkungsregelungen existieren.[1876] Dies würde dazu führen, dass heimliche Überwachungsmaßnahmen nach der DSGVO grundsätzlich unmöglich wären, weil den Informationspflichten des Art. 13 Abs. 1 DSGVO spätestens zum Zeitpunkt der Erhebung nachgekommen werden muss. Die in § 32 Abs. 1 BDSG vorgesehenen Beschränkungen nach Art. 23 DSGVO lassen nur die Informationsplicht nach Art. 13 Abs. 3 DSGVO entfallen, nicht jedoch die aus Art. 13 Abs. 1 DSGVO.

EwG 62 nennt über die Ausnahmetatbestände des Art. 13 Abs. 4 DSGVO hinaus Fälle, in denen eine Information entbehrlich ist. Er ist inhaltsgleich mit Art. 14 Abs. 5 lit. a, b DSGVO, ohne sich ausdrücklich auf diesen zu beziehen. Diskutiert wird, ob die dort genannten Ausnahmetatbestände auch auf Art. 13 DSGVO anwendbar sind, obwohl sie im Gesetzeswortlaut keinen Niederschlag gefunden haben.[1877] Allerdings kommt den Erwägungsgründen selbst kein normativer Charakter zu.[1878] Sie dienen der Begründung des Rechtsakts und werden vom EuGH im Rahmen der systematischen und teleologischen Auslegung desselben herangezogen.[1879] Sie sind als Begründungserwägungen des Gemeinschaftsrechts nicht verbindlich und können weder herangezogen werden, um von den Bestimmungen des jeweiligen Rechtsakts abzuweichen, noch können sie dazu benutzt werden, um den Rechtsakt in einer Weise auszulegen, der seinem Wortlaut offensichtlich widerspricht.[1880] Es liegt insofern auch keine planwidrige Regelungslücke vor, die eine Analogie rechtfertigen würde. Der Ausnahmetatbestand des Art. 14 Abs. 5 DSGVO rechtfertigt sich aus praktischer Sicht dadurch, dass bei Datenerhebungen, die nicht bei der betroffenen Person stattfinden, der Verantwortliche vor unüberschaubaren Informationspflichten freigestellt werden soll.[1881]

Im Ergebnis sind nach dieser Ansicht de facto heimliche Überwachungsmaßnahmen praktisch unmöglich, sofern nicht ein Ausnahmetatbestand des § 32 BDSG greift.

6.3.2.1.1.2 Kenntnis oder Mitwirkungshandlung erforderlich

Nach einer Auffassung setzt die Erhebung „bei" der betroffenen Person nach Art. 13 DSGVO jedoch „die Erhebung personenbezogener Daten mit Kenntnis oder unter Mitwirkung der betroffenen Person"[1882] voraus. Die Daten sollen nicht „hinter dem Rücken" der betroffenen Person verarbeitet werden.[1883] Aus diesem Grund muss bei der Datenerhebung nach Art. 14 Abs. 1 lit. d DSGVO auch über die Kategorien der zu verarbeitenden Daten informiert werden und

---

[1875] *Veil*, in: Gierschmann/Schlender/Stenzel/Veil, DSGVO, 2018, Art. 13 DSGVO, Rn. 42.

[1876] *Bäcker*, in: Kühling/Buchner, DSGVO/BDSG, 3. Auflage 2020, Art. 13 DSGVO, Rn. 14.

[1877] *Veil*, in: Gierschmann/Schlender/Stenzel/Veil, DSGVO, 2018, Art. 14 DSGVO, Rn. 135, 143; *Paal/Hennemann*, in: Paal/Pauly, DSGVO/BDSG, 3. Auflage 2021, Art. 13 DSGVO, Rn. 35.

[1878] *Hess*, Europäisches Zivilprozessrecht, Rn. 56 f.

[1879] *Hess*, Europäisches Zivilprozessrecht, Rn. 56 f.

[1880] EuGH, Urt. v. 19.6.2014, Rs. C – 345/13 (Karen Millen Fashions), ECLI:EU:C:2014:2013, Rn. 31; EuGH, Urt. v. 24.11.2005, Rs. C-136/04 (Deutsches Milch-Kontor), ECLI:EU:C:2005:716, Rn. 32.

[1881] *Schmidt-Wudy*, in: Wolff/Brink, BeckOK Datenschutzrecht, 40. Edition, Stand: 1.5.2022, Art. 13 DSGVO, Rn. 95; *Dix*, in: Simitis/Hornung/Spiecker gen. Döhmann, Datenschutzrecht, 2019, Art. 13 DSGVO, Rn. 22.

[1882] *Franck*, in: Gola, DSGVO, 2. Auflage 2018, Art. 13 DSGVO, Rn. 4; ähnlich *Schmidt-Wudy*, in: Wolff/Brink, BeckOK Datenschutzrecht, 40. Edition, Stand: 1.5.2022, Art. 13 DSGVO, Rn. 30, der aber die Erkennbarkeit für den Verantwortlichen stärker betont; danach „findet eine Datenerhebung „nicht bei der betroffenen Person" statt, wenn diese für den Verantwortlichen erkennbar weder körperlich noch mental an der Datenerhebung (aktiv oder passiv) beteiligt ist".

[1883] *Franck*, in: Gola, DSGVO, 2. Auflage 2018, Art. 13 DSGVO, Rn. 4.

Geheimhaltungsinteressen wird über Art. 14 Abs. 5 lit. d DSGVO Rechnung getragen.[1884] Art. 13 DSGVO enthält keine derartigen Regelungen, was nur Sinn ergibt, wenn die betroffene Person Kenntnis von der Erhebung hat oder an dieser mitwirkt und deshalb über die entsprechenden Informationen verfügt und nur noch Informationen über die genaueren Umstände benötigt.[1885]

Die Auslegung nach dem Wortlaut trägt ein solches Ergebnis. So wird die Datenerhebung „bei" einem aktiven Betroffenen in Gegensatz zu einer Datenerhebung „an" einer passiven Person gesetzt.[1886] Allerdings ergibt sich aus dem Aufzeigen dieses vermeintlich gegensätzlichen Begriffspaars nicht zwingend, dass ein aktives Tätigwerden des Betroffenen erforderlich ist. „An" stellt nicht das Gegenteil von „bei" dar. So kann „an einem Fluss" und „bei einem Fluss" durchaus dieselbe Bedeutung zukommen. „An" und „bei" können synonym gebraucht werden, wenn es darum geht, ein Näheverhältnis in Form einer direkten Berührung eines Subjekts oder Objekts zu kennzeichnen.[1887] Legt man diese Bedeutung zugrunde, so ergibt sich hieraus, dass Daten direkt beim Betroffenen erhoben worden sein müssen, um dem Tatbestandsmerkmal zu unterfallen. Dieses Sinnverständnis wird auch dadurch untermauert, dass das Gegenteil von „bei" nach dem Wortlaut des Art. 14 Abs. 1 DSGVO „nicht bei" ist. Werden Daten „nicht bei" der betroffenen Person erhoben, muss nach einem örtlichen Verständnis die Datenerhebung bei Dritten oder anderen Quellen erfolgen.

Dass ein aktives Mitwirken der betroffenen Person erforderlich ist, ergibt sich hieraus jedoch noch nicht zweifelsfrei. Denn auch eine heimliche Ermittlungsmaßnahme, z.B. das heimliche Aufzeichnen eines Gesprächs durch den Arbeitgeber als Verantwortlichen selbst, kann dem reinen Wortsinn nach eine Datenerhebung darstellen, bei der der Betroffene selbst die Quelle der Datenerhebung darstellt, ohne dass dieser aktiv an der Aufnahme der Tonaufzeichnung mitgewirkt hat. Anders wiederum ist es eindeutig, wenn ein Detektiv die Aufzeichnungen erstellt und an den Verantwortlichen weitergibt. In diesem Fall wird zweifellos aus Sicht des Verantwortlichen auf einen Dritten zurückgegriffen.

Aus der gegensätzlichen Formulierung von Art. 13 Abs. 1 DSGVO („Where personal data relating to a data subject are collected from the data subject, the controller shall, at the time when personal data are obtained (…)") und Art. 14 Abs. 1 DSGVO („Where personal data have not been obtained from the data subject (…)") in der englischen Fassung tritt deutlicher als in der deutschen Fassung zutage, dass ein aktives Mitwirken des Betroffenen erforderlich ist. Zwar deutet die Formulierung des Art. 13 Abs. 1 DSGVO zunächst darauf hin, dass der Betroffene auch hier passiv sein kann („are collected"), betrachtet man jedoch die gesamte Syntax, so ist von Daten, die der Verantwortliche erhält („data are obtained") die Rede. Im Gegensatz hierzu spricht Art. 14 Abs. 1 DSGVO davon, dass Daten nicht vom Betroffenen erhalten wurden („have not been obtained from the data subject"). Hieraus ergibt sich etwas deutlicher als aus der deutschen Formulierung, dass in Art. 13 DSGVO von einer aktiven Mitwirkung des Betroffenen ausgegangen wird.

[1884] *Franck*, in: Gola, DSGVO, 2. Auflage 2018, Art. 13 DSGVO, Rn. 4; darauf, dass der „einzig denkbare Grund dafür, dass die Datenverarbeitung, die nicht auf der Datenerhebung beim Betroffenen beruht, durch die Ausnahmetatbestände des Art. 14 Abs. 5 DSGVO stärker privilegiert ist als die Datenverarbeitung, die auf der Datenerhebung beim Betroffenen beruht, könnte darin gesehen werden, dass es bei der Datenerhebung i.d.R. einen unmittelbaren Kontakt zwischen Verantwortlichem und Betroffenen und die Information des Betroffenen faktisch erleichtert" weist als Vertreter der Gegenansicht *Veil*, in: Gierschmann/Schlender/Stenzel/Veil, DSGVO, 2018, Art. 13 DSGVO, Rn. 41 hin. Im gleichen Atemzug wendet er selbst ein, dass die DSGVO an dieser Stelle widersprüchlich zu sein scheint und dass solche Praktikabilitätserwägungen ihr eigentlich fremd sind (aAO.).

[1885] *Franck*, in: Gola, DSGVO, 2. Auflage 2018, Art. 13 DSGVO, Rn. 4.

[1886] *Ingold*, in: Sydow, Europäische Datenschutzgrundverordnung, 2. Auflage 2018, Art. 13 DSGVO, Rn. 8.

[1887] https://www.duden.de/rechtschreibung/bei (zuletzt abgerufen am 01.09.2023)

Überdies knüpfen Art. 13 f. DSGVO an den Direkterhebungsgrundsatz an, der im BDSG a. F. enthalten war und auf Art. 10, 11 DSRL zurückging.[1888] Art. 13 und 14 DSGVO sind den europarechtlichen Vorschriften des Art. 10 und 11 DSRL nachgebildet.[1889] Art. 10 Abs. 1 DSRL sprach ebenfalls von einer Datenerhebung „bei" der betroffenen Person. Dies wurde dahingehend ausgelegt, dass eine Mitwirkung des Betroffenen erforderlich war.[1890] Maßgeblich war, ob die Erhebung von der Entscheidung der betroffenen Person abhängig war.[1891] Art. 11 DSRL sollte demgegenüber den Fall regeln, dass die Daten nicht unmittelbar beim Betroffenen selbst erhoben werden, sondern auf andere Art und Weise.[1892] Erfasst werden sollten die Bereiche, in denen sich die Datenerhebung dem Kenntnis- und Einflussbereich des Betroffenen entzieht.[1893] Keine Erhebung nach Art. 10 DSRL lag also beispielsweise bei der heimlichen Aufnahme von Ton- oder Bildaufnahmen vor.[1894] § 4 Abs. 2 S. 1 BDSG 2009, in dem sich der Direkterhebungsgrundsatz widerspiegelte, sprach ebenfalls davon, dass grundsätzlich Daten beim Betroffenen zu erheben waren. § 4 Abs. 2 S. 2 BDSG 2009 regelte den Fall, dass Daten ohne Mitwirkung des Betroffenen erhoben wurden. E contrario zu dieser Formulierung ergibt sich, dass § 4 Abs. 2 S. 1 BDSG Fälle meinte, in denen eine Mitwirkung des Betroffenen bei der Datenerhebung erfolgte.

Letztlich führt die Gegenmeinung auch zu praktisch unbefriedigenden Ergebnissen. Sie macht die Zulässigkeit einer heimlichen Überwachung von dem Medium abhängig, das zur Überwachung benutzt wird. Sofern ein Privatdetektiv eingeschaltet wird, liegt eine Dritterhebung nach Art. 14 DSGVO vor[1895] und einer der Ausnahmetatbestände des Art. 14 Abs. 5 DSGVO, insbesondere Art. 14 Abs. 5 lit. b DSGVO, kann zur Rechtfertigung einer heimlichen Überwachung durch einen Dritten herangezogen werden.

Wird dagegen eine Videokamera als Überwachungsmedium eingeschaltet, so geht die Gegenauffassung von einer Datenerhebung nach Art. 13 DSGVO aus. Heimliche Ermittlungsmaßnahmen wären in diesem Fall überhaupt nicht möglich, obwohl die Datenerhebung örtlich gesprochen bei der betroffenen Person erfolgt und ein geringeres Risiko für die Rechte und Freiheiten der betroffenen Person besteht als bei einer Datenerhebung unter Einschaltung Dritter. Nehmen diese jedoch heimliche Ermittlungsmaßnahmen vor, so greift sogar nach der Gegenansicht der Ausnahmetatbestand des Art. 14 Abs. 5 lit. b DSGVO.[1896] Es erscheint wertungswidersprüchlich und vor dem Hintergrund des Grundsatzes der Datenminimierung nach Art. 5 Abs. 1 lit. c DSGVO bedenklich, wenn heimliche Datenerhebungen über dritte Quellen zulässig sein sollen, nicht aber heimliche Datenerhebungen direkt beim Betroffenen.[1897]

Zwar ist zuzugeben, dass auf den ersten Blick die Subsumtion eines Sachverhalts unter Art. 13 DSGVO zu einem höheren Schutzniveau führt. So würde auch die Datenerhebung bei einer

---

[1888] *Ingold*, in: Sydow, Europäische Datenschutzgrundverordnung, 2. Auflage 2018, Art. 13 DSGVO, Rn. 8; *Franck*, in: Gola, DSGVO, 2. Auflage 2018, Art. 13 DSGVO, Rn. 4.

[1889] *Franck*, in: Gola, DSGVO, 2. Auflage 2018, Art. 13 DSGVO, Rn. 4.

[1890] *Brühann*, in: Grabitz/Hilf, 40. Auflage 2009, Art. 10 DSRL, Rn. 7.

[1891] *Dammann/Simitis*, DSRL, Art. 10 DSRL, Rn. 2.

[1892] *Ehmann/Helfrich*, EG Datenschutzrichtlinie, Art. 11, Rn. 1.

[1893] *Ehmann/Helfrich*, EG Datenschutzrichtlinie, Art. 11, Rn. 3.

[1894] *Dammann/Simitis*, DSRL, Art. 10 DSRL, Rn. 2.

[1895] So wohl *Mengel*, in: Hümmerich/Reufels, § 1, Rn. 3874; *Thüsing/Rombey*, NZA 2018, 1105, 1110; andererseits treffen nach teilweise vertretener Ansicht den Privatdetektiv als Verantwortlichen selbst Informationspflichten nach Art. 13 DSGVO, wodurch eine heimliche Überwachung unmöglich wird, vgl. *Byers*, NZA 2017, 1086, 1088, 1090 zur analoge Anwendung des Art. 14 Abs. 5 lit. b DSGVO befürwortet; gegen analoge Anwendbarkeit *Klaas*, CCZ 2018, 242, 246.

[1896] *Bäcker*, in: Kühling/Buchner, DSGVO/BDSG, 3. Auflage 2020, Art. 14 DSGVO, Rn. 60.

[1897] *Byers*, NZA 2017, 1086, 1090.

schlafenden oder bewusstlosen Person beispielsweise unterbunden, wenn dieser Fall als „Datenerhebung bei der betroffenen Person" verstanden wird, weil entweder eine Information direkt bei der Erhebung nach Art. 13 Abs. 1 DSGVO erfolgen muss oder eine solche ausgeschlossen wird. Allerdings kann auch eine solche Konstellation nach der hier vertretenen Auffassung einem sachgerechten Ergebnis zugeführt werden. Art. 13 DSGVO und Art. 14 DSGVO unterscheiden sich insbesondere hinsichtlich des Zeitpunktes der Information. Denn nach Art. 14 Abs. 3 lit. a DSGVO muss der Verantwortliche die Informationen nach Art. 14 Abs. 1, 2 DSGVO spätestens innerhalb eines Monats nach Erlangung der Daten erteilen. Hierbei handelt es sich jedoch um eine zeitliche Obergrenze. Der richtige Zeitpunkt ist unter Berücksichtigung der spezifischen Umstände der Verarbeitung zu bestimmen. Die Höchstfrist darf nur ausgeschöpft werden, wenn den Umständen nach keine frühere Information geboten ist.[1898] Dies ergibt sich auch aus dem Beschleunigungsgebot des Art. 12 Abs. 2 DSGVO.[1899]

So kann sogar eine Information bereits vor Beginn der Datenerhebung angezeigt sein, wenn nur auf diese Weise die Rechte der betroffenen Person effektiv gewahrt werden können.[1900] In diesen Fällen ist die Informationsfrist auf null reduziert.[1901]

Geht man davon aus, dass im Falle der Erhebung nach Art. 13 Abs. 1 DSGVO ein bewusstes Mitwirken des Betroffenen bei der Datenerhebung erforderlich ist, so richten sich heimliche Ermittlungsmaßnahmen stets nach Art. 14 DSGVO, da beispielsweise bei einer heimlichen Beobachtung über eine Videokamera der Arbeitnehmer keine Kenntnis von der Aufnahme hat und an der Datenerhebung nicht bewusst beteiligt ist.[1902] Zwar ist notwendige Bedingung für das Erstellen der Videoaufnahme, dass der Beschäftigte sich im Sichtkreis der Kamera befindet und sich dorthin begeben hat, worin eine Aktivität zu sehen ist, allerdings handelt es sich hier nicht um ein aktives Mitwirken in Bezug auf die Datenerhebung. Denn dies setzt ein Bewusstsein voraus, dass diese stattfindet. Präziser als die gebräuchliche Formulierung, dass ein aktives Mitwirken erforderlich sei, ist es daher, von einem bewussten Mitwirken als Abgrenzungskriterium zu sprechen. Die Person muss „wissen und wollen"[1903], dass sie betreffende personenbezogene Daten erhoben werden.

6.3.2.1.1.3   Zwischenergebnis

Die Informationspflichten bei heimlichen Überwachungsmaßnahmen bemessen sich danach nach Art. 14 DSGVO. Nur wenn sich der Beschäftigte der Aufzeichnung zumindest bewusst ist, ist Art. 13 DSGVO maßgeblich. Der Beschäftigte ist nach Art. 13 Abs. 1 DSGVO über die dortigen Informationen bereits bei der Datenerhebung zu unterrichten und es sind ihm die in Art. 13 Abs. 2 DSGVO aufgeführten Informationen zur Verfügung zu stellen.

Nach Art. 13 Abs. 1 lit. c DSGVO ist die betroffene Person insbesondere auch über die Zwecke der Verarbeitung proaktiv zu informieren (Art. 13 Abs. 1 lit. c DSGVO). Es besteht zwar keine Verpflichtung, den Informationspflichten schriftlich nachzukommen. Die Übermittlung der Informationen kann nach Art. 12 Abs. 1 S. 2 DSGVO schriftlich oder in anderer Form erfolgen, auch elektronisch oder unter den Voraussetzungen nach Art. 12 Abs. 1 S. 3 DSGVO bei entsprechendem Verlangen und Identitätsnachweis der betroffenen Person in anderer Form auch

---

[1898] *Bäcker*, in: Kühling/Buchner, DSGVO/BDSG, 3. Auflage 2020, Art. 14 DSGVO, Rn. 31; *Franck*, in: Gola, DSGVO, 2. Auflage 2018, Art. 14 DSGVO, Rn. 18.

[1899] *Franck*, in: Gola, DSGVO, 2. Auflage 2018, Art. 14 DSGVO, Rn. 18.

[1900] *Bäcker*, in: Kühling/Buchner, DSGVO/BDSG, 3. Auflage 2020, Art. 14 DSGVO, Rn. 32.

[1901] *Bäcker*, in: Kühling/Buchner, DSGVO/BDSG, 3. Auflage 2020, Art. 14 DSGVO, Rn. 32.

[1902] So auch *Däubler*, in: Däubler/Wedde/Weichert/Sommer, DSGVO/BDSG, 2. Auflage 2020, Art. 14 DSGVO, Rn. 2, der jedoch auf die Ähnlichkeit der Situation zur Dritterhebung abstellt; *Schmidt-Wudy*, in: Wolff/Brink, BeckOK Datenschutzrecht, 40. Edition, Stand: 1.5.2022, Art. 14 DSGVO, Rn. 31.2.

[1903] *Brühann*, in: Grabitz/Hilf, 40. Auflage 2009, Art. 10 DSRL, Rn. 7 zur DSRL.

mündlich. Der Verantwortliche wird die Beschäftigten jedoch in der Regel schriftlich – sei es in Form einer Datenschutzerklärung, sei es im Wege einer Kollektivvereinbarung – informieren, um seiner Nachweispflicht aus Art. 5 Abs. 2 DSGVO nachzukommen.[1904] Die Information muss in präziser, transparenter, verständlicher und leicht zugänglicher Form in einer klaren und einfachen Sprache übermittelt werden (Art. 12 Abs. 1 S. 1 Hs. 2 DSGVO). Daher ist darauf zu achten, dass die Zwecke der Überwachungsmaßnahme hinreichend präzise umschrieben werden.[1905] Ist eine Kooperation mit den Strafverfolgungsbehörden geplant, so sollte auch über diesen Zweck informiert werden, da durch die initiale Zweckfestlegung auch die Weiterverarbeitung aufgrund der Kompatibilitätsprüfung des Art. 6 Abs. 4 DSGVO gesteuert wird.[1906]

6.3.2.1.2 Zweckänderung

Im Falle einer Weiterverarbeitung zu einem anderen Zweck als dem ursprünglich mit der Verarbeitung verfolgten muss der Verantwortliche bereits vor der Weiterverarbeitung Informationen über diesen anderen Zweck und alle anderen maßgeblichen Informationen gemäß Abs. 2 zur Verfügung (Art. 13 Abs. 3 DSGVO) stellen. Relevant werden kann diese Änderung beispielsweise bei Screeningmaßnahmen, wenn wie beim Kontodatenabgleich auf Stammdaten zurückgegriffen wird, die eigentlich zu Zwecken der Lohnabrechnung erhoben wurden oder wenn Softwaresysteme eingesetzt werden, die ein kriminelles Verhalten von Beschäftigten vorhersehen sollen.[1907]

Nach § 32 Abs. 1 Nr. 4 BDSG entfällt diese Informationspflicht, wenn sie die Geltendmachung, Ausübung oder Verteidigung rechtlicher Ansprüche beeinträchtigen würde und die Interessen des Verantwortlichen an der Nichterteilung der Information die Interessen der betroffenen Person überwiegen. Nach § 32 Abs. 2 S. 3 BDSG entfallen in diesem Fall die Pflicht des Verantwortlichen, geeignete Maßnahmen zum Schutz des berechtigten Interesses der betroffenen Person zu ergreifen, einschließlich der Bereitstellung der in Art. 13 Abs. 2 DSGVO genannten Informationen für die Öffentlichkeit sowie die Dokumentationspflicht des § 32 Abs. 2 S. 3 BDSG. Denn diese Maßnahmen könnten dazu führen, dass der legitime Verarbeitungszweck, der mit § 32 Abs. 1 Nr. 4 BDSG verfolgt wird, vereitelt würde.[1908] Gemäß § 32 Abs. 3 BDSG hat der Verantwortliche, wenn die Benachrichtigung – terminologisch nach dem Verständnis der DSGVO die Information[1909] – wegen eines nur vorübergehenden Hinderungsgrundes unterbleibt, der Informationspflicht unter Berücksichtigung der spezifischen Umstände der Verarbeitung innerhalb einer angemessenen Frist nach Fortfall des Hinderungsgrundes, spätestens innerhalb von zwei Wochen, nachzukommen. Eine solche Beschränkung ist durch § 32 Abs. 1 Nr. 4 BDSG im Falle der zweckändernden Weiterverarbeitung nach Art. 13 Abs. 3 DSGVO durch den deutschen Gesetzgeber vorgenommen worden.[1910] Ausdrücklich nicht beschränkt wird die Informationspflicht nach Art. 13 Abs. 1, 2 DSGVO.[1911]

Relevant wird dieser Fall insbesondere bei Datenabgleichen, wenn Daten, die beim Arbeitgeber bereits vorhanden sind, zu einem spätere Zeitpunkt für Screenings zur Aufdeckung von Straftaten genutzt werden. In diesem Fall muss jedoch im Rahmen der Abwägung beachtet werden, ob überhaupt berechtigte Interessen des Verantwortlichen an einer heimlichen Verarbeitung

---

[1904] *Klaas,* CCZ 2018, 242, 245.

[1905] *Klaas,* CCZ 2018, 242, 245.

[1906] *Klaas,* CCZ 2018, 242, 245.

[1907] Vgl. zur Frage, ob hier eine Zweckänderung überhaupt zulässig ist *Rudkowski,* NZA 2019, 72, 76.

[1908] BT-Drs. 18/11325, 103.

[1909] *Piltz,* BDSG 2018, § 32 BDSG, Rn. 30.

[1910] BT-Drs. 18/11325, 103.

[1911] BT-Drs. 18/11325, 102.

ersichtlich sind. Werden Unterlagen nach Bekanntwerden einer konkreten Straftat im Unternehmen gesichtet, besteht nämlich seitens des Arbeitgebers kein Interesse mehr an der heimlichen Verarbeitung, da nicht mehr zu befürchten ist, dass Beweise verfälscht werden. Anders ist dies, wenn zu befürchten ist, dass der potenzielle Täter sein Verhalten anpasst, sobald er Kenntnis von der Überwachung erlangt und auf diese Weise die Gewinnung von Beweisen vereitelt wird.

Sollten Ermittlungsmaßnahmen wie der Kontodatenabgleich, der mit einer Zweckänderung einhergeht, ausnahmsweise heimlich durchgeführt werden müssen, um einen Beweismittelverlust zu verhindern, so ist mit Entfallen der Verdunkelungsgefahr, in der Regel also dann, wenn die Beweismittel gesichert wurden, die Information nachzuholen, da es sich nach dem Wortlaut des § 32 Abs. 3 BDSG bei der Zweiwochenfrist um eine Höchstfrist handelt. Wurden Überwachungsmaßnahmen in großem Umfang durchgeführt, so kann sie im Einzelfall ausgeschöpft werden, etwa weil eine große Anzahl an Personen betroffen ist oder eine besonders umfangreiche Verarbeitung vorliegt.[1912] Andererseits kann der Arbeitgeber die Beschäftigten sehr leicht erreichen und informieren, etwa durch ein Rundschreiben oder einen E-Mail Verteiler. Deshalb wird die Zweiwochenfrist nur ausnahmsweise zulässigerweise ausgeschöpft werden dürfen.

Däubler nimmt eine einschränkende Interpretation des § 32 Abs. 1 Nr. 4 BDSG vor.[1913] Er begründet dies damit, dass er auf der Ermächtigungsgrundlage des Art. 23 Abs. 1 lit. j DSGVO beruht[1914], der arbeitsrechtliche und öffentlich-rechtliche Ansprüche ausschließe.[1915] Allerdings finden sich für eine derartige Einschränkung keine Anhaltspunkte im Wortlaut des Art. 23 Abs. lit. j DSGVO, auf den § 32 Abs. 1 Nr. 4 BDSG ausweislich der BT-Drs. gestützt wird[1916]. Art. 23 Abs. 1 lit. j DSGVO bildet eine Rechtsgrundlage für die „Durchsetzung zivilrechtlicher Ansprüche". § 32 Abs. 1 Nr. 4 BDSG geht darüber an zwei Stellen hinaus. Er lässt die „Geltendmachung, Ausübung oder Verteidigung" (nicht nur die Durchsetzung) „rechtlicher Ansprüche" zu. Versteht man den Begriff der „Durchsetzung" eng, so kann man durchaus davon ausgehen, dass nur Regelungen zur Zwangsvollstreckung erlaubt sind.[1917] Andererseits ist ein solches Verständnis nicht zwingend, sodass man auch die außergerichtliche Ansprüche und das zivilrechtliche Erkenntnisverfahren als von der Ermächtigungsklausel umfasst ansehen kann, da sie weit genug gefasst ist.[1918] Dies legt auch der englische Wortlaut nahe („the enforcement of civil law claims").[1919] Ansprüche auf Schadensersatz oder Unterlassung sind damit unzweifelhaft vom Wortlaut erfasst. Bei der Kündigung handelt es sich jedoch um ein Gestaltungsrecht, dessen Subsumtion unter den Wortlaut schwierig erscheint.[1920] Andererseits ist der Begriff der „rechtlichen Ansprüche" unionsrechtlich autonom auszulegen. Die englische Sprachfassung der Öffnungsklausel des Art. 23 Abs. 1 lit. j DSGVO, die sich allgemein auf Zivilklagen bezieht, lässt keine Unterscheidung zwischen Ansprüchen und Gestaltungsrechten erkennen. Das spricht dafür, dass es sich um eine Besonderheit der deutschen Übersetzung handelt, die nicht vom EU-Recht vorgegeben ist.

[1912] *Piltz*, BDSG 2018, § 32 BDSG, Rn. 32.
[1913] *Däubler*, in: Däubler/Wedde/Weichert/Sommer, DSGVO/BDSG, 2. Auflage 2020, § 32 BDSG, Rn. 8.
[1914] BT-Drs. 18/11325, 103.
[1915] *Däubler*, in: Däubler/Wedde/Weichert/Sommer, DSGVO/BDSG, 2. Auflage 2020, § 32 BDSG, Rn. 8.
[1916] BT-Drs. 18/11325, 103.
[1917] *Koreng*, in: Taeger/Gabel, DSGVO/BDSG/TTDSG, 4. Auflage 2022, § 32 BDSG, Rn. 26.
[1918] *Koreng*, in: Taeger/Gabel, DSGVO/BDSG/TTDSG, 4. Auflage 2022, § 32 BDSG, Rn. 26; i.E. ebenso *Golla*, in: Kühling/Buchner, DSGVO/BDSG, 3. Auflage 2020, § 32 BDSG, Rn. 17, der § 32 Abs. 1 Nr. 4 BDSG auf Art. 23 Abs. 1 lit. i DSGVO stützt, da der Schutz der Rechte anderer Personen auch deren (zivil-)rechtliche Ansprüche umfasse.
[1919] *Koreng*, in: Taeger/Gabel, DSGVO/BDSG/TTDSG, 4. Auflage 2022, § 32 BDSG, Rn. 26.
[1920] *Klaas*, CCZ 2018, 242, 245.

Zutreffend ist jedoch, dass § 32 Abs. 1 Nr. 4 BDSG mit „rechtlichen" Ansprüchen über die europarechtliche Ermächtigungsnorm des Art. 32 Abs. 1 lit. j DSGVO hinaus geht und damit insoweit unionsrechtswidrig ist.[1921] Der Bereich arbeitsrechtlicher Ansprüche ist jedoch von § 32 Abs. 1 Nr. 4 BDSG selbst bei einer vorgeschlagenen einschränkenden europarechtlichen Interpretation erfasst, da arbeitsrechtliche Ansprüche – auch wenn in Deutschland eine eigene Gerichtsbarkeit hierfür besteht – zivilrechtliche Ansprüche darstellen.

Der zivilrechtliche Anspruch muss sich dabei nicht gegen die betroffene Person richten.[1922] Dies ergibt sich aus der historischen Auslegung. Der Bundesrat hatte ursprünglich eine Beschränkung im Gesetzgebungsverfahren dahingehend verlangt, die nicht in die endgültige Fassung übernommen wurde.[1923] Unschädlich ist also, wenn Maßnahmen nur gegen eine Gruppe Beschäftigter gerichtet werden und nur einer der von der Überwachung erfassten Personen Täter ist, sodass auch gegenüber „Unschuldigen" eine Zweckänderung ohne vorherige Information zulässig ist.

6.3.2.1.3 Ausnahmen

Die Informationspflicht entfällt nach Art. 13 Abs. 4 DSGVO, wenn und soweit die betroffene Person bereits über die Informationen verfügt. Im Beschäftigungsverhältnis kann der Beschäftigte insbesondere über Namen und Kontaktdaten des Arbeitgebers als Verantwortlichem bereits verfügen (Art. 13 Abs. 1 lit. a DSGVO), sodass eine Information insoweit entbehrlich wäre. Vor allem Screening-Maßnahmen, z.B. die Überprüfung von E-Mails, gehen überdies mit einer Vielzahl technischer Verarbeitungsvorgänge einher. Technisch gesehen werden bei jeder E-Mail-Überprüfung Daten erhoben und weiterverarbeitet, sodass jedes Mal die Informationspflicht des Art. 13 Abs. 1 DSVO ausgelöst werden würde. Hier greift jedoch Art. 13 Abs. 4 DSGVO, wenn vor der erstmaligen Erhebung, beispielsweise als Anhang zum Arbeitsvertrag, über das Screening informiert wurde.[1924] Der Ausnahmetatbestand des Art. 14 Abs. 5 DSGVO ist auf Art. 13 DSGVO nicht unmittelbar anwendbar, da der Wortlaut unterschiedlich ist.[1925] Eine Übertragung der Ausnahmetatbestände des Art. 14 Abs. 5 DSGVO im Wege der Analogie ist nicht gerechtfertigt, da weder eine planwidrige Regelungslücke noch eine vergleichbare Interessenlage vorliegen.[1926] Nur wenn die Datenerhebung nicht bei der betroffenen Person erfolgt, besteht faktisch das Bedürfnis, den Verantwortlichen vor den aus diesem Grund nur schwer vorhersehbaren Informationspflichten freizustellen.[1927]

[1921] *Koreng,* in: Taeger/Gabel, DSGVO/BDSG/TTDSG, 4. Auflage 2022, § 32 BDSG, Rn. 26; *Piltz,* BDSG 2018, § 32 BDSG, Rn. 13; aA *Eßer,* in: Auernhammer, DSGVO/BDSG, 7. Auflage 2020, § 32 BDSG, Rn. 24; i.E. ebenso *Golla,* in: Kühling/Buchner, DSGVO/BDSG, 3. Auflage 2020, § 32 BDSG, Rn. 17, der § 32 Abs. 1 Nr. 4 BDSG auf Art. 23 Abs. 1 lit. i DSGVO stützt, da der Schutz der Rechte anderer Personen auch deren (zivil-)rechtliche Ansprüche umfasse.

[1922] *Koreng,* in: Taeger/Gabel, DSGVO/BDSG/TTDSG, 4. Auflage 2022, § 32 BDSG, Rn. 23; *Piltz,* BDSG 2018, § 32 BDSG, Rn. 15.

[1923] BR-Drs. 110/17, 36 (Beschl.); *Koreng,* in: Taeger/Gabel, DSGVO/BDSG/TTDSG, 4. Auflage 2022, § 32 BDSG, Rn. 26; *Piltz,* BDSG 2018, § 32 BDSG, Rn. 15.

[1924] *Klaas,* CCZ 2018, 242, 247.

[1925] *Schmidt-Wudy,* in: Wolff/Brink, BeckOK Datenschutzrecht, 40. Edition, Stand: 1.5.2022, Art. 13 DSGVO, Rn. 95.

[1926] Siehe hierzu 6.3.2.1.1.

[1927] *Ingold,* in: Sydow, Europäische Datenschutzgrundverordnung, 2. Auflage 2018, Art. 13 DSGVO, Rn. 11; *Schmidt-Wudy,* in: Wolff/Brink, BeckOK Datenschutzrecht, 40. Edition, Stand: 1.5.2022, Art. 13 DSGVO, Rn. 95; *Dix,* in: Simitis/Hornung/Spiecker gen. Döhmann, Datenschutzrecht, 2019, Art. 13 DSGVO, Rn. 22.

6.3.2.1.4 Beschränkungen durch Kollektivvereinbarungen auf der Grundlage von Art. 88 DSGVO?

Art. 23 Abs. 1 DSGVO fordert eine Beschränkung durch Rechtsvorschriften der Union oder eines Mitgliedstaats. Wie sich aus EwG 41 S. 1 Hs. 1 DSGVO ergibt, ist nicht zwingend ein Gesetz im formellen Sinne erforderlich, sondern es genügt jeder staatliche Rechtsetzungsakt, der jedoch nach der Rechtsprechung des EuGH zur DSRL Gegenstand einer amtlichen Veröffentlichung gewesen sein muss.[1928] Nach EwG 41 S. 2 DSGVO muss die Norm klar und präzise sowie für die betroffene Person vorhersehbar sein. Nicht ausreichend sind zumindest danach privatrechtliche Regelwerke wie Tarifverträge oder Betriebsvereinbarungen.[1929]

Allerdings hat der Gesetzgeber speziell für den Bereich des Beschäftigtendatenschutzes die Öffnungsklausel des Art. 88 DSGVO geschaffen, welche auch Regelungen zu den Betroffenenrechten durch Kollektivvereinbarung ermöglichen soll und damit weiter geht.[1930] Nach dem Wortlaut des Art. 88 Abs. 2 DSGVO sind angemessene und besondere Maßnahmen insbesondere im Hinblick auf die Transparenz der Verarbeitung vorzusehen. Könnten in Kollektivvereinbarungen gar keine Abweichungen von den Betroffenenrechten vorgenommen werden, wäre eine solche Regelung obsolet. Nach zutreffender Auffassung können die Vorschriften zur Transparenz nach den Art. 12 ff. DSGVO daher durch Kollektivvereinbarungen speziell geregelt werden, solange es sich um „spezifische Rechtsvorschriften" handelt.[1931] Art. 88 Abs. 1, 2 DSGVO stellen sich als leges speciales zu Art. 23 DSGVO dar, wobei die in Art. 23 Abs. 1 DSGVO einzuhaltenden Anforderungen auch für Kollektivvereinbarungen gelten.[1932]

Dafür spricht, dass die Öffnungsklausel eben gerade der speziellen Situation im Beschäftigungskontext Rechnung tragen möchte und Abweichungen stets dann erlaubt, wenn „spezifischere Vorschriften" im Sinne des Art. 88 Abs. 1 DSGVO vorliegen. Andererseits stellen die Art. 12 ff. DSGVO einen in sich abgestimmten Regelungskomplex zum Schutz der Betroffenenrechte dar, der nicht umfassend durch Art. 88 Abs. 1 DSGVO ausgehebelt werden soll. Bei der Forderung in Art. 23 Abs. 1 DSGVO, dass Beschränkungen der Betroffenenrechte einer Rechtsvorschrift bedürfen, handelt es sich um einen zusätzlichen Schutzmechanismus, der verhindern soll, dass Betroffenenrechte zur Disposition der Parteien privatrechtlicher Vereinbarungen stehen. Beschränkungen sollen nur durch den Gesetzgeber möglich sein. Dies steht grundsätzlich auch nicht im Widerspruch zu Art. 88 Abs. 1, 2 DSGVO. Denn wenn der nationale Gesetzgeber tätig geworden ist, wie er es im deutschen Recht getan hat, können auch die Parteien einer Kollektivvereinbarung Regelungen treffen.[1933] Für eine solche Lesart spricht auch, dass der Vorschlag, Beschränkungen auch durch Tarifverträge einführen zu können, im Europäischen Parlament keine Mehrheit fand und daher bewusst nicht aufgenommen

---

[1928] *Bertermann,* in: Ehmann/Selmayr, DSGVO, 2. Auflage 2018, Art. 23 DSGVO, Rn. 6; *Koreng,* in: Taeger/Gabel, 4. Auflage 2022, Art. 23 DSGVO, Rn. 11; *Dix,* in: Simitis/Hornung/Spiecker gen. Döhmann, Datenschutzrecht, 2019, Art. 23 DSGVO, Rn. 12; EuGH, Urt. v. 1.10.2015, Rs. C-201/14 (Bara), ECLI:EU:C:2015:638, Rn. 39 ff.

[1929] *Bäcker,* in: Kühling/Buchner, DSGVO/BDSG, 3. Auflage 2020, Art. 23 DSGVO, Rn. 36; *Koreng,* in: Taeger/Gabel, 4. Auflage 2022, Art. 23 DSGVO, Rn. 11; *Bertermann,* in: Ehmann/Selmayr, DSGVO, 2. Auflage 2018, Art. 23 DSGVO, Rn. 6; *Dix,* in: Simitis/Hornung/Spiecker gen. Döhmann, Datenschutzrecht, 2019, Art. 23 DSGVO, Rn. 12.

[1930] *Bäcker,* in: Kühling/Buchner, DSGVO/BDSG, 3. Auflage 2020, Art. 23 DSGVO, Rn. 36; unklar *Däubler,* in: Däubler/Wedde/Weichert/Sommer, DSGVO/BDSG, 2. Auflage 2020, Art. 23 DSGVO, Rn. 4.

[1931] *Riesenhuber,* in: Wolff/Brink, BeckOK Datenschutzrecht, 40. Edition, Stand: 1.2.2022, Art. 88 DSGVO, Rn. 87; *Traut,* RDV 2016, 312, 317; *Koreng,* in: Taeger/Gabel, DSGVO/BDSG/TTDSG, 4. Auflage 2022, Art. 23 DSGVO, Fn. 7.

[1932] *Seifert,* in: Simitis/Hornung/Spiecker gen. Döhmann, Datenschutzrecht, 2019, Art. 88 DSGVO, Rn. 35.

[1933] *Dix,* in: Simitis/Hornung/Spiecker gen. Döhmann, Datenschutzrecht, 2019, Art. 23 DSGVO, Rn. 12; *Maschmann,* in: Kühling/Buchner, DSGVO/BDSG, 3. Auflage 2020, Art. 88 DSGVO, Rn. 47.

wurde.[1934] So können beispielsweise heimliche Überwachungsmaßnahmen geregelt werden, weil § 33 Abs. 1 Nr. 2 lit. a BDSG grundsätzlich eine Ausnahme von der Informationspflicht des Art. 14 Abs. 1, 2 DSGVO vorsieht. Letztlich spricht aber die Tatsache, dass die ausdrückliche Regelung von Kollektivvereinbarungen in Art. 23 Abs. 1 DSGVO im Gesetzgebungsverfahren verworfen wurde, nicht gegen deren Zulässigkeit als Rechtfertigungstatbestand, da es – wenn man Art. 88 Abs. 1 DSGVO wie hier weit auslegt – vollkommen ausreichend ist, diese dort ausdrücklich als solchen für den Beschäftigungskontext zuzulassen.

6.3.2.2 Datenerhebung nach Art. 14 DSGVO

Art. 14 Abs. 1 DSGVO sieht eine Informationspflicht vor, wenn Daten nicht bei der betroffenen Person erhoben werden. Damit sollen die Fälle abgedeckt werden, in denen keine Datenerhebung direkt beim Betroffenen erfolgt.[1935] Der Anwendungsbereich des Art. 14 DSGVO ist damit negativ definiert.[1936] Art. 14 DSGVO erfasst als Auffangtatbestand zwei sich durch ihre Perspektive unterscheidende Formen des Zugriffs auf personenbezogene Daten:[1937] Zum einen ist die Datenerhebung gemeint, bei der der Betroffene passiv bleibt und keine Mitwirkungshandlung vornimmt, wie dies bei einer heimlichen Überwachungsmaßnahme (z.B. per Videokamera) der Fall ist. Zum anderen ist die Erhebung personenbezogener Daten über Dritte abgedeckt, etwa durch Rückgriff auf deren vorhandene Datenbestände – beispielsweise in sozialen Netzwerken - oder durch das Befragen Dritter.[1938]

6.3.2.2.1 Informationspflichten

Parallel zu Art. 13 Abs. 1, 2 DSGVO hat der Verantwortliche dem Beschäftigten die in Art. 14 Abs. 1 DGSVO genannten Informationen proaktiv zu liefern sowie die in Art. 14 Abs. 2 DSGVO aufgeführten Informationen zur Verfügung zu stellen, soweit dies erforderlich ist, um eine faire und transparente Verarbeitung zu gewährleisten.

Hinsichtlich des Zeitpunkts der Information ist Art. 14 Abs. 3 DSGVO zu beachten. Art. 14 Abs. 3 lit. a DSGVO enthält eine allgemeine Regelung, während Art. 14 Abs. 3 lit. b und c DSGVO Sonderregelungen enthalten, welche die allgemeine Regelung des Art. 14 Abs. 3 lit. a DSGVO für bestimmte Sonderkonstellationen bezüglich des für die Informationserteilung maßgeblichen Zeitpunktes konkretisieren.[1939]

Nach Art. 14 Abs. 3 lit. a DSGVO ist die betroffene Person unter Berücksichtigung der spezifischen Umstände der Verarbeitung der personenbezogenen Daten innerhalb einer angemessenen Frist nach Erlangung der personenbezogenen Daten, längstens jedoch innerhalb eines Monats, zu informieren. Aus EwG 61 DSGVO ergibt sich, dass sich die angemessene Frist nach dem Einzelfall richtet. Letztlich ist eine Abwägungsentscheidung vorzunehmen, in die einerseits die faktischen Möglichkeiten des Verantwortlichen, die Informationen zu erteilen und der damit verbundene Aufwand einzustellen sind.[1940]

[1934] *Paal,* in: Paal/Pauly, DSGVO/BDSG, 3. Auflage 2021, Art. 23 DSGVO, Rn. 15a unter Verweis auf den Bericht des Ausschusses für bürgerliche Freiheiten, Justiz und Inneres, A 7–0402/2013, 21.11.2013, 366.

[1935] *Ingold,* in: Sydow, Europäische Datenschutzgrundverordnung, 2. Auflage 2018, Art. 14 DSGVO, Rn. 8.

[1936] *Schwartmann/Schneider,* in: Schwartmann/Jaspers/Thüsing/Kugelmann, DSGVO/BDSG, 2. Auflage 2020, Art. 14 DSGVO, Rn. 14.

[1937] *Ingold,* in: Sydow, Europäische Datenschutzgrundverordnung, 2. Auflage 2018, Art. 14 DSGVO, Rn. 8; *Schwartmann/Schneider,* in: Schwartmann/Jaspers/Thüsing/Kugelmann, DSGVO/BDSG, 2. Auflage 2020, Art. 14 DSGVO, Rn. 14.

[1938] *Ingold,* in: Sydow, Europäische Datenschutzgrundverordnung, 2. Auflage 2018, Art. 14 DSGVO, Rn. 8.

[1939] *Paal/Hennemann,* in: Paal/Pauly, DSGVO/BDSG, 3. Auflage 2021, Art. 14 DSGVO, Rn. 33; *Ingold,* in: Sydow, Europäische Datenschutzgrundverordnung, 2. Auflage 2018, Art. 14 DSGVO, Rn. 20 f.

[1940] *Bäcker,* in: Kühling/Buchner, DSGVO/BDSG, 3. Auflage 2020, Art. 14 DSGVO, Rn. 28.

Andererseits ist das Informationsinteresse der betroffenen Person mit in die Abwägung einzubeziehen.[1941] Für dieses ist vor allem von Bedeutung, wie rasch die betroffene Person die Informationen benötigt, um wirksam von ihren Betroffenenrechten Gebrauch machen zu können.[1942] Führt der Verantwortliche in einer Vielzahl von gleichartigen Einzelfällen Datenverarbeitungen durch, ist eine typisierte Abwägung vorzunehmen.[1943]

Bei der einmonatigen Frist des Art. 14 Abs. 3 lit. a DSGVO handelt es sich um eine Höchstgrenze, die nicht überschritten werden darf.

Grundsätzlich muss die Information dem Wortlaut nach erst nach Erlangung der Daten erfolgen. Allerdings kann eine Pflicht zur Information bereits vor Beginn der Datenverarbeitung geboten sein, um zu gewährleisten, dass die betroffene Person von ihren Rechten Gebrauch machen kann.[1944] Die Frist zur Information reduziert sich in diesem Fall auf Null.[1945] Dies ist etwa der Fall, wenn die Datenerhebung vom Willen der betroffenen Person abhängt, wie etwa bei der Einwilligung, welche ohnehin in informierter Art und Weise erteilt werden muss oder beim Abschluss eines Vertrages.[1946] Auch bei heimlichen Überwachungsmaßnahmen darf die Höchstfrist nicht pauschal voll ausgeschöpft werden. Wenn der Ermittlungserfolg erreicht wurde und die Gefahr des Verlusts von Beweismitteln gebannt ist, ist die betroffene Person zu informieren.

Wird die Weitergabe personenbezogener Daten an Strafverfolgungsbehörden beabsichtigt, so ist nach Art. 14 Abs. 3 lit. c DSGVO der spätestmögliche Zeitpunkt der Information der Zeitpunkt der Offenlegung gegenüber diesen.

Art. 14 Abs. 4 DSGVO sieht wie Art. 13 Abs. 3 DSGVO im Falle der Zweckänderung eine vorherige Informationspflicht vor, sodass auf die dortigen Ausführungen verwiesen werden kann.[1947]

6.3.2.2.2 Ausnahmetatbestände des Art. 14 Abs. 5 DSGVO

Im Beschäftigungsverhältnis sind insbesondere die Ausnahmetatbestände des Art. 14 Abs. 5 DSGVO von Bedeutung, da bei deren Vorliegen die Informationspflicht nach Art. 14 Abs. 1 DSGVO entfällt. Gerade bei den von Art. 14 Abs. 1 DSGVO erfassten heimlichen Ermittlungsmaßnahmen ist ein Interesse des Verantwortlichen denkbar, die betroffenen Personen nicht über die Datenverarbeitung zu informieren, um den Ermittlungserfolg nicht zu gefährden.

Nach Art. 14 Abs. 5 lit. b S. 1 Hs. 2 Alt. 2 DSGVO ist eine Mitteilung an die betroffene Person insoweit nicht geboten, als sie die Ziele der Verarbeitung gefährdet.[1948] Dieser Ausschlusstatbestand soll dem Verantwortlichen eine längerfristige verdeckte Datenverarbeitung ermöglichen.[1949] Erforderlich ist ein im Verarbeitungszweck begründetes Bedürfnis nach Geheimhaltung der Informationen.[1950] Zu berücksichtigen ist hierbei, dass die Informationspflichten des

---

[1941] *Bäcker*, in: Kühling/Buchner, DSGVO/BDSG, 3. Auflage 2020, Art. 14 DSGVO, Rn. 28.

[1942] *Bäcker*, in: Kühling/Buchner, DSGVO/BDSG, 3. Auflage 2020, Art. 14 DSGVO, Rn. 28.

[1943] *Bäcker*, in: Kühling/Buchner, DSGVO/BDSG, 3. Auflage 2020, Art. 14 DSGVO, Rn. 29.

[1944] *Bäcker*, in: Kühling/Buchner, DSGVO/BDSG, 3. Auflage 2020, Art. 14 DSGVO, Rn. 32.

[1945] *Bäcker*, in: Kühling/Buchner, DSGVO/BDSG, 3. Auflage 2020, Art. 14 DSGVO, Rn. 32.

[1946] *Bäcker*, in: Kühling/Buchner, DSGVO/BDSG, 3. Auflage 2020, Art. 14 DSGVO, Rn. 32.

[1947] Siehe hierzu 6.3.2.1.2.

[1948] *Bäcker*, in: Kühling/Buchner, DSGVO/BDSG, 3. Auflage 2020, Art. 14 DSGVO, Rn. 57.

[1949] *Bäcker*, in: Kühling/Buchner, DSGVO/BDSG, 3. Auflage 2020, Art. 14 DSGVO, Rn. 57.

[1950] *Bäcker*, in: Kühling/Buchner, DSGVO/BDSG, 3. Auflage 2020, Art. 14 DSGVO, Rn. 58.

Art. 14 DSGVO sich nicht auf die erhobenen Daten beziehen, sondern auf die Metainformationen sowie die Datenkategorien.[1951] Das Geheimhaltungsbedürfnis muss gerade bezüglich dieser bestehen.[1952] Das ist insbesondere dann der Fall, wenn bereits die Tatsache der Datenerhebung vor der betroffenen Person geheim bleiben muss, um das Verarbeitungsziel zu erreichen.[1953] Überdies muss eine Abwägung ergeben, dass das Geheimhaltungsbedürfnis des Verantwortlichen das gegenläufige Interesse der betroffenen Person überwiegt.[1954] Bei heimlichen Überwachungsmaßnahmen, die nach der Rechtsprechung des BAG als ultima ratio zur Aufdeckung von Innentätern fungieren, ist dies gegeben, da zuvor alle Mittel ausgeschöpft sein müssen, bevor eine heimliche Überwachung erfolgen darf.

Diese Ausnahmevorschrift soll insbesondere auch heimliche Ermittlungen ermöglichen, so wenn beispielsweise ein Privatdetektiv die Informationen so lange zurückhält, bis seine Ermittlungen abgeschlossen sind, selbst wenn hierdurch die Monatsfrist des Art. 14 Abs. 3 lit. a DSGVO überschritten wird.[1955] Zu beachten ist, dass der Ausschlusstatbestand des Art. 14 Abs. 5 lit. b DSGVO lediglich zu einer zeitlich begrenzten Befugnis führt, die Informationen zurückzuhalten. Sobald die Mitteilung nicht mehr zu einer Gefährdung des Verarbeitungszwecks führt, ist die Informationspflicht nachzuholen.[1956]

Art. 14 Abs. 5 lit. b DSGVO verpflichtet den Verantwortlichen, geeignete Maßnahmen zum Schutz der Rechte und Freiheiten sowie der berechtigten Interessen der betroffenen Person zu ergreifen, wobei als Regelbeispiel die Bereitstellung der Informationen für die Öffentlichkeit genannt wird. Es erscheint aber als angemessen, im Betrieb bekannt zu machen – sei es durch eine Betriebsvereinbarung, sei es durch Datenschutzerklärung – dass grundsätzlich auch heimliche Überwachungsmaßnahmen erfolgen können und dadurch vorsorglich die Informationen nach Art. 14 DSGVO bekannt zu machen.

Darüber hinaus sind auch Dokumentationspflichten aus Art. 14 Abs. 5 lit. b S. 2 DSGVO abzuleiten, nach denen der Verantwortliche im Einzelfall zu dokumentieren hat, welche Informationen er aus welchen Gründen nicht mitteilt.[1957] Die Angaben können für eine spätere Mitteilung an die betroffene Person, ein aufsichtsbehördliches oder ein gerichtliches Kontrollverfahren von Bedeutung sein.[1958]

6.3.2.2.3 Geheimhaltungspflicht nach § 29 Abs. 1 S. 1 BDSG

Nach § 29 Abs. 1 S. 1 BDSG besteht die Informationspflicht nach Art. 14 Abs. 1 bis 4 nicht, soweit durch ihre Erfüllung Informationen offenbart würden, die ihrem Wesen nach, insbesondere wegen der überwiegenden berechtigten Interessen eines Dritten, geheim gehalten werden müssen. Dass die Daten ihrem Wesen nach geheim gehalten werden müssen, ist dahingehend zu verstehen, dass der mit der Geheimhaltung verfolgte Zweck von der Rechtsordnung als schutzwürdig anerkannt wird und dass dieser durch die Auskunft schwer beeinträchtigt

---

[1951] *Bäcker*, in: Kühling/Buchner, DSGVO/BDSG, 3. Auflage 2020, Art. 14 DSGVO, Rn. 58.

[1952] *Bäcker*, in: Kühling/Buchner, DSGVO/BDSG, 3. Auflage 2020, Art. 14 DSGVO, Rn. 58.

[1953] *Bäcker*, in: Kühling/Buchner, DSGVO/BDSG, 3. Auflage 2020, Art. 14 DSGVO, Rn. 58.

[1954] *Bäcker*, in: Kühling/Buchner, DSGVO/BDSG, 3. Auflage 2020, Art. 14 DSGVO, Rn. 58.

[1955] *Tinnefeld/Buchner/Petri/Hof*, Einführung in das Datenschutzrecht, 6. Auflage 2018, 293; *Bäcker*, in: Kühling/Buchner, DSGVO/BDSG, 3. Auflage 2020, Art. 14 DSGVO, Rn. 60.

[1956] *Bäcker*, in: Kühling/Buchner, DSGVO/BDSG, 3. Auflage 2020, Art. 14 DSGVO, Rn. 59.

[1957] *Bäcker*, in: Kühling/Buchner, DSGVO/BDSG, 3. Auflage 2020, Art. 14 DSGVO, Rn. 63.

[1958] *Bäcker*, in: Kühling/Buchner, DSGVO/BDSG, 3. Auflage 2020, Art. 14 DSGVO, Rn. 63.

würde.[1959] Da § 29 BDSG auf Art. 23 Abs. 1 lit. i DSGVO zurückgeht, ist er verordnungskonform auszulegen.[1960] Erfasst werden sollen danach vor allem datenschutzrechtliche Belange Dritter.[1961] Dann sind entgegen Art. 14 Abs. 2 lit. f DSGVO keine Informationen über die Quelle der Informationsgewinnung bereitzustellen.

Teilweise wird die Norm auch für europarechtswidrig erachtet.[1962] Die Öffnungsklausel des Art. 23 DSGVO, auf der § 29 BDSG basiert, stellt in Art. 23 Abs. 2 DSGVO bestimmte Mindestanforderungen, die nach teilweise vertretener Ansicht durch § 29 BDSG nicht erfüllt sind.[1963] § 33 Abs. 2 BDSG sieht jedoch entsprechende Kompensationsmaßnahmen vor und bezieht sich auf § 29 Abs. 1 S. 1 BDSG, wenn er auf § 33 Abs. 1 BDSG verweist. Letztlich sind die durch § 29 Abs. 1 S. 1 BDSG erfassten Geheimhaltungsinteressen auch von Art. 14 Abs. 5 DSGVO geregelt.[1964] Im Ergebnis ist die Regelung des § 29 BDSG demnach nicht als unionsrechtswidrig anzusehen.

6.3.2.2.4 Ausnahmetatbestände des § 33 Abs. 1 BDSG

Nach § 33 Abs. 1 Nr. 2 lit. a BDSG entfallen die Informationspflichten aus Art. 14 Abs. 1, 2 und 4 DSGVO für nichtöffentliche Stellen, wenn die Geltendmachung, Ausübung oder Verteidigung zivilrechtlicher Ansprüche beeinträchtigt werden würde oder die Verarbeitung Daten aus zivilrechtlichen Verträgen beinhaltet und der Verhütung von Schäden durch Straftaten dient, sofern nicht das berechtigte Interesse der betroffenen Person überwiegt. An dieser Stelle gelten die zu § 32 Abs. 1 Nr. 4 BDSG gemachten Ausführungen[1965] entsprechend.

§ 33 Abs. 1 Nr. 2 lit. b DSGVO bestimmt, dass die Information nicht erforderlich ist, wenn die zuständige öffentliche Stelle gegenüber dem nichtöffentlichen Verantwortlichen festgestellt hat, dass das Bekanntwerden der Daten die öffentliche Sicherheit oder Ordnung gefährden oder sonst dem Wohl des Bundes oder eines Landes Nachteile bereiten würde; im Fall der Datenverarbeitung für Zwecke der Strafverfolgung bedarf es keiner solchen Feststellung. § 33 Abs. 1 Nr. 2 lit. b Hs. 2 BDSG könnte so gelesen werden, dass, wenn Überwachungsmaßnahmen zu repressiven Zwecken mit dem Ziel der Strafverfolgung erfolgen, eine Feststellung nicht erforderlich ist und der Tatbestand greift. Allerdings spricht hiergegen, dass im Beschäftigungsverhältnis Überwachungsmaßnahmen primär zivilrechtlichen Interessen des Arbeitgebers dienen. Überdies ergibt sich auch aus der Gesetzesbegründung, dass sich § 33 Abs. 1 Nr. 2 lit. b DSGVO auf Art. 23 Abs. 1 lit. a-e DSGVO stützt, welcher Beschränkungen zum Schutz allgemeiner öffentlicher Interessen in den Blick nimmt.[1966] Letztlich ist § 33 Abs. 1 Nr. 2 lit. b BDSG so zu verstehen, dass die Feststellung durch die öffentliche Stelle entbehrlich ist.[1967] Ein denkbarer Anwendungsfall im Zuge von Mitarbeiterüberwachung sind Terrorlistenscreenings.[1968]

[1959] *Herbst*, in: Kühling/Buchner, DSGVO/BDSG, 3. Auflage 2020, § 29 BDSG, Rn. 7.

[1960] *Herbst*, in: Kühling/Buchner, DSGVO/BDSG, 3. Auflage 2020, § 29 BDSG, Rn. 8; *Dix*, in: Simitis/Hornung/Spiecker gen. Döhmann, Datenschutzrecht, 2019, Art. 23 DSGVO, Rn. 34.

[1961] *Franck*, in: Gola, DSGVO, 2. Auflage 2018, Art. 14 DSGVO, Rn. 29; *Herbst*, in: Kühling/Buchner, DSGVO/BDSG, 2. Auflage 2018, § 29 BDSG, Rn. 8.

[1962] *Franck*, in: Gola, DSGVO, 2. Auflage 2018, Art. 14 DSGVO, Rn. 29; *Dix*, in: Simitis/Hornung/Spiecker gen. Döhmann, Datenschutzrecht, 2019, Art. 23 DSGVO, Rn. 34.

[1963] *Franck*, in: Gola, DSGVO, 2. Auflage 2018, Art. 14 DSGVO, Rn. 29; *Dix*, in: Simitis/Hornung/Spiecker gen. Döhmann, Datenschutzrecht, 2019, Art. 23 DSGVO, Rn. 34.

[1964] *Dix*, in: Simitis/Hornung/Spiecker gen. Döhmann, Datenschutzrecht, 2019, Art. 23 DSGVO, Rn. 34.

[1965] Siehe hierzu 6.3.2.1.2.

[1966] BT-Drs. 18/11325, 104.

[1967] *Eßer*, in: Auernhammer, DSGVO/BDSG, 7. Auflage 2020, § 33 BDSG, Rn. 24.

[1968] *Koreng*, in: Taeger/Gabel, DSGVO/BDSG/TTDSG, 4. Auflage 2022, § 33 BDSG, Rn. 26.

Zu beachten ist, dass nach § 33 Abs. 2 S. 1 BDSG der Verantwortliche kompensierende Maßnahmen zu ergreifen hat und nach § 33 Abs. 2 S. 2 BDSG schriftlich die Gründe festzuhalten hat, aufgrund derer er von einer Information abgesehen hat.

6.3.3   Recht auf Auskunft (Art. 15 DSGVO)

Art. 15 DSGVO stellt eine Konkretisierung der grundrechtlich verbürgten Garantie des Art. 8 Abs. 2 S. 2 GRCh dar, wonach jede Person das Recht hat, Auskunft über die sie betreffenden erhobenen Daten zu erhalten.[1969]

Art. 15 DSGVO beinhaltet drei Rechte für die betroffene Person.[1970] Zunächst umfasst das Auskunftsrecht das Recht der betroffenen Person, eine Bestätigung darüber zu verlangen, ob sie betreffende personenbezogene Daten überhaupt verarbeitet werden (Art. 15 Abs. 1 S. 1 Hs. 1 DSGVO).[1971] Ist dies nicht der Fall, erhält die betroffene Person ein Negativattest und die weiteren Ansprüche, die in Art. 15 DSGVO enthalten sind, spielen keine Rolle mehr.[1972] Der Negativbescheid kann im Beschäftigungsverhältnis beispielsweise gegenüber abgelehnten Bewerbern relevant werden, wenn diese wissen wollen, ob Daten über sie weiterhin gespeichert sind.[1973]

Sofern eine Verarbeitung personenbezogener Daten erfolgt, hat die betroffene Person nach Art. 15 Abs. 1 S. 1 Hs. 2 DSGVO einen Anspruch darauf, die in Art. 15 Abs. 1 S. 1 Hs. 2 DSGVO enumerativ aufgeführten Informationen zu erhalten sowie im Falle der Drittstaatenübermittlung, wie sie beispielsweise im internationalen Konzern stattfinden kann, die Informationen des Art. 15 Abs. 2 DSGVO. Der Umfang des Auskunftsanspruchs im Beschäftigungsverhältnis ist in der Praxis noch nicht abschließend geklärt. Es stellt sich für den Arbeitgeber als Verantwortlichen insbesondere die Frage, ob er auch sämtliche E-Mail-Korrespondenz nach personenbezogenen Daten über den jeweiligen Beschäftigten durchsuchen und Kopien zur Verfügung stellen muss sowie interne Unterlagen zugänglich machen muss.[1974]

Falls eine Verarbeitung personenbezogener Daten erfolgt, hat die betroffene Person überdies nach Art. 15 Abs. 3 S. 1 DSGVO einen Anspruch auf eine erste kostenlose Kopie der personenbezogenen Daten. Für weitere Kopien darf nach Art. 15 Abs. 3 S. 2 DSGVO ein angemessenes Entgelt verlangt werden auf der Grundlage der Verwaltungskosten. Nach Art. 15 Abs. 4 DSGVO darf das Recht auf Erhalt einer Kopie die Rechte und Freiheiten anderer Personen nicht beeinträchtigen.

Nach EwG 63 DSGVO soll die betroffene Person das Auskunftsrecht in angemessenen Abständen wahrnehmen können. Die DSGVO definiert jedoch die Frequenz nicht genauer. Die Vorgabe muss flexibel gehandhabt werden, wobei das Interesse des Verantwortlichen an einem möglichst geringen Verwaltungsaufwand und das Interesse der betroffenen Person an größtmöglicher Transparenz zu einem Ausgleich zu bringen sind.[1975]

[1969] *Däubler*, in: Däubler/Wedde/Weichert/Sommer, DSGVO/BDSG, 2. Auflage 2020, Art. 15 DSGVO, Rn. 1.

[1970] *Ehmann*, in: Ehmann/Selmayr, DSGVO, 2. Auflage 2018, Art. 15 DSGVO, Rn. 3.

[1971] *Ehmann*, in: Ehmann/Selmayr, DSGVO, 2. Auflage 2018, Art. 15 DSGVO, Rn. 3 weist darauf hin, dass auch das Recht umfasst ist, eine Bestätigung darüber zu veralngen, ob Daten verarbeitet wurden. Der Vergangenheitsaspekt ist zwar nicht dem unmittelbaren Wortlaut zu entnehmen, soll sich jedoch aus der Rechtsprechung des EuGH ergeben (EuGH, Urt. v. 07.5.2009, Rs. C-553/07 (Rijkeboer), ECLI:EU:C:2009:293, Rn. 54).

[1972] *Ehmann*, in: Ehmann/Selmayr, DSGVO, 2. Auflage 2018, Art. 15 DSGVO, Rn. 3.

[1973] *Gola/Pötters/Wronka*, Handbuch Arbeitnehmerdatenschutz, 7. Auflage 2016, Rn. 1491 c.

[1974] *Böhm/Brams*, NZA-RR 2020, 449, 451.

[1975] *Franzen*, EuZA 2017, 313, 332 f.

Im Zuge der Auskunftserteilung gilt das Beantwortungs- und Beschleunigungsgebot des Art. 12 Abs. 3, 4 DSGVO.[1976] Aus Art. 12 Abs. 3, 4 DSGVO ergibt sich zum einen die Pflicht des Verantwortlichen, jeden Antrag zu beantworten, zum anderen, die Anträge der betroffenen Person beschleunigt zu behandeln.[1977] Im Falle laufender interner Ermittlungen kann insbesondere bei heimlichen Ermittlungsmaßnahmen ein Interesse des Arbeitgebers daran bestehen, zunächst keine Auskünfte zu erteilen. Sowohl im Falle einer Positiv- als auch einer Negativauskunft besteht eine Pflicht des Verantwortlichen zur unverzüglichen (Art. 12 Abs. 3) Unterrichtung bzw. einer Unterrichtung ohne Verzögerung (Art. 12 Abs. 4 DSGVO).[1978] Aus dieser Pflicht zur unverzüglichen Unterrichtung ergibt sich die implizite Verpflichtung, das Auskunftsersuchen unverzüglich zu erfüllen.[1979] Legt man ein deutsches Verständnis von „unverzüglich" („without undue delay"/"dans les meilleurs délais") zugrunde, so ist der Begriff inhaltlich nicht mit dem Verständnis von „sofort" gleichzusetzen, sondern es muss „ohne schuldhaftes Zögern" entsprechend § 121 BGB dem Antrag nachgekommen werden.[1980] Im Falle einer Negativantwort nach Art. 12 Abs. 4 DSGVO ist eine strengere Formulierung gewählt, nämlich „ohne Verzögerung" („without delay"/"sans tarder"). Dieser Formulierung kann die Wertung entnommen werden, der Verantwortliche solle im Falle einer negativen Entscheidung strenger bewertet werden als im Zuge einer Positivantwort.[1981] Auch dies spricht für ein Verständnis entsprechend dem des deutschen Zivilrechts von „unverzüglich". Dem Verantwortlichen ist damit eine unter Berücksichtigung der besonderen Umstände des Einzelfalls zu bemessende Prüfungs- und Überlegungsfrist zuzubilligen.[1982] Diese wird durch die in Art. 12 Abs. 3 S. 1, Abs. 4 DSGVO genannte Frist von einem Monat begrenzt. Lediglich im Falle einer zumindest partiellen Positivantwort darf der Verantwortliche die Frist nach Art. 12 Abs. 3 S. 2 DSGVO um maximal weitere zwei Monate verlängern.[1983]

Der Verantwortliche kann somit bei laufenden Ermittlungs- und Überwachungsmaßnahmen das Auskunftsrecht binnen angemessener Frist nach Art. 12 Abs. 3 S. 1 DSGVO überprüfen, was vor allem deshalb von Bedeutung ist, weil er auf diese Weise die Möglichkeit erlangt, auch etwaige bestehende Auskunftsverweigerungsrechte nach Art. 12 Abs. 5 S. 2 DSGVO, § 34 Abs. 1, 29 Abs. 1 S. 2 BDSG zu prüfen.[1984]

6.3.4   Recht auf Berichtigung (Art. 16 DSGVO)

Nach Art. 16 S. 1 DSGVO hat die betroffene Person das Recht, von dem Verantwortlichen unverzüglich die Berichtigung sie betreffender unrichtiger personenbezogener Daten zu verlangen. Nach Art. 16 S. 2 DSGVO hat die betroffene Person unter Berücksichtigung der Verarbeitungszwecke überdies das Recht, die Vervollständigung unvollständiger personenbezogener Daten auch mittels ergänzender Erklärung zu verlangen.

Erlangt die betroffene Person, beispielsweise im Zuge des Auskunftsrechts (Art. 15 DSGVO) Kenntnis von dem Vorliegen sie betreffender, unrichtiger personenbezogener Daten, so kann sie einen Antrag auf Berichtigung stellen, welcher formfrei möglich und aufgrund von Art. 12

[1976] *Bäcker,* in: Kühling/Buchner, DSGVO/BDSG, 2. Auflage 2018, Art. 12 DSGVO, Rn. 31.

[1977] *Bäcker,* in: Kühling/Buchner, DSGVO/BDSG, 2. Auflage 2018, Art. 12 DSGVO, Rn. 32 f.

[1978] *Bäcker,* in: Kühling/Buchner, DSGVO/BDSG, 2. Auflage 2018, Art. 12 DSGVO, Rn. 33.

[1979] *Bäcker,* in: Kühling/Buchner, DSGVO/BDSG, 2. Auflage 2018, Art. 12 DSGVO, Rn. 33.

[1980] *Dix,* in: Simitis, Hornung/Spiecker gen. Döhmann, Datenschutzrecht, 2019, Art. 12 DSGVO, Rn. 26; *Quaas,* in: Wolff/Brink, BeckOK Datenschutzrecht, 40. Edition, Stand: 1.5.2022, Art. 12 DSVO, Rn. 35.

[1981] *Heckmann/Paschke,* in: Ehmann/Selmayr, DSGVO, 2. Auflage 2018, Art. 12 DSGVO, Rn. 39.

[1982] *Quaas,* in: Wolff/Brink, BeckOK Datenschutzrecht, 40. Edition, Stand: 1.5.2022, Art. 12 DSVO, Rn. 35.

[1983] *Bäcker,* in: Kühling/Buchner, DSGVO/BDSG, 2. Auflage 2018, Art. 12 DSGVO, Rn. 34.

[1984] *Klaas,* CCZ 2018, 242, 246.

Abs. 2 DSGVO sachgerecht auszulegen ist.[1985] Die betroffene Person hat die Unrichtigkeit der verarbeiteten Daten substantiiert darzulegen.[1986] Kann der Verantwortliche die Richtigkeit der Daten beweisen, kann er den Berichtigungsantrag abweisen.[1987] Ansonsten ist er schon nach Art. 5 Abs. 1 lit. d DSGVO dazu verpflichtet, die Daten zu berichtigen.[1988]

Es besteht damit keine Verpflichtung des Verantwortlichen durch eine Videoüberwachung oder Screenings gewonnenes Beweismaterial abzuändern, nur aufgrund bloßer Behauptungen der Beschäftigten, die durch die Mitarbeiterüberwachung erlangten personenbezogenen Daten, die der Beweisführung dienen, seien „unrichtig".

Sofern der Arbeitgeber die Berichtigung verweigert, hat er dies nach Art. 12 Abs. 4 DSGVO zu begründen.[1989] Er hat insbesondere auch auf die Möglichkeit einer Beschwerde bei der Aufsichtsbehörde und einer gerichtlichen Klärung hinzuweisen. Die Aufsichtsbehörde kann nach Art. 58 Abs. 2 lit. g DSGVO die Berichtigung anordnen und ein Bußgeld nach Art. 83 DSGVO verhängen.[1990] Im Falle einer non-liquet-Situation, in der keine Partei die Unrichtigkeit bzw. die Richtigkeit der Daten beweisen kann, kann die betroffene Person die Einschränkung der Verarbeitung nach Art. 18 Abs. 1 lit. a DSGVO verlangen.[1991]

Auch hier wird der betroffenen Person also durch das Recht auf „unverzügliche" Berichtigung kein Anspruch eingeräumt, eventuell Beweismaterial abzuändern.

6.3.5 Recht auf Löschung (Art. 17 DSGVO)

Art. 17 Abs. 1 DSGVO statuiert ein Recht des Betroffenen auf Löschung sowie zugleich eine Verpflichtung des Verantwortlichen, personenbezogene Daten unverzüglich zu löschen, wenn einer der in Art. 17 Abs. 1 DSGVO genannten Löschungsgründe genannt ist. Dies spielt bei Maßnahmen der Mitarbeiterüberwachung stets eine Rolle, wenn Daten vorgehalten werden, sei dies im Bewerbungsverfahren bei Pre-Employment-Screenings, sei dies bei der Nutzung technischer Überwachungsanlagen wie Videokameras, softwaregestützten Screenings oder Zutrittskontrollsystemen. Sofern personenbezogene Daten anfallen, sind diese bei Eintreten der Voraussetzungen des Art. 17 Abs. 1 DSGVO zu löschen, wenn nicht die Voraussetzungen des Art. 17 Abs. 3 DSGVO gegeben sind.

6.3.5.1 Löschpflichten nach Art. 17 Abs. 1 DSGVO

Im Beschäftigungsverhältnis sind insbesondere die Löschpflichten des Art. 17 Abs. 1 lit. a, b und d DSGVO von Bedeutung.

6.3.5.1.1 Löschungstatbestände

Sofern einer der in Art. 17 Abs. 1 DSGVO genannten Gründe zutrifft, hat die betroffene Person das Recht, von dem Verantwortlichen zu verlangen, dass sie betreffende personenbezogene Daten unverzüglich gelöscht werden, und der Verantwortliche ist verpflichtet, personenbezogene Daten unverzüglich zu löschen.

[1985] *Reif*, in: Gola, DSGVO, 2. Auflage 2018, Art. 16 DSGVO, Rn. 17.

[1986] *Reif*, in: Gola, DSGVO, 2. Auflage 2018, Art. 16 DSGVO, Rn. 17; *Kamann/Braun*, in: Ehmann/Selmayr, DSGVO, 2. Auflage 2018, Art. 16 DSGVO, Rn. 22.

[1987] *Kamann/Braun*, in: Ehmann/Selmayr, DSGVO, 2. Auflage 2018, Art. 16 DSGVO, Rn. 22.

[1988] *Kamann/Braun*, in: Ehmann/Selmayr, DSGVO, 2. Auflage 2018, Art. 16 DSGVO, Rn. 22.

[1989] *Däubler*, in: Däubler/Wedde/Weichert/Sommer, DSGVO/BDSG, 2. Auflage 2020, Art. 16 DSGVO, Rn. 16.

[1990] *Däubler*, in: Däubler/Wedde/Weichert/Sommer, DSGVO/BDSG, 2. Auflage 2020, Art. 16 DSGVO, Rn. 16.

[1991] *Däubler*, in: Däubler/Wedde/Weichert/Sommer, DSGVO/BDSG, 2. Auflage 2020, Art. 16 DSGVO, Rn. 16; *Kamann/Braun*, in: Ehmann/Selmayr, DSGVO, 2. Auflage 2018, Art. 16 DSGVO, Rn. 22.

6.3.5.1.1.1   Zweckfortfall, Art. 17 Abs. 1 lit. a DSGVO

Nach Art. 17 Abs. 1 lit. a DSGVO besteht das Recht bzw. die Pflicht zur Löschung, wenn die personenbezogenen Daten für die Zwecke, für die sie erhoben oder auf sonstige Weise verarbeitet wurden, nicht mehr notwendig sind.

Das bedeutet, dass beispielsweise die Daten von abgelehnten Bewerbern oder ausgeschiedenen Mitarbeitern grundsätzlich gelöscht werden müssen.[1992] Insbesondere zu Kontrollzwecken erhobene Daten ausgeschiedener Mitarbeiter sind zu löschen, sofern sie nicht zur Durchführung eines Rechtsstreites mit dem Beschäftigten weiterhin benötigt werden..[1993]

Während des bestehenden Arbeitsverhältnisses können ebenfalls personenbezogene Daten obsolet werden. Im Bereich der Mitarbeiterkontrolle und -überwachung kann es sich hierbei insbesondere um zunächst gespeicherte, einschlägige Vorstrafen handeln, die mittlerweile im Strafregister getilgt sind.[1994]

Art. 17 Abs. 1 lit. a DSGVO knüpft an den Erhebungszweck an. Wurden Daten zum Zwecke der Mitarbeiterüberwachung erhoben, so sind sie grundsätzlich mit Zweckerreichung zu löschen. Allerdings ist die Frage, wann Zweckerreichung eintritt, differenziert zu betrachten. Wird eine Straftat im Unternehmen aufgedeckt, so hat der Arbeitgeber verschiedene Möglichkeiten, zu reagieren: Er kann den Mitarbeiter abmahnen und dies in die Personalakte aufnehmen. Ebenso – und dies wird deutlich der in der Praxis häufiger anzutreffende Fall sein - kann er auf eine Beendigung des Arbeitsverhältnisses hinwirken, entweder im Wege der beiderseitigen Beendigung durch einen Auflösungsvertrag oder aber einseitig durch ordentliche oder außerordentliche Kündigung des Arbeitsvertrages. Davon, für welche Reaktion sich der Arbeitgeber entscheidet, hängt ab, wie lange die Daten gespeichert werden dürfen.

6.3.5.1.1.2   Widerruf der Einwilligung, Art. 17 Abs. 1 lit. b DSGVO

Nach Art. 17 Abs. 1 lit. b DSGVO besteht überdies ein Recht auf Löschung, wenn die einmal erteilte Einwilligung nach Art. 7 Abs. 3 DSGVO widerrufen wird und keine anderweitige Rechtsgrundlage für die Verarbeitung besteht. Ein Löschungsantrag ist nicht erforderlich.[1995] Es kann jedoch auch ein – nicht erforderliches - Löschungsbegehren konkludent im Einwilligungswiderruf enthalten sein.[1996] Der Verantwortliche ist zur Löschung verpflichtet, sobald er Kenntnis von dem Widerruf erlangt.[1997] Der Vorschrift kommt deklaratorische Funktion zu, da mit dem Wegfall der Einwilligung als Rechtsgrundlage die weitere Datenverarbeitung unzulässig wird und der Tatbestand des Art. 17 Abs. 1 lit. d DSGVO ebenfalls erfüllt ist.[1998]

Gerade bei unternehmensinternen Ermittlungen stellt in der Praxis die Einwilligung der betroffenen Mitarbeiter eine zusätzliche Rechtsgrundlage dar, um sich bei einer rechtsunsicheren Abwägung nach § 26 Abs. 1 BDSG abzusichern.[1999] Soweit jedoch die Datenverarbeitung auch

---

[1992] *Sörup*, ArbRAktuell 2016, 207; *Sörup/Marquardt*, ArbRAktuell 2016, 103,105; *Däubler*, in: Däubler/Wedde/Weichert/Sommer, DSGVO/BDSG, 2. Auflage 2020, Art. 17 DSGVO, Rn. 5.

[1993] *Sörup/Marquardt*, ArbRAktuell 2016, 103, 105.

[1994] *Däubler*, in: Däubler/Wedde/Weichert/Sommer, DSGVO/BDSG, 2. Auflage 2020, Art. 17 DSGVO, Rn. 6.

[1995] *Däubler*, in: Däubler/Wedde/Weichert/Sommer, EU-Datenschutz-Grundverordnung und BDSG-neu 2018, Art. 17 DSGVO, Rn. 11; *Peuker*, in: Sydow, Europäische Datenschutzgrundverordnung, 2. Auflage 2018, Art. 17 DSGVO Rn. 20.

[1996] *Peuker*, in: Sydow, Europäische Datenschutzgrundverordnung, 2. Auflage 2018, Art. 17 DSGVO Rn. 20.

[1997] *Däubler*, in: Däubler/Wedde/Weichert/Sommer, DSGVO/BDSG, 2. Auflage 2020, Art. 17 DSGVO, Rn. 11.

[1998] *Däubler*, in: Däubler/Wedde/Weichert/Sommer, DSGVO/BDSG, 2. Auflage 2020, Art. 17 DSGVO, Rn. 11.

[1999] *Nolte/Werkmeister*, in: Gola, DSGVO, 2017, Art. 17 DSVO, Rn. 14.

auf eine andere Rechtsgrundlage, etwa § 26 Abs. 1 BDSG, gestützt werden kann, besteht kein Löschungsanspruch.[2000]

6.3.5.1.1.3 Unrechtmäßige Verarbeitung, Art. 17 Abs. 1 lit. d DSGVO

Die betroffene Person kann überdies nach Art. 17 Abs. 1 lit. d DSGVO Löschung verlangen, wenn die personenbezogenen Daten unrechtmäßig verarbeitet wurden, insbesondere weil keine ausreichende Rechtsgrundlage für die Verarbeitung vorliegt.[2001] Hierbei handelt es sich um einen Auffangtatbestand, der beispielsweise auch Verstöße gegen die Grundsätze der Datenverarbeitung abdeckt.[2002] Ausreichend hierfür ist, dass in einer vorangehenden Phase der Datenverarbeitung gegen geltendes Recht verstoßen wurde.[2003]

6.3.5.1.2 Ausnahmetatbestände

In Art. 17 Abs. 3 DSGVO ist ein Katalog von Ausnahmetatbeständen von der Löschpflicht des Art. 17 Abs. 1 DSGVO enthalten. Im Beschäftigungsverhältnis sind insbesondere die Ausnahmetatbestände des Art. 17 Abs. 3 lit. b und e DSGVO von Relevanz.

6.3.5.1.2.1 Erfüllung einer Rechtspflicht oder öffentlicher Aufgaben (Art. 17 Abs. 3 lit. b DSGVO)

Nach Art. 17 Abs. 3 lit. b DSGVO besteht keine Löschpflicht, soweit die Verarbeitung erforderlich ist zur Erfüllung einer rechtlichen Verpflichtung oder zur Wahrnehmung einer im öffentlichen Interesse liegenden Aufgabe. Es muss sich dabei um eine Pflicht aus objektivem Recht handeln.[2004] Nicht ausreichend ist eine vertragliche Verpflichtung, da hiermit eine Umgehung der Löschverpflichtung droht.[2005] Von Bedeutung sind an dieser Stelle insbesondere die Dokumentations- und Aufbewahrungspflichten des § 257 HGB und § 137 AO.[2006] So unterliegen bestimmte Daten, wie Handels- und Geschäftsbriefe von Mitarbeitern, nach § 147 Abs. 3 S. 1 AO einer Aufbewahrungsfrist von zehn Jahren.[2007] Auch in diesen Fällen ist ein Sicherheitsaufschlag zu gewähren.[2008] Relevanz wird dies insbesondere bei der Überwachung der Telekommunikation entfalten, da z.B. auch bestimmte geschäftliche E-Mails als empfangene oder abgesandte Handelsbriefe nach § 257 Abs. 1 Nr. 2, 3 HGB aufzubewahren sind, wenn die Legaldefinition des § 257 Abs. 2 HGB erfüllt ist. Der Begriff „Briefe" ist weit zu verstehen und erfasst auch Telegramme, Faxe, E-Mails und andere Formen der neueren schriftlichen Kommunikation.[2009]

6.3.5.1.2.2 Rechtsansprüche (Art. 17 Abs. 3 lit. e DSGVO)

Im Arbeitsverhältnis ist insbesondere der Ausnahmetatbestand des Art. 17 Abs. 1 lit. e DSGVO von Bedeutung. Danach ist die Löschung nach Art. 17 Abs. 1 DSGVO nicht erforderlich, soweit

---

[2000] *Nolte/Werkmeister*, in: Gola, DSGVO, 2. Auflage 2018, Art. 17 DSVO, Rn. 15.

[2001] *Däubler*, in: Däubler/Wedde/Weichert/Sommer, DSGVO/BDSG, 2. Auflage 2020, Art. 17 DSGVO, Rn. 14.

[2002] *Däubler*, in: Däubler/Wedde/Weichert/Sommer, DSGVO/BDSG, 2. Auflage 2020, Art. 17 DSGVO, Rn. 16; *Peuker*, in: Sydow, Europäische Datenschutzgrundverordnung, 2. Auflage 2018, Art. 17 DSGVO Rn. 25; *Franzen*, in: Franzen/Gallner/Oetker, Kommentar zum europäischen Arbeitsrecht, 4. Auflage 2022, Art. 17 DSGVO, Rn. 5; aA *Herbst*, in: Kühling/Buchner, DSGVO/BDSG, 3. Auflage 2020, Art. 17 DSGVO, Rn. 28.

[2003] *Däubler*, in: Däubler/Wedde/Weichert/Sommer, DSGVO/BDSG, 2. Auflage 2020, Art. 17 DSGVO, Rn. 14.

[2004] *Däubler*, in: Däubler/Wedde/Weichert/Sommer, DSGVO/BDSG, 2. Auflage 2020, Art. 17 DSGVO, Rn. 41.

[2005] *Däubler*, in: Däubler/Wedde/Weichert/Sommer, DSGVO/BDSG, 2. Auflage 2020, Art. 17 DSGVO, Rn. 41.

[2006] *Däubler*, in: Däubler/Wedde/Weichert/Sommer, DSGVO/BDSG, 2. Auflage 2020, Art. 17 DSGVO, Rn. 40.

[2007] *Grimm/Göbel*, jM 2018, 278, 280.

[2008] *Grimm/Göbel*, jM 2018, 278, 280.

[2009] *Ballwieser*, in: Drescher/Fleischer/Schmidt, Münchener Kommentar zum HGB, 4. Auflage 2020, § 257 HGB, Rn. 12; *Böcking/Gros*, in: Ebenroth/Boujong/Joost/Strohn, HGB, 4. Auflage 2020, § 257 HGB, Rn. 15.

die Verarbeitung zur Geltendmachung, Ausübung oder Verteidigung von Rechtsansprüchen erforderlich ist.

Der Wortlaut spricht von der Verteidigung „von" Rechtsansprüchen. Nach einer Ansicht ist der Wortlaut unglücklich gefasst und es soll die Verteidigung „gegen" Rechtsansprüche gemeint sein.[2010] Zwingend erscheint eine solche Auslegung nicht, da eine Lesart entsprechend dem Gesetzeswortlaut Sinn ergibt. So können Rechtsansprüche verteidigt werden, wenn sie bestritten werden.[2011] Die englische Fassung spricht davon, dass eine Löschpflicht entfällt, wenn die Speicherung „for the establishment, exercise or defence of legal claims" erforderlich ist. Aus diesem Grund ist tatsächlich davon auszugehen, dass der deutsche Gesetzeswortlaut lediglich unglücklich gefasst wurde. Hierfür spricht auch, dass es gegen den Grundsatz der Waffengleichheit im Prozess sowie in sonstigen Verfahren verstoßen würde, wenn nur der potentielle Rechtsinhaber das Speicherprivileg inne hätte und die Möglichkeit einer Verteidigung gegen Rechtsansprüche etwa mittels Einwendungen und Einreden nicht bestünde.[2012] Sinn und Zweck des Ausnahmetatbestands ist es, dem Prozessgegner nicht durch Gewährung des Löschungsanspruchs zu ermöglichen, Beweismittel durch Ausübung seines Löschungsrechts vernichten zu lassen.[2013]

Die bloß abstrakte Möglichkeit einer rechtlichen Auseinandersetzung genügt hier nicht, sondern Auseinandersetzungen müssen bestehen, anstehen oder mit hinreichender Wahrscheinlichkeit zu erwarten sein.[2014]

Dieser Ausnahmetatbestand entfaltet insbesondere bei der Speicherung von Bewerberdaten Wirkung, wenn Ansprüche nach § 15 AGG zu erwarten sind. Im Falle einer Ablehnung von Bewerbern kann nach § 15 Abs. 4 S. 1 AGG zwei Monate lang wegen einer Verletzung des § 7 AGG geklagt werden.[2015] Allerdings kann sich die Zustellung von Klagen erfahrungsgemäß verzögern, sodass für Bewerberdaten eine Aufbewahrungsfrist von sechs Monaten zur Sicherung von Ansprüchen angemessen erscheint.[2016] Außerdem muss eine Speicherung zumindest solange zulässig sein, wie mit einem Kündigungsschutzprozess im Nachgang zu einer Kündigung zu rechnen ist, welche aufgrund einer begangenen Straftat oder anderweitigen schweren Verletzung der arbeitsvertraglichen Pflichten ausgesprochen wird.[2017] Für jedes Datum muss also bei der Erstellung des Löschkonzepts eine Prognose erstellt werden und dieses Datum muss nach Ablauf der jeweiligen Frist spätestens gelöscht werden.[2018]

6.3.5.1.3 Die Löschung

Art. 17 DSGVO fordert vom Verantwortlichen eine unverzügliche Löschung der personenbezogenen Daten. Unklar ist jedoch, was unter diesem Begriff zu verstehen ist.

Das BDSG enthielt in § 3 Abs. 4 Nr. 5 BDSG a.F. eine Definition des Begriffs „löschen". Danach war der Begriff definiert als das dauerhafte Unkenntlichmachen personenbezogener

---

[2010] *Paal*, in: Paal/Pauly, Datenschutz-Grundverordnung, 3. Auflage 2021, Art. 17, Rn. 46; *Däubler*, in: Däubler/Wedde/Weichert/Sommer, DSGVO/BDSG, 2. Auflage 2020, Art. 17 DSGVO, Rn. 44; aA *Herbst*, in: Kühling/Buchner, DSGVO/BDSG, 3. Auflage 2020, Art. 17, Rn. 83, Fn. 115.

[2011] *Herbst*, in: Kühling/Buchner, DSGVO/BDSG, 3. Auflage 2020, Art. 17, Rn. 83, Fn. 115.

[2012] *Däubler*, in: Däubler/Wedde/Weichert/Sommer, DSGVO/BDSG, 2. Auflage 2020, Art. 17 DSGVO, Rn. 44.

[2013] *Däubler*, in: Däubler/Wedde/Weichert/Sommer, DSGVO/BDSG, 2. Auflage 2020, Art. 17 DSGVO, Rn. 44; *Kamlah*, in: Plath, DSGVO/BDSG, 3. Auflage 2018, Art. 17 DSGVO, Rn. 20.

[2014] *Däubler*, in: Däubler/Wedde/Weichert/Sommer, DSGVO/BDSG, 2. Auflage 2020, Art. 17 DSGVO, Rn. 44; *Nolte/Werkmeister*, in: Gola, DSGVO, 2. Auflage 2018, Art. 17 DSGVO, Rn. 49.

[2015] *Grimm/Göbel*, jM 2018, 278, 280.

[2016] *Grimm/Göbel*, jM 2018, 278, 280 unter Übernahme des Vorschlags von *Jacobi/Jantz*, ArbRB 2017, 22, 24.

[2017] *Franzen*, EuZA 2017, 313, 335.

[2018] *Grimm/Göbel*, jM 2018, 278, 280.

Daten. An einer solchen Legaldefinition fehlt es in der DSGVO. Art. 17 DSGVO selbst, der das Recht auf Löschung regelt, schweigt diesbezüglich.

Art. 4 Nr. 2 DSGVO nennt „Löschen" neben der „Vernichtung" als Unterfall der Verarbeitung, woraus deutlich wird, dass es sich bei Löschen um einen eigenständigen Verarbeitungsvorgang handelt, dessen Rechtmäßigkeit sich nach Art 6 DSGVO bemisst.[2019] Der Begriff des Löschens ist unionsautonom und orientiert am Schutzzweck der Vorschrift auszulegen.[2020] Aus dem Nebeneinander von Vernichtung und Löschung wird deutlich, dass Löschen nicht zwingend mit einer Vernichtung einher gehen muss. Vernichtung knüpft an die physische Existenz des Datenträgers an und nicht an die dort gespeicherten Informationen.[2021] Die Löschung kann jedoch auch durch Vernichtung des Datenträgers erfolgen.[2022] Entscheidend ist, dass ein Zustand hergestellt wird „wonach die in den zu löschenden Dateien enthaltenen Informationen auf Dauer nicht mehr wahrgenommen werden können"[2023]. Das Löschen kann also auf unterschiedliche Weise erfolgen.[2024] Entscheidend ist hier weniger die Frage, wie Löschen technisch vonstattengeht, sondern es muss auf das Ergebnis abgestellt werden.[2025]

Beim technischen Löschen sind neben der Vernichtung des Datenträgers das Unkenntlichmachen sowie das Überschreiben des Datenträgers mögliche Optionen.[2026]

Nicht ausreichend ist das Kennzeichnen mit einem Ungültigkeitsvermerk.[2027] Hiergegen spricht der Schutzzweck der Norm. Außerdem würde durch eine solche Lesart der Unterschied zwischen der Einschränkung der Verarbeitung nach Art. 18 DSGVO und Löschung nivelliert. Nach der Legaldefinition der „Einschränkung der Verarbeitung" in Art. 4 Nr. 3 DSGVO ist diese „die Markierung gespeicherter personenbezogener Daten mit dem Ziel, ihre künftige Verarbeitung einzuschränken". Die Löschung muss darüber hinausgehen.[2028] Sie zielt darauf ab, die in den personenbezogenen Daten enthaltenen Informationen dauerhaft unkenntlich zu machen, sodass eine Rekonstruktion ausgeschlossen ist.[2029] Wie dies technisch umzusetzen ist, ist eine primär durch Informatiker zu beantwortende Frage.

[2019] *Peuker*, in: Sydow, Europäische Datenschutzgrundverordnung, 2. Auflage 2018, Art. 17, Rn. 32; *Veil*, in: Gierschmann/Schlender/Stenzel/Veil, DSGVO, 2018, Art. 17 DSGVO, Rn. 83.

[2020] *Peuker*, in: Sydow, Europäische Datenschutzgrundverordnung, 2. Auflage 2018, Art. 17, Rn. 32.

[2021] *Conrad/Hausen*, in: Forgó/Helfrich/Schneider, Betrieblicher Datenschutz, 2. Auflage 2017, III, 1, Rn. 20.

[2022] *Conrad/Hausen*, in: Forgó/Helfrich/Schneider, Betrieblicher Datenschutz, 2. Auflage 2017, III, 1, Rn. 20.

[2023] *Däubler*, in: Däubler/Wedde/Weichert/Sommer, DSGVO/BDSG, 2. Auflage 2020, Art. 17 DSGVO, Rn. 20; ähnlich *Veil*, in: Gierschmann/Schlender/Stenzel/Veil, DSGVO, 2018, Art. 17 DSGVO, Rn. 85.

[2024] *Herbst*, in: Kühling/Buchner, DSGVO/BDSG, 3. Auflage 2020, Art. 17 DSGVO, Rn. 37 ff m.w.N.; Empfehlungen hierzu finden sich beispielsweise im Rahmen des IT-Grundschutz-Kataloges, abrufbar unter https://www.bsi.bund.de/DE/Themen/Unternehmen-und-Organisationen/Standards-und-Zertifizierung/IT-Grundschutz/it-grundschutz_node.html (zuletzt abgerufen am 01.09.2023) sowie im Baustein 60 des Standard-Datenschutz-Modells, abrufbar unter https://www.datenschutz-mv.de/static/DS/Dateien/Datenschutzmodell/Bausteine/SDM-V2.0_L%C3%B6schen_und_Vernichten_V1.0a.pdf (zuletzt abgerufen am 01.09.2023).

[2025] *Herbst*, in: Kühling/Buchner, DSGVO/BDSG, 2. Auflage 2018, Art. 17 DSGVO, Rn. 37.

[2026] Nach *Paal*, in: Paal/Pauly, DSGVO/BDSG, 3. Auflage 2021, Art. 17 DSGVO, Rn. 30 ist beim Löschen der theoretisch mögliche Einsatz von Spezialprogrammen unerheblich; *Veil*, in: Gierschmann/Schlender/Stenzel/Veil, DSGVO, 2018, Art. 17 DSGVO, Rn. 84; strengere Anforderungen stellen hingegen *Herbst*, in: Kühling/Buchner, DSGVO/BDSG, 3. Auflage 2020, Art. 17 DSGVO, Rn. 38; *Däubler*, in: Däubler/Wedde/Weichert/Sommer, DSGVO/BDSG, 2. Auflage 2020, Art. 17 DSGVO, Rn. 20; *Peuker*, in: Sydow, Eruopäische Datenschutzgrundverordnung, 2. Auflage 2018, Art. 17, Rn. 32.

[2027] A.A. wohl *Nolte/Werkmeister*, in: Gola, DSGVO, 2. Auflage 2018, Art. 17 DSGVO, Rn. 10.

[2028] *Veil*, in: Gierschmann/Schlender/Stenzel/Veil, DSGVO, 2018, Art. 17 DSGVO, Rn. 84.

[2029] *Veil*, in: Gierschmann/Schlender/Stenzel/Veil, DSGVO, 2018, Art. 17 DSGVO, Rn. 84.

6.3.5.1.4 Unverzüglich

Nach Art. 17 Abs. 1 DSGVO besteht eine Pflicht zur unverzüglichen Löschung der Daten. Bereits aus den Grundsätzen der Zweckbindung, Datenminimierung und Speicherbegrenzung (Art. 5 Abs. 1 lit. b, c und e DSGVO ist ableitbar, dass Daten nur für einen begrenzten Zeitraum aufbewahrt werden dürfen, nämlich solange dies zur Zweckerreichung erforderlich ist.

In EwG 39 DSGVO wird darauf verwiesen, dass die Speicherfrist auf das unbedingt erforderliche Mindestmaß beschränkt bleiben muss. Der für die Verarbeitung Verantwortliche sollte nach EwG 39 S. 10 DSGVO Fristen für die Löschung oder regelmäßige Überprüfung vorsehen, um sicherzustellen, dass die Daten nicht länger als nötig gespeichert werden. Es sollten alle vertretbaren Schritte unternommen werden, um unzutreffende oder unvollständige personenbezogene Daten zu löschen oder zu berichtigen.

In EwG 81 wird vorbehaltlich besonderer Löschfristen die Pflicht des Auftragsverarbeiters normiert, nach Beendigung der Auftragsverarbeitung die Daten nach Wahl des für die Verarbeitung Verantwortlichen entweder zu löschen oder zurückzugeben.

Aus EwG 81 wird deutlich, dass der europäische Gesetzgeber keine starren Löschpflichten vorgeben wollte.[2030] Nach dem Grundsatz „ultra posse nemo obligatur" wäre dies mangels Praktikabilität auch unmöglich. Denn EwG 39 zeigt, dass zwar einerseits überflüssige Daten zu löschen sind, andererseits aber auch auf die Richtigkeit und Vollständigkeit der Datenbestände zu achten ist.[2031] Die dahingehende Prüfung der Datenbestände benötigt Zeit, sodass schon von vornherein prognostiziert werden kann, welchen Zeitraum diese in Anspruch nimmt.[2032]

Keinen eindeutigen Schluss lässt insofern allerdings Art. 30 Abs. 1 lit. f DSGVO zu.[2033] Art. 30 Abs. 1 lit. f DSGVO stellt die Verpflichtung, vorgesehene Löschpflichten in das Datenverarbeitungsverzeichnis aufzunehmen, unter den Möglichkeitsvorbehalt. Dies kann zwar im Umkehrschluss bedeuten, dass die DSGVO davon ausgeht, dass nicht in jedem Fall eine Regellöschfrist bestimmt werden kann, ebenso gut jedoch, dass nach Möglichkeit die Fristen im Verarbeitungsverzeichnis als Zahl oder Rechenformel angegeben werden müssen und nur im Ausnahmefall abstrakt umschrieben werden dürfen.[2034] In Zusammenschau mit EwG 39 liegt jedoch die erstgenannte Lesart näher.

Für Fälle der Videoüberwachung wurde bei Aufzeichnung eines vollen Geschäftstages beispielsweise eine Löschungsfrist von ein bis zwei Tagen als ausreichend erachtet, wenn der Inhalt keine weitergehende Relevanz hat.[2035]

Das BAG hat es hinsichtlich der Speicherung personenbezogener Daten als zulässig angesehen, dass diese unverzüglich nach ihrer Auswertung, spätestens jedoch 60 Tage nach ihrer Herstellung gelöscht werden müssen, es sei denn, sie werden weiterhin zu Zwecken der Beweissicherung benötigt.[2036] Die Aufzeichnungen zu Beweiszwecken mussten ebenfalls unverzüglich gelöscht werden, nachdem sie hierzu nicht mehr erforderlich waren, spätestens jedoch nach 60 Tagen.[2037]

[2030] *Conrad/Hausen*, in: Forgó/Helfrich/Schneider, Betrieblicher Datenschutz, 2. Auflage 2017, III, 1, Rn. 108.

[2031] *Conrad/Hausen*, in: Forgó/Helfrich/Schneider, Betrieblicher Datenschutz, 2. Auflage 2017, III, 1, Rn. 108.

[2032] *Conrad/Hausen*, in: Forgó/Helfrich/Schneider, Betrieblicher Datenschutz, 2. Auflage 2017, III, 1, Rn. 108.

[2033] *Conrad/Hausen*, in: Forgó/Helfrich/Schneider, Betrieblicher Datenschutz, 2. Auflage 2017, III, 1, Rn. 108.

[2034] *Conrad/Hausen*, in: Forgó/Helfrich/Schneider, Betrieblicher Datenschutz, 2. Auflage 2017, III, 1, Rn. 108.

[2035] *Innenministerium Baden-Württemberg*, Hinweis zum BDSG Nr. 40, 9.

[2036] BAG, Beschl. v. 26.8.2008 – 1 ABR 16/07, Rn. 35.

[2037] BAG, Beschl. v. 26.8.2008 – 1 ABR 16/07, Rn. 35.

Da das BAG mit der Zweckbindung der Daten argumentierte, ist die Rechtsprechung auf die DSGVO übertragbar, da diese den Zweckbindungsgrundsatz in Art. 5 Abs. 1 lit. b DSGVO als zentralen Grundsatz enthält.[2038]

Für die Löschung von Videoaufzeichnungen, welche mittels einer Black Box-Lösung in öffentlichen Verkehrsmitteln erfolgten, wurde vom Düsseldorfer Kreis[2039] eine regelmäßige Löschfrist von 48 Stunden als zulässig erachtet. Die Frist sollte beginnen, „wenn sich das Verkehrsmittel nicht mehr im täglich festgelegten Einsatz befindet und eine Überprüfung etwaiger Vorkommnisse durch eine verantwortliche Person möglich ist.[2040] In begründeten Einzelfällen kann auch eine längere Speicherfrist zulässig sein.[2041]

Eine sehr lange Speicherfrist von zehn Wochentagen nahm das OVG Lüneburg an, da die in dem überwachten Bürogebäude tätigen Mitarbeiter häufig berufsbedingt abwesend waren.[2042]

Die Frist im Beschäftigungsverhältnis dürfte mit dem Ende eines jeweiligen Arbeitstages beginnen, wobei auch hier maßgeblich ist, wann eine verantwortliche Person zur Verfügung steht, die die Möglichkeit hat, die Aufzeichnungen zu überprüfen, da an Wochenenden beispielsweise in vielen Betrieben nicht gearbeitet wird. Eine Frist von 48 Stunden scheint deshalb zu kurz, um dem Arbeitgeber zu ermöglichen, den Vorfall zu prüfen.

Angemessen ist eine Frist von maximal 72 Stunden, weil dadurch auch nach dem Wochenende noch eine Überprüfungsmöglichkeit verbleibt.

6.3.5.1.5 Praktische Umsetzung durch Löschkonzepte

Mag die Bestimmung der konkreten Löschpflicht in vielen Fällen nicht möglich sein, so entbindet dies nicht davon, Fristen für die Löschdauer zumindest abstrakt festzulegen und Löschungen umzusetzen. Dies gilt auch mit Blick darauf, dass ein Verstoß gegen die Löschpflicht sanktionsbewehrt ist. Werden Daten nicht ordnungsgemäß gelöscht, so stellt dies einen Verstoß gegen Art. 83 Abs. 5 lit. a, lit. b DSGVO dar.

Liegt einer der Löschtatbestände vor, so besteht eine objektiv-rechtliche Pflicht des Verantwortlichen zur Löschung.[2043] Hierbei handelt es sich um eine Dauerpflicht.[2044] Nach EwG 39 S. 11 DSGVO sollte der Verantwortliche alle vertretbaren Schritte unternehmen, damit unrichtige personenbezogene Daten gelöscht oder berichtigt werden. Nach EwG 39 S. 10 DSGVO sollte der Verantwortliche Fristen für die Löschung oder regelmäßige Überprüfung der personenbezogenen Daten vorsehen, um sicherzustellen, dass diese nicht länger als nötig gespeichert werden. Damit oktroyiert die DSGVO dem Verantwortlichen eine Pflicht auf, ein Lösch- und Sperrkonzept vorzuhalten.[2045]

Auf diese Weise wird die Verpflichtung aus Art. 17 DSGVO in Unternehmen umgesetzt.[2046] Ein Löschkonzept bildet beispielsweise die noch für das BDSG a.F. entwickelte DIN

[2038] *Lachenmann,* in: Koreng/Lachenmann, Formularhandbuch Datenschutzrecht, 3. Auflage 2021, H.III.2., Rn. 23.

[2039] Hierbei handelt es sich um einen „Arbeitskreis der Datenschutzkonferenz der unabhängigen Datenschutzbehörden des Bundes und der Länder, [welcher] der Kommunikation, Kooperation und Koordinierung der Datenschutzaufsichtsbehörden für den nicht-öffentlichen Bereich dient", vgl. https://datenschutz.hessen.de/infothek/beschluesse-des-duesseldorfer-kreises (zuletzt abgerufen am 01.09.2023).

[2040] *Düsseldorfer Kreis,* Orientierungshilfe „Videoüberwachung in öffentlichen Verkehrsmitteln", 9.

[2041] *Düsseldorfer Kreis,* Orientierungshilfe „Videoüberwachung in öffentlichen Verkehrsmitteln", 9 f.

[2042] OVG Lüneburg, Urt. v. 29.9.2014 – 11 LC 114/13, Rn. 63, NJW 2015, 502, 508.

[2043] *Veil,* in: Gierschmann/Schlender/Stenzel/Veil, DSGVO, 2018, Art. 17 DSGVO, Rn. 44.

[2044] *Veil,* in: Gierschmann/Schlender/Stenzel/Veil, DSGVO, 2018, Art. 17 DSGVO, Rn. 44.

[2045] *Veil,* in: Gierschmann/Schlender/Stenzel/Veil, DSGVO, 2018, Art. 17 DSGVO, Rn. 44.

[2046] *Grimm/Göbel,* jM 2018, 278, 280.

66398:2016-05, welche Löschfristen für personenbezogene Daten anhand der Bildung von Löschklassen ableitet.[2047] Weitere Empfehlungen zum Löschen enthalten der IT-Grundschutzkatalog des BSI sowie das Standard-Datenschutzmodell.[2048]

In der Praxis ist erforderlich, dass der Verantwortliche hierfür automatisierte Verfahren vorsieht, um seiner Pflicht zur unverzüglichen Löschung der Daten nachzukommen.[2049] Es empfiehlt sich daher, für IT-basierte Systeme Löschregeln festzulegen, was dazu führt, dass automatisierte Skripte die Löschpflicht des Verantwortlichen routinemäßig erfüllen.[2050]

6.3.5.1.6 Umsetzung durch Black Box

Eine Möglichkeit, die Löschpflichten der DSGVO technisch umzusetzen, stellt eine Black Box dar.[2051] Der Zielkonflikt zwischen umfangreicher Datenerhebung und der Tatsache, dass letztlich nur wenige Daten benötigt werden, um den Zweck der Überwachungsmaßnahme zu erreichen, kann durch dieses Verfahren aufgelöst werden.[2052] Bei einer Black Box erfolgt eine Speicherung der personenbezogenen Daten, beispielsweise der durch eine Videokamera erfassten Aufnahmen. Diese werden jedoch grundsätzlich nicht ausgewertet oder eingesehen, sondern lediglich im Trefferfall - beispielsweise bei einer Alarmmeldung – erfolgt eine Analyse. Sofern innerhalb eines definierten Zeitraums kein Vorkommnis festgestellt wird, erfolgt unverzüglich die Löschung.[2053] Dass die jeweils ältesten Aufnahmen überschrieben werden, wird über einen Ringspeicher gewährleistet.[2054]

Werden Daten anlassbezogen gespeichert, beispielsweise Videoaufnahmen erstellt, so erfolgt die Löschung der Daten unverzüglich nach der Prüfung der Bilder.[2055] Zur Beweissicherung erforderliche Daten müssen auf einem neuen Datenträger separat gespeichert werden, die restlichen Daten müssen unverzüglich gelöscht werden.[2056]

Eine Black Box ist in jedem Fall zu implementieren, wenn eine präventive und dauerhafte Überwachung erfolgt.[2057]

6.3.6   Widerspruchsrecht, Art. 21 DSGVO

Art. 21 Abs. 1 DSGVO gibt der betroffenen Person das jederzeitige Recht, aus Gründen, die sich aus ihrer besonderen Situation ergeben, gegen die Verarbeitung sie betreffender personenbezogener Daten, die auf der Grundlage von Art. 6 Abs. 1 UAbs. 1 S. 1 lit. e oder f DSGVO erfolgt, Widerspruch einzulegen, was auch für ein auf diese Bestimmungen gestütztes Profiling

---

[2047] Vgl. hierzu *Hammer/Schuler* 2015.

[2048] IT-Grundschutz-Kataloges, abrufbar unter https://www.bsi.bund.de/DE/Themen/Unternehmen-und-Organisationen/Standards-und-Zertifizierung/IT-Grundschutz/it-grundschutz_node.html (zuletzt abgerufen am 01.09.2023); Baustein 60 des Standard-Datenschutz-Modells, abrufbar unter https://www.datenschutz-mv.de/static/DS/Dateien/Datenschutzmodell/Bausteine/SDM-V2.0_L%C3%B6schen_und_Vernichten_V1.0a.pdf (zuletzt abgerufen am 01.09.2023).

[2049] *Paal*, in: Paal/Pauly, DSGVO/BDSG, 3. Auflage 2021, Art. 17 DSGVO, Rn. 29.

[2050] *Veil*, in: Gierschmann/Schlender/Stenzel/Veil, DSGVO, 2018, Art. 17 DSGVO, Rn. 55.

[2051] *Düsseldorfer Kreis*, Orientierungshilfe „Videoüberwachung in öffentlichen Verkehrsmitteln", 9; OVG Lüneburg, Urt. v. 29.9.2014 – 11 LC 114/13, Rn. 64, NJW 2015, 502, 508.

[2052] *Grages/Plath*, CR 2017, 791, 792.

[2053] *Düsseldorfer Kreis*, Orientierungshilfe „Videoüberwachung in öffentlichen Verkehrsmitteln", 9.

[2054] *Lachenmann*, in: Koreng/Lachenmann, Formularhandbuch Datenschutzrecht, 3. Auflage 2021, H.III.2., Rn. 22.

[2055] *Düsseldorfer Kreis*, Orientierungshilfe „Videoüberwachung in öffentlichen Verkehrsmitteln", 10.

[2056] *Düsseldorfer Kreis*, Orientierungshilfe „Videoüberwachung in öffentlichen Verkehrsmitteln", 10.

[2057] *Lachenmann*, in: Koreng/Lachenmann, Formularhandbuch Datenschutzrecht, 3. Auflage 2021, H.III.2., Rn. 22.

gilt. Im Beschäftigungsverhältnis fungieren bei Maßnahmen der Mitarbeiterüberwachung üblicherweise § 26 Abs. 1 BDSG, die Einwilligung nach Art. 6 Abs. 1 UAbs. 1 S. 1 lit. a DSGVO oder Kollektivvereinbarungen als Rechtsgrundlage.

Da § 26 Abs. 1 BDSG auch als Konkretisierung des Art. 6 Abs. 1 UAbs. 1 S. 1 lit. f DSGVO angesehen werden kann, stellt sich die Frage, ob Art. 21 DSGVO auch bei Verarbeitungen nach den dortigen Tatbeständen angewendet werden soll. Der direkten Anwendbarkeit steht der eindeutige Wortlaut des Art. 21 Abs. 1 DSGVO entgegen. Auch eine analoge Anwendung scheidet aus, da die Interessenlage bei einer auf Art. 6 Abs. 1 UAbs. 1 S. 1 lit. f DSGVO und auf § 26 Abs. 1 BDSG beruhenden Datenverarbeitung nicht vergleichbar ist. Das Widerspruchsrecht des Art. 21 Abs. 1 DSGVO stellt den Ausgleich dafür dar, dass die betroffene Person bei einer Datenverarbeitung nach Art. 6 Abs. 1 UAbs. 1 S. 1 lit. f DSGVO aufgrund einer Interessenabwägung oder im Falle des Art. 6 Abs. 1 UAbs. 1 S. 1 lit. e DSGVO zur öffentlichen Aufgabenerfüllung eine Verarbeitung grundsätzlich hinzunehmen hat, ohne dass die Verarbeitung einen eigenen Willensentschluss der betroffenen Person voraussetzt und ohne dass ein besonderes Privatheitsinteresse der betroffenen Personen berücksichtigt werden muss.[2058] Die Schutzlücke, die durch die in Art. 6 Abs. 1 UAbs. 1 S. 1 lit. e, f DSGVO vorgenommene Typisierung entsteht, soll durch das Widerspruchsrecht geschlossen werden.[2059] Mit § 26 Abs. 1 BDSG hat der nationale Gesetzgeber jedoch eine Interessenabwägung vorgenommen und in die beiden Sätze des § 26 Abs. 1 BDSG eine besondere Zweckbestimmung aufgenommen, die konkreter ist als die in Art. 6 Abs. 1 UAbs. 1 S. 1 lit. f DSGVO, welcher pauschal auf die berechtigten Interessen des Verantwortlichen Bezug nimmt. Überdies wird in § 26 Abs. 1 S. 1 BDSG die Verarbeitung an eine Erforderlichkeitsprüfung gebunden und in § 26 Abs. 1 S. 2 BDSG wird – zugegebenermaßen ähnlich wie bei Art. 6 Abs. 1 UAbs. 1 S. 1 lit. f DSGVO – ausdrücklich verlangt, dass „das schutzwürdige Interesse der oder des Beschäftigten an dem Ausschluss der Verarbeitung nicht überwiegt, insbesondere Art und Ausmaß im Hinblick auf den Anlass nicht unverhältnismäßig sind." Damit stellt § 26 BDSG strengere Anforderungen auf als Art. 6 Abs. 1 UAbs. 1 S. 1 lit. f DSGVO, sodass eine unterschiedliche Interessenlage gegeben ist, aufgrund derer eine analoge Anwendung des Art. 21 DSGVO nicht gerechtfertigt erscheint.

Außerdem hat der deutsche Gesetzgeber in § 36 BDSG das Widerspruchsrecht auch auf nationaler Ebene speziell geregelt und hätte auch für dessen Ausübung im Beschäftigungsverhältnis eine Sonderregelung treffen können, wenn er hierfür Bedarf gesehen hätte. Das Widerspruchsrecht des Art. 21 Abs. 1 DSGVO auf alle Normen zu erstrecken, die Art. 6 Abs. 1 UAbs. 1 S. 1 lit. f DSGVO konkretisieren, würde zu einer ausufernden Anwendung des Art. 21 Abs. 1 DSGVO führen, die so vom Gesetzgeber, der sich explizit nur auf Art. 6 Abs. 1 UAbs. 1 S. 1 lit. e und f DSGVO bezieht, nicht beabsichtigt war.

6.4 Privacy by Design and by Default (Art. 25 DSGVO)

Art. 25 DSGVO regelt den Datenschutz durch Technikgestaltung und durch datenschutzfreundliche Voreinstellungen. Bereits vor Inkrafttreten der DSGVO wurde dieses Prinzip in der Literatur diskutiert.[2060]

Art. 25 Abs. 1 DSGVO adressiert den Verantwortlichen und verpflichtet ihn, durch geeignete technische und organisatorische Maßnahmen die Datenschutzgrundsätze umzusetzen und die notwendigen Garantien in die Verarbeitung aufzunehmen, um den Anforderungen der DSGVO zu genügen und die Rechte der betroffenen Personen zu schützen. Art. 25 Abs. 2 DSGVO verlangt, Voreinstellungen so auszugestalten, dass nur die Daten verarbeitet werden, die für den

---

[2058] *Kramer,* in: Auernhammer, DSGVO/BDSG, 7. Auflage 2020, Art. 21 DSGVO, Rn. 4.
[2059] *Kramer,* in: Auernhammer, DSGVO/BDSG, 7. Auflage 2020, Art. 21 DSGVO, Rn. 4.
[2060] Vgl. hierzu *Hornung,* ZD 2011, 51.

jeweiligen Verarbeitungszweck erforderlich sind. Hierbei handelt es sich insbesondere um eine Konkretisierung des Grundsatzes der Zweckbindung (Art. 5 Abs. 1 lit. b DSGVO) sowie des Grundsatzes der Datenminimierung (Art. 5 Abs. 1 lit. c DSGVO).[2061] Art. 25 Abs. 3 DSGVO bestimmt, dass ein genehmigtes Zertifizierungsverfahren als Instrument regulierter Selbstregulierung als Faktor dafür herangezogen werden kann, dass der Verantwortliche die Anforderungen des Art. 25 Abs. 1, 2 DSGVO eingehalten hat.[2062]

Die Besonderheit des Art. 25 DSGVO besteht darin, dass der Verantwortliche hierdurch bereits frühzeitig – nämlich explizit schon zum Zeitpunkt der Festlegung der Mittel für die Verarbeitung, also bereits vor der eigentlichen Verarbeitung – verpflichtet wird, technisch-organisatorische Maßnahmen zum Datenschutz zu ergreifen.[2063] Obwohl Art. 25 DSGVO an der technischen Ausgestaltung der Datenverarbeitung ansetzt, werden nicht die Hersteller von Produkten, Diensten oder Geräten verpflichtet, sondern der Verantwortliche, obwohl ersteres naheliegender erscheint.[2064] EwG 78 S. 4 DSGVO ermuntert lediglich die Hersteller, das Recht auf Datenschutz beim Entwicklungsprozess zu berücksichtigen.[2065] Aus diesem Grund wirkt der Mechanismus sozusagen „übers Dreieck".[2066]

6.4.1 Datenschutz durch Technikgestaltung (Art. 25 Abs. 1 DSGVO)

Art. 25 Abs. 1 DSGVO regelt den Datenschutz durch Technikgestaltung und wirkt wie eine unnötige Doppelung zu Art. 24 Abs. 1 S. 1 DSGVO, der dem Verantwortlichen ebenfalls auferlegt, durch technische und organisatorische Maßnahmen sicherzustellen und den Nachweis dafür erbringen zu können, dass die Verarbeitung gemäß der DSGVO erfolgt.[2067] Art. 25 Abs. 1 DSGVO geht jedoch darüber hinaus und konkretisiert Art. 24 Abs. 1 DSGVO, indem er das Konzept des Datenschutzes durch Technik konturiert.[2068]

Das Prinzip des „privacy by design" knüpft an die Erkenntnis an, dass sich der Schutz informationeller Selbstbestimmung am besten dadurch verwirklichen lässt, dass er bereits bei der Entwicklung der Datenverarbeitungstechnik berücksichtigt wird und in die Programmgestaltung und Systemarchitektur integriert wird.[2069] Da gegen technische Begrenzungen anders als gegen rechtliche Verbote nicht verstoßen werden kann, kommt technischem Datenschutz gesteigerte Effizienz zu.[2070] Einerseits kann dies durch die Implementierung von Privacy Enhancing Technologies geschehen, andererseits sind auch organisatorische Maßnahmen erforderlich, die das Konzept prozedural absichern.[2071]

[2061] *Martini*, in: Paal/Pauly, DSGVO/BDSG, 3. Auflage 2021, Art. 25 DSGVO, Rn. 2.

[2062] *Martini*, in: Paal/Pauly, DSGVO/BDSG, 3. Auflage 2021, Art. 25 DSGVO, Rn. 3.

[2063] *Wolff*, in: Schantz/Wolff 2017, Rn. 836.

[2064] *Wolff*, in: Schantz/Wolff 2017, Rn. 836.

[2065] *Wolff*, in: Schantz/Wolff 2017, Rn. 836.

[2066] *Martini*, in: Paal/Pauly, DSGVO/BDSG, 3. Auflage 2021, Art. 25 DSGVO, Rn. 25, weiterführende Überlegungen hierzu bei *Hornung*, ZD 2011, 51, 52, 55; kritisch *Roßnagel/Richter/Nebel*, ZD 2013, 103, 105; *Schantz*, NJW 2016, 1841, 1846.

[2067] *Martini*, in: Paal/Pauly, DSGVO/BDSG, 3. Auflage 2021, Art. 25 DSGVO, Rn. 9.

[2068] *Martini*, in: Paal/Pauly, DSGVO/BDSG, 3. Auflage 2021, Art. 25 DSGVO, Rn. 9.

[2069] *Martini*, in: Paal/Pauly, DSGVO/BDSG, 3. Auflage 2021, Art. 25 DSGVO, Rn. 10; *Roßnagel*, NZV 2006, 281, 286; umfassend *Dix*, in: Roßnagel, Handbuch Datenschutzrecht, 2003, 364 ff.

[2070] *Roßnagel*, MMR 2005, 71, 74.

[2071] EDPS, Opinion 7/2015, 14; *Martini*, in: Paal/Pauly, DSGVO/BDSG, 3. Auflage 2021, Art. 25 DSGVO, Rn. 10.

6.4.1.1 Schutzgut

Schutzgut des Art. 25 Abs. 1 DSGVO sind die Rechte und Freiheiten natürlicher Personen, die aufgrund einer bestimmten Verarbeitung betroffen sind.[2072] Davon ist nicht nur das in EwG 2 S. 1 DSGVO exemplarisch ausdrücklich genannte Grundrecht auf Datenschutz erfasst, sondern alle Freiheits- und Grundrechte der GRCh.[2073] Hierzu zählen beispielsweise das Recht auf körperliche und geistige Unversehrtheit, das Recht auf Achtung des Privat- und Familienlebens, das Recht auf Freiheit und Sicherheit sowie das Eigentumsrecht.[2074] EwG 75 DSGVO lassen sich mögliche Schadenskonstellationen entnehmen, die als Anhaltspunkt dafür dienen können, welche Rechte und Freiheiten relevant werden können.[2075]

6.4.1.2 Der Risikobegriff

Der DSGVO liegt ein risikobasierter Ansatz zu Grunde, der insbesondere in Art. 24 Abs. 1 S. 1 DSGVO zum Ausdruck kommt.[2076] Danach sind die technischen und organisatorischen Maßnahmen in Abhängigkeit des von einer Verarbeitung für die Rechte und Freiheiten natürlicher Personen bestehenden Risikos zu bestimmen.[2077] Als prägendes Element der DSGVO kommt dieser Ansatz an vielen Stellen zum Ausdruck, so zum Beispiel in Art. 25 Abs. 1, 32 Abs. 1, 2, 34 oder 35 Abs. 1 DSGVO.[2078] Der Begriff des Risikos ist in der DSGVO nicht legal definiert. Aus EwG 75 und EwG 94 S. 2 DSGVO lässt sich jedoch ableiten, dass ein Risiko im Sinne der DSGVO „das Bestehen einer Möglichkeit des Eintritts eines Ereignisses, das selbst einen Schaden darstellt oder zu einem Schaden für natürliche Personen führen kann."[2079] Um das Risiko zu bestimmen, empfiehlt sich eine vierstufige Vorgehensweise: Zunächst sind die relevanten Risiken zu identifizieren, danach sind die Schwere und Eintrittswahrscheinlichkeit möglicher Schäden zu bestimmen und zuletzt das Risiko selbst.[2080] Auf der Grundlage dessen sind die risikoangemessenen technischen und organisatorischen Maßnahmen auszuwählen.[2081]

6.4.1.3 Risikoanalyse

Art. 25 Abs. 1 DSGVO gibt dem Verantwortlichen lediglich das Ziel vor, den Anforderungen der DSGVO zu genügen und die Rechte der betroffenen Person zu schützen.[2082] Letztlich ist Ziel der Maßnahmen, den Anforderungen der DSGVO insgesamt zu genügen.[2083] Hinsichtlich der Auswahl der Maßnahmen, mit denen er dieses Ziel zu erreichen sucht, bleibt ihm ein Entscheidungsspielraum.[2084] Zunächst muss der Verantwortliche eine Risikoanalyse vornehmen, im Zuge derer die Risiken für die Rechte und Freiheiten natürlicher Personen zu analysieren sind und die Eintrittswahrscheinlichkeit und Schwere der Schäden abzuschätzen ist.[2085]

[2072] *Lang*, in: Taeger/Gabel, DSGVO/BDSG/TTDSG, 4. Auflage 2022, Art. 25 DSGVO, Rn. 4.

[2073] *Lang*, in: Taeger/Gabel, DSGVO/BDSG/TTDSG, 4. Auflage 2022, Art. 25 DSGVO, Rn. 4.

[2074] *Lang*, in: Taeger/Gabel, DSGVO/BDSG/TTDSG, 4. Auflage 2022, Art. 24 DSGVO, Rn. 35; *Datenschutzkonferenz*, Kurzpapier Nr. 18, 1.

[2075] *Lang*, in: Taeger/Gabel, DSGVO/BDSG/TTDSG, 4. Auflage 2022, Art. 24 DSGVO, Rn. 36.

[2076] *Lang*, in: Taeger/Gabel, DSGVO/BDSG/TTDSG, 4. Auflage 2022, Art. 24 DSGVO, Rn. 31.

[2077] *Lang*, in: Taeger/Gabel, DSGVO/BDSG/TTDSG, 4. Auflage 2022, Art. 24 DSGVO, Rn. 31.

[2078] *Lang*, in: Taeger/Gabel, DSGVO/BDSG/TTDSG, 4. Auflage 2022, Art. 24 DSGVO, Rn. 31.

[2079] *Lang*, in: Taeger/Gabel, DSGVO/BDSG/TTDSG, 4. Auflage 2022, Art. 24 DSGVO, Rn. 34; *Datenschutzkonferenz*, Kurzpapier Nr. 18, 1.

[2080] *Lang*, in: Taeger/Gabel, DSGVO/BDSG/TTDSG, 4. Auflage 2022, Art. 24 DSGVO, Rn. 38.

[2081] *Lang*, in: Taeger/Gabel, DSGVO/BDSG/TTDSG, 4. Auflage 2022, Art. 24 DSGVO, Rn. 39.

[2082] *Martini*, in: Paal/Pauly, DSGVO/BDSG, 3. Auflage 2021, Art. 25 DSGVO, Rn. 36.

[2083] *Hansen*, in: Simitis/Hornung/Spiecker gen. Döhmann, Datenschutzrecht, 2019, Art. 25 DSGVO, Rn. 29.

[2084] *Martini*, in: Paal/Pauly, DSGVO/BDSG, 3. Auflage 2021, Art. 25 DSGVO, Rn. 36.

[2085] *Lang*, in: Taeger/Gabel, DSGVO/BDSG/TTDSG, 4. Auflage 2022, Art. 24 DSGVO, Rn. 37, 40; *Reto/Mantz*, in: Sydow, Europäische Datenschutzgrundverordnung, 2. Auflage 2018, Art. 25 DSGVO, Rn. 21.

6.4.1.3.1 Risikoidentifikation

Im Zuge der Identifikation von Risiken sind die in Art. 25 Abs. 1 DSGVO genannten Faktoren zu berücksichtigen.[2086] Abwägungsfaktoren sind danach der Stand der Technik, die Implementierungskosten, die Art, der Umfang, die Umstände und die Zwecke der Verarbeitung sowie die unterschiedliche Eintrittswahrscheinlichkeit und die Schwere des Risikos für die Rechte und Freiheiten der betroffenen Person.

6.4.1.3.1.1   Art, Umfang, Umstände und Zwecke der Verarbeitung

Die Art der Verarbeitung ist nicht gleichzusetzen mit der Art der Daten.[2087] Die Arten der Verarbeitung sind in Art. 4 Nr. 2 DSGVO genannt.[2088] Hinsichtlich der Art der Daten ist der Inhalt entscheidend.[2089] EwG 75 hebt ausdrücklich hervor, dass die Art der Daten von besonderer Bedeutung für die Risikoermittlung ist. Dies zeigt sich auch in deren besonderer Behandlung in Art. 9 f. DSGVO.[2090] Handelt es sich um besondere Kategorien personenbezogener Daten, so ist schon deshalb von einem hohen Risiko auszugehen.[2091] Außerdem ist von Bedeutung, ob die Datenverarbeitung innerhalb einer geschlossenen Betriebsstätte erfolgt oder auf mobilen Endgeräten wie Tablets oder Smartphones.[2092] Auch ist für konventionelle Papierakten eine andere Risikobewertung vorzunehmen als für digitale Unterlagen.[2093]

Der Umfang der Verarbeitung bezieht sich einerseits auf die Menge der Personen, über die personenbezogene Daten verarbeitet werden, andererseits auf die Menge personenbezogener Daten, die über eine Person verarbeitet werden (vgl. EwG 75 a.E., 91 DSGVO).[2094] Je umfangreicher eine vorhandene Datenbasis ist, desto mehr Korrelations- und Erkenntnismöglichkeiten bestehen.[2095] Damit wächst das Risiko für die Rechte und Freiheiten der Personen insgesamt.[2096] Eine Rolle spielt auch die Dauer der Verarbeitung, da mit der Dauer der Speicherung steigende Erkenntnismöglichkeiten einhergehen.[2097]

Gerade wenn im Beschäftigungsverhältnis beispielsweise bei Screenings größere Datenbestände abgeglichen und ausgewertet werden, liegt eine umfangreiche, risikoerhöhende Maßnahme vor, die technisch-organisatorisch dem Risiko entsprechend abzusichern ist.

Weiterhin finden die Umstände der Verarbeitung Beachtung. Sie beziehen sich auf alle rechtlichen und tatsächlichen Gegebenheit der Verarbeitung, die zum Verarbeitungsprozess gehören

---

[2086] *Martini*, in: Paal/Pauly, DSGVO/BDSG, 3. Auflage 2021, Art. 25 DSGVO, Rn. 36.

[2087] Missverständlich *Bertermann*, in: Ehmann/Selmayr, DSGVO, 2. Auflage 2018, Art. 24 DSGVO, Rn. 7.

[2088] *Martini*, in: Paal/Pauly, DSGVO/BDSG, 3. Auflage 2021, Art. 24 DSGVO, Rn. 32; *Wedde,* in: Däubler/Wedde/Weichert/Sommer, DSGVO/BDSG, 2. Auflage 2020, Art. 24 DSGVO, Rn. 21.

[2089] *Wedde,* in: Däubler/Wedde/Weichert/Sommer, DSGVO/BDSG, 2. Auflage 2020, Art. 24 DSGVO, Rn. 21.

[2090] *Martini*, in: Paal/Pauly, DSGVO/BDSG, 3. Auflage 2021, Art. 24 DSGVO, Rn. 32.

[2091] *Wedde,* in: Däubler/Wedde/Weichert/Sommer, DSGVO/BDSG, 2. Auflage 2020, Art. 24 DSGVO, Rn. 21.

[2092] *Wedde,* in: Däubler/Wedde/Weichert/Sommer, DSGVO/BDSG, 2. Auflage 2020, Art. 24 DSGVO, Rn. 21.

[2093] *Wedde,* in: Däubler/Wedde/Weichert/Sommer, DSGVO/BDSG, 2. Auflage 2020, Art. 24 DSGVO, Rn. 21.

[2094] *Martini*, in: Paal/Pauly, DSGVO/BDSG, 3. Auflage 2021, Art. 24 DSGVO, Rn. 33; *Wedde,* in: Däubler/Wedde/Weichert/Sommer, DSGVO/BDSG, 2. Auflage 2020, Art. 24 DSGVO, Rn. 21; *Bertermann,* in: Ehmann/Selmayr, DSGVO, 2. Auflage 2018, Art. 24 DSGVO, Rn. 7.

[2095] *Martini*, in: Paal/Pauly, DSGVO/BDSG, 3. Auflage 2021, Art. 24 DSGVO, Rn. 33; *Wedde,* in: Däubler/Wedde/Weichert/Sommer, DSGVO/BDSG, 2. Auflage 2020, Art. 24 DSGVO, Rn. 22.

[2096] *Martini*, in: Paal/Pauly, DSGVO/BDSG, 3. Auflage 2021, Art. 24 DSGVO, Rn. 33.

[2097] *Wedde,* in: Däubler/Wedde/Weichert/Sommer, DSGVO/BDSG, 2. Auflage 2020, Art. 24 DSGVO, Rn. 23; *Bertermann,* in: Ehmann/Selmayr, DSGVO, 2. Auflage 2018, Art. 24 DSGVO, Rn. 7 weist darauf hin, dass man die Dauer auch zu den Umständen der Verarbeitung zählen kann.

und seinen Sensibilitätsgrad konturieren.[2098] Relevante Umstände sind beispielsweise die räumlichen und zeitlichen Gegebenheiten (so bei der Videoüberwachung, bei der es eine Rolle spielt, ob ein Kriminalitätsschwerpunkt überwacht wird) sowie das Fehlen technisch-organisatorischer Maßnahmen wie z.B. Anonymisierung, Pseudonymisierung oder Aggregation.[2099] Im Beschäftigungsverhältnis ist hier insbesondere von Bedeutung, dass der Beschäftigte sich einer Überwachungsmaßnahme aufgrund seiner Verpflichtung, die arbeitsvertraglich geschuldete Leistung zu erbringen, nicht entziehen kann. Außerdem fließt hier in die Betrachtung auch ein, ob eine Überwachungsmaßnahme heimlich erfolgt.

Die Zwecke der Verarbeitung werden vom Verantwortlichen selbst festgelegt.[2100] Ein hohes Risiko besteht beispielsweise, wenn die Zwecke auf für die Rechte und Freiheiten der betroffenen Personen kritische Ziele gerichtet sind, wie die Re-Identifizierung, Profilbildung oder wenn eine Verarbeitung besondere Arten personenbezogener Daten zum Gegenstand hat.[2101] Die DSGVO privilegiert jedoch die Datenverarbeitung zu bestimmten Zwecken mehr oder weniger, so wenn es um die Geltendmachung, Ausübung oder Verarbeitung von Rechtsansprüchen geht (Art. 9 Abs. 2 lit. f, 17 Abs. 3 lit. e DSGVO).[2102] Diese gesetzgeberische Wertung ist bei der Sicherung von Beweismaterial zu berücksichtigen. Die Risiken sind – vereinfacht gesagt – umso höher und die Eintrittswahrscheinlichkeit umso größer, je weiter die Verarbeitungszwecke gefasst sind.[2103] Hierbei handelt es sich jedoch lediglich um eine Faustformel, da beispielsweise selbst bei einer extrem engen Zweckfestlegung ein hoher Schutzbedarf vorliegen kann, wenn es sich um Gesundheitsdaten handelt.[2104] Demgegenüber ist selbst bei einer weit gefassten Zweckbestimmung die Verwendung von Daten, die die betroffene Person selbst einer breiten Öffentlichkeit zugänglich gemacht hat, als eher unkritisch zu sehen.[2105]

6.4.1.3.1.2 Risikoszenarien

In einem weiteren Schritt sind Risikoszenarien zu ermitteln. Hierbei handelt es sich um „bestimmte Ausprägungen von Gefährdungen, die bei einer Verarbeitung personenbezogener Daten zu einer Verletzung der Rechte und Freiheiten natürlicher Personen und insoweit zu einem Schaden führen können."[2106] Die Risiken können sich aus internen oder externen Umständen ergeben und auch aus dem Verarbeitungsvorgang selbst.[2107] In die Betrachtung ist der gesamte Zyklus der Verarbeitung mit einzubeziehen, von der Erhebung bis zur Löschung.[2108] Letztlich kann auch auf die Gefährdungskataloge, die bei der Erstellung von IT-Sicherheitskonzepten zum Einsatz kommen, wie den BSI-Grundschutzkatalog, das Standarddatenschutzmodell oder

---

[2098] *Martini*, in: Paal/Pauly, DSGVO/BDSG, 3. Auflage 2021, Art. 24 DSGVO, Rn. 34; *Wedde*, in: Däubler/Wedde/Weichert/Sommer, DSGVO/BDSG, 2. Auflage 2020, Art. 24 DSGVO, Rn. 25; *Piltz*, in: Gola, DSGVO, 2. Auflage 2018, Art. 24 DSGVO, Rn. 35.

[2099] *Bertermann*, in: Ehmann/Selmayr, DSGVO, 2. Auflage 2018, Art. 24 DSGVO, Rn. 7.

[2100] *Martini*, in: Paal/Pauly, DSGVO/BDSG, 3. Auflage 2021, Art. 24 DSGVO, Rn. 35; *Wedde*, in: Däubler/Wedde/Weichert/Sommer, DSGVO/BDSG, 2. Auflage 2020, Art. 24 DSGVO, Rn. 26; *Bertermann*, in: Ehmann/Selmayr, DSGVO, 2. Auflage 2018, Art. 24 DSGVO, Rn. 7.

[2101] *Wedde*, in: Däubler/Wedde/Weichert/Sommer, DSGVO/BDSG, 2. Auflage 2020, Art. 24 DSGVO, Rn. 26.

[2102] *Martini*, in: Paal/Pauly, DSGVO/BDSG, 3. Auflage 2021, Art. 24 DSGVO, Rn. 35; *Lang*, in: Taeger/Gabel, DSGVO/BDSG/TTDSG, 4. Auflage 2022, Art. 24 DSGVO, Rn. 47.

[2103] *Martini*, in: Paal/Pauly, DSGVO/BDSG, 3. Auflage 2021, Art. 24 DSGVO, Rn. 35; *Bertermann*, in: Ehmann/Selmayr, DSGVO, 2. Auflage 2018, Art. 24 DSGVO, Rn. 7.

[2104] *Wedde*, in: Däubler/Wedde/Weichert/Sommer, DSGVO/BDSG, 2. Auflage 2020, Art. 24 DSGVO, Rn. 26.

[2105] *Wedde*, in: Däubler/Wedde/Weichert/Sommer, DSGVO/BDSG, 2. Auflage 2020, Art. 24 DSGVO, Rn. 26.

[2106] *Lang*, in: Taeger/Gabel, DSGVO/BDSG/TTDSG, 4. Auflage 2022, Art. 24 DSGVO, Rn. 49; *Datenschutzkonferenz*, Kurzpapier Nr. 18, 3 f. spricht von „Ereignissen" und „Risikoquellen", meint jedoch letztlich dasselbe.

[2107] *Lang*, in: Taeger/Gabel, DSGVO/BDSG/TTDSG, 4. Auflage 2022, Art. 24 DSGVO, Rn. 49 f.

[2108] *Lang*, in: Taeger/Gabel, DSGVO/BDSG/TTDSG, 4. Auflage 2022, Art. 24 DSGVO, Rn. 49.

ISO-Standards zurückgegriffen werden, um eine systematische Analyse des Verarbeitungsvorgangs zu ermöglichen.[2109] Im Zuge der Mitarbeiterüberwachung stellt beispielsweise das Profiling ein Risikoszenario dar, wenn Aspekte wie die Arbeitsleistung oder das Verhalten, der Aufenthaltsort oder Ortswechsel analysiert und prognostiziert werden, wie sich aus EwG 71 S. 2 DSGVO ergibt.

6.4.1.3.1.3   Bestimmung der Schwere möglicher Schäden

Zur Risikoidentifikation bietet es sich an, die Schäden, die für natürliche Personen aus der Datenverarbeitung entstehen können, zu ermitteln.[2110] Wie sich aus EwG 75 ergibt, sind Schäden physischer, materieller oder immaterieller Natur mit in die Betrachtung einzubeziehen, und dem Schadensbegriff ist somit ein weites Begriffsverständnis zugrunde zu legen.[2111] Mögliche Schäden sind Diskriminierung, Identitätsdiebstahl oder -betrug, finanzieller Verlust, Rufschädigung, wirtschaftliche oder gesellschaftliche Nachteile, die Erschwerung der Rechtsausübung und die Verhinderung der Kontrolle durch betroffene Personen, der Ausschluss oder die Einschränkung der Ausübung von Rechten und Freiheiten, die Profilerstellung oder -nutzung durch Bewertung persönlicher Aspekte, aber auch körperliche Schäden infolge von Handlungen auf der Grundlage fehlerhafter oder offengelegter Daten.[2112] Betrachtet werden müssen die negativen Auswirkungen der geplanten Verarbeitung, wozu auch Einschränkungen von Rechten und Freiheiten der betroffenen Personen, beispielswiese der Verzicht auf die Rechtsausübung, gehören.[2113] Bei Überwachungsmaßnahmen im Beschäftigungsverhältnis ist typischerweise der mit der Überwachung einhergehende Überwachungsdruck zu berücksichtigen, der zu einer Verhaltensanpassung führen kann. Zu berücksichtigen sind dabei auch negative Konsequenzen, die aus der Abweichung der geplanten Verarbeitung resultieren können, wie beispielsweise eine unbefugte Offenlegung oder Verknüpfung von Daten.[2114] Letztlich müssen alle denkbaren negativen Folgen für die Rechte und Freiheiten natürlicher Personen, wirtschaftliche, finanzielle, immaterielle Interessen, der Zugang zu Gütern oder Dienstleistungen, die Folgen für berufliches und gesellschaftliches Ansehen sowie den gesundheitlichen Zustand und sonstige berechtigte Interessen in die Betrachtung mit einbezogen werden.[2115] Dies geht deutlich aus der in EwG 75 S. 1 DSGVO enthaltenen Aufzählung hervor. Bei Überwachungsmaßnahmen besteht sowohl bei einem berechtigten als auch bei einem unberechtigten Verdacht einer Straftat die Gefahr einer Schädigung des beruflichen und gesellschaftlichen Ansehens, der Diskriminierung und des Verlusts des Arbeitsplatzes. Je nach Überwachungsmaßnahme kann auch die Erstellung eines Profils oder die Bewertung persönlicher Aspekte erfolgen (EwG 75 a.E. DSGVO).

Die Schwere des Schadens muss in jedem Fall unter Berücksichtigung der genannten Aspekte „Art, Umfang, Umstände und Zwecke (...) der Verarbeitung" ermittelt werden.[2116] Nach der Datenschutzkonferenz sind insbesondere – EwG 75 DSGVO folgend – zu berücksichtigende Faktoren, ob besonders geschützte Daten im Sinne des Art. 9 oder 10 DSGVO verarbeitet werden[2117], was bei biometrischen Zugangskontrollen oder aber auch bei Screenings der Falls sein

---

[2109] *Lang*, in: Taeger/Gabel, DSGVO/BDSG/TTDSG, 4. Auflage 2022, Art. 24 DSGVO, Rn. 51; *Petri*, in: Simitis/Hornung/Spiecker gen. Döhmann, Datenschutzrecht, 2019, Art. 24 DSGVO, Rn. 11.

[2110] *Datenschutzkonferenz*, Kurzpapier Nr. 18, 2.

[2111] *Datenschutzkonferenz*, Kurzpapier Nr. 18, 2.

[2112] *Datenschutzkonferenz*, Kurzpapier Nr. 18, 3.

[2113] *Datenschutzkonferenz*, Kurzpapier Nr. 18, 3.

[2114] *Datenschutzkonferenz*, Kurzpapier Nr. 18, 3.

[2115] *Datenschutzkonferenz*, Kurzpapier Nr. 18, 3 mit einer Liste möglicher Schäden.

[2116] *Datenschutzkonferenz*, Kurzpapier Nr. 18, 5.

[2117] *Datenschutzkonferenz*, Kurzpapier Nr. 18, 5.

kann. Überdies werden mit Beschäftigtendaten Daten besonders schützenswerter Personengruppen verarbeitet.[2118] Erschwerend wirken sich überdies automatisierte Verarbeitungen aus, die mit einer systematischen und umfassenden Bewertung persönlicher Aspekte einhergehen und erhebliche Rechtswirkungen für die betroffene Person haben.[2119] Dies kann beispielsweise beim Predictive Policing oder bei Screenings der Falls sein. Erschwerend wirkt es sich überdies aus, wenn der Schaden nicht oder nur minimal reversibel ist oder die betroffene Person nur wenige oder beschränkte Möglichkeiten hat, die Verarbeitung selbst zu prüfen oder gerichtlich prüfen zu lassen oder sich dieser Verarbeitung zu entziehen, etwa, weil sie von der Verarbeitung gar keine Kenntnis hat.[2120] Sofern im Beschäftigungsverhältnis eine Überwachung arbeitsrechtliche Konsequenzen nach sich zieht, ist diese gerichtlich oder durch die Aufsichtsbehörden überprüfbar, da sie zur Kenntnis des Beschäftigten gelangt. Anders liegt der Fall, wenn eine heimliche Überwachung stattfindet, da Beschäftigte hier zunächst (erst nach einer Benachrichtigung nach Art. 14 DSGVO) keine Kenntnis von der Maßnahme haben.

Schwer wiegt auch, wenn die Verarbeitung eine systematische Überwachung möglich macht.[2121] Systeme der Mitarbeiterüberwachung ermöglichen eine solche zumeist und sind nicht nur auf eine punktuelle Überwachung ausgelegt, sondern diese folgt einem System. Anders kann der Fall bei einer nur stichprobenartigen Überwachung liegen. Überdies spielen die Anzahl der betroffenen Personen, der Datensätze, der Merkmale in einem Datensatz sowie die örtliche Abdeckung, die durch die Datenverarbeitung erreicht wird, eine Rolle.[2122] Gerade bei großflächigen Überwachungsmaßnahmen wie der Videoüberwachung weiter Teile des Betriebs oder Kontodatenabgleichen wird ein großer Teil der Beschäftigten erfasst, was risikoerhöhend wirkt.

Auch wenn die Datenschutzkonferenz Kriterien nennt, um die Schwere eines Schadens zu ermitteln und Abstufungen vorschlägt (geringfügig, überschaubar, substanziell, groß[2123]), gibt sie keine Leitlinien an die Hand, wie eine Einordnung in die vier Kategorien vorzunehmen ist.[2124] Überdies umschreibt die Datenschutzkonferenz ebenso wie EwG 75 DSGVO großteils eher gefahrträchtige Situationen, in denen sich ein Schaden realisieren kann, der dann als schwer anzusehen ist. *Lang* unternimmt einen Versuch der Einordnung in die Unterteilung in vier Kategorien:

Groß oder existenzbedrohend ist ein Schaden, wenn signifikante Auswirkungen für natürliche Personen zu erwarten sind wie Identitätsdiebstahl oder -betrug, Eingriffe in die Intimsphäre oder Beeinträchtigungen der Gesundheit.[2125]

Substanziell sind solche Schäden, die zu erheblichen wirtschaftlichen oder gesellschaftlichen Nachteilen für natürliche Personen führen, wie zu Rufschädigung oder Stigmatisierung oder zu erheblichen Verletzungen des Rechts auf Datenschutz durch umfassende Profilerstellung oder die Verarbeitung besonderer Kategorien personenbezogener Daten führen.[2126]

[2118] *Datenschutzkonferenz*, Kurzpapier Nr. 18, 5.

[2119] *Datenschutzkonferenz*, Kurzpapier Nr. 18, 5.

[2120] *Datenschutzkonferenz*, Kurzpapier Nr. 18, 5.

[2121] *Datenschutzkonferenz*, Kurzpapier Nr. 18, 5.

[2122] *Datenschutzkonferenz*, Kurzpapier Nr. 18, 5.

[2123] *Datenschutzkonferenz*, Kurzpapier Nr. 18, 5.

[2124] *Lang*, in: Taeger/Gabel, DSGVO/BDSG/TTDSG, 4. Auflage 2022, Art. 24 DSGVO, Rn. 54.

[2125] *Lang*, in: Taeger/Gabel, DSGVO/BDSG/TTDSG, 4. Auflage 2022, Art. 24 DSGVO, Rn. 55.

[2126] *Lang*, in: Taeger/Gabel, DSGVO/BDSG/TTDSG, 4. Auflage 2022, Art. 24 DSGVO, Rn. 55.

Überschaubar sind Schäden, die weder erhebliche wirtschaftliche noch gesellschaftliche Nachteile mit sich bringen, insbesondere nicht die Folgen nach sich ziehen, die substanzielle Schäden auslösen.[2127]

Als geringfügig sind Schäden zu bewerten, die keine nennenswerten Auswirkungen auf natürliche Personen mit sich bringen, insbesondere nicht in Bezug auf die in den anderen Stufen genannten Punkte.[2128]

In der Regel sind Maßnahmen der Mitarbeiterüberwachung als substanziell oder existenzbedrohend zu bewerten, da – sollte ein berechtigter oder unberechtigter Verdacht einer Straftat bestehen – dies arbeitsrechtliche und strafrechtliche Konsequenzen nach sich ziehen kann. In jedem Fall hat dies Auswirkungen auf den Ruf einer Person und bringt stigmatisierende Wirkungen mit sich.

6.4.1.3.1.4   Eintrittswahrscheinlichkeit

Die Eintrittswahrscheinlichkeit meint die Wahrscheinlichkeit, mit der ein bestimmtes Ereignis, welches auch in dem Schaden selbst bestehen kann, eintritt und mit welcher weiteren Wahrscheinlichkeit hieraus Folgeschäden resultieren.[2129] Da die Eintrittswahrscheinlichkeit nicht mathematisch bestimmt werden kann, sondern eine Prognoseentscheidung voraussetzt, eignen sich auch hierfür Abstufungen in sehr sicher, wahrscheinlich, möglich und unwahrscheinlich.[2130] EwG 76 DSGVO legt fest, dass das Risiko anhand einer objektiven Bewertung ermittelt werden sollte. Sofern vorhanden, sollten der Prognose daher statistische Werte zugrunde gelegt werden.[2131] Für jedes Schadensereignis sind die verschiedenen Wege, die zu dem jeweiligen Schaden führen können, zu betrachten und auf der Grundlage dieser Betrachtung ist die Wahrscheinlichkeit abzuschätzen.[2132]

6.4.1.3.2 Risikobewertung

Auch die Risikobewertung erfolgt grundsätzlich abgestuft, da sich weder Eintrittswahrscheinlichkeit noch Schaden streng anhand von Zahlen ermitteln lassen und Grundlage der Bewertung bilden.[2133] Die DSGVO differenziert zwischen einem „Risiko" und einem „hohen Risiko" (EwG 76 S. 2 DSGVO).[2134] Daneben finden sich Formulierungen wie „voraussichtlich nicht zu einem Risiko [...] führt" (Art. 27 Abs. 1 lit. a, Art. 33 Abs. 1, EwG 85 S. 1 DSGVO) oder „wahrscheinlich kein Risiko" (EwG 80 S. 1 DSGVO). Diese Tatbestände umschreiben ein „geringes Risiko"[2135]. Die Datenschutzkonferenz hat hierfür eine Matrix geschaffen, die auf ihren Achsen, die jeweils Schwere und Eintrittswahrscheinlichkeit des Schadens markieren, die jeweiligen Unterteilungen übernimmt.[2136] In Grenzfällen eignet sich auch diese Matrix freilich nicht zur trennscharfen Abgrenzung.[2137] Allerdings bietet sie einen Anhaltspunkt für etwaige

---

[2127] *Lang*, in: Taeger/Gabel, DSGVO/BDSG/TTDSG, 4. Auflage 2022, Art. 24 DSGVO, Rn. 55.

[2128] *Lang*, in: Taeger/Gabel, DSGVO/BDSG/TTDSG, 4. Auflage 2022, Art. 24 DSGVO, Rn. 55.

[2129] *Datenschutzkonferenz*, Kurzpapier Nr. 18, 4.

[2130] *Lang*, in: Taeger/Gabel, DSGVO/BDSG/TTDSG, 4. Auflage 2022, Art. 24 DSGVO, Rn. 57.

[2131] *Hartung*, in: Kühling/Buchner, DSGVO/BDSG, 3. Auflage 2020, Art. 24 DSGVO, Rn. 16.

[2132] *Datenschutzkonferenz*, Kurzpapier Nr. 18, 4 f.

[2133] *Lang*, in: Taeger/Gabel, DSGVO/BDSG/TTDSG, 4. Auflage 2022, Art. 24 DSGVO, Rn. 59.

[2134] Vgl. zur Risikobewertung ausführlich 7.7.1.2.

[2135] *Lang*, in: Taeger/Gabel, DSGVO/BDSG/TTDSG, 4. Auflage 2022, Art. 24 DSGVO, Rn. 59; *Martini*, in: Paal/Pauly, DSGVO/BDSG, 3. Auflage 2021, Art. 27 DSGVO, Rn. 43; unter Aufnahme in die Matrix, aber ohne Begründung *Datenschutzkonferenz*, Kurzpapier Nr. 18, 5.

[2136] *Datenschutzkonferenz*, Kurzpapier Nr. 18, 5.

[2137] *Lang*, in: Taeger/Gabel, DSGVO/BDSG/TTDSG, 4. Auflage 2022, Art. 24 DSGVO, Rn. 61.

technisch-organisatorische Maßnahmen, indem sie eine Ober- und Untergrenze festlegt, zwischen denen sich der Verantwortliche bewegen kann.[2138]

6.4.1.4 Stand der Technik

Art. 25 Abs.1 DSGVO verlangt vom Verantwortlichen keine unverhältnismäßigen Maßnahmen zu ergreifen, sondern lediglich dem Risiko angemessene technische und organisatorische Maßnahmen, unter Berücksichtigung des Stands der Technik und der Implementierungskosten.[2139]

Die DSGVO führt mit dem „Stand der Technik" einen unbestimmten Rechtsbegriff ein, ohne diesen zu definieren. Dieser Begriff wird in einer Reihe anderer Vorschriften verwendet.[2140] Hiermit dynamisiert Art. 25 Abs. 1 DSGVO die normativen Anforderungen.[2141] Beim „Stand der Technik" handelt es sich um einen abstrakt-generellen Begriff, der auf nationaler Ebene vor allem im Umwelt und Anlagenrecht Verwendung findet (§ 3 Abs. 6 BImSchG, § 3 Nr. 11 WHG, § 3 Abs. 28 KrWG) und im konkreten Fall auf den jeweiligen Verarbeitungsvorgang und technische Entwicklungsfortschritte heruntergebrochen werden muss.[2142] Da es sich beim „Stand der Technik" in Art. 25 DSGVO um einen unionsrechtlichen Begriff handelt, ist dieser zwar grundsätzlich unabhängig von einer nationalen Deutung unionsrechtlich autonom auszulegen, allerdings deckt er sich in der Sache mit dem nationalen Verständnis des Begriffs in den genannten Vorschriften.[2143]

Der Begriff ist abzugrenzen von den „allgemein anerkannten Regeln der Technik" einerseits und vom „Stand der Wissenschaft und Technik" andererseits.[2144]

Der Standard der „allgemein anerkannten Regeln der Technik" verlangt, dass die Techniken in der Praxis bewährt und durch die überwiegende Zahl der Fachleute anerkannt sind.[2145] Der „Stand der Technik" fordert insofern mehr, als dass die Verfahren einen fortgeschrittenen technischen Entwicklungsstand aufweisen müssen.[2146] Die Maßnahmen „dem aktuell technisch Möglichen entsprechen, auf gesicherten Erkenntnissen der (…) [Wissenschaft] und Technik beruhen und in ausreichendem Maße zur (...) [Verfügung] stehen".[2147] Der „Stand der Wissenschaft und Technik" zwingt demgegenüber zu einer stärkeren Beachtung der wissenschaftlichen Forschung und wird weitgehend so verstanden, dass er nicht durch das tatsächlich Machbare und praktisch Umsetzbare begrenzt wird.[2148]

Das europäische Umweltrecht kennt überdies den Stand der „besten verfügbaren Techniken" (Art. 3 Nr. 10 RL 2010/75/EU), der jedoch nicht von Art. 25 DSGVO gefordert wird.[2149] Es

---

[2138] *Lang*, in: Taeger/Gabel, DSGVO/BDSG/TTDSG, 4. Auflage 2022, Art. 24 DSGVO, Rn. 61.

[2139] *Lang*, in: Taeger/Gabel, DSGVO/BDSG/TTDSG, 4. Auflage 2022, Art. 25 DSGVO, Rn. 40; *Martini*, in: Paal/Pauly, DSGVO/BDSG, 3. Auflage 2021, Art. 25 DSGVO, Rn. 36, 38; *Keber/Keppler*, in: Schwartmann/Jaspers/Thüsing/Kugelmann, DSGVO/BDSG, 2. Auflage 2020, Art. 25 DSGVO, Rn. 58.

[2140] Siehe hierzu etwa *Knopp*, DuD 2017, 663 ff.

[2141] *Martini*, in: Paal/Pauly, DSGVO/BDSG, 3. Auflage 2021, Art. 25 DSGVO, Rn. 39.

[2142] *Martini*, in: Paal/Pauly, DSGVO/BDSG, 3. Auflage 2021, Art. 25 DSGVO, Rn. 39a.

[2143] *Martini*, in: Paal/Pauly, DSGVO/BDSG, 3. Auflage 2021, Art. 25 DSGVO, Rn. 39a.

[2144] *Hartung*, in: Kühling/Buchner, 3. Auflage 2020, Art. 25 DSGVO, Rn. 21; *Lang*, in: Taeger/Gabel, DSGVO/BDSG/TTDSG, 4. Auflage 2022, Art. 25 DSGVO, Rn. 55; *Martini*, in: Paal/Pauly, DSGVO/BDSG, 3. Auflage 2021, Art. 25 DSGVO, Rn. 39b ff.

[2145] *Martini*, in: Paal/Pauly, DSGVO/BDSG, 3. Auflage 2021, Art. 25 DSGVO, Rn. 39c.

[2146] *Martini*, in: Paal/Pauly, DSGVO/BDSG, 3. Auflage 2021, Art. 25 DSGVO, Rn. 39c; *Lang*, in: Taeger/Gabel, DSGVO/BDSG/TTDSG, 4. Auflage 2022, Art. 25 DSGVO, Rn. 47.

[2147] *Martini*, in: Paal/Pauly, DSGVO/BDSG, 3. Auflage 2021, Art. 25 DSGVO, Rn. 39d; ähnlich *Pilz*, in: Gola, DSGVO, 2. Auflage 2018, Art. 32, Rn. 15.

[2148] *Martini*, in: Paal/Pauly, DSGVO/BDSG, 3. Auflage 2021, Art. 25 DSGVO, Rn. 39d; *Lang*, in: Taeger/Gabel, DSGVO/BDSG/TTDSG, 4. Auflage 2022, Art. 25 DSGVO, Rn. 47; *Seibel*, NJW 2013, 3000, 3003.

[2149] *Lang*, in: Taeger/Gabel, DSGVO/BDSG/TTDSG, 4. Auflage 2022, Art. 25 DSGVO, Rn. 47.

müssen daher keine Maßnahmen ergriffen werden, die auf einer neuartigen, aber noch nicht realisierbaren oder auf einer noch nicht in der Praxis ausreichend geprüften Technik basieren.[2150]

Zusammenfassend muss der Verantwortliche zwar einerseits keine Maßnahmen wählen, die einen höheren Stand als erprobte Verfahren aufweisen.[2151] Andererseits müssen die Maßnahmen ein fortgeschrittenes Verfahren der technischen Entwicklung umsetzen, wobei praktisch erwiesen sein muss, dass sie inhaltlich dem Anforderungsniveau der DSGVO gerecht werden.[2152]

Dies spricht dafür, dass der Verordnungsgeber nicht die jeweils beste Technologie verlangt, sondern vom Verantwortlichen fordert, dem jeweils neuesten Entwicklungsstand von Technologien gerecht zu werden, welche zum entscheidenden Zeitpunkt verfügbar sind.[2153] Einen Versuch, zusammenzufassen, was unter dem Stand der Technik einzelner Technologien zu verstehen ist, hat die ENISA in ihrem Report „Privacy and Data Protection by Design" vom Dezember 2014 unternommen.[2154] Ausreichend, um Detailfragen zu beantworten, ist das Dokument selbstverständlich nicht. Insofern ist eine enge Zusammenarbeit zwischen Juristen und Informatikern sowie Aufsichtsbehörden erforderlich. Denn in der Regel wird es Juristen nicht möglich sein, einzuschätzen, was der Stand der Technik ist, während Informatiker diesbezüglich in der Regel die sich schnell wandelnde technologische Entwicklung nachvollziehen können. Allerdings ist erfahrungsgemäß praktisch auch für diese nicht rechtssicher erkennbar, was der Stand der Technik ist. Sinnvoll wäre daher, wenn die Aufsichtsbehörden auf nationaler und internationaler Ebene messbare Kriterien zum Stand der Technik festlegen würden.[2155] Ansatzpunkt hierfür können der IT-Grundschutzkatalog sowie das Standard-Datenschutzmodell sein.[2156]

6.4.1.5 Implementierungskosten

Als die Angemessenheit limitierendes Korrektiv, damit der Verantwortliche nicht auch solche Maßnahmen treffen muss, die das Risiko für die betroffenen Personen nur unwesentlich senken, aber im Verhältnis zu den Kosten unangemessen sind, sind auch die Implementierungskosten zu berücksichtigen.[2157] Nicht erfasst sind nach dem Wortlaut die Folgekosten einer Maßnahme.[2158]

Dem Verantwortlichen kommt grundsätzlich ein Spielraum bei der Auswahl der zu ergreifenden Maßnahmen zu. Er darf unter mehreren zur Verfügung stehenden Maßnahmen die kostengünstigste wählen, allerdings muss es sich um eine effektive Maßnahme handeln, wofür der Verantwortliche die Nachweispflicht trägt.[2159]

6.4.1.6 Technische und organisatorische Maßnahmen

Art. 25 Abs. 1 DSGVO verpflichtet den Verantwortlichen dazu, „geeignete technische und organisatorische Maßnahmen" zu ergreifen, die dafür ausgelegt sind, die Datenschutzgrundsätze

---

[2150] *Lang*, in: Taeger/Gabel, DSGVO/BDSG/TTDSG, 4. Auflage 2022, Art. 25 DSGVO, Rn. 47.

[2151] *Martini*, in: Paal/Pauly, DSGVO/BDSG, 3. Auflage 2021, Art. 25 DSGVO, Rn. 39e.

[2152] *Martini*, in: Paal/Pauly, DSGVO/BDSG, 3. Auflage 2021, Art. 25 DSGVO, Rn. 39e.

[2153] *Hanßen*, in: Wybitul, EU-Datenschutz-Grundverordnung, 2017, Art. 25 DSGVO, Rn. 35.

[2154] *ENISA,* Privacy and Data Protection by Design, p. iii.

[2155] *Bieker/Hansen*, DuD 2017, 285, 286.

[2156] *Martini*, in: Paal/Pauly, DSGVO/BDSG, 3. Auflage 2021, Art. 25 DSGVO, Rn. 40.

[2157] *Martini*, in: Paal/Pauly, DSGVO/BDSG, 3. Auflage 2021, Art. 25 DSGVO, Rn. 41.

[2158] *Mantz*, in: Sydow, Europäische Datenschutzgrundverordnung, 2. Auflage 2018, Art. 25 DSGVO, Rn. 45.

[2159] *Mantz*, in: Sydow, Europäische Datenschutzgrundverordnung, 2. Auflage 2018, Art. 25 DSGVO, Rn. 46.

wie die Datenminimierung wirksam umzusetzen und die notwendigen Garantien in die Verarbeitung aufzunehmen, um den Anforderungen der DSGVO zu genügen und die Rechte der betroffenen Person zu schützen. Der Begriff meint – wie Art. 24 Abs. 1 DSGVO – mit „technischen Maßnahmen" „alle Vorkehrungen, die sich entweder physisch auf den Vorgang der Verarbeitung von Daten erstrecken (wie z. B. das Wegschließen von Datenträgern sowie bauliche Maßnahmen, die den Zutritt Unbefugter verhindern sollen) oder den Software bzw. Hardwareprozess der Verarbeitung steuern, etwa Maßnahmen der Zugriffs- oder Weitergabekontrolle (bspw. die Verschlüsselung oder Passwortsicherung sowie Rollen- und Berechtigungssysteme, welche durch selektive Zuteilung von Zugriffs- und Schreibrechten die effektive Durchsetzung Datenschutzgrundsätze technisch absichern).[2160] Organisatorische Maßnahmen beziehen sich auf die äußeren, den technischen Verarbeitungsprozess gestaltenden Rahmenbedingungen.[2161] Dazu gehören etwa das Vier-Augen-Prinzip, Protokollierungen von Tätigkeiten sowie Stichprobenroutinen."[2162]

Die Maßnahmen nach Art. 25 Abs. 1 DSGVO müssen dafür ausgelegt sein, die Datenschutzgrundsätze, wie etwa Datenminimierung, wirksam umzusetzen und die notwendigen Garantien in die Verarbeitung aufzunehmen, um den Anforderungen der DSGVO zu genügen und die Rechte der betroffenen Personen zu schützen. Bei der Auswahl der technisch-organisatorischen Maßnahmen hat sich der Verantwortliche an den Risiken für die Rechte und Freiheiten natürlicher Personen zu orientieren. Allerdings wird ihm hierbei ein erheblicher Spielraum zugestanden.[2163] Sowohl Art als auch Umfang und Intensität der Maßnahmen können im Einzelfall variieren.[2164] Ausdrücklich erwähnt in Art. 25 Abs. 1 DSGVO wird nur die in Art. 4 Nr. 5 DSGVO definierte Pseudonymisierung. Nach EwG 28 S. 2 DSGVO soll die Pseudonymisierung andere Datenschutzmaßnahmen jedoch keinesfalls ausschließen. Hierfür spricht auch, dass der Gesetzeswortlaut die Pseudonymisierung lediglich als Beispiel anführt und den Plural „Maßnahmen" verwendet, sodass neben dieser durchaus auch andere in Betracht kommen.[2165] Als weitere Maßnahmen kommen beispielsweise die technische Implementierung von Mechanismen zur Unterstützung der Informationspflichten nach Art. 13 f. DSGVO sowie der Auskunftspflicht nach Art. 15 DSGVO in Betracht, automatisierte Löschroutinen zur Umsetzung von Art. 17 DSGVO, Anonymisierung sowie der Einsatz von Verfahren zur Verschlüsselung und Signatur.[2166] Solange noch keine Leitlinien des Europäischen Datenschutzausschusses i.S.d. Art. 70 Abs. 1 lit. d DSGVO vorliegen, können zur Risikoanalyse und zur Auswahl technischer und organisatorischer Maßnahmen beispielsweise die Modelle der ENISA[2167] oder das in der Literatur entwickelte LINDDUN-Modell herangezogen werden. Weiterhin haben die französischen

---

[2160] *Martini*, in: Paal/Pauly, DSGVO/BDSG, 3. Auflage 2021, Art. 25 DSGVO, Rn. 28.

[2161] *Martini*, in: Paal/Pauly, DSGVO/BDSG, 3. Auflage 2021, Art. 25 DSGVO, Rn. 28.

[2162] *Martini*, in: Paal/Pauly, DSGVO/BDSG, 3. Auflage 2021, Art. 25 DSGVO, Rn. 28.

[2163] *Keber/Keppler*, in: Schwartmann/Jaspers/Thüsing/Kugelmann, DSGVO/BDSG, 2. Auflage 2020, Art. 25 DSGVO, Rn. 58.

[2164] *Lang*, in: Taeger/Gabel, DSGVO/BDSG/TTDSG, 4. Auflage 2022, Art. 24 DSGVO, Rn. 63.

[2165] *Martini*, in: Paal/Pauly, DSGVO/BDSG, 3. Auflage 2021, Art. 25 DSGVO, Rn. 29 mit weiteren Beispielen.

[2166] *Lang*, in: Taeger/Gabel, DSGVO/BDSG, 3. Auflage 2019, Art. 25 DSGVO, Rn. 38.

[2167] *ENISA*, Privacy and Data Protection by Design 2014, abrufbar unter https://www.enisa.europa.eu/publications/privacy-and-data-protection-by-design (zuletzt abgerufen am 01.09.2023).

Aufsichtsbehörden für Informatik und Freiheiten (CNIL)[2168], die Aufsichtsbehörde des Vereinigten Königreichs ICO[2169] und die spanische AEPD[2170] Leitlinien mit Praxisempfehlungen erarbeitet. Einen Versuch, Verantwortlichen technische und organisatorische Maßnahmen an die Hand zu geben, unternimmt von deutscher Seite das Standard-Datenschutzmodell.[2171] Im September 2018 wurde insbesondere ein Maßnahmenkatalog publiziert, der aus mehreren Bausteinen besteht, die konkrete Vorkehrungen benennen und auf Referenzen zum Teil auf den IT-Grundschutzkatalog des BSI zurückgreifen.[2172]

6.4.2 Privacy by Default (Art. 25 Abs. 2 DSGVO)

Nach Art. 25 Abs. 2 S. 1 DSGVO ist der Verantwortliche verpflichtet, geeignete technische und organisatorische Maßnahmen zu treffen, die sicherstellen, dass durch Voreinstellung nur personenbezogene Daten, deren Verarbeitung für den jeweiligen bestimmten Verarbeitungszweck erforderlich ist, verarbeitet werden. Dieses Konzept ist als „Privacy by Default" („Datenschutz durch Voreinstellung") bekannt.[2173] Die Verpflichtung gilt für die Menge der erhobenen personenbezogenen Daten, den Umfang ihrer Verarbeitung, ihre Speicherfrist und ihre Zugänglichkeit (Art. 25 Abs. 2 S. 2 DSGVO). Letztlich zielt Art. 25 Abs. 2 S. 1 DSGVO auf die Umsetzung des Grundsatzes der Datenminimierung aus Art. 5 Abs. 1 lit. c DSGVO und eine möglichst datensparsame Verarbeitung, die automatisiert erreicht werden soll.[2174] Darüber hinaus werden die Grundsätze der Zweckbindung (Art. 5 Abs. 1 lit. b DSGVO) sowie der Speicherbegrenzung (Art. 5 Abs. 1 lit. e DSGVO) umgesetzt.[2175]

Eine Grenze wird damit insbesondere der von einem bestimmten Zweck losgelösten Datenverarbeitung gezogen; eine Datenspeicherung auf Vorrat muss bereits durch Voreinstellung ausgeschlossen werden.[2176]

Die Verpflichtung bezieht sich sowohl auf die Menge als auch auf den Umfang der Datenverarbeitung.[2177] Die Voreinstellungen sollen sowohl die Quantität als auch die Qualität personenbezogener Daten begrenzen.[2178] Vor allem Verknüpfungsmöglichkeiten zur Erstellung von Persönlichkeitsprofilen sollen ausgeschlossen werden.[2179]

[2168] Commission Nationale de l'Informatique et des Libertés (CNIL), Privacy Impact Assessment (PIA), 2015, abrufbar unter https://www.cnil.fr/en/privacy-impact-assessment-pia (zuletzt abgerufen am 01.09.2023).

[2169] Information Commissioner's Office (ICO), Conducting privacy impact assessments code of practice, 2014, abrufbar unter https://www.pdpjournals.com/docs/88317.pdf (zuletzt abgerufen am 01.09.2023).

[2170] Agencia Espanola de Protección de Datos (AEPD), Guía práctica para las Evaluaciones de Impacto en la Protección de los datos sujetas al RGPD, abrufbar unter https://www.lopdencastellon.com/wp-content/uploads/2018/02/Gu%C3%ADa-Evaluaci%C3%B3n-de-impacto-protecci%C3%B3n-de-datos.pdf (zuletzt abgerufen am 01.09.2023).

[2171] Abrufbar unter https://www.datenschutzzentrum.de/uploads/sdm/SDM-Methode_V1.1.pdf (zuletzt abgerufen am 01.09.2023)

[2172] Abrufbar unter https://www.datenschutz-mv.de/datenschutz/datenschutzmodell/ (zuletzt abgerufen am 01.09.2023)

[2173] *Wedde*, in: Däubler/Wedde/Weichert/Sommer, DSGVO/BDSG, 2. Auflage 2020, Art. 25 DSGVO, Rn. 41.

[2174] *Wedde*, in: Däubler/Wedde/Weichert/Sommer, DSGVO/BDSG, 2. Auflage 2020, Art. 25 DSGVO, Rn. 41.

[2175] *Hansen*, in: Simitis/Hornung/Spiecker gen. Döhmann, Datenschutzrecht, 2019, Art. 25 DSGVO, Rn. 40; *Wedde*, in: Däubler/Wedde/Weichert/Sommer, DSGVO/BDSG, 2. Auflage 2020, Art. 25 DSGVO, Rn. 44.

[2176] *Wedde*, in: Däubler/Wedde/Weichert/Sommer, DSGVO/BDSG, 2. Auflage 2020, Art. 25 DSGVO, Rn. 43.

[2177] *Wedde*, in: Däubler/Wedde/Weichert/Sommer, DSGVO/BDSG, 2. Auflage 2020, Art. 25 DSGVO, Rn. 46.

[2178] *Wedde*, in: Däubler/Wedde/Weichert/Sommer, DSGVO/BDSG, 2. Auflage 2020, Art. 25 DSGVO, Rn. 46.

[2179] *Wedde*, in: Däubler/Wedde/Weichert/Sommer, DSGVO/BDSG, 2. Auflage 2020, Art. 25 DSGVO, Rn. 46; *Hansen*, in: Simitis/Hornung/Spiecker gen. Döhmann, Datenschutzrecht, 2019, Art. 25 DSGVO, Rn. 49.

Weiterhin sollten Speicherfristen nach Art. 17 DSGVO durch technisch implementiere Löschroutinen mit kurzer Speicherfrist umgesetzt werden.[2180] Die Zugänglichkeit sollte generell durch Rechte- und Rollenkonzepte beschränkt sowie wirksame technische Zugangssperren beschränkt werden.[2181]

Art. 25 Abs. 2 S. 3 DSGVO stellt klar, dass solche Maßnahmen insbesondere auch sicherstellen müssen, dass personenbezogene Daten durch Voreinstellungen nicht ohne Eingreifen der Person einer unbestimmten Zahl von natürlichen Personen zugänglich gemacht werden (Art. 25 Abs. 2 S. 3 DSGVO). Dieser Fall zielt vor allem auf soziale Netzwerke ab.[2182] Im Betrieb betrifft dies beispielsweise interne soziale Netzwerke („Social Intranet"[2183]).[2184] Durch solche betrieblich genutzten Netzwerke kann die Nutzungsintensität überprüft werden und auch durch die Überprüfung von Likes oder Kommentaren der Beschäftigten kann eine Überwachung stattfinden.[2185] Erforderlich ist nach Art. 25 Abs. 3 S. 2 DSGVO, dass die Daten explizit von den betroffenen Personen für die erweiterte Zugänglichkeit freigegeben werden müssen.[2186] Beschäftigte müssen also die Möglichkeit haben, selbst festzulegen, ob ihre Kommentare oder Bewertungen für andere Nutzer sichtbar werden. Die Voreinstellung muss eine Freigabe für andere User zunächst verhindern.

6.4.3 Zertifizierungsverfahren als Nachweis (Art. 25 Abs. 3 DSGVO)

Art. 25 Abs. 3 DSGVO stellt klar, dass ein genehmigtes Zertifizierungsverfahren gemäß Art. 42 DSGVO als Faktor herangezogen werden kann, um die Erfüllung der in Art. 25 Abs. 1, 2 DSGVO genannten Anforderungen nachzuweisen.

6.5 Verzeichnis von Verarbeitungstätigkeiten (Art. 30 DSGVO)

Nach Art. 30 Abs. 1 S. 1 DSGVO führt jeder Verantwortliche und gegebenenfalls sein Vertreter ein Verzeichnis aller Verarbeitungstätigkeiten, die ihrer Zuständigkeit unterliegen. Art. 30 Abs. 1 S. 2 DSGVO regelt den notwendigen Inhalt des Verarbeitungsverzeichnisses.[2187] Die Führung eines solchen Verzeichnisses ist auch von Bedeutung, weil mit ihr die Erfüllung der Pflichten des Verantwortlichen im Zuge seiner Rechenschaftsplicht aus Art. 5 Abs. 2 DSGVO nachgewiesen werden kann.[2188]

Überwachungsmaßnahmen sind in der Regel in ein Verzeichnis von Verarbeitungstätigkeiten einzutragen.[2189] Problematisch ist, dass hierdurch heimliche Ermittlungsmaßnahmen offenbar werden könnten und damit ihre Wirkung verlieren. Allerdings sollen pauschale Angaben zu den Erhebungsvorgängen ausreichend sein, sodass dieser Gefahr wirksam begegnet werden kann.[2190]

[2180] *Wedde*, in: Däubler/Wedde/Weichert/Sommer, DSGVO/BDSG, 2. Auflage 2020, Art. 25 DSGVO, Rn. 47; *Hansen*, in: Simitis/Hornung/Spiecker gen. Döhmann, Datenschutzrecht, 2019, Art. 25 DSGVO, Rn. 50.

[2181] *Wedde*, in: Däubler/Wedde/Weichert/Sommer, DSGVO/BDSG, 2. Auflage 2020, Art. 25 DSGVO, Rn. 47; *Hansen*, in: Simitis/Hornung/Spiecker gen. Döhmann, Datenschutzrecht, 2019, Art. 25 DSGVO, Rn. 52.

[2182] *Hansen*, in: Simitis/Hornung/Spiecker gen. Döhmann, Datenschutzrecht, 2019, Art. 25 DSGVO, Rn. 53.

[2183] Vgl. hierzu etwa http://www.business-on.de/koeln-bonn/soziales-netzwerk-social-intranet-was-kann-es-wirklich-_id38089.html (zuletzt abgerufen am 01.09.2023).

[2184] *Wedde*, in: Däubler/Wedde/Weichert/Sommer, DSGVO/BDSG, 2. Auflage 2020, Art. 25 DSGVO, Rn. 49.

[2185] *Klingenburg*, in: Arbeitskultur 2020, 2015, 159, 165.

[2186] *Hansen*, in: Simitis/Hornung/Spiecker gen. Döhmann, Datenschutzrecht, 2019, Art. 25 DSGVO, Rn. 54.

[2187] *Klug*, in: Gola, DSGVO, 2. Auflage 2018, Art. 30 DSGVO, Rn. 2.

[2188] *Gossen/Schramm*, ZD 2017, 7, 10.

[2189] *Lachenmann*, in: Koreng/Lachenmann, Formularhandbuch Datenschutzrecht, 3. Auflage 2021, H.III.2.28.

[2190] *Lachenmann*, in: Koreng/Lachenmann, Formularhandbuch Datenschutzrecht, 3. Auflage 2021, H.III.2.28; *Gola/Klug*, RDV 2004, 65, 73 zu Rechtslage nach BDSG a.F.

Art. 30 Abs. 5 DSGVO enthält eine Ausnahme, wonach Unternehmen oder Einrichtungen, die weniger als 250 Mitarbeiter beschäftigen, von der Pflicht zur Führung eines Verarbeitungsverzeichnisses befreit sind. Dies dient ausweislich des EwG 13 DSGVO dazu, den besonderen Bedürfnissen von Kleinstunternehmen sowie kleineren und mittleren Unternehmen gerecht zu werden. Allerdings wird diese Ausnahme „risikobedingt relativiert"[2191]. Wenn die Verarbeitung ein Risiko für die Rechte und Freiheiten der betroffenen Personen birgt, die Verarbeitung nicht nur gelegentlich erfolgt oder eine Verarbeitung besonderer Datenkategorien gemäß Art. 9 Abs. 1 DSGVO bzw. die Verarbeitung von personenbezogenen Daten über strafrechtliche Verurteilungen und Straftaten im Sinne des Art. 10 DSGVO erfolgt, besteht die Verpflichtung nach Art. 30 Abs. 1, 2 DSGVO dennoch.

Wegen des von betrieblichen Überwachungsmaßnahmen ausgehenden besonderen Risikos für die Rechte und Freiheiten natürlicher Personen greift die Ausnahme des Art. 30 Abs. 5 DSGVO in der Regel nicht.[2192]

Überdies ist die Verarbeitung von Beschäftigtendaten auch im Zuge der Mitarbeiterüberwachung eine nicht nur gelegentlich, sondern regelmäßig anfallende Datenverarbeitung, sodass auch aus diesen Gründen die Rückausnahme des Art. 30 Abs. 5 DSGVO gegeben sein wird und ein Verarbeitungsverzeichnis zu führen ist.[2193]

6.6 Sicherheit der Verarbeitung (Art. 32 DSGVO)

Art. 32 DSGVO regelt die Sicherheit der Verarbeitung. Teilweise überschneidet sich Art. 32 DSGVO mit Art. 25 DSGVO. Vergleicht man die beiden Normen miteinander, so fällt auf, dass der Wortlaut der ersten Absätze sowie die Auflistung der Abwägungskriterien nahezu deckungsgleich ist. Beide Normen oktroyieren dem Verantwortlichen technisch-organisatorische Maßnahmen auf. Allerdings dient Art. 32 DSGVO anders als Art. 25 DSGVO nicht der Umsetzung der Datenschutzgrundsätze aus Art. 5 DSGVO im Allgemeinen, sondern konkretisiert schwerpunktmäßig den Grundsatz der Vertraulichkeit und Integrität aus Art. 5 Abs. 1 lit. f DSGVO.[2194]

Nach Art. 32 Abs. 1 Hs. 1 DSGVO sind Verantwortlicher und Auftragsverarbeiter verpflichtet, geeignete technische und organisatorische Maßnahmen zu treffen, um ein dem Risiko angemessenes Schutzniveau zu gewährleisten. Art. 32 DSGVO fordert, den Schutzbedarf festzustellen, Risiken zu bewerten und auf diese durch geeignete Maßnahmen zu reagieren und schließlich entsprechend der Rechenschaftspflicht nach Art. 5 Abs. 2 DSGVO Nachweise hierfür zu erbringen.[2195]

Hierin spiegelt sich der der DSGVO ebenso wie dem BDSG zugrundeliegende risikobasierte Ansatz wider.[2196] Berücksichtigt werden müssen bei der Bewertung nach dem Wortlaut der Stand der Technik, die Implementierungskosten, Art, Umfang, Umstände und Zwecke der Verarbeitung sowie die unterschiedliche Eintrittswahrscheinlichkeit und Schwere des Risikos für die Rechte und Freiheiten natürlicher Personen.

[2191] *Klug*, in: Gola, DSGVO, 2. Auflage 2018, Art. 30 DSGVO, Rn. 14.

[2192] *Kramer*, NZA 2018, 637, 638.

[2193] *Klug*, in: Gola, DSGVO, 2. Auflage 2018, Art. 30 DSGVO, Rn. 14 allgemein zur Verarbeitung von Beschäftigtendaten.

[2194] *Hansen*, in: Simitis/Hornung/Spiecker gen. Döhmann, Datenschutzrecht, 2019, Art. 32 DSGVO, Rn. 1; *Barlag*, in: Roßnagel 2017, § 3, Rn. 196.

[2195] BayLDA, Art. 32 DSGVO.

[2196] *Barlag*, in: Roßnagel 2017, § 3, Rn. 198.

6.6.1 Das Verhältnis von Datenschutz und Sicherheit der Verarbeitung

Die Sicherheit der Verarbeitung ist nicht mit Datenschutz gleichzusetzen.[2197] Denn Datenschutz zielt darauf ab, das Persönlichkeitsrecht des Betroffenen im Umgang mit personenbezogenen Daten zu schützen (Art. 1 Abs. 1, 2 DSGVO). Datensicherheit bezweckt, einen unzulässigen Zugriff bzw. den Verlust personenbezogener Daten zu verhindern.[2198] In Deutschland werden spezielle Anforderungen an die Datensicherheit durch das IT-Sicherheitsgesetz formuliert, welches vor allem für Kritische Infrastruktur gilt (Art. 14 NIS-RL, § 2 Abs. 10 BSIG).[2199] Auf europäischer Ebene wird sie speziell durch die Richtlinie über Maßnahmen zur Gewährleistung eines hohen gemeinsamen Sicherheitsniveaus von Netz- und Informationssystemen in der Union (RL 2016/1148/EU vom 06.07.2016, NIS-RL) geregelt.[2200]

Datenschutz und Datensicherheit stehen jedoch nicht isoliert nebeneinander, sondern Datensicherheit gewährleistet Datenschutz.[2201] Denn nur wer sicher ist, dass personenbezogene Daten nicht ungesichert Dritten zugänglich sind, kann berechtigterweise darauf vertrauen, dass sein Recht gewährleistet ist, selbst darüber zu bestimmen, ob und innerhalb welcher Grenzen er personenbezogene Daten preisgibt.

Zu beachten ist, dass nicht jeder Maßnahme der Datensicherheit aus Datenschutzsicht uneingeschränkte Zustimmung gebührt.[2202] Maßnahmen der Datensicherheit können im Einzelfall auch selbst datenschutzrechtliche Problemstellungen aufwerfen.[2203] So erfordert beispielsweise das Mehraugenprinzip, welches als Sicherungsmaßnahme gedacht ist, zunächst die Offenlegung personenbezogener Daten an mehrere Personen, was einen Grundrechtseingriff bedeutet. Die Anforderungen des Art. 32 DSGVO müssen daher selbst im Lichte der Gesamtheit der DSGVO interpretiert werden, um insbesondere den Datenschutzgrundsätzen volle Geltung zu verleihen.[2204]

6.6.2 Abgrenzung zu Art. 25 DSGVO

Die Verbindung von Datenschutz und Datensicherheit spiegelt sich auch in der Systematik der DSGVO wider.[2205] Art. 24 Abs. 1 S. 1 DSGVO verpflichtet den Verantwortlichen, geeignete technische und organisatorische Maßnahmen umzusetzen, um sicherzustellen und den Nachweis dafür erbringen zu können, dass die Verarbeitung in Übereinstimmung mit den Regelungen der DSGVO erfolgt. Art. 32 ist als Konkretisierung der technisch-organisatorischen Maßnahmen zu verstehen, die der Verantwortliche zu treffen hat, um Datensicherheit zu gewährleisten.[2206]

Auch Art. 25 DSGVO konkretisiert die Verpflichtungen des Art. 24 Abs. 1 S. 1 DSGVO hinsichtlich der Verpflichtungen, die der Verantwortliche zum Zwecke des Datenschutzes durch technische Gestaltung treffen muss.[2207] Hierbei werden in Art. 32 Abs. 1 DSGVO und Art. 25

[2197] *Wolff*, in: Schantz/Wolff 2017, Rn. 844; *Hansen*, in: Simitis/Hornung/Spiecker gen. Döhmann, Datenschutzrecht, 2019, Art. 32 DSGVO, Rn. 11.

[2198] *Martini*, in: Paal/Pauly, DSGVO, 3. Auflage 2021, Art. 32 DSGVO, Rn. 1b.

[2199] *Wolff*, in: Schantz/Wolff 2017, Rn. 844; *Martini*, in: Paal/Pauly, DSGVO/BDSG, 3. Auflage 2021, Art. 32 DSGVO, Rn. 14 ff.

[2200] *Wolff*, in: Schantz/Wolff 2017, Rn. 844.

[2201] *Martini*, in: Paal/Pauly, DSGVO/BDSG, 3. Auflage 2021, Art. 32 DSGVO, Rn. 1b.

[2202] *Hansen*, in: Simitis/Hornung/Spiecker gen. Döhmann, Datenschutzrecht, 2019, Art. 32 DSGVO, Rn. 11.

[2203] *Hansen*, in: Simitis/Hornung/Spiecker gen. Döhmann, Datenschutzrecht, 2019, Art. 32 DSGVO, Rn. 11.

[2204] *Hansen*, in: Simitis/Hornung/Spiecker gen. Döhmann, Datenschutzrecht, 2019, Art. 32 DSGVO, Rn. 11.

[2205] *Martini*, in: Paal/Pauly, DSGVO/BDSG, 3. Auflage 2021, Art. 32 DSGVO, Rn. 7.

[2206] *Martini*, in: Paal/Pauly, DSGVO/BDSG, 3. Auflage 2021, Art. 32 DSGVO, Rn. 7; *Mantz*, in: Sydow, Europäische Datenschutzgrundverordnung, 2. Auflage 2018, Art. 32 DSGVO, Rn. 1.

[2207] *Martini*, in: Paal/Pauly, DSGVO/BDSG, 3. Auflage 2021, Art. 32 DSGVO, Rn. 8.

Abs. 1 DSGVO die gleichen Kriterien genannt, um das dem Risiko angemessene Schutzniveau zu eruieren.[2208] Allerdings unterscheiden sich die beiden Normen in mehrerlei Hinsicht.

Zum einen adressieren Art. 24 Abs. 1 S. 1 DSGVO und Art. 25 Abs. 1 DSGVO lediglich den Verantwortlichen, während Art. 32 Abs. 1 Hs. 1 DSGVO sich sowohl an den Verantwortlichen als auch an den Auftragsverarbeiter wendet.[2209]

Zum anderen gewährleisten Art. 25 DSGVO und Art. 32 DSGVO auf unterschiedliche Weise den Schutz personenbezogener Daten und damit der Rechte und Freiheiten der betroffenen Personen, was erklärtes Ziel der DSGVO nach Art. 1 Abs. 1, 2 DSGVO ist. Art. 25 DSGVO bezweckt, die Risiken für die Rechte und Freiheiten der betroffenen Personen abzuwehren, indem er im Vorfeld der Datenverarbeitung ansetzt und verlangt, Datenschutz bereits durch die Konzipierung des Datenverarbeitungssystems zu gewährleisten.[2210] Art. 25 DSGVO soll insbesondere den Grundsatz der Datenminimierung nach Art. 5 Abs. 1 lit. c DSGVO umsetzen (Art. 25 Abs. 1 DSGVO). Er wirkt schon begrenzend auf die Menge der zu verarbeitenden Daten ein.[2211] Dies zeigt sich insbesondere an Art. 25 Abs. 2 S. 1 DSGVO. Art. 32 DSGVO will die betroffene Person demgegenüber insbesondere „vor sicherheitsrelevanter Vernichtung, Verlust und unbefugter Offenlegung bereits erhobener Daten schützen"[2212] und zielt damit schwerpunktmäßig auf die Umsetzung des Grundsatzes der Integrität und Vertraulichkeit aus Art. 5 Abs. 1 lit. f DSGVO ab.[2213]

Technisch-organisatorische Maßnahmen können durchaus den Anforderungen beider Normen genügen, so beispielsweise die Pseudonymisierung, welche sowohl in Art. 32 Abs. 1 lit. a DSGVO genannt ist, als auch als technisch-organisatorische Maßnahme im Sinne des Art. 25 DSGVO in Betracht kommt.[2214]

6.6.3　Die Anforderungen an die Datensicherheit nach Art. 32 DSGVO

Nach Art. 32 Abs. 1 Hs. 1 DSGVO haben der Verantwortliche und der Auftragsverarbeiter unter Berücksichtigung des Stands der Technik, der Implementierungskosten und der Art, des Umfangs, der Umstände und der Zwecke der Verarbeitung sowie der unterschiedlichen Eintrittswahrscheinlichkeit und Schwere des Risikos für die Rechte und Freiheiten natürlicher Personen geeignete technische und organisatorische Maßnahmen zu treffen, um ein dem Risiko angemessenes Schutzniveau zu gewährleisten.

6.6.3.1　Dem Risiko angemessenes Schutzniveau

Art. 32 Abs. 1 Hs. 1 DSGVO fordert technische und organisatorische Maßnahmen, um ein dem Risiko angemessenes Schutzniveau zu erreichen. Um das angemessene Schutzniveau zu bestimmen, kann sich am Schutzbedarf orientiert werden, wie er beispielsweise durch den IT-

---

[2208] *Martini*, in: Paal/Pauly, DSGVO/BDSG, 3. Auflage 2021, Art. 32 DSGVO, Rn. 8; *Mantz*, in: Sydow, Europäische Datenschutzgrundverordnung, 2. Auflage 2018, Art. 32 DSGVO, Rn. 2.

[2209] *Martini*, in: Paal/Pauly, DSGVO/BDSG, 3. Auflage 2021, Art. 32 DSGVO, Rn. 8.

[2210] *Martini*, in: Paal/Pauly, DSGVO/BDSG, 3. Auflage 2021, Art. 32 DSGVO, Rn. 9.

[2211] *Martini*, in: Paal/Pauly, DSGVO/BDSG, 3. Auflage 2021, Art. 32 DSGVO, Rn. 9, der darin eine Ausprägung des Grundsatzes der Datenvermeidung und –sparsamkeit sieht.

[2212] *Martini*, in: Paal/Pauly, DSGVO/BDSG, 3. Auflage 2021, Art. 32 DSGVO, Rn. 9.

[2213] *Hansen*, in: Simitis/Hornung/Spiecker gen. Döhmann, Datenschutzrecht, 2019, Art. 32 DSGVO, Rn. 12.

[2214] *Martini*, in: Paal/Pauly, DSGVO/BDSG, 3. Auflage 2021, Art. 32 DSGVO, Rn. 9.

Grundschutz,[2215] das Standard-Datenschutzmodell („SDM")[2216] oder die Datenschutzkonferenz bestimmt wird.[2217] Vom SDM wird beispielsweise eine Kategorisierung des Schutzbedarfs in die Stufen „normal", „hoch" und „sehr hoch" vorgenommen.[2218] An der jeweiligen Einordnung im konkreten Fall müssen dann die zu ergreifenden technischen und organisatorischen Maßnahmen ausgerichtet werden.[2219]

Was die Risikobewertung anbelangt, liegt die Herausforderung darin, objektive Kriterien für Eintrittswahrscheinlichkeit und Schwere eines Risikos für die Rechte und Freiheiten natürlicher Personen zu finden.[2220] Es geht hierbei nicht um die subjektive Bewertung des Risikos durch den Verantwortlichen nach unternehmensinternen Maßstäben, sondern vielmehr um eine am Betroffenen orientierte Bewertung im Sinne des Datenschutzes.[2221]

Art. 32 Abs. 2 DSGVO führt exemplarisch Risiken auf, die mit der Verarbeitung einher gehen können. Danach sind bei der Beurteilung des angemessenen Schutzniveaus insbesondere die Risiken zu berücksichtigen, die mit der Verarbeitung verbunden sind, insbesondere durch – gleichgültig ob unbeabsichtigt oder unrechtmäßig – Vernichtung, Verlust, Veränderung oder unbefugte Offenlegung von – beziehungsweise unbefugten Zugang zu – personenbezogenen Daten, die übermittelt, gespeichert oder auf andere Weise verarbeitet wurden.

Die Erfüllung der Verpflichtung kann nach Art. 32 Abs. 3 DSGVO durch das Einhalten genehmigter Verhaltensregeln oder ein Zertifizierungsverfahren nachgewiesen werden.

6.6.3.2 Maßnahmen

In Art. 32 Abs. 1 Hs. 2 DSGVO werden nicht abschließend Eigenschaften aufgezählt, die die Maßnahmen „gegebenenfalls" mit einschließen müssen. Ob es sich hierbei um einen Mindeststandard handelt, den die Maßnahmen aufweisen müssen oder um Eigenschaften, die die Maßnahmen selektiv verwirklichen können, lässt die Verordnung offen. Diese Frage stellt sich deshalb, weil jeder Buchstabe mit einem Strichpunkt endet anstatt mit einer Konjunktion, welche zumindest nach lit. c geboten gewesen wäre, wollte man davon ausgehen, dass der gesetzgeberische Wille dahin ging, jede der in Art. 32 Abs. 1 Hs. 2 DSGVO aufgezählten Eigenschaften und Anforderungen in den technischen und organisatorischen Maßnahmen verwirklicht zu wissen.

Genannt werden die Pseudonymisierung und Verschlüsselung personenbezogener Daten (Art. 32 Abs. 1 Hs. 2 lit. a DSGVO), die Fähigkeit, die Vertraulichkeit, Integrität, Verfügbarkeit und Belastbarkeit der Systeme und Dienste im Zusammenhang mit der Verarbeitung auf Dauer si-

---

[2215] *BSI*, IT-Grundschutz-Kompendium, 2019, abrufbar unter https://www.bsi.bund.de/SharedDocs/Downloads/DE/BSI/Grundschutz/Kompendium/IT_Grundschutz_Kompendium_Edition2019.pdf (zuletzt abgerufen am 01.09.2023).

[2216] *AK Technik der Konferenz der unabhängigen Datenschutzbehörden des Bundes und der Länder*, Das Standard-Datenschutzmodell - Eine Methode zur Datenschutzberatung und -prüfung auf der Basis einheitlicher Gewährleistungsziele, 31 ff. abrufbar unter https://www.datenschutzzentrum.de/uploads/sdm/SDM-Methode_V1.1.pdf (zuletzt abgerufen am 01.09.2023).

[2217] *BayLDA*, Art. 32; *Hansen*, in: Simitis/Hornung/Spiecker gen. Döhmann, Datenschutzrecht, 2019, Art. 32 DSGVO, Rn. 30.

[2218] *AK Technik der Konferenz der unabhängigen Datenschutzbehörden des Bundes und der Länder*, Das Standard-Datenschutzmodell - Eine Methode zur Datenschutzberatung und -prüfung auf der Basis einheitlicher Gewährleistungsziele, 31; so auch *BayLDA*, Art. 32.

[2219] *AK Technik der Konferenz der unabhängigen Datenschutzbehörden des Bundes und der Länder*, Das Standard-Datenschutzmodell - Eine Methode zur Datenschutzberatung und -prüfung auf der Basis einheitlicher Gewährleistungsziele, 31.

[2220] *BayLDA*, Art. 32.

[2221] *BayLDA*, Art. 32.

cherzustellen (Art. 32 Abs. 1 Hs. 2 lit. b DSGVO), die Fähigkeit, die Verfügbarkeit der personenbezogenen Daten und den Zugang zu ihnen bei einem physischen oder technischen Zwischenfall rasch wiederherzustellen (Art. 32 Abs. 1 Hs. 2 lit. c DSGVO) sowie ein Verfahren zur regelmäßigen Überprüfung, Bewertung und Evaluierung der Wirksamkeit der technischen und organisatorischen Maßnahmen zur Gewährleistung der Sicherheit der Verarbeitung (Art. 32 Abs. 1 lit. d DSGVO).

Der Wortlaut („unter anderem") und der Wille des Gesetzgebers, ein hohes Datenschutzniveau zu gewährleisten, legen nahe, die Aufzählung als Mindeststandard zu sehen. Auch werden in Art. 32 Abs. 1 Hs. 2 lit. a DSGVO gerade die Pseudonymisierung und Verschlüsselung aufgezählt, während die Anonymisierung als eines der stärksten Instrumente des Datenschutzes nicht genannt wird.[2222] Allerdings machen die Strichpunkte am Ende der lit. a bis d ohne jegliche Verwendung von Konjunktionen deutlich, dass es sich lediglich um Beispiele handeln soll, die der Datensicherheit zuträglich sein können.

Ohnehin wird die Aufzählung in Art. 32 Abs. 1 Hs. 2 DSGVO als unsystematisch bezeichnet.[2223] Dies liegt daran, dass Instrumente, Eigenschaften und Verfahrensanforderungen zusammen aufgelistet werden.[2224] Datensicherheitsziele und Maßnahmen, die diese Ziele umsetzen sollen, stehen gleichwertig in den lit. a bis d nebeneinander.[2225]

Hierbei werden nicht nur die altbekannten Schutzziele der Vertraulichkeit, Integrität und Verfügbarkeit erwähnt, sondern es wird der Begriff der Belastbarkeit eingeführt.[2226] Eine Ausfüllung des Begriffs erfolgt durch die Verordnung nicht. In der englischen Fassung wird die Begrifflichkeit „resilience" verwendet.[2227] Im IT-Sicherheitsrecht wird dieser mit „Widerstandsfähigkeit" übersetzt.[2228] Verantwortliche müssen somit auch die Belastbarkeit des Systems überprüfen. Welche Maßnahmen diesbezüglich angebracht wären, lässt die Datenschutz-Grundverordnung offen.[2229]

Die Verpflichtung des Verantwortlichen und des Auftragsverarbeiters endet jedoch nicht bei sich selbst. Vielmehr haben der Verantwortliche und der Auftragsverarbeiter nach Art. 32 Abs. 4 DSGVO Schritte zu unternehmen, um sicherzustellen, dass ihnen unterstellte natürliche Personen, die Zugang zu personenbezogenen Daten haben, diese nur auf Anweisung des Verantwortlichen verarbeiten, es sei denn, sie sind nach dem Recht der Union oder der Mitgliedstaaten zur Verarbeitung verpflichtet.

6.6.3.3 Praktische Umsetzung

Art. 32 DSGVO enthält keinen Katalog von technischen und organisatorischen Maßnahmen, die es umzusetzen gilt, sondern er ist zielorientiert formuliert.[2230] In der Praxis bestehen zur Umsetzung von Informationssicherheit mehrere, teilweise sehr ausführliche Maßnahmenkataloge.[2231] So stellt der IT-Grundschutz-Katalog des BSI einen Standard dar, dessen Maßnahmenbeschreibungen ständig aktualisiert werden.[2232] Weitere Standards sind die ISO/IEC 27001-

---

[2222] *Barlag*, in: Roßnagel 2017, § 3, Rn. 198.

[2223] *Barlag*, in: Roßnagel 2017, § 3, Rn. 197.

[2224] *Barlag*, in: Roßnagel 2017, § 3, Rn. 197.

[2225] *Barlag*, in: Roßnagel 2017, § 3, Rn. 198.

[2226] https://www.lda.bayern.de/media/baylda_DSGVO_1_security.pdf

[2227] https://www.lda.bayern.de/media/baylda_DSGVO_1_security.pdf, *Barlag*, in: Roßnagel 2017, § 3, Rn. 198.

[2228] *Hornung*, NJW 2015, 3334.

[2229] *BayLDA*, Art. 32 DSGVO, abrufbar unter https://www.lda.bayern.de/media/baylda_DSGVO_1_security.pdf, 2.

[2230] *Hansen*, in: Simitis/Hornung/Spiecker gen. Döhmann, Datenschutzrecht, 2019, Art. 32 DSGVO, Rn. 78.

[2231] *Hansen*, in: Simitis/Hornung/Spiecker gen. Döhmann, Datenschutzrecht, 2019, Art. 32 DSGVO, Rn. 78.

[2232] *Hansen*, in: Simitis/Hornung/Spiecker gen. Döhmann, Datenschutzrecht, 2019, Art. 32 DSGVO, Rn. 78.

Normen, die sich zum Beispiel um den Maßnahmenkatalog der ISO/IEC 27002 ergänzen lassen oder COBIT, bei welchem es sich um einen prozessorientierten Standard handelt.[2233]

Ein Standard, mit dem im BMBF-Forschungsprojekt DREI[2234] (Datenschutz-respektierende Erkennung von Innentätern) versucht wurde, Maßnahmen der IT-Sicherheit umzusetzen, sind Common Criteria, ISO/IEC 15408, bei denen es sich um einen produktbezogenen Standard handelt, mit Hilfe dessen sich Sicherheitseigenschaften von Produkten (dem sogenannten „Target of Evaluation") überprüfen lassen. Da bei der Bewertung des Evaluationsobjekts deutlich wurde, dass die zur Evaluation genutzten Common Criteria (CC) ein produktbezogener Standard sind, während Schutzgut des Datenschutzrechts primär das allgemeine Persönlichkeitsrecht des Betroffenen ist, bestand eine Herausforderung darin, die aus CC abgeleiteten Anforderungen in das Gesamtkonzept des Schutzes personenbezogener Daten zu integrieren. Letztlich wird, wenn der Schutz personenbezogener Daten vor Angreifern im Unternehmen fokussiert wird, erreicht, dass auch das allgemeine Persönlichkeitsrecht der Beschäftigten geschützt wird, denn je besser ein Produkt, welches Arbeitnehmerdaten verarbeitet, gegen Angriffe gewappnet ist, desto besser sind auch die Beschäftigtendaten geschützt. Deutlich wird dies auch darin, dass die vorgesehen Maßnahmen sich teilweise mit generischen Maßnahmen, wie sie beispielsweise das SDM vorsieht, überschneiden.[2235] Dieses zielt darauf ab, die Anforderungen des Datenschutzrechts zu erfüllen und nimmt die Risiken für die Grundrechte und Grundfreiheiten des Einzelnen in den Blick.[2236] Es handelt sich hierbei um eine Methode, welche entwickelt wurde, um die durch das BDSG und die DSGVO vorgesehenen technisch-organisatorischen Maßnahmen zu systematisieren, indem Gewährleistungsziele aus den datenschutzrechtlichen Vorgaben entwickelt werden und diesen zugeordnet werden. Freilich ist dieses noch nicht so umfangreich wie der ausführliche IT-Grundschutz-Katalog.[2237] Da allerdings nicht zu erwarten ist, dass internationale Standards die Anforderungen der DSGVO und des BDSG umsetzen werden, sollte versucht werden, mit Hilfe des IT-Grundschutzes sowie des Standard-Datenschutzmodells die Anforderungen der DSGVO sowie des BDSG umzusetzen, da diese entsprechende Maßnahmenkataloge für Art. 25 sowie Art. 32 DSGVO enthalten.[2238]

6.7 Datenschutz-Folgenabschätzung, Art. 35-DSGVO

Im Zusammenhang mit unternehmensinternen Maßnahmen der Compliance stellt sich im Einzelfall die Frage, ob eine Datenschutz-Folgenabschätzung durchzuführen ist.[2239]

Nach Art. 35 Abs.1 S. 1 DSGVO ist der Verantwortliche bei einer Form der Verarbeitung, die ein prognostiziertes hohes Risiko mit sich bringt, verpflichtet, vorab eine Datenschutz-Folgenabschätzung durchzuführen. Hierbei handelt es sich um eine „der wenigen regulatorischen Innovationen der DSGVO"[2240]. Andere Rechtsgebiete kennen dieses Instrument bereits, beispielsweise als Umweltverträglichkeitsprüfung oder Gesetzesfolgenabschätzung.[2241] Wie sich im Wortlaut des Art. 35 Abs. 1 S. 1 DSGVO andeutet („insbesondere bei Verwendung neuer

---

[2233] *Hansen*, in: Simitis/Hornung/Spiecker gen. Döhmann, Datenschutzrecht, 2019, Art. 32 DSGVO, Rn. 78.

[2234] Ziel des Projekts war die Entwicklung einer verteilt implementierten Sicherheitszentrale zur Erkennung von Angriffen durch Innentäter; vgl. hierzu https://www.forschung-it-sicherheit-kommunikationssysteme.de/projekte/drei (zuletzt abgerufen am 01.09.2023).

[2235] Das Standard-Datenschutzmodell, S. 30 ff (abrufbar unter https://www.datenschutzzentrum.de/uploads/SDM-Methode_V_1_0.pdf, zuletzt abgerufen am 01.09.2023).

[2236] *Hansen*, in: Simitis/Hornung/Spiecker gen. Döhmann, Datenschutzrecht, 2019, Art. 32 DSGVO, Rn. 78.

[2237] *Hansen*, in: Simitis/Hornung/Spiecker gen. Döhmann, Datenschutzrecht, 2019, Art. 32 DSGVO, Rn. 78.

[2238] *Hansen*, in: Simitis/Hornung/Spiecker gen. Döhmann, Datenschutzrecht, 2019, Art. 32 DSGVO, Rn. 78.

[2239] *Nolte/Werkmeister*, in: Gola, DSGVO, 2. Auflage 2018, Art. 35 DSGVO, Rn. 15.

[2240] *Martini*, in: Paal/Pauly, DSGVO/BDSG, 3. Auflage 2021, Art. 35 DSGVO, Rn. 2.

[2241] *Martini*, in: Paal/Pauly, DSGVO/BDSG, 3. Auflage 2021, Art. 35 DSGVO, Rn. 2.

Technologien") handelt es sich bei der Datenschutz-Folgenabschätzung um einen Unterfall der Technikfolgenabschätzung.[2242] Technikfolgenabschätzungen stellen in Risikogesellschaften ein bewährtes Mittel dar, um den Unwägbarkeiten neuer Technologien und Entwicklungen bereits vor deren Inbetriebnahme bestmöglich zu begegnen.[2243]

Die Datenschutz-Folgenabschätzung in Zusammenschau mit der Konsultationspflicht des Art. 36 DSGVO besteht aus einem zweistufigen Verfahren.[2244] Hat eine Form der Verarbeitung, insbesondere bei Verwendung neuer Technologien, aufgrund der Art, des Umfangs, der Umstände und der Zwecke der Verarbeitung voraussichtlich ein hohes Risiko für die Rechte und Freiheiten natürlicher Personen zur Folge, so führt der Verantwortliche vorab eine Abschätzung der Folgen der vorgesehenen Verarbeitungsvorgänge für den Schutz personenbezogener Daten durch (Art. 35 Abs. 1 S. 1 DSGVO). Kommt der Verantwortliche zu dem Schluss, dass ein hohes Risiko besteht, konsultiert er nach Art. 36 Abs. 1 DSGVO die Datenschutzaufsichtsbehörde, sofern er keine Maßnahmen zur Eindämmung des Risikos trifft. Aufgrund ihrer allgemeinen Zuständigkeit gemäß Art. 57 Abs. 1 lit. a DSGVO trifft die Aufsichtsbehörde die Pflicht, die Datenschutz-Folgenabschätzung zu überwachen.[2245]

Auch der Datenschutzbeauftragte muss die ordnungsgemäße Durchführung der Abschätzung überwachen (Art. 39 Abs. 1 lit. c DSGVO) und ist verpflichtet, auf Anfrage den Verantwortlichen zu beraten (Art. 35 Abs. 2 DSGVO). Verstöße gegen Art. 35 DSGVO können zu einer Geldbuße nach Art. 83 Abs. 4 lit. a DSGVO oder zur Haftung nach Art. 82 Abs. 2 DSGVO führen.

Bei der Durchführung der Datenschutz-Folgenabschätzung müssen mehrere Schritte unterschieden werden: Zunächst ist in der Vorbereitungsphase zu beantworten, ob eine solche überhaupt erforderlich ist.[2246] Im Anschluss daran erfolgt die Durchführung der eigentlichen Datenschutz-Folgenabschätzung, eine Phase der Umsetzung, in der die erarbeiteten Abhilfemaßnahmen umgesetzt und geprüft werden, sowie eine Überprüfungsphase, in der das Datenschutz-Managementsystem stetig überwacht und fortgeschrieben wird.[2247]

Eine Ausnahme nach Art. 35 Abs. 10 DSGVO ist im Bereich des Beschäftigtendatenschutzes nicht ersichtlich.

[2242] *Martini*, in: Paal/Pauly, DSGVO/BDSG, 3. Auflage 2021, Art. 35 DSGVO, Rn. 3; zu Folgenabschätzung in Deutschland sowie Privacy Impact Assessments im angelsächsischen Rechtsraum sowie der europäischen Union *Friedewald et al.*, White Paper Datenschutz-Folgenabschätzung, 3. Auflage 2017, 8 ff.; *Jandt*, in: Kühling/Buchner, DSGVO/BDSG, 3. Auflage 2020, Art. 35 DSGVO, Rn. 8 spricht von einer „Erweiterung".

[2243] *Nolde*, in: Koreng/Lachenmann, Formularhandbuch Datenschutzrecht, 3. Auflage 2021 C.III.; *Jandt*, in: Kühling/Buchner, DSGVO/BDSG, 3. Auflage 2021, Art. 35 DSGVO, Rn. 8.

[2244] *Wolff*, in: Schantz/Wolff, DSGVO, 2017, Rn. 869; *Jandt*, in: Kühling/Buchner, DSGVO/BDSG, 3. Auflage 2020, Art. 35 DSGVO, Rn. 3 weist zutreffend darauf hin, dass die Datenschutz-Folgenabschätzung präventives Instrument ist, während es sich bei der Konsultationspflicht nach Art. 36 DSGVO um ein repressives Instrument handelt.

[2245] *Martini*, in: Paal/Pauly, DSGVO/BDSG, 3. Auflage 2021, Art. 35 DSGVO, Rn. 4.

[2246] *Friedemann et al.*, Whitepaper Datenschutz-Folgenabschätzung, 3. Auflage 2017, 18.

[2247] *Friedemann et al.*, Whitepaper Datenschutz-Folgenabschätzung, 3. Auflage 2017, 18.

Mittlerweile werden mehrere Modelle und Empfehlungen diskutiert, um eine Datenschutz-Folgenabschätzung durchzuführen.[2248] Da diese Arbeit im Rahmen des BMBF-geförderten Forschungsprojekts „DREI" entstand, in dessen Fokus die Entwicklung einer auf einem SIEM-System basierenden Anomalieerkennungssoftware stand, wird diese exemplarisch im Folgenden als Gegenstand einer Datenschutz-Folgenabschätzung dienen, soweit eine solche im Rahmen eines Forschungsprojekts durchführbar ist.

6.7.1 Erforderlichkeit einer Datenschutz-Folgenabschätzung

Die DSGVO hat mit der Datenschutz-Folgenabschätzung ein völlig neues Instrument des prozeduralen Datenschutzes eingeführt. Der Verantwortliche muss zunächst überprüfen, ob eine Datenschutz-Folgenabschätzung im konkreten Fall erforderlich ist.[2249] Nach Art. 35 Abs. 1 DSGVO ist dies insbesondere dann der Fall, wenn aufgrund der Art, des Umfangs, der Umstände und der Zwecke der Verarbeitung voraussichtlich ein hohes Risiko für die persönlichen Rechte und Freiheiten der betroffenen Personen besteht. Zu berücksichtigen ist nach Art. 35 Abs. 8 DSGVO die Einhaltung genehmigter Verhaltensregeln.

6.7.1.1 Neue Technologien

Die Durchführung einer Datenschutz-Folgenabschätzung ist nicht in jedem Fall verpflichtend. Entsprechend dem risikobasierten Ansatz der DSGVO ist eine solche nach Art. 35 Abs. 1 DSGVO nur erforderlich, wenn eine Form der Verarbeitung, insbesondere bei Verwendung neuer Technologien, aufgrund der Art, des Umfangs, der Umstände und der Zwecke der Verarbeitung voraussichtlich ein hohes Risiko für die Rechte und Freiheiten natürlicher Personen zur Folge hat. Unter Berücksichtigung der in Art. 35 Abs. 1 DSGVO genannten Kriterien ist also festzustellen, ob durch eine Verarbeitung ein hohes Risiko für die Rechte und Freiheiten der betroffenen Personen besteht.

Für den Begriff der „neuer[en]Technologien", die als Regelbeispiel in Art. 35 Abs. 1 DSGVO genannt werden, enthält die DSGVO keine Definition.[2250] In EwG 89 werden neben neuen Technologien auch solche genannt, bei denen der Verantwortliche noch keine Datenschutz-Folgenabschätzung durchgeführt hat bzw. bei denen aufgrund der seit der ursprünglichen Verarbeitung vergangenen Zeit eine Datenschutz-Folgenabschätzung notwendig geworden ist. Daneben verwendet die DSGVO den Begriff der „verfügbaren Technologie" (EwG 26, 94, Art. 17 DSGVO). Der Begriff der „neuen Technologien" findet jedoch lediglich im Kontext der Datenschutz-Folgenschabschätzung (Art. 35 Abs. 1, EwG 89, 91 DSGVO) Anwendung.[2251]

[2248] *Friedemann et al.*, Whitepaper Datenschutz-Folgenabschätzung, 3. Auflage 2017, 28, welche das Standard-Datenschutz-Modell (SDM) zu Hilfe nehmen, abrufbar unter https://www.forum-privatheit.de/wp-content/uploads/Forum_Privatheit_White_Paper_DSFA-3.pdf (zuletzt abgerufen am 01.09.2023); Commission Nationale de l'Informatique et des Libertés (CNIL), Privacy Impact Assessment (PIA), 2015, abrufbar unter https://www.cnil.fr/en/privacy-impact-assessment-pia (zuletzt abgerufen am 01.09.2023); Information Commissioner's Office (ICO), Conducting privacy impact assessments code of practice, 2014, abrufbar unter https://www.pdpjournals.com/docs/88317.pdf (zuletzt abgerufen am 01.09.2023); Agencia Espanola de Protección de Datos (AEPD), Guía práctica para las Evaluaciones de Impacto en la Protección de los datos sujetas al RGPD, abrufbar unter https://www.lopdencastellon.com/wp-content/uploads/2018/02/Gu%C3%ADa-Evaluaci%C3%B3n-de-impacto-protecci%C3%B3n-de-datos.pdf (zuletzt abgerufen am 01.09.2023); branchenspezifisch: vgl. z.B. *Oetzel/Spiekermann/Grüning/Kelter/Mull*, Privacy Impact Assessment Guideline for RFID Applications, abrufbar unter https://www.bsi.bund.de/SharedDocs/Downloads/DE/BSI/ElekAusweise/PIA/Privacy_Impact_Assessment_Guideline_Langfassung.pdf (zuletzt abgerufen am 01.09.2023); *Art. 29 Data Protection Working Party*, WP 248.

[2249] *Friedemann et al.*, Whitepaper Datenschutz-Folgenabschätzung, 3. Auflage 2017, 20.

[2250] *Schmitz/von Dall'Armi*, ZD 2017, 57, 58 zum Begriff "Technologie".

[2251] *Schmitz/von Dall'Armi*, ZD 2017, 57, 58.

Neu ist eine Technologie, wenn sie „noch nicht gebraucht"[2252] ist, also insbesondere bei ihrem ersten Einsatz. Da eine Datenschutz-Folgenabschätzung auf eine Datenverarbeitung bei einem Verantwortlichen bezogen ist und die in Art. 35 Abs. 1 DSGVO genannten Parameter bei jedem Verantwortlichen anders sind, ist „neu" nicht in Bezug auf den Markt zu verstehen, sondern vielmehr mit Blick auf den Einsatz der Technologie beim Verantwortlichen.

Sofern eine neue Technologie in einem Unternehmen eingesetzt wird, die darauf abzielt, Beschäftigte zu überwachen, besteht in jedem Fall ein Anlass, anhand der folgenden Risikokriterien zu untersuchen, ob eine Datenschutz-Folgenabschätzung durchzuführen ist. Eine Datenschutz-Folgenabschätzung bezieht sich dabei auf konkrete Verarbeitungsvorgänge.[2253] Hierunter versteht man „die Summe von Daten, Systemen (Hard- und Software) und Prozessen"[2254]. Sofern mehrere ähnliche Verarbeitungsvorgänge voraussichtlich ein ähnliches Risiko aufweisen, können diese zusammen bewertet werden (Art. 35 Abs. 1 S. 2 DSGVO).

6.7.1.2 Hohes Risiko

Ob eine Datenschutz-Folgenabschätzung erforderlich ist, ergibt sich nach Art. 35 Abs. 1 DSGVO aus einer Abschätzung der Risiken des Verarbeitungsvorgangs („Schwellwertanalyse"). Nur wenn ein Risiko voraussichtlich hoch ist, ist eine Datenschutz-Folgenabschätzung durchzuführen. Eine Datenschutz-Folgenabschätzung in jedem Fall durchzuführen, wenn ein Verarbeitungsvorgang auf der Positivliste („blacklist") der Aufsichtsbehörde nach Art. 35 Abs. 4 DSGVO zu finden ist.[2255] Umgekehrt ist eine Datenschutz-Folgenabschätzung nicht erforderlich, wenn eine Art von Verarbeitungsvorgang auf der Negativliste („whitelist") der Aufsichtsbehörden steht.[2256]

6.7.1.2.1.1   Risikoanalyse

Die DSGVO liefert weder eine Definition, noch existiert eine normative Bewertungsskala, die es ermöglicht, zu bestimmen, wann ein hohes Risiko besteht.[2257] Die DSGVO gewährleistet keinen uneingeschränkten Schutz personenbezogener Daten, sondern dieser muss nach EwG 4 DSGVO im Hinblick auf seine gesellschaftliche Funktion gesehen und unter Wahrung des Verhältnismäßigkeitsprinzips gegen andere Grundrechte abgewogen werden.[2258]

Diese Pflicht zur Grundrechtsabwägung zeigt, dass nicht alleine die Art oder Anzahl der Daten das Risiko einer Verarbeitung personenbezogener Daten charakterisieren kann, sondern diese in einem Gesamtkontext zu betrachten ist.[2259] Für diesen Gesamtkontext liefert EwG 4 DSGVO die einzustellenden Bewertungskriterien:[2260] Achtung des Privat- und Familienlebens, der Wohnung und der Kommunikation, Schutz personenbezogener Daten, Gedanken-, Gewissens- und Religionsfreiheit, Freiheit der Meinungsäußerung und Informationsfreiheit, unternehmerische Freiheit, Recht auf einen wirksamen Rechtsbehelf und ein faires Verfahren und Vielfalt der Kulturen, Religionen und Sprachen.

[2252] https://www.duden.de/rechtschreibung/neu, zuletzt abgerufen am 01.09.2023.

[2253] *Datenschutzkonferenz,* Kurzpapier Nr. 5, 1; *Kramer,* in: Gierschmann/Schlender/Stentzel/Veil, DSGVO, 2017, Art. 35 DSGVO, Rn. 31.

[2254] *Datenschutzkonferenz,* Kurzpapier Nr. 5, 1; *Kramer* in: Gierschmann/Schlender/Stentzel/Veil, DSGVO, 2017, Art. 35 DSGVO, Rn. 31.

[2255] *Kramer* in: Gierschmann/Schlender/Stentzel/Veil, DSGVO, 2017, Art. 35 DSGVO, Rn. 68.

[2256] *Kramer* in: Gierschmann/Schlender/Stentzel/Veil, DSGVO, 2017, Art. 35 DSGVO, Rn. 74.

[2257] *Karg,* in: Simitis/Hornung/Spiecker gen. Döhmann, Datenschutzrecht, 2019, Art. 35 DSGVO, Rn. 22.

[2258] *Schmitz/von Dall'Armi,* ZD 2017, 57, 59.

[2259] *Schmitz/von Dall'Armi,* ZD 2017, 57, 59.

[2260] *Schmitz/von Dall'Armi,* ZD 2017, 57, 59.

Hierin zeigt sich, dass für die Risikobewertung unabhängig von der Art und Menge der Daten entscheidend ist, welche Informationen aus den Daten über eine Person gewonnen werden können.[2261] Der Begriff des Risikos ist zentral in der DSGVO. Nach dem allgemeinen Sprachgebrauch meint das „Risiko" eine Prognose, mit welcher Wahrscheinlichkeit ein eventuell hoher aber in seinem Ausmaß unbekannter Schaden physischer, materieller oder immaterieller Natur (EwG 75 DSGVO) bei einer Entscheidung eintritt oder ein erwarteter Vorteil ausbleibt.[2262] Im Sinne des Art. 35 DSGVO meint „Risiko" das Produkt aus Eintrittswahrscheinlichkeit und Schwere des Schadens für die Rechte und Freiheiten natürlicher Personen.[2263] Das Risiko ist nach EwG 76 DSGVO anhand objektiver Kriterien zu bewerten.

EwG 75 DSGVO enthält eine Reihe von Parametern, die bei der Risikobewertung herangezogen werden können.[2264] Die Art. 29-Datenschutz-Gruppe hat überdies neun Kriterien herausgearbeitet, die bei der Beurteilung, ob ein hohes Risiko für die Rechte und Freiheiten der betroffenen Personen besteht, zu beachten sind:[2265]

- Evaluation oder Scoring

- Automatische Entscheidungsfindung mit rechtlichen oder ähnlich bedeutsamen Wirkungen

- Systematische Überwachung

- Sensible Daten oder Daten besonders privater Natur

- Datenverarbeitungen von großem Umfang

- Abgleich oder Kombination von Datensätzen

- Daten, die verwundbare betroffene Personen betreffen

- Innovativer Gebrauch von oder die Anwendung von neuen technologischen oder organisatorischen Lösungen

- Wenn die Datenverarbeitung selbst betroffene Personen davon abhält, ein Recht auszuüben oder von einem Service Gebrauch zu machen oder einen Vertrag abzuschließen

Dabei ist ein hohes Risiko umso wahrscheinlicher, je mehr der dargestellten Kriterien erfüllt sind, wobei jedoch stets der konkrete Verarbeitungskontext und die Auswirkung auf die Rechte und Freiheiten natürlicher Personen beachtet werden müssen.[2266]

Das Bayerische Landesamt für Datenschutzaufsicht zieht für die Schwere der Auswirkung eines Schadens und der Eintrittswahrscheinlichkeit vier Kategorien heran: vernachlässigbar, begrenzt, wesentlich und maximal.[2267]

Die Art. 29-Datenschutz-Gruppe nennt Überwachungssysteme, mit denen Unternehmen systematisch die Aktivitäten ihrer Beschäftigten überwachen können, die Überwachung des Arbeitsplatzes, der Internetnutzung etc. inbegriffen, explizit als Beispiel, welches eine Datenschutz-

---

[2261] *Schmitz/von Dall'Armi*, ZD 2017, 57, 59.

[2262] *Martini*, in: Paal/Pauly, DSGVO/BDSG, 3. Auflage 2021, Art. 35 DSGVO, Rn. 15a; *Friedemann et al.*, Whitepaper Datenschutz-Folgenabschätzung, 3. Auflage 2017, 31; *Kramer* in: Gierschmann/Schlender/Stentzel/Veil, DSGVO, 2017, Art. 35 DSGVO, Rn. 97; *Karg,* in: Simitis/Hornung/Spiecker gen. Döhmann, Datenschutzrecht, 2019, Art. 35 DSGVO, Rn. 23.

[2263] *Martini,* in: Paal/Pauly, DSGVO/BDSG, 3. Auflage 2021, Art. 35 DSGVO, Rn. 15b;

[2264] *Schmitz/von Dall'Armi*, ZD 2017, 57, 59.

[2265] *Art. 29 Data Protection Working Party*, WP 248, 9 ff; hierzu auch *Wagner/Scheuble*, ZD-Aktuell 2017, 05664.

[2266] *Art. 29 Data Protection Working Party*, WP 248, 9.

[2267] *BayLDA*, Datenschutz-Folgenabschätzung, 1; ebenso *Kramer* in: Gierschmann/Schlender/Stentzel/Veil, DSGVO, 2017, Art. 35 DSGVO, Rn. 98 ff.

Folgenabschätzung nach Art. 35 Abs. 1 DSGVO auslöst.[2268] Bei Überwachungsmaßnahmen ist dies insbesondere deshalb der Fall, weil mit ihnen in der Regel eine systematische umfangreiche Überwachung einhergeht[2269] und weil oftmals entsprechend dem jeweils aktuellen Stand der Technik in großem Umfang eine neue Technologie eingesetzt wird (EwG 91 S. 1 DSGVO). Das Regelbeispiel des Art. 35 Abs. 3 lit. c DSGVO adressiert zwar nur die systematische umfangreiche Überwachung öffentlicher Bereiche. Hieraus kann aber nicht im Umkehrschluss geschlussfolgert werden, dass die systematische Überwachung privater Bereiche regelmäßig nicht mit einem hohen Risiko einhergeht. Die Gefahr der Überwachung öffentlicher Bereiche geht unter anderem davon aus, dass es den betroffenen Personen unter Umständen nicht möglich ist, sich der Überwachung zu entziehen.[2270] Außerdem kann eine systematische Überwachung dazu führen, dass Daten gesammelt werden, ohne dass sich die betroffene Person dessen bewusst ist.[2271] Während letzterer Aspekt im Arbeitsverhältnis nur im Falle einer heimlichen Überwachung relevant wird, ist ersterer im Beschäftigungsverhältnis von gesteigerter Bedeutung. Da der Beschäftigte aufgrund seiner arbeitsvertraglichen Verpflichtung den Arbeitsplatz und das Betriebsgelände täglich betreten muss, kann er sich der Überwachung faktisch nicht entziehen. Aus diesem Grund besteht hier regelmäßig ein hohes Risiko für die Rechte und Freiheiten der betroffenen Personen.

Überdies werden personenbezogene Daten einer verletzlichen Personengruppe verarbeitet.[2272] Die Art.-29-Datenschutzgruppe leitet diesen Aspekt aus EwG 75 DSGVO her. Bei Beschäftigten handelt es sich wegen des zwischen dem Arbeitgeber und Arbeitnehmer bestehenden Machtgefälles um eine besonders schützenswerte Personengruppe.[2273] Die betroffenen Personen können sich in diesen Fällen der Verarbeitung ihrer Daten erfahrungsgemäß nicht erwehren.[2274]

6.7.1.2.1.2   Fälle zwingender Datenschutz-Folgenabschätzung (Art. 35 Abs. 3 DSGVO)

Art. 35 Abs. 3 DSGVO enthält einen nicht abschließenden Katalog von Regelbeispielen, in denen eine Datenschutz-Folgenabschätzung zwingend durchgeführt werden muss.[2275]

6.7.1.2.1.2.1   Automatisierte, systematische und umfassende Bewertung persönlicher Aspekte

Nach Art. 35 Abs. 3 lit. a DSGVO ist diese insbesondere erforderlich, wenn eine systematische und umfassende Bewertung persönlicher Aspekte[2276] natürlicher Personen erfolgt, die sich auf automatisierte Verarbeitung einschließlich Profiling gründet und die ihrerseits als Grundlage für Entscheidungen dient, die Rechtswirkung gegenüber natürlichen Personen entfalten oder diese in ähnlich erheblicher Weise beeinträchtigen. Hierbei ist nicht das Bewertungsverfahren alleine zu betrachten, sondern der gesamte Datenverarbeitungsvorgang, der auf der Basis der Bewertung der Persönlichkeit zu einer Entscheidung führt.[2277] Dies ergibt sich aus EwG 91 S.

[2268] *Art. 29 Data Protection Working Party*, WP 248, 10; so auch *Baumgartner*, in: Ehmann/Selmayr, DSGVO, 2. Auflage 2018, Art. 35 DSGVO, Rn. 30.

[2269] *Art. 29 Data Protection Working Party*, WP 248, 10.

[2270] *Friedemann et al.*, Whitepaper Datenschutz-Folgenabschätzung, 3. Auflage 2017, 21.

[2271] *Friedemann et al.*, Whitepaper Datenschutz-Folgenabschätzung, 3. Auflage 2017, 21.

[2272] *Art. 29 Data Protection Working Party*, WP 248, 10.

[2273] *Art. 29 Data Protection Working Party*, WP 248, 9.

[2274] *Friedemann et al.*, Whitepaper Datenschutz-Folgenabschätzung, 3. Auflage 2017, 22.

[2275] *Wedde*, in: Däubler/Wedde/Weichert/Sommer, DSGVO/BDSG, 2. Auflage 2020, Art. 35 DSGVO, Rn. 45; *Baumgartner*, in: Ehmann/Selmayr, DSGVO, 2. Auflage 2018, Art. 35 DSGVO, Rn. 34.

[2276] Siehe hierzu 6.7.1.2.1.2.1.

[2277] *Baumgartner*, in: Ehmann/Selmayr, DSGVO, 2. Auflage 2018, Art. 35 DSGVO, Rn. 35.

2 DSGVO („im Anschluss an eine systematische und eingehende Bewertung persönlicher Aspekte").[2278] Das Regelbeispiel kann als Rechtspflicht eingestuft werden, organisatorische Maßnahmen zu ergreifen, wenn die Voraussetzungen des Art. 22 DSGVO vorliegen.[2279]

Nach dem Wortlaut müssen Grundlage der Verarbeitung persönliche Aspekte sein. EwG 71 S. 2 DSGVO nennt als solche in einer exemplarischen Aufzählung die Arbeitsleistung, wirtschaftliche Lage, Gesundheit, persönliche Vorlieben oder Interessen, Zuverlässigkeit oder Verhalten, Aufenthaltsort oder Ortswechsel der betroffenen Person. Im Arbeitsverhältnis können beispielsweise Skilldatenbanken, Beförderungsranglisten oder Verfahren in Assessmentcentern eine Datenschutz-Folgenabschätzung nach Art. 35 Abs. 1 lit. a DSGVO auslösen.[2280]

Nur bei einer systematischen und umfassenden Verarbeitung ist dem Wortlaut nach ein hohes Risiko indiziert. Systematisch ist eine Verarbeitung nach dem Verständnis der Art.-29-Datenschutzgruppe, wenn sie im Rahmen eines Systems stattfindet (i), vorab festgelegt ist (ii), organisiert oder methodisch ist (iii), als Teil eines Gesamtplans zur Datenerfassung stattfindet (iv) oder als Teil einer Strategie durchgeführt wird (v).[2281] Durch die Anforderung, dass die Verarbeitung „umfangreich" sein müsse, komme zum Ausdruck, dass es nicht ausreichend sei, wenn nur ein einzelner Aspekt verarbeitet werde.[2282] Bei einer Gesamtbetrachtung der Verarbeitung sollte deutlich werden, dass ganz oder teilweise Persönlichkeitsprofile erstellt und als Entscheidungsgrundlage herangezogen werden.[2283] Das hohe Risiko wird dadurch begründet, dass Merkmale, die die Einzigartigkeit und Individualität eines Menschen kennzeichnen, nämlich Interessen, Charakterzüge, Neigungen und Vorlieben, als Grundlage einer Auswertung herangezogen werden.[2284]

Dieses Regelbeispiel wird insbesondere beim Einsatz von Screeningmaßnahmen, intelligenter Videoüberwachung oder auf Anomalieerkennung basierenden SIEM-Systemen im Beschäftigungsverhältnis erfüllt sein, da hier das Verhalten einer Person als höchstpersönlicher Aspekt ausgewertet wird. Auch wenn im Beschäftigungsverhältnis Predictive Policing[2285] eingesetzt wird, löst Art. 35 Abs. 1 lit. a DSGVO in der Regel eine Datenschutz-Folgenabschätzung aus.[2286]

6.7.1.2.1.2.2 Umfangreiche Verarbeitung besonderer Kategorien personenbezogener Daten

Eine Datenschutz-Folgenabschätzung ist darüber hinaus nach Art. 35 Abs. 3 lit. b DSGVO erforderlich, wenn eine umfangreiche Verarbeitung besonderer Kategorien von personenbezogenen Daten gemäß Art. 9 Abs. 1 DSGVO oder von personenbezogenen Daten über strafrechtliche Verurteilungen und Straftaten gemäß Art. 10 DSGVO erfolgt.

Wenn Datenabgleich flächendeckend durchgeführt werden sollen, beispielsweise mit Blick auf Terrorlistenscreenings oder bei internen Ermittlungen wegen möglicher Straftaten im Unternehmen unter Hinweis auf Compliance-Pflichten, ist unabhängig hiervon eine Datenschutz-

---

[2278] *Baumgartner,* in: Ehmann/Selmayr, DSGVO, 2. Auflage 2018, Art. 35 DSGVO, Fn. 65.

[2279] *Karg,* in: Simitis/Hornung/Spiecker gen. Döhmann, Datenschutzrecht, 2019, Art. 35 DSGVO, Rn. 37.

[2280] *Nolte/Werkmeister,* in: Gola, DSGVO, 2. Auflage 2018, Art. 35 DSGVO, Rn. 24.

[2281] *Art. 29 Data Protection Working Party,* WP 248, 10; *Baumgartner,* in: Ehmann/Selmayr, DSGVO, 2. Auflage 2018, Art. 35 DSGVO, Rn. 35 unter Berufung hierauf.

[2282] *Karg,* in: Simitis/Hornung/Spiecker gen. Döhmann, Datenschutzrecht, 2019, Art. 35 DSGVO, Rn. 39.

[2283] *Karg,* in: Simitis/Hornung/Spiecker gen. Döhmann, Datenschutzrecht, 2019, Art. 35 DSGVO, Rn. 39.

[2284] *Karg,* in: Simitis/Hornung/Spiecker gen. Döhmann, Datenschutzrecht, 2019, Art. 35 DSGVO, Rn. 39.

[2285] *Rudkowski,* NZA 2019, 72 ff.

[2286] *Karg,* in: Simitis/Hornung/Spiecker gen. Döhmann, Datenschutzrecht, 2019, Art. 35 DSGVO, Rn. 40.

Folgenabschätzung durchzuführen, da sich ein hohes Risiko hier aus den Umständen des Einzelfalls ergeben kann.[2287] Denn auch wenn keine Risikodaten vorliegen werden, folgt ein solches Erfordernis aus der Sensibilität der Verarbeitung und aus der besonderen Schutzwürdigkeit der Beschäftigten.[2288] Richtigerweisen können dann jedoch allenfalls die Wertungen des Regelbeispiels herangezogen werden und die Datenschutz-Folgenabschätzung ist nach Art. 35 Abs. 1 DSGVO erforderlich, weil ein „hohes Risiko" besteht.

6.7.1.2.1.2.1.2.3 Systematische umfangreiche Überwachung öffentlich zugänglicher Bereiche

Nach Art. 35 Abs. 3 lit. c, EwG 91 S. 3 DSGVO ist eine Datenschutz-Folgenabschätzung durchzuführen, wenn eine „systematische umfangreiche Überwachung öffentlich zugänglicher Bereiche" erfolgt.[2289] Die technologieneutrale Formulierung führt dazu, dass nicht nur Videoüberwachungssysteme, sondern auch andere Überwachungssysteme erfasst sind, auch wenn EwG 91 S. 3 DSGVO lediglich von optoelektronischen Vorrichtungen spricht.[2290] Auch eine Tonüberwachung oder die Überwachung mittels beliebigen anderen Sensoren unterfällt dem Begriff der Überwachung.[2291] Öffentlich zugänglich ist ein Bereich, gleichgültig, ob er innerhalb oder außerhalb eines Gebäudes liegt und ob er im Privateigentum steht, wenn er nach dem erkennbaren Willen des Berechtigten von jedermann genutzt oder betreten werden darf.[2292] Erfasst sind damit auf jeden Fall Videoüberwachungssysteme, wenn Publikumsverkehr auf dem Betriebsgelände herrscht.[2293]

Aus dem Anwendungsbereich des Art. 35 Abs. 3 lit. c DSGVO ausgeklammert sind Betriebe und Betriebsstätten, die nicht dem öffentlichen Raum zuzurechnen sind.[2294] Da § 35 Abs. 3 lit. c DSGVO lediglich Teil eines Katalogs von Regelbeispielen ist, bedeutet dies nicht im Umkehrschluss, dass die Videoüberwachung im nicht-öffentlichen Bereich, z.B. am Arbeitsplatz in einem abgeschlossenen Büroraum oder eine Videoüberwachung öffentlich zugänglicher Bereiche, die begrenzt ist (zum Beispiel eine Videokamera an der Türklingel), keiner Folgenabschätzung bedarf.[2295]

Die Aufzählung des Art. 35 Abs. 3 DSGVO ist dem Wortlaut nach nicht abschließend. Unter den allgemeinen Voraussetzungen des Art. 35 Abs. 1 DSGVO, nämlich bei Vorliegen eines hohen Risikos der Datenverarbeitung für die Rechte und Freiheiten der betroffenen Personen ist eine Datenschutz-Folgenabschätzung auch für die Videoüberwachung privater Bereiche durchzuführen.[2296] Da Videokameras ein erhebliches Kontrollpotenzial mit sich bringen, lassen sich hieraus in der Regel erhebliche Gefährdungen für das Persönlichkeitsrecht der betroffenen Personen ableiten, sodass regelmäßig eine Datenschutz-Folgenabschätzung durchzuführen sein wird.[2297] Gerade die Videoüberwachung stellt eine besonders intensiven Eingriff in die Rechte

---

[2287] *Wedde,* in: Däubler/Wedde/Weichert/Sommer, DSGVO/BDSG, 2. Auflage 2020, Art. 35 DSGVO, Rn. 52; *Martini,* in: Paal/Pauly, DSGVO/BDSG, 3. Auflage 2021, Art. 35 DSGVO, Rn. 30.

[2288] *Karg,* in: Simitis/Hornung/Spiecker gen. Döhmann, Datenschutzrecht, 2019, Art. 35 DSGVO, Rn. 41.

[2289] *Martini,* in: Paal/Pauly, DSGVO/BDSG, 3. Auflage 2021, Art. 35 DSGVO, Rn. 31.

[2290] *Karg,* in: Simitis/Hornung/Spiecker gen. Döhmann, Datenschutzrecht, 2019, Art. 35 DSGVO, Rn. 46.

[2291] *Baumgartner,* in: Ehmann/Selmayr, DSGVO, 2. Auflage 2018, Art. 35 DSGVO, Rn. 40.

[2292] *Baumgartner,* in: Ehmann/Selmayr, DSGVO, 2. Auflage 2018, Art. 35 DSGVO, Rn. 40.

[2293] *Lachenmann,* in: Koreng/Lachenmann, Formularhandbuch Datenschutzrecht, 3. Auflage 2021, H.III.2.27.

[2294] *Wedde,* in: Däubler/Wedde/Weichert/Sommer, DSGVO/BDSG, 2. Auflage 2020, Art. 35 DSGVO, Rn. 55.

[2295] *Martini,* in: Paal/Pauly, DSGVO/BDSG, 3. Auflage 2021, Art. 35 DSGVO, Rn. 31; *Baumgartner,* in: Ehmann/Selmayr, DSGVO, 2. Auflage 2018, Art. 35 DSGVO, Rn. 42.

[2296] *Wedde,* in: Däubler/Wedde/Weichert/Sommer, EU-Datenschutz-Grundverordnung und BDSG-neu 2018, Art. 35 DSGVO, Rn. 55.

[2297] *Wedde,* in: Däubler/Wedde/Weichert/Sommer, DSGVO/BDSG, 2. Auflage 2020, Art. 35 DSGVO, Rn. 55.

und Freiheiten der betroffenen Personen dar, da Mimik, Gestik und das gesamte Verhalten jederzeit reproduzierbar aufgenommen und gespeichert werden.

6.7.1.3 Positiv- und Negativlisten der Aufsichtsbehörden

Nach Art. 35 Abs. 4 S. 1 DSGVO erstellt die Aufsichtsbehörde eine Liste der Verarbeitungsvorgänge, für die eine Datenschutz-Folgenabschätzung gemäß Art. 35 Abs. 1 DSGVO durchzuführen ist, und veröffentlicht diese. Die Positivlisten ergänzen die Regelbeispiele des Art. 35 Abs. 3 DSGVO.[2298]

Mittlerweile wurden erste Positivlisten der deutschen Aufsichtsbehörden veröffentlicht.[2299] Nr. 8 der abgestimmten Liste der Datenschutzkonferenz[2300] nennt die „(…)[u]mfangreiche Verarbeitung von personenbezogenen Daten über das Verhalten von Beschäftigten, die zur Bewertung ihrer Arbeitstätigkeit derart eingesetzt werden können, dass sich Rechtsfolgen für die Betroffenen ergeben oder diese Betroffenen in anderer Weise erheblich beeinträchtigt werden"[2301] als Verarbeitungsvorgang, bei dem eine Datenschutz-Folgenabschätzung durchzuführen ist. Als typische Einsatzfelder werden der „Einsatz von Data-Loss-Prevention Systemen, die systematische Profile der Mitarbeiter erzeugen"[2302] sowie „Geolokalisierung von Beschäftigten"[2303] genannt. Als Beispiel wird explizit die zentrale Aufzeichnung der Aktivitäten des Beschäftigten am Arbeitsplatz erwähnt z.B. des Internet- und Mailverkehrs, die darauf abzielt, ein unerwünschtes Verhalten des Arbeitnehmers, wie der Versand vertraulicher Dokumente, zu erkennen. Als weiteres Beispiel wird auch die Erstellung von Bewegungsprofilen des Beschäftigten zum Schutz des Eigentums des Arbeitgebers genannt, zum Beispiel über GPS- oder Handyortung oder via RFID.[2304] In der Regel werden damit Maßnahmen der Mitarbeiterüberwachung von diesem Tatbestand der Positivliste erfasst.

Nach Art. 35 Abs. 5 S. 1 DSGVO kann die Aufsichtsbehörde fakultativ außerdem eine Liste der Arten von Verarbeitungsvorgängen erstellen und veröffentlichen, für die keine Datenschutz-Folgenabschätzung erforderlich ist.

6.7.2 Inhaltliche Anforderungen

Art. 35 Abs. 7 DSGVO enthält einen Katalog von Mindestinhalten, die der Verantwortliche in die Datenschutz-Folgenabschätzung mit aufnehmen muss. Die Artikel-29-Datenschutzgruppe hat in ihrem WP 248 in Anhang 2 eine Liste mit Punkten, die zu prüfen sind, veröffentlicht.[2305]

Nach Art. 35 Abs. 7 lit. a ist zunächst eine systematische Beschreibung der geplanten Verarbeitungsvorgänge und der Zwecke der Verarbeitung, gegebenenfalls einschließlich der von dem Verantwortlichen verfolgten berechtigten Interessen erforderlich. Wird ein technisches System zur Mitarbeiterüberwachung eingesetzt, erfordert dies zunächst eine funktionale Beschreibung der Datenverarbeitungsvorgänge, insbesondere der Prozesse, der IT-Systeme, Produkte und

---

[2298] *Wedde,* in: Däubler/Wedde/Weichert/Sommer, DSGVO/BDSG, 2. Auflage 2020, Art. 35 DSGVO, Rn. 56; *Baumgartner,* in: Ehmann/Selmayr, DSGVO, 2. Auflage 2018, Art. 35 DSGVO, Rn. 43.

[2299] Eine Übersicht findet sich unter https://www.datenschutzbeauftragter-info.de/erste-deutsche-positivlisten-fuer-die-datenschutz-folgenabschaetzung/ (zuletzt abgerufen am 01.09.2023).

[2300] *DSK,* Liste der Verarbeitungstätigkeiten, für die eine DSFA durchzuführen ist, 3, abrufbar unter https://www.lfd.niedersachsen.de/download/134415/DSFA_Muss-Liste_fuer_den_nicht-oeffentlichen_Bereich.pdf (zuletzt abgerufen am 01.09.2023).

[2301] *DSK,* Liste der Verarbeitungstätigkeiten, für die eine DSFA durchzuführen ist, 3.

[2302] *DSK,* Liste der Verarbeitungstätigkeiten, für die eine DSFA durchzuführen ist, 3.

[2303] *DSK,* Liste der Verarbeitungstätigkeiten, für die eine DSFA durchzuführen ist, 3.

[2304] *DSK,* Liste der Verarbeitungstätigkeiten, für die eine DSFA durchzuführen ist, 3.

[2305] Das WP wurde durch den Europäischen Datenschutzbeauftragten bestätigt, vgl. https://edpb.europa.eu/sites/default/files/files/news/endorsement_of_wp29_documents_en_0.pdf (zuletzt abgerufen am 01.09.2023).

Schnittstellen.[2306] Nach EwG 90 sind die Art, der Umfang, die Umstände und die Zwecke der Verarbeitung zu berücksichtigen, was verlangt, dass die personenbezogenen Daten, die Empfänger und die Speicherfrist für die personenbezogenen Daten festgehalten werden müssen und auch die Wirtschaftsgüter, auf die sich die personenbezogenen Daten stützen, insbesondere auch die Hardware, Software, Netzwerke, Personen, Papiere oder Übertragungsmedien für Papiere ermittelt wurden.[2307] Es müssen die Anzahl der Datensätze und Datenträger, die Anzahl der involvierten Parteien und Zugriffsberechtigten, die Frage, ob eine Datenverarbeitung offen oder heimlich und pseudonymisiert oder im Klartext erfolgt, bewertet werden.[2308]

Art. 35 Abs. 7 lit. b DSGVO fordert darüber hinaus eine Bewertung der Notwendigkeit und Verhältnismäßigkeit der Verarbeitungsvorgänge in Bezug auf den Zweck. Deshalb ist zu überprüfen, ob die Überwachung für festgelegte, eindeutige und legitime Zwecke im Sinne des Art. 5 Abs. 1 lit. b DSGVO erfolgt, ob die Verarbeitung nach Art. 6 DSGVO rechtmäßig ist, ob dem Grundsatz der Datenminimierung nach Art. 5 Abs. 1 lit. c sowie dem Grundsatz der Speicherbegrenzung (Art. 5 Abs. 1 lit. e DSGVO) und sonstigen Betroffenenrechten Rechnung getragen wurde.[2309]

Art. 35 Abs. 7 lit. c DSGVO verlangt eine Bewertung der Risiken für die Rechte und Freiheiten der betroffenen Personen gemäß Art. 35 Abs. 1 DSGVO. Hierzu muss eine Bewertung der Risiken aus Sicht des Betroffenen erfolgen, wobei Risikoquellen zu berücksichtigen (EwG 90 DSGVO), die Auswirkungen auf die Rechte und Freiheiten betroffener Personen zu ermitteln sowie Bedrohungen und Eintrittswahrscheinlichkeit und Schwere zu bewerten sind.[2310]

Art. 35 Abs. 1 lit. d DSGVO fordert zur Bewältigung der Risiken geplante Abhilfemaßnahmen, einschließlich Garantien, Sicherheitsvorkehrungen und Verfahren, durch die der Schutz personenbezogener Daten sichergestellt und der Nachweis dafür erbracht wird, dass diese Verordnung eingehalten wird, wobei den Rechten und berechtigten Interessen der betroffenen Personen und sonstiger Betroffener Rechnung getragen wird.

6.7.3 Beteiligung der betroffenen Personen

Nach Art. 35 Abs. 9 DSGVO holt der Verantwortliche gegebenenfalls den Standpunkt der betroffenen Personen oder ihrer Vertreter zu der beabsichtigten Verarbeitung unbeschadet des Schutzes gewerblicher oder öffentlicher Interessen oder der Sicherheit der Verarbeitungsvorgänge ein. Oftmals sind die betroffenen Personen nur schwer bestimmbar, beispielsweise wenn es sich um ein neues Produkt oder Geschäftsmodell handelt, da die späteren Abnehmer in der Regel noch nicht feststehen.[2311] Dies ist hier jedoch kein Problem, da dem Arbeitgeber die in die geplante Überwachung einzubeziehenden Beschäftigten bekannt sind.

Dennoch stellt sich die Frage, ob alle Beschäftigten einzubeziehen sind. Das deutsche „gegebenenfalls" ist, wenn man die englische Fassung („Where appropriate") berücksichtigt, so zu verstehen, dass der Standpunkt der betroffenen Personen nur dann eingeholt werden muss,

---

[2306] *Reibach,* in: Taeger/Gabel, DSGVO/BDSG/TTDSG, 4. Auflage 2022, Art. 35 DSGVO, Rn. 35.

[2307] *Artikel-29-Datenschutzgruppe,* WP 248, 28.

[2308] *Reibach,* in: Taeger/Gabel, DSGVO/BDSG/TTDSG, 4. Auflage 2022, Art. 35 DSGVO, Rn. 35.

[2309] *Artikel-29-Datenschutzgruppe,* WP 248, 28.

[2310] *Artikel-29-Datenschutzgruppe,* WP 248, 28 f.

[2311] *Baumgartner,* in: Ehmann/Selmayr, DSGVO, 2. Auflage 2018, Art. 35 DSGVO, Rn. 40.

wenn dies „angemessen" und praktisch durchführbar ist.[2312] Beim Einsatz einer Überwachungsmethode im Unternehmen kann aus praktischen Gründen in der Regel schon deshalb nicht der Standpunkt aller betroffenen Personen eingeholt werden, weil eine Vielzahl an Personen betroffen sein wird und mit der Einholung des Standpunktes jeder einzelnen Person ein unangemessen hoher Aufwand verbunden sein wird.[2313] Anders liegt der Fall, wenn lediglich eine geringe Anzahl an Beschäftigten betroffen ist.[2314] Bei einer hohen Zahl von betroffenen Personen ist der Aufwand regelmäßig nur dann angemessen, wenn ein Vertreter für die jeweilige Gruppe betroffener Personen existiert.[2315] Dem Wortlaut des Art. 35 Abs. 9 DSGVO liegt nicht die unpassende, da nur den Vertreter des Verantwortlichen oder Auftraggebers betreffende, Definition des Art. 4 Nr. 17 DSGVO zugrunde, sondern ein untechnisches Begriffsverständnis.[2316] Betriebs- und Personalräte als demokratisch gewählte Interessenvertreter stellen taugliche Vertreter dar.[2317] Daneben kommen auch Gewerkschaften in Betracht.[2318] In den Fällen in denen der Betriebsrat nach § 87 Abs. 1 Nr. 6 BetrVG zu beteiligen ist, erfolgt eine implizite Stellungnahme des Betriebsrats als Vertreter nach Art. 35 Abs. 9 DSGVO.[2319] Generell verpflichtet Art. 35 Abs. 9 DSGVO den Verantwortlichen nur, dem Vertreter die Möglichkeit zur Stellungnahme einzuräumen.[2320] Art. 35 Abs. 9 DSGVO begründet jedoch keine neue, über die Mitbestimmung nach § 87 Abs. 1 Nr. 6 BetrVG hinausgehende Pflicht zur Einbeziehung des Betriebsrats.[2321]

6.8 Beteiligung des Datenschutzbeauftragten

Neben dem Betriebsrat ist bei Maßnahmen der Mitarbeiterüberwachung vor allem an eine mögliche Beteiligung des Datenschutzbeauftragten zu denken.

6.8.1 Benennung eines Datenschutzbeauftragten

Die Datenschutz-Grundverordnung regelt erstmals auf unionsrechtlicher Ebene die Pflicht zur Benennung eines Datenschutzbeauftragten.[2322] Nach Art. 37 Abs. 4 S. 1 Hs. 2 DSGVO können der Verantwortliche oder der Auftragsverarbeiter oder Verbände und andere Vereinigungen, die Kategorien von Verantwortlichen oder Auftragsverarbeitern vertreten, einen Datenschutzbeauftragten freiwillig benennen. Sie müssen gemäß Art. 37 Abs. 4 S. 1 Hs. 2 DSGVO einen

---

[2312] *Baumgartner,* in: Ehmann/Selmayr, DSGVO, 2. Auflage 2018, Art. 35 DSGVO, Rn. 71; *Karg,* in: Simitis/Hornung/Spiecker gen. Döhmann, Datenschutzrecht, 2019, Art. 35 DSGVO, Rn. 70 stellt im Zuge teleologischer Auslegung darauf ab, dass „eine Verpflichtung zur Anhörung immer dann besteht, wenn der Verantwortliche nicht anderweitig sicherstellen kann, dass die spezifischen Betroffeneninteressen hinreichend beachtet und gewahrt werden. Ist dies durch andere Maßnahmen gesichert, ist eine gesonderte Anhörung entbehrlich."

[2313] *Baumgartner,* in: Ehmann/Selmayr, DSGVO, 2. Auflage 2018, Art. 35 DSGVO, Rn. 71; *Wedde,* in: Däubler/Wedde/Weichert/Sommer, DSGVO/BDSG, 2. Auflage 2020, Art. 35 DSGVO, Rn. 101.

[2314] *Baumgartner,* in: Ehmann/Selmayr, DSGVO, 2. Auflage 2018, Art. 35 DSGVO, Rn. 71.

[2315] *Baumgartner,* in: Ehmann/Selmayr, DSGVO, 2. Auflage 2018, Art. 35 DSGVO, Rn. 71; *Wedde,* in: Däubler/Wedde/Weichert/Sommer, DSGVO/BDSG, 2. Auflage 2020, Art. 35 DSGVO, Rn. 102 sieht eine Konsultationspflicht jedoch als zwingend an, wenn ein Betrieb ohne Betriebsrat vorliegt.

[2316] *Baumgartner,* in: Ehmann/Selmayr, DSGVO, 2. Auflage 2018, Art. 35 DSGVO, Rn. 71; *Martini,* in: Paal/Pauly, DSGVO/BDSG, 3. Auflage 2021, Art. 35 DSGVO, Rn. 60.

[2317] *Baumgartner,* in: Ehmann/Selmayr, DSGVO, 2. Auflage 2018, Art. 35 DSGVO, Rn. 71, der sich auf nach § 87 Abs. 1 Nr. 6 BetrVG mitbestimmungspflichtige Fälle beschränkt; *Wedde,* in: Däubler/Wedde/Weichert/Sommer, DSGVO/BDSG, 2. Auflage 2020, Art. 35 DSGVO, Rn. 105; *Martini,* in: Paal/Pauly, DSGVO/BDSG, 3. Auflage 2021, Art. 35 DSGVO, Rn. 60.

[2318] *Hansen,* in: Wolff/Brink, BeckOK Datenschutzrecht, 40. Edition, Stand 1.11.2021, Art. 35 DSGVO, Rn. 61.

[2319] *Laue,* in: Laue/Kremer, Das neue Datenschutzrecht in der betrieblichen Praxis, 2. Auflage 2019, § 7, Rn. 112.

[2320] *Laue,* in: Laue/Kremer, Das neue Datenschutzrecht in der betrieblichen Praxis, 2. Auflage 2019, § 7, Rn. 112.

[2321] *Laue,* in: Laue/Kremer, Das neue Datenschutzrecht in der betrieblichen Praxis, 2. Auflage 2019, § 7, Rn. 112; zustimmend *Baumgartner,* in: Ehmann/Selmayr, DSGVO, 2. Auflage 2018, Art. 35 DSGVO, Fn. 134; aA *Wedde,* in: Däubler/Wedde/Weichert/Sommer, DSGVO/BDSG, 2. Auflage 2020, Art. 35 DSGVO, Rn. 105.

[2322] *Maier/Ossoinig,* in: Roßnagel 2017, § 3, Rn. 339.

solchen benennen, falls dies nach dem Recht der Union oder der Mitgliedstaaten vorgeschrieben ist. Art. 18 Abs. 2, 2. Spiegelstrich DSRL und § 4f Abs. 1 BDSG a.F. sprachen davon, dass ein Datenschutzbeauftragter zu „bestellen" sei. Mit der neuen Terminologie („benennen") geht allerdings keine inhaltliche Änderung einher.

6.8.1.1 Pflicht zur Benennung auf der Grundlage von Art. 37 Abs. 1 lit. a DSGVO

Nach Art. 37 Abs. 1 lit. a DSGVO besteht für Behörden und öffentliche Stellen stets eine Pflicht zur Benennung eines Datenschutzbeauftragten. Lediglich für Gerichte, die im Rahmen ihrer justiziellen Tätigkeit handeln, besteht eine Ausnahme. Die Mitarbeiterüberwachung in Behörden und öffentlichen Stellen ist jedoch nicht Gegenstand der Arbeit.

6.8.1.2 Pflicht zur Benennung auf der Grundlage von Art. 37 Abs. 1 lit. b und c DSGVO

Nicht-öffentliche Stellen sind nach Art. 37 Abs. 1 lit. b DSGVO zur Bestellung eines Datenschutzbeauftragten verpflichtet, wenn die Kerntätigkeit des Verantwortlichen oder des Auftragsverarbeiters in der Durchführung von Verarbeitungsvorgängen besteht, welche aufgrund ihrer Art, ihres Umfangs und/oder ihrer Zwecke eine umfangreiche regelmäßige und systematische Überwachung von betroffenen Personen erforderlich machen oder nach Art. 37 Abs. 1 lit. c DSGVO dessen Kerntätigkeit in der umfangreichen Verarbeitung besonderer Kategorien von Daten gemäß Art. 9 DSGVO oder von personenbezogenen Daten über strafrechtliche Verurteilungen und Straftaten gemäß Art. 10 DSGVO besteht.

6.8.1.2.1 Kerntätigkeit

Sowohl Art. 37 Abs. 1 lit. b als auch Art. 37 Abs. 1 lit. c DSGVO stellen nicht auf jedwede Tätigkeit des Verantwortlichen ab, sondern auf die Kerntätigkeit. In einem ersten Schritt ist also diese zu bestimmen. Erst danach kann dem Wortlaut nach geprüft werden, ob diese in der Durchführung von Verarbeitungsvorgängen besteht, welche aufgrund ihrer Art, ihres Umfangs und/oder ihrer Zwecke eine umfangreiche regelmäßige und systematische Überwachung von betroffenen Personen erforderlich machen bzw. ob sie in der umfangreichen Verarbeitung besonderer Kategorien von Daten gemäß Art. 9 oder von personenbezogenen Daten über strafrechtliche Verurteilungen und Straftaten gemäß Art. 10 besteht.

Nach EwG 97 S. 2 DSGVO bezieht sich im privaten Sektor die Kerntätigkeit eines Verantwortlichen auf seine Haupttätigkeiten. Sie darf nicht lediglich eine Nebentätigkeit darstellen.

Zu den Haupttätigkeiten sollen alle Geschäftsbereiche zählen, die entscheidend sind zur Verfolgung einer Unternehmensstrategie.[2323] Letztere findet ihren Ausdruck unter anderem in Kundenservice, Marketing, Produktdesign[2324] oder in einem weiteren Sinne in der Verfolgung des primären Geschäftszwecks[2325]. Nicht zur Kerntätigkeit zählen routinemäßig anfallende Verwaltungs- und Erhaltungsaufgaben.[2326]

Bei der Verarbeitung der Beschäftigtendaten der eigenen Mitarbeiter handelt es sich grundsätzlich lediglich um eine notwendige Verwaltungstätigkeit im Rahmen der Personaldatenverarbeitung, nicht jedoch um die Haupttätigkeit des Unternehmens, die die Bestellpflicht auslöst.[2327]

[2323] *Jaspers/Reif*, RDV 2016, 61, 62; *Raum*, in: Auernhammer, DSGVO/BDSG, 7. Auflage 2020, Art. 37 DSGVO, Rn. 45; *Drewes*, in: Simits/Hornungs/Spiecker gen. Döhmann, Datenschutzrecht, 2019, Art. 37 DSGVO, Rn. 16.

[2324] *Jaspers/Reif*, RDV 2016, 61, 62.

[2325] *Klug*, ZD 2016, 315, 316.

[2326] *Jaspers/Reif*, RDV 2016, 61, 62; *Artikel-29-Datenschutzgruppe*, WP 243, 7; *Drewes*, in: Simits/Hornungs/Spiecker gen. Döhmann, Datenschutzrecht, 2019, Art. 37 DSGVO, Rn. 17.

[2327] *Heberlein*, in: Ehmann/Selmayr, DSGVO, 2. Auflage 2018, Art. 37 DSGVO, Rn. 27; *Raum*, in: Auernhammer, DSGVO/BDSG, 7. Auflage 2020, Art. 37 DSGVO, Rn. 45; *Artikel-29-Datenschutzgruppe*, WP 243, 7; *Drewes*, in: Simits/Hornungs/Spiecker gen. Döhmann, Datenschutzrecht, 2019, Art. 37 DSGVO, Rn. 17.

6.8.1.2.1.1 Meinungsstand zur Verarbeitung von Beschäftigtendaten

Geht man von dieser Definition aus, so fällt die Personaldatenverarbeitung und die Überwachung der eigenen Mitarbeiter nicht unter die die Bestellpflicht auslösenden Tatbestände, da es sich hierbei um eine Verwaltungstätigkeit handelt, die routinemäßig anfällt.[2328] Deshalb sollen Unternehmen, die ihre Mitarbeiter umfangreich oder regelmäßig überwachen, nicht nach Art. 37 Abs. 1 lit. b DSGVO verpflichtet sein, einen Datenschutzbeauftragten zu bestellen.[2329]

Ebenso wenig sollen sie nach Art. 37 Abs. 1 lit. c DSGVO hierzu verpflichtet sein, selbst wenn sensible Daten wie die Religionszugehörigkeit aus steuerrechtlichen Gründen erhoben werden und ein großer Teil der Belegschaft erfasst ist, da hierin nach diesem Verständnis keine Kernt4ätigkeit zu sehen ist.[2330]

Nach anderer Auffassung soll die Verarbeitung von Beschäftigtendaten, soweit sie die Personaldatenverarbeitung bei Arbeitgebern betrifft, in jedem Fall zur Kerntätigkeit gehören.[2331] Konsequenz wäre, dass jeder Verantwortliche, der mit Beschäftigtendaten arbeitet – also de facto jedes Unternehmen, das Beschäftigte hat – verpflichtet wäre, einen Datenschutzbeauftragten zu bestellen.[2332]

Nach einer weiteren Meinung steht der Begriff der Kerntätigkeit in einer Wechselbeziehung zum Umfang der Tätigkeit, weshalb eine Gesamtbetrachtung vorgenommen werden muss.[2333] Der Wortlaut des Art. 37 Abs. 1 lit. b und Art. 37 Abs. 1 lit. c DSGVO gibt als Prüfprogramm zwar auf den ersten Blick vor, zuerst die Kerntätigkeit festzulegen und erst danach zu beurteilen, ob ihre Art, ihr Umfang und/oder die Zwecke der Verarbeitung eine umfangreiche, regelmäßige und systematische Überwachung von Personen erforderlich machen. Allerdings lässt sich die Kerntätigkeit nicht vollkommen isoliert von dem Umfang, den sie im Verhältnis zu allen im Unternehmen anfallenden Tätigkeiten ausmacht, bestimmen. So stelle die Datenverarbeitung durch eine eigene Personalabteilung ein größeres Risiko dar als die in einem Kleinstunternehmen, da diese Verarbeitung typischerweise mit geringeren Risiken verbunden ist.[2334] Ohne nähere Begründung wird überdies das Argument angeführt, dass in der Privatwirtschaft die Pflicht zur Bestellung eines Datenschutzbeauftragten auch dem Schutz vor unangemessener Überwachung in Beschäftigungsverhältnissen dienen soll.[2335]

Eine Haupttätigkeit eines Unternehmens kann danach auch die Personaldatenverarbeitung darstellen, wenn sie einen großen Umfang an personellen sowie Sachkapazitäten des Unternehmens ausmacht und eine umfangreiche Datenverarbeitung erfolgt.

In eine ähnliche Richtung geht die Ansicht[2336], nach der der Wortlaut des Art. 37 Abs. 1 lit. b DSGVO eine Ungenauigkeit aufweist, da davon die Rede ist, dass die Kerntätigkeit in Datenverarbeitungsvorgängen bestehen muss, die eine umfangreiche regelmäßige und systematische

---

[2328] *Heberlein*, in: Ehmann/Selmayr, DSGVO, 2. Auflage 2018, Art. 37 DSGVO, Rn. 27; *Dammann*, ZD 2016, 307, 308; *Raum*, in: Auernhammer, DSGVO/BDSG, 7. Auflage 2020, Art. 37 DSGVO, Rn. 45; *Drewes*, in: Simits/Hornungs/Spiecker gen. Döhmann, Datenschutzrecht, 2019, Art. 37 DSGVO, Rn. 17; *Moos,* in: Wolff/Brink, BeckOK Datenschutzrecht, 40. Edition, Stand: 1.11.2021, Art. 37 DSGVO, Rn. 19.

[2329] *Heberlein*, in: Ehmann/Selmayr, DSGVO, 2. Auflage 2018, Art. 37 DSGVO, Rn. 27.

[2330] *Heberlein*, in: Ehmann/Selmayr, DSGVO, 2. Auflage 2018, Art. 37 DSGVO, Rn. 27.

[2331] *Weichert*, CuA 4/2016, 8, 10.

[2332] *Bergt*, in: Kühling/Buchner, DSGVO/BDSG, 3. Auflage 2020, Art. 37 DSGVO, Rn. 21.

[2333] *Bergt*, in: Kühling/Buchner, DSGVO/BDSG, 3. Auflage 2020, Art. 37 DSGVO, Rn. 21; in diesem Sinne auch *Klug*, in: Gola, DSGVO, 2. Auflage 2018, Art. 37 DSGVO, Rn. 9, der das Heranziehen der in Art. 37 Abs. 1 lit. b., c DSGVO genannten Umstände fordert.

[2334] *Bergt*, in: Kühling/Buchner, DSGVO/BDSG, 3. Auflage 2020, Art. 37 DSGVO, Rn. 21.

[2335] *Klug*, in: Gola, DSGVO, 2. Auflage 2018, Art. 37 DSGVO, Rn. 11.

[2336] *Marschall/Müller*, ZD 2016, 415, 417.

Überwachung von betroffenen Personen erforderlich machen. Allerdings kann eine Datenverarbeitung, mag sie auch besonders umfangreich sein, sinnvollerweise entweder die Überwachung der betroffenen Personen zum Zweck haben oder aufgrund ihres Umfangs selbst überwachungsbedürftig sein, nicht jedoch aufgrund ihres Umfangs die Überwachung der betroffenen Personen erforderlich machen.[2337] Gemeint sein soll damit vielmehr, ob Betroffene überwacht werden, das heißt, ob auf Grund der Art, des Umfangs und/oder der Zwecke der Datenverarbeitung es möglich ist, Personen zu überwachen oder ob diese überwacht werden und eine Gefahr für das allgemeine Persönlichkeitsrecht der Betroffenen besteht.[2338] Diese Auslegung stützt sich auch auf EwG 97, da dieser auf die Kontrollbedürftigkeit der Verarbeitungsvorgänge mit Blick auf die mit ihnen verbundenen Risiken abstellt.[2339]

Bei einer solchen Auslegung löst beispielsweise schon der Einsatz eines Zeiterfassungssystems im Unternehmen die Bestellpflicht aus, da dieser der Überwachung der Betroffenen zumindest mittelbar dient.[2340] Unerheblich ist an dieser Stelle, ob die Überwachung auf legitimen Interessen des Arbeitgebers basiert oder gar eine rechtliche Verpflichtung zur Überwachung besteht.[2341]

6.8.1.2.1.2   Stellungnahme

Die Negativabgrenzung des EwG 97 S. 2 DSGVO hilft insofern weiter, als diejenigen Aufgaben, die nicht dem Geschäftszweck dienen, von vornherein nicht als Kerntätigkeiten in Betracht kommen. Jedoch verbleibt eine Grauzone zwischen bloßen Verwaltungstätigkeiten und den Vorgängen, die der Umsetzung der Unternehmensstrategie dienen.[2342]

Das Argument, dass eine größere Personalabteilung entsprechend dem risikobasierten Ansatz ein größeres Risiko für das allgemeine Persönlichkeitsrecht des Betroffenen mit sich bringt, verfängt insofern nicht, als gerade bei kleineren Personalabteilungen die Betroffenen regelmäßig persönlich bekannt sind, während dies bei größeren Personalabteilungen oftmals nicht der Fall ist.

Stellt man bereits hier darauf ab, ob eine Personalabteilung eine umfangreiche Datenverarbeitung vornimmt, so würde man überdies wieder die Bestellpflicht für den Datenschutzbeauftragten ab einem gewissen Schwellwert von mit Datenverarbeitungsprozessen befassten Personen einführen. Diese Lösung, welche im Kommissionsentwurf[2343] sowie im Entwurf des Berichts des Parlaments[2344] vorgesehen war, wurde indes bewusst nicht gewählt. Begründet wurde dies damit, dass im Zeitalter von Cloud Computing, in dem selbst sehr kleine für die Verarbeitung Verantwortliche große Mengen von Daten durch Online-Dienste verarbeiten können, die Schwelle für die Benennung eines Datenschutzbeauftragten nicht auf die Unternehmensgröße

---

[2337] *Marschall/Müller*, ZD 2016, 415, 417.

[2338] *Marschall/Müller*, ZD 2016, 415, 417.

[2339] *Marschall/Müller*, ZD 2016, 415, 417.

[2340] *Marschall/Müller*, ZD 2016, 415, 417.

[2341] *Marschall/Müller*, ZD 2016, 415, 417.

[2342] *Bergt*, in: Kühling/Buchner, DSGVO/BDSG, 3. Auflage 2020, Art. 37 DSGVO, Rn. 20.

[2343] Vgl. Art. 35 Abs. 1 lit. b KOM(2012) 11 endgültig 2012/0011 (COD) v. 15.1.2011.

[2344] Vgl. Art. 35 Abs. 1 lit. b Entwurf eines Berichts über den Vorschlag für eine Verordnung des Europäischen Parlaments und des Rates zum Schutz natürlicher Personen bei der Verarbeitung personenbezogener Daten und zum freien Datenverkehr (DatenschutzGrundverordnung) (COM(2012)0011 – C7-0025/2012 – 2012/0011(COD)) v. 16.1.2013.

abstellen sollte, sondern auf der Relevanz der Datenverarbeitung.[2345] In die Betrachtung sind die Kategorien der verarbeiteten personenbezogenen Daten, die Art der Verarbeitungstätigkeiten und die Zahl der Personen, deren Daten verarbeitet werden, mit einzubeziehen.[2346] Der DSGVO liegt ein risikobasierter Ansatz zu Grunde, der sich auch in EwG 97 DSGVO niederschlägt.[2347]

Dennoch gibt der Wortlaut des Art. 37 Abs. 1 lit. b, c DSGVO vor, zunächst die Kerntätigkeit festzulegen, bevor auf die weiteren in Art. 37 Abs. 1 lit. b, c DSGVO genannten Kriterien abgestellt werden kann. Diese beziehen sich auf die Verarbeitungsvorgänge, die die Kerntätigkeit ausmachen. Etwas anderes ergibt sich auch nicht aus EwG 97, der in Satz 1 eindeutig Haupt- und bloße Nebentätigkeiten voneinander abgrenzt. Selbst wenn ein Unternehmen umfangreiche Maßnahmen zur Mitarbeiterüberwachung unternimmt oder Zeiterfassungssysteme einsetzt, so wird es sich nicht um ihre Kerntätigkeit handeln, mögen entsprechende Maßnahmen auch umfangreich sein und mit Risiken für die Rechte und Freiheiten der Beschäftigten verbunden sein. Mag dieses Ergebnis auch unbefriedigend erscheinen, so ist doch der Wortlaut auch im Europarecht Beginn[2348] und Grenze[2349] der Auslegung.[2350]

6.8.2 Bestellpflicht nach § 38 Abs. 1 BDSG

Gemäß § 38 Abs. 1 S. 1 BDSG benennen der Verantwortliche und der Auftragsverarbeiter eine Datenschutzbeauftragte oder einen Datenschutzbeauftragten, soweit sie in der Regel mindestens 20 Personen ständig mit der automatisierten Verarbeitung personenbezogener Daten beschäftigen.

Unabhängig von solchen Schwellwerten hat der Verantwortliche nach § 38 Abs. 1 S. 2 BDSG, der auf die Öffnungsklausel des Art. 37 Abs. 4 DSGVO gestützt wird[2351], einen Datenschutzbeauftragten unter anderem dann zu bestellen, wenn der Verantwortliche Datenverarbeitungen vornimmt, die einer Pflicht zur Datenschutz-Folgenabschätzung unterliegen. Beim Einsatz von umfangreichen Überwachungssystemen wird eine solche regelmäßig durchzuführen sein.[2352] Aufgrund dessen ist zumindest in Deutschland die Frage, ob sich aus Art. 37 Abs. 1 DSGVO eine Pflicht zur Bestellung eines Datenschutzbeauftragten bei der Verarbeitung von Beschäftigtendaten ergibt, jedenfalls insofern für die Praxis ohne Bedeutung, als eine Überwachung von Mitarbeitern erfolgt. In diesem Fall greift regelmäßig § 38 Abs. 1 S. 2 BDSG.

6.9 Ausschließlich automatisierte Verarbeitung

Es stellt sich die Frage, ob beim Einsatz von Anomalieerkennungssoftware davon auszugehen ist, dass eine ausschließlich automatisierte Verarbeitung nach Art. 22 Abs. 1 DSGVO vorliegt.

[2345] Entwurf eines Berichts über den Vorschlag für eine Verordnung des Europäischen Parlaments und des Rates zum Schutz natürlicher Personen bei der Verarbeitung personenbezogener Daten und zum freien Datenverkehr (DatenschutzGrundverordnung) (COM(2012)0011 – C7-0025/2012 – 2012/0011(COD)) v. 16.1.2013, 40, abrufbar unter https://www.huntonprivacyblog.com/wp-content/uploads/sites/28/2013/01/Albrecht-Report-LIBE.pdf (zuletzt abgerufen am 01.09.2023).

[2346] *Bergt*, in: Kühling/Buchner, DSGVO/BDSG, 3. Auflage 2020, Art. 37 DSGVO, Rn. 18, 21,

[2347] *Marschall/Müller*, ZD 2016, 415, 417.

[2348] Vgl. exemplarisch GA *Roemer,* Schlussanträge zu EuGH, Rs. 16/70, Slg. 1970, 921, 938 (Necomout/Hoofdproduktschap).

[2349] Vgl. z.B. EuGH, Rs. C-313/07, Slg. 2008, I-7907, Rn. 44 (Kirtruna S L u. a./Spanien); EuGH, Rs. C-262/96, Slg. 1999, Rn. 62 (Sürül); *Dederichs,* EuR 2004, 345, 353 f.

[2350] *Wegener*, in: Callies/Ruffert, EUV/AEUV, 6. Auflage 2022, Art. 19 EUV, Rn. 28.

[2351] *Schwendemann*, in: Sydow, Europäische Datenschutzgrundverordnung, 2. Auflage 2018, Art. 35 DSGVO, Rn. 41.

[2352] *Lachenmann*, in: Koreng/Lachenmann, Formularhandbuch Datenschutzrecht, 3. Auflage 2021, H.III.2.27 für den Fall der Videoüberwachung auf dem Betriebsgelände; siehe hierzu 6.7.1.2.

Denn gerade der Einsatz technischer Systeme zum Zweck der Verhinderung und Aufdeckung von Straftaten geht oftmals in mehreren Schritten vonstatten. Auf einer ersten Stufe wird hier oft eine Entscheidung durch einen Algorithmus vorbereitet, beispielsweise beim Einsatz eines SIEM-Systems ein Alarm abgesetzt. Diese Alarmmeldung wird dann ein Mensch quittieren und weitere Maßnahmen veranlassen, wie beispielsweise überprüfen, ob an dem Zugang, an welchem der Alarmsensor ausgelöst wurde, ein Einbruchsversuch vorliegt.

Beim Einsatz forensischer Software im Zuge unternehmensinterner Ermittlungen zur Sichtung großer Datenmengen, beispielsweise um aufzuspüren, ob eine Beteiligung an Kartellabsprachen stattgefunden hat, wird die Software zwar in der Lage sein, nach bestimmten Schlüsselwörtern zu suchen. Jedoch müssen diese vorher von einem Menschen festgelegt worden sein und auch nach Auffinden von Key Words muss eine Sichtung durch einen Menschen stattfinden, um herauszufinden, ob tatsächlich eine Kartellabsprache vorliegt.

Die Software fungiert also bei den genannten Beispielen als Werkzeug, welches die manuelle Sichtung ersetzen soll, ohne die Letztentscheidung zu treffen. Dennoch trifft der Algorithmus eine Auswahl und bereitet zumindest die menschliche Entscheidung wesentlich vor.

6.9.1 Ausschließlichkeit

Dem Wortlaut des Art. 22 Abs. 1 DSGVO ist nicht zu entnehmen, welches Maß an menschlicher Beteiligung erforderlich ist, um den Tatbestand auszuschließen. Eine nicht ausschließlich automatisierte Entscheidung liegt nämlich bei genauer Betrachtung schon dann vor, wenn eine Person auf eine irgendwie geartete Weise in den Entscheidungsprozess mit einbezogen wird, auch wenn diese den Entscheidungsprozess inhaltlich nicht beeinflussen kann, sondern rein formal die Bestätigung oder Ausfertigung der Entscheidung vornimmt.[2353] Dieser Fall kann jedoch nicht ausreichen, um die Anwendung von Art. 22 DSGVO zu verneinen, weil die Norm dann de facto niemals greifen würde.

EwG 71 nennt als Beispiele für von Art. 22 Abs. 1 DSGVO erfasste automatisierte Entscheidungen die Ablehnung eines Online-Kreditantrags oder ein Online-Einstellungsverfahren ohne jegliches menschliche Eingreifen. So liegt etwa beim programmgesteuerten Bewerberranking, bei dem der Arbeitgeber letztlich entscheidet, ob und welche Bewerber infrage kommen, keine automatisierte Entscheidung vor, während eine solche bei E-Recruitings, bei der nach Eingabe der Daten in die entsprechenden Felder Bewerber sofort eine ablehnende Entscheidung erhalten, vorliegt.[2354]

Art. 35 Abs. 3 lit. a DSGVO differenziert zwischen der Entscheidung, die aufgrund der automatisierten Verarbeitung erfolgt und der automatisierten Verarbeitung.[2355] Hieraus ergibt sich als ratio des Art. 22 DSGVO, dass es darauf ankommt, ob ein Mensch auf die Entscheidung selbst inhaltlich Einfluss nimmt.[2356] Von Art. 22 Abs. 1 DSGVO sollen solche Fälle erfasst sein, in denen der automatisierte vorbereitende Verarbeitungsprozess und die Entscheidung identisch sind, es soll aber nicht jeder Vorgang erfasst sein, bei denen die Entscheidung auf Grundlage eines automatisierten Verarbeitungsprozesses erfolgt.[2357]

[2353] *Martini*, in: Paal/Pauly, DSGVO/BDSG, 3. Auflage 2021, Art. 22 DSGVO, Rn. 17; *Taeger*, in: Taeger/Gabel, DSGVO/BDSG/TTDSG, ARt. 22 DSGVO, Rn. 29; *Buchner*, in: Kühling/Buchner, DSGVO/BDSG, 3. Auflage 2020, Art. 22 DSGVO, Rn. 15.

[2354] Art. 29 Data Protection Working Party, WP 251, 10.

[2355] *Martini*, in: Paal/Pauly, DSGVO/BDSG, 3. Auflage 2021, Art. 22 DSGVO, Rn. 17b.

[2356] *Martini*, in: Paal/Pauly, DSGVO/BDSG, 3. Auflage 2021, Art. 22 DSGVO, Rn. 17b; *Buchner*, in: Kühling/Buchner, DSGVO/BDSG, 3. Auflage 2020, Art. 22 DSGVO, Rn. 15.

[2357] *Martini*, in: Paal/Pauly, DSGVO/BDSG, 3. Auflage 2021, Art. 22 DSGVO, Rn. 17b.

Dies deckt sich mit der Rechtsprechung des BGH zu den auf Art. 15 DSRL zurückgehenden § 6a BDSG a.f., dass das Vorliegen einer automatisierten Verarbeitung alleine noch keine automatisierte Entscheidung, sondern eine der Entscheidung vorausgehende Datenauswertung darstellt.[2358] Danach kann von einer automatisierten Einzelentscheidung im Falle des Scorings nur dann ausgegangen werden, wenn die für die Entscheidung verantwortliche Stelle eine rechtliche Folgen für den Betroffenen nach sich ziehende oder ihn erheblich beeinträchtigende Entscheidung ausschließlich aufgrund eines Score-Ergebnisses ohne weitere inhaltliche Prüfung trifft, nicht aber, wenn die mittels automatisierter Datenverarbeitung gewonnenen Erkenntnisse lediglich Grundlage für eine von einem Menschen noch zu treffende abschließende Entscheidung sind.[2359] Eine Grenze wird dann erreicht sein, wenn die menschliche Einbindung nur pro forma erfolgt, indem ein Mensch die zuvor vorbereitete Entscheidung lediglich „abnickt" und damit zwar nicht formal, aber faktisch ausschließlich der Algorithmus die Entscheidung trifft.

Der in den Entscheidungsprozess involvierten Person muss also in jedem Fall eine echt inhaltliche Entscheidungsbefugnis verbleiben und diese muss die Entscheidungsbefugnis tatsächlich ausüben.[2360] Nicht ausreichend sind stichprobenartige Kontrollen oder aber die bloße Entscheidung, nicht auf den automatisierten Prozess einzuwirken.[2361] Erforderlich ist ein nicht nur unerhebliches, typischerweise regelmäßig erfolgendes menschliches Eingreifen.[2362]

Technikgestützte Softwaresysteme zur Verhinderung und Aufdeckung von innerbetrieblichen Straftaten basieren auf dem Prinzip, Anomalien zu erkennen und in irgendeiner Weise auf Trefferfälle hinzuweisen, beispielsweise durch einen akustischen oder optischen Alarm. Beim Einsatz intelligenter Videoüberwachungssysteme im Betrieb werden beispielsweise dem am Monitor sitzenden Kontrolleur durch Algorithmen oftmals aus Datenschutzgründen bearbeitete, z.B. verpixelte, Bilder angezeigt, die es diesem zunächst nicht möglich machen, die Situation vollständig zu bewerten.[2363] Denn alleine das intelligente System entscheidet, welche Personen herausgefiltert werden.[2364]

Allerdings ist es denkbar, nicht auf das Ergebnis der automatisierten Verarbeitung abzustellen, sondern darauf, dass die Parameter vorher durch einen Menschen abstrakt festgelegt und während des Lernprozesses des Systems in iterativen Prozessen manuell verfeinert werden.[2365] Dennoch verbleibt es dabei, dass zunächst der Algorithmus eine Entscheidung trifft, die nicht durch menschliches Handeln beeinflussbar ist.[2366] Technisch sind beispielsweise auf SIEM-Systeme aufgesetzte Systeme zur Anomalieerkennung so ausgestaltet, dass die Daten von dem System, welches durch entsprechendes Training des neuronalen Systems in der Lage ist, anomales Verhalten von Mitarbeitern ausfindig zu machen, erhoben werden und eine Fehlermeldung erscheint. Aufgrund der eingestellten Parameter und der durch Machine Learning gewonnen Erkenntnisse über das Verhalten der Belegschaft im jeweiligen Betrieb leitet das System selbstän-

---

[2358] BGH, Urt.v. 28.1.2014 – VI ZR 156/13, NJW 2014, 1235, 1238.

[2359] BGH, Urt.v. 28.1.2014 – VI ZR 156/13, NJW 2014, 1235, 1238.

[2360] *Martini*, in: Paal/Pauly, DSGVO/BDSG, 3. Auflage 2021, Art. 22 DSGVO, Rn. 19.

[2361] *Martini*, in: Paal/Pauly, DSGVO/BDSG, 3. Auflage 2021, Art. 22 DSGVO, Rn. 19; *Buchner*, in: Kühling/Buchner, DSGVO/BDSG, 3. Auflage 2020, Art. 22 DSGVO, Rn. 15..

[2362] *Martini*, in: Paal/Pauly, DSGVO/BDSG, 3. Auflage 2021, Art. 22 DSGVO, Rn. 19; *Buchner*, in: Kühling/Buchner, DSGVO/BDSG, 3. Auflage 2020, Art. 22 DSGVO, Rn. 15.

[2363] *Bretthauer* 2017, 171.

[2364] *Bretthauer* 2017, 171; *Hornung/Desoi*, K&R 2011, 153, 156, 158; insbesondere in Fällen der intelligenten Videoüberwachung müssen die Wertungen des Art. 3 GG beachtet werden, wenn diskriminierende Merkmale wie Alter, Rasse oder Geschlecht herangezogen werden, vgl. hierzu *Bretthauer* 2017, 171 ff., *Hornung/Desoi*, K&R 2011, 153, 156.

[2365] *Hornung/Desoi*, K&R 2011, 153, 156; *Bretthauer* 2017, 171.

[2366] *Bretthauer* 2017, 174 f für die intelligente Videoüberwachung.

dig den ersten Schritt, eine Alarmmeldung, ein. In einem zweiten Schritt wird dann der Mitarbeiter tätig, der den Alarm quittiert und dann die weiteren Schritte einleitet, z.B. das Überprüfen der Lage vor Ort oder je nach Ausgestaltung des Systems, das Hinzuziehen der Videosensorik, um zu checken, ob ein Fehlalarm vorliegt.

Es stellt sich also die Frage, auf welche Entscheidung man als maßgeblich abstellen möchte. Richtigerweise ist entsprechend der Formulierung in Art. 22 Abs. 1 DSGVO, Art. 35 Abs. 3 lit. a DSGVO auf die Letztentscheidung und nicht auf die Vorbereitung abzustellen. Es ist also eine Gesamtbetrachtung anzustellen.

In der Regel werden zwar Anomalien rein automatisiert identifiziert werden, jedoch wird in der Zentrale ein Mitarbeiter zwischengeschaltet sein, welcher die Meldungen quittiert und über die weitere Vorgehensweise entscheidet, sodass nicht von einer rein automatisierten Entscheidung ausgegangen werden kann, sondern lediglich von einer Vorentscheidung. Das Verbot des Art. 22 Abs. 1 DSGVO wird deshalb in der Regel nicht greifen. Denn typischerweise prüft der Mitarbeiter den Sachverhalt, bewertet die Situation, die vom System als Anomalie erkannt wurde und entscheidet selbständig, ob tatsächlich ein strafbares Verhalten seitens des Mitarbeiters vorliegt.

6.9.2 Profiling

Art. 22 Abs. 1 DSGVO erstreckt sich auch auf das Profiling. Nach Art. 4 Nr. 4 DSGVO handelt es sich beim Profiling um jede Art der automatisierten Verarbeitung personenbezogener Daten, die darin besteht, dass diese personenbezogenen Daten verwendet werden, um bestimme persönliche Aspekte, die sich auf eine natürliche Person beziehen, zu bewerten, insbesondere um Aspekte bezüglich Arbeitsleistung, wirtschaftliche Lage, Gesundheit, persönliche Vorlieben, Interessen, Zuverlässigkeit, Verhalten, Aufenthaltsort oder Ortswechsel dieser natürlichen Person zu analysieren oder vorherzusagen. Dem unterfallen im Beschäftigungsverhältnis beispielsweise Verfahren zur Bewerberauswahl oder auch Auswahlverfahren im bestehenden Arbeitsverhältnis, wenn es um Fähigkeiten, Leistungen, Charaktereigenschaften oder andere komplexe Merkmale geht, welche der Verarbeitung zugrunde liegen.[2367]

Beim Einsatz von Anomalieerkennungssystemen findet in der Regel ein Profiling statt, da personenbezogene Daten der Beschäftigten verarbeitet werden, um deren Verhalten zu bewerten. Nur so ist es für den Algorithmus möglich, Verhaltensweisen als möglichen Pflichtenverstoß oder gar als strafbar einzuordnen. Der Algorithmus prüft, ob die Verhaltensweisen des Beschäftigten vom Normalverhalten abweichen und als auffällig einzuordnen sind und löst je nach Bewertung einen Trefferfall aus.

Erwähnung findet Profiling in den Art. 4 Nr. 4, 13 Abs. 2 lit. f, 14 Abs. 2 lit. g, 22, EwG 71, 72 DSGVO. Allerdings verzichtet die DSGVO auf eine explizite Regelung zur Zulässigkeit des Profilings. Die Zulässigkeit des Profilings richtet sich nicht nach Art. 22 DSGVO, sondern nach Art. 6 DSGVO, dem BDSG oder einem bereichsspezifischen Fachgesetz.[2368] Dies stellt EwG 72 S. 1 klar. Der exemplarische Einschub in Art. 22 Abs. 1 DSGVO („ausschließlich Profiling") soll lediglich den Anwendungsbereich des Art. 22 DSGVO erweitern.[2369] Denn Art. 15 DSRL beschränkte sich in seinem Anwendungsbereich auf Entscheidungen, die aufgrund automatisierter Verarbeitungen ergingen, die der Bewertung einzelner Persönlichkeitsmerkmale dienen.[2370] Art. 22 DSGVO erfasst demgegenüber jede automatisierte Datenverarbeitung, sodass

---

[2367] *Hladjk*, in. Ehmann/Selmayr, DSGVO, 2. Auflage 2018, Art. 22 DSGVO, Rn. 7.

[2368] *v. Lewinski*, in: Wolff/Brink, BeckOK Datenschutzrecht, 40. Edition, Stand 1.5.2022, Art. 22 DSGVO, Rn. 4.

[2369] *Schulz*, in: Gola, DSGVO, 2. Auflage 2018, Art. 22 DSGVO, Rn. 20.

[2370] *Schulz*, in: Gola, DSGVO, 2. Auflage 2018, Art. 22 DSGVO, Rn. 20.

der Unterscheidung zwischen Profiling und sonstigen automatisierten Datenverarbeitungsvorgängen im Sinne des Art. 22 DSGVO von keiner inhaltlichen Bedeutung ist.[2371]

Auch in § 26 BDSG hat der nationale Gesetzgeber keine explizite Regelung dieses Phänomens mit aufgenommen.[2372] Konsequenz ist, dass sich die Zulässigkeit von Profiling im Sinne des Art. 4 Nr. 4 DSGVO im Beschäftigungsverhältnis an den Zulässigkeitstatbeständen des § 26 Abs. 1 BDSG messen lassen muss.

6.9.3 Kein Erfassen bloßer Zutrittskontrollen

Anders als Art. 15 DSRL fordert Art. 22 DSGVO nicht explizit, dass die Entscheidung ausschließlich auf der Auswertung von einzelnen Persönlichkeitsmerkmalen der betroffenen Person beruht.[2373] Außerdem wird, anders als bei Art. 15 DSRL, nicht mehr ein Mindestmaß an Komplexität der automatisierten Datenverarbeitung gefordert.[2374] Aus diesem Grund würden beispielsweise auch automatisierte auf biometrischen Merkmalen oder Chipkarten basierende Zutrittskontrollen[2375], wie sie beispielsweise bei einem SIEM-System im Betrieb erfolgen, dem Begriff der „Entscheidung" in Art. 22 Abs. 1 DSGVO unterfallen.

Sogar einfache „Wenn-Dann-Entscheidungen" wären von dem grundsätzlichen Verbot des Art. 22 Abs. 1 DSGVO umfasst.[2376] Dies ist aber vom Ergebnis her wenig überzeugend.[2377] Neben praktischen Erwägungen spricht hiergegen, dass sowohl Art. 4 Nr. 4 DSGVO als auch EwG 71 DSGVO davon ausgehen, dass ein Bewertungsvorgang hinsichtlich persönlicher Aspekte erfolgt.[2378] Auch Art. 35 Abs. 3 lit. a DSGVO greift Art. 22 DSGVO auf, stellt aber entscheidend auf die Bewertung persönlicher Aspekte ab.[2379] Eine solche liegt aber bei einer reinen Zutrittskontrolle nicht vor. Hier geht es um den bloßen und dann nicht bewertenden Identifizierungskontext, selbst wenn persönliche Merkmale, wie der Fingerabdruck oder andere biometrische Merkmale eingesetzt werden.[2380]

Art. 22 DSGVO zielt darauf ab, die ungeprüfte Unterwerfung des Individuums unter die Entscheidung einer Maschine zu verhindern.[2381] Menschen sollen nicht zum „bloßen Objekt" einer Computerentscheidung degradiert werden, sondern ein informationelles Recht auf ein faires Verfahren haben.[2382] Dieses Ziel kommt auch in den Erwägungsgründen zum Ausdruck, wenn EwG 71 S. 1 die faire und transparente Verarbeitung gegenüber dem Betroffenen zum Ziel der technischen und organisatorischen Maßnahmen erklärt, die der Verantwortliche im Rahmen des Profiling treffen muss. Um dem Schutzzweck des Art. 22 DSGVO Rechnung zu tragen und

---

[2371] *Buchner*, in: Kühling/Buchner, DSGVO/BDSG, 3. Auflage 2020, Art. 22 DSGVO, Rn. 21.

[2372] *Stelljes*, DuD 2016, 787, 788, 790 geht unter Bezugnahme auf die Rechtsprechung des EuGH in der Rs. Google Spain angesichts der Grundrechtsrelevanz des Profilings davon aus, dass eine eigene Rechtsgrundlage für das Profiling erforderlich sei.

[2373] *Schulz*, in: Gola, DSGVO, 2. Auflage 2018, Art. 22 DSGVO, Rn. 20.

[2374] *Schulz*, in: Gola, DSGVO, 2. Auflage 2018, Art. 22 DSGVO, Rn. 20.

[2375] *Buchner*, in: Kühling/Buchner, DSGVO/BDSG, 3. Auflage 2020, Art. 22 DSGVO, Rn. 18; *Schulz*, in: Gola, DSGVO, 2. Auflage 2018, Art. 22 DSGVO, Rn. 20.

[2376] *Buchner*, in: Kühling/Buchner, DSGVO/BDSG, 3. Auflage 2020, Art. 22 DSGVO, Rn. 18.

[2377] *Buchner*, in: Kühling/Buchner, DSGVO/BDSG, 3. Auflage 2020, Art. 22 DSGVO, Rn. 18; *Schulz*, in: Gola, DSGVO, 2. Auflage 2018, Art. 22 DSGVO, Rn. 20.

[2378] *Buchner*, in: Kühling/Buchner, DSGVO/BDSG, 3. Auflage 2020, Art. 22 DSGVO, Rn. 18.

[2379] *Buchner*, in: Kühling/Buchner, DSGVO/BDSG, 3. Auflage 2020, Art. 22 DSGVO, Rn. 18.

[2380] *v. Lewinski*, in: Wolff/Brink, BeckOK Datenschutzrecht, 40. Edition, Stand 1.5.2022, Art. 22 DSGVO, Rn. 10.

[2381] *v. Lewinski*, in: Wolff/Brink, BeckOK Datenschutzrecht, 40. Edition, Stand 1.5.2022, Art. 22 DSGVO, Rn. 2.

[2382] *v. Lewinski*, in: Wolff/Brink, BeckOK Datenschutzrecht, 40. Edition, Stand 1.5.2022, Art. 22 DSGVO, Rn. 2.

seinen Anwendungsbereich nicht sinnwidrig auszuweiten, muss deshalb eine teleologische Reduktion erfolgen.[2383] Solche Datenverarbeitungsvorgänge, die zu einer Entscheidung im Sinne des Art. 22 Abs. 1 DSGVO führen, müssen danach doch ein Mindestmaß an Komplexität aufweisen.[2384]

Problematisch ist an der Anomalieerkennung, dass diese sich künstliche Intelligenz zu Nutze macht. Ein Anomalieerkennungssystem, welches auf einem SIEM-System im Unternehmen aufbaut, benötigt in jedem Betrieb eine gewisse Anlernphase, in der das neuronale Netz trainiert wird. Das Verhalten der Benutzer des Systems muss in einem ersten Schritt analysiert werden, damit das System normales und abweichendes Verhalten zu unterscheiden lernt. Dadurch werden persönliche Aspekte des Beschäftigten bewertet. Auch nach dieser Anlernphase bewertet die Software aufgrund einer algorithmischen Analyse, ob normales der anomales Verhalten vorliegt und löst lediglich bei anomalen Verhalten einen Alarm aus. Auf diesem Grund kann man nicht mehr von einer reinen Wenn-Dann-Entscheidung ausgehen, sondern von Profiling im Sinne des Art. 4 Nr. 4 DSGVO.

Um unter Berücksichtigung der besonderen Umstände und Rahmenbedingungen, unter denen die personenbezogenen Daten verarbeitet werden, der betroffenen Person gegenüber eine faire und transparente Verarbeitung zu gewährleisten, sollte der für die Verarbeitung Verantwortliche nach EwG 71 DSGVO geeignete mathematische oder statistische Verfahren für das Profiling verwenden, technische und organisatorische Maßnahmen treffen, mit denen in geeigneter Weise insbesondere sichergestellt wird, dass Faktoren, die zu unrichtigen personenbezogenen Daten führen, korrigiert werden und das Risiko von Fehlern minimiert wird, und personenbezogene Daten in einer Weise sichern, dass den potenziellen Bedrohungen für die Interessen und Rechte der betroffenen Person Rechnung getragen wird und unter anderem verhindern, dass es gegenüber natürlichen Personen aufgrund von Rasse, ethnischer Herkunft, politischer Meinung, Religion oder Weltanschauung, Gewerkschaftszugehörigkeit, genetischer Anlagen oder Gesundheitszustand sowie sexueller Orientierung zu diskriminierenden Wirkungen oder zu einer Verarbeitung kommt, die eine solche Wirkung hat.

6.9.4 Rechtliche Wirkung oder erhebliche Beeinträchtigung

Von Art. 22 Abs. 1 DSGVO sind nur Fälle erfasst, in denen die Entscheidung gegenüber dem Betroffenen rechtliche Wirkung entfaltet oder ihn in ähnlicher Weise erheblich beeinträchtigt. Eine rechtliche Wirkung ist anzunehmen, wenn sich der rechtliche Status der betroffenen Person in irgendeiner Weise verändert.[2385] Eine erhebliche Beeinträchtigung liegt dagegen vor, wenn eine Entscheidung eine negative Folge von einigem Gewicht für die betroffene Person nach sich zieht.[2386]

Bei investigativen Maßnahmen im Arbeitsverhältnis ist zu beachten, dass diese der eigentlich belastenden rechtlichen Entscheidung, nämlich einer Abmahnung, Kündigung oder Strafanzeige vorgeschaltet sind und keine unmittelbare Beeinträchtigung nach sich ziehen.

Allerdings liegt in jedem Fall eine erhebliche Beeinträchtigung der betroffenen Person vor. Sofern ein Screening zu einem Trefferfall führt, werden gegen die entsprechende Person mindestens unternehmensinterne Ermittlungen angestellt werden, um zu überprüfen, ob sich der Tatverdacht erhärtet. Zudem zieht die Behandlung als Tatverdächtiger eine gewisse Stigmatisierung nach sich.

[2383] *Schulz*, in: Gola, DSGVO, 2. Auflage 2018, Art. 22 DSGVO, Rn. 20.

[2384] *Schulz*, in: Gola, DSGVO, 2. Auflage 2018, Art. 22 DSGVO, Rn. 20.

[2385] *Buchner*, in: Kühling/Buchner, DSGVO/BDSG, 3. Auflage 2020, Art. 22 DSGVO, Rn. 24; *Martini*, in: Paal/Pauly, DSGVO/BDSG, 3. Auflage 2021, Art. 22 DSGVO, Rn. 26.

[2386] *Scholz*, in: Simits/Hornungs/Spiecker gen. Döhmann, Datenschutzrecht, 2019, Art. 22 DSGVO, Rn. 35; *Martini*, in: Paal/Pauly, DSGVO/BDSG, 3. Auflage 2021, Art. 22 DSGVO, Rn. 27.

6.9.5 Zwischenergebnis

Letztlich liegt beim Einsatz eines Anomalieerkennungsverfahrens im Unternehmen regelmäßig keine dem Verbot des Art. 22 Abs. 1 DSGVO unterfallende ausschließlich automatisierte Entscheidung vor, da der Schwerpunkt der Entscheidung bei einer Person liegt.

6.10 Anonymisierung und Pseudonymisierung im Betrieb

Im Zuge der nach § 26 Abs. 1 BDSG durchzuführenden Erforderlichkeitsprüfung findet eine Abwägung der wechselseitigen Rechte und Interessen von Arbeitgeber und Arbeitnehmer statt. Die Intensität des Eingriffs in die Arbeitnehmerrechte wird dabei durch Maßnahmen der Anonymisierung und Pseudonymisierung abgemildert, sodass der Verantwortliche sich stets die Frage zu stellen hat, welche Anforderungen hieran gestellt werden und wie sie im Betrieb umgesetzt werden können. Anonymisierte Daten unterfallen schon nicht dem Anwendungsbereich der DSGVO oder des BDSG, sodass diese vom Verantwortlichen ohne gesetzliche Restriktionen verarbeitet werden können.

6.10.1 Anonymisierung

Der Begriff der Anonymisierung wird – anders als in § 3 Abs. 6 BDSG a.F. – weder in der DSGVO, noch im BDSG in seiner am 25.5.2018 in Kraft getretenen Fassung, definiert. Nach EwG 26 S. 5 DSGVO gelten die Grundsätze des Datenschutzes nicht für anonyme Informationen. Hiermit sind Informationen gemeint, die sich nicht auf eine identifizierte oder identifizierbare natürliche Person beziehen oder personenbezogene Daten, die derart anonymisiert wurden, dass die betroffene Person nicht mehr identifiziert werden kann.

6.10.1.1 Unterscheidung zwischen anonymen und anonymisierten Informationen

Die DSGVO unterscheidet damit zwischen anonymen und anonymisierten Informationen.

Die in EwG 26 DSGVO vorgenommene Differenzierung ist dabei in zeitlicher Hinsicht zu verstehen. Anonyme Informationen weisen von vornherein keinen Personenbezug auf.[2387] Anonymisierte Informationen wurden demgegenüber in einer Weise verarbeitet, dass die Identifikation der Person, zu denen sie Angaben enthielten, nicht mehr erfolgen kann. Damit geht die DSGVO unbeachtet der hieran aus praktischer Sicht bereits seit Jahrzehnten geäußerten Zweifel[2388] weiterhin davon aus, dass eine effektive Anonymisierung möglich ist.[2389]

Von anonymen Daten abzugrenzen waren bereits vor Erlass der DSGVO solche Daten, die überhaupt keine Angaben über eine Person enthalten und damit per se nicht datenschutzrelevant sind.[2390] Anonyme Daten enthalten demgegenüber grundsätzlich mindestens eine Einzelangabe über eine Person, jedoch besteht die Besonderheit, dass die Kenntnis, die eine Zuordnung ermöglichen würde, von Anfang an fehlt oder nachträglich weggefallen ist.[2391] Ein Beispiel für ein Datum, das für sich genommen gar keine Angabe über eine Person enthält, stellt die Alarmmeldung eines Rauchmelders in einem Sicherheitssystem dar (sofern dieser durch einen Brand ausgelöst wurde, der nicht durch eine Person verursacht wurde).

Der Legaldefinition des Art. 4 Nr. 1 DSGVO, nach der es sich bei personenbezogenen Daten um Informationen handelt, die sich auf eine identifizierte oder identifizierbare natürliche Person

---

[2387] *Wójtowicz/Cebulla*, PinG 2017, 186, 187.

[2388] *Ohm*, UCLA Law Review 2010, 1701 ff.

[2389] *Wójtowicz/Cebulla*, PinG 2017, 186, 187.

[2390] *Roßnagel/Scholz*, MMR 2000, 721, 723.

[2391] *Roßnagel/Scholz*, MMR 2000, 721, 723.

beziehen, lässt sich entnehmen, dass sich „anonymisiert" und „personenbezogen" ausschließen, da die Anonymisierung auf die Aufhebung dieses Bezugs abzielt.[2392]

6.10.1.2 Der Begriff der personenbezogenen Daten

Da anonyme Daten gerade keine personenbezogenen Daten sind, empfiehlt es sich, sich dem Begriff im Wege einer Negativabgrenzung anzunähern und zu fragen, wann personenbezogene Daten vorliegen. *Weichert* definiert Anonymisierung wie folgt: „Bei der Anonymisierung erfolgt eine über die Pseudonymisierung hinausgehende Datenminimierung, so dass ein Personenbezug überhaupt nicht mehr hergestellt werden kann, der Gehalt eines Datensatzes zu einer Person aber so weit wie möglich erhalten bleibt (vgl. § 16 Abs. 5 StatG)."[2393] Diese Definition entspricht aber nicht dem Verständnis der DSGVO, denn diese stellt lediglich auf die Auflösung des Personenbezugs ab, wobei gleichgültig ist, ob der Gehalt des Datensatzes angetastet bleibt. Der Grundsatz der Datenrichtigkeit nach Art. 5 Abs. 1 lit. f DSGVO spielt an dieser Stelle keine Rolle, da die anonymisierten Daten dem sachlichen Anwendungsbereich der DSGVO nicht mehr unterfallen. Überdies erscheint der Verweis auf das BStatG schon deshalb verfehlt, da es sich um ein deutsches Gesetz handelt.

6.10.1.2.1   Die Identifizierbarkeit als zentrales Merkmal

Art. 4 Nr. 1 DSGVO definiert personenbezogene Daten als alle Informationen, die sich auf eine identifizierte oder identifizierbare natürliche Person (im Folgenden „betroffene Person") beziehen; als identifizierbar wird eine natürliche Person angesehen, die direkt oder indirekt, insbesondere mittels Zuordnung zu einer Kennung wie einem Namen, zu einer Kennnummer, zu Standortdaten, zu einer Online-Kennung oder zu einem oder mehreren besonderen Merkmalen identifiziert werden kann, die Ausdruck der physischen, physiologischen, genetischen, psychischen, wirtschaftlichen, kulturellen oder sozialen Identität dieser natürlichen Person sind. Von entscheidender Bedeutung für den Personenbezug ist nach Art. 4 Nr. 1 DSGVO damit das Kriterium der Identifizierbarkeit. Eine Person ist identifizierbar, wenn durch eine Anzahl von weiteren Verarbeitungsschritten oder Zusatzwissen zwischen einer Person und einer Information eine Beziehung hergestellt werden kann.[2394]

Diese Definition entspricht inhaltlich weitestgehend der des Art. 2 lit. a RL/95/46/EG.[2395] Aus diesem Grund ist nicht davon auszugehen, dass mit Inkrafttreten der DSGVO ein neues Verständnis des Begriffs der personenbezogenen Daten einhergehen soll. Auch die Identifizierbarkeit soll den Begriff der Bestimmbarkeit lediglich ablösen, ohne dass dies mit einer inhaltlichen Änderung verbunden ist.[2396] Hierfür spricht auch die Entstehungsgeschichte. Denn in der deutschen Fassung der Entwürfe zur DSGVO der Kommission, des Europäischen Parlaments und

[2392] *Schwartmann/Mühlenbeck*, in: Schwartmann/Jaspers/Thüsing/Kugelmann, DSGVO/BDSG, 2. Auflage 2020, Art. 4 DSGVO, Rn. 43; *Klar/Kühling*, in: Kühling/Buchner, DSGVO/BDSG, 3. Auflage 2020, Art. 4 DSGVO, Rn. 31; *Karg*, DuD 2015, 520, 523.

[2393] *Weichert*, in: Däubler/Wedde/Weichert/Sommer, DSGVO/BDSG, 2. Auflage 2020, Art. 4 DSGVO, Rn. 74.

[2394] *Karg*, in: Simitis/Hornung/Spiecker gen. Döhmann, Datenschutzrecht, 2019, Art. 4 Nr. 1 DSGVO, Rn. 57.

[2395] So auch *Karg*, DuD 2015, 520, 521 zum Entwurf des DSGVO.

[2396] *Wójtowicz/Cebulla*, PinG 2017, 186, 187.

des Europäischen Rates ist noch die Rede von „bestimmt" oder „bestimmbar".[2397] Die englische Fassung der DSGVO spricht in EwG 26, Art. 4 Nr. 1 DSGVO ebenso wie die englische Fassung der RL 95/46/EG in Art. 2 Abs. 1 lit. a RL 95/46/EG von „identified" bzw. „identifiable". Hierin zeigt sich, dass es sich lediglich um eine der deutschen Übersetzung geschuldete Änderung im Wortlaut handelte, die mit keiner Änderung in der Sache einhergeht.[2398]

6.10.1.2.2   Absolutes oder relatives Begriffsverständnis

Nach EwG 26 sollten, um festzustellen, ob eine natürliche Person identifizierbar ist, alle Mittel berücksichtigt werden, die von dem Verantwortlichen oder einer anderen Person nach allgemeinem Ermessen wahrscheinlich genutzt werden, um die natürliche Person direkt oder indirekt zu identifizieren, wie beispielsweise das Aussondern. Bereits vor Inkrafttreten der DSGVO war umstritten, welches Zusatzwissen und welche Mittel zu berücksichtigen sind, wenn es um darum geht, festzustellen, ob eine Person identifizierbar ist.

Der Wortlaut des EwG 26 legt auf den ersten Blick ein absolutes Begriffsverständnis nahe. Denn er stellt auf die Mittel des Verantwortlichen oder einer anderen Person ab. Ein streng relatives Begriffsverständnis, wonach es ausschließlich auf die Mittel und das verfügbare Wissen des Verantwortlichen ankommt, scheidet damit aus.

Die Frage, ob als Maßstab eine relative oder eine absolute Betrachtungsweise angelegt werden muss, um bestimmen zu können, ob ein Personenbezug herstellbar ist, ergibt sich jedoch aus dem Wortlaut nicht eindeutig. Nach einem als absolut bezeichneten Verständnis würde es auf das gesamte verfügbare Wissen ankommen. Es wird jedoch nicht deutlich, ob die Erkenntnismöglichkeit der datenverarbeitenden Stelle oder das gesamte verfügbare Wissen entscheidend ist.[2399] Da von einem Gleichlauf des Begriffs der personenbezogenen Daten nach Art. 4 Nr. 1 DSGVO mit dem Begriff in Art. 2 Abs. 1 lit. a RL 95/46/EG ausgegangen werden kann, behalten die zu dem über letzteren geführten Streit vorgebrachten Argumente grundsätzlich ihre Gültigkeit. Mit der absoluten und der relativen Theorie standen sich zwei Extrempositionen gegenüber, die in verschiedenen abgeschwächten Nuancen vertreten wurden.[2400]

Bestimmt man den Begriff des Personenbezugs relativ, so besteht die Möglichkeit, diesen beispielsweise nur für die datenverarbeitende Stelle aufzuheben, sodass für diese die DSGVO bzw. das BDSG keine Anwendung mehr findet.[2401] Geht man demgegenüber von einer absoluten Begriffsbestimmung aus, so muss eine Re-Identifikation für jedermann ausgeschlossen sein. Sobald anonyme Daten vorliegen, ermöglicht dies beispielsweise im Bereich von Datenscreenings weitreichende Datenanalysen ohne jede Bindung an das Datenschutzrecht, verhindert aber auch konkrete Nachforschungen und Sanktionen gegen Mitarbeiter, wenn die Analysen zu

---

[2397] Vgl. jew. EwG 23 des Vorschlags der Europäischen Kommission vom 25. Januar 2012 (KOM(2012) 11 endgültig; 2012/0011 (COD), des Beschlusses des Europäischen Parlaments vom 12. März 2014 im Rahmen der ersten Lesung zu dem o.g. Vorschlag der Europäischen Kommission (Interinstitutionelles Dossier des Rats der Europäischen Union vom 27.3.2014, 2012/0011 (COD); 7427/1/14, REV 1 und des Rats der Europäischen Union vom 15. Juni 2015, 9565/15; EwG 24 des Beschlusses des Europäischen Parlaments vom 12. März 2014 im Rahmen der ersten Lesung zu dem o.g. Vorschlag der Europäischen Kommission (Interinstitutionelles Dossier des Rats der Europäischen Union vom 27.3.2014, 2012/0011 (COD); 7427/1/14, REV 1 und des Rats der Europäischen Union vom 15. Juni 2015, 9565/15; Art. 4 Nr. 1, 3 b Fassung des Rats der Europäischen Union vom 15. Juni 2015, 9565/15; Art. 4 Nr. 2 Fassung des Beschlusses des Europäischen Parlaments vom 12. März 2014 im Rahmen der ersten Lesung zu dem o.g. Vorschlag der Europäischen Kommission (Interinstitutionelles Dossier des Rats der Europäischen Union vom 27.3.2014, 2012/0011 (COD); 7427/1/14, REV 1.

[2398] *Weichert*, in: Däubler/Wedde/Weichert/Sommer, DSGVO/BDSG, 2. Auflage 2020, Art. 4 DSGVO, Rn. 18.

[2399] *Schantz*, NJW 2016, 1841, 1843.

[2400] Einen Überblick über den Streitstand liefert *Bergt*, ZD 2015, 365, 367 ff.

[2401] *Heinson*, BB 2010, 3084, 3088 ff; diese Vorgehensweise ist jedoch problematisch, weil hierin auch eine unzulässige Umgehung der rechtlichen Voraussetzungen gesehen werden kann.

Verdachtsfällen oder Beweisen führen. Für die Praxis ist die Frage, wann personenbezogene Daten vorliegen, mithin von großer Relevanz.

6.10.1.2.2.1 Relative Theorie

Nach Ansicht der Vertreter der sogenannten subjektiven oder relativen Theorie kommt es für die Bestimmbarkeit der Person auf die Kenntnisse, Mittel und Möglichkeiten der verantwortlichen Stelle im Einzelfall an.[2402] Diese muss in der Lage sein, den Personenbezug ohne unverhältnismäßigen Aufwand mit den ihr normalerweise zur Verfügung stehenden Hilfsmitteln herstellen zu können.[2403] Ob eine Information personenbeziehbar ist, ist abhängig vom jeweiligen Zusatzwissen und lässt sich nicht bei nur isolierter Betrachtung der Angabe ableiten.[2404] Dieselben Daten können für einen Datenverwender einer Person zuordenbar und damit personenbezogen sein, für den anderen nicht.[2405] Entscheidend ist die Beziehung zwischen Person und Datenverwender. Nur für denjenigen Datenverwender, der durch sein Zusatzwissen eine Beziehung zwischen Datum und Betroffenem herstellen kann, ist das Datum personenbezogen und der Anwendungsbereich des BDSG eröffnet.[2406] Da die Zuordnung dem Datenverarbeiter mit vertretbarem Aufwand möglich sein muss[2407] und derjenige den Personenbezug mit den ihr normalerweise zur Verfügung stehenden Kenntnissen und Hilfsmitteln und ohne unverhältnismäßigen Aufwand herstellen können muss[2408] ist der Personenbezug abzulehnen, wenn der Bezug nur theoretisch herstellbar ist, der Verantwortliche jedoch voraussichtlich den Aufwand scheuen wird.[2409]

Bei dieser Theorie handelt es sich um eine Theorie, die näher an den Interessen des Verantwortlichen liegt, da sie praktikabler ist und ihm keinen unverhältnismäßigen Aufwand bei der Anonymisierung abverlangt.[2410] Andererseits treten der Wissenstand und der Aufwand, mit dem der Verantwortliche möglicherweise den Personenbezug wiederherstellen kann, nicht offen zutage, was zu Rechtsunsicherheit führt.[2411]

6.10.1.2.2.2 Absolute Theorie

Nach der sogenannten objektiven oder absoluten Theorie soll ein Datum bereits dann personenbezogen sein, wenn die Verbindung zwischen Person und Information mithilfe des Zusatzwissens eines beliebigen Dritten, auch nur theoretisch, legal oder illegal, hergestellt werden kann,

---

[2402] *Gola/Brink*, in: Boecken/Düwell/Diller/Hanau, Gesamtes Arbeitsrecht, 2016, § 3 BDSG, Rn. 2; *Gola/Klug/Körffer*, in: Gola/Schomerus, BDSG, 12. Auflage 2015, § 3 BDSG, Rn. 10; *Hornung*, DuD 2004, 429, 430; *Dammann*, in: Simitis, BDSG, 8. Auflage 2014, § 3 BDSG, Rn. 23 f.; *Roßnagel/Scholz*, MMR 2000, 721, 723; *Meyerdierks*, MMR 2009, 8, 13; *Kühling/Klar*, NJW 2013, 3611, 3615; *Voigt*, MMR 2009, 377, 379; OLG Hamburg, Beschluss vom 03.11.2010 – 5 W 126/10, MMR 2011, 281; LG Berlin, Urt. v. 31.1.2013 – 57 S 87/08, ZD 2013, 618, 619 ff.; AG München, Urt. v. 30.9.2008 – 133 C 5677/08, ZUM-RD 2009, 413, 414; AG Kassel, Urt. v. 07.5.2013 – 435 C 584/13, ZD 2014, 90.

[2403] *Gola/Klug/Körffer*, in: Gola/Schomerus, BDSG, 12. Auflage 2015, § 3 BDSG, Rn. 10, *Dammann*, in: Simitis, BDSG, 8. Auflage 2014, § 3 BDSG, Rn. 32.

[2404] *Roßnagel/Scholz*, MMR 2000, 721, 723; *Karg*, in: Simitis/Hornung/Spiecker gen. Döhmann, Datenschutzrecht, 2019, Art. 4 Nr. 1 DSGVO, Rn. 59.

[2405] *Gola/Klug/Körffer*, in: Gola/Schomerus, BDSG, 12. Auflage 2015, § 3 BDSG, Rn. 44; *Härting*, NJW 2013, 2065.

[2406] *Roßnagel/Scholz*, MMR 2000, 721, 723.

[2407] *Köcher*, MMR 2007, 799, 801; *Gola/Klug/Körffer*, in: Gola/Schomerus, BDSG, 12. Auflage 2015, § 3 BDSG, Rn. 44.

[2408] *Gola/Klug/Körffer*, in: Gola/Schomerus, BDSG, 12. Auflage 2015, § 3 BDSG, Rn. 10, 44.

[2409] *Karg*, in: Simitis/Hornung/Spiecker gen. Döhmann, Datenschutzrecht, 2019, Art. 4 Nr. 1 DSGVO, Rn. 59.

[2410] *Karg*, in: Simitis/Hornung/Spiecker gen. Döhmann, Datenschutzrecht, 2019, Art. 4 Nr. 1 DSGVO, Rn. 59; *Kühling/Klar*, NJW 2013, 3611, 3615.

[2411] *Karg*, in: Simitis/Hornung/Spiecker gen. Döhmann, Datenschutzrecht, 2019, Art. 4 Nr. 1 DSGVO, Rn. 59; *Spiecker gen. Döhmann*, CR 2010, 311, 313.

da so ein umfassender Schutz des Betroffenen durch das Datenschutzrecht erreicht werden kann.[2412] Nur dann, wenn die Verknüpfungsmöglichkeit praktisch ausgeschlossen ist, ist nach dieser Ansicht ein Personenbezug abzulehnen.[2413] Die relative Theorie sei historisch begründet, aber nicht mehr zeitgemäß.[2414] Diese Position nahmen vor allem die Aufsichtsbehörden[2415] in der Formation des Düsseldorfer Kreises sowie Teile der Literatur ein.

Für diese Theorie sprach, dass sie eng am Wortlaut des EwG 26 DSRL – der mit dem des EwG 26 DSGVO nahezu deckungsgleich ist - orientiert war, der vorsah, bei der Entscheidung, ob eine Person bestimmbar ist, alle Mittel berücksichtigt werden sollten, die vernünftigerweise entweder von dem Verantwortlichen für die Verarbeitung oder von einem Dritten eingesetzt werden könnten, um die betreffende Person zu bestimmen.[2416] Ferner gewährte sie weitreichenden Schutz und nahm damit die Aussage des BVerfG ernst, dass kein Datum belanglos sei.[2417]

Diese Theorie wurde in der Literatur vielfach als zu weitgehend abgelehnt.[2418] Im Einzelfall wäre nicht kontrollierbar, ob ein Personenbezug nicht doch herstellbar sei, weil nicht auszuschließen ist, dass irgendjemand die Daten einer Person zuordnen könnte.[2419] Letztendlich würde man dem Datenverwender das gesamte „Weltwissen" zurechnen, was auch den Sinn und Zweck des Datenschutzrechts, welches auf den Schutz des allgemeinen Persönlichkeitsrechts des einzelnen zielt, ad absurdum führen würde.[2420] Denn eine reale Bedrohung für dieses Recht ist in dem Fall, dass es irgendjemandem möglich ist, die Daten einer Person zuzuordnen, regelmäßig nicht gegeben.[2421]

6.10.1.2.2.3 EuGH, Urteil vom 19.10.2016 (Rs. C-582/14 – Breyer/Bundesrepublik Deutschland

Der EuGH hat sich in seiner Entscheidung vom 19.10.2016 (Rs. C-582/14 – Breyer/Bundesrepublik Deutschland) der relativen Theorie angeschlossen, dies allerdings im konkreten Fall so weit ausgelegt, dass für das zu entscheidende Beispiel der IP-Adressen nunmehr de facto stets Personenbezug besteht – was sich im Ergebnis der absoluten Theorie annähert.

Konkret ging es um die Frage, ob dynamische IP-Adressen als personenbezogene Daten einzuordnen seien. Der Begriff der personenbezogenen Daten in Art. 2 lit. a RL 95/46/EG (DSRL) war mit dem des Art. 4 Nr. 1 DSGVO identisch.

In Rede stand die Konstellation, dass die Bundesrepublik Deutschland als Anbieter von Online-Mediendiensten die IP-Adressen der Nutzer der von ihr allgemein zugänglich gemachten Website speicherte, ohne über die zur Identifizierung der Nutzer erforderlichen Zusatzinformationen zu verfügen. Diese Zusatzinformationen, die zur Identifizierung notwendig waren, hatte der Internetzugangsanbieter des Klägers inne.[2422]

[2412] *Pahlen-Brandt*, DuD 2008, 34, 37 ff.; *Forgó/Krügel*, MMR 2010, 17, 18; *Weichert*, DuD 2007, 113, 115.

[2413] *Spiecker gen. Döhmann*, CR 2010, 311, 313.

[2414] *Weichert*, DuD 2007, 113, 115, Fn. 25.

[2415] *Düsseldorfer Kreis*, Datenschutzkonforme Ausgestaltung von Analyseverfahren zur Reichweitenmessung bei Internet-Angeboten, 26./27.11.2009, andeutungsweise zu-adressen; *Düsseldorfer Kreis*, Orientierungshilfe zu den Datenschutzanforderungen an App-Entwickler und App-Anbieter, 16.6.2014, 5; *Düsseldorfer Kreis*, Orientierungshilfe - Cloud Computing, 09.10.2014, 12.

[2416] *Karg*, in: Simitis/Hornung/Spiecker gen. Döhmann, Datenschutzrecht, 2019, Art. 4 Nr. 1 DSGVO, Rn. 58.

[2417] BVerfGE 65, 1, 45 - Volkszählung; *Spiecker gen. Döhmann*, CR 2010, 311, 313; *Brink/Eckhardt*, ZD 2015, 205, 206.

[2418] *Gola/Brink*, in: Boecken/Düwell/Diller/Hanau, Gesamtes Arbeitsrecht, 2016, § 3 BDSG, Rn. 2.

[2419] *Voigt*, MMR 2009, 377, 379.

[2420] *Voigt*, MMR 2009, 377, 379.

[2421] *Voigt*, MMR 2009, 377, 379.

[2422] EuGH, Urt. v. 19.10.2016, Rs. C-582/14 (Breyer), ECLI:EU:C:2016:779, Rn 31, 33.

Dies ist jedoch unschädlich, da es nach der Rechtsprechung des EuGH für die Identifizierbarkeit nicht erforderlich ist, dass sich alle zur Identifizierung erforderlichen Informationen in der Hand einer einzigen Person befinden.[2423] Der Verantwortliche muss sich danach auch abstrakt verfügbares Wissen eines Dritten zurechnen lassen.[2424]

Der EuGH machte in seiner Entscheidung dennoch deutlich, dass sich aus Art 2 lit. a RL 95/46/EG kein absolutes Verständnis des Begriffs der personenbezogenen Daten ableiten lässt.[2425] Nach dem EuGH sind dynamische IP-Adressen dann personenbezogene Daten, wenn der Webseiten-Betreiber über rechtliche Mittel verfügt, mit denen er die betreffende Person anhand der Zusatzinformationen, über die der Internetzugangsanbieter dieser Person verfügt, bestimmen lassen kann.[2426]

Zum Begriff der Verfügbarkeit sagt der EuGH, dass Mittel nicht verfügbar sind, „wenn die Identifizierung der Person gesetzlich verboten oder praktisch nicht durchführbar wäre, z. B. weil sie einen unverhältnismäßigen Aufwand an Zeit, Kosten und Arbeitskräften erfordern würde, so dass das Risiko einer Identifizierung de facto vernachlässigbar wäre."[2427] Danach stellt der EuGH auch auf den Aufwand und die tatsächliche Verfügbarkeit ab.[2428] Nicht ausreichend wäre es außerdem, wenn der Internetzugangsanbieter die Zuordnung vornehmen könnte, aber der Betreiber der Website ersteren nicht rechtlich zwingen kann, diese Zusatzwissen herauszugeben, sodass auch die rechtliche Zulässigkeit der eingesetzten Mittel eine Rolle spielt.[2429]

6.10.1.2.2.4   Relatives Begriffsverständnis der DSGVO

Art. 4 Nr. 1 DSGVO selbst lässt sich kein Hinweis darauf entnehmen, ob der DSGVO ein relatives oder absolutes Begriffsverständnis zugrunde liegt.[2430]

EwG 26 DSGVO spricht davon, dass bei der Bestimmung des Personenbezugs alle Mittel berücksichtigt werden sollen, die von dem Verantwortlichen oder einer anderen Person nach allgemeinem Ermessen wahrscheinlich genutzt werden, um die natürliche Person direkt oder indirekt zu identifizieren, wie beispielsweise das Aussondern. Das Erwähnen „einer anderen Person" lässt darauf schließen, dass der Gesetzgeber von einem absoluten Begriffsverständnis ausgegangen ist. Denn eine andere Person kann jede beliebige natürliche oder juristische Person sein, welche nicht mit dem Verantwortlichen identisch ist. Dafür spricht auch, dass der europäische Gesetzgeber mit der DSGVO darauf abzielte, ein möglichst gleichmäßiges und hohes Datenschutzniveau zu erreichen (EwG 10 DSGVO) und dass die absolute Theorie den größtmöglichen Schutz für die Rechte und Freiheiten natürlicher Personen bietet.[2431]

Allerdings lässt der Wortlaut des EwG 26 DSGVO eine solch weitreichende Auslegung nicht zu. Denn er stellt sowohl hinsichtlich des Verantwortlichen als auch der anderen Personen darauf ab, dass nur solche Mittel in Betracht zu ziehen sind, die nach allgemeinem Ermessen

---

[2423] EuGH, Urt. v. 19.10.2016, Rs. C-582/14 (Breyer), ECLI:EU:C:2016:779, Rn 43.

[2424] *Karg*, in: Simitis/Hornung/Spiecker gen. Döhmann, Datenschutzrecht, 2019, Art. 4 Nr. 1 DSGVO, Rn. 61; *Richter*, EuZW 2016, 909, 913.

[2425] *Kühling/Klar*, ZD 2017, 24, 28.

[2426] EuGH, Urt. v. 19.10.2016, Rs. C-582/14 (Breyer), ECLI:EU:C:2016:779, Rn 49.

[2427] EuGH, Urt. v. 19.10.2016, Rs. C-582/14 (Breyer), ECLI:EU:C:2016:779, Rn 46.

[2428] *Karg*, in: Simitis/Hornung/Spiecker gen. Döhmann, Datenschutzrecht, 2019, Art. 4 Nr. 1 DSGVO, Rn. 61; *Richter*, EuZW 2016, 909, 913.

[2429] *Karg*, in: Simitis/Hornung/Spiecker gen. Döhmann, Datenschutzrecht, 2019, Art. 4 Nr. 1 DSGVO, Rn. 61; *Richter*, EuZW 2016, 909, 913; anders BGH, Urt. v. 16.5.2017 - VI ZR 135/13, Rn. 26, NJW 2017, 2416, 2418.

[2430] *Karg*, in: Simitis/Hornung/Spiecker gen. Döhmann, Datenschutzrecht, 2019, Art. 4 Nr. 1 DSGVO, Rn. 61; *Hofmann/Johannes*, ZD 2017, 221, 222.

[2431] So auch *Wójtowicz/Cebulla*, PinG 2017, 186, 187.

wahrscheinlich genutzt werden, um eine natürliche Person zu identifizieren und nicht jede beliebige Möglichkeit bedacht werden muss, also nicht auf das gesamte Weltwissen abzustellen ist.[2432] Damit entscheidet sich die DSGVO für die relative Theorie, wobei jedoch auch andere Personen als der Verantwortliche mit einzubeziehen sind und eine Wahrscheinlichkeitsbetrachtung angestellt werden muss.[2433] Genau diese bildet auch die Grenze der einzubeziehenden Mittel. Den es wird nicht etwa auf das gesamte verfügbare Wissen im Sinne des gesamten Weltwissens oder alle verfügbaren Mittel abgestellt, sondern lediglich auf die, welche nach allgemeinem Ermessen wahrscheinlich herangezogen werden.[2434]

Hierfür spricht gerade im unternehmerischen Bereich auch, dass ein Abstellen auf das gesamte verfügbare Weltwissen oder das Wissen einer beliebigen anderen Person zwar mit einem größtmöglichen Schutz des Rechts auf Schutz personenbezogener Daten einhergehen würde, jedoch zugleich die unternehmerische Freiheit des Verantwortlichen, des Arbeitgebers, unverhältnismäßig eingeschränkt würde.[2435] EwG 4 DSGVO bestimmt unter Wiederholung allgemeiner Grundsätze explizit, dass das Recht auf Schutz personenbezogener Daten gerade nicht uneingeschränkt gewährleistet wird und mit anderen Grundrechten unter Wahrung des Verhältnismäßigkeitsprinzips, insbesondere auch der unternehmerischen Freiheit, abzuwägen ist.[2436]

Der Wortlaut der DSGVO spricht auch insofern für eine relative Betrachtungsweise, als anders als in Art. 2 RL 95/46/EG nicht mehr darauf abgestellt wird, welche Mittel hypothetisch herangezogen werden könnten („can"), sondern darauf, welche Mittel nach allgemeinem Ermessen wahrscheinlich herangezogen werden, also auf die tatsächlichen Gegebenheiten abstellt („reasonably likely to be used").[2437]

Die DSGVO erkennt die Anonymisierung als Datenschutzmaßnahme an (EwG 26 DSGVO), indem sie davon ausgeht, dass anonymisierte Daten nicht in den Schutzbereich der DSGVO fallen. Da praktisch nie mit letzter Sicherheit ausgeschlossen werden kann, dass durch irgendeine beliebige Person der Personenbezug hergestellt werden kann, wie diverse Beispiele zeigen, würde ihre Bedeutung als Schutzmechanismus nivelliert, da ein Verantwortlicher angesichts der hohen, ihm bei einem Verstoß gegen die Regelungen der DSGVO drohenden Sanktionen eine solche nicht mehr anstreben würde. Ferner kann nach allgemeinen Grundsätzen von niemandem Unmögliches verlangt werden.[2438]

Es sind demnach nicht die Mittel aller anderen Personen in die Betrachtung mit einzubeziehen, ob eine Identifizierbarkeit der betroffenen Person gegeben ist. Vielmehr sind nur diejenigen Stellen mit einzubeziehen, bei denen eine Weitergabe von Informationen an den Verantwortlichen vorgesehen oder bei denen mit einer solchen nach allgemeinem Ermessen wahrscheinlich zu rechnen ist[2439]. Hierzu zählen beispielsweise externe Dienstleister, die mit internen IT-forensischen Untersuchungen betraut sind. Je nach Konstellation sollen auch solche Personen oder Stellen mit einzubeziehen sein, bei denen ein Informationsfluss, z.B. aufgrund der besonderen Verarbeitungssituation, nicht mit Sicherheit ausgeschlossen werden kann und im Rahmen

---

[2432] Für eine relative Betrachtung *Klar/Kühling*, in: Kühling/Buchner, DSGVO/BDSG, 3. Auflage 2020, Art. 4 Nr. 1 DSGVO, Rn. 26; *Eßer*, in: Auernhammer, DSGVO, BDSG, 7. Auflage 2020, Art. 4 DSGVO, Rn. 20; *Gola*, in: Gola, DSGVO, 2. Auflage 2018, Art. 4 DSGVO, Rn. 17 f.; *Hofmann/Johannes*, ZD 2017, 221.

[2433] *Klar/Kühling*, in: Kühling/Buchner, DSGVO/BDSG, 3. Auflage 2020, Art. 4 Nr. 1 DSGVO, Rn. 26 ff.

[2434] *Wójtowicz/Cebulla*, PinG 2017, 186, 188.

[2435] *Wójtowicz/Cebulla*, PinG 2017, 186, 188.

[2436] *Wójtowicz/Cebulla*, PinG 2017, 186, 188.

[2437] *Wójtowicz/Cebulla*, PinG 2017, 186, 188 unter Verweis auf die deutsche Fassung.

[2438] *Wójtowicz/Cebulla*, PinG 2017, 186, 188.

[2439] *Wójtowicz/Cebulla*, PinG 2017, 186, 188; *Karg*, in: Simitis/Hornung/Spiecker gen. Döhmann, Datenschutzrecht, 2019, Art. 4 Nr. 1 DSGVO, Rn. 63.

des Möglichen liegt.[2440] Dies ist etwa bei der engen Zusammenarbeit im Konzernverbund gegeben.[2441]

6.10.1.2.2.5   Zwischenergebnis

Damit schließen sich die DSGVO und die Rechtsprechung einem relativen Begriffsverständnis an, wobei sie Elemente der absoluten Theorie übernehmen.[2442] Die Unsicherheit, die schon vor Erlass der DSGVO bestand, wird weder durch die Rechtsprechung des EuGH noch die DSGVO beseitigt. Letztlich sind Extrempositionen der absoluten und der relativen Theorie im Lichte der Rechtsprechung des EuGH und der DSGVO abzulehnen.

6.10.1.2.3   Arten der Anonymisierung

Die DSGVO beschreibt zwar Anonymität, jedoch nicht den Vorgang der Anonymisierung selbst. Wie die technische Umsetzung der Anonymisierung zu erfolgen hat, lässt die DSGVO offen.[2443]

Anders als in der DSGVO war der Begriff der Anonymisierung in § 3 Abs. 6 BDSG a.F. legaldefiniert. Danach mussten personenbezogene Daten für eine wirksame Anonymisierung derart verändert werden, dass die Einzelangaben über persönliche oder sachliche Verhältnisse nicht mehr oder nur mit einem unverhältnismäßig großen Aufwand an Zeit, Kosten und Arbeitskraft einer bestimmten oder bestimmbaren natürlichen Person zugeordnet werden können.

Der Gesetzeswortlaut beschrieb somit zwei Varianten des Anonymisierens:[2444] Bei der ersten Alternative werden personenbezogene Daten derart verändert, dass Einzelangaben über persönliche oder sachliche Verhältnisse nicht mehr einer bestimmten oder bestimmbaren Person zugeordnet werden können (absolute Anonymisierung).[2445] Bei der zweiten Alternative können Angaben nur mit einem unverhältnismäßig großen Aufwand an Zeit, Kosten oder Arbeitskraft wieder einer Person zugeordnet werden („faktische Anonymisierung").[2446]

Es handelte sich hierbei um eine ergebnisorientierte Definition, welche keine konkreten Anforderungen an den Anonymisierungsvorgang stellt.

In den Mitgliedstaaten werden die Anforderungen an eine Anonymisierung unterschiedlich ausgelegt. Zum Teil wird gefordert, dass es für den Verantwortlichen in Zusammenarbeit mit Dritten aufgrund der hierfür erforderlichen Rechenleistung schwierig sein müsse, eine der betroffenen Personen direkt oder indirekt zu identifizieren (sogenannte rechenleistungsbedingte Anonymität).[2447] In anderen Ländern wird perfekte Anonymität dergestalt verlangt, dass es für den Verantwortlichen in Zusammenarbeit mit Dritten unmöglich sein muss, eine der betroffenen Personen direkt oder indirekt zu identifizieren.[2448] Der entscheidende Unterschied liegt darin,

---

[2440] *Wójtowicz/Cebulla*, PinG 2017, 186, 188.

[2441] *Wójtowicz/Cebulla*, PinG 2017, 186, 188; *Karg*, in: Simitis/Hornung/Spiecker gen. Döhmann, Datenschutzrecht, 2019, Art. 4 Nr. 1 DSGVO, Rn. 63.

[2442] *Moos/Rothkegel*, MMR 2016, 842, 846; *Richter*, EuZW 2016, 909, 913; *Mantz*, NJW 2016, 3579, 3580; *Karg*, in: Simitis/Hornung/Spiecker gen. Döhmann, Datenschutzrecht, 2019, Art. 4 Nr. 1 DSGVO, Rn. 58.

[2443] Ausführlich hierzu Art.-29- Datenschutzgruppe, WP 216.

[2444] *Buchner*, in Taeger/Gabel, BDSG 2013, § 3 BDSG, Rn. 43.

[2445] *Ziebarth*, in: Sydow, Europäische Datenschutzgrundverordnung, 2. Auflage 2018, Art. 4 DSGVO, Rn. 29.

[2446] *Ziebarth*, in: Sydow, Europäische Datenschutzgrundverordnung, 2. Auflage 2018, Art. 4 DSGVO, Rn. 29.

[2447] *Spiecker gen. Döhmann/Bretthauer*, Dokumentation zum Datenschutz 71, 2021, G 2.1.10, A.1.

[2448] *Spiecker gen. Döhmann/Bretthauer*, Dokumentation zum Datenschutz 71, 2021, G 2.1.10, A.1.

dass das Risiko der Reidentifizierung in letztem Fall praktisch ausgeschlossen sein soll, während in erstem Fall ein Restrisiko besteht.[2449] Letztlich handelt es sich bei der „Anonymisierung" um einen Forschungszweig, der noch in den Anfängen steckt. Eine umfassende Darstellung der technischen Möglichkeiten würde den Rahmen dieser Arbeit sprengen.[2450]

Zwar ist der Begriff der Anonymisierung für die DSGVO unionsrechtlich autonom auszulegen. Da der Terminus jedoch damals wie heute Kehrseite des Begriffs der personenbezogenen Daten ist und diesem in der DSRL/dem BDSG a.F. sowie der DSGVO die gleiche Bedeutung zukommt, gelten die Ausführungen, die zum BDSG a.F. zur Anonymisierung gemacht wurden, nach wie vor.

Ausgehend von den Ergebnissen zum Begriff der personenbezogenen Daten ist die Abgrenzung von personenbezogenen und anonymen Daten deshalb schwierig, weil die Schwelle anhand einer Prognose zu bestimmen ist, der die Frage zugrunde liegt, wie wahrscheinlich eine Zuordnung einer Information zu einer Person ist.[2451] Auch bei anonymen Daten besteht prinzipiell das Risiko eine Re-Individualisierung, wobei Risikofaktoren beispielsweise vorhandenes oder erwerbbares Zusatzwissen des Datenverwenders, die technischen Möglichkeiten, der potentielle Aufwand oder verfügbare Zeit zur Re-Identifikation sind.[2452] Nach der EuGH-Rechtsprechung und EwG 26 dürfte eine Anonymisierung vorliegen, wenn diese gesetzlich verboten oder praktisch ausgeschlossen wäre, weil sie einen unverhältnismäßigen Aufwand an Zeit, Kosten und Arbeitskraft erfordern würde, sodass faktisch nicht mit einer Identifizierung zu rechnen ist.[2453] Nach EwG 26 sind die zum Zeitpunkt der Verarbeitung verfügbare Technologie und technologische Entwicklungen zu berücksichtigen. In die Betrachtung sind alle Mittel mit einzustellen, die nach allgemeinem Ermessen wahrscheinlich genutzt werden, um die betroffene Person zu identifizieren.[2454] Neben der verfügbaren Technik sind vor allem verfügbare Datenbestände, wie öffentlich verfügbare Daten, Rohdaten oder neu erworbene Datensätze zu berücksichtigen. Eine Anonymisierung liegt beispielsweise nicht vor, wenn beim Verantwortlichen der Originaldatensatz oder eine Kopie mit Personenbezug weiterhin vorhanden ist und eine Re-Identifikation möglich ist.[2455]

Da im Falle einer Anonymisierung kein personenbezogenes Datum mehr vorliegt, ist der sachliche Anwendungsbereich des BDSG sowie der DSGVO nicht eröffnet.[2456]

6.10.1.2.4   Abgrenzung zu Pseudonymisierung

Die Anonymisierung lässt sich von der Pseudonymisierung dadurch abgrenzen, dass bei der Anonymisierung die betroffene Person nicht oder nur mit einem unverhältnismäßigen Aufwand

---

[2449] *Spiecker gen. Döhmann/Bretthauer*, Dokumentation zum Datenschutz 71, 2021, G 2.1.10, A.1.

[2450] *Spiecker gen. Döhmann/Bretthauer*, Dokumentation zum Datenschutz 71, 2021, G 2.1.10, A.1. Einleitung mit Ausführungen zu Anonymisierung durch Randomisierung und Generalisierung.

[2451] *Arning/Rothkegel*, in: Taeger/Gabel, DSGVO/BDSG/TTDSG, 4. Auflage 2022, Art. 4 DSGVO, Rn. 48; *Klabunde*, in: Ehmann/Selmayr, DSGVO, 2. Auflage 2018, Art. 4, Rn. 20; *Ziebarth*, in: Sydow, Europäische Datenschutzgrundverordnung, 2. Auflage 2018, Art. 4 DSGVO, Rn. 29; so bereits grundlegend *Roßnagel/Scholz*, MMR 2000, 721, 723 zu BDSG a.F.

[2452] *Arning/Rothkegel*, in: Taeger/Gabel, DSGVO/BDSG/TTDSG, 4. Auflage 2022, Art. 4 DSGVO, Rn. 48; *Roßnagel/Scholz*, MMR 2000, 721, 723.

[2453] *Arning/Rothkegel*, in: Taeger/Gabel, DSGVO/BDSG/TTDSG, 4. Auflage 2022, Art. 4 DSGVO, Rn. 48.

[2454] *Arning/Rothkegel*, in: Taeger/Gabel, DSGVO/BDSG/TTDSG, 4. Auflage 2022, Art. 4 DSGVO, Rn. 48.

[2455] *Arning/Rothkegel*, in: Taeger/Gabel, DSGVO/BDSG/TTDSG, 4. Auflage 2022, Art. 4 DSGVO, Rn. 48.

[2456] So *Roßnagel/Scholz*, MMR 2000, 721, 726 grundlegend zur alten Rechtslage; *Spindler/Nink*, in: Spindler/Schuster, 3. Auflage 2015, § 13 TMG, Rn. 24 wollten zwischen absoluter (§ 3 Abs. 6 Alt. 1 BDSG a.F.) und faktischer Anonymisierung (§ 3 Abs. 6 Alt. 2 BDSG a.F.) differenzieren und nur erstere aus dem Anwendungsbereich des BDSG ausnehmen, weil bei der letzten Alternative eine prinzipielle Re-Identifikation möglich sei und diese wie eine qualifizierte Pseudonymisierung wirke.

identifiziert werden kann, während bei der Pseudonymisierung eine Re-Identifikation aufgrund der gesondert aufbewahrten zusätzlichen oder öffentlich zugänglichen Informationen möglich ist.[2457] Da der Rechtsprechung des EuGH und der DSGVO ein relativer Ansatz hinsichtlich des Begriffs der personenbezogenen Daten zugrunde liegt, ist die Perspektive des jeweiligen Verantwortlichen für die Frage entscheidend, ob anonyme oder pseudonyme Daten vorliegen.[2458] So ist es beispielsweise möglich, durch Dritte, wie beispielsweise Anonymisierungsdienste, Informationen derart „verschleiern" zu lassen, dass eine Zuordnung der Informationen zu den jeweiligen Personen nur noch durch diese Dritten möglich ist.[2459] Die Anforderungen an eine solche „(...)[A]nonymisierende Wirkung der Pseudonymisierung"[2460] sind jedoch hoch. Werden sie aber erfüllt, liegen für denjenigen, der die Zuordnungsregel nicht kennt, anonyme Daten vor, mit der Folge, dass die Daten nicht dem sachlichen Anwendungsbereich des BDSG sowie der DSGVO unterfallen und folglich auch nicht deren Restriktionen unterliegen.[2461] Da bei Maßnahmen der Mitarbeiterüberwachung zumeist eine Re-Identifikation möglich sein soll, wenn intern Straftaten oder anderen schwerwiegenden Pflichtverletzungen nachgegangen wird, ist zumeist eine Anonymisierung für den Arbeitgeber nicht zielführend, sondern es wird auf eine Pseudonymisierung zurückgegriffen werden.

6.10.2 Pseudonymisierung

Die Pseudonymisierung wird zum Teil als „Kernpfeiler der technisch-organisatorischen Maßnahmen"[2462] der DSGVO bezeichnet.[2463] In der DSGVO fungiert Pseudonymisierung als Mittel zur Wahrung der Rechte und Freiheiten der betroffenen Person.[2464]

6.10.2.1.1 Bedeutung der Pseudonymisierung

In Art. 6 Abs. 4 lit. e DSGVO wird Pseudonymisierung als geeignete Garantie bei der Kompatibilitätsprüfung von Zwecken der Datenverarbeitung herangezogen. In 25 Abs. 1 DSGVO wird Pseudonymisierung als geeignete technische und organisatorische Maßnahme benannt, um die Datenschutzgrundsätze umzusetzen und die notwendigen Garantien in die Verarbeitung aufzunehmen, um den Anforderungen der DSGVO zu genügen und die Rechte der betroffenen Person zu schützen. Art. 32 Abs. 1 lit. a DSGVO benennt Pseudonymisierung explizit als eine Maßnahme zur Gewährleistung von Datensicherheit. Nach Art. 40 Abs. 2 lit. d DSGVO kann Pseudonymisierung Gegenstand von Verhaltensregeln sein und durch Verbände und Vereinigungen präzisiert werden. Auch Art. 89 Abs. 1 S. 3 DSGVO erwähnt Pseudonymisierung als technische und organisatorische Maßnahme, insbesondere zur Gewährleistung des Grundsatzes der Datenminimierung.

Pseudonymisierung kann zum einen anonymisierende Wirkung für denjenigen Datenverarbeiter entfalten, der nicht über die Zuordnungsregel verfügt, wobei strenge Maßstäbe anzulegen sind.[2465]

[2457] *Arning/Rothkegel*, in: Taeger/Gabel, DSGVO/BDSG/TTDSG, 4. Auflage 2022, Art. 4 DSGVO, Rn. 54, 134; *Schwartmann/Weiß*, Whitepaper zur Pseudonymisierung der Fokusgruppe Datenschutz, 12.

[2458] *Arning/Rothkegel*, in: Taeger/Gabel, DSGVO/BDSG/TTDSG, 4. Auflage 2022, Art. 4 DSGVO, Rn. 54; *Roßnagel*, ZD 2018, 243, 245.

[2459] *Arning/Rothkegel*, in: Taeger/Gabel, DSGVO/BDSG/TTDSG, 4. Auflage 2022, Art. 4 DSGVO, Rn. 54; *Roßnagel*, ZD 2018, 243, 245.

[2460] *Arning/Rothkegel*, in: Taeger/Gabel, DSGVO/BDSG/TTDSG, 4. Auflage 2022, Art. 4 DSGVO, Rn. 54; *Roßnagel*, ZD 2018, 243, 245.

[2461] *Roßnagel*, ZD 2018, 243, 245.

[2462] *Marnau*, DuD 2016, 428, 430.

[2463] *Roßnagel*, ZD 2018, 243.

[2464] *Roßnagel*, ZD 2018, 243.

[2465] *Roßnagel*, ZD 2018, 243, 245.

Im Zuge der grundrechtlichen Interessenabwägung kommt der Pseudonymisierung mindestens eingriffsmindernde Wirkung zu.[2466] Nach EwG 28 DSGVO kann Pseudonymisierung die Risiken für die betroffenen Personen senken und den Verantwortlichen sowie Auftragsverarbeiter bei der Einhaltung ihrer Datenschutzpflichten unterstützen. Bei Maßnahmen der Mitarbeiterüberwachung spielt Pseudonymisierung daher beispielsweise im Rahmen des § 26 Abs. 1 BDSG bei der Abwägung der grundrechtlich geschützten Interessen auf Arbeitnehmer- und Arbeitgeberseite eine Rolle. Ein praktischer Anwendungsfall, in dem Pseudonymisierung von Bedeutung ist, ist Korruptionsbekämpfung im Unternehmen. Hier wird vorgeschlagen, große Datenmengen nicht personenbezogen, sondern pseudonymisiert zu verarbeiten und im Trefferfall eine Re-Identifikation des betreffenden Datensatzes vorzunehmen.[2467]

6.10.2.1.2 Pseudonymisierte Daten als personenbezogene Daten

Nach EwG 26 S. 2 DSGVO sollen einer Pseudonymisierung unterzogene Daten weiterhin als Informationen über eine identifizierbare Person und damit als personenbezogene Daten gelten.

In der Literatur wird deshalb ganz überwiegend unter Berufung auf den Wortlaut ohne weitere Differenzierung angenommen, dass es sich bei pseudonymisierten Daten um personenbezogene Daten handelt.[2468] Allerdings besteht zwischen Art. 4 Nr. 5 DSGVO und EwG 26 S. 2 DSGVO ein Widerspruch im Wortlaut.[2469] In Art. 4 Nr. 5 DSGVO ist der Begriff der Pseudonymisierung legal definiert. Danach handelt es sich beim Pseudonymisieren um das Verarbeiten personenbezogener Daten in einer Weise, dass die personenbezogenen Daten ohne die Hinzuziehung zusätzlicher Informationen nicht mehr einer spezifischen Person zugeordnet werden können. Erforderlich ist, dass die zusätzlichen Informationen gesondert aufbewahrt werden und technische und organisatorische Maßnahmen ergriffen werden, die gewährleisten, dass die personenbezogenen Daten nicht einer identifizierten oder einer identifizierbaren Person zugeordnet werden können. Nach Art. 4 Nr. 1 Hs. 2 DSGVO handelt es sich demnach für den Verantwortlichen, der nicht über die Möglichkeit verfügt, eine Re-Identifikation vorzunehmen, nicht um personenbezogene Daten. Dies widerspricht auf den ersten Blick EwG 26 S. 2 DSGVO, wonach pseudonymisierte Daten als personenbezogen Daten betrachtet werden sollen.[2470]

Anders als bei anonymen Daten, bei denen der Personenbezug vollständig aufgehoben und auch nicht wieder herstellbar ist, zielt die Pseudonymisierung darauf ab, den Personenbezug aufzuheben, wobei eine Zuordnungsregel definiert wird, über welche eine Re-Identifikation grundsätzlich möglich ist.[2471]

Ziel des Pseudonymisierens ist es also wie beim Anonymisieren, den Personenbezug auszuschließen. Der Unterschied liegt darin, dass dieser beim Anonymisieren vollständig ausgeschlossen werden soll, während er beim Pseudonymisieren zumindest für den Kenner der Zuordnungsregel wieder herstellbar ist.[2472] Die personenbezogenen Daten werden bei der Pseudonymisierung durch ein Regelverfahren in ihren Merkmalen so verändert, dass eine Re-Identifikation nur noch möglich ist, wenn die Zuordnungsregel Anwendung findet, die im Verfahren

---

[2466] *Roßnagel,* ZD 2018, 243, 245.

[2467] *Ziebarth,* in: Sydow, Europäische DSGVO, 1. Auflage 2017, Art. 4 DSGVO, Rn. 99.

[2468] *Klar/Kühling,* in: Kühling/Buchner, DSGVO/BDSG, 3. Auflage 2020, Art. 4 Nr. 5 DSGVO, Rn. 11; *Ernst,* in: Paal/Pauly, DSGVO/BDSG, 3. Auflage 2020, Art. 4 DSGVO, Rn. 40; *Klabunde,* in: Ehmann/Selmayr, DSGVO, 2. Auflage 2018, Art. 4 DSGVO, Rn. 19; *Stentzel/Jergl,* in: Gierschmann et al., DSGVO, 2018, Art. 4 Nr. 5 DSGVO, Rn. 1; *Gola,* in Gola, DSGVO, 2. Auflage 2018, Art. 4 DSGVO, Rn. 40; *Weichert,* in: Däubler/Wedde/Weichert/Sommer, DSGVO/BDSG, 2. Auflage 2020, Art. 4 DSGVO, Rn. 67; *Laue,* in: Laue/Kremer, Das neue Datenschutzrecht in der betrieblichen Praxis, 2. Auflage 2019, § 1 Rn. 25.

[2469] *Roßnagel,* ZD 2018, 243.

[2470] *Roßnagel,* ZD 2018, 243.

[2471] *Schreiber,* in: Plath, DSGVO/BDSG, 3. Auflage 2018, Art. 4 DSGVO, Rn. 19; *Roßnagel,* ZD 2018, 243.

[2472] *Roßnagel/Scholz,* MMR 2000, 721, 724 zur alten Rechtslage; *Roßnagel,* ZD 2018, 243.

der Pseudonymisierung definiert wurde.[2473] Die Daten behalten noch so viele Merkmale, dass die pseudonymen Datensätze voneinander unterschieden werden können.[2474]

Durch Pseudonyme kann daher die Befugnis durch die Erlaubnis oder Verweigerung des Zugriffs auf die Zuordnungsregel technisch und organisatorisch umgesetzt werden.[2475]

Für den Kenner der Zuordnungsregel ist die Zuordnung der Daten zu einer Person möglich, die Daten sind ihm gegenüber aufgrund der Relativität des Personenbezugs als personenbezogene Daten zu behandeln.[2476]

Da die DSGVO von einem relativen Begriffsverständnis hinsichtlich des Begriffs der personenbezogenen Daten ausgeht, ist eine differenziertere Betrachtung anzustellen.[2477] Danach sind pseudonymisierte Daten keine personenbezogenen Daten, wenn der Empfänger oder derjenige, der sie verarbeitet, nicht über das erforderliche Zusatzwissen verfügt, um eine Identifizierung der Person vornehmen zu können.[2478]

Auch ein Pseudonymisierungsverfahren soll so ausgestaltet werden können, dass eine Zuordnung eines Kennzeichens zu einer bestimmten Person überhaupt nicht mehr möglich ist und damit eine Re-Identifizierung nicht mehr stattfinden kann (irreversible Pseudonymisierung).[2479] In diesem Fall, in dem Identitäten so verschleiert werden, dass eine Re-Identifizierung nicht mehr möglich ist, entstehen für gewöhnlich anonymisierte Daten.[2480]

Sind die Daten reversibel pseudonymisiert, so sollte es sich nach der relativen Theorie aufgrund der möglichen Rückzuordnung für denjenigen, der über die Zuordnungsregel verfügt, weiterhin um personenbezogene Daten, sodass der Umgang mit diesen den Beschränkungen des Datenschutzrechts unterliegt.[2481]

Für Dritte, denen die Zuordnungsregel nicht bekannt ist, sind die Daten anonym. Es ist wie bei anonymen Daten im Einzelfall zu fragen, ob bestimmte Informationen einer konkreten Person zuordenbar sind oder nicht.[2482] Dabei ist nicht die prinzipiell auszuschließende Möglichkeit, das Pseudonym seinem Träger zuordnen zu können, entscheidend, sondern die Frage, ob im Einzelfall die hinter dem Pseudonym stehende Person für die jeweilige Stelle identifizierbar ist oder nicht.[2483] Sofern die Zuordnung für diese Instanz faktisch ausgeschlossen ist, wirkt die Pseudonymisierung für sie wie eine Anonymisierung.[2484] Auch hier ist von Bedeutung, ob eine Re-Identifizierung noch mit verhältnismäßigem Aufwand möglich ist.[2485] Aus den Ausführun-

---

[2473] *Roßnagel*, ZD 2018, 243.

[2474] *Roßnagel*, ZD 2018, 243.

[2475] *Roßnagel/Scholz*, MMR 2000, 721, 724 zur alten Rechtslage.

[2476] *Roßnagel/Scholz*, MMR 2000, 721, 725 zur alten Rechtslage.

[2477] *Roßnagel*, ZD 2018, 243 f.; *Eßer*, in: Auernhammer, DSGVO/BDSG, 7. Auflage 2020, Art. 4 DSGVO, Rn. 70, Rn. 18; *Hofmann/Johannes*, ZD 2017, 221, 223.

[2478] *Eßer*, in: Auernhammer, DSGVO/BDSG, 7. Auflage 2020, Art. 4 DSGVO, Rn. 70, Rn. 18; *Hofmann/Johannes*, ZD 2017, 221, 223.

[2479] *Buchner* in: Taeger/Gabel, BDSG 2013, § 3 BDSG, Rn. 47.

[2480] Art. 29-Datenschutzgruppe, Stellungnahme 4/2007, 21, zu den Arten von Pseudonymen vgl. *Roßnagel/Scholz*, MMR 2000, 721, 725.

[2481] *Buchner* in: Taeger/Gabel, BDSG 2013, § 3 BDSG, Rn. 47 zur alten Rechtslage.

[2482] *Roßnagel/Scholz*, MMR 2000, 721, 725.

[2483] *Roßnagel/Scholz*, MMR 2000, 721, 725.

[2484] *Roßnagel/Scholz*, MMR 2000, 721, 725.

[2485] *Roßnagel/Scholz*, MMR 2000, 721, 725.

gen des EuGH wird deutlich, dass dies bereits dann anzunehmen ist, wenn die Stelle über rechtliche Mittel verfügt, die es ihr erlauben, die betreffende Person anhand der Zusatzinformationen, über die eine weitere Person verfügt, bestimmen zu lassen.[2486]

EwG 26 S. 2 DSGVO ist damit einschränkend dahingehend auszulegen, dass pseudonymisierte Daten dann als Informationen über eine identifizierte oder identifizierbare Person handeln sollen, wenn der Datenverarbeiter eine realistische Möglichkeit hat, auf die Zuordnungsregel für die pseudonymisierten Daten zurückzugreifen oder eine Re-Identifikation auf andere Weise vorzunehmen.[2487] Es ist danach zu fragen, „wie hoch nach allgemeiner Lebenserfahrung oder dem Stand der Wissenschaft und Technik das Risiko ist, dass es trotz entsprechender Schutzmaßnahmen zu einer Re-Identifizierung kommt (…). Nur wenn es trotz vorhandenem oder erwerbbarem Zusatzwissen des Datenverwenders, aktueller und künftiger technischer Möglichkeiten der Verarbeitung sowie unter Berücksichtigung des möglichen Aufwands und der verfügbaren Zeit faktisch ausgeschlossen erscheint, dass der Datenverwender Kenntnis von der Zuordnungsregel erlangt, handelt es sich für diesen um anonyme Daten, anderenfalls um pseudonyme Daten."[2488] Diese Möglichkeit besteht vor allem bei der internen Pseudonymisierung, wenn die Zuordnungsregel bei dem Verantwortlichen oder Auftragsverarbeiter verfügbar ist.[2489] Auch dann, wenn die Datenverarbeitung und die Aufbewahrung der Zuordnungsregel beim Verantwortlichen verbleiben und lediglich durch organisatorische Maßnahmen getrennt werden, etwa durch die Verarbeitung und Verwahrung in unterschiedlichen Abteilungen, liegen personenbezogene Daten vor.[2490] Auch wenn eine Konzerntochter oder der Datenschutzbeauftragte über die Zuordnungsregel verfügen, ist in der Regel ohne weitere Absicherung von personenbezogenen Daten auszugehen.[2491] Die Gefahr eines Missbrauchs ist in diesen Fällen allenfalls reduziert, jedoch nicht auszuschließen.[2492] Selbst wenn ein Dritter die Zuordnungsregel aufbewahrt, muss sichergestellt werden, dass der Datenverarbeiter nicht auf sie zugreifen kann.[2493] Anonymisierende Wirkung kann der Pseudonymisierung jedoch zukommen, wenn die Weitergabe der zur Zuordnung erforderlichen Informationen an den Verantwortlichen vertraglich untersagt wird und diese Verpflichtung mit einer abschreckenden Vertragsstrafe abgesichert wird.[2494] Spiegelbildlich dazu sollten Herausgabeansprüche des Verantwortlichen vertragsstrafenbewehrt ausgeschlossen werden.[2495] Durch eine solche Konstellation ist die Wahrscheinlichkeit eines Zugriffs auf die Zuordnungsregel durch den Datenverarbeiter derart minimiert, dass sie praktisch ausgeschlossen ist, wobei freilich noch weitere technisch-organisatorische Maßnahmen zur Absicherung getroffen werden müssen.[2496]

6.10.2.1.3 Anforderungen an eine Pseudonymisierung

In Art. 4 Nr. 5 DSGVO formuliert der Gesetzgeber klare Anforderungen an eine wirksame Pseudonymisierung. Der Gesetzeswortlaut fordert danach dreierlei: Erstens darf es nicht mehr möglich sein, dass Daten ohne die Hinzuziehung zusätzlicher Informationen einer bestimmten

---

[2486] EuGH, Urt. v. 19.10.2016, Rs. C-582/14 (Breyer), ECLI:EU:C:2016:779, Rn 47, 49.

[2487] *Roßnagel*, ZD 2018, 243, 245.

[2488] *Laue*, in: Laue/Kremer, Das neue Datenschutzrecht in der betrieblichen Praxis, 2. Auflage 2019, § 1, Rn. 28.

[2489] *Roßnagel*, ZD 2018, 243, 245.

[2490] *Roßnagel*, ZD 2018, 243, 245; *Arning/Rothkegel*, in: Taeger/Gabel, DSGVO/BDSG/TTDSG, 4. Auflage 2022, Art. 4 DSGVO, Rn. 54.

[2491] *Arning/Rothkegel*, in: Taeger/Gabel, DSGVO/BDSG/TTDSG, 4. Auflage 2022, Art. 4 DSGVO, Rn. 54.

[2492] *Laue*, in: Laue/Kremer, Das neue Datenschutzrecht in der betrieblichen Praxis, 2. Auflage 2019, § 1, Rn. 28.

[2493] *Roßnagel*, ZD 2018, 243, 245; *Laue*, in: Laue/Kremer, Das neue Datenschutzrecht in der betrieblichen Praxis, 2. Auflage 2019, § 1, Rn. 29.

[2494] *Arning/Rothkegel*, in: Taeger/Gabel, DSGVO/BDSG/TTDSG, 4. Auflage 2022, Art. 4 DSGVO, Rn. 54.

[2495] *Arning/Rothkegel*, in: Taeger/Gabel, DSGVO/BDSG/TTDSG, 4. Auflage 2022, Art. 4 DSGVO, Rn. 54.

[2496] *Arning/Rothkegel*, in: Taeger/Gabel, DSGVO/BDSG/TTDSG, 4. Auflage 2022, Art. 4 DSGVO, Rn. 54.

Person zugeordnet werden. Zweitens muss eine räumliche Trennung von den Daten und den zu ihrer Zuordnung erforderlichen Informationen erfolgen und drittens müssen durch bestimmte technische und organisatorische Maßnahmen gewährleistet werden, dass eine solche Zuordnung nicht erfolgen kann.

6.10.2.1.3.1 Keine Zuordnung der Daten zu einer bestimmten Person ohne Hinzuziehung zusätzlicher Informationen

Die Daten dürfen nach Art. 4 Nr. 5 DSGVO einer bestimmten Person nicht mehr ohne Hinzuziehung zusätzlicher Informationen zugeordnet werden können. Kann dies problemlos geschehen, so liegen ohnehin personenbezogene Daten vor, ohne dass es auf die weiteren Voraussetzungen der Pseudonymisierung ankommt.[2497]

Grundsätzlich sind drei Arten von Pseudonymen zu unterscheiden:[2498]

Möglich ist es, den Betroffenen das Pseudonym selbst wählen zu lassen.[2499] Ein Beispiel hierfür bildet die frei gewählte Benutzer-ID vor Inanspruchnahme eines Internetangebotes.[2500] In diesen Fällen hat es nur der Betroffene in der Hand, seine Identität aufzudecken, da nur er das Pseudonym kennt.[2501]

Wenn Pseudonyme von einer vertrauenswürdigen Institution vergeben werden, die alleine die Zuordnungsregel verwahrt und das Pseudonym nur nach fest gelegten Zwecken gegenüber bestimmten Institutionen aufdeckt, so handelt es sich in diesem Verhältnis um personenbezogene Daten. Gegenüber dritten Stellen kann dies nur im Einzelfall bestimmt werden. Jedenfalls wenn die Institution mit bußgeld- oder strafbewehrten Geheimhaltungs- und Vertraulichkeitspflichten belegt ist, kann davon ausgegangen werden, dass die Anonymität der Daten gewahrt bleibt und es sich nicht um personenbezogene Daten in dem Verhältnis zu Dritten handelt.[2502] Bei dieser Variante kennen in der Regel sowohl Betroffener als auch die dritte Instanz die Identität des Betroffenen.[2503] In der Regel besteht hier eine organisatorische Trennung zwischen dem Inhaber der Zuordnungsregel und dem Datenverwender, sodass letzterer keinen Zugriff auf die Zuordnungsregel hat.[2504]

Eine weitere Möglichkeit besteht darin, dass das Pseudonym von dem ursprünglichen Datenverwender selbst vergeben wird und nur dieser über die Zuordnungsregel verfügt, sodass das Pseudonym nicht ihm gegenüber, sondern gegenüber allen Dritten schützt.[2505] Ein Beispiel hierfür sind dynamische IP-Adressen.[2506] EwG 29 S. 1 DSGVO erlaubt eine solche Pseudonymisierung ausdrücklich.[2507]

Wenn die Zuordnungsregel von einer datenverarbeitenden Stelle vergeben wird, so stellen die Daten gegenüber dieser Stelle personenbezogene Daten dar.[2508] Wenn die Aufdeckung der

---

[2497] *Ernst*, in: Paal/Pauly, DSGVO/BDSG, 3. Auflage 2021, Art. 4 DSGVO, Rn. 42; *Arning/Rothkegel*, in: Taeger/Gabel, DSGVO/BDSG/TTDSG, 4. Auflage 2022, Art. 4 DSGVO, Rn. 126.

[2498] *Roßnagel/Scholz*, MMR 2000, 721, 725.

[2499] *Schild*, in: Wolff/Brink, BeckOK Datenschutzrecht, 40. Edition, Stand: 1.5.2022, Art. 4 DSGVO, Rn. 72; *Ernst*, in: Paal/Pauly, DSGVO/BDSG, 3. Auflage 2021, Art. 4 DSGVO, Rn. 42.

[2500] *Roßnagel/Scholz*, MMR 2000, 721, 725.

[2501] *Roßnagel/Scholz*, MMR 2000, 721, 725; *Ernst*, in: Paal/Pauly, DSGVO/BDSG, 3. Auflage 2021, Art. 4 DSGVO, Rn. 42.

[2502] *Arning/Rothkegel*, in: Taeger/Gabel, DSGVO/BDSG/TTDSG, 4. Auflage 2022, Art. 4 DSGVO, Rn. 149.

[2503] *Roßnagel/Scholz*, MMR 2000, 721, 725.

[2504] *Roßnagel/Scholz*, MMR 2000, 721, 725.

[2505] *Roßnagel/Scholz*, MMR 2000, 721, 725.

[2506] *Roßnagel/Scholz*, MMR 2000, 721, 725.

[2507] *Arning/Rothkegel*, in: Taeger/Gabel, DSGVO/BDSG/TTDSG, 4. Auflage 2022, Art. 4 DSGVO, Rn. 145.

[2508] *Ernst*, in: Paal/Pauly, DSGVO/BDSG, 3. Auflage 2021, Art. 4 DSGVO, Rn. 42.

Identität praktisch ausgeschlossen ist, handelt es sich bei den Daten, die sich auf ein Pseudonym beziehen, um Daten, die für denjenigen, der keine Kenntnis von der Zuordnungsregel nicht dem Anwendungsbereich der DSGVO oder des BDSG unterfallen.[2509] Es wird vertreten, die Daten dann auch im Verhältnis zu Dritten als personenbezogene einzustufen, wenn es sich bei der datenverarbeitenden Stelle nicht um eine Stelle handelt, die mit besonderen Vertraulichkeitspflichten und – rechten ausgestattet ist und nicht mit hinreichender Wahrscheinlichkeit für die Zukunft ausgeschlossen ist, dass die Stelle gegenüber Dritten den Personenbezug wiederherstellt.[2510]

Lassen sich Daten ohne weiteres einer identifizierbaren Person zuordnen, liegt keine wirksame Pseudonymisierung vor, beispielsweise, wenn der Verantwortliche das Pseudonym selbst verwaltet.[2511] Dies gilt auch, wenn das Pseudonym zwar durch Dritte verwaltet wird, dem Verantwortlichen aber grundsätzlich zugänglich gemacht werden kann.[2512] Dessen Zugriff muss reguliert und eingeschränkt werden, beispielsweise durch einen Treuhänder.[2513] Gegenüber diesem ist ebenfalls genau zu klären, unter welchen Voraussetzungen sowie durch wen eine Re-Identifikation möglich sein darf.[2514] Für den Datenverarbeiter müssen die Daten anonym sein, solange die zusätzlichen Informationen nicht herangezogen werden.[2515] Die Wahrscheinlichkeit, dass Daten einer Person zugeordnet werden können, muss so gering sein, dass eine Zuordnung ohne Kenntnis der jeweiligen Zuordnungsregel nach der Lebenserfahrung oder dem Stand der Wissenschaft praktisch ausgeschlossen ist.[2516]

Da es sich bei der Pseudonymisierung nach EwG 28 um eine Maßnahme des Datenschutzes handelt, die dazu beitragen soll, die Risiken für die betroffenen Personen zu mindern, darf dies nicht dazu führen, dass gewissermaßen auf Zuruf des Verantwortlichen eine Wiederherstellung des Personenbezugs möglich ist. Aus diesem Grund scheiden Arbeitnehmer des Verantwortlichen als Treuhänder aus, da es sich hierbei um Personen handelt, die dem Weisungsrecht des Verantwortlichen nach § 106 GewO unterliegen und von diesem existenziell abhängig sind.

6.10.2.1.3.2   Gesonderte Aufbewahrung

Art. 4 Nr. 5 DSGVO fordert, dass die zusätzlichen Informationen, die eine Zuordnung der Daten zu einer Person möglich machen, getrennt aufbewahrt werden. Hierbei muss gewährleistet sein, dass eine Zuordnung der Informationen zu einer Person nicht ohne weiteres möglich ist. Die DSGVO definiert nicht näher, wie diese Trennung ausgestaltet sein muss.[2517] Gemeint ist eine technische oder räumliche Trennung.[2518] Umgesetzt werden kann die Trennung auch durch

[2509] *Roßnagel/Scholz*, MMR 2000, 721, 727; *Arning/Rothkegel*, in: Taeger/Gabel, DSGVO/BDSG/TTDSG, 4. Auflage 2022, Art. 4 DSGVO, Rn. 148.

[2510] *Buchner*, in Taeger/Gabel, BDSG 2013, § 3 BDSG, Rn. 50.

[2511] *Weichert*, in: Däubler/Wedde/Weichert/Sommer, DSGVO/BDSG, 2. Auflage 2020, Art. 4 DSGVO, Rn. 71; *Ernst*, in: Paal/Pauly, DSGVO/BDSG, 3. Auflage 2021, Art. 4 DSGVO, Rn. 42; *Arning/Rothkegel*, in: Taeger/Gabel, DSGVO/BDSG/TTDSG, 4. Auflage 2022, Art. 4 DSGVO, Rn. 126.

[2512] *Weichert*, in: Däubler/Wedde/Weichert/Sommer, DSGVO/BDSG, 2. Auflage 2020, Art. 4 DSGVO, Rn. 71.

[2513] *Weichert*, in: Däubler/Wedde/Weichert/Sommer, DSGVO/BDSG, 2. Auflage 2020, Art. 4 DSGVO, Rn. 71; *Ernst*, in: Paal/Pauly, DSGVO/BDSG, 3. Auflage 2021, Art. 4 DSGVO, Rn. 42.

[2514] *Ernst*, in: Paal/Pauly, DSGVO/BDSG, 3. Auflage 2021, Art. 4 DSGVO, Rn. 42.

[2515] *Arning/Rothkegel*, in: Taeger/Gabel, DSGVO/BDSG/TTDSG, 4. Auflage 2022, Art. 4 DSGVO, Rn. 135; *Schwartmann/Weiß*, Whitepaper zur Pseudonymisierung, 16 f.; *Schild*, in: Wolff/Brink, BeckOK Datenschutzrecht, 40. Edition, Stand: 1.5.2022, Art. 4 DSGVO, Rn. 72.

[2516] *Schild*, in: Wolff/Brink, BeckOK Datenschutzrecht, 40. Edition, Stand: 1.5.2022, Art. 4 DSGVO, Rn. 72.

[2517] *Arning/Rothkegel*, in: Taeger/Gabel, DSGVO/BDSG/TTDSG, 4. Auflage 2022, Art. 4 DSGVO, Rn. 137.

[2518] *Ernst*, in: Paal/Pauly, DSGVO/BDSG, 3. Auflage 2021, Art. 4 DSGVO, Rn. 43; *Klar/Kühling*, in: Kühling/Buchner, DSGVO/BDSG, 3. Auflage 2020, Art. 4 Nr. 5 DSGVO, Rn. 6; *Arning/Rothkegel*, in: Taeger/Gabel, DSGVO/BDSG/TTDSG, 4. Auflage 2022, Art. 4 DSGVO, Rn. 137; *Hansen*, in: Simitis/Hornung/Spiecker gen. Döhmann, Datenschutzrecht, 2019, Art. 4 Nr. 5 DSGVO, Rn. 31.

eine logische Trennung, welche durch unterschiedliche Zugriffsberechtigungen abgebildet wird.[2519] Keine wirksame Pseudonymisierung liegt vor, wenn die Daten im selben Schrank abgelegt werden, gemeinsam mit den Daten weitergegeben werden oder über dieselben Nutzerkonten zugänglich sind.[2520] Wie hoch die Anforderungen an die Pseudonymisierung sind, ist eine Frage des Einzelfalls und abhängig von der Schutzbedürftigkeit der Daten.[2521] Technisch kann die Trennung durch Referenzlistenmodelle und kryptografische Verfahren umgesetzt werden.[2522]

Wird ein Treuhänder eingebunden, so werden mehrere Anforderungen an eine solche Treuhandstelle gestellt. Sie muss rechtlich unabhängig sein, räumlich und personell klar vom Verantwortlichen getrennt und weisungsunabhängig.[2523] Ferner wird eine vertragliche Verpflichtung empfohlen, das Datenschutzkonzept umzusetzen.[2524]

Im Falle einer Pseudonymisierung ist von vornherein zu klären, wer über Zuordnungstabellen oder Verschlüsselungsverfahren verfügen soll, wer für das Generieren der Pseudonyme verantwortlich ist, ob das Risiko der De-Pseudonymisierung ausgeschlossen werden kann und unter welchen Voraussetzungen diese zulässig ist.[2525] Angesichts der im Beschäftigungsverhältnis anfallenden Menge an Daten und der vielfachen Verknüpfungsmöglichkeiten ist, wenn zu den pseudonymisierten Daten weitere gespeichert werden, stets zu überprüfen, ob durch diese die Pseudonymisierung aufgehoben wird, weil die Daten wieder einer Person zugeordnet werden können.[2526]

6.10.2.1.3.3   Technische und organisatorische Maßnahmen zur Nichtzuordnung

Die Informationen müssen ferner technischen und organisatorischen Maßnahmen unterliegen, die gewährleisten, dass die personenbezogenen Daten nicht einer identifizierten oder identifizierbaren natürlichen Person zugeordnet werden können (Art. 4 Nr. 5 DSGVO).

Die Definition spricht hier davon, dass die Maßnahmen „gewährleisten" müssen, dass die Daten mit der Zuordnungsregel nicht verknüpft werden, nicht, dass sie dies „garantieren" müssen.[2527] Es ist daher nicht erforderlich, dass die technisch-organisatorischen Maßnahmen die Verknüpfung vollständig ausschließen.[2528]

Um Anreize für die Anwendung der Pseudonymisierung bei der Verarbeitung personenbezogener Daten zu schaffen, sollten gemäß EwG 29 Pseudonymisierungsmaßnahmen, die jedoch eine allgemeine Analyse zulassen, bei demselben Verantwortlichen möglich sein, wenn dieser die erforderlichen technischen und organisatorischen Maßnahmen getroffen hat, um – für die jeweilige Verarbeitung – die Umsetzung dieser Verordnung zu gewährleisten, wobei sicherzustellen ist, dass zusätzliche Informationen, mit denen die personenbezogenen Daten einer speziellen betroffenen Person zugeordnet werden können, gesondert aufbewahrt werden. Der für

[2519] *Klar/Kühling*, in: Kühling/Buchner, DSGVO/BDSG, 3. Auflage 2020, Art. 4 Nr. 5 DSGVO, Rn. 9; *Arning/Rothkegel*, in: Taeger/Gabel, DSGVO/BDSG/TTDSG, 4. Auflage 2022, Art. 4 DSGVO, Rn. 137.

[2520] *Ernst*, in: Paal/Pauly, DSGVO/BDSG, 3. Auflage 2021, Art. 4 DSGVO, Rn. 43; *Arning/Rothkegel*, in: Taeger/Gabel, DSGVO/BDSG/TTDSG, 4. Auflage 2022, Art. 4 DSGVO, Rn. 137.

[2521] *Arning/Rothkegel*, in: Taeger/Gabel, DSGVO/BDSG/TTDSG, 4. Auflage 2022, Art. 4 DSGVO, Rn. 137.

[2522] *Arning/Rothkegel*, in: Taeger/Gabel, DSGVO/BDSG/TTDSG, 4. Auflage 2022, Art. 4 DSGVO, Rn. 137, 154 ff. m.w.N.

[2523] *Schwartmann/Weiß*, Whitepaper zur Pseudonymisierung, 2017, 40.

[2524] *Schwartmann/Weiß*, Whitepaper zur Pseudonymisierung, 2017, 40 f.

[2525] *Schwartmann/Weiß*, Whitepaper zur Pseudonymisierung, 2017, 11; *Ernst*, in: Paal/Pauly, DSGVO/BDSG, 3. Auflage 2021, Art. 4 DSGVO, Rn. 44.

[2526] *Plattform Sicherheit, Schutz und Vertrauen*, Whitepaper zur Pseudonymisierung, 11.

[2527] *Laue*, in: Laue/Kremer, Das neue Datenschutzrecht in der betrieblichen Praxis, 2. Auflage 2019, § 1, Rn. 30.

[2528] *Laue*, in: Laue/Kremer, Das neue Datenschutzrecht in der betrieblichen Praxis, 2. Auflage 2019, § 1, Rn. 30.

die Verarbeitung der personenbezogenen Daten Verantwortliche sollte die befugten Personen bei diesem Verantwortlichen angeben. Dies bedeutet nicht, dass der Verantwortliche verpflichtet ist, die Namen der jeweiligen Beschäftigten zu veröffentlichen.[2529] Vielmehr folgt aus der Rechenschaftspflicht des Verantwortlichen nach Art. 24 Abs. 1 DSGVO, dass EwG 29 zeigt, dass der Verantwortliche nicht zwingend einen Dritten bei der Durchführung einer wirksamen Pseudonymisierung einbinden muss.[2530] Allerdings darf die Pflicht zur getrennten Aufbewahrung hierdurch nicht umgangen werden.[2531]

Durch technisch-organisatorische Maßnahmen muss gewährleistet werden, dass die Nutzer der eigentlichen Informationen keinen Zugang zu dem Datensatz mit den die Identifizierung ermöglichenden Daten haben.[2532] Die Trennung und die begleitenden technisch-organisatorischen Maßnahmen müssen so effektiv sein, dass eine Zuordnung nach objektiven Kriterien praktisch ausgeschlossen ist, was eine Frage der Beurteilung im Einzelfall ist.[2533] Wenn die zusätzlichen Informationen nicht gesondert aufbewahrt, sondern gelöscht werden, liegt keine Pseudonymisierung, sondern eine Anonymisierung vor.[2534]

Eine Pseudonymisierung kann grundsätzlich räumlich erfolgen, beispielsweise indem forensische Services eingeschaltet werden, welche – anders als der Daten verarbeitende Arbeitgeber – über den Zuordnungsschlüssel verfügen oder die Datenanalyse vollumfänglich vornehmen. Grundsätzlich wäre es ausgehend von diesem Tatbestandsmerkmal auch möglich, die Pseudonymisierung durch Arbeitnehmer vornehmen zu lassen, wie die IT-Abteilung. Allerdings muss ähnlich wie bei der Anonymisierung gewährleistet werden, dass die personenbezogenen Daten nicht mehr einer bestimmten Person zuordenbar sind. Im Unterschied zur Anonymisierung, bei der die Wiederherstellung des Personenbezugs absolut oder zumindest faktisch ausgeschlossen sein muss, ist diese bei einer Pseudonymisierung grundsätzlich möglich und lediglich aufgrund der gesonderten Aufbewahrung der hierzu erforderlichen Informationen und besonderer technischer und organisatorischer Maßnahmen zumindest vorübergehend ausgeschlossen.

6.10.2.1.3.4 Umsetzung im Unternehmen

Bei Maßnahmen im Rahmen präventiver Compliance ist es nicht sinnvoll, den Beschäftigten selbst ein Pseudonym wählen zu lassen. Der Arbeitgeber als verantwortliche Stelle kann zwar die Pseudonymisierung vornehmen, jedoch darf der Zuordnungsschlüssel nicht bei ihm verwahrt werden, da es sich dann nicht um eine wirksame Pseudonymisierung im rechtlichen Sinne handelt, wenn der Arbeitgeber den Personenbezug jederzeit oder durch entsprechende Weisungen[2535] wiederherstellen kann.

6.10.2.1.4 Treuhändermodelle und deren rechtliche Bewertung

Da sich die DSGVO für eine relative Betrachtungsweise des Begriffs der personenbezogenen Daten entschieden hat, stellt sich die Frage, ob im Wege von Treuhändermodellen eine Anonymisierung der personenbezogenen Daten erfolgen kann oder ob es sich hierbei um Pseudonymisierung handelt. In Betracht kommt beispielsweise die Einbeziehung des Betriebs- oder Personalrats, des Datenschutz- oder des Compliance-Beauftragten als Treuhänder.

[2529] *Hansen*, in: Simitis/Hornung/Spiecker gen. Döhmann, Datenschutzrecht, 2019, Art. 4 Nr. 5 DSGVO, Rn. 34.

[2530] *Hansen*, in: Simitis/Hornung/Spiecker gen. Döhmann, Datenschutzrecht, 2019, Art. 4 Nr. 5 DSGVO, Rn. 34.

[2531] *Hansen*, in: Simitis/Hornung/Spiecker gen. Döhmann, Datenschutzrecht, 2019, Art. 4 Nr. 5 DSGVO, Rn. 34.

[2532] *Ernst*, in: Paal/Pauly, DSGVO/BDSG, 3. Auflage 2021, Art. 4 DSGVO, Rn. 45; *Weichert*, in: Däubler/Wedde/Weichert/Sommer, DSGVO/BDSG, 2. Auflage 2020, Art. 4 DSGVO, Rn. 73.

[2533] *Laue*, in: Laue/Kremer, Das neue Datenschutzrecht in der betrieblichen Praxis, 2. Auflage 2019, § 1, Rn. 30.

[2534] *Hansen*, in: Simitis/Hornung/Spiecker gen. Döhmann, Datenschutzrecht, 2019, Art. 4 Nr. 5 DSGVO, Rn. 33.

[2535] *Heinson*, BB 2010, 3084, 3088.

6.10.2.1.4.1 Technische Umsetzung

Die Idee eines Treuhändermodells kann auch technisch umgesetzt werden. Ein auf Anomalie-erkennung basierendes SIEM-System erfasst mittels Sensoren verschiedene Ereignisse, die sowohl personenbezogene Daten als auch nicht personenbezogene Daten darstellen können. Zunächst werden all diese Daten – ob personenbezogen oder nicht – zumindest für einen kurzen Moment gespeichert und durch die Software auf anomale Ereignisse hin durchsucht. Sofern eine Anomalie durch das System als sogenannter Trefferfall gemeldet wird, wird dies angezeigt und manuell untersucht. Im Bedarfsfall soll auch eine Re-Identifizierung möglich bleiben, sodass eine Anonymisierung der Daten ausscheidet. *Zimmer et al.*[2536] schlagen für diesen Anwendungsfall, in welchem personenbezogene Daten für eine gewisse Zeitspanne gespeichert werden müssen, um weitergehende Untersuchungen zu ermöglichen, den Einsatz eines Modellsystems zu Pseudonymisierung namens PEEPLL vor.[2537] Dabei wird ein sogenannter „Depositor", der der Datenquelle zugeordnet ist, eingesetzt, um personenbezogene Daten durch ein Pseudonym zu ersetzen. Zu diesem Zweck fordert der „Depositor" von einer sogenannten „Pseudonym Vault (P-Vault)" für jedes personenbezogene Datum ein Pseudonym an, durch welches er das Identifikationsmerkmal ersetzt.[2538] Sollte bereits ein Pseudonym in der beim P-Vault hinterlegten Zuordnungstabelle existieren, wird es zum „Depositor" gesendet.[2539] Anderenfalls wird ein völlig neues generiert und mit dem zugehörigen personenbezogenen Datum gespeichert. Die pseudonymisierten Daten werden sodann zur Verarbeitungseinheit weitergeleitet.[2540]

Erklärtes Ziel des Modells ist es, personenbezogene Daten einschließlich der Metadaten des Pseudonymisierungsprozesses zu reduzieren.[2541] Es sollen nur diejenigen Informationen erhalten bleiben, die wirklich benötigt werden.[2542]

Im Bedarfsfall müssen allerdings Identitäten aufgedeckt werden können. Kommt nach einer manuellen Prüfung eines anomalen Ereignisses der jeweilige Prüfer zu dem Ergebnis, dass konkrete Anhaltspunkte für ein strafbares Verhalten vorliegen, muss eine Re-Identifizierung möglich sein. Allerdings können auch hier zusätzliche Sicherungsmechanismen geboten sein. So ist es möglich, eine Entschlüsselung nur dann zuzulassen, wenn mehrere Instanzen im Betrieb einer solchen zustimmen. Neben dem Arbeitgeber als Verantwortlichem kommen der Betriebsrat sowie der Datenschutzbeauftragte in Betracht.

6.10.2.1.4.2 Stellung des Betriebsrats

Um den Betriebsrat als geeigneten Kontrollinstanz bei der Re-Identifizierung und echten Schutzmechanismus zu sehen, muss er jedoch eine gewisse Unabhängigkeit vom Arbeitgeber aufweisen.

6.10.2.1.4.2.1 Keine eigene Verantwortlichkeit des Betriebs- bzw. Personalrats

Betriebs- und Personalräte waren nach der bisher vertretenen überwiegenden Auffassung keine eigenständigen Verantwortlichen im Sinne des Art. 4 Nr. 7 DSGVO, sondern als Teil des Verantwortlichen selbst anzusehen und wurden diesem zugeordnet.[2543] Dennoch haben sowohl der

---

[2536] *Zimmer et al.*, SAC '20, 1308, 1309.

[2537] *Zimmer et al.*, SAC '20, 1308, 1309.

[2538] *Zimmer et al.*, SAC '20, 1308, 1309.

[2539] *Zimmer et al.*, SAC '20, 1308, 1309.

[2540] *Zimmer et al.*, SAC '20, 1308, 1309.

[2541] *Zimmer et al.*, SAC '20, 1308, 1309.

[2542] *Zimmer et al.*, SAC '20, 1308, 1309.

[2543] *Eßer*, in: Auernhammer, DSGVO/BDSG, 7. Auflage 2020, Art. 4 DSGVO, Rn. 81; *Hartung*, in: Kühling/Buchner, DSGVO/BDSG, 3. Auflage 2020, Art. 4 Nr. 7 DSGVO, Rn. 11; *Drewes*, in: Simitis/Hornung/Spiecker gen. Döhmann, Datenschutzrecht, 2019, Art. 39 DSGVO, Rn. 27, Art. 88 DSGVO, Rn. 209.

Betriebsrat als auch der Datenschutzbeauftrage eine gesetzlich ausgestaltete Unabhängigkeit inne, aufgrund derer die Kontrollbefugnisse des Verantwortlichen nur eingeschränkt vorhanden sind und die Gremien innerorganisatorisch eigenverantwortlich dafür zuständig sind, dass ihr Handeln datenschutzkonform erfolgt.[2544] Für Mitarbeitervertretungen ist nach Erlass der DSGVO umstritten, ob sie weiterhin als Teil des Verantwortlichen angesehen werden können oder selbst als eigenständige Verantwortliche anzusehen sind. Eine abschließende Stellungnahme der Aufsichtsbehörden liegt noch nicht vor.[2545] Nach Auskunft des Leiters des bayrischen Landesamtes für Datenschutz ergab eine Umfrage unter den Aufsichtsbehörden, an der acht der 18 deutschen Aufsichtsbehörden teilnahmen, dass die Mehrheit dazu tendierte, den Betriebsrat als Verantwortlichen anzusehen, aber den Gegenargumenten Beachtung zu schenken.[2546]

Die Rechtsprechung zum BDSG a.F. sah den Betriebs- oder Personalrat als Teil der verantwortlichen Stelle an. Grund hierfür war, dass eine verantwortliche Stelle im Sinne des § 3 Abs. 7 BDSG a.F. nach § 2 Abs. 4 S. 1 BDSG a.F. nur eine natürliche oder juristische Person sein konnte. Da dem Betriebsrat keine Rechtsfähigkeit zukommt, konnte er auch nicht als eigenständige verantwortliche Stelle angesehen werden, sondern lediglich als Teil der verantwortlichen Stelle.[2547] Die Rechtsprechung sah den Betriebsrat in der Pflicht, einen Missbrauch der Daten innerhalb seines Verantwortungsbereichs zu vermeiden sowie die betrieblichen Datenschutzbestimmungen einzuhalten und diese soweit wie möglich zu ergänzen.[2548] Hierbei wurde ihm die Position beigemessen, aufgrund der ihm durch das BetrVG übertragenen Eigenverantwortlichkeit und Unabhängigkeit weitgehend selbst unter Einräumung eines Ermessensspielraums über die vorzunehmenden Datenverarbeitungen und die zu treffenden Datensicherungsmaßnahmen, etwa nach Maßgabe der Anlage zu § 9 BDSG a.F., zu entscheiden.[2549]

Nach Art. 4 Nr. 7 DSGVO ist Verantwortlicher die natürliche oder juristische Person, Behörde, Einrichtung oder andere Stelle, die allein oder gemeinsam mit anderen über die Zwecke und Mittel der Verarbeitung von personenbezogenen Daten entscheidet. Diese Definition unterscheidet sich von der des § 3 Abs. 7 BDSG a.F. § 3 Abs. 7 BDSG a.F. ließ als verantwortliche Stelle zwar auch jede Person oder Stelle zu, sodass auch Stellen ohne eigene Rechtspersönlichkeit erfasst sein konnten. Jedoch ergab sich aus § 2 Abs. 4 S. 1 BDSG a.F., dass als nichtöffentliche Stellen lediglich natürliche oder juristische Personen in Betracht kamen. Der Einordnung als Teil des Verantwortlichen liegt die Annahme zugrunde, dass nicht die Mitarbeitervertretungen eigenständig über die übergeordneten Zwecke und Mittel der Verarbeitung entscheiden, sondern die übergeordnete Stelle, das heißt die Unternehmensleitung, und die jeweiligen Mitarbeiter bzw. der Betriebsrat die Entscheidungen lediglich umsetzen.[2550] Der Betriebsrat entscheidet jedoch weitgehend eigenständig über die Zwecke und Mittel der Verarbeitung personenbezogener Daten.[2551] Nach der Definition des Art. 4 Nr. 7 DSGVO ist er somit auf den

---

[2544] *Eßer*, in: Auernhammer, DSGVO/BDSG, 7. Auflage 2020, Art. 4 DSGVO, Rn. 80; *Hartung*, in: Kühling/Buchner, DSGVO/BDSG, 3. Auflage 2020, Art. 4 Nr. 7 DSGVO, Rn. 11.

[2545] *Brams/Möhle*, ZD 2018, 570, 571; *Zimmer-Helfrich*, ZD 2019, 1, 2.

[2546] *Zimmer-Helfrich*, ZD 2019, 1, 2.

[2547] BAG, Beschl. v. 12.8.2009 – 7 ABR 15/08, NZA 2009, 1218, 1221; BAG, Beschl. v. 11.11.1997 - 1 ABR 21/97, NZA 1998, 385, 386.

[2548] BAG, Beschl. v. 12.8.2009 – 7 ABR 15/08, NZA 2009, 1218, 1221.

[2549] BAG, Beschl. v. 12.8.2009 – 7 ABR 15/08, NZA 2009, 1218, 1221; BAG, Beschl. v. 18.7.2012 – 7 ABR 23/11, Rn. 31, NZA 2013, 49, 53.

[2550] *Arning/Rothkegel*, in: Taeger/Gabel, DSGVO/BDSG/TTDSG, 4. Auflage 2022, Art. 4 DSGVO, Rn. 179.

[2551] *Arning/Rothkegel*, in: Taeger/Gabel, DSGVO/BDSG/TTDSG, 4. Auflage 2022, Art. 4 DSGVO, Rn. 179; *Kort*, NZA 2015, 1345, 1347; *Gola*, in: Gola, DSGVO, 2. Auflage 2018, Art. 4 DSGVO, Rn. 55; *Däubler*, in: Däubler/Wedde/Weichert/Sommer, DSGVO/BDSG, 2. Auflage 2020, § 26 BDSG, Rn. 269b.

ersten Blick als eigenständiger Verantwortlicher zu behandeln.[2552] Dafür sprechen auch praktische Gründe, wie z.B., dass der Konzernbetriebsrat sich nur schwer einem einzigen Arbeitgeber als Verantwortlichen zuordnen lässt.[2553]

Bei genauerer Betrachtung dürfen Betriebsräte aber personenbezogene Daten gerade nicht unter freier Wahl der Zwecke und Mittel verarbeiten, sondern nur zur Erfüllung ihrer betriebsverfassungsrechtlichen Aufgaben, wie sich aus dem eindeutigen Wortlaut des § 80 Abs. 2 BetrVG ergibt.[2554] Was die Zweckbestimmung anbelangt, so erhält der Betriebsrat nach § 80 Abs. 2 S. 1 BetrVG Informationen vom Arbeitgeber, wenn die Einbindung des Betriebsrats in Entscheidungsprozesse erforderlich ist bzw. soweit dieser die Informationen benötigt, um seinen betriebsverfassungsrechtlichen Pflichten nachzukommen.[2555] Ein uneingeschränktes Zugriffsrecht des Betriebsrats auf Informationen besteht danach nicht.[2556] Von Bedeutung im Zuge der Mitarbeiterüberwachung ist beispielsweise die Einführung neuer technischer Systeme, welche das Mitbestimmungsrecht nach § 87 Abs. 1 Nr. 6 BetrVG auslöst oder um nach § 80 Abs. 1 Nr. 1 BetrVG zu überprüfen, ob der Arbeitgeber die Bestimmungen des Beschäftigtendatenschutzes einhält.[2557] Die Zwecke der Datenverarbeitung werden dabei durch das BetrVG festgelegt und nicht autonom durch den Betriebsrat.[2558] Selbiges gilt für § 26 Abs. 1 BDSG, der Betriebsräten die Datenverarbeitung gestattet, soweit diese „zur Ausübung oder Erfüllung der sich aus einem Gesetz oder einem Tarifvertrag, einer Betriebs- oder Dienstvereinbarung (Kollektivvereinbarung) ergebenden Rechte und Pflichten der Interessenvertretung der Beschäftigten erforderlich ist.“[2559] Der Handlungsspielraum der Betriebsräte ist durch die gesetzlich vorgesehene Zweckfestlegung eng begrenzt.[2560] Auch die Wahl der Mittel der Datenverarbeitung steht Betriebsräten nicht frei, sondern ist durch die Rechtsprechung des BAG begrenzt.[2561] Grundsätzlich müssen sie die IT-Infrastruktur des Arbeitgebers nutzen.[2562] Nach § 40 Abs. 2 BetrVG ist der Arbeitgeber verpflichtet, dem Betriebsrat für die Sitzungen, die Sprechstunden und die laufende Geschäftsführung in erforderlichem Umfang Räume, sachliche Mittel, Informations- und Kommunikationstechnik sowie Büropersonal zur Verfügung zu stellen. Das BAG billigt dem Betriebsrat im Zuge dessen beispielsweise keinen separaten, vom Proxy-Server des Arbeitgebers unabhängigen Internetzugang zu, sondern verweist ihn auf die Telekommunikationseinrichtungen des Arbeitgebers, selbst wenn technisch die Möglichkeit besteht, die Internetnutzung oder den E-Mail-Verkehr des Betriebsrats zu überwachen.[2563]

[2552] *Arning/Rothkegel*, in: Taeger/Gabel, DSGVO/BDSG/TTDSG, 4. Auflage 2022, Art. 4 DSGVO, Rn. 179; *Kort*, NZA 2015, 1345, 1347; *Gola*, in: Gola, DSGVO, 2. Auflage 2018, Art. 4 DSGVO, Rn. 55; *Däubler*, in: Däubler/Wedde/Weichert/Sommer, DSGVO/BDSG, 2. Auflage 2020, § 26 BDSG, Rn. 269b.

[2553] *Brams/Möhle*, ZD 2018, 570; das Problem sieht BAG, Beschl. v. 11.11.1997 - 1 ABR 21/97, NZA 1998, 385, 386, lässt es aber offen.

[2554] *Zimmer-Helfrich*, ZD 2019, 1; *Brams/Möhle*, ZD 2018, 570, 571.

[2555] *Zimmer-Helfrich*, ZD 2019, 1; *Brams/Möhle*, ZD 2018, 570, 571.

[2556] *Brams/Möhle*, ZD 2018, 570, 571.

[2557] *Zimmer-Helfrich*, ZD 2019, 1.

[2558] *Zimmer-Helfrich*, ZD 2019, 1; *Brams/Möhle*, ZD 2018, 570, 571.

[2559] *Zimmer-Helfrich*, ZD 2019, 1.

[2560] *Zimmer-Helfrich*, ZD 2019, 1; *Brams/Möhle*, ZD 2018, 570, 571.

[2561] *Zimmer-Helfrich*, ZD 2019, 1.

[2562] *Zimmer-Helfrich*, ZD 2019, 1, 2.

[2563] BAG, Urt. v. 20.4.2016 – 7 ABR 50/14, Ls., MMR 2016, 701.

Dafür, den Betriebsrat weiterhin als Teil des Verantwortlichen zu betrachten, sprechen überdies praktische Erwägungen. Denn es erscheint kaum sinnvoll, den Betriebsrat zum Adressaten eines Bußgeldbescheids zu machen, da er nicht über Haftungsmasse verfügt.[2564] Letztlich müssten entweder die Betriebsratsmitglieder persönlich haften oder der Arbeitgeber über § 40 BetrVG.[2565]

Mittlerweile hat der deutsche Gesetzgeber mit Wirkung zum 18.6.2021 durch das Betriebsrätemodernisierungsgesetz[2566] in § 79a S. 2 BetrVG festgelegt, dass der Arbeitgeber Verantwortlicher im Sinne der datenschutzrechtlichen Vorschriften ist, soweit der Betriebsrat zur Erfüllung der in seiner Zuständigkeit liegenden Aufgaben personenbezogene Daten verarbeitet. Teilweise wird § 79a S. 2 BetrVG für unionsrechtswidrig gehalten, was zur Konsequenz hätte, dass sie nach Art. 288 AEUV aufgrund des Anwendungsvorrangs des Unionsrechts unanwendbar wäre und die allgemeine Regelung des Art. 4 Nr. 7 DSGVO gelten würde.[2567] Die Regelung des § 79a S. 2 BetrVG könne weder auf Art. 4 Nr. 7 Hs. 2 DSGVO noch Art. 88 Abs. 2 DSGVO gestützt werden. Art. 4 Nr. 7 Hs. 2 DSGVO gestatte den Mitgliedstaaten nur die Regelung der datenschutzrechtlichen Verantwortlichkeit, wenn zugleich die Zwecke und Mittel der Verarbeitung vorgegeben werden, was nicht der Fall sei.[2568] Allerdings verlangt Art. 4 Nr. 7 Hs. 2 DSGVO nicht, dass die Zwecke und Mittel der Verarbeitung in ein und demselben Gesetz geregelt werden, gleichsam im selben Zug wie die Verarbeitung. Ausreichend ist, dass die Mittel und Zwecke der Verarbeitung durch das Unionsrecht oder die Regelungen der Mitgliedstaaten vorgegeben werden und dies ist im Bereich der Verarbeitung personenbezogener Daten durch den Betriebsrat durchaus gegeben, etwa durch § 26 BDSG.

6.10.2.1.4.2.2 Kontrolle der Beschäftigtenvertretung durch den Datenschutzbeauftragen

Wenn die Beschäftigtenvertretung lediglich Teil des Verantwortlichen ist, jedoch nicht selbst Verantwortlicher, ist es naheliegend, sie auch der Kontrolle des Datenschutzbeauftragten des Verantwortlichen zu unterwerfen, um zu verhindern, dass ein kontrollfreier Raum entsteht.[2569] Es erscheint unangemessen, dass dem Arbeitgeber als Verantwortlichem die datenschutzrechtliche Verantwortlichkeit aufgebürdet wird, ohne dass dieser die Datenverarbeitung durch den Betriebsrat überprüfen kann.[2570] Nach der Rechtsprechung des BAG zur Rechtslage unter dem BDSG a.F. hatte der betriebliche Datenschutzbeauftragte keine Kontrollbefugnisse gegenüber dem Betriebsrat, da dem Betriebsrat eine unabhängige Stellung nach dem BetrVG zukommt.[2571] Diese unabhängige Stellung sollte durch die Datenschutzreform nicht beseitigt werden und dies ist auch nicht Aufgabe des Datenschutzrechts.[2572]

Nach Inkrafttreten der DSGVO kann aber diese eigenständige Stellung des Betriebsrats nach dem BetrVG nicht mehr aufrecht erhalten werden.[2573] Eine Kontrolle durch den Datenschutzbeauftragten kann – unabhängig von der Regelung des § 79a BetrVG – schon aufgrund der aus

[2564] *Zimmer-Helfrich*, ZD 2019, 1, 2; *Brams/Möhle*, ZD 2018, 570, 572.

[2565] *Brams/Möhle*, ZD 2018, 570, 572.

[2566] BGBl 2021 I, 1762.

[2567] *Maschmann*, NZA 2021, 834, 836.

[2568] *Maschmann*, NZA 2021, 834, 836.

[2569] *Zimmer-Helfrich*, ZD 2019, 1, 2.

[2570] *Arning/Rothkegel*, in: Taeger/Gabel, DSGVO/BDSG/TTDSG, 4. Auflage 2022, Art. 4 DSGVO, Rn. 179.

[2571] BAG, Beschl. v. 11.11.1997 - 1 ABR 21/97, NZA 1998, 385, 386 f.

[2572] *Däubler*, in: Däubler/Wedde/Weichert/Sommer, DSGVO/BDSG, 2. Auflage 2020, § 26 BDSG, Rn. 271.

[2573] *Gola*, in: Gola, DSGVO, 2. Auflage 2018, Art. 4 DSGVO, Rn. 56; *Drewes*, in: Simitis/Hornung/Spiecker gen. Döhmann, Datenschutzrecht, 2019, Art. 39 DSGVO, Rn. 28.

Art. 288 Abs. 2 AEUV folgenden unmittelbaren Wirkung der DSGVO, die nicht durch Regelungen des BetrVG abgeschwächt werden kann, nicht weiter ausgeschlossen sein.[2574] Um Defizite in der Umsetzung der DSGVO zu vermeiden, die Haftungsfolgen für den Verantwortlichen oder Auftragsverarbeiter nach sich ziehen können, muss es dem Datenschutzbeauftragten möglich sein, die Datenverarbeitung durch den Betriebsrat zu kontrollieren.[2575] Die Unternehmens- oder Behördenleitung hat keinen Anspruch darauf, dass der Datenschutzbeauftragte ihr Bericht über Gegenstand, Inhalte oder Ergebnis der Prüfung erstattet.[2576] Der Datenschutzbeauftragte ist jedoch aufgrund seiner Unabhängigkeit dazu befugt, freiwillig Bericht zu erstatten.[2577]

Eine solche Berichterstattung birgt auf den ersten Blick Gefahren für die Unabhängigkeit des Betriebsrats gegenüber dem Arbeitgeber und dem Datenschutzbeauftragten in sich. Letztlich wird sich eine Berichterstattung aber lediglich auf die Einhaltung der datenschutzrechtlichen Vorschriften durch den Betriebsrat beziehen. Die Sachfragen, die beispielsweise vom Anwendungsbereich des BetrVG erfasst sind und die der Mitbestimmung des Betriebsrats unterliegen, unterliegen nicht der Prüfungskompetenz des Datenschutzbeauftragten. Der Datenschutzbeauftragte überwacht nach Art. 39 Abs. 1 lit. a DSGVO lediglich die Einhaltung der Vorgaben der DSGVO und sonstiger anwendbarer Datenschutzbestimmungen.[2578] Er wird hierzu sowohl regelmäßige, routinemäßige Kontrollen durchführen als auch anlassbezogene, etwa aufgrund einer Meldung eines Datenschutzverstoßes sowie unangekündigte Kontrollen.[2579] Rückmeldung über das Ergebnis des Berichts sollte der Datenschutzbeauftragte dem jeweiligen betriebsintern zuständigen Leiter der Abteilung, also lediglich dem Betriebsrat, geben.[2580] Kopien sollten der unternehmensintern verantwortliche Compliance-Verantwortliche, die Rechtsabteilung sowie die Abteilung der internen Revision erhalten.[2581] Letztlich ist keine der genannten Personen weisungsbefugt gegenüber dem Betriebsrat. Die Kontrolle des Datenschutzbeauftragten erstreckt sich auf die Rechtmäßigkeit der Datenverarbeitung durch den Betriebsrat. Er kann lediglich Schwachstellen aufzeigen und den Betriebsrat bei der Nachbesserung beraten. Weder ihm noch dem Verantwortlichen stehen damit Instrumente zur Verfügung, den Betriebsrat unter Druck zu setzen und seine Unabhängigkeit zu gefährden.

Der am 18.6.2021 in Kraft getretene § 79a S. 4 BetrVG normiert mittlerweile, dass der Datenschutzbeauftragte gegenüber dem Arbeitgeber zur Verschwiegenheit verpflichtet ist über Informationen, die Rückschlüsse auf den Meinungsbildungsprozess des Betriebsrats zulassen. In der Gesetzesbegründung ist davon die Rede, dass der Betriebsrat die Beratung des Datenschutzbeauftragten in Anspruch nehmen kann und dass sich die Stellung des Datenschutzbeauftragten nach den Regelungen der DSGVO richtet.[2582] Die darin gewählte Formulierung, dass die Stellung und Aufgaben des Datenschutzbeauftragten auch gegenüber dem Betriebsrat bestehen, legt den Schluss nahe, dass auch der Gesetzgeber von einer Kontrollbefugnis des Datenschutzbeauftragen ausgeht.[2583] § 79a S. 5 BetrVG erklärt die §§ 6 Abs. 5 S. 2, 38 Abs. 2 BDSG auch im

[2574] *Baumgartner/Hansch*, ZD 2019, 99, 102.
[2575] *Drewes*, in: Simitis/Hornung/Spiecker gen. Döhmann, Datenschutzrecht, 2019, Art. 39 DSGVO, Rn. 28.
[2576] *Drewes*, in: Simitis/Hornung/Spiecker gen. Döhmann, Datenschutzrecht, 2019, Art. 39 DSGVO, Rn. 28.
[2577] *Drewes*, in: Simitis/Hornung/Spiecker gen. Döhmann, Datenschutzrecht, 2019, Art. 39 DSGVO, Rn. 28.
[2578] *Drewes*, in: Simitis/Hornung/Spiecker gen. Döhmann, Datenschutzrecht, 2019, Art. 39 DSGVO, Rn. 16.
[2579] *Drewes*, in: Simitis/Hornung/Spiecker gen. Döhmann, Datenschutzrecht, 2019, Art. 39 DSGVO, Rn. 18.
[2580] *Drewes*, in: Simitis/Hornung/Spiecker gen. Döhmann, Datenschutzrecht, 2019, Art. 39 DSGVO, Rn. 20.
[2581] *Drewes*, in: Simitis/Hornung/Spiecker gen. Döhmann, Datenschutzrecht, 2019, Art. 39 DSGVO, Rn. 20.
[2582] BT-Drs. 19/28899, 22.
[2583] BT-Drs. 19/28899, 22; für eine Kontrollbefugnis *Arning/Rothkegel*, in: Taeger/Gabel, DSGVO/BDSG/TTDSG, 4. Auflage 2022, Art. 4 DSGVO, Rn. 179; *Thüsing*, in: Richardi, BetrVG, 17. Auflage 2022, § 79a, Rn. 12; *Kania*, in: Müller-Glöge/Preis/Schmidt, Erfurter Kommentar zum Arbeitsrecht, 22. Auflage 2022, § 79a BetrVG, Rn. 1; *Maschmann*, NZA 2021, 834, 836.

Hinblick auf das Verhältnis der oder des Datenschutzbeauftragten zum Arbeitgeber für anwendbar und normiert damit eine Verschwiegenheitsverpflichtung.

6.10.2.1.4.2.3 Spannungsverhältnis zwischen Betriebsverfassungsrecht und Datenschutzrecht

Die Stellung des Betriebsrats im Bereich des Arbeitnehmerdatenschutzes ist gesetzlich nicht geregelt. Zum Teil ist die Rede von einem Spannungsverhältnis zwischen Betriebsverfassungsrecht und Datenschutzrecht, das sich daraus begründet, dass das Betriebsverfassungsrecht auf Teilhabe ausgerichtet ist, während das Datenschutzrecht auf Abwehr eines Eingriffs in das Allgemeine Persönlichkeitsrecht durch Datenerhebung und -verarbeitung abzielt.[2584] Insbesondere dann, wenn der Betriebsrat zum Schutz von Arbeitnehmerinteressen personenbezogene Daten erheben und verarbeiten muss, wird dieses Verhältnis offenbar.[2585] Denn in diesem Fall stellt sich die Problematik, dass über den Arbeitgeber hinaus auch Mitglieder des Betriebsrats Kenntnis von personenbezogenen Daten erlangen. Der Eingriff in das allgemeine Persönlichkeitsrecht des Beschäftigten wird hierdurch zumindest intensiviert. Deutlich wird diese Konfliktlage beispielsweise bei der Umsetzung des Mehraugenprinzips. Denn einerseits handelt es sich um einen Kontrollmechanismus, andererseits ist hiermit die Notwendigkeit verbunden, personenbezogene Daten mehrerer Personen im Unternehmen zugänglich zu machen. Je mehr Personen aber Zugriff auf gespeicherte Daten haben, desto intensiver ist der Eingriff in die Rechte der betroffenen Person.[2586] Allerdings kommt dem Betriebsrat eine „Doppelrolle"[2587] im Beschäftigtendatenschutz zu, durch welche das vermeintliche Spannungsverhältnis aufgelockert wird. Denn einerseits ist der Betriebsrat verpflichtet, auf die Gewährleistung des Arbeitnehmerdatenschutzes durch den Arbeitgeber zu achten.[2588] Andererseits ist er diesem selbst verpflichtet, wenn er Beschäftigtendaten verarbeitet.[2589] § 79a S. 1 BetrVG bestimmt ausdrücklich, dass der Betriebsrat zur Einhaltung der Regelungen des Datenschutzrechts verpflichtet ist. § 79a S. 3 BetrVG verlangt, dass sich Arbeitgeber und Betriebsrat bei der Einhaltung des Datenschutzrechts unterstützen. Die Verpflichtung des Betriebsrats, die Regelungen des Datenschutzrechts einzuhalten, ergibt sich auch aus § 75 BetrVG. Nach § 75 Abs. 1 BetrVG hat der Betriebsrat darüber zu wachen, dass alle im Betrieb tätigen Personen nach den Grundsätzen von Recht und Billigkeit behandelt werden. Nach § 75 Abs. 2 S. 1 BetrVG haben Arbeitgeber und Betriebsrat die freie Entfaltung der Persönlichkeit der im Betrieb beschäftigten Arbeitnehmer zu schützen und zu fördern.

6.10.2.1.4.2.4 Überwachungsaufgabe

§ 80 BetrVG enthält eine Aufzählung der allgemeinen Aufgaben und Rechte des Betriebsrats. Nach § 80 Abs. 1 Nr. 1 BetrVG kommt ihm auch die Aufgabe zu, darüber zu wachen, dass die zugunsten der Arbeitnehmer geltenden Gesetze, Verordnungen, Unfallverhütungsvorschriften, Tarifverträge und Betriebsvereinbarungen durchgeführt werden. Hiervon sind neben den klassischen arbeitsrechtlichen Vorschriften auch die Vorschriften des Datenschutzrechts, insbesondere der DSGVO und des BDSG erfasst.[2590] Das BAG leitete dies zum BDSG a.F. daraus her, dass durch die Regelungen des BDSG a.F., soweit sie die Arbeitnehmerdatenverarbeitung betrafen, die betriebsverfassungsrechtliche Vorschrift des § 75 Abs. 2 BetrVG konkretisierten,

---

[2584] *Kort,* in: Maschmann, Beschäftigtendatenschutz in der Reform 2012, 109, 112.

[2585] *Kort,* in: Maschmann, Beschäftigtendatenschutz in der Reform 2012, 109, 112.

[2586] *Lachenmann,* in: Koreng/Lachenmann, Formularhandbuch Datenschutzrecht, 3. Auflage 2021, H. III.2.29; BAG, Urt. v. 20.6.2013 - 2 AZR 546/12, Rn. 35, ZD 2014, 260, 264.

[2587] *Althoff,* ArbRAktuell 2018, 414, 416.

[2588] *Althoff,* ArbRAktuell 2018, 414, 416.

[2589] *Althoff,* ArbRAktuell 2018, 414, 416.

[2590] *Althoff,* ArbRAktuell 2018, 414, 416; *Wybitul,* in: Wybitul, EU-Datenschutz-Grundverordnung, Teil 1, Einl., Rn. 344.

wonach Arbeitgeber und Betriebsrat die freie Entfaltung der Persönlichkeit der im Betrieb beschäftigten Arbeitnehmer schützen und fördern sollen.[2591] Dies gilt auch für das BDSG n.F. sowie die DSGVO. Unschädlich ist, dass das BDSG nicht ausschließlich dem Schutz von Arbeitnehmern dient.[2592] Ausreichend ist, dass die Vorschriften auch zugunsten der Arbeitnehmer gelten.[2593] Nach § 80 Abs. 2 BetrVG billigt dem Betriebsrat zur Durchführung seiner Aufgaben weitreichende Unterrichtungs- und Informationsrechte zu. Nach § 80 Abs. 2 S. 2 Hs. 1 BetrVG sind dem Betriebsrat auf Verlangen jederzeit die zur Durchführung seiner Aufgaben erforderlichen Unterlagen zur Verfügung zu stellen. Dieses Einsichtsrecht wird im Umkehrschluss durch die DSGVO sowie das BDSG nicht eingeschränkt.[2594] Vielmehr geht mit der Verpflichtung zur Überwachung der Einhaltung der datenschutzrechtlichen Vorschriften ein Anspruch des Betriebsrats nach § 80 Abs. 2 S. 1 BetrVG einher, soweit die entsprechende Information zur Aufgabenwahrnehmung erforderlich ist.[2595]

Aus diesem Grund wurde angesichts des Subsidiaritätsprinzips des § 1 Abs. 3 BDSG a.F., welches auch in § 1 Abs. 2 S. 1 BDSG n. F. verwurzelt ist, vorgeschlagen, keine umfasse Subsidiarität des BDSG a.F. gegenüber dem BetrVG anzunehmen, sondern diese Frage einzelnormbezogen zu beurteilen.[2596]

Die DSGVO enthält keine Regelungen zur Stellung des Betriebsrats. Lediglich in EwG 155 DSGVO wird klargestellt, dass Betriebsvereinbarungen spezifische Vorschriften für die Verarbeitung personenbezogener Beschäftigtendaten im Beschäftigungskontext im Sinne des Art. 88 Abs. 1 DSGVO sein können. Dadurch wird es den Betriebsvertragsparteien ermöglicht, in den Grenzen des Art. 88 Abs. 1, 2 DSGVO sowie der DSGVO auf nationaler Ebene den Beschäftigtendatenschutz selbständig zu gestalten.

Die Fälle, in denen eine Re-Identifikation zulässig und der Betriebsrat zur Herausgabe des Schlüssels verpflichtet sein soll, sind in einer Betriebsvereinbarung festzuhalten, da dieser nach § 77 Abs. 4 BetrVG im Betrieb normative Wirkung zukommt. Hierdurch wird normativ abgesichert, dass der Arbeitgeber nur in Trefferfällen bei Vorliegen der Voraussetzungen des § 26 Abs. 1 S. 2 BDSG die Herausgabe des Schlüssels verlangen kann.

Sofern der Betriebsrat in diesem Kontext Einsichtnahme verlangt, um zu überprüfen, ob die Voraussetzungen für die Herausgabe des Schlüssels vorliegen, um die Einhaltung der Voraussetzungen des BDSG sowie der Betriebsvereinbarung zu überprüfen, ist zu beachten, dass der Betriebsrat nach der Rechtsprechung des BAG zum BDSG a.F.[2597] datenschutzrechtlich als Teil der verantwortlichen Stelle (des Arbeitgebers) angesehen wird, sodass keine Übermittlung im Sinne des § 3 Abs. 4 Nr. 3 BDSG a.F. vorlag, jedoch eine Nutzung nach § 3 Abs. 5 BDSG a.F., welche ebenfalls rechtfertigungsbedürftig war. Der Betriebsrat war als Teil der verantwortlichen Stelle den betrieblichen und gesetzlichen Datenschutzbestimmungen aber dennoch unterworfen.[2598] Auch nach Erlass der DSGVO liegt eine Datenverarbeitung nach Art. 4 Nr. 2 DSGVO zumindest in Form einer Verwendung vor, die nach Art. 6 DSGVO rechtfertigungsbedürftig ist.

[2591] BAG, Beschl. v. 17.3.1987 - 1 ABR 59/85, 2.a), NZA 1987, 747, 748.

[2592] BAG, Beschl. v. 17.3.1987 - 1 ABR 59/85, 2.a), NZA 1987, 747, 748.

[2593] BAG, Beschl. v. 17.3.1987 - 1 ABR 59/85, 2.a), NZA 1987, 747, 748.

[2594] *Althoff,* ArbRAktuell 2018, 414, 416.

[2595] BAG, Beschl. v. 7.2.2012 – 1 ABR 46/10, Rn. 7, NZA 2012, 744.

[2596] *Kort,* in: Maschmann, Beschäftigtendatenschutz in der Reform 2012, 109, 112.

[2597] BAG, Beschl. v. 12.8.2009 - 7 ABR 15/08, NZA 2009, 1218, 1221; BAG, Beschl. v. 7.2.2012 – 1 ABR 46/10, Rn. 43, NZA 2012, 744, 747; BAG, Beschl. v. 14.1.2014 – 1 ABR 54/12, Rn. 28, NZA 2014, 738, 739.

[2598] BAG, Beschl. v. 12. 8. 2009 - 7 ABR 15/08, NZA 2009, 1218, 1221; BAG, Beschl. v. 7. 2.2012 – 1 ABR 46/10, Rn. 43, NZA 2012, 744, 747; BAG, Beschl. v. 14.1.2014 – 1 ABR 54/12, Rn. 28, NZA 2014, 738, 739.

Als Rechtsgrundlage hierfür kann nicht etwa die Zuständigkeitsnorm des § 80 BetrVG herangezogen werden, sondern eine Betriebsvereinbarung oder § 26 Abs. 1 S. 1 BDSG, welcher mit Blick auf die Aufgaben des Betriebsrats zu konkretisieren ist.[2599] Nach § 26 Abs. 1 S. 1 BDSG ist die Datenverarbeitung zulässig, wenn dies für die Entscheidung über die Begründung eines Beschäftigungsverhältnisses oder nach Begründung des Beschäftigungsverhältnisses für dessen Durchführung oder Beendigung oder zur Ausübung oder Erfüllung der sich aus einem Gesetz oder einem Tarifvertrag, einer Betriebs- oder Dienstvereinbarung (Kollektivvereinbarung) ergebenden Rechte und Pflichten der Interessenvertretung der Beschäftigten erforderlich ist.

Erforderlich ist in jedem Fall ein Aufgabenbezug sowie die Wahrung der Verhältnismäßigkeit.[2600] Zu beachten ist, dass der Erforderlichkeitsbegriff des § 26 Abs. 1 S. 1 BDSG sowie des Art. 88 Abs. 2 DSGVO primär durch datenschutzrechtliche Vorgaben konturiert wird. Dies bedeutet, dass eine objektive Interessenabwägung zwischen dem Informationsinteresse der Interessenvertretung und den Interessen sowie Grundrechten und Grundfreiheiten des Beschäftigten und des Verantwortlichen vorzunehmen ist, wohingegen die Feststellung eines möglichen betriebsverfassungsrechtlichen Aufgabenbezugs weitgehend subjektiv durch den Betriebsrat erfolgt.[2601] § 26 Abs. 1 BDSG gilt auch für Datenverarbeitungen, die durch den Betriebsrat oder andere Interessenvertretungen vorgenommen werden, da er keine Beschränkung auf den Arbeitgeber beinhaltet.[2602] Er bindet „sowohl den Arbeitgeber bei der Zusammenstellung und Weitergabe von Beschäftigtendaten an Interessenvertretungen von Beschäftigten als auch den Betriebsrat oder andere Interessenvertretungen selbst bei der weiteren Verarbeitung der überlassenen personenbezogenen Daten."[2603] Damit verdrängt er die allgemeineren Vorschriften des Art. 6 Abs. 1 UAbs. 1 S. 1 lit. c, Abs. 3 DSGVO sowohl für den Arbeitgeber als auch für andere Interessenvertretungen.[2604]

6.10.2.1.4.2.5 Verschwiegenheitsverpflichtung der Mitglieder des Betriebsrats

Gesetzliche Verschwiegenheitspflichten zu Gunsten von Arbeitnehmern finden sich in §§ 82 Abs. 2 S. 3, 83 Abs. 1 S. 3, 99 Abs. 1 S. 3 und 102 Abs. 2 S. 5 BetrVG. Verstöße gegen die Verschwiegenheitspflichten sind nach § 120 Abs. 2 BetrVG mit Strafe bedroht. Darüber hinaus ist der Betriebsrat auch verpflichtet, vertrauliche Angaben über persönliche Angelegenheiten eines Arbeitnehmers nicht ohne dessen Zustimmung weiterzugeben.[2605] Zudem kann die Arbeit des Betriebsrats per se eine Verschwiegenheitsverpflichtung gegenüber dem Arbeitgeber begründen, wenn die Tätigkeit des Betriebsrats hierdurch beeinträchtigt würde.[2606] Diese Schweigepflicht wird teilweise auf § 75 Abs. 2 BetrVG gestützt, teilweise auf eine Analogie zu den §§ 82 Abs. 2 S. 3, 83 Abs. 1 S. 3, 99 Abs. 1 S. 3 und 102 Abs. 2 S. 5 BetrVG sowie teils auf die Verpflichtung des Betriebsrats zur Einhaltung der Regelungen der DSGVO sowie des

---

[2599] *Riesenhuber*, in: Wolff/Brink BeckOK Datenschutzrecht, 40. Edition, Stand: 1.2.2022, § 26 BDSG, Rn. 195 f; *Kort*, ZD 2015, 3; *Wybitul*, NZA 2017, 413, 416, 418; *Kania*, in: Müller-Glöge/Preis/Schmidt, Erfurter Kommentar zum Arbeitsrecht, 22. Auflage 2022, § 80 BetrVG, Rn. 22; *Reiserer/Christ/Heinz*, DStR 2018, 1501, 1504.

[2600] *Kania*, in: Müller-Glöge/Preis/Schmidt, Erfurter Kommentar zum Arbeitsrecht, 22. Auflage 2022, § 80 BetrVG, Rn. 22.

[2601] *Wybitul*, NZA 2017, 413, 416.

[2602] *Wybitul*, NZA 2017, 413, 416.

[2603] *Wybitul*, NZA 2017, 413, 416.

[2604] *Wybitul*, NZA 2017, 413, 416.

[2605] *Buschmann*, in: Däubler/Klebe/Wedde, BetrVG, 18. Auflage 2022, § 79 BetrVG, Rn. 40, *Thüsing*, in: Richardi, BetrVG, 17. Auflage 2022, § 79 BetrVG, Rn. 34.

[2606] *Kania*, in: Müller-Glöge/Preis/Schmidt, Erfurter Kommentar zum ArbR, 22. Auflage 2022, § 79 BetrVG, Rn. 15.

BDSG.[2607] Eine Verletzung der Schweigepflicht wäre jedoch wegen des Analogieverbots im Strafrecht nicht nach § 120 Abs. 2 BetrVG strafbewehrt.[2608]

Treuhänder müssen im Szenario der ID-Vault in der Lage sein, die personenbezogenen Daten von Beschäftigten vor unrechtmäßigen Zugriffen zu schützen, insbesondere von Seiten des Arbeitgebers. Damit eine Instanz diese Funktion effektiv bekleiden kann, muss sie unabhängig, insbesondere weisungsunabhängig, im Verhältnis zum Arbeitgeber sein. Betriebsräte erfüllen diese Kriterien und sind aufgrund dessen geeignete Treuhänder.

6.10.2.1.4.3 Fachabteilungen als Treuhänder

Aufgrund der genannten Anforderungen an Treuhänder ist es nicht ausreichend, wenn lediglich eine bestimmte Abteilung im Unternehmen (z.B. Innenrevision, Compliance-Beauftragter, IT-Fachabteilung, IT-Sicherheitsbeauftragter) diese Aufgabe übernimmt, da es sich bei den dort beschäftigten Personen um Arbeitnehmer handelt, die an den Arbeitgeber vertraglich gebunden, von diesem existenziell abhängig sind und seinen Weisungen aufgrund des arbeitsvertraglichen Direktionsrechts (§ 106 GewO) unterliegen. Was die Interne Revision anbelangt, so kommt noch hinzu, dass sie der Geschäftsleitung unmittelbar unterstellt und zum Bericht verpflichtet ist (BaFin-Rundschr. 15/2009 (BA) – Mindestanforderungen an das Risikomanagement – MaRisk, 4.4, 2). Es ist deshalb davon auszugehen, dass es dem Unternehmen bzw. der Geschäftsleitung möglich ist, eine Weisung zur De-Pseudonymisierung auszusprechen.

6.10.2.1.4.4 Der Datenschutzbeauftragte als Treuhänder

Denkbar wäre es, den Datenschutzbeauftragten mit der Aufgabe, die Zuordnungsregel als Treuhänder zu verwahren zu betrauen. Zur Rechtslage nach BDSG a.F. wurde die Meinung vertreten, der Datenschutzbeauftrage werde vor allem im Interesse des Unternehmens tätig.[2609] Auch wenn er auf die Einhaltung der datenschutzrechtlichen Bestimmungen im Unternehmen hinzuwirken habe, so erfülle er diese Aufgabe im Unternehmenswohl.[2610] Bei Datenschutzverstößen kämen ihm keine eigenen Exekutivbefugnisse zu, sondern er müsse sich mit der Unternehmensleitung in Benehmen setzen.[2611] Seine Stellung wurde mit der des Compliance-Beauftragten verglichen, wobei letzterer eine weniger verrechtlichte Stellung inne hat.[2612]

Zutreffend ist, dass, wie sich aus Art. 38 Abs. 3 S. 3 DSGVO ergibt, eine direkte Berichtlinie zur höchsten Managementebene bestehen muss. Außerdem wird in Art. 39 Abs. 1 lit. a DSGVO der Datenschutzbeauftragte dazu verpflichtet, die oberste Unternehmensleitung über relevante datenschutzrechtliche Vorgänge zu informieren, sodass er in diesem Zusammenhang im Unternehmensinteresse handelt.

Art. 39 Abs. 1 lit. b DSGVO sieht überdies vor, dass der Datenschutzbeauftragte die Einhaltung der datenschutzrechtlichen Vorschriften im Betrieb kontrollieren muss. Zutreffend ist, dass es sich hierbei um eine „typische Compliance-Aufgabe" handelt.[2613]

Art. 38 Abs. 4 DSGVO sieht jedoch vor, dass Betroffene den Datenschutzbeauftragten zu allen mit der Verarbeitung ihrer personenbezogenen Daten und mit der Wahrnehmung ihrer in der DSGVO normierten Rechte im Zusammenhang stehenden Fragen zu Rate ziehen können.

[2607] *Thüsing*, in: Richardi, BetrVG, 17. Auflage 2022, § 79 BetrVG, Rn. 34 f., *Kania*, in: Müller-Glöge/Preis/Schmidt, Erfurter Kommentar zum ArbR, 22. Auflage 2022, § 79 BetrVG, Rn. 15 f.

[2608] *Buschmann*, in: Däubler/Klebe/Wedde, BetrVG, 18. Auflage 2022, § 79 BetrVG, Rn. 40.

[2609] *Kort*, NZA 2015, 1345, 1346.

[2610] *Kort*, NZA 2015, 1345, 1346.

[2611] *Kort*, NZA 2015, 1345, 1346.

[2612] *Kort*, NZA 2015, 1345, 1346.

[2613] *Klug*, ZD 2016, 315, 318.

6.10.2.1.4.4.1 Unabhängige Stellung

Nach Art. 38 Abs. 3 S. 1 DSGVO ist der Datenschutzbeauftragte bei der Erfüllung seiner Aufgaben weisungsfrei, was von Verantwortlichem und Auftragsverarbeiter sicherzustellen ist. Überdies darf der Datenschutzbeauftragte nach Art. 38 Abs. 3 S. 2 DSGVO wegen der Erfüllung seiner Aufgaben nicht abberufen werden und ist nach Art. 38 Abs. 3 S. 3 DSGVO der höchsten Managementebene unterstellt. EwG 97 S. 4 verweist explizit darauf, dass der Datenschutzbeauftragte, unabhängig davon, ob es sich um einen Beschäftigten des Verantwortlichen handelt oder nicht, seine Pflichten und Aufgaben in vollständiger Unabhängigkeit wahrnehmen können soll.

6.10.2.1.4.4.1.1 Weisungsfreiheit

Die Weisungsfreiheit nach Art. 38 Abs. 3 S. 1 DSGVO bedeutet zum einen, dass die Geschäfts- oder Behördenleitung dem Datenschutzbeauftragten hinsichtlich der Erfüllung seiner Aufgaben keine Weisungen erteilen darf und auch dafür Sorge tragen muss, dass dieser weder hierarchisch in das Unternehmen eingegliedert wird, noch von anderen Stellen, wie beispielsweise dem Betriebs- oder Personalrat, Weisungen erhält.[2614] Der Betriebsrat ist aus diesem Grund nicht dazu befugt, den Datenschutzbeauftragten zu kontrollieren.[2615]

In einem ersten Schritt bleibt festzuhalten, dass vollständige Unabhängigkeit nicht dasselbe bedeuten kann, wie in Bezug auf staatliche Kontrollstellen.[2616] Der EuGH hat zu Art. 28 Abs. 1 2. UAbs. RL 95/46/EG entschieden, der ebenso wie EwG 97 DSGVO für den Datenschutzbeauftragten in Bezug auf staatliche Datenschutzbehörden vorsah, dass diese ihre Aufgaben „in völliger Unabhängigkeit" wahrnehmen entschieden, dass jegliche Einflussnahme von außen, gleichgültig ob unmittelbar oder mittelbar, unzulässig sei.[2617] Begründet wurde dies damit, dass die Unabhängigkeit der Kontrollstellen diesen ermöglichen soll, ihre Aufgaben objektiv und unparteiisch wahrzunehmen.[2618] Die Rechtsprechung des EuGH kann nicht unbesehen auf die unabhängige Stelle des Datenschutzbeauftragten übertragen werden, weil die Kontrollstellen die Aufgaben haben, den Schutz des Rechts auf Privatsphäre des Einzelnen mit dem freien Verkehr personenbezogener Daten in ein Gleichgewicht zueinander zu bringen.[2619]

Auch dem Datenschutzbeauftragten kommt eine Kontrollfunktion im Unternehmen zu. Er ist jedoch schon per se nicht in gleichem Maße unabhängig wie die Aufsichtsbehörde, weil zumindest der interne Datenschutzbeauftragte Teil der verantwortlichen Stelle oder des Auftragsverarbeiters ist und oftmals Arbeitnehmer.[2620] Allerdings ist es dem Verantwortlichen verboten, den Datenschutzbeauftragten im Rahmen der dem Datenschutzbeauftragten nach Art. 39 DSGVO zugewiesenen Aufgaben durch Weisungen inhaltlich zu beeinflussen.[2621] So darf sich der Verantwortliche keine Mitspracherechte vorbehalten.[2622]

Wird ein Datenschutzbeauftragter bestellt, so kommt ihm nach Art. 39 Abs. 1 lit. b DSGVO die Aufgabe zu, die Einhaltung der Verordnung zu überwachen. Dazu gehört auch der Arbeitnehmerdatenschutz.

6.10.2.1.4.4.1.2 Schutz vor Abberufung

[2614] *Heberlein*, in: Ehmann/Selmayr, DSGVO, 2. Auflage 2018, Art. 38 DSGVO, Rn. 13.

[2615] *Heberlein*, in: Ehmann/Selmayr, DSGVO, 2. Auflage 2018, Art. 38 DSGVO, Rn. 13.

[2616] *Moos*, in: Wolff/Brink, BeckOK Datenschutzrecht, 40. Edition, Stand: 1.11.2021, Art. 38 DSGVO, Rn. 18.

[2617] EuGH, Urt. v. 9.3.2010 – Rs. C-518/07, ECLI:EU:C:2010:125, Rn. 25.

[2618] EuGH, Urt. v. 9.3.2010 – Rs. C-518/07, ECLI:EU:C:2010:125, Rn. 25.

[2619] EuGH, Urt. v. 9.3.2010 – Rs. C-518/07, ECLI:EU:C:2010:125, Rn. 31.

[2620] *Moos*, in: Wolff/Brink, BeckOK Datenschutzrecht, 40. Edition, Stand: 1.11.2021, Art. 38 DSGVO, Rn. 18.

[2621] *Moos*, in: Wolff/Brink, BeckOK Datenschutzrecht, 40. Edition, Stand: 1.11.2021, Art. 38 DSGVO, Rn. 18

[2622] *Moos*, in: Wolff/Brink, BeckOK Datenschutzrecht, 40. Edition, Stand: 1.11.2021, Art. 38 DSGVO, Rn. 18.

Ein besonderer Kündigungsschutz, wie § 4 Abs. 3 S. 5 BDSG ihn vorsah, ist nicht ausdrücklich im Wortlaut der DSGVO enthalten. Art. 38 Abs. 3 S. 2 DSGVO spricht davon, dass der Datenschutzbeauftragte nicht wegen der Erfüllung seiner Aufgaben abberufen werden darf. Hierdurch soll gewährleistet werden, dass die nach Art. 38 Abs. 3 S. 1 DSGVO grundsätzlich unabhängige Stellung des Datenschutzbeauftragten nicht nachträglich durch Sanktionen unterlaufen wird.[2623]

Eine Abberufung aus betrieblichen Gründen ist demnach zulässig, wobei die Beweislast beim Verantwortlichen liegt.[2624] Im Falle einer befristeten Benennung ist jedoch nur die Abberufung aus wichtigem Grund zulässig.[2625]

Art. 38 Abs. 3 S. 2 DSGVO spricht zwar von einer „Abberufung". Im deutschen Recht wird beispielsweise beim Geschäftsführer zwischen der Abberufung in seiner Funktion als solcher und der Kündigung des schuldrechtlich begründeten Arbeitsverhältnisses unterschieden, sodass nach diesem Verständnis kein Sonderkündigungsschutz besteht, wie er nach § 4f Abs. 3 S. 5, 6 BDSG a.F. bestand.[2626] Die unionsrechtlich geprägte DSGVO ist jedoch autonom auszulegen, und es sind insbesondere die anderen Sprachfassungen heranzuziehen. Die englische Sprachfassung enthält den Begriff „dismissal", welcher mit „Kündigung" übersetzt wird.

Während Art. 18 Abs. 2 DSRL und § 4f Abs. 1 BDSG auf den Begriff „Bestellung" zurückgegriffen, bezeichnet Art. 37 DSGVO den Begriff „Benennung". Hierin sehen manche, dass die Benennung ein Grundverhältnis voraussetzt, wie einen Arbeits- oder Dienstleistungsvertrag oder ein öffentlich-rechtliches Dienstverhältnis, welches von der Funktion als Datenschutzbeauftragter zu trennen ist.[2627]

Überdies beinhaltet Art. 38 Abs. 3 S. 2 DSGVO das Verbot, den Datenschutzbeauftragten wegen seiner Stellung zu benachteiligen.

Im deutschen Recht hat der nationale Gesetzgeber mit § 38 Abs. 2 BDSG i. V. m. § 6 Abs. 4 BDSG im Falle der verpflichtenden Bestellung des Datenschutzbeauftragten einen Abberufungs- und für interne Datenschutzbeauftragte besonderen Kündigungsschutz normiert.[2628] Soweit dieser greift, gilt für die Abberufung des gesetzlich verpflichtend zu bestellenden Datenschutzbeauftragten § 626 BGB entsprechend. Davon zu trennen ist die Kündigung des Arbeitsverhältnisses. Auch für diese gilt jedoch, dass die Kündigung nur möglich ist, wenn Tatsachen vorliegen, die die nicht öffentliche Stelle zur Kündigung aus wichtigem Grund berechtigen würden.[2629]

6.10.2.1.4.4.1.3   Verschwiegenheitsverpflichtung

Mit § 38 Abs. 2 BDSG i.V.m. § 6 Abs. 5 S. 2 BDSG hat der nationale Gesetzgeber überdies eine umfassende Verschwiegenheitsverpflichtung für den Datenschutzbeauftragen normiert. Damit macht er von der Öffnungsklausel des Art. 38 Abs. 5 DSGVO Gebrauch. Danach ist der Datenschutzbeauftrage sowohl einer öffentlichen als auch einer nicht öffentlichen Stelle zur Verschwiegenheit über die Identität der betroffenen Person sowie die Umstände, die Rückschlüsse auf die betroffene Person zulassen, verpflichtet, soweit er davon nicht durch die betroffene Person befreit wird.

[2623] *Heberlein*, in: Ehmann/Selmayr, DSGVO, 2. Auflage 2018, Art. 38 DSGVO, Rn. 15.

[2624] *Bergt*, in: Kühling/Buchner, DSGVO/BDSG, 3. Auflage 2020, Art. 38 DSGVO, Rn. 30.

[2625] *Bergt*, in: Kühling/Buchner, DSGVO/BDSG, 3. Auflage 2020, Art. 38 DSGVO, Rn. 30.

[2626] So *Heberlein*, in: Ehmann/Selmayr, DSGVO 2. Auflage 2018, Art. 38 DSGVO, Rn. 15.

[2627] *Heberlein*, in: Ehmann/Selmayr, DSGVO, 2. Auflage 2018, Art. 37 DSGVO, Rn. 14.

[2628] Zu Zweifeln an der Europarechtskonformität mangels Öffnungsklausel *Kühling/Sackmann*, in: Kühling/Buchner, DSGVO/BDSG, 3. Auflage 2020, § 38 BDSG, Rn. 20.

[2629] *Pauly*, in: Paal/Pauly, DSGVO/BDSG, 3. Auflage 2021, § 38 BDSG, Rn. 18.

Die Verschwiegenheitspflicht des § 38 Abs. 2 BDSG i.V.m. § 6 Abs. 5 S. 2 BDSG besteht sowohl gegenüber dem Verantwortlichen als auch gegenüber Dritten sowie der Arbeitnehmervertretung.[2630]

6.10.2.1.4.4.1.4 Zwischenergebnis

Aufgrund dieser grundsätzlich unabhängigen Stellung kann man den Datenschutzbeauftragten als Verwahrer des Schlüssels in Betracht ziehen. Dagegen spricht zwar, dass der Datenschutzbeauftragte am Unternehmensinteresse und nicht am öffentlichen Wohl orientiert handeln muss[2631], allerdings ist seine genuine Aufgabe, auf die Einhaltung datenschutzrechtlicher Regelungen im Betrieb hinzuwirken und die Einhaltung dieser zu überwachen. Er ist aus diesem Grund auch dazu verpflichtet, darüber zu wachen, dass der Beschäftigtendatenschutz im Betrieb gewährleistet bleibt.

6.10.2.1.4.4.2 Übernahme und Zuweisung von Aufgaben

Im Bereich des Beschäftigtendatenschutzes stellt sich die Frage, inwieweit dem Datenschutzbeauftragten Aufgaben zugewiesen werden können, insbesondere auch durch Betriebsvereinbarung.

Denn der Datenschutzbeauftragte könnte beispielsweise im Rahmen der Pseudonymisierung als Verwahrer eines Zuordnungsschlüssels (Guard) eingesetzt werden.

Nach Art. 39 Abs. 1 DSGVO obliegen dem DSGVO zumindest die dort genannten Aufgaben. Der Wortlaut des Art. 39 Abs. 1 DSGVO weist darauf hin, dass die dort genannte Aufzählung lediglich ein Mindestmaß an Aufgaben beinhaltet, das weiter ausgestaltet werden kann.

Freilich stellt sich dann die Folgefrage, durch wen ihm diese Aufgaben übertragen werden dürfen. In Betracht kommt die Übernahme von Aufgaben durch Weisung des Verantwortlichen oder durch Betriebsvereinbarung. Bei Datenschutzbeauftragten stellt sich generell die schon vor Erlass der DSGVO schwierig zu beantwortende Frage, in welchem Verhältnis Datenschutzbeauftragter und Betriebsrat zueinanderstehen, das heißt, ob der Betriebsrat den Datenschutzbeauftragten kontrollieren kann und umgekehrt. Im Kontext von Betriebsvereinbarungen zu technischen Überwachungssystemen ist es beispielsweise auch denkbar, dass der Datenschutzbeauftragte die Rolle eines Guards übernimmt und dies in der Betriebsvereinbarung festgeschrieben wird.

6.10.2.1.4.4.2.1 Die Zulässigkeit von Prüfaufträgen gegenüber dem Datenschutzbeauftragten

Schon die DSRL statuierte in Art. 18 Abs. 2 DSRL und dem EwG 49 DSRL die Unabhängigkeit des Datenschutzbeauftragten. In § 4f Abs. 3 S. 2 BDSG war das Gebot der Weisungsfreiheit verankert.[2632] Bereits damals wurde die Meinung vertreten, dass ein Instruktionsrecht auf Seiten des Verantwortlichen bestünde, was organisatorische dienstliche Belange wie Urlaubsplanung, Freistellungen oder Budgetverwaltung anbelange.[2633] Darüber hinausgehende Weisungen, wie die Weisung, bestimmte Bereiche mit in die Prüfung einzubeziehen, sollten nach teilweise vertretener Auffassung als Eingriff in die Ausübung der Fachkunde nicht verbindlich sein, ebenso wie Prüfaufträge von Seiten des Verantwortlichen oder Betriebs- bzw. Personalrats.[2634] Es

---

[2630] *Bergt/Schnebbe*, in: Kühling/Buchner, DSGVO/BDSG, 3. Auflage 2020, § 6 BDSG, Rn. 18.

[2631] *Kort*, NZA 2015, 1345 f.

[2632] *Scheja*, in: Taeger/Gabel, BDSG und Datenschutzvorschriften des TKG und TMG 2013, § 4f BDSG, Rn. 86.

[2633] *Scheja*, in: Taeger/Gabel, BDSG und Datenschutzvorschriften des TKG und TMG 2013, § 4f BDSG, Rn. 86.

[2634] *Scheja*, in: Taeger/Gabel, BDSG und Datenschutzvorschriften des TKG und TMG 2013, § 4f BDSG, Rn. 86.

wurde in solchen Aufträgen die Gefahr gesehen, dass der Datenschutzbeauftragte seinen als vordringlich gesehenen Aufgaben nicht mehr nachkommen könne.[2635]

Auch nach Erlass der DSGVO wird zum Teil die Auffassung vertreten, er dürfe keine Prüfaufträge erhalten.[2636] Die benennende Stelle soll den Datenschutzbeauftragten lediglich auf kritische Verarbeitungsvorgänge hinweisen können oder ihn um Prüfung bitten können. Es liege dann in der Hand des Datenschutzbeauftragten, selbst zu entscheiden, welchen Aufgaben er im Rahmen seiner Pflicht zur risikobasierten Amtsführung Vorrang einräumt.[2637] Auch Prüfbitten und Hinweise auf risikobehaftete Vorgänge dürften nicht dazu führen, dass der Datenschutzbeauftragte davon abgehalten wird, Verarbeitungstätigkeiten zu überprüfen.[2638]

Nach anderer Auffassung ist es dem Verantwortlichen erlaubt, dem Datenschutzbeauftragten einzelne Aufgaben zuzuweisen, zum Beispiel mit Blick auf die Frage, inwieweit der Datenschutzbeauftrage in die Erstellung eines Verarbeitungsverzeichnisses nach Art. 30 DSGVO mit eingebunden werden soll.[2639] Hierfür spricht, dass die zivilrechtlichen Pflichten, die dem Datenschutzbeauftragten übertragen werden können, vertraglich ausgestaltbar sind.[2640] Art. 39 Abs. 1 DSGVO beinhaltet lediglich einen gesetzlichen Mindestaufgabenbestand. Bei internen Datenschutzbeauftragten können die zivilrechtlichen Pflichten insbesondere auch durch das Direktionsrecht des Verantwortlichen, der zugleich Arbeitgeber des Datenschutzbeauftragten ist, konkretisiert werden.[2641] Art. 38 Abs. 3 S. 1 DSGVO steht nicht grundsätzlich der Weisungsbefugnis im Verhältnis zwischen Verantwortlichem und internem Datenschutzbeauftragten entgegen. Ansonsten verlöre der interne Datenschutzbeauftragte seine Arbeitnehmereigenschaft.[2642] Für diese ist das Merkmal der Weisungsgebundenheit konstitutiv.[2643] Soweit bezweifelt wird, dass Prüfaufträge Weisungen im Sinne des § 106 GewO sind, ist dem entgegenzuhalten, dass hier keine selbständige Vereinbarung nach § 662 BGB vorliegt, sondern es sich hierbei um eine Konkretisierung der Arbeits- und Dienstpflichten in Form der Ausübung des Weisungsrechts handelt.[2644] Freilich stellt Art. 38 Abs. 3 S. 1 DSGVO eine Schranke des Weisungsrechts dar. Hinsichtlich der Art und Weise der Ausführung der Aufgaben dürfen dem Datenschutzbeauftragten keine Weisungen erteilt werden, da ansonsten die Kontrollfunktion des Datenschutzbeauftragten gefährdet wird.[2645]

Art. 38 Abs. 3 S. 1 DSGVO beinhaltet die Pflicht des Verantwortlichen und Auftragsverarbeiters, sicherzustellen, dass der Datenschutzbeauftragte keine Anweisungen bezüglich der Erfüllung seiner Aufgaben erhält. Aus der nach Art. 38 Abs. 3 S. 1 DSGVO weisungsfreien Stellung des Datenschutzbeauftragten einerseits und Art. 39 Abs. 1 DSGVO, der lediglich Mindestaufgaben beinhaltet, ergibt sich zumindest auf den ersten Blick ein Widerspruch, da einerseits dem Datenschutzbeauftragten keine Weisungen in Bezug auf die Erfüllung seiner Aufgaben erteilt werden können, andererseits aber der Wortlaut des Art. 39 Abs. 1 DSGVO dafür spricht, dass ihm weitere Aufgaben übertragen werden können. Dieses Spannungsverhältnis verschärft sich, wenn man EwG 97 DSGVO heranzieht, der davon spricht, dass Datenschutzbeauftragte ihre

[2635] *Scheja*, in: Taeger/Gabel, BDSG und Datenschutzvorschriften des TKG und TMG 2013, § 4f BDSG, Rn. 86.

[2636] *Bergt*, in: Kühling/Buchner, DSGVO/BDSG, 3. Auflage 2020, Art. 38 DSGVO, Rn. 27; *Däubler*, in: Däubler/Wedde/Weichert/Sommer, DSGVO/BDSG, 2. Auflage 2020, Art. 38 DSGVO, Rn.12.

[2637] *Bergt*, in: Kühling/Buchner, DSGVO/BDSG, 3. Auflage 2020, Art. 38 DSGVO, Rn. 27.

[2638] *Bergt*, in: Kühling/Buchner, DSGVO/BDSG, 3. Auflage 2020, Art. 38, Rn. 27.

[2639] *Kremer/Sander*, in: Koreng/Lachenmann, Formularhandbuch Datenschutzrecht, 3. Auflage 2021, B.I.1.8.

[2640] *Kremer/Sander*, in: Koreng/Lachenmann, Formularhandbuch Datenschutzrecht, 3. Auflage 2021, B.I.1.8.

[2641] *Kremer/Sander*, in: Koreng/Lachenmann, Formularhandbuch Datenschutzrecht, 3. Auflage 2021, B.I.1.8.

[2642] *Kremer/Sander*, in: Koreng/Lachenmann, Formularhandbuch Datenschutzrecht, 3. Auflage 2021, B.I.1.8.

[2643] *Kremer/Sander*, in: Koreng/Lachenmann, Formularhandbuch Datenschutzrecht, 3. Auflage 2021, B.I.1.8.

[2644] *Kremer/Sander*, in: Koreng/Lachenmann, Formularhandbuch Datenschutzrecht, 3. Auflage 2021, B.I.1.8.

[2645] *Kremer/Sander*, in: Koreng/Lachenmann, Formularhandbuch Datenschutzrecht, 3. Auflage 2021, B.I.1.8.

Pflichten und Aufgaben in vollständiger Unabhängigkeit ausüben können sollen. Aus Art. 39 Abs. 1 DSGVO wird die grundsätzliche Möglichkeit deutlich, dem Datenschutzbeauftragten Aufgaben zu übertragen, während Art. 38 Abs. 3 S. 1 DSGVO die inhaltliche Weisungsfreiheit regelt. Art. 39 Abs. 1 DSGVO regelt also das „Ob" der Aufgabenübertragung, während Art. 38 Abs. 3 S. 1 DSGVO das „Wie" behandelt. Auch EwG 97 DSGVO steht einer solchen Lesart nicht entgegen, da auch er nur davon spricht, dass der Datenschutzbeauftragte hinsichtlich seiner Pflichten und Aufgaben vollständig unabhängig sein muss.

Zu den Aufgaben des Datenschutzbeauftragten gehört die Beratung der verantwortlichen Stelle über Datenschutzmaßnahmen (Art. 39 Abs. 1 lit. a DSGVO). Die Initiative für eine solche Beratung kann dabei auch vom Verantwortlichen ausgehen und muss nicht notwendig vom Datenschutzbeauftragten ausgehen.[2646] Solange weder Umfang noch Dauer der Prüfaufträge seine weitere Arbeit gefährden, ist der Datenschutzbeauftragte mit Rücksicht auf seine Beratungsfunktion gehalten, Prüfaufträge anzunehmen.[2647]

Eine inhaltliche Beeinflussung des Datenschutzbeauftragten ist selbstverständlich ausgeschlossen.[2648]

Was das Herantragen von Prüfaufträgen anbelangt, so darf der Verantwortliche Prüfaufträge ohnehin nur in einem Umfang erteilen, die es dem Datenschutzbeauftragten ermöglichen, diejenigen Aufgaben vorzunehmen, die er als vordringlich zu erledigend ansieht.

Eine Überlastung des Datenschutzbeauftragten kann schon deshalb nicht erfolgen, weil nach Art. 38 Abs. 2 DSGVO Verantwortlicher und Auftragsverarbeiter den Datenschutzbeauftragten bei der Erfüllung seiner Aufgaben nach Art. 39 DSGVO unterstützen müssen, indem sie diesem die für die Aufgabenerfüllung erforderlichen Ressourcen, den Zugang zu personenbezogenen Daten und Verarbeitungsvorgängen sowie die zur Erhaltung seines Fachwissens erforderlichen Ressourcen zur Verfügung stellen. Art. 38 Abs. 1 DSGVO sieht vor, dass Verantwortlicher und Auftragsverarbeiter sicherstellen, dass der Datenschutzbeauftragte frühzeitig und ordnungsgemäß in alle mit dem Schutz personenbezogener Daten zusammenhängenden Fragen einzubeziehen ist. Das Gesetz sieht also vor, dass Verantwortlicher und Auftragsverarbeiter den Datenschutzbeauftragten auf datenschutzrechtlich relevante Felder hinweist und die Initiative hierzu nicht von ihm, sondern auch von den genannten Parteien ausgehen kann. Es ist insofern sogar eine Pflicht des Verantwortlichen, den Datenschutzbeauftragten mit einzubeziehen. Auch Art. 39 Abs. 1 lit. c DSGVO sieht vor, dass der Datenschutzbeauftragte auf Anfrage im Rahmen der Datenschutzfolgenabschätzung beratend tätig werden kann.[2649]

Sofern diese Prüfaufträge sich tatsächlich auf einen Bereich beziehen, in dem datenschutzrechtlicher Prüf-, Beratungs- oder Handlungsbedarf besteht, so ist der Datenschutzbeauftragte bereits im Rahmen seiner ordnungsgemäßen Amtsführung dazu verpflichtet, die entsprechenden Vorgänge zu überprüfen.[2650] Das Gesetz sieht in Art. 39 DSGVO einen nicht abschließenden

---

[2646] *Simitis*, in: Simitis, BDSG 2014, § 4f, Rn. 124; *Rudolf*, NZA 1996, 296, 299 zum BDSG 1990; *Schefzig*, ZD 2015, 503, 505 zum BDSG a.F. zur Rechtslage nach dem BDSG a.F., welche aber übertragbar ist, da der Inhalt des § 4f Abs. 3 S. 2 BDSG a.F. dem der Art. 38 Abs. 3 S. 1 DSGVO gleicht, so auch *Raum*, in: Auernhammer, DSGVO/BDSG, 7. Auflage 2020, Art. 38 DSGVO, Rn. 27.

[2647] *Simitis*, in: Simitis, BDSG 2014, § 4f, Rn. 124.

[2648] *Raum*, in: Auernhammer, DSGVO/BDSG, 7. Auflage 2020, Art. 38 DSGVO, Rn. 27; *Heberlein*, in: Ehmann/Selmayr, DSGVO, 2. Auflage 2018, Art. 38 DSGVO, Rn. 13; *Däubler*, in: Däubler/Wedde/Weichert/Sommer, DSGVO/BDSG, 2. Auflage 2020, Art. 38 DSGVO, Rn. 12.

[2649] *Raum*, in: Auernhammer, DSGVO/BDSG, 7. Auflage 2020, Art. 38 DSGVO, Rn. 27 weist darauf hin, dass hier ausnahmsweise der Prüfgegenstand vorgegeben ist, während die Auswahl der Prüfgegenstände ansonsten dem Datenschutzbeauftragten obliegt.

[2650] *Moos*, in: Wolff/Brink, BeckOK Datenschutzrecht, 40. Edition, Stand: 1.11.2021, Art. 38 DSGVO, Rn. 19.

und weit formulierten Katalog von Aufgaben vor, welche den Datenschutzbeauftragten verpflichten, einzutreten. Der Datenschutzbeauftragte fungiert zwar als internes, unabhängiges Kontrollorgan, allerdings dient der Datenschutzbeauftragte als innerbetriebliche Institution der effektiven Selbstkontrolle des Verantwortlichen und diese bleibt für die Datenschutzkonformität ihres Verhaltens selbst verantwortlich.[2651] Allerdings ist der Datenschutzbeauftragte zumindest in kleineren Unternehmen oftmals der einzige Ansprechpartner für den Verantwortlichen, der über dezidiertes Fachwissen verfügt.[2652] Deshalb muss es diesem gestattet sein, zumindest die Initiative für Prüfungen zu ergreifen. Der Datenschutzbeauftragte muss diese grundsätzlich beachten, ist aber bei der Priorisierung seiner Tätigkeiten frei.[2653] Sollte er von einer Prüfung absehen, so hat er zumindest die Obliegenheit, dies zu begründen.[2654] Auf diese Weise ist gewährleistet, dass der Verantwortliche einerseits Prüfbitten an den Datenschutzbeauftragten herantragen kann, dieser jedoch seine unabhängige Stellung und Kontrollfunktion behält, indem er eine risikobasierte Bewertung vornehmen kann, welche Aufträge er letztlich einer Prüfung unterziehen möchte.

Bei der Implementierung von Maßnahmen der Mitarbeiterüberwachung ist der Datenschutzbeauftragte in der Regel nach Art. 39 Abs. 1 lit. a DSGVO zur Unterrichtung und Beratung von Verantwortlichem und Auftragsverarbeiter sowie Beschäftigten verpflichtet.

Überdies obliegt dem Datenschutzbeauftragten nach Art. 39 Abs. 1 lit. b DSGVO die Überwachung der Einhaltung der Verordnung sowie anderer Datenschutzvorschriften der Union oder der Mitgliedstaaten.

Zu beachten ist, dass der Datenschutzbeauftragte nach Art. 38 Abs. 6 S. 1 DSGVO zwar andere Aufgaben übernehmen kann als die in Art. 39 Abs. 1 DSGVO genannten.[2655] Jedoch darf dies nach Art. 38 Abs. 6 S. 2 DSGVO nicht zu einem Interessenkonflikt bei dem Datenschutzbeauftragten führen, was der Verantwortliche sicherzustellen hat. Problematisch ist es insofern, wenn der Datenschutzbeauftragte die Tätigkeit selbst ausführt, die er nach Art. 39 Abs. 1 lit. b DSGVO zu überwachen hat.[2656] Dies gilt beispielsweise, wenn der Datenschutzbeauftragte selbständig zu überprüfen und zu entscheiden hat, ob eine Meldung von Datenschutzverletzungen nach Art. 33 f. DSGVO durchzuführen ist oder eine Datenschutzfolgenabschätzung nach Art. 35 DSGVO durchführt.[2657]

Ist der Datenschutzbeauftragte als Partei einer Mehrparteien-Entschlüsselung beteiligt, so stellt dies jedoch keinen Fall dar, in dem ein Interessenkonflikt besteht. Denn hierbei nimmt der Datenschutzbeauftragte die Verarbeitung nicht selbständig vor, sondern prüft vielmehr im Hinblick auf eine Re-Identifizierung, ob die datenschutzrechtlichen Voraussetzungen für eine solche gegeben sind, mithin die Voraussetzungen des § 26 BDSG eingehalten wurden. Dies entspricht seiner gesetzlichen Pflicht aus Art. 39 Abs. 1 lit. b DSGVO, die organisatorisch abgesichert wird. Der Datenschutzbeauftragte hat auf diese Weise die Möglichkeit einen Verarbeitungsvorgang präventiv zu überprüfen, der ein hohes Risiko für Beschäftigte in sich birgt, was ohnehin seiner gesetzlichen Verpflichtung entspricht, sodass kein Interessenkonflikt besteht.

[2651] *Schefzig*, ZD 2015, 503, 505 zum BDSG a.F..

[2652] *Schefzig*, ZD 2015, 503, 505 zum BDSG a.F..

[2653] *Schefzig*, ZD 2015, 503, 505 zum BDSG a.F..

[2654] *Schefzig*, ZD 2015, 503, 505 zum BDSG a.F..

[2655] Diese Vorschrift wird oft so verstanden, dass die DSGVO damit zum Ausdruck bringen will, dass die DSGVO nicht stets von einem Datenschutzbeauftragten in Vollzeit ausgeht, vgl. *Heberlein*, in: Ehmann/Selmayr, DSGVO, 2. Auflage 2018, Art. 38, Rn. 21; *Helfrich*, in: Sydow, Europäische Datenschutz-Grundverordnung, 2. Auflage 2018, Art. 38 DSGVO, Rn. 74; allerdings bezieht sich der Wortlaut auf alle Aufgaben und Pflichten des Datenschutzbeauftragten.

[2656] *Kremer/Sander*, in: Koreng/Lachenmann, Formularhandbuch Datenschutzrecht, 3. Auflage 2021, B.I.1.8.

[2657] *Kremer/Sander*, in: Koreng/Lachenmann, Formularhandbuch Datenschutzrecht, 3. Auflage 2021, B.I.1.8.

Überdies entscheidet er nicht alleine über die Offenlegung, sondern auch der Betriebsrat und der Verantwortliche besitzen Teile des Schlüssels. Insbesondere der Betriebsrat fungiert als weiteres Kontrollorgan, welchem nach § 80 Abs 1 Nr. 1 BetrVG die Pflicht zukommt, für die Einhaltung der datenschutzrechtlichen Vorschriften zu sorgen.

6.10.2.1.4.4.2.2 Die Aufnahme entsprechender Klauseln in Kollektivvereinbarungen

In Kollektivvereinbarungen finden sich oftmals Klauseln, durch die eine Beteiligung des Datenschutzbeauftragten vorgeschrieben wird.[2658]

Allerdings werden solche zwischen Verantwortlichem und Betriebsrat geschlossen. Da Betriebsvereinbarungen nach § 77 Abs. 4 BetrVG im Betrieb normative Wirkung entfalten, würde ein Festschreiben der Zuständigkeit des Datenschutzbeauftragten grundsätzlich konstitutive Wirkung haben.

Art. 88 Abs. 1 DSGVO lässt in den dort und in Art. 88 Abs. 2 DSGVO genannten Grenzen auch spezifischere Regelungen zu. Die Beteiligung des Datenschutzbeauftragten an der Entschlüsselung der Pseudonyme als einer von mehreren Verwahrern des Schlüssels könnte als technisch-organisatorische Maßnahme im Sinne des Art. 88 Abs. 2 DSGVO herangezogen werden.

Allerdings stellt sich die Frage, ob eine solche Regelung durch Betriebsvereinbarung möglich ist. Grundsätzlich bestehen für von der DSGVO abweichende Regelungen in Bezug auf den Datenschutzbeauftragten zwei Öffnungsklauseln, nämlich die Regelung des Art. 37 Abs. 4 DSGVO hinsichtlich der Bestellpflicht sowie die des Art. 38 Abs. 5 DSGVO betreffend Geheimhaltungspflichten. Diesbezüglich ist eine Regelung durch das Recht der Union oder der Mitgliedstaaten zulässig. Hierunter könnten auch Betriebsvereinbarungen subsumiert werden. Kollektivvereinbarungen werden demgegenüber in Art. 88 Abs. 1 DSGVO sowie in Art. 9 DSGVO explizit als Regelungsinstrument genannt, sodass insoweit davon auszugehen ist, dass diese von diesem Begriff erfasst sind. Überdies würde im vorliegenden Fall weder die Bestellpflicht noch die Geheimhaltungspflicht geregelt, sodass der sachliche Anwendungsbereich der Öffnungsklauseln nicht tangiert wäre.

Allerdings kann Art. 88 DSGVO als umfangreiche Öffnungsklausel verstanden werden, die flexible Lösungen für den Bereich des Beschäftigtendatenschutzes zulässt, sofern eine spezifischere Regelung vorliegt, die den Besonderheiten im Beschäftigungsverhältnis Rechnung trägt. Insbesondere Art. 88 Abs. 2 DSGVO zeigt, dass auch formelle Verfahrensvorschriften geregelt werden können.[2659]

Fraglich ist, ob diese eng umgrenzten Öffnungsklauseln auf Art. 88 Abs. 1 DSGVO gestützte Regelungen ausschließen, mithin als lex specialis fungieren, was Regelungen hinsichtlich des Komplexes „Datenschutzbeauftragter" anbelangt.

Grundsätzlich ist der Datenschutzbeauftragte auch verpflichtet, Arbeitnehmervertretungen bei ihren Bemühungen, den Beschäftigtendatenschutz zu gewährleisten, zu unterstützen.[2660] Personal- und Betriebsräte sollen aus diesem Grund ebenfalls berechtigt sein, den Datenschutzbeauftragten mit der Überprüfung von Vorgängen zu beauftragen.[2661] Insbesondere sollen ihm Kontrollaufgaben durch Betriebs- oder Dienstvereinbarung übertragen werden können[2662].

[2658] *Kremer/Sander*, in: Koreng/Lachenmann, Formularhandbuch Datenschutzrecht, 3. Auflage 2021, B.I.1.8.

[2659] *Traut*, RDV 2016, 312, 317.

[2660] *Simitis*, in: Simitis, BDSG 2014, § 4f, Rn. 124.

[2661] *Simitis*, in: Simitis, BDSG 2014, § 4f, Rn. 124.

[2662] *Gola/Klug/Körffer*, in: Gola/Schomerus, BDSG 2015, § 4f, Rn. 48c zur alten Rechtslage.

Hierfür spricht, dass dem Datenschutzbeauftragten keine neuen Aufgaben übertragen werden, sondern dieser ist aufgrund seiner Aufgabenzuweisung nach Art. 39 Abs. 1 lit. b DSGVO zur Kontrolle der Maßnahme in datenschutzrechtlicher Sicht verpflichtet. Da den Datenschutzbeauftragten eine Pflicht zur risikobasierten Amtsführung trifft (Art. 39 Abs. 2 DSGVO) und Maßnahmen der Mitarbeiterüberwachung in der Regel ein hohes Risiko für die Rechte und Freiheiten der betroffenen Personen mit sich bringen, wird er ohnehin gehalten sein, die Maßnahmen auf ihre Datenschutzkonformität hin zu überprüfen. Allerdings gebietet es die unabhängige Stellung des Datenschutzbeauftragten im Unternehmen, ihm hierbei die in Art. 38 Abs. 3 S. 1 DSGVO verankerte Entscheidungsfreiheit hinsichtlich der Art und Weise der Erfüllung, mithin auch der Priorisierung seiner Aufgaben zu belassen. Aus diesem Grund kann eine Klausel, in der sich Arbeitgeber und Personalvertretung darauf einigen, den Datenschutzbeauftragten hinzuzuziehen, zwar mit in eine Kollektivvereinbarung mit aufgenommen werden. Allerdings kann diese den Datenschutzbeauftragten nicht konstitutiv verpflichten. Vielmehr ist dies dahingehend zu verstehen, dass Arbeitgeber und Personalvertretung den Datenschutzbeauftragten aktiv auf einen bestimmten Verarbeitungsvorgang hinweisen, beispielsweise eine bevorstehende Entschlüsselung. Der Datenschutzbeauftragte wird sich in der Regel aufgrund seiner Pflicht zur risikobasierten Amtsführung nach Art. 39 Abs. 2 DSGVO aufgrund des hohen Risikos für die Rechte und Freiheiten der Beschäftigten auch hierzu verpflichtet sehen. Allerdings muss die Entscheidung hierüber ihm gebühren.

Aus diesem Grund kann ihm auch durch Kollektivvereinbarung nicht konstitutiv die Pflicht aufgebürdet werden, als Treuhänder den Passwortschlüssel zu verwalten. Da allerdings ohnehin durch seine Pflicht zur ordnungsgemäßen Amtsführung sein Ermessen, die Maßnahme durchzuführen, auf Null reduziert sein wird, ist eine entsprechende deklaratorische Klausel zulässig.

Zweifelhaft ist aber, ob durch die Aufnahme einer solche Maßnahme in eine Kollektivvereinbarung tatsächlich von einer Erhöhung des Datenschutzniveaus ausgegangen werden kann.[2663] § 79a S. 4 BetrVG impliziert eine Überwachungspflicht des Datenschutzbeauftragten auch gegenüber dem Betriebsrat. § 79a S. 1 BetrVG verpflichtet den Betriebsrat explizit zur Einhaltung der datenschutzrechtlichen Vorschriften. Auch zur Überprüfung der datenschutzrechtlichen Vorschriften ist der Betriebsrat im Rahmen des § 80 Abs. 1 Nr. 1 BetrVG selbst befugt. Soweit der Betriebsrat jedoch als „Guard" fungiert, ist er selbst zur Einhaltung der datenschutzrechtlichen Vorschriften verpflichtet. Insofern ist von keiner Erhöhung des Datenschutzniveaus durch eine Aufnahme einer entsprechenden Klausel auszugehen.

In der Praxis stellt der Datenschutzbeauftragte ein Bindeglied zwischen Unternehmensleitung und Betriebsrat dar, da er als unabhängiger Ansprechpartner für beide Stellen fungieren kann und dazu beitragen kann, Kompromisse zu finden, insbesondere wenn es um die Implementierung von IT-Systemen geht.[2664] Insbesondere bei der Ausgestaltung dieser Systeme oder des Beschäftigtendatenschutzes mittels Betriebsvereinbarungen kann er beratend zur Seite stehen.[2665] Aus § 79a S. 4 BetrVG wird nunmehr deutlich, dass auch der Gesetzgeber davon ausgeht, dass der Datenschutzbeauftragte gegenüber dem Betriebsrat beratend tätig wird.[2666] Außerdem ist es denkbar, den Datenschutzbeauftragten in die Meinungsbildung des Betriebsrats mit einzubeziehen, indem er beispielsweise als ständiger Beisitzer ohne Stimmrecht diesbezüglich wichtige Impulse setzen kann.[2667] Grundsätzlich kann der Datenschutzbeauftragte zwar

[2663] So *Kremer/Sander*, in: Koreng/Lachenmann, Formularhandbuch Datenschutzrecht, 3. Auflage 2021, B. III. 3. 10.

[2664] *Mayer*, in: *Gierschmann*, in: Gierschmann/Schlender/Stentzel/Veil, DSGVO, 2017, Art. 37 DSGVO, Rn. 108.

[2665] *Mayer*, in: *Gierschmann*, in: Gierschmann/Schlender/Stentzel/Veil, DSGVO, 2017, Art. 37 DSGVO, Rn. 108.

[2666] *Brink/Joos*, NZA 2021, 1440, 1443 f.; *Schulze*, ArbRAktuell 2021, 211, 212.

[2667] *Mayer*, in: *Gierschmann*, in: Gierschmann/Schlender/Stentzel/Veil, DSGVO, 2017, Art. 37 DSGVO, Rn. 108.

selbst entscheiden, welche Kontrollrechte er wahrnimmt, jedoch kann der Datenschutzbeauftragte der Arbeitnehmervertretung auch als Sachverständiger nach § 80 Abs. 2 S. 3 BetrVG zur Verfügung stehen, insbesondere, weil Betriebs- oder Personalrat und Datenschutzbeauftragte beide Kontrollfunktionen mit Blick auf den Beschäftigtendatenschutz einnehmen.[2668]

6.10.2.1.5 Zwischenergebnis

Als geeignete Stellen zur arbeitsteiligen Verwahrung eines Teils des Schlüssels kommen aufgrund ihrer Unabhängigkeit und Verpflichtung neben dem Verantwortlichen der Betriebsrat sowie der Datenschutzbeauftragte infrage. Ungeeignet sind solche Stellen, die wirtschaftlich oder persönlich vom Verantwortlichen abhängig sind, wie zum Beispiel Arbeitnehmer des Verantwortlichen oder der Auftragsverarbeiter.

6.10.2.1.6 Entschlüsselungsquorum

Nur wenn alle drei Instanzen, das heißt Verantwortlicher, Datenschutzbeauftragter und Betriebsrat der Offenlegungsfrage zustimmen, sollte eine Re-Identifizierung erfolgen können. Es genügt nicht, wenn eine mehrheitliche Bejahung der Offenlegungsfrage erfolgt.[2669] Nur wenn alle drei Instanzen zustimmen, entfaltet sich die volle Kontroll- und damit Schutzwirkung zugunsten des Beschäftigten. Der Betriebsrat hat zwar nach § 80 Abs. 1 Nr. 1 BetrVG die Aufgabe, die Einhaltung des Datenschutzrechts zugunsten der Arbeitnehmer zu überwachen. Der Datenschutzbeauftragte hat nach Art. 39 Abs. 1 lit. b DSGVO ebenfalls die Pflicht, die Einhaltung der DSGVO und des BDSG zu überprüfen. Er handelt aber als objektive Partei und überwacht den gesamten Vorgang auf seine Datenschutzkonformität. Damit kontrolliert er in gewissem Maße auch das Handeln des Betriebsrats auf seine Datenschutzkonformität, wenn dieser sich entschließt, den Schlüssel zu erteilen. Es besteht auch nicht die Gefahr, dass einer der drei Guards die Macht hat, die anderen Parteien rechtswidrig zu behindern, da notfalls der Rechtsweg offensteht.

6.10.2.1.7 Offenlegung

Auch wenn ein grundsätzlicher Informationsanspruch des Betriebsrats nach § 80 Abs. 2 S. 1 BetrVG besteht, so richtet sich die Zulässigkeit der Datenverarbeitung nach § 26 Abs. 1 S. 1 BDSG.[2670] Dies erfordert eine Erforderlichkeitsprüfung. Deshalb ist an dieser Stelle eine Interessenabwägung zwischen dem Informationsinteresse des Betriebsrats und dem allgemeinen Persönlichkeitsrecht des Arbeitnehmers vorzunehmen.[2671] Zu fragen ist hier stets, ob eine Erfüllung des Informationsanspruchs durch die Übermittlung von Daten in anonymisierter oder pseudonymisierter Form ausreichend ist.[2672] Sofern eine Übermittlung von Datensätzen mit personenbezogenen Daten erfolgt, obwohl die Identifizierbarkeit nicht erforderlich ist, ist dies datenschutzrechtlich sogar unzulässig.[2673]

Wann eine solche Identifizierung erforderlich ist, ist im Einzelfall zu beurteilen. Das *LAG Hamm* stellt hierfür insbesondere auf den Sinn und Zweck der jeweiligen Vorschrift ab.[2674] Eine Re-Identifikation soll in der Regel nur im Trefferfall erfolgen. Für diesen müssen die Voraussetzungen des § 26 Abs. 1 S. 2 BDSG vorliegen, das heißt es muss insbesondere ein konkreter Tatverdacht vorliegen. Hierfür ist es zunächst ausreichend, wenn die verschiedenen Verwahrer

---

[2668] *Gola/Klug/Körffer*, in: Gola/Schomerus, BDSG 2015, § 4f, Rn. 48c zur alten Rechtslage.

[2669] Siehe hierzu 6.10.2.1.7.

[2670] *Wybitul*, NZA 2017, 413, 418.

[2671] LAG Hamm, Beschl. v. 19.9.2017 – 7 TaBV 43/17 m. Anm. *Kock*, NZA-RR 2018, 82, 85.

[2672] *v. Walter* 2018, 30.

[2673] *v. Walter* 2018, 30.

[2674] LAG Hamm, Beschl. v. 19.9.2017 – 7 TaBV 43/17 m. Anm. *Kock*, Rn. 29, NZA –RR, 2018, 82, 83 zur Einsicht in Bruttoentgeltlisten nach § 80 Abs. 2 S. 2 Hs. 2 BetrVG.

mit der Kennung agieren. Eine Identifikation gegenüber dem Datenschutzbeauftragten ist in der Regel deshalb nicht notwendig, weil er lediglich die Aufgabe hat, die Einhaltung des Datenschutzrechts zu überprüfen.

Gegenüber dem Betriebsrat hat lediglich bei personellen Einzelmaßnahmen im Rahmen der ihm zustehenden Mitbestimmungsrechte eine Identifikation zu erfolgen.

6.10.2.1.8 Verwahrung

Was die Verwahrung technisch hinterlegter, verschlüsselter Kennungen anbelangt, so sind für diese (nach Möglichkeit automatisierte) Löschroutinen vorzusehen. Dies gilt auch für den Betriebsrat. Selbst wenn dieser nicht selbst Verantwortlicher ist, so ist er als Teil des Verantwortlichen an die datenschutzrechtlichen Restriktionen gebunden und hat eigenverantwortlich dafür Sorge zu tragen, dass diese in seinem Verantwortungsbereich eingehalten werden.[2675]

Was die Löschintervalle anbelangt, so gilt nach den Grundsätzen der Zweckbindung (Art. 5 Abs. 1 lit. b DSGVO), der Datenminimierung (Art. 5 Abs. 1 lit. c DSGVO) und der Speicherbegrenzung (Art. 5 Abs. 1 lit. e DSGVO), dass personenbezogene Daten grundsätzlich zu löschen sind, sobald sie nicht mehr erforderlich sind, um den Zweck der Datenverarbeitung zu erreichen. Wie bereits unter 6.3.5.1.4 ausgeführt, erscheint im Einzelfall eine Frist von 72 Stunden nach Abschluss des jeweiligen Werktages als angemessen für die Daten, bei denen kein Trefferfall erzeugt wurde.

Eine unerledigte Offenlegungsanfrage schiebt die Löschintervalle insofern hinaus, als den beteiligten Guards Zeit verbleiben muss, um die Offenlegungsanfrage sachgerecht zu beantworten. Gerade beim Betriebsrat erfolgt die Entscheidungsfindung in der Regel durch Betriebsratsbeschluss. Selbst wenn ein Sonderausschuss eingerichtet wurde, so muss diesem eine angemessene Frist zur Prüfung verbleiben.

Auch der Datenschutzbeauftragte muss die Möglichkeit haben, andere Aufgaben mit höherer Priorität gegebenenfalls zuerst zu beantworten. Solange die Parteien sich noch nicht mit der Frage befasst haben, sind die Daten noch zur Zweckerfüllung erforderlich und aus diesem Grund aufzubewahren.

Gleiches gilt im Falle einer bewilligten Offenlegungsanfrage. In diesem Fall muss bis zur Prüfung des Sachverhalts keine Löschung erfolgen.

Im Falle einer abgewiesenen Offenlegungsanfrage muss ebenfalls so lange keine Löschung erfolgen bis geklärt ist, ob einer der anderen Guards – insbesondere der Verantwortliche – gerichtlich gegen die Abweisung vorgehen möchte.

6.10.2.1.9 Pseudonymwahl

Was die technische Ausgestaltung des Pseudonymisierungsvorgangs anbelangt, ist dies eine Frage, die durch Informatiker und nicht durch Juristen beantwortet werden kann. Art. 25 Abs. 1 DSGVO spricht davon, dass die technisch-organisatorischen Maßnahmen sich nach dem Stand der Technik richten, was durch Informatiker zu prüfen ist.

[2675] Siehe hierzu 6.10.2.1.4.3.1; missverständlich insoweit *v. Walter* 2018, 30, der darauf hinweist, dass es für den Arbeitgeber als Verantwortlichen problematisch sei, für eine fristgerechte Löschung von im Verantwortungsbereich des Betriebsrats hinterlegten Daten zu sorgen ohne hierbei zu weit in die Sphäre des Gremiums einzudringen.

7 Beweisverwertung vor den Arbeitsgerichten

Wird in einem Unternehmen eine Straftat aufgedeckt, so zieht dies oft Konsequenzen für den Täter nach sich. Zum einen ist eine Weitergabe der gewonnenen Erkenntnisse an die Strafverfolgungsbehörden denkbar, zum anderen wird die Tat auch Folgen für das Arbeitsverhältnis mit sich bringen. Zu denken ist an eine Ermahnung, eine Abmahnung, aber auch an eine verhaltens- oder personenbedingte Kündigung oder einen Aufhebungsvertrag.[2676] Findet sich der Arbeitnehmer nicht mit den rechtlichen Folgen seines Verhaltens ab, so ist denkbar, dass er im Wege der Kündigungsschutzklage gegen die Kündigung vorgeht. Außerdem kann der Arbeitgeber auch Schadensersatzansprüche infolge schuldhafter Pflichtverletzung des Arbeitsvertrages (§ 280 BGB) sowie deliktischer Haftung (§ 823 Abs. 2 BGB) geltend machen.[2677] Dann stellt sich die Frage, ob und inwieweit die im Zuge der Mitarbeiterüberwachung gewonnenen Erkenntnisse verwertet werden können.

Sofern die dem vorgenannten Kapitel erläuterten Anforderungen des Datenschutzrechts eingehalten werden und die Beweismittel damit rechtmäßig erlangt wurden, bestehen gegen die Verwertung als Beweismittel in aller Regel keine rechtlichen Bedenken. Anders kann sich dies darstellen, wenn Beweismittel unter Verstoß gegen materielle oder verfahrensrechtliche Datenschutznormen erlangt wurden.

Das Gesetz normiert kein ausdrückliches prozessuales Verwertungsverbot für rechtswidrig erlangte Beweismittel im Zivilprozess und speziell im arbeitsgerichtlichen Verfahren.[2678] Nach der Rechtsprechung des 2. Senats des BAG existiert im arbeitsrechtlichen Bereich kein generelles „Sachvortragsverwertungsverbot".[2679] Aus § 286 ZPO i.V.m. dem Grundsatz auf rechtliches Gehör aus Art. 103 Abs. 1 GG ergibt sich im Gegenteil die Verpflichtung der Gerichte, grundsätzlich vorgetragenen Sachverhalt sowie die von den Parteien vorgebrachten Beweismittel bei ihrer Beweiswürdigung zu berücksichtigen.[2680]

Aus den Bestimmungen der DSGVO sowie des BDSG ergibt sich für sich genommen kein Beweisverwertungsverbot. Sie konkretisieren zwar das Recht auf informationelle Selbstbestimmung, ordnen allerdings nicht an, dass unter Verstoß gegen die Normen des Datenschutzrechts gewonnene Erkenntnisse im Verfahren vor den Arbeitsgerichten nicht vorgebracht werden dürfen.[2681] Es ist grundsätzlich zwischen der Erlangung eines Beweismittels sowie der Verwertung im Prozess zu trennen.[2682]

Nach dem BAG kann sich ein Sachvortrags- oder Beweisverwertungsverbot aus der verfassungskonformen Auslegung des Prozessrechts wie der § 138 Abs. 3, 168, 331 Abs. 1 S. 1 ZPO ergeben, wenn das allgemeine Persönlichkeitsrecht einer Partei, welches über die Art. 2 Abs.

[2676] BAG, Urt. v. 27.7.2017 – 2 AZR 681/16, Rn. 24, NZA 2017, 1327, 1329.

[2677] *Racky/Gloeckner/Fehn-Claus,* CCZ 2018, 282, 283.

[2678] BAG, Urt. v. 20.6.2013 - 2 AZR 546/12, Rn. 20; *Forst,* in: Auernhammer, DSGVO/BDSG, 7. Auflage 2020, § 26 BDSG, Rn. 162; *Grimm/Schiefer,* RdA 2009, 329, 339; *Wedde,* in: Däubler/Wedde/Weichert/Sommer, DSGVO/BDSG, 2. Auflage 2020, § 26 BDSG, Rn. 111.

[2679] *Wedde,* in: Däubler/Wedde/Weichert/Sommer, DSGVO/BDSG, 2. Auflage 2020, § 26 BDSG, Rn. 111; BAG, Urt. v. 13.12.2007- 2 AZR 537/06, NZA 2008, 1008, 1010: „Ordnungsgemäß in den Prozess eingeführten Sachvortrag muss das entscheidende Gericht berücksichtigen. Ein „Verwertungsverbot" von Sachvortrag kennt das deutsche Zivilprozessrecht nicht. Der beigebrachte Tatsachenstoff ist entweder unschlüssig oder unbewiesen, aber nicht „unverwertbar".

[2680] BAG, Urt. v. 20.6.2013 - 2 AZR 546/12, Rn. 20, NZA 2014, 143, 145; BAG, Urt. v. 13.12.2007 - 2 AZR 537/06, NZA 2008, 1008, 1010.

[2681] BAG, Urt. v. 22.9.2016 – 2 AZR 848/15, Rn. 22 ff., NZA 2017, 112, 113; BAG, Urt. v. 20.6.2013 - 2 AZR 546/12, Rn. 22, NZA 2014, 143, 146.

[2682] BAG, Urt. v. 13.12.2007 - 2 AZR 537/06, Rn. 30, NZA 2008, 1008, 1010.

© Der/die Autor(en), exklusiv lizenziert an
Springer Fachmedien Wiesbaden GmbH, ein Teil von Springer Nature 2023
A. C. Teigeler, *Innentäter-Screenings durch Anomalieerkennung,* DuD-Fachbeiträge, https://doi.org/10.1007/978-3-658-43757-2_7

1, 1 Abs. 1 GG geschützt wird, verletzt wird, indem das Beweismittel im Gerichtsprozess ver-wertet wird.[2683] Aus der Pflicht des Gerichts zu einer rechtsstaatlichen Verfahrensgestaltung und der aus Art. 1 Abs. 3 GG folgenden Bindung der Gerichte an die Grundrechte ergibt sich eine Pflicht des Gerichts zu überprüfen, ob die Verwertung der Erkenntnisse, die sich aus den durch die Überwachungsmaßnahme beschafften Daten ergeben, mit dem allgemeinen Persön-lichkeitsrecht der jeweiligen Partei vereinbar sind.[2684] Das Gericht prüft, ob die Überwachungs-maßnahme in Übereinstimmung mit dem Datenschutzrecht, also zumeist den Bestimmungen der DSGVO und des BDSG, erfolgt ist, da dieses eine Konkretisierung des allgemeinen Per-sönlichkeitsrechts des Betroffenen darstellt.[2685] Zwar ordnet dieses für sich genommen kein Beweisverwertungsverbot an. Ist eine Datenverarbeitung jedoch in Übereinstimmung mit den Bestimmungen des Datenschutzrechts ergangen, so liegt keine Verletzung des allgemeinen Per-sönlichkeitsrechts vor.[2686]

Voraussetzung für ein Beweisverwertungsverbot im Arbeitsgerichtsprozess ist, dass die Ver-wertung einen Eingriff in das allgemeine Persönlichkeitsrecht gerade der Prozesspartei bedeu-tet.[2687] Nicht ausreichend ist es, wenn die Unzulässigkeit einer Überwachungsmaßnahme aus der (Dritt-)Betroffenheit anderer Beschäftigter folgt.[2688]

Auch eine Verletzung der Dokumentationspflichten aus § 26 Abs. 1 S. 2 BDSG soll nicht zu einem Beweisverwertungsverbot führen.[2689] Denn diese dienen vor allem dazu, den Betroffenen nachträglichen Rechtsschutz zu erleichtern.[2690] Jedenfalls dann, wenn der Verantwortliche im späteren Rechtsstreit durch konkrete Tatsachen den Verdacht einer Straftat belegen kann und somit eine Rechtmäßigkeitskontrolle gesichert ist, kann ein Beweisverwertungsverbot alleine aus diesem Grund nicht angenommen werden.[2691]

Auch eine Verletzung der Mitbestimmungsrechte des Betriebsrats aus § 87 Abs. 1 Nr. 6 BetrVG führt nicht zu einem Beweisverwertungsverbot.[2692] Denn Sinn und Zweck des § 87 Abs. 1 Nr. 6 BetrVG ist es, Eingriffe in das allgemeine Persönlichkeitsrecht des Betroffenen kollektiv-rechtlich vermittelt nur unter Mitbestimmung des Betriebsrats als gleichberechtigter Partei zu-zulassen.[2693] Insofern sind die Schutzzwecke des § 87 Abs. 1 Nr. 6 BetrVG und eines Beweis-verwertungsverbots im Zivilrecht deckungsgleich. Sofern also nach allgemeinen Grundsätzen eine Beweisverwertung zulässig ist, kann auch ein Verstoß gegen § 87 Abs. 1 Nr. 6 BetrVG

[2683] BAG, Urt. v. 13.12.2007 - 2 AZR 537/06, Rn. 30, NZA 2008, 1008, 1010 f.; BAG, Urt. v. 27.7.2017 – 2 AZR 681/16, Rn. 16, NZA 2017, 1327, 1328 f.; LAG Hamm, Urt. v. 20.12.2017 – 2 Sa 192/17 (ArbG Iserlohn), Rn. 23, ZD 2018, 494, 495; *Wedde*, in: Däubler/Wedde/Weichert/Sommer, DSGVO/BDSG, 2. Auflage 2020, § 26 BDSG, Rn. 111; *Forst*, in: Auernhammer, DSGVO/BDSG, 7. Auflage 2020, § 26 BDSG, Rn. 163.

[2684] BAG, Urt. v. 27.7.2017 – 2 AZR 681/16, Rn. 16, NZA 2017, 1327, 1328 f.; BAG, Urt. v. 20.6.2013 - 2 AZR 546/12, Rn. 21, NZA 2014, 143, 145 f.

[2685] BAG, Urt. v. 27.7.2017 – 2 AZR 681/16, Rn. 17, NZA 2017, 1327, 1329.

[2686] BAG, Urt. v. 27.7.2017 – 2 AZR 681/16, Rn. 17, NZA 2017, 1327, 1329.

[2687] BAG, Urt. v. 20.10.2016 - 2 AZR 395/15, Rn. 33, NZA 2017, 443, 447.

[2688] BAG, Urt. v. 20.10.2016 - 2 AZR 395/15, Rn. 33, NZA 2017, 443, 447.

[2689] BAG, Urt. v. 20.10.2016 - 2 AZR 395/15, Rn. 33, NZA 2017, 443, 447.

[2690] BAG, Urt. v. 20.10.2016 - 2 AZR 395/15, Rn. 33, NZA 2017, 443, 447.

[2691] BAG, Urt. v. 20.10.2016 - 2 AZR 395/15, Rn. 33, NZA 2017, 443, 447.

[2692] BAG, Urt. v. 20.10.2016 - 2 AZR 395/15, Rn. 36, NZA 2017, 443, 447; BAG, Urt. v. 22.9.2016 – 2 AZR 848/15, Rn. 44, NZA 2017, 112, 116.

[2693] BAG, Urt. v. 20.10.2016 - 2 AZR 395/15, Rn. 36, NZA 2017, 443, 447; BAG, Urt. v. 22.9.2016 – 2 AZR 848/15, Rn. 44, NZA 2017, 112, 116.

nicht zu einer Unzulässigkeit der Beweisverwertung führen.[2694] Dasselbe gilt, wenn ein betriebsverfassungsrechtliches Verfahren nicht eingehalten wurde.[2695]

Rechtswidrig erlangte Beweismittel sind aber nicht schlechthin immer im Prozess verwertbar, sondern aus einem rechtswidrigen Verhalten einer Partei kann auch ein Verwertungsverbot resultieren.[2696] Ein solches ist anzuerkennen, „wenn im Entscheidungsfall der Schutzzweck der verletzten Norm eine solche prozessuale Sanktion zwingend gebietet. Dementsprechend kann ein prozessuales Verwertungsverbot nur in Betracht kommen, wenn in verfassungsrechtlich geschützte Grundpositionen einer Prozesspartei eingegriffen wird."[2697] Dies ist beispielsweise bei heimlichen Durchsuchungen der Fall, da hierdurch in die verfassungsrechtlich geschützte Privatsphäre des Beschäftigten besonders tief eingegriffen wird.[2698]

[2694] BAG, Urt. v. 20.10.2016 - 2 AZR 395/15, Rn. 36, NZA 2017, 443, 447; BAG, Urt. v. 22.9.2016 – 2 AZR 848/15, Rn. 44, NZA 2017, 112, 116.

[2695] BAG, Urt. v. 20.10.2016 - 2 AZR 395/15, Rn. 36, NZA 2017, 443, 447; BAG, Urt. v. 22.9.2016 – 2 AZR 848/15, Rn. 44, NZA 2017, 112, 116.

[2696] BAG, Urt. v. 13.12.2007 - 2 AZR 537/06, Rn. 28, NZA 2008, 1008, 1010; BAG, Urt. v. 20.6.2013 - 2 AZR 546/12, Ls. 1, NZA 2014, 143.

[2697] BAG, Urt. v. 13.12.2007 - 2 AZR 537/06, Rn. 28, NZA 2008, 1008, 1010; BAG, Urt. v. 20.6.2013 - 2 AZR 546/12, Ls. 1, NZA 2014, 143.

[2698] Wedde, in: Däubler/Wedde/Weichert/Sommer, DSGVO/BDSG, 2. Auflage 2020, § 26 BDSG, Rn. 111; BAG, Urt. v. 20.6.2013 - 2 AZR 546/12, Ls. 3, NZA 2014, 143.

8 Mitbestimmung des Betriebsrats

Im Folgenden soll geprüft werden, ob der Betriebsrat im Zuge der Mitbestimmung bei innerbetrieblichen Screenings auf Basis der Anomalieerkennung zu beteiligen ist.

8.1 Mitbestimmung nach § 87 Abs. 1 Nr. 1 BetrVG

Der Betriebsrat hat gemäß § 87 Abs. 1 Nr. 1 BetrVG, soweit eine gesetzliche oder tarifliche Regelung nicht besteht, in Fragen der Ordnung des Betriebs und des Verhaltens der Arbeitnehmer im Betrieb mitzubestimmen. Denkbar scheint es, Überwachungsmaßnahmen als Verhaltenskontrolle unter diesen Tatbestand als „Frage des Verhaltens im Betrieb" zu subsumieren. Eine Subsumtion von AEO-Terrorlistenscreenings unter § 87 Abs. 1 Nr. 1 BetrVG scheitert daran, dass allenfalls ein Bezug zu außerbetrieblichem Verhalten besteht.[2699] Außerdem werden nur Statusdaten wie Name und Geburtsdatum erfasst.[2700] Ein Gestaltungsspielraum besteht nicht, da die Überprüfung durch eine EU-Verordnung zwingend vorgegeben ist.[2701] Anders gestaltet sich dies bei umfassenden Screenings, die beispielsweise auf einem SIEM-System aufbauen und mannigfaltige personenbezogene Daten, wie Arbeitszeit, Log-In-Daten an PCs oder am Betriebszugang verarbeiten. Eine Überwachung durch technische Einrichtungen unterfällt jedoch nicht § 87 Abs. 1 Nr. 1 BetrVG, sondern § 87 Abs. 1 Nr. 6 BetrVG.[2702]

8.2 Mitbestimmung nach § 87 Abs. 1 Nr. 6 BetrVG

§ 87 Abs. 1 Nr. 6 BetrVG sieht ein Mitbestimmungsrecht des Betriebsrats bei der Einführung und Anwendung von technischen Einrichtungen vor, die dazu bestimmt sind, das Verhalten oder die Leistung der Arbeitnehmer zu überwachen.

Das Mitbestimmungsrecht des Betriebsrats zielt darauf ab, Beschäftigte vor der Beeinträchtigung ihres Persönlichkeitsrechts durch den Einsatz technischer Überwachungseinrichtungen zu schützen, die unverhältnismäßig sind, da sie nicht durch schützenswerte Belange des Arbeitgebers gerechtfertigt sind.[2703] Die technische Aufzeichnung von Beschäftigtendaten bei der Erbringung der Arbeitsleistung oder der Durchführung des Beschäftigungsverhältnisses bringen die Gefahr mit sich, den Beschäftigten zum Objekt der Überwachungstechnik zu degradieren, da anonym personen- oder leistungsbezogene Informationen erhoben, gespeichert, verknüpft und sichtbar gemacht werden können.[2704]

Unter „Überwachung" im Sinne des § 87 Abs. 1 Nr. 6 BetrVG versteht das BAG einen „Vorgang, durch den Informationen über das Verhalten oder die Leistung von Arbeitnehmern erhoben und – jedenfalls in der Regel – aufgezeichnet werden, um sie auch späterer Wahrnehmung zugänglich zu machen. Die Informationen müssen auf technische Weise ermittelt und dokumentiert werden, so dass sie zumindest für eine gewisse Dauer verfügbar bleiben und vom Arbeitgeber herangezogen werden können."[2705] Die Überwachung muss durch die technische Ein-

---

[2699] BDA, Leitfaden „Antiterrorgesetzgebung", 2018, 5.

[2700] BDA, Leitfaden „Antiterrorgesetzgebung", 2018, 5.

[2701] BDA, Leitfaden „Antiterrorgesetzgebung", 2018, 5.

[2702] Richardi/Maschmann, in: Richardi, Betriebsverfassungsgesetz, 17. Auflage 2022, § 87 BetrVG, Rn. 183.

[2703] BAG, Beschl. v. 19.12.2017 – 1 ABR 32/16, Rn. 15, NZA 2018, 673, 674; BAG, Beschl. v. 15.12.1992 – 1 ABR 24/92, B.II.1.b).

[2704] BAG, Beschl. v. 19.12.2017 – 1 ABR 32/16, Rn. 15, NZA 2018, 673, 674.

[2705] BAG, Beschl. v. 19.12.2017 – 1 ABR 32/16, Rn. 15, NZA 2018, 673, 674; BAG, Beschl. v. 13.12.2016 – 1 ABR 7/15, Rn. 22, NZA 2017, 657, 659; BAG, Beschl. v. 10.12.2013 – 1 ABR 43/12, Rn. 20, NZA 2014, 439, 440.

© Der/die Autor(en), exklusiv lizenziert an
Springer Fachmedien Wiesbaden GmbH, ein Teil von Springer Nature 2023
A. C. Teigeler, *Innentäter-Screenings durch Anomalieerkennung*, DuD-Fachbeiträge, https://doi.org/10.1007/978-3-658-43757-2_8

richtung selbst erfolgen, indem diese aufgrund ihrer technischen Natur unmittelbar die Überwachung vornimmt, das heißt selbst und automatisch die Daten verarbeitet.[2706] Es ist auch ausreichend, wenn nur ein Teil des Überwachungsvorgangs durch eine solche Einrichtung erfolgt.[2707] Das BAG geht außerdem von einem weiteren Verständnis des Wortlauts „bestimmt" aus und verlangt keine konkrete Überwachungsabsicht des Arbeitgebers. Vielmehr gilt: „Zur Überwachung „bestimmt" sind technische Einrichtungen, wenn sie objektiv geeignet sind, Verhaltens- oder Leistungsinformationen über den Arbeitnehmer zu erheben und aufzuzeichnen; auf die subjektive Überwachungsabsicht des Arbeitgebers kommt es nicht an."[2708]

Nach einer Auffassung ist auch das Mitbestimmungsrecht nach § 87 Abs. 1 Nr. 6 BetrVG bei Screenings nicht einschlägig, da bei der Überprüfung von Statusdaten wie Name und Geburtsdatum keine Aussage über das Verhalten oder die Leistung der Arbeitnehmer getroffen wird.[2709] Eine solche könne sich erst aus der Verknüpfung mit weiteren Daten, zum Beispiel mit den aus einer Mitarbeiterbefragung gewonnenen Erkenntnissen, ergeben.[2710]

Allerdings kann eine solche Einschränkung des Anwendungsbereichs höchstens für das Beispiel des reinen Abgleichs von Stammdaten z.B. mit Antiterrorlisten überzeugen. Wenn Screening-Systeme dagegen auf Verhaltensanomalien zielen, so ist das Verhalten der Beschäftigten unmittelbarer Analysegegenstand und wird als solches bewertet. Dies zieht die konkrete Gefahr nach sich, aufgrund des Verhaltens zum Objekt weiterer Ermittlungsmaßnahmen oder sogar rechtlicher Sanktionen zu werden. Beim Einsatz von aus mehreren Komponenten bestehenden, verknüpften Softwaresystemen, die gerade der Aufdeckung von Straftaten und schweren Pflichtverletzungen der Beschäftigten dienen, ist der Anwendungsbereich von § 87 Abs. 1 Nr. 6 BetrVG deshalb eröffnet.

[2706] BAG, Beschl. v. 13.12.2016 – 1 ABR 7/15, Rn. 22; BAG, Beschl. v. 10.12.2013 – 1 ABR 43/12, Rn. 20; NZA 2014, 439, 440.

[2707] BAG, Beschl. v. 13.12.2016 – 1 ABR 7/15, Rn. 22; BAG, Beschl. v. 10.12.2013 – 1 ABR 43/12, Rn. 20, NZA 2014, 439, 440; BAG, Beschl. v. 15.12.1992 – 1 ABR 24/92, B.II.1.b).

[2708] BAG, Beschl. v. 13.12.2016 – 1 ABR 7/15, Rn. 22; BAG, Beschl. v. 10.12.2013 – 1 ABR 43/12, Rn. 20, NZA 2014, 439, 440..

[2709] BDA, Leitfaden „Antiterrorgesetzgebung", 2018, 5.

[2710] BDA, Leitfaden „Antiterrorgesetzgebung", 2018, 5.

9 Fazit

Ausgangspunkt dieser Dissertation war die Frage, ob technische Systeme zur Mitarbeiterüberwachung auf Basis der Anomalieerkennung im Unternehmen in einer mit dem geltenden Datenschutzrecht zu vereinbarenden Weise eingesetzt werden können.

Letztlich wurde in dieser Arbeit gezeigt, dass einem solchen Einsatz nicht pauschal eine Absage erteilt werden muss. Screenings im Unternehmen werden teilweise in negativ konnotierter Weise als „betriebliche Rasterfahndung" mit tiefgreifenden Eingriffen in die Rechte von Beschäftigten wahrgenommen. Letztlich bieten jedoch gerade technische Systeme der Anomalieerkennung die Chance, bei entsprechender Ausgestaltung die negativen Effekte, die mit einer Überwachung von Beschäftigten einhergehen, abzumildern. So gelangt im Idealfall beispielsweise nur ein Bruchteil der verarbeiteten personenbezogenen Daten zur Kenntnis von Personen, nämlich die der Trefferfälle. Zugleich erleichtern technische Systeme die Erfüllung von Compliance-Pflichten im Unternehmen.

Eine besondere Herausforderung bei der Ausgestaltung eines Systems zur Überwachung von Mitarbeitern stellt die Tatsache dar, dass der Gesetzgeber bisher lediglich in Form der Generalklausel des § 26 BDSG tätig geworden ist und keine ausführliche Regelung zur Überwachung von Beschäftigten im Betrieb existiert. Auch wenn eine sehr detaillierte Rechtsprechung des BAG insbesondere zur Vidoeüberwachung existiert, so wäre eine ausführliche gesetzgeberische Lösung für die Zukunft aus Gründen der Rechtssicherheit wünschenswert.

Im Folgenden sollen die wesentlichen Ergebnisse dieser Dissertation stichpunktartig dargestellt werden.

9.1 Bedeutung von Compliance im Unternehmen

- Der Begriff „Compliance" umfasst nach dem Verständnis dieser Arbeit, angelehnt an die Definition des DCGK die „Gesamtheit der Maßnahmen, die das rechtmäßige Verhalten eines Unternehmens, seiner Organe und Mitarbeiter im Hinblick auf alle gesetzlichen und unternehmenseigenen Gebote und Verbote gewährleisten sollen." Neben der Pflicht zur Befolgung von Gesetzen beinhaltet unternehmerische Compliance die Gesamtheit der Maßnahmen, die ergriffen werden, um die Einhaltung von gesetzlichen Vorgaben und unternehmensinternen Richtlinien innerhalb eines Unternehmens sicherzustellen (Kapitel 2.1).

- Aus *Schneiders* Modell wirtschaftskriminellen Handelns lässt sich ableiten, dass eine hohe Mitarbeitzufriedenheit, eine Work-Life-Balance der Mitarbeiter sowie die Etablierung von sogenannten Codes of Conducts im Unternehmen wirtschaftskriminellem Handeln entgegenwirken kann. Daneben müssen aber günstige Gelegenheiten für kriminelles Handeln im Unternehmen beseitigt werden. Auch wenn deren Wahrnehmung als solche von persönlichen Faktoren des Täters abhängt, so gilt es doch, Sicherheitslücken frühzeitig aufzudecken, als solche zu erkennen und zu schließen. Dies kann durch Überwachung bewerkstelligt werden. Letztlich sind die motivationalen Faktoren, die ein strafbares Verhalten oder Pflichtverletzungen seitens des Beschäftigten begünstigen, nicht durch den Arbeitgeber beeinflussbar, aber die Gelegenheiten hierzu können reduziert werden (Kapitel 2.2).

- Es besteht sowohl ein faktisches Bedürfnis als auch eine rechtliche Pflicht, Straftaten, Ordnungswidrigkeiten und andere schwerwiegende Pflichtverletzungen im Unternehmen zu unterbinden. Dies ergibt sich in rechtlicher Hinsicht aus der strafrechtlichen Geschäftsherrenhaftung, § 130 OWiG sowie aus den enormen zivilrechtlichen Haftungsfolgen, die auch Einzelpersonen treffen können. Ob einzelne Maßnahmen ausreichen oder ein umfassendes Compliance-System erforderlich ist, ist eine Frage des Einzelfalls. In der Rechtsprechung werden zunehmend die Organisations- und Überwachungspflichten der Unternehmensleitung betont. Zwar lässt sich keine allgemeingültige Aussage treffen, wie ein Compliance-System ausgestaltet werden muss, zumal der Unternehmensleitung ein Ermessensspielraum zukommt, allerdings lassen sich gewisse Mindestanforderunen ableiten: Zum einen besteht eine Präventionspflicht, nach der die Unternehmensleitung verpflichtet ist, eine unternehmensinterne Organisationsstruktur zu schaffen, die imstande ist, Gesetzesverletzungen im Unternehmen effektiv zu verhindern. Es sind Erwartungen an das Verhalten von Mitarbeitern sowie klare Handlungsanweisungen zu formulieren, damit diese ihr Verhalten hieran anpassen können und es ihnen möglich ist, die Compliance-Anforderungen zu erfüllen. Zum anderen ist ein repressives Element erforderlich, um insbesondere vorsätzlichen Gesetzes- und Pflichtverletzungen zu begegnen. Dabei bietet sich aufgrund der Vielzahl an Daten, die im modernen unternehmen elektronisch verfügbar sind, auch der Einsatz technischer Systeme an (Kapitel 2.3.4).

9.2 Screenings auf Basis der Anomalieerkennung in Unternehmen

- Screenings werden in dieser Arbeit als „automatisierte Verarbeitungen von massenhaften Arbeitnehmerdaten" verstanden. Im Beschäftigungsverhältnis fällt eine Vielzahl personenbezogener Daten von Beschäftigten an.

- Große Datenmengen bieten aufgrund ihrer Unübersichtlichkeit Angriffspunkte für Manipulationen und erleichtern Beschäftigten einerseits ihr pflichtwidriges Verhalten, andereseits ist es nur bei vertieften Kenntnissen im Bereich der Informatik möglich, Spuren zu verwischen. Der zunehmende Einsatz von Informationstechnologie im Unternehmen geht mit der Aufzeichnung von Log-Daten einher, die in vielen Fällen nachvollziehbar machen, welcher Mitarbeiter zu welchem Zeitpunkt welche Prozesse im Unternehmen in Gang gesetzt oder bearbeitet hat. Aus diesem Grund kann der Gefährdung durch Innentäter sehr gut durch Datenscreenings präventiv vorgebeugt oder pflichtwidrigem Verhalten repressiv bekämpft werden (Kapitel 3.2).

- Sowohl in vereinzelten gesetzlichen Regelungen als auch in der Rechtsprechung sind Screenings im Beschäftigungsverhältnis anerkannt. Screenings können auf § 26 BDSG gestützt werden. Entscheidend für die Zulässigkeit ist die konkrete technische Ausgestaltung. Insbesondere die Anomalieerkennung bietet die Möglichkeit, die grundrechtlich geschützten Rechte und Interessen von Arbeitgeber und Arbeitnehmer zu einem angemessenen Ausgleich zu bringen (Kapitel 3.3, 3.4).

- Anomalieerkennungsverfahren bergen auch Risiken, die jedoch vor allem von informationstechnischer Seite zu lösen sind: Ein Anomalieerkennungssystem muss echtzeitfähig sein, um zu gewährleisten, dass Angriffe in Echtzeit erkannt werden und einen Alarm auslösen. Profile und Schwellwerte müssen ständig angepasst werden, um aktuell zu bleiben (Adaptivität). Verhaltensweisen der Personen, von denen personenbezogene Daten verarbeitet werden, verändern sich im Laufe der Zeit, und was bei der erstmaligen Implementierung eines Systems als normal eingestuft wird, kann in der Zukunft als anomal zu bewerten sein. Hinzu kommen betriebliche Umstrukturierungen. Außerdem ist es schwierig, einen Bereich zu definieren, der alle möglichen normalen Verhaltensmuster umfasst. Sofern Anomalien Folge von böswilligem Verhalten sind, versuchen Täter in der Regel, ihr Verhalten zu vertuschen, indem sie sich anpassen, um ihr Verhalten normal erscheinen zu lassen. Zudem mangelt es oft an Trainingsdaten und es ist in Daten oftmals ein sogenanntes Rauschen enthalten, welches den tatsächlichen Anomalien sehr ähnlich ist und aus diesem Grund schwer von diesem unterscheidbar ist (Kapitel 3.4.3.3).

9.3 Rechtlicher Rahmen für Screenings auf Basis der Anomalieerkennung im Unternehmen auf Ebene der Grundrechte sowie der EMRK

- Das Fundament des Datenschutzrechts bilden die Grundrechte des Unionsrechts und des Grundgesetzes sowie der EMRK. Unmittelbare Bedeutung für den Beschäftigtendatenschutz im nicht-öffentlichen Bereich und konkret für Maßnahmen der Mitarbeiterüberwachung erlangen sie im Zuge der Abwägung, welche insbesondere bei § 26 Abs. 1 BDSG vorzunehmen ist. Maßnahmen der Mitarbeiterüberwachung greifen in Grundrechte von Arbeitgebern und Beschäftigten ein. Hierbei ist neben der EMRK und dem AEUV insbesondere Art. 8 GRCh zu beachten (Kapitel 4).

- Nach der jüngeren Rechtsprechung des BVerfG sind zwar primär die Grundrechte des Grundgesetzes anwendbar, wenn der deutsche Gesetzgeber, wie mit § 26 BDSG geschehen, von seinem durch die Öffnungsklausel des Art. 88 DSGVO gesetzten Spielraum gebrauch macht, daneben jedoch auch die der GRCh. Auch nach der Rechtsprechung des EuGH sind die nationalen Grundrechte sowie die des Unionsrechts im nicht determinierten Bereich parallel anwendbar. Letztlich haben sich das BVerfG, der EuGH und der EGMR in der Interpretation der Grundrechte stark aneinander angeglichen. Eine echte Kollision zwischen europäischen und nationalen Grundrechten ist daher nicht zu befürchten (Kapitel 4.2.1).

9.4 Anforderungen des Beschäftigtendatenschutzes

- Die DSGVO gilt grundsätzlich in ihrem Anwendungsbereich als Verordnung nach Art. 288 Abs. 2 AEUV unmittelbar auch für die Verarbeitung personenbezogener Daten von Beschäftigten. Speziell für den Beschäftigtendatenschutz enthält sie in Art. 88 DSGVO eine Öffnungsklausel, die es den Mitgliedstaaten oder Parteien einer Kollektivvereinbarung ermöglicht, unter den dort genannten Voraussetzungen eigene Regelungen zu treffen. Der deutsche Gesetzgeber hat mit der Generalklausel des § 26 BDSG von dieser Kompetenz Gebrauch gemacht. Diese genügt den Anforderungen des Art. 88 DSGVO.

- Auch Maßnahmen der Corporate Compliance sind von Art. 88 Abs. 1 DSGVO erfasst, da sie dem Schutz des Eigentums des Arbeitgebers oder des Kunden dienen, welches als Regelbeispiel explizit in Art. 88 Abs. 1 DSGVO genannt ist. Dies gilt auch, wenn Beschäftigtendaten im Rahmen von Compliance-Maßnahmen nicht gezielt erhoben werden, sondern zufällig oder notwendig miterfasst werden, solange ein Zusammenhang zum Beschäftigungskontext besteht (Kapitel 5.2.1)

- Art. 88 Abs. 1 DSGVO räumt für spezielle Verarbeitungssituationen im Beschäftigungskontext den Mitgliedstaaten die Kompetenz ein, Regelungen zu treffen, die sich inhaltlich lediglich an den in Art. 88 Abs. 1, 2 DSGVO genannten Anforderungen messen lassen müssen. Die DSGVO überlasst dem nationalen Gesetzgeber oder den Parteien einer Kollektivvereinbarung eine Einschätzungsprärogative, innerhalb derer sie eine Abwägung der Grundrechte von Arbeitgeber als Verantwortlichem und Beschäftigten vorzunehmen haben. Um diese zu wahren, habe sie geeignete und besondere Maßnahmen zu ergreifen. Der Begriff „spezifischer" meint dabei, dass für Verarbeitungssituationen, die den Besonderheiten des Beschäftigungsverhältnisses geschuldet sind, Sonderregeln getroffen werden dürfen. Dabei darf vom Schutzniveau der DSGVO sowohl „nach unten" als auch „nach oben" abgewichen werden, wenngleich der Harmonisierungsgedanke, der der DSGVO zugrunde liegt, stets zu beachten ist. Die

DSGVO kann im Einzelfall als „Leitbild" dienen hinsichtlich der Ausgestaltung einzelner Regelungskomplexe. Letztlich muss im Zuge der Abwägung eine Gesamtbetrachtung angestellt werden. Werden Abweichungen zu Lasten der betroffenen Arbeitnehmer vorgenommen, müssen andere Mechanismen, wie technische und organisatorische Maßnahmen, diese Eingriffe kompensieren, sodass das Datenschutzniveau der DSGVO insgesamt gewahrt bleibt. (Kapitel 5.2.2.2.6)

- Art. 88 Abs. 2 DSGVO statuiert keine Regelungspflicht zu den dort genannten Bereichen, sondern nur eine Regelungsoption (Kapitel 5.2.4.1).

- Bei der Auswahl der von Art. 88 Abs. 2 DSGVO geforderten geeigneten und besonderen Maßnahmen sind entsprechend dem risikobasierten Ansatz der DSGVO unter Berücksichtigung der Art, des Umfangs, der Umstände und der Zwecke der Verarbeitung sowie der unterschiedlichen Eintrittswahrscheinlichkeit und Schwere der Risiken für die Rechte und Freiheiten natürlicher Personen auszuwählen. Die Maßnahmen müssen eine bestimmte Datenverarbeitung absichern sund speziell auf diese zugeschnitten sein (Kapitel 5.2.4.2.2).

- Art. 88 Abs. 2 DSGVO, der Maßnahmen zur Wahrung der Transparenz fordert, steht einer heimlichen Überwachungsmaßnahme im Beschäftigungsverhältnis nicht entgegen. Solche können auch durch Kollektivvereinbarungen geregelt werden (Kapitel 5.2.4.3.1.2.3). Auch die Rechtsprechung des EGMR steht heimlichen Überwachungsmaßnahmen nicht entgegen (Kapitel 6.2.4.1.2.2, 6.2.4.1.4.3, 6.2.4.1.5)

- Der Begriff der „Überwachungssysteme" in Art. 88 Abs. 2 DSGVO erfasst jedes automatisierte optische, mechanische, akustische oder elektronische Gerät, das dazu bestimmt ist, personenbezogene Daten über den Beschäftigten zu erheben, wobei nicht erforderlich ist, dass die Überwachung eine umfassende ist (Kapitel 5.2.4.3.2).

9.5 Allgemeine Anforderungen der DSGVO und des BDSG

- Bei der Verarbeitung personenbezogener Daten müssen insbesondere die in Art. 5 DSGVO normierten Grundsätze eingehalten werden. Dies bedeutet, dass die konkrete Überwachungsmaßnahme in ihrer technischen Ausgestaltung den Grundsätzen des Datenschutzrecchts genügt. Beim Einsatz technischer Systeme fordert Art. 25 Abs. 1 S. 1 DSGVO, dass der Verantwortliche unter Berücksichtigung der dort festgelegten Faktoren technische und organisatorische Maßnahmen trifft, um die Datenschutzgrundsätze wirksam umzusetzen (Kapitel 6.1., 6.1.9):

  o Erforderlich beim Einsatz von Systemen, die auf der Anomalieerkennung basieren, ist, dass beim Training des neuronalen Netzes die Parameter möglichst eng definiert werden und dass eine hohe Treffgenauigkeit angestrebt wird. Sind Anomalien definiert, so muss technisch gewährleistet werden, dass lediglich die Daten erhoben, verarbeitet und gespeichert werden, die auf eine Anomalie hinweisen. Sobald sich eine Anomalie nicht als solche erweist (Nicht-Trefferfall), müssen die entsprechenden personenbezogenen Daten wieder gelöscht werden.

  o Bei der technischen Ausgestaltung können die Hardware-Komponenten begrenzt werden, indem nur die Sensoren eingesetzt werden, die zwingend notwendig sind, um ein funktionierendes Anomalieerkennungssystem zu gewährleisten und vor Ort auch nur diejenigen, die im konkreten Fall erforderlich sind, um eine Anomalie aufzudecken.

  o Nichttrefferfälle müssen schnellstmöglich, nachdem feststeht, dass keine Anomalie vorliegt, wieder gelöscht werden. Es gelangen nur die Trefferfälle zur

Kenntnis des Überwachungspersonals, die Nichttrefferfälle werden nur kurzfristig verarbeitet. Damit wird die Intensität des Eingriffs in das Recht auf informationelle Selbstbestimmung für diese Personen verringert. Auf diese Weise werden nur diejenigen Daten weiterverarbeitet, die zum Zwecke der Detektion von Innentätern erforderlich sind.

o   Dadurch wird auch gewährleistet, dass nur ein begrenzter Personenkreis Zugriff auf die Daten hat. Dieser Schutz kann verstärkt werden, indem ein Mehr-Augen-Prinzip eingesetzt wird. Technisch kann dies umgesetzt werden, indem eine technisch abgebildete treuhänderschaftliche Verteilung der Schlüssel implementiert wird. Bei dieser wird ein Teil des Schlüssels, der erforderlich ist, um eine Re-Identifikation möglich zu machen, auf mehrere Personen oder Institutionen verteilt, welche nur zusammen eine Re-Identifikation ermöglichen können. Möchte eine Person auf die Klardaten zugreifen, muss sie alle anderen Parteien zuerst um deren Einverständnis bitten, was technisch durch eine Benachrichtigung und einen Einverständnis-Button umgesetzt wird.

•   Auch wenn grundsätzlich die Einwilligung als Rechtfertigungstatbestand im Beschäftigungsverhältnis in Frage kommt, so ist nicht davon auszugehen, dass eine Einwilligung zu einem Screening freiwillig erteilt werden kann, da es keinerlei persönlichen Nutzen für den Beschäftigten mit sich bringt und ein Abhängigkeitsverhältnis zwischen Arbeitgeber und Beschäftigtem besteht (Kapitel 6.2.1.2.2.1). Zudem stellt sie sich aus praktischer Sicht als untauglich dar (Kapitel 6.2.1.6).

•   Präventive Maßnahmen können auf § 26 Abs. 1 S. 1 BDSG gestützt werden (Kapitel 6.2.3.4.1).

•   Datenscreenings können sowohl präventiven als auch repressiven Zwecken dienen. Je nach Zielrichtung ist auch bei der Anomalieerkennung § 26 Abs. 1 S. 1 BDSG oder § 26 Abs. 1 S. 2 BDSG als taugliche Rechtsgrundlage heranzuziehen (Kapitel 6.2.3.4.2, 6.2.3.4.4).

•   § 26 Abs. 1 S. 2 BDSG ist keine Sperrwirkung für die Fälle zu entnehmen, in denen der Arbeitgeber einen Verdacht einer schwerwiegenden Pflichtverletzung hat, nicht aber den einer Straftat. Entsprechende Maßnahmen können auf § 26 Abs. 1 S. 1 BDSG gestützt werden (Kapitel 6.2.3.4.5).

•   Der Rechtsprechung des BAG lässt sich nicht entnehmen, dass repressive Maßnahmen von nur geringfügiger Eingriffsintensität unter § 26 Abs. 1 S. 1 BDSG zu subsumieren sind (Kapitel 6.2.3.4.6).

•   § 26 Abs. 1 S. 2 BDSG kann auch für Maßnahmen gegen unverdächtige Beschäftigte herangezogen werden (Kapitel 6.2.3.4.7).

•   Hinsichtlich der Frage, ob Art. 6 Abs. 1 UAbs. 1 S. 1 DSGVO oder § 26 Abs. 1 BDSG für Überwachungsmaßnahmen als Rechtsgrundlage heranzuziehen ist, ist danach zu differenzieren, ob Maßnahmen der Corporate Compliance der Schadensabwehr vom Unternehmen dienen, ohne dass es darum geht, Fehlverhalten einzelner Beschäftigter aufzudecken und zu ahnden, oder ob es zumindest auch darum geht, aus den gewonnenen Kenntnissen Konsequenzen für einzelne Beschäftigte zu ziehen und deren Fehlverhalten aufzudecken. In letzterem Fall ist der Anwendungsbereich des § 26 Abs. 1 BDSG eröffnet (Kapitel 6.2.3.5).

•   Auf § 26 BDSG gestützte Maßnahmen betrieblicher Compliance oder interne Ermittlungen, die der Aufklärung oder Vermeidung von Straftaten dienen, sind nicht vom Anwendungsbereich des Art. 10 DSGVO umfasst. Art. 10 DSGVO lässt sich kein allgemeines Verbot der Verarbeitung personenbezogener Daten über strafrechtliche Verurteilungen und Straftaten oder deren Prävention entnehmen (Kapitel 6.2.3.6).

- Das BAG hat durch seine Rechtsprechung zu verschiedenen Maßnahmen der Mitarbeiterüberwachung § 32 Abs. 1 BDSG a.F. konkretisiert. Es zieht bei Überwachungsmaßnahmen verschiedener Natur seine relativ ausgereifte Rechtsprechung zur Videoüberwachung als Vergleichsmaßstab heran. Bei Überwachungsmaßnahmen im Beschäftigungsverhältnis greift das BAG auf die Rechtsprechung des BVerfG zu staatlichen Überwachungsmaßnahmen zurück, was wohl dadurch zu erklären ist, dass es auch im Beschäftigungsverhältnis letztlich auf eine Abwägung der Grundrechte von Arbeitgeber und Arbeitnehmer ankommt. Da § 26 Abs. 1 BDSG § 32 Abs. 1 BDSG a.F. in weiten Teilen inhaltsgleich übernimmt, ist die Rechtsprechung nach wie vor für die Ausfüllung des Merkmals der „Erforderlichkeit" von Bedeutung (Kapitel 6.2.3.9). Zusammenfassend lässt sich der Rechtsprechung entnehmen, dass Überwachungsmaßnahmen sowohl zu präventiven als auch zu repressiven Zwecken infrage kommen und zwar sowohl was die Aufdeckung von Straftaten als auch von Pflichtverletzungen anbelangt. Es kommt dabei entscheidend auf die technische Ausgestaltung an. Da es sich bei der Anomalieerkennungssoftware um eine verdachtsunabhängige Kontrollmaßnahme handelt, ist zu beachten, dass eine Totalüberwachung der Arbeitnehmer unzulässig ist. Allerdings ist die Überwachung im Wege der Anomalieerkennung nur punktuell, selbst wenn von ihr auch Nicht-Trefferfälle erfasst werden. Denn es werden Daten in SIEM-Systemen regelmäßig lediglich durch bestimmte Sensoren erhoben, welche so angelegt sein müssen, dass sie weder eine umfassende Leistungs- und Verhaltenskontrolle ermöglichen, noch die Daten zusammenführen und in Nicht-Trefferfällen sichtbar machen dürfen. Auch die zur Videoüberwachung entwickelten Grundsätze sind nicht unbesehen übertragbar, da der Überwachungsdruck nicht vergleichbar ist. Denn durch Videoaufzeichnungen kann potenziell jede Verhaltensweise inklusive Mimik, Gestik und privater Momente festgehalten werden. Soweit Sensoren eingesetzt werden, die eine Videoüberwachung ermöglichen, müssen freilich die besonderen Voraussetzungen der Videoüberwachung im Beschäftigungsverhältnis eingehalten werden. Überdies ist auch kein konkreter Anlass im Sinne eines konkreten Verdachts für Screenings mit präventiver oder gemischt präventiv-repressiver Zielrichtung zu fordern. Zu weit geht allerdings die Auffassung, die es als ausreichend ansieht, wenn nach der allgemeinen Lebenserfahrung Verstöße vorkommen können, die mit dem Screening bekämpft werden können. Richtigerweise wird man eine Abwägung im konkreten Einzelfall vornehmen müssen, wobei schon auf Ebene der Erforderlichkeit überlegt werden muss, ob andere, weniger einschneidende Mittel in Betracht kommen. Eine Software kann als SIEM-System fungieren und Daten z.B. zur Zutrittskontrolle loggen, aber auch schlicht die Anmeldung eines Users an seinem Arbeits-PC. Die Anomalieerkennung darf nicht dazu eingesetzt, Bagatellverstöße aufzudecken und Mitarbeiter deswegen zu maßregeln, sondern vielmehr dient sie zur Aufdeckung von Straftaten. Sofern es sich um eine Software handelt, die in besonders bedeutsamen Sektoren, etwa im Bereich der Werksfeuerwehren eingesetzt wird, besteht ein gesteigertes Interesse dahingehend, dass die Funktionsfähigkeit des Systems nicht durch Angriffe, wie digitalen Vandalismus, gestört wird. In der Natur der Anomalieerkennung liegt es, nach Möglichkeit nur Trefferfälle aufzudecken und zur Kenntnis des Arbeitgebers zu bringen, wobei natürlich zu berücksichtigen ist, dass auch fälschlicherweise als Treffer eingeordnete Fälle möglich sind. Die Treffgenauigkeit muss deshalb möglichst hoch sein. Ferner sind auch umfassende Verhaltens- oder Persönlichkeitsanalysen möglich, da keine großen Datenmengen aus diversen Bereichen mit einbezogen werden. Die Intimsphäre des Beschäftigten darf nicht berührt werden, sondern es dürfen lediglich Daten des Berufslebens in das Screening punktuell mit einbezogen werden. So dürfen etwa keinesfalls personenbezogene Daten über Toilettenbesuche in das Screening mit einbezogen werden. Es kann sogar als durch das Verhältnismäßigkeitsprinzip geboten angesehen werden, ein Datascreening vorzuschalten, um dann konkreten Verdachtsfällen nachzugehen. Nichts anderes setzt aber die Anomalieerkennung technisch um. Eine Zutrittskontrolle durch Aufsichtspersonen oder gar eine Taschenkontrolle, um etwa den Diebstahl von Betriebsmitteln aufzudecken, wären auch keine mildere Alternative, da hier aufgrund der bewussten Wahrnehmung der Betroffenen Stichproben willkürlich ausgewählt und überprüft würden, so dass der Eingriff sogar schwerer wiegen kann, da der Arbeitgeber diese auswählt und die von der Stichprobe Betroffenen dem Arbeitgeber bewusst zur Kenntnis gelangen, während dies bei einem automatisierten Datenabgleich nicht der Fall ist. Auch hier hätte die überwiegende Zahl der Mitarbeiter keinen Anlass für die Überprüfung gesetzt, während Ziel der Anomalieerkennung ist, eben nur solche Fälle aufzudecken, die eine schwere Vertragspflichtverletzung oder eine Straftat zum Gegenstand haben (Kapitel 6.2.3.9, 6.2.3.9.11).

- Soweit in einem technischen System Videoüberwachung zur Anwendung kommt, dient § 26 BDSG als Rechtsgrundlage für die Überwachung von Beschäftigten sowohl im öffentlichen als auch im nicht-öffentlichen Bereich (6.2.4.2.2). Dabei kann sie auch zu präventiven Zwecken eingesetzt werden (6.2.4.2.3).

- Die Betroffenenrechte (Art. 12 ff. DSGVO) müssen auch im Beschäftigungsverhältnis eingehalten werden. Die Informationspflichten bei heimlichen Überwachungsmaßnahmen bemessen sich dabei nach Art. 14 DSGVO. Nur wenn sich der Beschäftigte der Aufzeichnung zumindest bewusst ist, ist Art. 13 DSGVO maßgeblich (Kapitel 6.3..2.1.1.3).

- Eine analoge Anwendung des Art. 21 DSGVO auf § 26 BDSG ist nicht gerechtfertigt (Kapitel 6.3.6).

- Art. 32 DSGVO regelt die Datensicherheit und ist zielorientiert formuliert. In der Praxis bestehen zur Umsetzung von Informationssicherheit mehrere, teilweise sehr ausführliche Maßnahmenkataloge. Im BMBF-Forschungsprojekt DREI wurde versucht, Maßnahmen der IT-Sicherheit angesichts von Common Criteria, ISO/IEC 15408 umzusetzen. Hierbei handelt es sich um einen produktbezogenen Standard, mit Hilfe dessen sich Sicherheitseigenschaften von Produkten (dem sogenannten „Target of Evaluation") überprüfen lassen. Da Schutzgut des Datenschutzrechts primär das allgemeine Persönlichkeitsrecht des Betroffenen ist, bestand eine Herausforderung darin, die aus CC abgeleiteten Anforderungen in das Gesamtkonzept des Schutzes personenbezogener Daten zu integrieren. Letztlich wird, wenn der Schutz personenbezogener Daten vor Angreifern im Unternehmen fokussiert wird, erreicht, dass auch das allgemeine Persönlichkeitsrecht der Beschäftigten geschützt wird, denn je besser ein Produkt, welches Arbeitnehmerdaten verarbeitet, gegen Angriffe gewappnet ist, desto besser sind auch die Beschäftigtendaten geschützt (Kapitel 6.6).

- In der Regel muss bei der Einführung eines Überwachungssysstems eine Datenschutz-Folgenabschätzung durchgeführt werden (Kapitel 6.7) und ein Datenschutzbeauftragter ist zu bestellen (Kapiel 6.8.2).

- Da die Letztentscheidung über das Vorliegen eines Trefferfalls bei der Anomalieerkennung einem Menschen obliegt, greift das Verbot des Art. 22 Abs. 1 DSGVO nicht (Kapitel 6.9).

- Als Gestaltungsanforderungen an technische Systeme kommen insbesondere eine Anonymisierung sowie eine Pseudonymisierung der verarbeiteten Daten in Betracht. Anonyme Daten unterliegen nicht dem Anwendungsbereich der DSGVO oder des BDSG.

Sie können somit frei verarbeitet werden. Der Pseudonymisierung kommt mindestens eingriffsmindernde Wirkung im Zuge der Abwägung der grundrechtlich geschützten Interessen zu. Nach EwG 28 DSGVO kann Pseudonymisierung die Risiken für die betroffenen Personen senken und den Verantwortlichen sowie Auftragsverarbeiter bei der Einhaltung ihrer Datenschutzpflichten unterstützen. Da bei Maßnahmen der Mitarbeiterüberwachung zumeist eine Re-Identifikation möglich sein soll, um etwaige Straftäter identifizieren zu können, ist zumeist eine Anonymisierung für den Arbeitgeber nicht zielführend, sondern es wird auf eine Pseudonymisierung zurückgegriffen werden. Für eine Pseudonymisierung können Treuhändermodelle genutzt werden.

o   Als geeignete Stellen zur arbeitsteiligen Verwahrung eines Teils des Schlüssels kommen aufgrund ihrer Unabhängigkeit und Verpflichtung neben dem Verantwortlichen der Betriebs-rat sowie der Datenschutzbeauftragte infrage. Ungeeignet sind solche Stellen, die wirtschaftlich oder persönlich vom Verantwortlichen abhängig sind, wie zum Beispiel Arbeitnehmer des Verantwortlichen oder der Auftragsverarbeiter.

o   Nur wenn alle drei Instanzen, das heißt Verantwortlicher, Datenschutzbeauftragter und Betriebsrat der Offenlegungsfrage zustimmen, sollte eine Re-Identifizierung erfolgen können. Es genügt nicht, wenn eine mehrheitliche Bejahung der Offenlegungsfrage erfolgt. Nur wenn alle drei Instanzen zustimmen, entfaltet sich die volle Kontroll- und damit Schutzwir-kung zugunsten des Beschäftigten. Der Betriebsrat hat zwar nach § 80 Abs. 1 Nr. 1 BetrVG die Aufgabe, die Einhaltung des Datenschutzrechts zugunsten der Arbeitnehmer zu überwachen. Der Datenschutzbeauftragte hat nach Art. 39 Abs. 1 lit. b DSGVO ebenfalls die Pflicht, die Einhaltung der DSGVO und des BDSG zu überprüfen. Er handelt aber als objektive Par-tei und überwacht den gesamten Vorgang auf seine Datenschutzkonformität. Damit kontrol-liert er in gewissem Maße auch das Handeln des Betriebsrats auf seine Datenschutzkonformität, wenn dieser sich entschließt, den Schlüssel zu erteilen. Es besteht auch nicht die Ge-fahr, dass einer der drei Guards die Macht hat, die anderen Parteien rechtswidrig zu behindern, da notfalls der Rechtsweg offensteht.

10 Exkurs

Am 30.03.2023, nach Fertigstellung dieser Arbeit, erging ein Urteil des EuGH (C 34/21), aus dem sich Schlussfolgerungen für eine zentrale Frage dieser Dissertation, nämlich die Vereinbarkeit von § 26 Abs. 1 S. 1 BDSG mit dem Unionsrecht, ableiten lassen.[2711] Den Ausführungen des EuGH lässt sich entnehmen, dass die mit § 26 Abs. 1 BDSG nahezu inhaltsgleichen Vorschriften des § 23 Abs. 1 HDSIG und § 86 Abs. 4 HBG nicht den Anforderungen des Art. 88 Abs. 1, Abs. 2 DSGVO als „spezifischere Vorschriften" genügen und damit unionsrechtswidrig sind. Der Wortlaut des Art. 88 Abs. 1 DSGVO verlange, dass die Vorschriften im Sinne dieser Bestimmung einen zu dem geregelten Bereich passenden Regelungsgehalt haben müssen, der sich von den allgemeinen Regeln der DSGVO unterscheidet.[2712] Art. 88 Abs. 2 DSGVO fordere, dass die auf der Grundlage von Art. 88 Abs. 1 DSGVO erlassenen Vorschriften geeignete und besondere Maßnahmen zur Wahrung der in Art. 88 Abs. 2 DSGVO genannten Positionen umfassen müssen. Sie dürfen sich nicht auf eine Wiederholung der Bestimmungen der DSGVO beschränken, sondern müssen auf den Schutz der Rechte und Freiheiten der Beschäftigten hinsichtlich der Verarbeitung ihrer personenbezogenen Daten im Beschäftigungskontext abzielen und geeignete und besondere Maßnahmen zur Wahrung der menschlichen Würde, der berechtigten Interessen und der Grundrechte der betroffenen Person umfassen.[2713] Eine nationale Regelung, die sich auf eine bloße Wiederholung der Regelungen des Art. 6 Abs. 1 DSGVO und des Erforderlichkeitsprinzips beschränkt, wie es die §§ 23 Abs. 1 HDSIG und 86 Abs. 4 HBG taten, genügt diesen Maßstäben nicht.[2714] Ebenso unzureichend ist eine Regelung, die zum Schutz der Beschäftigten lediglich auf die ohnehin geltenden Instrumente der DSGVO verweist.[2715] Demnach ist auch die Regelung in § 23 Abs. 5 HDSIG, welche der des § 26 Abs. 5 BDSG entspricht, nach der der Verantwortliche durch geeignete Maßnahmen die Einhaltung von Art. 5 DSGVO sicherzustellen hat, ebenfalls unionsrechtswidrig.

Aufgrund des Anwendungsvorrangs des Unionsrechts ist danach § 26 Abs. 1 S. 1 BDSG als Rechtsgrundlage nicht mehr anwendbar. An seine Stelle tritt Art. 6 Abs. 1 UAbs. 1 DSGVO, wobei insbesondere lit. b, c oder f einschlägig sein werden. Letztlich fordern diese Rechtsgrundlagen eine Abwägung der wechselseitigen Interessen. Die im Zuge der Interessenabwägung durchgeführten Erwägungen unterscheiden sich allerdings nicht wesentlich von den Erwägungen, die das BAG im Zuge der Verhältnismäßigkeitsprüfung des § 26 Abs. 1 S. 1 BDSG bei Prüfung der Erforderlichkeit vornimmt. In beiden Fällen geht es letztlich um die Abwägung widerstreitender Grundrechtspositionen. Da die Rechtsprechung des EuGH und die Rechtsprechung des BVerfG zur Auslegung der Grundrechte auf nationaler und Unionsebene weitgehend gleichlaufen, ergeben sich hieraus keine Unterschiede in der Praxis. Die im Zuge der vorliegenden Arbeit zu § 26 Abs. 1 S. 1 BDSG aus der Auswertung der Rechtsprechung gewonnen Ergebnisse behalten daher nach wie vor Gültigkeit.

[2711] EuGH v. 30.3.2023, Rs. C - 34/21, ECLI:EU:C:2023:270.

[2712] EuGH v. 30.3.2023, Rs. C - 34/21, ECLI:EU:C:2023:270, Rn. 61.

[2713] Vgl. EuGH v. 30.3.2023, Rs. C - 34/21, ECLI:EU:C:2023:270, Rn. 64 f.

[2714] Vgl. EuGH v. 30.3.2023, Rs. C - 34/21, ECLI:EU:C:2023:270, Rn. 81 ff.

[2715] Vgl. EuGH v. 30.3.2023, Rs. C - 34/21, ECLI:EU:C:2023:270, Rn. 69 ff., 81 ff.

© Der/die Autor(en), exklusiv lizenziert an
Springer Fachmedien Wiesbaden GmbH, ein Teil von Springer Nature 2023
A. C. Teigeler, *Innentäter-Screenings durch Anomalieerkennung*, DuD-Fachbeiträge, https://doi.org/10.1007/978-3-658-43757-2_10

Literaturverzeichnis

Albrecht, J.P./Janson, N. J., Datenschutz und Meinungsfreiheit nach der Datenschutzgrundverordnung, Warum die EU-Mitgliedsstaaten beim Ausfüllen von DSGVO-Öffnungsklauseln an europäische Grundrechte gebunden, CR 2016, 500

Albrecht, J. P./Jotzo, F., Das neue Datenschutzrecht der EU, Baden-Baden, 1. Auflage 2017

Albrecht, J. P., Das neue EU-Datenschutzrecht - von der Richtlinie zur Verordnung, Überblick und Hintergründe zum finalen Text für die Datenschutz-Grundverordnung der EU nach dem Eingang im Trilog, CR 2016, 88

Alpaydin, E., Maschinelles Lernen, München 2008

Alter, M., J., Rechtsprobleme betrieblicher Videoüberwachung, NJW 2015, 2375

Althoff, L., Die Rolle des Betriebsrats im Zusammenhang mit der EU-Datenschutzgrundverordnung, ArbRAktuell 2018, 414

Ammicht Quinn, R., Intelligente Videoüberwachung: eine Handreichung, Tübingen 2015 (abrufbar unter https://publikationen.uni-tuebingen.de/xmlui/handle/10900/67099 , zuletzt abgerufen am 01.09.2023)

Art. 29 Data Protection Working Party, WP 248 rev.01, Guidelines on Data Protection Impact Assessment (DPIA) and determining whether processing is "likely to result in a high risk" for the purposes of Regulation 2016/679, Adopted on 4 April 2017, As last Revised and Adopted on 4 October 2017

Art. 29 Data Protection Working Party, WP 251, Guidelines on Automated individual decision-making and Profiling for the purposes of Regulation 2016/679 (Adopted on 3 October 2017)

Artikel-29-Datenschutzgruppe, WP 242 rev.01, Leitlinien zum Recht auf Datenübertragbarkeit, angenommen am 13. Dezember 2016 zuletzt überarbeitet und angenommen am 5. April 2017

Artikel-29-Datenschutzgruppe, WP 243 rev. 01, Leitlinien in Bezug auf Datenschutzbeauftragte („DSB"), angenommen am 13. Dezember 2016, zuletzt überarbeitet und angenommen am 5. April 2017

Artikel-29-Datenschutzgruppe, WP 259 rev.01, Leitlinien in Bezug auf die Einwilligung gemäß Verordnung 2016/679 angenommen am 28. November 2017, zuletzt überarbeitet und angenommen am 10. April 2018 (abrufbar unter http://ec.europa.eu/newsroom/article29/itemdetail.cfm?item_id=623051, zuletzt abgerufen am 01.09.2023)

Auer-Reinsdorff, A./Conrad, I. (Hrsg.), Handbuch IT- und Datenschutzrecht, 2. Auflage, München 2016 (zitiert als *Bearbeiter*, in Auer-Reinsdorff/Conrad 2016)

BaFin, Rundschreiben 1/2014 (GW) iVm DK, AuAs, Nr. 86d

Baumbach, A./Hueck, A., GmbH-Gesetz, Kommentar, München, 23. Auflage 2022 (zitiert als: *Bearbeiter*in*, in: Baumbach/Hueck, GmbHG, 23. Auflage 2022)

Baumgartner, U./Hansch, G., Der betriebliche Datenschutzbeauftragte, Best Practices und offene Fragen, ZD 2019, 99

Bausewein, C., Legitimationswirkung von Einwilligung und Betriebsvereinbarung im Beschäftigtendatenschutz, Oldenburg 2011

Bayreuther, F., Videoüberwachung am Arbeitsplatz, NZA 2005, 1038

BDA, Leitfaden „Antiterrorgesetzgebung", Europäische Antiterrorverordnungen und Sicherheitsüberprüfungsgesetz, 19. September 2018 (abrufbar unter https://www.mittelstandsverbund.de/media/89f5e0d9-9db1-4781-bd6c-b9929c32ac29/PFBP0Q/Import/2018-11-08-Leitfaden%20Antiterror%202018.pdf , zuletzt abgerufen am 01.09.2023)

Behling, T. B., Compliance versus Fernmeldegeheimnis, Wo liegen die Grenzen bei E-Mail-Kontrollen als Antikorruptionsmaßnahme?, BB 2010, 892

Behling, T., B., Herausforderung Datenschutz: Rechtskonforme Ausgestaltung von Terrorlisten-Screenings?, NZA 2015, 1359

Behling, T. B., Die datenschutzrechtliche Compliance-Verantwortung der Geschäftsleitung, ZIP 2017, 697

Behling, T., B., Neues EGMR-Urteil zur Überwachung der elektronischen Kommunikation am Arbeitsplatz: Datenschutzrechtliche Implikationen für deutsche Arbeitgeber, BB 2018, 52

Benecke, A./Wagner, J., Öffnungsklauseln in der Datenschutz-Grundverordnung und das deutsche BDSG - Grenzen und Gestaltungsspielräume für ein nationales Datenschutzrecht, DVBl. 2016, 600

Benkert, D., Beschäftigtendatenschutz in der DSGVO-Welt, NJW-Spezial 2018, 562

Benner, A., DREI: Forschungsprojekt zur datenschutzkonformen Erkennung von Innentätern durch Softwaresysteme, ZD-Aktuell 2017, 05556

Bergt, M., Die Bestimmbarkeit als Grundproblem des Datenschutzrechts – Überblick über den Theorienstreit und Lösungsvorschlag, ZD 2015, 365

Bergwitz, C., Prozessuale Verwertungsverbote bei unzulässiger Videoüberwachung, NZA 2012, 353

BfV und ASW Bundesverband, „Innentäter" Eine unterschätzte Gefahr in Unternehmen, 9. Sicherheitstagung des BfV und der ASW am 13. Mai 2015 in Berlin, Tagungsband (abrufbar unter https://asw-bundesverband.de/wp-content/uploads/broschuere-sicherheitstagung-tagungsband-2015k.pdf , zuletzt abgerufen am 01.09.2023)

Bieker, F./Hansen, M., Normen des technischen Datenschutzes nach der europäischen Datenschutzreform, DuD 2017, 285

Bierekoven, C., Korruptionsbekämpfung vs. Datenschutz nach der BDSG-Novelle, CR 2010, 203

Bitkom (Hrsg.), Risk Assessment & Datenschutz-Folgenabschätzung, Leitfaden 2017

Boecken, W./Düwell, F.J./Diller, M./Hanau, H. (Hrsg.) Gesamtes Arbeitsrecht, Baden-Baden, 2016 (zitiert als: *Bearbeiter*in*, in: Boecken/Düwell/Diller/Hanau, Gesamtes Arbeitsrecht, 2016)

Boehm, F./Andrees, M., Zur Vereinbarkeit der Vorratsdatenspeicherung mit europäischem Recht, Bewertung der generellen Speicherpflicht nach EuGH und EGMR Rechtsprechung, CR 2016, 146

Boos, K.-H./Fischer, R./Schulte-Mattler, H. (Hrsg.), KWG, CRR-VO, Kommentar zu Kreditwesengesetz, VO (EU) Nr. 575/2013 (CRR) und Ausführungsvorschriften, Band 1, München, 5. Auflage 2016 (zitiert als: *Bearbeiter*, in: Boos/Fischer/Schulte-Mattler, KWG, CRR-VO, 5. Auflage 2016)

Böhm, W.-T./Brams, I., Die Rechtsprechung der Arbeitsgerichte unter der Datenschutz-Grundverordnung, NZA-RR 2020, 449

Böth, K., Evolutive Auslegung völkerrechtlicher Verträge, Eine Untersuchung zu Voraussetzungen und Grenzen in Anbetracht der Praxis internationaler Streitbeilegungsinstitutionen, Berlin 2013

Brams, I./Möhle, J.-P., Die Stellung des Betriebsrats unter der DSGVO, Erwächst aus einer neuen datenschutzrechtlichen Stellung neue Verantwortung?, ZD 2018, 570

Bretthauer, S./Krempel, E./Birnstill, P., Intelligente Videoüberwachung in Kranken- und Pflegeeinrichtungen von morgen, Eine Analyse der Bedingungen nach den Entwürfen der EU-Kommission und des EU-Parlaments für eine DSGVO, CR 2015, 239

Bretthauer, S., Intelligente Videoüberwachung, Eine datenschutzrechtliche Analyse unter Berücksichtigung technischer Schutzmaßnahmen, Baden-Baden, 2017

Brink, S./Eckhardt, J., Wann ist ein Datum ein personenbezogenes Datum?, Anwendungsbereich des Datenschutzrechts, ZD 2015, 205

Brink, S./Joos, D., Datenschutzrechtliche Folgen für den Betriebsrat nach dem Betriebsrätemodernisierungsgesetz, NZA 2021, 1440

Brink, S./Schmidt, S., Die rechtliche (Un-)Zulässigkeit von Mitarbeiterscreenings - Vom schmalen Pfad der Legalität, MMR 2010, 592

Brink, S., Beweisverwertungsverbot bei persönlichkeitsrechtswidriger heimlicher Durchsuchungsmaßnahme, jurisPR-ArbR 20/2013 Anm. 1

Britz, G., Europäisierung des grundrechtlichen Datenschutzes?, EuGRZ 2009, 1

Buchert, C., Die unternehmensinterne Befragung von Mitarbeitern im Zuge repressiver Compliance-Untersuchungen aus strafrechtlicher Sicht, Berlin 2016

Buchholtz, G., Grundrechte und Datenschutz im Dialog zwischen Karlsruhe und Luxemburg, DÖV 2017, 837

Burgkardt, F., Grundrechtlicher Datenschutz zwischen Grundgesetz und Europarecht, Hamburg 2013

Bürkle, J., Corporate Compliance - Pflicht oder Kür für den Vorstand der AG?, BB 2005, 565

Bürkle, J., Compliance in Versicherungsunternehmen, Rechtliche Anforderungen und praktische Umsetzung, München, 3. Auflage 2020 (zitiert als: *Autor*, in: Bürkle, Compliance in Versicherungsunternehmen, 3. Auflage 2020)

Byers, P./Fetsch, K., Vorsicht, Terrorist im Betrieb – Was nun?, NZA 2015, 1364

Byers, P., Videoüberwachung am Arbeitsplatz unter besonderer Beruecksichtigung des neuen 32 BDSG, Frankfurt 2012

Byers, P./Wenzel, K., Videoüberwachung am Arbeitsplatz nach neuem Datenschutzrecht, BB 2017, 2036

Byers, P., Die Zulässigkeit heimlicher Mitarbeiterkontrollen nach dem neuen Datenschutzrecht, NZA 2017, 1086

Callies, C., Europäische Gesetzgebung und nationale Grundrechte – Divergenzen in der aktuellen Rechtsprechung von EuGH und BVerfG?, JZ 2009, 113

Callies, C./Ruffert, M., EUV/AEUV, Das Verfassungsrecht der Europäischen Union mit Europäischer Grundrechtecharta, Kommentar, München, 6. Auflage 2022

Chandna-Hoppe, K., Beweisverwertung bei digitaler Überwachung am Arbeitsplatz unter Geltung des BDSG 2018 und der DSGVO – Der gläserne Arbeitnehmer?, NZA 2018, 614

Chandola, V./Banerjee, A./Kumar, V., Anomaly Detection: A Survey, in: ACM Computing Surveys, Vol. 41, No. 3, July 2009, Article 15, abrufbar unter https://www.vs.inf.ethz.ch/edu/HS2011/CPS/papers/chandola09_anomaly-detection-survey.pdf, zuletzt abgerufen am 01.09.2023

Craig, P./De Búrca, G., EU Law, Oxford, Text, Cases and Materials, 6. Auflage 2015

Dammann, U., Erfolge und Defizite der EU-Datenschutzgrundverordnung - Erwarteter Fortschritt, Schwächen und überraschende Innovationen, ZD 2016, 307

Dammann, U./Simitis, S., EG-Datenschutzrichtlinie, Kommentar, Baden-Baden, 1. Auflage 1997

Datenschutzkonferenz, Kurzpapier Nr. 5, Datenschutz-Folgenabschätzung, abrufbar unter https://www.lfd.niedersachsen.de/startseite/dsgvo/anwendung_dsgvo_kurzpapiere/DSGVO---kurzpapiere-155196.html (zuletzt abgerufen am 01.09.2023)

Datenschutzkonferenz, Kurzpapier Nr. 18, Risiko für die Rechte und Freiheiten natürlicher Personen, abrufbar unter https://www.datenschutzkonferenz-online.de/media/kp/dsk_kpnr_18.pdf (zuletzt abgerufen am 01.09.2023)

Datenschutzkonferenz, Konferenz der unabhängigen Datenschutzbehörden des Bundes und der Länder, Orientierungshilfe der Datenschutzaufsichtsbehördenzur datenschutzgerechten Nutzung von E-Mail und anderen Internetdiensten am Arbeitsplatz, abrufbar unter https://www.datenschutzkonferenz-online.de/media/oh/201601_oh_email_und_internetdienste.pdf (zuletzt abgerufen am 01.09.2023)

Däubler, W., Internet und Arbeitsrecht, 2001

Däubler, W., Gläserne Belegschaften, Das Handbuch zum Beschäftigtendatenschutz, Frankfurt am Main, 7. Auflage 2017

Däubler, W./Wedde, P./Weichert, T./Sommer, I., EU-DSGVO und BDSG, Kompaktkommentar, Frankfurt am Main, 2. Auflage 2020 (zitiert als *Bearbeiter*, in: Däubler/Wedde/Weichert/Sommer, DSGVO/BDSG, 2. Auflage 2020)

Deister J./Geier, A., Der UK Bribery Act 2010 und seine Auswirkungen auf deutsche Unternehmen, CCZ 2011, 12

Deutsch, M./Diller, M., Die geplante Neuregelung des Arbeitnehmerdatenschutzes in § 32 BDSG, DB 2009, 1462

Dieners P. (Hrsg.), Handbuch Compliance im Gesundheitswesen, München, 4. Auflage 2022 (zitiert als *Bearbeiter*, in: Dieners, Handbuch Compliance im Gesundheitswesen, 4. Auflage 2022)

Diepold, M./Loof, A., Konzernweite Implementierun von Hinweisgebersystemen, CB 2017, 25

Diller, M., Konten-Ausspäh-Skandal" bei der Deutschen Bahn: Wo ist das Problem? BB 2009, 438

Dovas, M.-U., Joint Controllership – Möglichkeiten oder Risiken der Datennutzung? Regelung der gemeinsamen datenschutzrechtlichen Verantwortlichkeit in der DSGVO, ZD 2016, 512

Drechsler, D., Praxisformen der Wirtschaftskriminalität – Eine sozialwissenschaftliche Analyse ausgewählter Erscheinungsformen: Vermögensmissbrauch, Korruption und Fälschung von Finanzdaten, Bamberg 2013

Drescher, I./Fleischer, H./Schmidt, K. (Hrsg.) Münchener Kommentar zum Handelsgesetzbuch, Band 4, München, 4. Auflage 2020 (zitiert als:

Düwell, F. J., Betriebsverfassungsgesetz, Handkommentar, Baden-Baden, 5. Auflage 2018

Düwell, F.J./Brink, S., Die EU-Datenschutz-Grundverordnung und der Beschäftigtendatenschutz NZA 2016, 665

Düwell, F. J./Brink, S., Beschäftigtendatenschutz nach der Umsetzung der Datenschutz-Grundverordnung: Viele Änderungen und wenig Neues, NZA 2017, 1081

Duhr, E./Naujok, H./Peter, M./Seiffert, E., Neues Datenschutzrecht für die Wirtschaft, Erläuterungen und praktische Hinweise zu § 1 bis § 11 BDSG, DuD 2002, 5

Düsseldorfer Kreis, Orientierungshilfe „Videoüberwachung in öffentlichen Verkehrsmitteln", Datenschutzgerechter Einsatz von optisch-elektronischen Einrichtungen in Verkehrsmitteln des öffentlichen Personennahverkehrs und des länderübergreifenden schienengebundenen Regionalverkehrs, Beschluss des Düsseldorfer Kreises vom 16.09.2015 (abrufbar unter https://www.baden-wuerttemberg.datenschutz.de/wp-content/uploads/2014/03/OH-VÜ-durchnicht-öffentliche-Stellen.pdf , zuletzt abgerufen am 01.09.2023)

Düsseldorfer Kreis, Datenschutzkonforme Ausgestaltung von Analyseverfahren zur Reichweitenmessung bei Internet-Angeboten, 26./27.11.2009, abrufbar unter https://www.baden-wuerttemberg.datenschutz.de/wp-content/uploads/2013/03/Beschluss-des-D%C3%BCsseldorfer-Kreises-2009-Datenschutzkonforme-Ausgestaltung-von-Analyseverfahren-zur-Reichweitenmessung-bei-Internet-Angeboten.pdf (zuletzt abgerufen am 01.09.2023)

Düsseldorfer Kreis, Orientierungshilfe zu den Datenschutzanforderungen an App-Entwickler und App-Anbieter, Stand: 16.6.2014, abrufbar unter https://www.lda.bayern.de/media/oh_apps.pdf (zuletzt abgerufen am 01.09.2023)

Düsseldorfer Kreis, Orientierungshilfe – Cloud Computing der Arbeitskreise Technik und Medien der Konferenz der Datenschutzbeauftragten des Bundes und der Ländersowie der Arbeitsgruppe Internationaler Datenverkehr des Düsseldorfer Kreises, Version 2.0, Stand: 9.10.2014, abrufbar unter https://www.datenschutzkonferenz-online.de/media/oh/20141009_oh_cloud_computing.pdf (zuletzt abgerufen am 01.09.2023)

Dzida, B./Grau, T., Beschäftigtendatenschutz nach der Datenschutz-Grundverordnung und dem neuen BDSG, DB 2018, 189

Edgeworth, F. Y., in: The London, Edinburgh, and Dublin Philosophical Magazine and Journal of Science, Series 5, Volume 23, 1887, 364

Ehmann, E./Selmayr, M. (Hrsg.) DSGVO, Datenschutz-Grundverordnung, Kommentar, München 2017 (zitiert als: *Bearbeiter,* in: Ehmann/Selmayr, DSGVO 2017)

Ehmann, E./Selmayr, M. (Hrsg.) DSGVO, Datenschutz-Grundverordnung, Kommentar, München, 2. Auflage 2018 (zitiert als: *Bearbeiter,* in: Ehmann/Selmayr, DSGVO, 2. Auflage 2018)

Ehmann, E./Helfrich, M., EG Datenschutzrichtlinie, Kurzkommentar, Köln 1999

Engelhart, M., Sanktionierung von Unternehmen und Compliance, eine rechtsvergleichende Analyse des Straf- und Ordnungswidrigkeitenrechts in Deutschland und den USA, Freiburg 2010

Erfurth, R., Die Betriebsvereinbarung im Arbeitnehmerdatenschutz, DB 2011, 1275

Erfurth, R., Der „neue" Arbeitnehmerschutz im BDSG, NJOZ 2009, 2914

Ernst, S., Die Einwilligung nach der Datenschutzgrundverordnung, Anmerkungen zur Definition nach Art. 4 Nr. 11 DSGVO, ZD 2017, 110

Ernst, S., Die Widerruflichkeit der datenschutzrechtlichen Einwilligung, Folgen fehlender Belehrung und Einschränkungen, ZD 2020, 383

Ernst &Young „Human Instinct, Machine Logic –which do you trust most in the fight against fraud and corruption?" Europe, Middle East, India and Africa Fraud Survey, 2017, abrufbar utner https://assets.ey.com/content/dam/ey-sites/ey-com/en_gl/topics/assurance/assurance-pdfs/ey-human-instinct-or-machine-logic.pdf, zuletzt abgerufen am 01.09.2023)

Eßer, M./Kramer, P./v. Lewinski, K. (Hrsg.), Auernhammer, DSGVO, BDSG, Datenschutz-Grundverordnung, Bundesdatenschutzgesetz und Nebengesetze, Kommentar, 7. Auflage 2020

Eufinger, A., Zu den historischen Ursprüngen der Compliance, CCZ 2012, 21

European Data Protection Supervisor, Opinion 7/2015, Meeting the challenges of big data, A call for transparency, user control, data protection by design and accountability (abrufbar unter https://edps.europa.eu/sites/edp/files/publication/15-11-19_big_data_en.pdf, zuletzt abgerufen am 01.09.2023)

Fahrig, S., R., M., Verhaltenskodex und Whistleblowing im Arbeitsrecht, NJOZ 2010, 975

Fayyad, U./Piatetsky-Shapiro, G./Smyth, P., From Data Mining to Knowledge Discovery in Databases, in: Artificial Intelligence Magazine 1996, 37

ung, Ein Leitfaden für Arbeitgeber nach der EU-Datenschutzgrundverordnung, NZA 2018, 8

Fleischer, H./Goette, W. (Hrsg.), Münchener Kommentar GmbHG, 3. Auflage 2016 (zitiert als *Autor*, in: Fleischer/Goette, Münchener Kommentar GmbHG, 3. Auflage 2019)

Fleischer, H., Legal Transplants im deutschen Aktienrecht, NZG 2004, 1129

Fokusgruppe Datenschutz des Digital-Gipfels, Whitepaper zur Pseudonymisierung der Fokusgruppe Datenschutz der Plattform Sicherheit, Schutz und Vertrauen für Gesellschaft und Wirtschaft im Rahmen des Digital-Gipfels 2017 – Leitlinien für die rechtssichere Nutzung von Pseudonymisierungslösungen unter Berücksichtigung der Datenschutz-Grundverordnung (abrufbar unter https://www.gdd.de/downloads/whitepaper-zur-pseudonymisierung, zuletzt abgerufen am 01.09.2023)

Forgó, N./Helfrich, M./Schneider, J. (Hrsg.), Betrieblicher Datenschutz, Rechtshandbuch, München, 2. Auflage 2017

Forgó, N./Krügel, T., Der Personenbezug von Geodaten, Cui bono, wenn alles bestimmbar ist?, MMR 2010, 17

Forst, G., Grundfragen der Datenschutz-Compliance, DuD 2010, 160

Forst, G., Der Regierungsentwurf zur Regelung des Beschäftigtendatenschutzes, NZA 2010, 1043

Forst, G., Beschäftigtendatenschutz im Kommissionsvorschlag einer EU-Datenschutzverordnung, NZA 2012, 364

Franzen, M., Der Vorschlag für eine EU-Datenschutz-Grundverordnung und der Arbeitnehmerdatenschutz, DuD 2012, 322

Franzen, M., Beschäftigtendatenschutz: Was wäre besser als der Status quo?, RDV 2014, 200

Franzen, M./Gallner, I./Oetker, H. (Hrsg.), Kommentar zum europäischen Arbeitsrecht, München, 3. Auflage 2020 (zitiert als: *Autor*, in: Franzen/Gallner/Oetker, Kommentar zum europäischen Arbeitsrecht, 3. Auflage 2020)

Franzen, M., Arbeitnehmerdatenschutz – rechtspolitische Perspektiven, RdA 2010, 257

Franzen, M., Datenschutz-Grundverordnung und Arbeitsrecht, EuZA 2017, 313

Franzen, M., Das Verhältnis des Auskunftsanspruchs nach DS-GVO zu personalaktenrechtlichen Einsichtsrechten nach dem BetrVG, NZA 2020, 1593

Frenz, W., Handbuch Europarecht, Band 4: Europäische Grundrechte, Berlin/Heidelberg 2009

Friedewald, M./Bieker, F./Obersteller, H./Nebel, M./Martin, N./Rost, M./Hansen, M., White Paper, Datenschutz-Folgenabschätzung, Ein Werkzeug für einen besseren Datenschutz, 3. Auflage (abrufbar unter https://www.forum-privatheit.de/wp-content/uploads/Forum_Privatheit_White_Paper_DSFA-3.pdf , zuletzt abgerufen am 01.09.2023)

Frosch-Wilke, D., Data Warehouse, OLAP und Data Mining, DuD 2003, 597

Fuhlrott, M./Schröder, T., Beschäftigtendatenschutz und arbeitsgerichtliche Beweisverwertung, NZA 2017, 278

Gamillscheg, F., Die Grundrechte im Arbeitsrecht, Berlin 1989

Gerhold, D./Heil, H., Das neue Bundesdatenschutzgesetz 2001, DuD 2001, 377

Gleich, C., Terrorlisten-Screening von Mitarbeitern: Notwendigkeit und datenschutzrechtliche Zulässigkeit, DB 2013, 1967

Glück. P., Masterarbeit, Maschinelle Lernverfahren zur Anomalie-Erkennung aus Aufzeichnungsdaten von Web-Anwendungen (abrufbar unter http://cm.tm.kit.edu/img/content/ma_glueck_wip.pdf, zuletzt abgerufen am 01.09.2023)

Gola, P., Datenschutz bei der Kontrolle „mobiler" Arbeitnehmer – Zulässigkeit und Transparenz, NZA 2007, 1139

Gola, P., Der „neue" Beschäftigtendatenschutz nach § 26 BDSG n. F., BB 2017, 1462

Gola, P. (Hrsg.), DSGVO, Datenschutz-Grundverordnung VO (EU) 2016/679, Kommentar, München, 2017 (zitiert als: *Autor*, in: Gola, DSGVO, 2017)

Gola, P. (Hrsg.), DSGVO, Datenschutz-Grundverordnung VO (EU) 2016/679, Kommentar, München, 2. Auflage 2018 (zitiert als: *Autor*, in: Gola, DSGVO, 2. Auflage 2018)

Gola, P./Klug, C., Videoüberwachung gemäß § 6b BDSG – Anmerkungen zu einer verunglückten Gesetzeslage, RDV 2004, 65

Gola, P./Schomerus, R. (Hrsg.), BDSG, Bundesdatenschutzgesetz, Kommentar, München, 12. Auflage 2015

Gola, P./Pötters, S./Thüsing, G., Art. 82 DSGVO: Öffnungsklausel für nationale Regelungen zum Beschäftigtendatenschutz – Warum der deutsche Gesetzgeber jetzt handeln muss, RDV 2016, 57

Gola, P./Schütz, S., Der Entwurf für eine EU-Datenschutz-Grundverordnung – eine Zwischenbilanz, RDV 2013, 1

Gola, P./Thüsing, G./Schmidt, M., Was wird aus dem Beschäftigtendatenschutz?, Die DSGVO, das DS-AnpUG und § 26 BDSG-neu, DuD 2017, 244

Gossen, H./Schramm, M., Das Verarbeitungsverzeichnis der DSGVO, Ein effektives Instrument zur Umsetzung der neuen unionsrechtlichen Vorgaben, ZD 2017, 7

Grabenwarter, C./Pabel, K., Europäische Menschenrechtskonvention, Ein Studienbuch, München, 7. Auflage 2021

Grabitz/Hilf/Nettesheim, Das Recht der Europäischen Union, 75. EL Januar 2022

Grages, J.-M,/Plath, K.-U, Black Box statt Big Brother: Datenschutzkonforme Videoüberwachung unter BDSG und DSGVO, CR 2017, 791

Grentzenberg, V./Schreibauer, M./Schuppert, S., Datenschutznovelle (Teil II), Ein Überblick zum „Gesetz zur Änderung datenschutzrechtlicher Vorschriften", K&R 2009, 535

Grimm, D., Überwachung im Arbeitsverhältnis: Von Befragungen bis zur GPS-Ortung – wie viel Kontrolle ist erlaubt?, jM 2016, 17

Grimm, O./Schiefer, J., Videoüberwachung am Arbeitsplatz, RdA 2009, 329

Grimm, O., Die "Rahmenbetriebsvereinbarung-DSGVO" als Mittel zur Umsetzung der neuen Datenschutzvorgaben – Teil 1, Gestaltungsgrundsätze und rechtlicher Rahmen, ArbRB 2018, 78

Grimm, O./Göbel, M., Das Arbeitnehmerdatenschutzrecht in der DSGVO und dem BDSG neuer Fassung, jM 2018, 278

Grobys, I./Panzer-Heemeier, A., Stichwort-Kommentar Arbeitsrecht, Baden-Baden, 3. Auflage 2017

Groß, N./Platzer, M., Whistleblowing: Keine Klarheit beim Umgang mit Informationen und Daten, NZA 2017, 1097

Grunert, E.W., Verbandssanktionengesetz und Compliance-Risikoanalyse, CCZ 2020, 71

Grützner, T./Jakob, A., Compliance von A-Z, München, 2. Auflage 2015

Guckelberger, A., Veröffentlichung der Leistungsempfänger von EU-Subventionen und unionsgrundrechtlicher Datenschutz, EuZW 2011, 126

Gundelach, L., Die datenschutzrechtliche Zulässigkeit von anlasslosen automatisierten Anti-Terror-Mitarbeiterscreenings, NJOZ 2018, 1841

Hahn, O., Data Warehousing und Data Mining in der Praxis, DuD 2003, 605

Hammer, V./Schuler, K., DIN Deutsches Institut für Normung e.V., „Leitlinie zur Entwicklung eines Löschkonzepts mit Ableitung von Löschfristen für personenbezogene Daten", Version 1.0.3, Stand 26. Oktober 2015 (abrufbar unter https://www.secorvo.de/publikationen/din-leitlinie-loeschkonzept-hammer-schuler.pdf , zuletzt abgerufen am 01.09.2023)

Hannich, R., Karlsruher Kommentar zur Strafprozessordnung mit GVG, EGGVG und EMRK, 8. Auflage, München 2019 (zitiert als: *Bearbeiter*, in: Hannich, Karlsruher Kommentar zur StPO, 8. Auflage 2019)

Härting, N., Anonymität und Pseudonymität im Datenschutzrecht, NJW 2013, 2065

Härting, N., Zweckbindung und Zweckänderung im Datenschutzrecht, NJW 2015, 3284

Haslett, J., Spatial data analysis – challenges, The Statistician 1992, 271 (abrufbar unter https://www.jstor.org/stable/2348549, zuletzt abgerufen am 01.09.2023)

Hauschka, C. E./Greeve, G., Compliance in der Korruptionsprävention - was müssen, was sollen, was können die Unternehmen tun?, BB 2007, 165

Hauschka, C. E./Moosmayer, K./Lösler, T. (Hrsg.), Corporate Compliance, Handbuch der Haftungsvermeidung im Unternehmen, München, 3. Auflage 2016

Hedayati, H./Bruhn, H., Compliance-Systeme und ihre Auswirkungen auf die Verfolgung und Verhütung von Straftaten der Wirtschaftskriminalität und Korruption (Hauptstudie), 2015

Heinson, D., Compliance durch Datenabgleich, BB 2010, 3084

Heinson, D./Schmidt, B., IT-gestützte Compliance-Systeme und Datenschutzrecht, Ein Überblick am Beispiel von OLAP und Data Mining, CR 2010, 540

Heinson, D./Yannikos, Y./Franke, F./Winter, C./Schneider, M., Rechtliche Fragen zur Praxis IT-forensischer Analysen in Organisationen, DuD 2010, 75

Heinson, D., IT-Forensik, Zur Erhebung und Verwertung von Beweisen aus informationstechnischen Systemen, Tübingen 2015

Hentrich, W./Pyrcek, A., Compliance und Fraud Monitoring im Zeitalter von digitaler Transformation und Big Data, BB 2016, 1451

Henssler, M./Strohn, L., Gesellschaftsrecht, München, 5. Auflage 2021 (zitiert als: *Bearbeiter*, in: Henssler/Strohn, Gesellschaftsrecht, 5. Auflage 2021)

Hermann, D./Zeidler, F., Arbeitnehmer und interne Untersuchungen – ein Balanceakt, NZA 2017, 1499

Herzog/R./ Scholz, R./Herdegen, M./Klein, H. H. (Hrsg.), Maunz, T./Dürig, G., Grundgesetz, Kommentar, Band III, München 2018 (zitiert als: *Bearbeiter*, in: Maunz/Dürig, GG, EL August 2018)

Hess, B., Europäisches Zivilprozessrecht, Heidelberg 2010

Heuschmid, J., Aktuelle Rechtsprechung des EGMR im Bereich des Arbeitsrechts, NZA-Beilage 2018, 68

Hoffmann, A., C./Schieffer, A., Pflichten des Vorstands bei der Ausgestaltung einer ordnungsgemäßen Compliance-Organisation, NZG 2017, 401

Hofmann, J./Johannes, P. C., DSGVO: Anleitung zur autonomen Auslegung des Personenbezugs, Begriffsklärung der entscheidenden Frage des sachlichen Anwendungsbereichs, ZD 2017, 221

Hohenhaus, U. R., Die Terrorismusbekämpfung – 9/11 und die Folgen, NZA 2016, 1046

Hornung, G., Der Personenbezug biometrischer Daten, Zugleich eine Erwiderung auf Saeltzer, DuD 2004, 218, DuD 2004, 429

Hornung G., EGMR: Überwachung von privater E-Mail- und Internetnutzung am Arbeitsplatz - Copland vs. Vereinigtes Königreich, MMR 2007, 431 (Urteilsanmerkung)

Hornung, G., Datenschutz durch Technik in Europa – Die Reform der Richtlinie als Chance für ein modernes Datenschutzrecht, ZD 2011, 51

Hornung, G., Eine Datenschutz-Grundverordnung für Europa? - Licht und Schatten im Kommissionsentwurf vom 25.1.2012, ZD 2012, 99

Hornung, G./Desoi, M., „Smart Cameras" und automatische Verhaltensanalyse, Verfassungs- und datenschutzrechtliche Probleme der nächsten Generation der Videoüberwachung, K&R 2011, 153

Hornung, G./Steidle, R., Biometrie am Arbeitsplatz – sichere Kontrollverfahren versus ausuferndes Kontrollpotential, AuR 2005, 201

Hornung, G., in: Spektrum SPEZIAL Physik Mathematik Technik 1.17, Datensparsamkeit zukunftsfähig statt überholt, 62

Höper, K., Verteilte Systeme/Sicherheit im Internet, Angriffsdetektierung: Anomalieerkennung und Schwellwertanalyse, Seminar Datenverarbeitung WS 2000/01

Huber, P. M./Voßkuhle, A. (Hrsg.), Grundgesetz, Band 1, Präambel, Artikel 1-19, Kommentar, begründet von Mangoldt, H./Klein, F./Starck, C., München, 7. Auflage 2018 (zititert als: *Bearbeiter*, in: v. Mangoldt/Klein/Starck, GG, 7. Auflage 2018)

Hugendubel, J., Tätertypologien in der Wirtschaftskriminologie, Instrument sozialer Kontrolle, München 2016

Hugger, H./Röhrich, R., Der neue UK Bribery Act und seine Geltung für deutsche Unternehmen, BB 2010, 2643

Hümmerich, K./Reufels, M., Gestaltung von Arbeitsverträgen und Dienstverträgen für Geschäftsführer und Vorstände, Kommentierte Klauseln und Musterverträge, Baden-Baden, 4. Auflage 2019

Imping, A., Neue Zeitrechnung im (Beschäftigten-)Datenschutz, Die Herausforderungen des neuen Datenschutzrechts an die betriebliche Praxis, CR 2017, 378

Innenministerium Baden-Württemberg, Hinweise des Innenministeriums zum Datenschutz für private Unternehmen und Organisationen (Nr. 40), Bekanntmachung des Innenministeriums vom 18. Februar 2002 Az. 2-0552.1/17 (abrufbar unter https://www.gdd.de/downloads/misc/him_40_endfassung.pdf, zuletzt abgerufen am 01.09.2023)

Jacobi, J./Jantz, M., Löschpflichten nach der EU-Datenschutzgrundverordnung, ArbRB 2017, 22

Jahn, J., Lehren aus dem „Fall Mannesmann", ZRP 2004, 179

Jandt, S./Steidle, R. (Hrsg.), Datenschutz im Internet, Baden-Baden 2018 (zitiert als: *Bearbeiter*, in: Jandt/Steidle, Datenschutz im Internet, 2018)

Jarass, H. D. (Hrsg.), Charta der Grundrechte der Europäischen Union unter Einbeziehung der vom EuGH entwickelten Grundrechte, der Grundrechtsregelungen der Verträge und der EMRK, Kommentar, 4. Auflage 2021

Jaspers, A./Reif, Y., Der Datenschutzbeauftragte: Bestellpflicht, Rechtsstellung und Aufgaben, RDV 2016, 61

Jerchel, K./ Schubert, J. M., Videoüberwachung am Arbeitsplatz – eine Grenzziehung, DuD 2015, 151

Jerchel, K./ Schubert, J. M., Neustart im Datenschutz für Beschäftigte, Möglichkeit von Kollektivvereinbarungen zur Regelung des Datenschutzes nach der DSGVO, DuD 2016, 782

Joost, D./Strohn, L. (Hrsg.), Ebenroth, T./Boujong, K./Joost., D./Strohn, L., Handelsgesetzbuch, München, 4. Auflage 2020

Joussen, J., Die Zulässigkeit von vorbeugenden Torkontrollen nach dem neuen BDSG, NZA 2010, 254

Joussen, J., Mitarbeiterkontrolle: Was muss, was darf das Unternehmen wissen?, NZA-Beilage 2011, 35

Jung, A., Grundrechtsschutz auf europäischer Ebene – am Beispiel des personenbezogenen Datenschutzes, Hamburg 2016

Kamp, M./Körffer, B., Auswirkungen des § 32 BDSG auf dieAufgabenerfüllung und die strafrechtliche Verantwortung desCompliance Officers, RDV 2010, 72

Karg, M., Anonymität, Pseudonyme und Personenbezug revisited?, DuD 2015, 520

Kempter, M./Steinat, B., Arbeitnehmerüberwachung – Grundlagen und Folgen - Taktische Hinweise zum Umgang der Personalabteilung mit Verdachtsmomenten unter Berücksichtigung ausgewählter Überwachungsinstrumente, DB 2016, 2415

Kempter, M./Steinat, B., Compliance – arbeitsrechtliche Gestaltungsinstrumente und Auswirkungen in der Praxis, NZA 2017, 1505

Kingreen, T., Die Grundrechte des Grundgesetzes im europäischen Grundrechtsföderalismus, JZ 2013, 801

Klaas, A., Mehr Beteiligungsrechte des Verdächtigen – Der Einfluss des Transparenzgrundsatzes der DSGVO auf die Durchführung interner Ermittlungen, CCZ 2018, 242

Klimke, D./Legnaro, A. (Hrsg.), Krimonologische Grundlagentexte, Wiesbaden 2016

Klingenburg, P., Social Media im Intranet – Arbeitskultur der grenzenlosen Offenheit?, in: *Widuckel, W./de Molina, K./Ringlstetter, M. J./Frey, D.*, Arbeitskultur 2020, Herausforderungen und Best Practices der Arbeitswelt der Zukunft, Wiesbaden 2015, 159

Klocke, M., Die dynamische Auslegung der EMRK im Lichte der Dokumente des Europarats, EuR 2015, 148

Kloos, B./Schramm, M., Der neue Beschäftigtendatenschutz, AuA 2017, 212

Klösel, D./Mahnold, T., Die Zukunft der datenschutzrechtlichen Betriebsvereinbarung, Mindestanforderungen und betriebliche Ermessensspielräume nach DSGVO und BDSG nF, NZA 2017, 1428

Klug, C., Der Datenschutzbeauftragte in der EU, Maßgaben der Datenschutzgrundverordnung, ZD 2016, 315

Knierim, T.C. / Rübenstahl, M./ Tsambikakis, M., Internal Investigations, Ermittlungen im Unternehmen, 2. Auflage 2016 (zitiert als: *Bearbeiter*, in: Knierim/Rübenstahl/Tsambikakis, 2. Auflage 2016)

Knopp, M., Stand der Technik, Ein alter Hut oder eine neue Größe?, DuD 2017, 663

Köcher, J. K., Urteilsanmerkung zu LG Berlin: Speicherung von IP-Adressen bei Nutzung des Portals bmj.bund.de, MMR 2007, 799

Kock, M./Francke, J., Mitarbeiterkontrolle durch systematischen Datenabgleich zur Korruptionsbekämpfung, NZA 2009, 646

Köbler, G., Rechtsenglisch, Deutsch-englisches und englisch-deutsches Rechtswörterbuch für jedermann, München, 8. Auflage 2011

Koreng, A./Lachenmann, M., Formularhandbuch Datenschutzrecht, München, 3. Auflage 2021 (zitiert als: *Bearbeiter*, in: Koreng/Lachenmann, Formularhandbuch Datenschutzrecht, 3. Auflage 2021, B. III. 3. 10)

Körner, M., Regierungsentwurf zum Arbeitnehmerdatenschutz, AuR 2010, 416

Körner, M., Die Reform des EU-Datenschutzes: Der Entwurf einer Datenschutz-Grundverordnung (DSGVO) – Teil II, ZESAR 2013, 153

Körner, M., Beschäftigtendatenschutz – ein unvollendetes Projekt, AuR 2015, 392

Körner, M., Die Datenschutz-Grundverordnung und nationale Regelungsmöglichkeit für Beschäftigtendatenschutz, NZA 2016, 1383

Körner, M., Wirksamer Beschäftigtendatenschutz im Lichte der Europäischen Datenschutz-Grundverordnung (DSGVO), Frankfurt a. M. 2017

Kort, M., Verhaltensstandardisierung durch Corporate Compliance, NZG 2008, 81

Kort, M., Datenschutz mit dem Betriebsrat und gegen den Betriebsrat, in: Maschmann, F. (Hrsg.), Beschäftigtendatenschutz in der Reform, 1. Auflage 2012, 109 (zitiert als: *Kort,* in: Maschmann, Beschäftigtendatenschutz in der Reform 2012)

Kort, M., Das Dreiecksverhältnis von Betriebsrat, betrieblichem Datenschutzbeauftragten und Aufsichtsbehörde beim Arbeitnehmer-Datenschutz, NZA 2015, 1345

Kort, M., Arbeitnehmerdatenschutz gemäß der Datenschutz-Grundverordnung, DB 2016, 711

Kort, M., Was ändert sich für Datenschutzbeauftragte, Aufsichtsbehörden und Betriebsrat mit der DSGVO?, ZD 2017, 3

Kort, M., Der Beschäftigtendatenschutz gem. § 26 BDSG-neu, Ist die Ausfüllung der Öffnungsklausel des Art. 88 DSGVO geglückt?, ZD 2017, 319

Kort, M., Die Zukunft des deutschen Beschäftigtendatenschutzes, Erfüllung der Vorgaben der DSGVO, ZD 2016, 555

Kort, M., Eignungsdiagnose von Bewerbern unter der Datenschutz-Grundverordnung (DSGVO), NZA-Beilage 2016, 62

Kort, M., Datenschutzrechtliche und betriebsverfassungsrechtliche Fragen bei IT-Sicherheitsmaßnahmen, NZA 2011, 1319

Kort, M., Neuer Beschäftigtendatenchutz und Industrie 4.0, RdA 2018, 24

Kort, M., Neuere Rechtsprechung zum Beschäftigtendatenschutz, NZA-RR 2018, 44

Köbler, G., Rechtsenglisch, Deutsch-englisches und englisch-deutsches Rechtswörterbuch für jedermann, München, 8. Auflage 2011

KPMG, Im Spannungsfeld, Wirtschaftskriminalität in Deutschland 2020, 17. August 2020, abrufbar unter https://home.kpmg/de/de/home/media/press-releases/2020/08/kpmg-studie-wirtschaftskriminalitaet-in-deutschland-2020.html

Krahl, D./Zick, F.-K./Windheuser, U., Data Mining: Einsatz in der Praxis, 1998

Kramer, S., IT-Arbeitsrecht, Digitalisierte Unternehmen: Herausforderungen und Lösungen, München, 2. Auflage 2019 (zitiert als: *Bearbeiter,* in: Kramer, IT-Arbeitsrecht, 2. Auflage 2019)

Kramer, S., Folgen der EGMR-Rechtsprechung für eine IT-Kontrolle bei Privatnutzungsverbot, NZA 2018, 637

Kremer, T./Bachmann, G./Lutter, M./v. Werder, A., Deutscher Corporate Governance Kodex, München, 8. Auflage 2021 (zitiert als: *Bearbeiter,* in: Kremer u.a., Deutscher Corporate Governance Kodex, 8. Auflage 2021)

Kreßel, E., Compliance und Personalarbeit, Rechtliche Rahmenbedingungen bei der Verankerung von Compliance in der Personalarbeit, NZG 2018, 841

Krohm, N., Abschied vom Schriftformgebot der Einwilligung - Lösungsvorschläge und künftige Anforderungen, ZD 2016, 368

Kruchen, D., Telekommunikationskontrolle zur Prävention und Aufdeckung von Straftaten im Arbeitsverhältnis, Private Arbeitgeber im Spannungsverhältnis zwischen Datenschutz und Compliance, Frankfurt am Main 2013

Krügel, T., Der Einsatz von Angriffserkennungssystemen im Unternehmen, MMR 2017, 795

Kuhlen, L., Zum Verhältnis von strafrechtlicher und zivilrechtlicher Haftung für Compliance-Mängel, Teil 1, NZWiSt 2015, 121

Kuhlen, L., Zum Verhältnis von strafrechtlicher und zivilrechtlicher Haftung für Compliance-Mängel, Teil 2, NZWiSt 2015, 161

Kühling, J./Buchner, B. (Hrsg.), Datenschutz-Grundverordnung/BDSG, Kommentar, München, 3. Auflage 2020 (zitiert als: *Bearbeiter*, in: Kühling/Buchner, DSGVO/BDSG, 3. Auflage 2020)

Kühling, J./Martini, M./Heberlein, J./Kühl, B./Nink, B./Weinzierl, Q./Wenzel, M., Die Datenschutz-Grundverordnung und das nationale Recht, Erste Überlegungen zum innerstaatlichen Regelungsbedarf, Münster 2016

Kühling, J./Klar, M., Unsicherheitsfaktor Datenschutzrecht – Das Beispiel des Personenbezugs und der Anonymität, NJW 2013, 3611

Lachenmann, M., Neue Anforderungen an die Videoüberwachung, Kritische Betrachtung der Neuregelungen zur Videoüberwachung in DSGVO und BDSG-neu, ZD 2017, 407

Laue, P./Nink, J./Kremer, S., Das neue Datenschutzrecht in der betrieblichen Praxis, Baden-Baden, 1. Auflage 2016 (zitiert als *Laue/Nink/Kremer*, 1. Auflage 2016)

Lindner, F., Grundrechtsschutz gegen gemeinschaftsrechtliche Öffnungsklauseln - zugleich ein Beitrag zum Anwendungsbereich der EU-Grundrechte, EuZW 2007, 71

Linhart, K., Wörterbuch Recht, Englisch-Deutsch, Deutsch-Englisch, 2. Auflage 2017

Lohse, S., Beschäftigtendatenschutz bei der Verhinderung und Aufdeckung von Straftaten, Eine Untersuchung des geltenden Rechts und der Gesetzesentwürfe der Bundesregierung, von Bündnis 90/Die Grünen und der SPD, Hamburg 2013

Lörcher, K., HSI-Newsletter 4/2017, Anm. unter III., abrufbar unter https://www.boeckler.de/fpdf/HBS-008152/hsi_newsletter_04_2017.pdf (zuletzt abgerufen am 01.09.2023)

Lösler, T., Das moderne Verständnis von Compliance im Finanzmarktrecht, NZG 2005, 104

Lüdicke, J./Sistermann, C. (Hrsg.), Unternehmenssteuerrecht, Gründung - Finanzierung – Umstrukturierung – Übertragung – Liquidation, München, 2. Auflage 2018

Maier, N./Ossoinig, V., in: Roßnagel, A. (Hrsg.), Europäische Datenschutz-Grundverordnung, Vorrang des Unionsrechts – Anwendbarkeit des nationalen Rechts, 1. Auflage Baden-Baden 2017

Mantz, R., Speicherung von IP-Adressen beim Besuch einer Website, NJW 2016, 3579 (Urteilsanmerkung)

Marnau, N., Anonymisierung, Pseudonymisierung und Transparenz für Big Data, Technische Herausforderungen und Regelungen in der Datenschutz-Grundverordnung, DuD 2016, 428

Marschall, K./Müller, P., Der Datenschutzbeauftragte im Unternehmen zwischen BDSG und DSGVO, Bestellung, Rolle, Aufgaben und Anforderungen im Fokus europäischer Veränderungen, ZD 2016, 415

Martini, M./Botta, J., Iron Man am Arbeitsplatz? – Exoskelette zwischen Effizienzstreben, Daten- und Gesundheitsschutz, Chancen und Risiken der Verschmelzung von Mensch und Maschine in der Industrie 4.0, NZA 2018, 625

Maschmann, F., Zuverlässigkeitstests durch Verführung illoyaler Mitarbeiter?, NZA 2002, 13

Maschmann, F., Compliance versus Datenschutz, NZA-Beilage 2012, 50

Maschmann, F., Datenschutzgrundverordnung: Quo vadis Beschäftigtendatenschutz? – Vorgaben der EU-Datenschutzgrundverordnung für das nationale Recht, DB 2016, 2480

Maschmann, F., Führung und Mitarbeiterkontrolle nach neuem Datenschutzrecht, NZA-Beilage 2018, 115

Maschmann, F., Der Arbeitgeber als Verantwortlicher für den Datenschutz im Betriebsratsbüro (§ 79 a BetrVG)?, NZA 2021, 834

Maties, M., Arbeitnehmerüberwachung mittels Kamera?, NJW 2008, 2219

Mattl, T., Die Kontrolle der Internet- und E-Mail-Nutzung am Arbietsplatz unter besonderer Berücksichtigung der Vorgaben des Telekommunikationsgesetzes, Hamburg 2008

Matz-Lück, N./Hong, M. (Hrsg.), Grundrechte und Grundfreiheiten im Mehrebenensystem – Konkurrenzen und Interferenzen, Heidelberg/Dordrecht/London/New York 2012, 161 (zitiert als: *Bearbeiter* in: Matz-Lück./Hong 2012*)*

Mähner, N., Neuregelung des § 32 BDSG zur Nutzung personenbezogener Mitarbeiterdaten - Am Beispiel der Deutschen Bahn AG, MMR 2010, 379

Mengel, A./Hagemeister, V., Compliance und Arbeitsrecht, BB 2006, 2466

Meyer-Ladewig, J./Nettesheim, M./von Raumer, S., EMRK, Europäische Menschenrechtskonvention, Baden-Baden, 4. Auflage 2017 (zitiert als: *Bearbeiter*, in: Meyer-Ladewig/Nettesheim/von Raumer, EMRK, 4. Auflage 2017, Art. 46 EMRK)

Meyer, J., Charta der Grundrechte der Europäischen Union, Baden-Baden, 4. Auflage 2014 (zitiert als: *Bearbeiter*, in: Meyer, GRCh, 4. Auflage 2014)

Meyer, J./Hölscheidt, S., Charta der Grundrechte der Europäischen Union, Baden-Baden, 5. Auflage 2019 (zitiert als: *Bearbeiter*, in: Meyer, GRCh, 5. Auflage 2019)

Meyerdierks, P., Sind IP-Adressen personenbezogene Daten?, MMR 2009, 8

Michl, W., Das Verhältnis zwischen Art. 7 und Art. 8 GRCh – zur Bestimmung der Grundlage des Datenschutzgrundrechs im EU-Recht, DuD 2017, 349

Mitchell, T. M., Machine Learning, McGraw-Hill 1997, abrufbar unter https://www.cin.ufpe.br/~cavmj/Machine%20-%20Learning%20-%20Tom%20Mitchell.pdf (zuletzt abgerufen am 01.09.2023)

Mochty, L., Die Aufdeckung von Manipulationen im Rechnungswesen – Was leistet das Benford`s Law?, WPg 2002, 725

Monari, E./Kroschel, K., Ein auftragsorientierter Ansatz zur kameraübergreifenden Personenverfolgung in verteilten Kameranetzwerken, A Task-oriented Approach for Multi-Camera Person Tracking in Distributed Camera Networks, Technisches Messen 2010, 530

Monreal, M., Weiterverarbeitung nach einer Zweckänderung in der DSGVO, Chancen nicht nur für das europäische Verständnis des Zweckbindungsgrundsatzes, ZD 2016, 507

Moos, F./Rothkegel, T., Speicherung von IP-Adressen beim Besuch einer Internetseite, MMR 2016, 842 (Urteilsanmerkung)

Moosmayer, K., Compliance, München, 3. Auflage 2015

Morris, A., Criminology, 1938

Müller, F., Die Auswirkungen von Straftaten auf das Beschäftigungsverhältnis, öAT 2018, 95

Müller, E/Schlothauer, R./Knauer, C., Münchener Anwaltshandbuch Strafverteidigung, München, 3. Auflage 2022

Müller-Glöge, R./Preis, U./Schmidt, I. (Hrsg.), Erfurter Kommentar zum Arbeitsrecht, 18. Auflage, München, 22. Auflage 2022 (zitiert als: *Bearbeiter*, in: Müller-Glöge/Preis/Schmidt, Erfurter Kommentar zum Arbeitsrecht, 22. Auflage 2022)

Nebel, M., Schutz der Persönlichkeit – Privatheit oder Selbstbestimmung? - Verfassungsrechtliche Zielsetzungen im deutschen und europäischen Recht, ZD 2015, 517

Netz, N., Bachelor-Thesis, Anomalie-Erkennung mit Hilfe von Machine-Learning-Algorithmen/Technologien (03.08.2016)

Neufang, S., Digital Compliance – Wie digitale Technologien Compliance-Verstöße vorhersehen, IRZ 2017, 249

Nipperdey, H. C., Grundrechte und Privatrecht, Krefeld/Scherpe 1961

Oberthür, N., Aktuelle Tendenzen des EuGH und deren Auswirkungen auf das nationale Recht (Arbeitnehmerbegriff, Datenschutz und andere Fragen), RdA 2018, 286

Oberthür, N./Seitz, S. (Hrsg.), Betriebsvereinbarungen, München, 3. Auflage 2021 (zitiert als *Bearbeiter*, in: Oberthür/Seitz, , Betriebsvereinbarungen, 3. Auflage 2021)

Oberwetter, C., Arbeitnehmerrechte bei Lidl, Aldi & Co., NZA 2008, 609

Ohm, P., Broken Promises of Privacy, Responding to the surprising Failure of Anonymization, UCLA Law Review 2010, 1701

Oppenländer, F./Trölitzsch, T., Praxishandbuch der GmbH-Geschäftsführung, München, 3. Auflage 2020 (zitiert als: *Bearbeiter*, in: Oppenländer, F./Trölitzsch, T., Praxishandbuch der GmbH-Geschäftsführung, München, 3. Auflage 2020)

Otto, B./Lampe, J., Terrorabwehr im Spannungsfeld von Mitbestimmung und Datenschutz, NZA 2011, 1134

Paal, B./Pauly, D. (Hrsg.), Datenschutz-Grundverordnung, Bundesdatenschutzgesetz, 3. Auflage 2021 (zitiert als: *Bearbeiter*, in: Paal/Pauly, DSGVO/BDSG, 3. Auflage 2021

Pahlen-Brandt, I., Datenschutz braucht scharfe Instrumente, Beitrag zur Diskussion um „personenbezogene Daten", DuD 2008, 34

Passarge, M., Risiken und Chancen mangelhafter Compliance in der Unternehmensinsolvenz, NZI 2009, 86

Piazza, F., Data Mining im Personalmanagement, Eine Analyse des Einsatzpotenzials zur Entscheidungsunterstützung, Wiesbaden 2010

Piltz, C., BDSG, Praxiskommentar für die Wirtschaft, Frankfurt am Main, 2018

Plath, K.-U., DSGVO/BDSG, Kommentar zu DSGVO, BDSG und den Datenschutzbestimmungen des TMG und TKG, 3. Auflage 2018 (zitiert als: *Bearbeiter*, in: Plath, DSGVO/BDSG, 3. Auflage 2018)

Pötters, S., Grundrechte und Beschäftigtendatenschutz, Baden-Baden 2013

Preuß, T., Die Kontrolle von E-Mails und sonstigen elektronischen Dokumenten im Rahmen unternehmensinterner Ermittlungen, Eine straf- und datenschutzrechtliche Untersuchung unter Berücksichtigung von Auslandsbezügen, Berlin 2016

PricewaterhouseCoopers (Hrsg.), Wirtschaftskriminalität, Eine Analyse der Motivstrukturen, 2009

Pricewaterhouse Coopers, Wirtschaftskriminalität 2018, Mehrwert von Compliance – forensische Erfahrungen (abrufbar unter https://www.pwc.de/de/risk/pwc-wikri-2018.pdf, zuletzt abgerufen am 01.09.2023)

Racky, M./Gloeckner, F.A./Fehn-Claus, J., Aus der Praxis für die Praxis: Zur zivilrechtlichen Rechtsverfolgung von „Compliance"-Sachverhalten und deren Abwicklung, CCZ 2018, 282

Rau, S., Statistisch-mathematische Methoden der steuerlichen Betriebsprüfung und die Strukturanalyse als ergänzende Alternative, Köln, 1. Auflage 2012

Rehberg, M., Die kollisionsrechtliche Behandlung „europäischer Betriebsvereinbarungen", NZA 2013, 73

Reiserer, K./Christ, F./Heinz, K., Beschäftigten-Datenschutz und EU-Datenschutz-Grundverordnung, Der Countdown ist abgelaufen – Anpassungsbedarf umgesetzt?, DStR 2018, 1501

Richardi, R. (Hrsg.), Betriebsverfassungsgesetz mit Wahlordnung, Kommentar, München, 17. Auflage 2022

Richter, H., Datenschutzrecht: Speicherung von IP-Adressen beim Besuch einer Website, EuZW 2016, 909

Richter, N., in: Süddeutsche Zeitung vom 4.10.2018, „Die Saubermänner", abrufbar unter https://www.sueddeutsche.de/politik/compliance-die-saubermaenner-1.4156029 (zuletzt abgerufen am 01.09.2023)

Richter, P., Big Data, Statistik und die Datenschutz-Grundverordnung, DuD 2015, 581

Riesenhuber, K., Die Einwilligung des Arbeitnehmers im Datenschutzrecht, RdA 2011, 257

Roeder, J.-J./Buhr, M., Die unterschätzte Pflicht zum Terrorlistenscreening von Mitarbeitern, BB 2011, 1333

Roeder, J.-J./Buhr, M., Tatsächlich unterschätzt: Die Pflicht zum Terrorlistenscreening von Mitarbeitern, Fortführung des ersten Aufsatzteils zum Anti-Terror-Screening aus BB 2012, 193

Rohleder, K., Grundrechtsschutz im europäischen Mehrebenen-System unter besonderer Berücksichtigung des Verhältnisses zwischen Bundesverfassungsgericht und europäischem Gerichtshof für Menschenrechte, Baden-Baden 2009

Ross, E. A., Sin and Society: An Analysis of Latter-Day Iniquity, Boston 1907

Roßnagel, A. (Hrsg.), Handbuch Datenschutzrecht, Die neuen Grundlagen für Wirtschaft und Verwaltung, München 2003

Roßnagel, A./Desoi, M./Hornung, G., Noch einmal: Spannungsverhältnis zwischen Datenschutz und Ethik am Beispiel der smarten Videoüberwachung, DuD 2011, 694

Roßnagel, A./Pfitzmann, A./Garstka, H., Modernisierung des Datenschutzrechts, Gutachten im Auftrag des Bundesministeriums des Innern, 2001

Roßnagel, A./ Richter, P./Nebel, M., Besserer Internetdatenschutz für Europa - Vorschläge zur Spezifizierung der DSGVO, ZD 2013, 103

Roßnagel, A./Scholz, P., Datenschutz durch Anonymität und Pseudonymität, Rechtsfolgen der Verwendung anonymer und pseudonymer Daten, MMR 2000, 721

Roßnagel, A., Modernisierung des Datenschutzrechts für eine Welt allgegenwärtiger Datenverarbeitung, MMR 2005, 71

Roßnagel, A., Datenschutz in der künftigen Verkehrstelematik, NZV 2006, 281

Roßnagel, A., Gesetzgebung im Rahmen der Datenschutz-Grundverordnung, Aufgaben und Spielräume des deutschen Gesetzgebers?, DuD 2017, 277

Roßnagel, A., Pseudonymisierung personenbezogener Daten, Ein zentrales Instrument im Datenschutz nach der DSGVO, ZD 2018, 243

Roßnagel, A. (Hrsg.) Europäische Datenschutz-Grundverordnung, Baden-Baden, 2017

Röller, J. (Hrsg.), Küttner, Personalbuch, München, 28. Auflage 2021 (zitiert als: *Bearbeiter*, Küttner, Personalbuch, 28. Auflage 2021)

Rudkowski, L., „Predictive policing" am Arbeitsplatz, NZA 2019, 72

Rudolf, I., Aufgaben und Stellung des betrieblichen Datenschutzbeauftragten, NZA 1996, 296

Runkler, T. A., Data Mining, Modelle und Algorithmen moderner Datenanalyse, Wiesbaden, 2. Auflage 2015

Sachs, M. (Hrsg.), Grundgesetz, Kommentar, München, 7. Auflage 2014 (zitiert als: *Bearbeiter*, in: Sachs, GG, 7. Auflage 2014)

Salvenmoser, S./Hauschka, C. E., Korruption, Datenschutz und Compliance, NJW 2010, 331

Schaar, P., Datenschutzrechtliche Einwilligung im Internet, MMR 2001, 644

Schaefer, H./Baumann, D., Compliance-Organisation und Sanktionen bei Verstößen, NJW 2011, 3601

Schantz, P., Die Datenschutz-Grundverordnung – Beginn einer neuen Zeitrechnung im Datenschutzrecht, NJW 2016, 1841

Schefzig, J., Der Datenschutzbeauftragte in der betrieblichen Datenschutzorganisation - Konflikt zwischen Zuverlässigkeit und datenschutzrechtlicher Verantwortung, ZD 2015, 503

Schiedermair, S., Der Schutz des Privaten als internationales Grundrecht, Tübingen 2012

Schimmelpfennig, H.-C./Wenning, H., Arbeitgeber als Telekommunikationsdienstleister? DB 2006, 2290

Schindler, S./Wentland, K., Videoüberwachung – quo vadis?, ZD-Aktuell 2018, 06057

Schlösser, J., Die Anerkennung der Geschäftsherrenhaftung durch den BGH, NZWiSt 2012, 281

Schmidl, M./Tannen, F., Das neue Bundesdatenschutzgesetz: die wichtigsten Regelungen für die Unternehmenspraxis, DB 2017, 1633

Schmidt, B., Arbeitnehmerdatenschutz gemäß § 32 BDSG. Eine Neuregelung (fast) ohne Veränderung der Rechtslage. RDV 2009, 193

Schmidt, B., Anforderungen an die Datenverarbeitung im Rahmen der Compliance-Überwachung, BB 2009, 1295

Schmidt, B., Beschäftigtendatenschutz in § 32 BDSG, Perspektiven einer vorläufigen Regelung, DuD 2010, 207

Drescher, I./Fleischer, H./Schmidt, K. (Hrsg.), Münchener Kommentar zum HGB, München, 4. Auflage 2020 (zitiert als *Bearbeiter*, in: Drescher/Fleischer/Schmidt, Münchener Kommentar zum HGB, 4. Auflage 2020)

Schmidt, M., Datenschutz für „Beschäftigte", Grund und Grenzen bereichsspezifischer Regelungen, Baden-Baden 2016

Schmitz, B./von Dall'Armi, J., Datenschutz-Folgenabschätzung – verstehen und anwenden, Wichtiges Instrument zur Umsetzung von Privacy by Design, ZD 2017, 57

Schneider, H., Das Leipziger Verlaufsmodell wirtschaftskriminellen Handelns (Ein integrativer Ansatz zur Erklärung von Kriminalität bei sonstiger sozialer Unauffälligkeit), NStZ 2007, 555

Schneider, U. H., Compliance als Aufgabe der Unternehmensleitung, ZIP 2003, 645

Schneider, U. H., Investigative Maßnahmen und Informationsweitergabe im konzernfreien Unternehmen und im Konzern, NZG 2010, 1201

Schneider, J./Härting, N., Wird der Datenschutz nun endlich internettauglich? Warum der Entwurf einer Datenschutz-Grundverordnung enttäuscht, ZD 2012, 199

Schnitzler, S., Wettbewerbsrechtliche Compliance - vergaberechtliche Selbstreinigung als Gegenmaßnahme zum Kartellverstoß, BB 2016, 2115

Schöpfer, C., Geheime Videoüberwachung am Arbeitsplatz, NLMR 2010, 335.

Schreiber, A., Implementierung von Compliance-Richtlinien, NZA-RR 2010, 617

Schröder, M., Mehr Wettbewerb in den freien Berufen?, Die Angriffe der Europäischen Kommission auf Honorarordnungen und Beteiligungsverbote, EuZW 2016, 5

Schuler, K./Weichert, T., Die EU-DSGVO und die Zukunft des Beschäftigtendatenschutze, Gutachten, 2016 (abrufbar unter https://www.netzwerk-datenschutzexpertise.de/sites/default/files/gut_2016_dsgvo_beschds.pdf, zuletzt abgerufen am 01.09.2023)

Schulte am Hülse, U./Kraus M., Das Abgreifen von Zugangsdaten zum Online-Banking - Ausgeklügelte technische Angriffsformen und zivilrechtliche Haftungsfragen, MMR 2016, 435

Schulze, M.-O., Entwurf des Betriebsrätemodernisierungsgesetzes , ArbRAktuell 2021, 211

Schüßler, L./Zöll, O., EU-Datenschutz-Grundverordnung und Beschäftigtendatenschutz, DuD 2013, 639

Schwarz, L.-C., Datenschutzrechtliche Zulässigkeit des Pre-Employment Screening, Rechtliche Grundlagen und Einschränkungen der Bewerberüberprüfung durch Arbeitgeber, ZD 2018, 353

Schwarz, L.-C., Datenschutzrechtliche Zulässigkeit des Pre-Employment Screening – Rechtliche Grundlagen und Einschränkungen der Bewerberüberprüfung durch Arbeitgeber (Teil 2), ArbRAktuell 2018, 514

Schwartmann, R./Weiß, S. (Hrsg.), Whitepaper zur Pseudonymisierung der Fokusgruppe Datenschutz der Plattform Sicherheit, Schutz und Vertrauen für Gesellschaft und Wirtschaft im Rahmen des Digital-Gipfels 2017– Leitlinien für die rechtssichere Nutzung von Pseudonymisierungslösungenn unter Berücksichtigung der Datenschutz-Grundverordnung, abrufbar unter https://www.gdd.de/downloads/whitepaper-zur-pseudonymisierung (zuletzt abgerufen am 01.09.2023)

Schwartmann, R./Jaspers, A./Thüsing, G./Kugelmann, D., (Hrsg.), DSGVO/BDSG, Datenschutz-Grundverordnung, Bundesdatenschutzgesetz, Heidelberg, 2. Auflage 2020 (zitiert als: *Bearbeiter*, in: Schwartmann/Jaspers/Thüsing/Kugelmann, DSGVO/BDSG, 2. Auflage 2020)

Schwarze, j./Becker, U./Hatje, A./Schoo, J. (Hrsg.), EU-Kommentar, Baden-Baden, 4. Auflage 2019 (zitiert als *Bearbeiter*, in: Schwarze/Becker/Hatje/Schoo, EU-Kommentar, 4. Auflage 2019)

Szczekalla, P., Grenzenlose Grundrechte, NVwZ 2006, 1019

Seibel, M., Abgrenzung der „allgemein anerkannten Regeln der Technik" vom „Stand der Technik", NJW 2013, 3000

Seifert, A., Überwachung des E-Mail-Verkehrs von Arbeitnehmern, EuZA 2018, 502 (Urteilsanmerkung)

Selbmann, M., Einordnung des BGH Urteils vom 20. Oktober 2011 – 4 StR 71/11 = HRRS 2012 Nr. 74 in die Dogmatik zur Geschäftsherrenhaftung (abrufbar unter https://www.hrr-strafrecht.de/hrr/archiv/14-06/index.php, zuletzt abgerufen am 01.09.2023)

Siemen, B., Datenschutz als europäisches Grundrecht, Berlin 2006

Siepelt, S./Pütz, L., Die Compliance-Verantwortung des Aufsichtsrats, CCZ 2018, 78

Simitis, S. (Hrsg.), Bundesdatenschutzgesetz, 8. Auflage, Baden-Baden 2014 (zitiert als *Bearbeiter*, in: Simitis, BDSG 2014)

Simitis, S./Hornung, G./Spiecker genannt Döhmann, I. (Hrsg.), Datenschutzrecht, DSGVO mit BDSG Baden-Baden, 1. Auflage 2019

Sixt, M., Whistleblowing im Spannungsfeld von Macht, Geheimnis und Information, Wiesbaden 2020

Skistims, H./Voigtmann, C./David, K./Roßnagel, A., Datenschutzgerechte Gestaltung von kontextvorhersagenden Algorithmen, DuD 2012, 31

Skistims, H., Smart Homes, Rechtsprobleme intelligenter Haussysteme unter besonderer Beachtung des Grundrechts auf Gewährleistung der Vertraulichkeit und Integrität informationstechnischer Systeme, Baden-Baden 2015

Söbbing, T., Künstliche neuronale Netze, Rechtliche Betrachtung von Software- und KI-Lernstrukturen, MMR 2021, 111

Sonnenberg, T., Compliance-Systeme in Unternehmen, Einrichtung, Ausgestaltung und praktische Herausforderungen, JuS 2017, 917

Sörup, T., Gestaltungsvorschläge zur Umsetzung der Informationspflichten der DSGVO im Beschäftigungskontext, ArbRAktuell 2016, 207

Sörup, T./Marquardt, S., Auswirkungen der EU-Datenschutzgrundverordnung auf die Datenverarbeitung im Beschäftigungskontext, ArbRAktuell 2016, 103

Spelge, K., Der Beschäftigtendatenschutz nach Wirksamwerden der Datenschutz-Grundverordnung (DSGVO) – Viel Lärm um Nichts?, DuD 2016, 775

Spiecker gen. Döhmann, I., Datenschutzrechtliche Fragen und Antworten in Bezug auf Panorama- Abbildungen im Internet, CR 2010, 311

Spiecker gen. Döhmann, I./Bretthauer, S., Dokumentation zum Datenschutz mit Informationsfreiheit, Fortsetzungswerk der Loseblattsammlung „Dokumentation zum Bundesdatenschutzgesetz", Baden-Baden, 71. Ergänzungslieferung 2018

Spindler, G./Schuster, F., Recht der elektronischen Medien, Kommentar, München, 3. Auflage 2015 (zitiert als *Bearbeiter*, in: Spindler/Schuster, 3. Auflage 2015)

Steffen, M./Stöhr, A., Die Umsetzung von Compliance-Maßnahmen im Arbeitsrecht, RdA 2017, 43

Stelljes, H., Stärkung des Beschäftigtendatenschutzres durch die Datenschutz-Grundverordnung, Möglichkeiten aus Sicht einer Aufsichtsbehörde, DuD 2016, 787

Strauch, M., Der Sarbanes-Oxley Act und die Entwicklungen im US-Aufsichtsrecht, NZG 2003, 952

Streinz, R. (Hrsg.), EUV/AEUV, Vertrag über die Europäische Union und Vertrag über die Arbeitsweise der Europäischen Union, 3. Auflage, München 2018 (zitiert als: *Bearbeiter*, in: Streinz, EUV/AEUV, 3. Auflage 2018)

Ströbel, L./Böhm, Wolf-Tassilo/Breunig, C./Wybitul, T., Beschäftigtendatenschutz und Compliance: Compliance-Kontrollen und interne Ermittlungen nach der EU-Datenschutz-Grundverordnung und dem neuen Bundesdatenschutzgesetz, CCZ 2018, 14

Stück, Datenschutz = Tatenschutz? Ausgewählte datenschutz- und arbeitsrechtliche Aspekte nach DSGVO sowie BDSG 2018 bei präventiver und repressiver Compliance, CCZ 2020, 77, 79

Sutherland, E. H., White-collar Criminality, in: American Sociological Review (ASR) 5, 1940, 1

Sutherland, E.H., White collar crime, Yale 1985

Sydow, G. (Hrsg.), Europäische Datenschutzgrundverordnung, Handkommentar, Baden-Baden, 1. Auflage 2017, (zitiert als *Bearbeiter*, in: Sydow, Europäische Datenschutzgrundverordnung, 1. Auflage 2017)

Sydow, G. (Hrsg.), Europäische Datenschutzgrundverordnung, Handkommentar, Baden-Baden, 2. Auflage 2018, (zitiert als *Bearbeiter*, in: Sydow, Europäische Datenschutzgrundverordnung, 2. Auflage 2018)

Sydow, G., (Hrsg.), Bundesdatenschutzgesetz, Handkommentar, Baden-Baden, 1. Auflage 2020

Sykes, G.M./Matza, D., Techniques of Neutralization: A Theory of Delinquency, American Sociological Review , Dec., 1957, Vol. 22, No. 6 (Dec., 1957), 664-670

Taeger, J./Gabel, D. (Hrsg.), Kommentar zum BDSG und zu den Datenschutzvorschriften des TKG und TMG, Frankfurt a.M.2. Auflage 2013 (zitiert als *Bearbeiter*, in: Taeger/Gabel, BDSG und Datenschutzvorschriften des TKG und TMG 2013)

Taeger, J./Gabel, D., DSGVO - BDSG – TTDSG, Frankfurt a. M. 4. Auflage 2022 (zitiert als *Bearbeiter*, in: Taeger/Gabel, DSGVO/BDSG/TTDSG, 4. Auflage 2022)

Taeger, J./Rose, E., Zum Stand des deutschen und europäischen Beshäftigtendatenschutzes, BB 2016, 819

Tettinger, P. J./Stern, K., Kölner Gemeinschaftskommentar zur Europäischen Grundrechte-Charta, München 2006

Thüsing, G. (Hrsg.), Beschäftigtendatenschutz und Compliance, München, 3. Auflage 2021

Thüsing, G., Datenschutz im Arbeitsverhältnis, Kritische Gedanken zum neuen § 32 BDSG, NZA 2009, 865

Thüsing, G./Rombey, S., Der verdeckte Einsatz von Privatdetektiven zur Kontrolle von Beschäftigten nach dem neuen Datenschutzrecht, NZA 2018, 1105

Thüsing, G./Schmidt, M., Videoüberwachung am Arbeitsplatz, DB 2017, 2608

Thym, D., Die Reichweite der EU-Grundrechte-Charta – Zu viel Grundrechtsschutz?, NVwZ 2013, 889

Tiedemann, K., Welche strafrechtlichen Mittel empfehlen sich für eine wirksamere Bekämpfung der Wirtschaftskriminalität? Gutachten C zum 49. Deutschen Juristentag, München 1972

Tinnefeld, M.-T./Buchner, B./Petri, T./Hof, H.-J., Einführung in das Datenschutzrecht, Datenschutz und Informationsfreiheit in europäischer Sicht, 6. Auflage 2018

Tinnefeld, M.-T./Conrad, I., Die selbstbestimmte Einwilligung im europäischen Recht, Voraussetzungen und Probleme, ZD 2018, 391, 392Tied

Tinnefeld, M.-T./Viethen, H.-P., Das Recht am eigenen Bild als besondere Form des allgemeinen Persönlichkeitsrechts - Grundgedanken und spezielle Fragen des Arbeitnehmerdatenschutzes, NZA 2003, 468

Traut, J., Screening von Beschäftigtendaten mit und ohne Anlass, RDV 2014, 119

Traut, J., Maßgeschneiderte Lösungen durch Kollektivvereinbarungen? Möglichkeiten und Risiken des Art. 88 Abs. 1 DSGVO, RDV 2016, 312

Uecker, P., Die Einwilligung im Datenschutzrecht und ihre Alternativen, Mögliche Lösungen für Unternehmen und Vereine, ZD 2019, 248

Universität Leipzig/Rölfs Partner 2009, Der Wirtschaftsstraftäter in seinen sozialen Bezügen (Aktuelle Forschungsergebnisse und Konsequenzen für die Unternehmenspraxis), Köln 2009, abrufbar unter: https://berndpulch.files.wordpress.com/2011/05/rp_studie_wikri-studie_final.pdf (zuletzt abgerufen am 01.09.2023)

Vagts, H.-H., Privatheit und Datenschutz in der intelligenten Überwachung: Ein datenschutzgewährendes System, entworfen nach dem „Privacy by Design" Prinzip, Karlsruhe 2013

Vedder, C./Heintschel von Heinegg, W. (Hrsg.), Europäisches Unionsrecht, EUV/AEUV/GRCh/EAGV, Handkommentar, Baden-Baden, 2. Auflage 2018

Veil, W., DSGVO: Risikobasierter Ansatz statt rigides Verbotsprinzip, Eine erste Bestandsaufnahme, ZD 2015, 347

Veil, W., Einwilligung oder berechtigtes Interesse? – Datenverarbeitung zwischen Skylla und Charybdis, NJW 2018, 3337

Venetis, F./Oberwetter, C., Videoüberwachung von Arbeitnehmern, NJW 2016, 1051

Vetter, E., in: Henssler, M./Strohn, L., Gesellschaftsrecht, München, 5. Auflage 2021 (zitiert als: *Vetter*, in: Henssler/Strohn, Gesellschaftsrecht, 5. Auflage 2021)

Vogel, F./Glas, V., Datenschutzrechtliche Probleme interner Ermittlungen, DB 2009, 1747

Voigt, P., Datenschutz bei Google, MMR 2009, 377

von der Groeben, H./ Schwarze, J./ Hatje, A., Europäisches Unionsrecht, Vertrag über die Europäische Union - Vertrag über die Arbeitsweise der Europäischen Union - Charta der Grundrechte der Europäischen Union, Baden-Baden, 7. Auflage 2015

Wabnitz, H.-B./Janovsky, T./Schmitt, L., Handbuch Wirtschafts- und Steuerstrafrecht, München, 5. Auflage 2020

Wagner, B./Scheuble, A., WP Datenschutz-Folgenabschätzung – mehr Rechtssicherheit durch die Art. 29-Datenschutzgruppe, ZD-Aktuell 2017, 05664

Walter, A., v., Datenschutz im Betrieb, Die DSGVO in der Personalarbeit, Freiburg, 1. Auflage 2018

Walter, K., Rechtsfortbildung durch den EuGH, Eine rechtsmethodische Untersuchung ausgehend von der deutschen und der französischen Methodenlehre, Berlin 2009

Wang, L./Jajodia, S./Wijesekera, D., Preserving Privacy in On-Line Analytical Processing Data Cubes, in: Yu, T./Jajodia, S. (Hrsg.), Secure Data Management in Decentralized Systems, New York 2007, 355

Weber, J., Innentäter in Unternehmen, Zusammenstellung aktueller inländischer Forschungsbeiträge zum Forschungsstand und Handlungsempfehlungen zur sogenannten Innentäterschaft, Stand: 04.08.2017 (abrufbar unter https://www.wirtschaftsschutz.info/SharedDocs/Artikel/DE/BKA-Monitoringbericht-Innentaeter.pdf, zuletzt abgerufen am 01.09.2023)

Weichert, T., Die Zukunft des Datenschutzbeauftragten, CuA 4/2016, 8

Weichert, T., Der Personenbezug von Geodaten, DuD 2007, 113

Wendehorst, C./Graf von Westphalen, F., Das Verhältnis zwischen Datenschutz-Grundverordnung und AGB-Recht, NJW 2016, 3745

Westermann, C. B./Spindler, C., Anomalie-Erkennung in der Wirtschaftsprüfung mithilfe von Machine Learning, Vorstellung einer technologiebasierten Methode mittels automatisierter Lernverfahren, in: PwC Expert Focus vom 7.11.2017, abrufbar unter https://www.pwc.ch/de/press-room/expert-articles/pwc-press-20171107_expertfocus_westermann_spindler.pdf (zuletzt abgerufen am 01.09.2023)

Weth, S./Herberger, M./Wächter, M./Sorge, C., Daten- und Persönlichkeitsschutz im Arbeitsverhältnis, München, 2. Auflage 2019

Wittkämper, G. W./Krevert, P./Kohl, A., Europa und die innere Sicherheit: Auswirkungen des EG-Binnenmarktes auf die Kriminalitätsentwicklung und Schlußfolgerungen für die polizeiliche Kriminalitätsbekämpfung. BKA-Forschungsreihe; Bd. 35, Wiesbaden 1996

Wójtowicz, M./Cebulla, M., Anonymisierung nach der DSGVO, PinG 2017, 186

Wollenschläger, F./Krönke, L., Telekommunikationsüberwachung und Verkehrsdatenspeicherung – eine Frage des EU-Grundrechtsschutzes?, NJW 2016, 906

Wrobel, S./Joachims, T./Morik, K., Maschinelles Lernen und Data Mining in: v. Görz, G./Schneeberger, J./Schmid, U. (Hrsg.), Handbuch der künstlichen Intelligenz, Oldenburg 2013

Wronka, G./Gola, P./Pötters, S., Handbuch Arbeitnehmerdatenschutz unter Berücksichtigung der Datenschutz-Grundverordnung, 7. Auflage 2016

Wuermeling, U., Beschäftigtendatenschutz auf der europäischen Achterbahn, NZA 2012, 368

Wurzberger, S., Anforderungen an Betriebsvereinbarungen nach der DS-GVO, Konsequenzen und Anpassungsbedarf für bestehende Regelungen, ZD 2017, 258

Wuttke, I., Straftäter im Betrieb, München 2010

Wybitul, T., Das neue Bundesdatenschutzgesetz: Verschärfte Regeln für Compliance und interne Ermittlungen, BB 2009, 1582

Wybitul, T., Spielregeln bei Betriebsvereinbarungen und Datenschutz, BAG schafft Klarheit zu Anforderungen an Umgang mit Arbeitnehmerdaten, NZA 2014, 225

Wybitul, T./Sörup, T./Pötters, S., Betriebsvereinbarungen und § 32 BDSG: Wie geht es nach der DSGVO weiter? - Handlungsempfehlungen für Unternehmen und Betriebsräte, ZD 2015, 559

Wybitul, T., Was ändert sich mit dem neuen EU-Datenschutzrecht für Arbeitgeber und Betriebsräte, ZD 2016, 203

Wybitul, T., Der neue Beschäftigtendatenschutz nach § 26 BDSG und Art. 88 DSGVO, NZA 2017, 413

Wybitul, T., EU-Datenschutz-Grundverordnung im Unternehmen, Frankfurt a.M. 2016

Wybitul, T., Der neue Beschäftigtendatenschutz nach § 26 BDSG-neu – was Arbeitgeber und Beschäftigte über den geplanten Datenschutz am Arbeitsplatz wissen sollten, ZD-Aktuell 2017, 05483

Wyibtul, T./Pötters, S., Der neue Datenschutz am Arbeitsplatz, RDV 2016, 10

Ziegenhorn, G., Kontrolle von mitgliedstaatlichen Gesetzen „im Anwendungsbereich des Unionsrechts" am Maßstab der Unionsgrundrechte, NVwZ 2010, 803

Zikesch, P./Reimer, B., Datenschutz und präventive Korruptionsbekämpfung – kein Zielkonflikt, DuD 2010, 96

Zimmer, E./Burkert, C./Petersen, T./Federrath, H., PEEPLL: Privacy-Enhanced Event Pseudonymisation with Limited Linkability, in: The 35th ACM/SIGAPP Symposium on Applied Computing, (SAC '20), March 30-April 3, 2020, Brno, Czech Republic. ACM, New York, NY, USA, Article 4, 1308

Zimmer-Helfrich, A., Sind Betriebsräte für den Datenschutz selbst verantwortlich?, ZD-Interview mit Thomas Kranig und Tim Wybitul, ZD 2019, 1

Printed in the United States
by Baker & Taylor Publisher Services